本书由大连市人民政府资助出版

催化与材料化学研究生教学丛书

固体催化剂研究方法

（上册）

辛 勤 主编

科 学 出 版 社

北 京

内 容 简 介

《固体催化剂研究方法》全面系统地介绍了固体催化剂的研究方法及其理论基础，并从应用实例介绍了方法本身的优势和局限性，取材着眼于近 10～20 年来的最新成果。全书共 19 章：上册主要内容有催化剂的宏观物性测定、分析电子显微镜方法、热分析方法、多晶 X 射线衍射、化学吸附和表面酸性测定、催化剂的动态分析方法、红外光谱方法、拉曼光谱方法、核磁共振方法；下册主要内容有顺磁共振方法、光电子能谱方法、XAFS 方法、电极催化剂的原位红外方法、电极催化剂的原位拉曼方法、电极催化剂的表征方法、多相催化反应动力学、同位素瞬变动力学方法、瞬变应答动力学方法及产物瞬时分析技术。

本书可供从事催化、材料化学以及相关专业的高年级学生和研究生作为教材，也可作为相关专业科研工作者和教师的专业参考书。

图书在版编目（CIP）数据

固体催化剂研究方法/辛勤主编. —北京：科学出版社，2004

（催化与材料化学研究生教学丛书）

ISBN 978-7-03-012912-3

Ⅰ. 固…　Ⅱ. 辛…　Ⅲ. 催化剂，固态–研究方法–研究生–教材　Ⅳ. ①TQ426

中国版本图书馆 CIP 数据核字（2004）第 010823 号

责任编辑：胡华强　王志欣　吴伶伶 / 责任校对：钟　洋
责任印制：张　伟 / 封面设计：铭轩堂

科学出版社出版
北京东黄城根北街 16 号
邮政编码：100717
http://www.sciencep.com

北京虎彩文化传播有限公司印刷
科学出版社发行　各地新华书店经销
*
2004 年 4 月第　一　版　开本：720×1000　1/16
2021 年 5 月第六次印刷　印张：29 3/4
字数：688 000

定价：238.00 元（上、下册）
（如有印装质量问题，我社负责调换）

催化与材料化学研究生教学丛书

总策划：辛 勤　徐 杰

《现代催化化学》
辛 勤　徐 杰　主编

《固体催化剂研究方法》
辛 勤　主编

《现代催化研究方法（第二版）》
辛 勤　罗孟飞　徐 杰　主编

《催化反应工程》
阎子峰　陈诵英　徐 杰　辛 勤　主编

《催化史料和中国催化名家》
辛 勤　徐 杰　编著

“催化与材料化学研究生教学丛书”序

受科学出版社之邀，组织编写一套催化和材料领域研究生教学丛书。与一些同仁讨论、考虑再三，这套研究生教学丛书的定位和作用为何？大家一致认为：应当是在催化和材料领域起“路线图”、“地图”、“标志性建筑”的基本入门知识的作用，强调基础，不求最新。在此基础上启发学生学会利用概念去判断、推理及运用综合分析方法去解决问题，进而培养提高其科学思维和创新能力。基于此，规划设计了如下五本教材。

《现代催化化学》，简略给出有关催化的几乎全部主要内容，以期对催化有一大概了解，如催化研究的主要命题、当前科研瓶颈及工业化状况（计划 2016 年出版）。

《固体催化剂研究方法》，介绍近 20 种用于催化和材料方面研究入门的物理化学方法，强调这些方法是如何用于催化和材料研究的（2004 年初版，2016 年第三次印刷）。

《现代催化研究方法（第二版）》，给出催化和材料领域的科研人员必须掌握的基本方法手段，在第一版基础上充实、更新部分内容（计划 2017 年出版）。

《催化反应工程导论》，给出从实验室研究成果到工业化应用所必需的基础知识，它包含“三传一反”、反应分离等，并通过范例加以说明。这方面内容弥补了目前研究生教育的短板（计划 2017 年出版）。

《催化史料和中国催化名家》，其设计背景为，化学工业占人类社会 GDP 的 15%～20%，而化学工业 80%产值都是由催化剂和催化过程产生。近百年来中国的催化工业从无到有、从小到大，尤其是改革开放至今中国已发展成 GDP 第二的世界大国，也成长为世界催化大国（当然，要成为催化强国还有很长的路要走）。如此辉煌的业绩同几代催化人的奋发努力分不开，作为后人有必要了解这段历史和有选择地传承。应中国化学会的邀请，我们收集、撰写了 1932～1982 年（张大煜、蔡启瑞、闵恩泽撰写）、1982～2012 年（辛勤、林励吾撰写）逾八十年的中国催化发展史，为便于比较，我们还整理了这一历史时期的世界催化发展史，如欧洲、法国、日本的催化发展史等。与此同时，我们还花了逾十年的时间汇集、收集、撰写了近百位催化名家介绍。在做这些介绍时尽可能做到表达准确、客观、全面，不做评议、修改，允许有歧义，只想将这些“砖头”、“瓦块”收集起来留做他人后用（计划2017年出版）。

上述是我们关于这套丛书的基本想法，能否实现，待观后效！由于知识面和水平受限必有不到之处，敬请斧正！

辛 勤

2016年8月于大连

前言

现代化学工业、石油加工工业、能源、制药工业以及环境保护领域等广泛使用催化剂。在化学工业生产中催化过程占全部化学过程的80%以上。因此，催化科学技术对国家的经济、环境和公众健康起着关键作用。当前，人们对生活质量和环境问题日益重视，而许多现代的低成本且节能的环境技术都同催化技术相关，因此我国已经把催化技术作为国家关键技术之一，这给催化科学和催化技术的发展提供了更加广阔的前景。

到目前为止，人们认识到的催化剂是一种物质，它通过基元反应步骤的不间断地重复循环，将反应物转变为产物，在循环的最终步骤催化剂再生为其原始状态。更简单地说："催化剂是一种加速化学反应而在其过程中自身不被消耗的物质。"许多种类的物质都可用来作催化剂，如金属、金属氧化物、有机金属络合物及酶。催化技术已成为调控化学反应速率与方向的核心科学。

催化是一门复杂的跨学科的科学。因此，催化及其实际应用的进展将取决于若干学科领域的平行发展，而最有可能的是涉及新催化材料的合成和催化反应的反应途径的识别。因为这一原因，许多研究集中在发展能原位观察催化反应步骤或至少在原子分辨率水平上考查催化活性位的方法，近年来在许多领域已取得重大的进展和科学突破，其中包括金属表面的原子水平的分辨，例如利用隧道扫描电镜（STM）技术研究氧化物（如TiO_2）表面的气固反应机理取得了重要进展；STM在金属及其氧化物催化剂表面粗糙度和分形理论研究方面也发挥了重要作用；用核磁共振（NMR）谱原位观察烯烃与沸石酸性位络合情况和用各种分子光谱技术原位表征反应中间物；用紫外拉曼光谱表征杂原子分子筛的定位等，最为常用的红外光谱方法由于采用了"步进扫描"技术，时间分辨本领可达纳秒级，都为发展催化理论和全新的催化技术及进一步改善现有工艺提供了新的可能性。

目前，人们已经拥有很多研究、表征催化剂的方法，有的给出宏观层次信息，有的给出微观层次信息。人们还在不断地探索将物理－化学新效应、新现象用于催化剂和催化过程的研究和表征，力求更精确地测定活性位的结构、数量，并向原子－分子层次发展，力求从时间－空间两个方面提高对催化剂表面所发生过程的分辨能力。

为使广大科技工作者较全面、系统地了解催化技术的发展，《石油化工》期刊自1980年第9卷第4期至1982年第11卷第2期连续刊载了"催化剂研究方法"讲座，并在此基础上于1988年10月由化学工业出版社出版了《多相催化剂研究方法》一书。由于近代物理技术的发展对催化研究的影响越来越大，应用越来越广，这些方法的应用使催化研究建立在更直接的实验基础上，从而使催化研究进入到分子水平。《石油化工》期刊在1990年第19卷第10期至1992年第21卷第4期又连续刊载了"近代物理技术在多相催化研究中的应用"讲座。这些讲座和专著出版后受到了国内广大从事催化科学技术研究的科技工作者的欢迎和好评。至今，10年过去了，催化科学技术获得了长足的发展。在这一新形势下，我们再次组织编写"固体催化剂的研究方法"讲座。(《石油化工》：Vol. 28. No. 12，1999. 12～Vol. 31. No. 9，2002. 09)。从内容上界定于"固体催化剂"主要是考虑均相和多相催化在研究方法上有许多差异，不易兼容，且目前工业上大宗应用的催化剂都是固体催化剂。在内容上以催化剂的宏观测试、物相和活性相的表征催化动力学研究方法三大部分为主题。突出反映近10余年来的新进展，强调引用近10余年的新文献和出现的新表征结果以及新应用实例等。

在讲座中未包括穆斯鲍尔谱、紫外漫反射光谱和磁天平方法，主要是因为近10年来这些领域的发展不多，需要的读者可参考包括《多相催化剂研究方法》(尹元根主编，化学工业出版社，1988年）在内的众多参考书。这次《石油化工》期刊历时2年10个月，介绍了19种比较常用的方法。在此基础上对有关章节进行了修改充实后，根据原定计划将其编撰成专著，为使新涉足催化和材料领域的科技工作者和研究生能够对催化科学与技术发展历程有一个概略的了解，我们将 M. W. Roberts 和 G. A. Somorjai、J. M. Thomas 教授等编撰的《催化发展简史》（*Catalysis Letters*，Vol. 67. No. 1，2000）翻译后作为附录列入本书*；由于最近10年来仪器方面的迅速发展，我们追加了有关仪器方法技术发展的介绍，以便读者能够更全面地了解其技术发展的动态。考虑到近10余年来的新进展，目前与催化科学相关的信息以指数的形式增加，文献资料浩如烟海，在撰写本书时各位作者补充了许多最新的内容。

本书各章分别由相关造诣颇深的专家和知名学者编撰，具体分工如下：第1章由刘希尧（燕山石油化工集团公司研究所）编撰，第2章由薛用芳（北京石油化工科学研究院）编撰，第3章由刘金香（中国科学院大连化学物理研究所）编撰，第4章由张婉静（北京大学化学学院）编撰，第5章由李宣文和佘励勤（北京大学化学与分子工程学院）编撰，第6章由杨锡尧（北京大学化学与分子工程学院）编撰，第7章由辛勤和梁长海（中国科学院大连化学物理研究所催化基础国家重点实验室）编撰，第8章由李灿和李美俊（中国科学院大连化学物理研究所催化基础国家重点实验室）编撰，第9章由韩秀文、张维萍、包信和（中国科学院大连化学物理研究所催化基础国家重点实验室）编撰，第10章由徐元植和刘嘉庚（浙江大学理学院化学系）编撰，第11章由黄惠忠（北京大学化学与分子工程学院）编撰，第12章由寇元和邹鸣（北京大学化学与分子工程学院）编撰，第13章由孙世刚和贡辉（厦门大学固体表面物理化学国家重点实验室）编撰，第14章由任斌和田中群（厦门大学固体表面物理化学国家重点实验室）编撰，第15章由姜艳霞和孙世刚（厦门大学固体表面物理化学国家重点实验室）编撰，第16章由尹元根（北京化纤工学院化工系）编撰，第17章由沈师孔［石油大学（北京）中国石油天然气集团公司催化重点实验室］和李春义［石油大学（华东）重质油加工国家重点实验室］编撰，第18章由陈诵英（浙江大学催化研究所）编撰，第19章由王德峥和李忠来（中国科学院大连化学物理研究所催化基础国家重点实验室）编撰。

本书在书稿整理及核对校样的过程中，《催化学报》的卢喜先编审付出了大量的辛苦劳动，在此深表谢意！

辛　勤

2003年12月于大连化学物理研究所

---

*"催化发展简史"在本丛书中调整到《催化史料和中国催化名家》中。

目　录

上　册

第 1 章　催化剂的宏观物性测定

工业催化剂或载体,是具有发达孔系的颗粒集合体。一般情况是一定的原子(分子)或离子按照晶体结构规则组成含微孔的纳米(nm)级晶粒(原级粒子);因制备化学条件和化学组成不同,若干晶粒聚集为大小不一的微米级颗粒(particle),即二次粒子;通过成型工艺制备,若干颗粒又可堆积成球、条、锭片、微球粉体等不同几何外形的颗粒集合体,即粒团(pellet),尺寸则随需要由几十微米到几毫米,特别情况者可达百毫米以上。近年迅速开发的纳米材料,是二次粒子纳米化或不存在二次粒子的颗粒集合体。实际成型催化剂的粒团与颗粒等效球半径比大于 10^2,颗粒或二次粒子间堆积形成的介(或大)孔孔隙与晶粒内和晶粒间微孔构成该粒团的孔系结构(图 1-1);晶粒和颗粒间连接方式、接触点键合力以及接触配位数则决定了粒团的抗破碎和磨损性能。

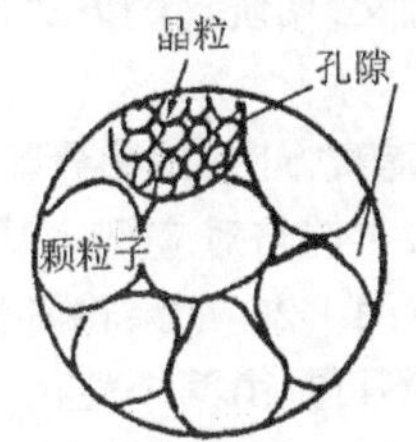

图 1-1　催化剂颗粒集合体示意图

由于催化剂的催化活性中心大多位于微孔的内表面,介(或大)孔主要贡献于反应物流的传递,而表征传递阻力对反应速率影响的有效因子是 Thiele 模数和微孔扩散系数与介(或大)孔扩散系数比的函数[1],Thiele 模数 ϕ 反映催化剂颗粒密度、比表面积、成型粒团尺寸与传质扩散关系[2~4],见式 1-1。

$$\phi = R(\rho_p S_g k / D_s)^{1/2} \tag{1-1}$$

式中:ρ_p——颗粒密度(即汞置换法密度,定义为单粒催化剂质量与其几何体积比);

S_g——比表面积;

R——催化剂粒团的等效球半径;

D_s——球形催化剂粒团(颗粒)的总有效扩散系数;

k——催化剂内表面反应速率。

所以,在化学组成与结构确定的情况下,催化剂的催化性能与运转周期取决于构成催化剂的颗粒-孔系宏观物性,因此对其进行研究表征和测定对于开发催化剂的意义是显见的[5]。

1.1 催化剂的颗粒分析

1.1.1 颗粒尺寸

颗粒尺寸(particle size)称为颗粒度。实际催化剂颗粒是成型的粒团即颗粒集合体,因此狭义催化剂颗粒度系指成型粒团的尺寸;负载型催化剂负载的金属或其化合物粒子是晶粒或二次粒子,它们的尺寸符合颗粒度的正常定义。通常测定条件下不再人为分开的二次粒子(颗粒)和粒团(颗粒集合体)的尺寸,都泛称颗粒度。

单颗粒的颗粒度用粒径表示,又称颗粒直径,均匀球形颗粒的粒径就是球直径,非球不规则颗粒粒径,用各种测量技术测得的"等效球直径"表示。圆柱形等显著长度标度的催化剂成型粒团,以实际几何特征尺寸标示,一般不简单地使用颗粒度含义。

1.1.2 平均粒径及粒径分布

催化剂原料粉体、实际的微球状催化剂以及组成的二次粒子等,都是不同粒径的多分散颗粒体系,测量单颗粒粒径没有意义,用统计的方法得到平均粒径和粒径(即粒度)分布是表征这类颗粒体系的必要数据[6]。

表示粒径分布的最简单的方法是直方图,即测量颗粒体系最小至最大粒径范围,划分为若干逐渐增大的粒径分级(粒级),它们与对应尺寸颗粒出现的频率作图,频率内容可表示为颗粒数目、质量、面积或体积,见图 1-2。如果将各粒级再细分为更小的粒级,则随级数增至无限多,级宽趋近于零,于是不再是由两个粒径 d_i 和 d_{i+1}定义一个粒级,而是由一个"点"的粒径值代表无限小的分级范围,直方图变为颗粒总频率图的 1 级微商,描绘颗粒数、质量、面积、体积随粒径的变化(图 1-2)。

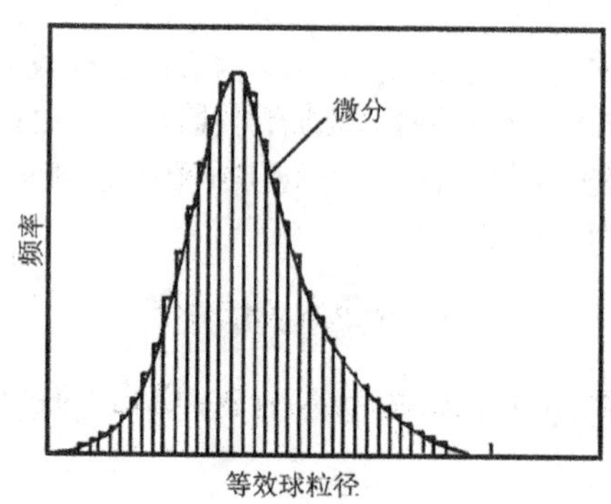

图 1-2 粒径分布直方图与微分图

当测量颗粒数足够多(例如 500 粒或更多)时,可以用统计的数学方程表达粒径分布。已经发现一般化学反应、沉淀、凝聚等过程形成的颗粒和气溶胶,都能较好地符合 Ganssian 分布。

$$y = \frac{1}{\sigma_n (2\pi)^{1/2}} \exp\left[\frac{-(d - \overline{d_n})^2}{2\sigma_n^2}\right] \tag{1-2}$$

式中：y——与颗粒量直接相关的概率密度；

d——给定颗粒的粒径；

$\overline{d}_n$——样品的所有颗粒粒径的算术平均值；

σ_n——标准偏差，由式(1-3)表示。

$$\sigma_n = \left[\frac{\sum (d - \overline{d_n})^2 n_i}{N} \right]^{1/2} \tag{1-3}$$

式中，N 和 n_i 分别代表样品的颗粒总数和第 i 粒级的颗粒数。第 i 粒级的颗粒分数可由 n_i/N 表示，即

$$n_i/N = \frac{1}{\ln\sigma_n (2\pi)^{1/2}} \int_{d_i}^{d_{i+1}} \exp\left[\frac{-(d - \overline{d_n})^2}{2\sigma_n} \right] \mathrm{d}d \tag{1-4}$$

以 y 对粒径 d 作图得到的 Ganssian 分布见图 1-3，σ_n 表征分布的弥散程度，Ganssian 分布的平均粒径是最频粒径，也是 50% 质量粒径。如果以可用的数据对正态概率坐标作图，即 x 轴对应粒径且呈线性变化，y 轴代表测量颗粒正态分布的累加分数，则得一直线(图 1-3)，其斜率与分布的标准偏差 σ_n 相关，对应于概率 50% 的粒径是平均粒径。由粒径分布图可见，平均粒径和标准偏差是表征一个颗粒分散体系分布状态的最重要特征值。

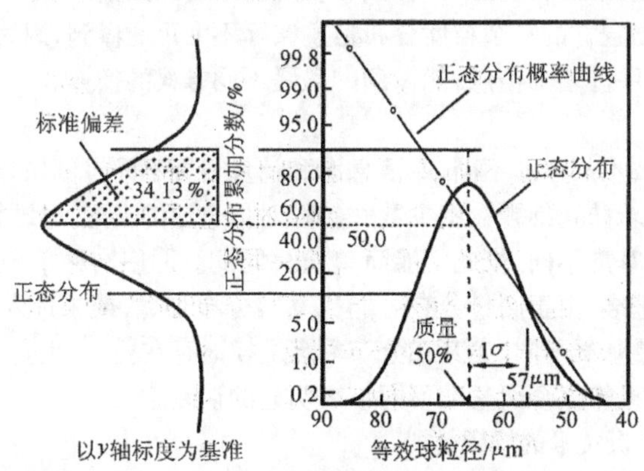

图 1-3 颗粒度正态分布图

还可用其他数学方程，如对数正态分布表达粒径分布，但常用正态分布。研磨、粉碎、压碎方式得到的颗粒分散体，较符合不对称的非正态分布形式。

1.1.3 粒度分析技术

1.1.3.1 催化剂粒度分析的注意事项

(1) 粒径范围与粒度测试技术选择

测量粒径 1μm 以上的粒度分析技术，除筛分外，有光学显微镜、重力沉降-扬析法、电敏感计数的 Coulter 电感法、沉降光透法及光衍射法等；粒径 1μm 以下颗粒，由于测量下限

限制（光学显微镜和重力沉降-扬析法）、衍射效应增强（光衍射法）和自然线宽、噪声背景（光透法）等因素造成误差增大，上述技术或方法不适于测量纳米级颗粒，应当代之以电子显微镜、离心沉降、光散射（如光子相关谱 PCS）以及颗粒色谱的场流动分级（FFF）等方法。当然 1μm 划分界限含有一定的人为成分。

(2) 分离颗粒的能力与粒度测试技术选择

依据对颗粒的分离能力，可将测量颗粒的技术分为单颗粒计数、颗粒分（粒）级和整体平均结果等三类。图像分析、显微镜是典型单颗粒计数方法，重合效应是难以避免的缺点。分级方法包括筛分、沉降、离心和颗粒色谱等，完全或部分分级与测量方式密切相关。整体平均的粒度分析方法，从收集到的所有测量颗粒产生信号的总和计算粒度分布，即测量结果由解析得到，是被测颗粒整体的平均，因此易于实现自动化和在线分析，但分辨率较低。显见，用于催化剂工业生产的粒度分析宜选择整体平均的方法；实验室研究，多数情况希望获得单颗粒计数与形貌信息。分级方法的选择，应当结合测量颗粒性质与测量方式考虑。

(3) 粒度分析的信息与技术指标要求

粒度分析的信息要求，系指给出结果的表达方式，可以是平均粒径、累加频率值、正态分布、分布宽度，也可有对数正态分布、非对称分布宽度、多峰分布的各峰相对量，以及累加频率的不同名义（如颗粒数、体积、面积等）表达。实际应用通常只要求 1~2 项信息，没有必要尽收各种表达方式的数据。催化剂粒度分析最有用的信息是平均粒径和粒径的颗粒数分布。许多仪器宣称的复杂粒度分布信息实际不大可能做到，因为计算机只能存储、改正和拟合数据，而不能增加信息，能做到的仅是不同方式的换算。

(4) 测量基准

不同粒度分析技术的原理不同，原信息源和计量目标不同。例如，光散射法的原信息源是散射光强度，要求防止细颗粒中少数大颗粒对信息源的支配，电敏技术则按颗粒体积计数，因此各方法的基准不同，彼此不能简单归一同比。即使同种单一物质样品，从一种基准换算到另一种基准，由于测量分布可能比真实分布加宽，或未计入某些颗粒，或不同技术的粒度范围计量基准不同，尤其在分布端点交换时存在叠合，也会增加计算结果的误差，所以必须强调数据转换会因基准不同带来明显的误差。

(5) 不同粒度分析技术的局限性

不同粒度分析技术都受其测量原理限制，如光衍射法不能测量小于光源自然线宽的颗粒；沉降法既受制于大尺寸端乱流的影响，也受小尺寸端扩散（布朗运动）的限制。测量仪器因制作和操作规程会带来一定限制，如激光衍射仪检测器受粒级对数坐标的限制，造成最终粒级仅为全程一半；沉降法操作规定了对介质密度、黏度和符合雷诺准数的要求。有时测量技术还对测量样品的准备提出限制，如 PCS 测量必须颗粒悬浮；电镜制样要求优良分散。了解测量技术局限性和严格满足其限制要求，对获取正确测量结果非常必要。

1.1.3.2 沉降 X 射线光透法

(1) 原理

利用 X 射线检测颗粒系统沉降过程中悬浮物透射率的变化[7]。颗粒通过黏滞流，其在重力场作用下的平衡沉降速率与颗粒尺寸有关，由 Stokes 定律描述，即

$$d = Ku^{1/2} \tag{1-5}$$

$$K = \left[\frac{18\eta}{(\rho - \rho_0)g}\right]^{1/2} \tag{1-6}$$

式中：d——球形颗粒直径；

K——常数；

u——平衡沉降速率；

g——重力加速度；

ρ——该球形颗粒的密度；

ρ_0——介质密度；

η——介质黏度。

对于非球形颗粒，仅当 d 与 u 满足 $du\rho_0/\eta < 0.3$（雷诺准数值）时，其等效粒径的表达方可使用 Stokes 定律。

在此情况下经 t 时间间隔沉降距离为 h，则等效球粒径与其沉降距离间的关系为

$$d = K(h/t)^{1/2} \tag{1-7}$$

在给定时间 t_i 后，颗粒系统中所有大于 d_i 的颗粒都从初始均匀悬浮颗粒表面沉降距离 h，如果该颗粒系统初始均匀质量浓度是 ρ_s(g/mL)，t_i 后在距离 h 内的质量浓度是 ρ_i(g/mL)，则小于 d_i 的颗粒的质量分数 w_i 为

$$w_i = \rho_i/\rho_s \times 100\% \tag{1-8}$$

于是根据不同时间后所得的 ρ_i 值和相应的 w_i 值，以及可算出的 d_i 值，对(w_i，d_i)数据对的集作图，即得等效球粒径分布的积分图或累加图。

通过测量沉降颗粒悬浮物相对其初始均匀态的光透射率变化，可以监测颗粒系统沉降过程的浓度变化。可见光作入射光源，由于波长较长和强度较弱，测量下限大于 5μm。选用低能 X 射线束不仅可以克服上述缺点，而且由于射线束很小，在纵向不干扰颗粒悬浮状态，能够提供理想的检验条件，即保持测量过程 X 射线的透射率是悬浮颗粒质量浓度的函数。

如果设 I_0 和 I 分别代表入射和透射 X 射线强度，a_1、a_s、a_c 分别代表介质液体、固体颗粒、样品池窗的 X 射线吸收系数，w_1 和 w_s 分别代表悬浮物中液体和固体的质量分数，L_1 是 X 射线照射方向上样品池的内厚，L_2 为样品池窗的总厚，则 X 射线束透射悬浮颗粒样品池前后的强度比为[8]

$$I/I_0 = \exp\{-(a_1 w_1 + a_s w_s)L_1 - a_c L_2\} \tag{1-9}$$

由于 $w_1 = 1 - w_s$，当定义通过样品悬浮物的透射与通过纯悬浮介质溶液的透射之比为透射率 T 时，得到式(1-10)

$$T = \exp\{-w_s(a_s - a_1)L_1\} \tag{1-10}$$

或

$$\ln T = -Aw_s \tag{1-11}$$

式(1-11)中 A 在固定仪器设备和一定悬浮物组成情况下为一常数。X 射线束平行入射颗粒悬浮物一定时间间隔后,测量 T 值即可计算样品的颗粒尺寸(或粒度)分布 w_i。

$$w_i = \ln T_i / \ln T_s \times 100\% \tag{1-12}$$

式中:T_s——悬浮物的初始透射率;

T_i——时间间隔 t_i 后悬浮物的透射率;

w_i——时间 t_i 后颗粒的质量分数。

(2) 仪器构造与试验粒度分析

Micromeritics 的 Sedi Graph 5100 粒度分析仪是这类仪器的代表,整个仪器系统由分析器、界面控制器、多功能控制模块以及自动进样器组成。分析器包括 X 射线源、探测器组元、可垂直移动的样品分析池组元和由分析池、外混室、清洗液储槽、废物储罐构成的沉降悬浮物循环系统。其结构原理图见图 1-4。经过充分分散和悬浮处理的样品悬浮物,手动或自动导入样品分析池,待循环到样品池中悬浮物有代表性时进行测试。X 射线束从分析样品池底部起始扫描,分析池则步阶式下移至扫描结束,样品悬浮物被泵送到废物罐,新鲜清洗液循环全系统后,等待下个样品的粒度分析。

Sedi Graph 沉降-X 射线透视仪器(图 1-4)的 X 射线发射量仅 2μR① /h,低于自然背底,对操作者无伤害,可测量粒度范围 0.1~300μm,除高吸收 X 射线物质和强磁性材料外各种催化剂都可分析。选择沉降液体介质的要求为:对样品颗粒不溶解;介质密度和黏度应满足最大颗粒沉降的雷诺准数条件 $du\rho_0/\eta = Re < 0.3$。一般使用的分散剂是焦磷酸四钠,贫湿颗粒可用表面活性剂;悬浮物的固含量(质量分数)一般取 0.5%~10%。

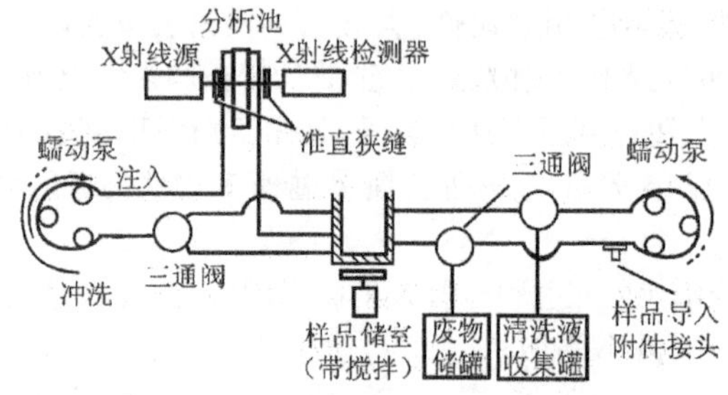

图 1-4 沉降-X 射线透视粒度分析仪结构原理图

1.1.3.3 激光衍射法

(1) 原理

激光衍射粒度分析法基于 Fraunhofer 衍射理论[9,10]。单球形颗粒对光的衍射与相同

① R 为非法定单位,1R = 2.58 × 10⁻⁴C/kg,下同。

直径的圆孔衍射相同,对于粒径为 d 的颗粒,其在任意散射角 θ 下的散射光强度 $I(\theta)$ 服从 Arry 分布,即

$$I(\theta) = I_0 \frac{\pi^2 d^4}{16f^2\lambda^2}\left[\frac{2J_1(X)}{X}\right]^2 \tag{1-13}$$

式中:I_0——入射光强度;

f——接收透镜的焦距;

λ——入射光波长;

X——参数($=\pi d\sin\theta/\lambda$);

J_1——X 的一阶贝塞尔函数。

不同粒径球形颗粒产生衍射的衍射角不同(图 1-5),可用以颗粒分级,各衍射角方向的散射光强,包含对应粒径颗粒的数量。如在接收透镜焦平面上设置同心多元光电探测器(光靶),则经不同粒径颗粒衍射的光,依据不同的衍射角而落在光电探测器的各同心环上(图 1-6),任一第 n 环(环内半径 r_n,环外半径 r_{n+1})上接收的光能量 E_n 可由积分式(1-14)求得,即

$$E_n = \int_{r_n}^{r_{n+1}} I(\theta)2\pi r\mathrm{d}r \quad (n = 1,2,\cdots,30) \tag{1-14}$$

当粒径大于入射光波长时,由于接收透镜焦距 f 远大于光电探测器的半径,衍射角很小,可以做以下近似处理

$$\sin\theta \cong \theta \cong r/f \tag{1-15}$$

将式(1-13)和式(1-15)代入式(1-14),得

$$E_n = \frac{\pi d^2}{4} I_0[J_0^2(X_n) + J_1^2(X_n) - J_0^2(X_{n+1}) - J_1^2(X_{n+1})] \quad (n = 1,2,\cdots,30) \tag{1-16}$$

其中

$$X_n = \pi d r_n/(\lambda f); \quad X_{n+1} = \pi d r_{n+1}/(\lambda f)$$

式中,J_0 为零阶贝塞尔函数,可由贝塞尔函数递推关系式求得。

计算得到光电探测器上各环的光能 $E_1, E_2, \cdots, E_n$ 后,按照式(1-16)可求得被测样品的粒径及其分布。

实际的多分散颗粒系统,测量区颗粒尺寸不等,因此第 n 光环上的光能量应加和为

$$E_n = \left(\frac{\pi}{4}\right) I_0 \sum N_i d^2[J_0^2(X_{i,n}) + J_1^2(X_{i,n}) - J_0^2(X_{i,n+1}) - J_1^2(X_{i,n+1})] \tag{1-17}$$

对于质量基分布,式(1-17)变为

$$E_n = C\sum(W_i/d_i)[J_0^2(X_{i,n}) + J_1^2(X_{i,n}) - J_0^2(X_{i,n+1}) - J_1^2(X_{i,n+1})] \tag{1-18}$$

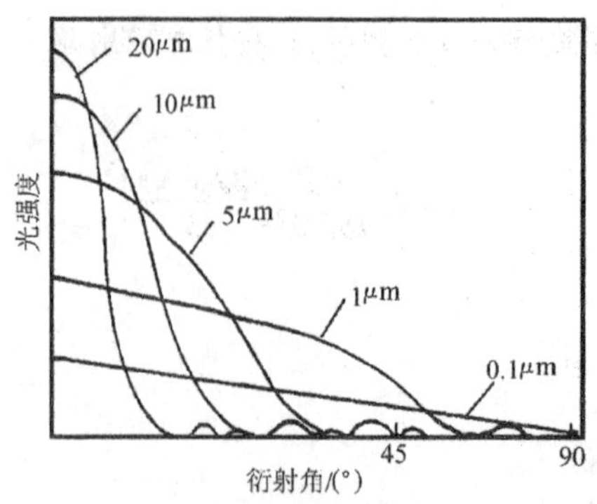

图 1-5　不同粒径颗粒衍射角分布

式(1-18)中，C 是常数，可忽略不写。简化为线性方程

$$\boldsymbol{E} = \boldsymbol{TW} \tag{1-19}$$

式中：$\boldsymbol{E}$——光能分布列向量；

$\boldsymbol{W}$——尺寸分布列向量；

$\boldsymbol{T}$——光能分布系数矩阵，矩阵元为

$$T_{i,n} = [J_0^2(X_{i,n}) + J_1^2(X_{i,n}) - J_0^2(X_{i,n+1}) - J_1^2(X_{i,n+1})]/d_i \tag{1-20}$$

对于式(1-19)，用经典的最小二乘法反演一般难以获得正确结果，通常采用曲线拟合法，即由假设粒度分布函数给定(d, n)求出计算值 E_{cal}，与实测的 E_{tru}比较，计算最小二乘误差到最小(d, n)值，即为结果。所以激光衍射粒度分析数据是解析的整体平均结果。

上述衍射原理计算光能分布，对于颗粒尺寸≫入射光波长时，一般可以给出较精确的结果。但是，即使这种场合，由于忽略了几何散射，仍然会出现测量下限出现小颗粒错误结果[11]，需要做米氏(Mie)理论校正。尤其小颗粒时，当粒径≪入射光波长，光散射服从端利定律，散射光强度与粒径六次方成正比而与光波四次方成反比，折射率影响不能忽略，任意角度下的散射光强度应严格按 Maxwell 理论数学解所得到的米氏光散射理论计算，即

$$I(\theta) = I_0 \frac{\lambda^2}{8\pi x^2}(i_1 + i_2) \tag{1-21}$$

式中：x——散射颗粒到观察点之间的距离；

i_1, i_2——强度函数，与粒径、入射光波长 λ、相对折射率 m 和散射角有关。

将式(1-21)代入式(1-14)，即可求得米氏光散射时任一光环上接收到的光能量，即

$$E_n' = \int_{r_n}^{r_{n+1}} I_0 \frac{\lambda^2}{8\pi^2 x^2}(i_1 + i_2) 2\pi r \mathrm{d}r \tag{1-22}$$

米氏理论复杂，计算繁琐，但可应用计算机解决。

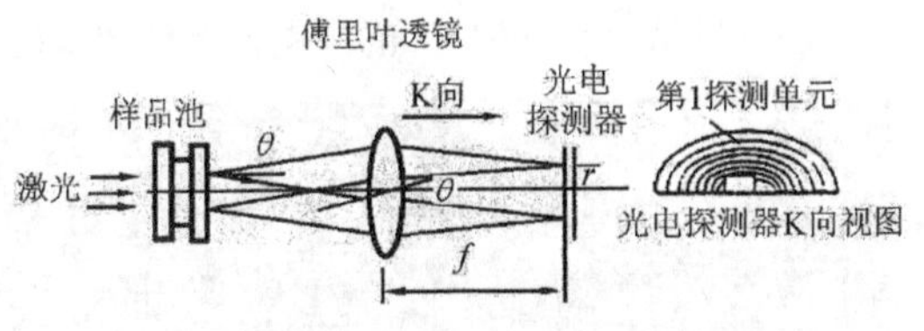

图 1-6 激光衍射粒度测量光学系统原理

(2) 仪器与测量方法

基于 Fraunhofer 及米氏原理的激光粒度仪是应用广泛的粒度分析仪器,仪器的光学系统见图 1-6,以平行准直的激光为光源,半球形光电探测器接收衍射光,计算机系统处理数据并给出粒度分布结果,仪器附带标准粒径分布板作为拟合用的各种球形颗粒组合,一般适用的测量粒径范围 0.1 ~ 200μm。为了提高分辨率,扩展测量范围和改善稳定性,国际上各主要生产厂家近年做了许多技术改进,包括①以固体激光器取代 He-Ne 气体激光器,改善激光源的稳定性和延长使用寿命;②采用双激光源或双镜头技术,缩短光学平台同时扩展测量粒径下限;③使用偏振光强度差接收技术,改善小粒径的分辨率;④增加探测器个数,配置环形、十字形、甚至非均匀交叉三维扇形排列探测器,探测器个数达 130 个以上,改善分辨率;⑤充分应用米氏理论处理,改进数据处理方法,计算机普遍采用 Windows 软件。目前这类仪器测量下限可达 0.04μm,测量重复性达 95% ~ 98%。

测量方法分湿法和干法两种,一般采用湿法。保证准确测量的前提是使样品充分分散,影响湿法分散的因素包括分散剂和表面活性剂种类、超声波强度、分散搅拌速率与样品循环泵速,这些都应根据催化剂的性质调节和选择。测定时,将称量样品放入样品池,加分散剂(一般为水)和必要的表面活性剂,超声分散稳定后,循环,接通入射激光源,记录测量和处理结果。测定前应空白校正。

除了筛分法之外,1985 年 ASTM 发布了一个催化剂粒度分布测定标准方法 D4464,测量粒径范围 20 ~ 150μm,规定使用激光衍射式粒度分析仪,但未做其他限制,可以用于 FCC 流化床反应器用微球催化剂的粒度分析[12]。

1.1.3.4 纳米粒度分析

纳米颗粒和原子团或离子簇又称零维物质,尺寸约几十纳米以下,小于磁性物质的磁畴和导体中电子平均自由程,即粒度达到了临界尺寸。几个纳米的颗粒具有幻数结构。

纳米级粒度分析是纳米催化研究的基本信息来源,一般要求测量范围 5 ~ 500nm,适用的方法有光子相关谱(FCS)、小角 X 射线散射(SAXS)、电子显微镜和激光全散射法等。SAXS 分析过程繁琐且误差较大;电子显微镜方法直观且可得粒度分布形貌信息,如与小型图像仪结合,还可给出粒度统计处理的结果;全散射法仪器结构简单,虽然理论处理较难,但王乃宁等[13]与国际上平行研究已解决了这一问题,为推广应用创造了条件。

(1) 电镜-小型图像仪法

采用电镜暗场像技术,以围环方式,围住一个或数个衍射环的一部分,仅允许满足某个或某些特定 Bragg 角的衍射束通过光阑,由于晶面随机取向,原来团聚的相邻颗粒的暗场像上因为有的显示,有的不显示,呈“分散了”的单纳米颗粒图像(图 1-7)。

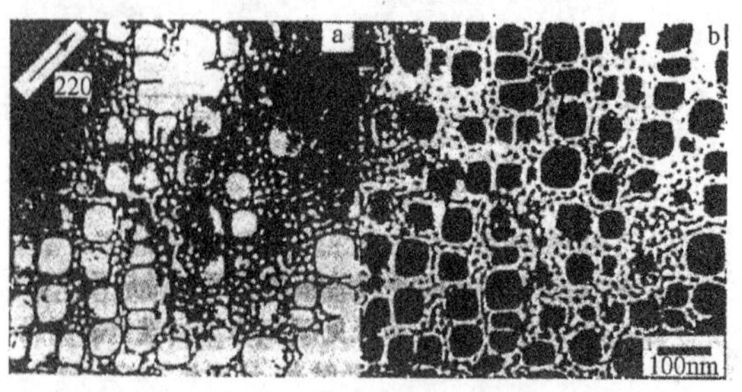

图 1-7　粒度分析的电镜明场像(a)和暗场像(b)的比较

采用常规电镜制样方法,将样品分散于火棉胶支持膜上后,摄取明场像、电子衍射花样和电子衍射花样的围环暗场像,然后进行图像分析获得颗粒分析结果。

暗场像法适用细晶粒,测出的是晶粒度,晶粒的缺陷对测量结果影响不大。由于光阑会限制衍射空间的张角,因此暗场像法的分辨率减弱。但分辨率与统计的误差不同,一般 1nm 分辨率可以满足测量 5nm 颗粒的精度要求。

小型图像仪包括图像采集与数据处理两个系统。采集系统由体视显微镜(电子显微镜或光学显微镜)、摄像机、显示器和采集卡组成,数据系统为带专用软件的计算机系统,要求具备①同时显示 16 种颜色的伪彩显示;②光标生成;③图像剪切;④二值化;⑤图像微分;⑥填(光学假像)洞;⑦“胀” - “缩”运算;⑧面积重心测量等功能,在此基础上可以完成粒度统计和形状分析。

我国钢铁研究总院研制的 CSR 98 型小型图像仪,具有灵巧、功能全等优点,适于纳米材料颗粒分析。

(2) 激光全散射测量法

波长 λ、强度为 I_0 的单色平行光束照射到含颗粒数为 N、粒径为 d 的分散系统时,由于颗粒散射部分入射光,透射光强度 I 减弱。每一颗粒对入射光的散射量可用全散射系数或消光系数 E 表示,即

$$E = \frac{\text{颗粒散射的全部光能量}}{\text{射向颗粒几何截面的全部光能量}}$$

其值与入射光波长 λ、粒径 d 及颗粒相对折射率 m 有关,并可由米氏理论求得。光透射定律的积分式为

$$I / I_0 = \mathrm{e}^{-\tau L} \tag{1-23}$$

式中:L——被测介质光程;

τ——介质浊度。

单分散颗粒系统且满足不相关单散射时,N 个颗粒的散射效应是单颗粒的 N 倍,则浊度为

$$\tau = \frac{1}{4}\pi d^2 E(m,\lambda,d)N \tag{1-24}$$

介质中颗粒的体积浓度 ψ 为

$$\psi = \frac{1}{6}\pi d^3 N \tag{1-25}$$

式(1-23)和式(1-24)代入光透射定律微分式并经简化后得到全散射计算公式，即 Lambert-Beer 计算式

$$\ln(I_0/I) = \frac{3}{2}\cdot\frac{CLE(m,\lambda,d)}{d} \tag{1-26}$$

对普遍意义的多分散颗粒体系，可推导出其浊度消光的 Lambert-Beer 公式，见式(1-27)。

$$\ln(I_0/I) = \frac{\pi}{4}L\int_a^b d^2 N(d)E(m,\lambda,d)\mathrm{d}(d) \tag{1-27}$$

式中：$N(d)$——被测样品的粒径分布函数；

I_0/I——消光值。

由可测出的不同入射光波长下的消光值(I_0/I)，反推颗粒体系粒径分布的“反演求解”。

上海理工大学根据最优化理论，采用数值计算方法提出一个反演计算法，并编制了计算程序。基于此，研制和生产出 TSM 型激光全散射细微粒度仪[14]，可在 0.003～7μm 粒径范围进行纳米级粒度分布测定，测量误差<5%，与美国 Brookhaven 公司 BI 系列光子相关谱仪测量结果较为吻合。

(3) 光子相关谱(PCS)

测量时间-平均散射光强度可用于光学计数[15]。激光被悬浮的纳米级固体颗粒或胶体粒子散射，其散射角强度花样包含光子计数信息，通过米氏理论处理，可以精确测量纳米级颗粒尺寸及其分布[16]。Brookhaven 公司 BI 系列光子相关谱仪是这类商品仪器的代表，由准直的激光源、旋转探测器和计算机数据处理系统组成，样品池与激光衍射粒度仪相类似。测量时必须将样品分散成悬浮状，测量参数为旋转角度、温度、入射激光波长、计数速率。

1.2 催化剂的机械强度测定

因为催化剂的机械强度不良导致工业生产停车的事例屡见不鲜，研制和生产机械性能优良的催化剂，是工业催化剂最基本的规格要求[17]。但是成型催化剂形状各异，使用条件不同，不可能以一种通用指标表征催化剂普适应用要求的机械性能，因此至今没有建立起一种通用的催化剂强度测定方法。事实上，尽管催化科学已经发展到准科学设计阶段，也出版了许多催化工艺与工程的论著，然而催化剂机械强度的理论与实验研究却少见

报道[18,19]，仅发现抗压碎能力与催化剂孔隙率及构成的次级粒子粒径有函数关系以及磨损主要来自颗粒与器壁间的摩擦和物流冲击。经验上则认为，催化剂的工业应用，至少需要从抗压碎和抗磨损性能两方面做出相对评价。

1.2.1 压碎强度测定

均匀施加压力到成型催化剂颗粒碎裂为止所承受的最大负荷，称为催化剂抗压碎强度。大粒径催化剂或载体，如拉西环、直径大于 1cm 的锭片，可以使用单粒测试方法，以平均值表示。小粒径催化剂，最好使用堆积强度仪，测定堆积一定体积的催化剂样品在顶部受压下碎裂的程度。因为对于细颗粒催化剂，若干单粒催化剂的平均抗压碎强度并不重要，有时可能百分之几破碎就会造成催化剂床层压力降猛增而被迫停车。实际上，我国生产的条状催化剂，其圆柱直径或等效圆柱直径大于 1mm 者，大多也采用单粒测试法，但须特别注意径向抗压碎性能[20]。

1.2.1.1 单粒抗压碎强度测定

ASTM 已经颁布了一个催化剂单粒抗压碎强度测定标准试验方法[21]，规定试验设备由两个工具钢平台及指示施压读数的压力表组成，施压方式可以是机械、液压或气动等系统，并保证在额定压力范围内均匀施压。国外通用试验机，按此原理要求由可垂直移动的平面顶板与液压机组合而成。我国催化剂抗压碎强度设备普遍使用 1983 年原化工部颁布的化肥催化剂抗压碎强度测定方法使用的强度仪，其基本原理是在弹性强度范围内，弹性体（弹簧）变形产生的弹性力作用于成型催化剂颗粒上，被测催化剂颗粒即将破碎前引起的弹性体变形，即相应于抗压碎强度的压力值。原则上符合上述 ASTM 抗压碎强度设备的原理要求。

单粒抗压碎强度测定结果，一般要求以正（轴向）、侧（径向）压强度表示，即条状、锭片、拉西环等形状催化剂，应测量其轴向（即正压）抗压碎强度和径向（即侧压）抗压碎强度，分别以 σ(轴)$N\cdot cm^{-2}$和 σ(径)$N\cdot cm^{-1}$表示；球形催化剂以点抗压碎强度 σ(点)/N 表示，N 代表压强，单位牛顿。

单粒抗压碎强度测量要求：①取样有代表性，测量数不少于 50 粒，最好多于 80 粒，条状催化剂应切取长度 3～5mm，以保证平均值重现性≥95%；②样品必须在 400℃下预处理 3h 以上，沸石催化剂则必须经 450～500℃处理（特别样品另定），放入干燥器冷却至环境温度后立即测定；③匀速施压。

1.2.1.2 堆积抗压碎强度测定

堆积压碎强度（bulk crush strength）的评价，可提供运转过程中催化剂床层的机械性质变化，预测单粒压碎强度径向和轴向变动损失[22]。测定方法可以通过活塞向堆积催化剂施压[23,24]，也可以恒压载荷[25]。

“ASTMD32 委员会”正在试验一种单轴活塞向催化剂床层一端施压（图 1-8）的方法[26]，样品经 400℃焙烧 3h 后，以 $34.5kPa\cdot s^{-1}$负荷施压到试验压力下，恒定 60s，数据以固定压强下细粉量或生成指定细粉量需要的压强报出。试验发现，使用这类设计装置测定催化剂强度，催化剂堆积床层的 L/D（高径比）变动不仅对细粉生成量的测量带来误差，而且影响壁摩擦对轴向的压强，为了提高测定结果重现性，要求测量池中催化剂应保持相同堆密度和湿含量。

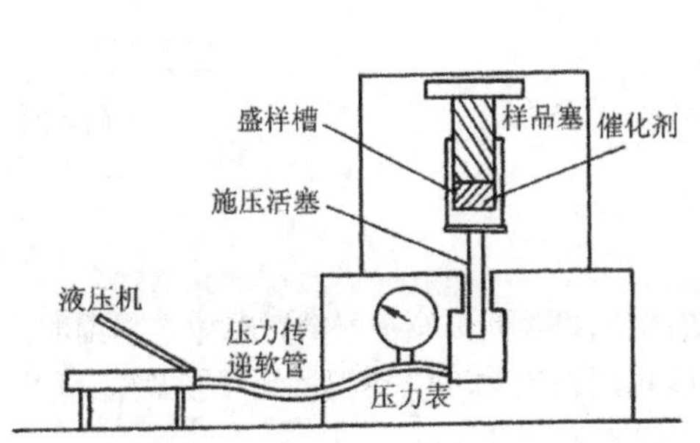

图 1-8　单轴活塞式堆积强度试验计组合示意图

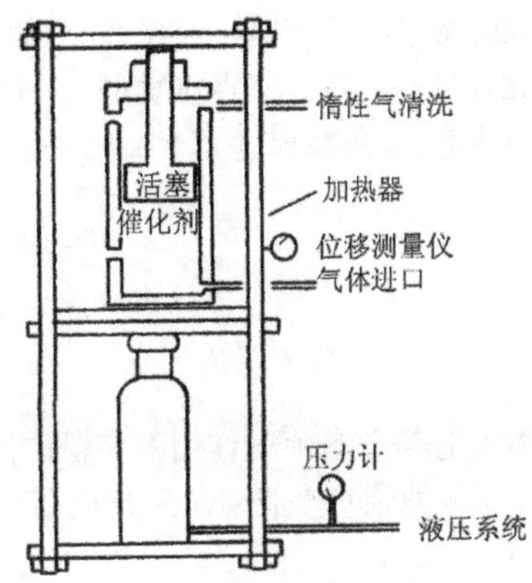

图 1-9　细颗粒催化剂堆积强度测试仪

孟山都公司开发了一种适于细颗粒催化剂抗压碎强度的测定方法[27]，可在近似反应条件下测量，设备的结构原理见图 1-9，试验样品取 200 ~ 300cm^3，催化剂顶部受压(x)与位移指示器指示位移数值(y)对画曲线上的任一(x_i, y_i)点即代表被测催化剂的微分抗压碎强度，给定压力下，位移小表示抗压碎强度大。

1.2.2　磨损性能测试

要求测试过程中催化剂应由摩擦造成磨损，防止破碎形成细颗粒。20 世纪 80 年代以来，ASTM 的"催化剂 D-32 委员会"已经颁布了两个标准试验方法，分别适用于固定床用颗粒催化剂和流化床用粉体(微球)催化剂的磨损性能测试。

1.2.2.1　旋转磨损筒试验

旋转磨损筒试验[28]的设备结构图 1-10，规定磨损圆筒内径 254mm，长 152mm，内装挡

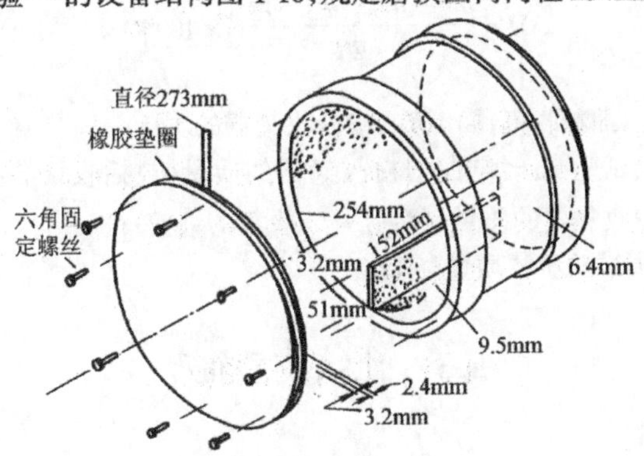

图 1-10　ASTM 磨损试验用磨损筒

板的径向高度51mm,挡板的长度与圆筒相等,圆筒配加一个顶盖,防止摩擦生成的细粉飞逸,圆筒内壁的粗糙度小于6.4μm。磨损圆筒置于一旋转轴上,使圆筒径向旋转,转速60r/min,磨损时间30min,试验装样100g,样品预处理与压碎强度法相同。试验结束后,过ASTM20号筛。筛上物质的质量为 m_1,试验样品质量为 m_0,催化剂的磨损率 η 可由式(1-28)计算,方法精确度为1%~7%。

$$\eta = (m_0 - m_1)/m_0 \times 100\% \tag{1-28}$$

1.2.2.2　空气喷射法

在高速空气流喷射作用下使粉体催化剂流态化,颗粒间以及与器壁间摩擦产生细粉,小于20μm的细粉生成率即为磨损率,是被测催化剂在流化环境使用过程中抗颗粒磨损的表征。

1995年ASTM颁布了空气喷射测试磨损的标准试验方法[29],规定适用对象是骨架密度2.4~3.0g·cm^{-3}、粒径范围10~180μm的球或非球形粉体催化剂;试验设备由增湿压缩空气源和空气喷射摩擦系统两部分组成,后一部分是设备的核心。它由摩擦管与喷嘴、沉降室和小于20μm细粉收集器构成。摩擦管长710mm、内径35mm,材质为不锈钢;三嘴系喷嘴,由蓝宝石制成,喷嘴钻孔精度要求直径为0.381mm±0.005mm;三嘴系喷嘴上接摩擦管。沉降室是 ϕ30mm×110mm的中间圆柱体上下各连接一个圆锥,下圆锥的口径30mm,长约230mm,上圆锥长100mm,整个沉降室置于摩擦管上部。细粉收集器实际为250mL过滤器,下接沉降室。增湿压缩空气的相对湿度为30%~40%(防止静电效应)维持流速为10.00L·min^{-1},在压力200kPa时流速稳定到0.05L·min^{-1}。方法规定试验取样量约65g,经干燥预处理后,过ASTM80号筛,除去大于180μm的粗颗粒,从余留部分准确称取50g进行试验。试验时,样品先经干燥,并在35%的湿度下平衡。先收集第1h磨损细粉,然后更换另一细粉收集器再进行4h磨损试验。试验后的结果以空气喷射磨损指数(AJI)报出。因为方法定义AJI为5h的磨损率,所以

$$\mathrm{AJI} = \frac{m_1 - m_0 + m_5 - m'_0}{m_s} \times 100\% \tag{1-29}$$

式中:m_0,m'_0——空白细粉收集器和第二细粉收集器的质量;

m_1,m_5——磨损试验1h时空白细粉收集器的质量(包括收集的细粉)和5h时第2细粉收集器的质量(包括后4h收集的细粉);

m_s——摩擦磨损试验称样质量(50g)。

1.3　孔结构表征

1.3.1　孔结构表征概况

孔结构测定的试验方法,至今一直由蒸汽物理吸附法和压汞法两种技术主宰,这仰赖于其理论基础的合理和不断完善,尤其物理吸附法的各种模拟计算法不断开发,也和试验

原理较为简单,易于仪器自动化、简易化和小型化有关。

从20世纪40年代Washbourn提出压汞测孔的设计起,Kelvin的毛细原理一直是这一技术的理论基础,进-退汞滞后回线与固体孔形和表面粗糙度的关系是研究的重点,近期分形理论的引入,有可能转变这一领域长期进展平缓的局面。仪器技术则在20世纪80年代初定型化以后,没有重大改进。

与压汞法进展平缓的情势不同,蒸汽物理吸附法的研究十分活跃。从提出Langmuir方程到1978年6月第三次国际孔结构学术会议(在瑞士de Neuchatel大学召开),是以凝聚理论发展带动介孔分析的发展期[30];20世纪70年代末至今,这一时期是孔模型-数学分析与微孔分析获得重大进展期。20世纪70年代末之前孔结构分析的主要进步包括①实际多孔体上吸附由于表面不均匀性、吸附分子间互作用以及吸附层限制影响,对理想BET方程提出多种改进[31~37]和统计处理后的归一化方程[38,39],还发表了诸如Hobson半经验式[40]、Jaroniec能量分布式[41]、Kim-Oh改进式[42,43]等其他多层吸附等温方程,最重要的是BET表面积法被公认为多孔体尤其是催化剂表面积测定的标准方法[44,45];②IUPAC定义划分孔宽尺寸为微孔(micropore,<2nm)、介孔(mesopore,2~50nm)和大孔(macropore,>50nm)后,又在Brunaur五种类型吸附等温线基础上定义多孔体物理吸附有六种类型吸附等温线,指出Ⅲ型和Ⅴ型线存在弱的气-固互作用,Ⅵ型阶梯线反映表面高度均匀性;③发表了多种孔分布计算方法,尤其是不设孔形的无模型法(ML)[46],而基于Kelvin方程的BJH法实际上已被接受为孔分布分析的经典方法[47];④对照参比样的标准等温线概念,引致α_s图[48]和t图[49]比较法在求测表面积和总孔体积方面成功应用,吸附层厚联系吸附层总化学势导出相关的Brockhoff-de Boer经验吸附等温式[50];⑤微孔分布开始受人重视,不仅t图发展为微孔分析的MP法[51],Dubinin的体积填充理论[52]重新被重视,而且D-R方程在活性炭微孔分析中获得应用[53];⑥在吸附实验技术上,实现了静态容量法仪器自动化,动态法成为常规孔分析技术之一,计算机编程开始引入孔分布计算。20世纪70年代末之后,物理吸附研究进入新的发展期,在以下方面引起极大关注:①介孔分析长期未解决的Ⅳ型等温线滞后回线解释,继续成为这一领域关注的重点,由于脱附支轨迹常决定于孔网络渗透效应[54],而吸附支的延迟凝聚又是介稳多层持续的结果[55],且狭缝孔尤为明显,因此吸附支代表热力学平衡、从而成为孔分布计算依据的"理论"正确性成为争论焦点,此外回线本身的大小和形状也指示孔填充-孔倒空机制的存在,加上计算机应用发展,由此促进了密度函数理论(DET)法[56~59]和模型等温线拟合实验等温线进行孔分布分析[60];②微孔分析取得实质性进展,尤其体现在改进的D-R方程[61,62]、H-K方程[63]、Jaroniec吸附势分布方程[64,65]和CA方程(凝聚近似)法[66],以及蒙特卡罗统计模拟的应用[67];③分形几何引入模拟方程[68,69],有可能解决孔结构分析中几何不均匀性问题;④分子筛材料孔分布分析达到应用水平,尤其介孔分子筛的工作,可以得到完满定义的Ⅳ型可逆吸附等温线;⑤实验技术上虽然动态法仪器的使用呈减少趋势,但静态容量法仪器小型化和计算机模拟多种模型软件的配备,使之成为通用化和标准化的孔分析仪器,特别是新的自动低压动力学吸附仪问世,称之谓高分辨吸附(HRADS)技术[70],可用以研究吸附质在分子筛上的吸附等容热[71]。

1.3.2 吸附等温方程新进展

1.3.2.1 吸附量与吸附势的关系

多孔固体吸附总量 n_t 是微孔表面吸附量 $n_{mi,t}$ 与介孔表面吸附量 $n_{me,t}$ 之和,即

$$n_t = n_{mi,t} + n_{me,t} \tag{1-30}$$

若非孔的或不含微孔的参比固体具有与待测吸附剂相同表面性质,即参比固体单位表面积吸附量 q 等于介孔的单位表面积吸附量,则待测多孔固体介孔吸附量 $n_{me,t}$ 应为

$$n_{me,t} = S_{me} q \tag{1-31}$$

式中,S_{me} 为待测吸附剂的介孔表面积。于是该吸附剂的微孔吸附量 $n_{mi,t}$ 为

$$n_{mi,t} = n_t - S_{me} q \tag{1-32}$$

令 n_0 为总吸附量,它是介孔表面的单层吸附量 $n_{me,0}$ 与微孔最大吸附量 $n_{mi,0}$ 的加和,即

$$n_0 = n_{mi,0} + n_{me,0} \tag{1-33}$$

用相对吸附量 θ 表述吸附量 n,则总相对吸附量 θ_t、微孔相对吸附量 $\theta_{mi,t}$ 和介孔相对吸附量 $\theta_{me,t}$ 分别为

$$\left.\begin{aligned} \theta_t &= n_t / n_0 \\ \theta_{mi,t} &= n_{mi,t} / n_{mi,0} \\ \theta_{me,t} &= n_{me,t} / n_{me,0} \end{aligned}\right\} \tag{1-34}$$

方程(1-30)可以表达为

$$\theta_t = f_{mi}\theta_{mi,t} + f_{me}\theta_{me,t} \tag{1-35}$$

式中,f_{mi} 和 f_{me} 分别是与微孔和介孔表面有关的总吸附量的分数,即

$$\left.\begin{aligned} f_{mi} &= n_{mi,0} / n_0 \\ f_{me} &= n_{me,0} / n_0 \end{aligned}\right\} \tag{1-36}$$

而且

$$f_{mi} + f_{me} = 1 \tag{1-37}$$

固体表面吸附势 A 可由 Gibbs 自由能变 ΔG 定义

$$A = -\Delta G = RT\ln(p_0/p) \tag{1-38}$$

吸附势 A 的总分布函数 $\chi_t^*(A)$ 由总相对吸附量 θ_t 对 A 的微分定义

$$\chi_t^*(A) = -d\theta_t/dA \tag{1-39}$$

联合方程(1-35)与(1-39),得

$$\chi_t^*(A) = f_{mi}\chi_{mi}^*(A) + f_{me}\chi_{me}^*(A) \tag{1-40}$$

因为

$$\chi_{mi}^*(A) = -d\theta_{mi,t}/dA \tag{1-41}$$

$$\chi_{me}^*(A) = -d\theta_{me,t}/dA \tag{1-42}$$

所以

$$\chi_t^*(A) = -(d\theta_{mi,t}/dA)f_{mi} + (-d\theta_{me,t}/dA)f_{me} \tag{1-43}$$

表明总分布函数 $\chi_t^*(A)$是固体能量不均匀性的分布函数 $\chi_{mi}^*(A)$与 $\chi_{me}^*(A)$的加权和,而 $\chi_{mi}^*(A)$和 $\chi_{me}^*(A)$则分别与微孔的结构不均匀性和介孔的不均匀性关联,函数$\chi_t^*(A)$、$\chi_{mi}^*(A)$和 $\chi_{me}^*(A)$满足归一化条件,即每一函数从 0 到∞的积分等于 1,而分布函数 $\chi_t^*(A)$则可由总的吸附等温式 $n_t(p)$求得,$\chi_{mi}^*(A)$和 $\chi_{me}^*(A)$分别由偏吸附等温式 $n_{mi,t}(p)$和$n_{me,t}(p)$求出。$[1-\theta_t(A)]$定义为未充占的固体表面吸附中心分数,它实际代表吸附势 A 的积分分布,相对应的微分式即方程(1-39)。

1.3.2.2 D-R 方程与凝聚近似法

(1) D-R 方程与微孔表征

按吸附势理论,在单一吸附质体系,吸附势作用下吸附剂被吸附质充占的体积分数是吸附体积 V 与极限吸附体积 V_0 之比,定义为微孔充填率 θ,基于孔分布呈高斯分布的假设,可用一指数方程表达 θ,即为 Dubinin-Radushkevich(D-R)方程

$$\theta = V/V_0 = \exp[-k(A/\beta)^n] \tag{1-44}$$

式中:β——亲和系数(对于苯为 1);

n——系数(活性炭-苯体系的 n 为 2);

k——特征常数。

如果吸附体积 V 和极限吸附体积 V_0 分别换算为以摩尔单位表示的 $\theta_{mi,t}$和 $\theta_{mi,0}$,则 θ 就是式(1-34)表达的微孔相对吸附量 $\theta_{mi,t}$。因此,按照式(1-38)吸附能 E 可用式(1-45)表示

$$E = A = RT\ln(p_0/p) \tag{1-45}$$

代入上面公式并简化后,又可得到 D-R 方程的对数表达式[72~74]

$$\lg V=\lg V_0-k[\lg(p_0/p)]^2 \tag{1-46}$$

$$k=2.303K(RT/\beta)^2 \tag{1-47}$$

作 $\lg V$-$[\lg(p_0/p)]^2$ 图，得到的直线在吸附量(纵)轴上的截距是 $\lg V_0$，可以计算出微孔体积 V_0

Kaganer 对 D-R 方程改进为[75]

$$\lg V=\lg V_m-k'[\lg(p_0/p)]^2 \tag{1-48}$$

式中，V_m 是单层吸附容量，通过作 $\lg V$-$[\lg(p_0/p)]^2$ 图，由直线在吸附量轴上的截距 $\lg V_m$，可以经过 V_m 计算出微孔表面积。这种微孔的 $\lg V$-$[\lg(p_0/p)]^2$ 图的线性段，处于很低的相对压力范围，一般小于 $p/p_0\cong 10^{-2}$。

许多经验证明亲和系数有以下近似关系

$$\beta=\frac{M/\rho}{M_{ref}/\rho_{ref}} \tag{1-49}$$

式中：M,M_{ref}——吸附质和参比吸附质的相对分子质量；

ρ,ρ_{ref}——吸附温度 T 时吸附质和参比吸附质的液体密度。

苯作为参比吸附质时，吸附能 E 和平均孔宽 w_{adv} 可通过式(1-50)、式(1-51)与 D-R 图的斜率关联

$$E=(T/\beta)(6289k)^{-1/2} \tag{1-50}$$

$$w_{adv}=(\beta/T)(4.25\times10^6k)^{1/2} \tag{1-51}$$

(2) 凝聚近似法

许多研究企图获得近似结果，以解决 D-R 方程在实际多孔体孔分布分析方面的应用[77]。一般近似方法多采用等温方程的积分转换，由实验吸附数据测定微孔吸附剂的孔分布和能量分布[74~78]，都不可避免采用经验方程和人为的转换函数。凝聚近似(CA)法[76]则是基于统计理论，不需要假设清楚的吸附相的处理方法[79]；只需考虑流体 - 吸附剂和流体 - 流体间的互作用势，把微孔充填当作二维凝聚展开，在临界凝聚压力下微孔孔壁上发生吸附。CA 法是在宽的温度范围内提供平衡数据的方法，可以得到较为合理的能量分布函数和给出接近实际的平均微孔值。

为了得到互作用势的信息，须有以下各步计算。

① 计算流体 - 吸附剂互作用势。先计算单原子或分子物种 x 和 y 之间的 Lennard-Jenes 互作用势 ε_{xy}

$$\varepsilon_{xy}=4\varepsilon_{xy}^*\left[\left(\frac{\sigma_{xy}}{r}\right)^{1/2}-\left(\frac{\sigma_{xy}}{r}\right)^6\right] \tag{1-52}$$

式中：r——两原子的核间距；

ε_{xy}——势能量小阱深；

σ_{xy}——$\varepsilon_{xy}=0$ 时物种 x 与 y 间距离；

* ——势能最小。

互作用的总能量 ε 是互作用势函数的对偶和

$$\varepsilon = \sum_j \varepsilon_{jx}(r_j) \tag{1-53}$$

式中：j——固体第 j 个原子；

r_j——从外原子到第 j 个原子的距离。

又计算一个分子 c 与两平行(碳)晶面间互作用势 $\varepsilon_{\mathrm{cx}}$

$$\varepsilon_{\mathrm{cx}^=}(z) = 4\pi m\,\varepsilon_{\mathrm{ca}}^{*}\sigma_{\mathrm{ca}}^{2}\Big[\frac{1}{5}\Big(\frac{\sigma_{\mathrm{ca}}}{d/2+z}\Big)^{10}+\Big(\frac{\sigma_{\mathrm{ca}}}{d/2-z}\Big)^{10} - \frac{1}{2}\Big(\frac{\sigma_{\mathrm{ca}}}{d/2+z}\Big)^{4}+\Big(\frac{\sigma_{\mathrm{ca}}}{d/2-z}\Big)^{4}\Big] \tag{1-54}$$

式中：d——两平行晶面的核间距；

z——分子沿 z 轴到固体平面中心的距离；

m——单位面积晶面的互作用数；

符号 c 和 a——碳晶格原子和吸附质原子。

在半无限平板情况下，固体－流体的互作用由 Steele 10-4-3 势方程描述

$$\varepsilon_{\mathrm{cx}^=}(z) = 2\pi\varepsilon_{\mathrm{cx}}^{*}\sigma_{\mathrm{cx}}^{2}\Delta\Big\{\frac{2}{5}\Big[\Big(\frac{\sigma_{\mathrm{cx}}}{d/2+z}\Big)^{10}+\Big(\frac{\sigma_{\mathrm{cx}}}{d/2-z}\Big)^{10}\Big]-\frac{1}{2}\Big[\Big(\frac{\sigma_{\mathrm{cx}}}{d/2+z}\Big)^{4}+\Big(\frac{\sigma_{\mathrm{cx}}}{d/2-z}\Big)^{4}\Big] - \frac{\sigma_{\mathrm{cx}}}{3\Delta}\Big[\frac{1}{(d/2+z+0.61\Delta)^{3}}+\frac{1}{(d/2-z+0.61\Delta)^{3}}\Big]\Big\} \tag{1-55}$$

式中：σ_{cx}——$\varepsilon_{\mathrm{cx}}=0$ 时晶格原子 c 与吸附物种 x 的距离；

Δ——石墨炭的基平面间距(等于 0.340nm)。

② 计算吸附分子横向互作用能。按照最简 Fowler-Guggenheim(F-G)方法，假设在吸附位上所有原子组态总的互作用能相同，则总横向互作用等于 $c\varepsilon_{\mathrm{w}}$ 其中 ε_{w} 为横向互作用能，c 是最靠近的邻吸附位平均数。微孔吸附行为由以下阶梯函数式(1-56)描述压力范围与表面覆盖度变化关系。

$$\theta(p) = \begin{cases}0, p < p_{\mathrm{C}}\\ 1, p > p_{\mathrm{C}}\end{cases} \tag{1-56}$$

式中，p_{C} 为临界压力。

③ 吸附能与微孔孔宽近似关系。在最具物理意义的 $\dfrac{d}{2r_0}>1$ 的范围，$(\varepsilon^{*}-\varepsilon_0^{*})$ 的对数可以由 $d/2$ 的线性函数描述

$$\ln(\varepsilon^* - \varepsilon_0^*) = \ln\varepsilon_0^* + k\left(1 - \frac{d}{2r_0}\right) \tag{1-57}$$

式中：k——常数；

ε_0^*——$\frac{d}{2r_0} = \infty$处的阱深，即石墨炭表面上的吸附阱深；

ε^*——可通过方程(1-54)的数值解进行计算的显函数[$\varepsilon^* = f(d)$]，实际是

$$\varepsilon^* = \varepsilon_0^* + \varepsilon_0^* \exp\left[k\left(1 - \frac{d}{2r_0}\right)\right] \tag{1-58}$$

$r_0 \cong \sigma_{ca}$，理解为吸附质原子与石墨炭表面碳原子的距离。($\varepsilon^* - \varepsilon_0^*$)值代表敞口的石墨炭微孔表面剩余吸附能，由假想的理想石墨炭表面吸附能，即 Kiselev 方程进行计算。

④ 选择凝聚压力 p_C。选择凝聚压力是应用 CA 法的重要问题。非孔表面凝聚压力由 F-G 等温线得到

$$p_C = K\exp[(-\varepsilon + 2kT_C)/kT] \tag{1-59}$$

式中：T_C——二维凝聚的临界温度($= |cn/4k|$)；

ε——吸附能($= \varepsilon^*$)；

K——常数。

当 $\varepsilon = \varepsilon_0^*$ 时，方程(1-59)可以定义为石墨炭表面的临界压力

$$p_C = K\exp[(-\varepsilon_0^* + 2kT_C)/kT] \tag{1-60}$$

如设石墨微孔壁是均匀吸附区，经推导可得到微孔充填压力是微孔宽度的函数

$$\ln(p_{C_0}/p_C) = \frac{\varepsilon_0\exp\left[k\left(1 - \frac{d}{2r_0}\right)\right]}{kT} \tag{1-61}$$

和

$$\ln[RT\ln(p_{C_0}/p_C)] = \ln\varepsilon_0^* + k\left(1 - \frac{d}{2r_0}\right) \tag{1-62}$$

式中：p_C——临界凝聚压力；

p_{C_0}——石墨炭表面的临界压力。

⑤ 吸附等温线。根据 CA 法的规定，所有 $p_C < p$ 的微孔都将在给定压力 p 下被吸附质充填，经过推导得到吸附势与凝聚压力关系等温方程如下

$$A = RT\ln p_0/p = RT\ln p_0/p_{C_0} + RT\ln p_{C_0}/p \tag{1-63}$$

即微孔中吸附势是非孔表面吸附势与压缩功 $A_C = RT\ln p_{C_0}/p$ 之和，如若 p_{C_0} 接近饱和蒸

汽压 p_0, A_C 可近似用 A 代替。

1.3.2.3 Jaroniec 吸附势能法

Jaroniec 吸附势能法[80]中固体表面能量不均匀性常用吸附量 V 对吸附能 E 的微分分布 $F(E)$ 表征

$$F(E) = -\mathrm{d}V/\mathrm{d}E \tag{1-64}$$

多孔体结构不均匀性则用吸附量 V 对孔宽 x 的微分分布 $J(x)$ 表征

$$J(x) = \mathrm{d}V/\mathrm{d}x \tag{1-65}$$

表征能量与结构不均匀性两类分布之间的关系为

$$J(x) \equiv \frac{\mathrm{d}V}{\mathrm{d}x} = \frac{\mathrm{d}V}{\mathrm{d}E} \times \frac{\mathrm{d}E}{\mathrm{d}x} = -F(E) \times \frac{\mathrm{d}E}{\mathrm{d}x} \tag{1-66}$$

吸附能 E 和 x 之间关系不仅取决孔尺寸和形状(结构不均匀性因素),而且受存在于多孔体表面各种原子、官能团、杂质等反映孔壁表面不均匀性因素的影响。

根据式(1-45),吸附势曲线 $V(A)$ 是所研究吸附系统的原热力学特征。令 $\chi_n(A)$ 是吸附势的非归一化微分分布函数,是与小于 A 的吸附势相关的未充填孔体积($V_t - V$)对 A 的一级微商

$$\chi_n(A) = \mathrm{d}(V_t - V)/\mathrm{d}A = \frac{-\mathrm{d}V(A)}{\mathrm{d}A} \tag{1-67}$$

式中:V_t——最大吸附体积,cm^3/g;

A——吸附势,吸附能 E 与标准状态下吸附能 E_0 之差,即

$$A = E - E_0 \tag{1-68}$$

通过推导可将吸附势分布转换为孔体积分布

$$J(x) \equiv \mathrm{d}V/\mathrm{d}x = (\mathrm{d}V/\mathrm{d}A)(\mathrm{d}A/\mathrm{d}x) = -\chi_n(A)(\mathrm{d}A/\mathrm{d}x) \tag{1-69}$$

即吸附势分布乘以导数 $-\mathrm{d}A/\mathrm{d}x$ 即可转化为微孔体积分布 $J(x)$。

导数 $\mathrm{d}A/\mathrm{d}x$ 取决于孔尺寸范围和几何性,对于狭缝孔形微孔材料(活性炭),A 和 x 之间存在以下关系

$$A = \frac{C_1}{x - d_a}\left[\frac{C_3}{(x+\delta)^9} - \frac{C_2}{(x+\delta)^3} + C_4\right] \tag{1-70}$$

其中

$$\delta = (d_A - d_a)/2$$

式中：C_1, C_2, C_3, C_4——给定吸附质－吸附剂系统的常数（可由文献给出的参数计算[63,83]）；

d_a——吸附质分子直径；

d_A——吸附剂原子平均直径。

方程(1-70)对 x 的微分为

$$\frac{\mathrm{d}A}{\mathrm{d}x}=\frac{C_1}{x-d_a}\left[\frac{3C_2}{(x+\delta)^4}-\frac{9C_3}{(x+\delta)^{10}}\right]-\frac{C_1}{(x-d_a)^2}\left[\frac{C_3}{(x+\delta)^9}-\frac{C_2}{(x-\delta)^3}+C_4\right] \tag{1-71}$$

对于77K时狭缝孔形活性炭上的 N_2 吸附系统，式(1-71)各常数值分别为[63] $C_1=39.6003\mathrm{kJ\cdot mm\cdot mol^{-1}}$；$C_2=1.8942\times10^{-3}\mathrm{nm}^3$；$C_3=2.7048\times10^{-7}\mathrm{nm}^3$；$C_4=0.050\ 12$；$d_a=0.30\mathrm{nm}$；$\delta=0.02\mathrm{nm}$。当改变吸附质和温度时，上述各常数值改变。

如果由等温线的多层吸附和毛细凝聚区计算介孔体积的分布，再由Kelvin方程对介孔孔壁上的吸附膜厚求导得到 $\mathrm{d}A/\mathrm{d}x$，则可进行介孔分布计算。

因为吸附势分布是一个无模型的热力学函数，所以只要设定影响吸附势和孔宽关系的孔几何形状就可算出微孔和介孔的体积分布。即吸附势分布是给定吸附系统惟一的原特征，而孔体积分布则是该系统的亚特征。

因此，对于非狭缝形的其他孔形微孔计算，只是吸附势 A 的方程有所不同，可以参考文献选用，并进行相应 $\mathrm{d}A/\mathrm{d}x$ 的计算。

活性炭的氮吸附等温线、吸附势分布和微孔体积分布图[80]见图1-11～图1-13。

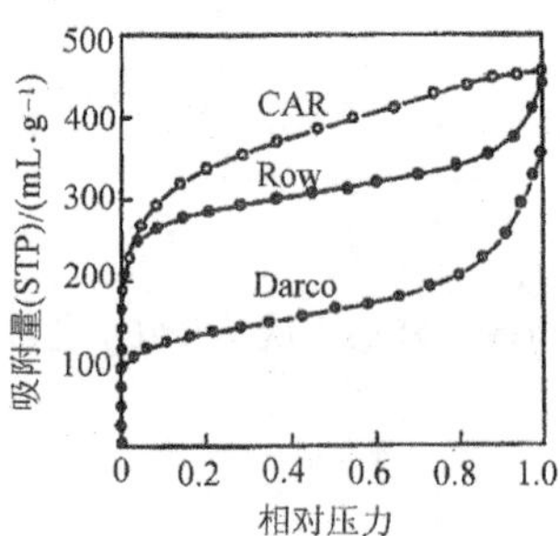

图1-11　活性炭上氮吸附等温线

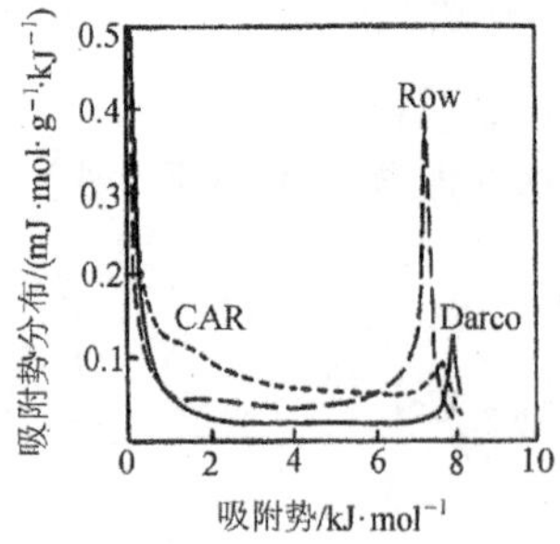

图1-12　活性炭上吸附势分布

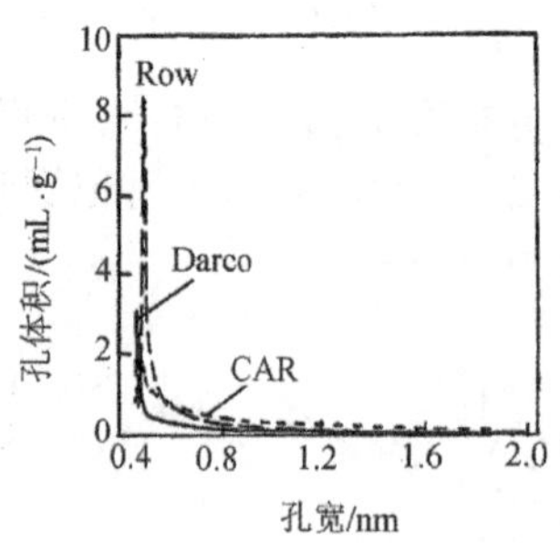

图1-13　活性炭上微孔体积分布

1.3.2.4 Horvath-Kawazoe(H-K)方程

(1) H-K 原方程

Horvath 和 Kawazoe 假设①依照吸附压力大于或小于对应的孔尺寸的一定值，微孔完全充满或完全倒空；②吸附相表现为二维理想气体，即服从 Henry 定律，对多孔体发生吸附时气相压力项因吸附造成的自由能变表达为

$$RT\ln(p/p_0) = \varepsilon_0 + \varepsilon_a \tag{1-72}$$

利用 Lennard-Jones 6-12 配对势关系，借鉴 Everett-Pow 10-4 势描述吸附分子与两平行晶面间作用势模型[81]，由方程(1-72)推导得到狭缝孔模型的 H-K 原方程为[63]

$$RT\ln(p/p_0) = N_{av}\frac{N_aA_a + N_AA_A}{\sigma^4(L-2d_0)} \times \left[\frac{\sigma^4}{3(L-d_0)^3} - \frac{\sigma^{10}}{9(L-d_0)^9} - \frac{\sigma^4}{3d_0^3} + \frac{\sigma^{10}}{9d_0^9}\right] \tag{1-73}$$

式中：N_{av}——阿伏伽德罗常量；

N_a, N_A——单位吸附质面积和单位吸附剂面积的分子数；

A_a, A_A——吸附质和吸附剂的 Lennard-Jones 势常数；

σ——气体原子与零互作用能处表面的核间距；

L——狭缝孔两平面层的核间距；

d_0——吸附质和吸附剂原子直径算术平均值。

对苯或氩－活性炭体系，经过选择参数得到式(1-74)和式(1-75)，分别适用苯－炭和氩－炭。式中 d_a 是吸附质分子直径。

$$\ln(p/p_0) = \left(\frac{72.619}{L-d_a}\right)\left[\frac{2.874\times10^{-3}}{(L-d_a/2)^3} - \frac{7.76\times10^{-7}}{(L-d_a/2)^9} - 0.055\,67\right] \tag{1-74}$$

$$\ln(p/p_0) = \left(\frac{62.38}{L-d_a}\right)\left[\frac{1.895\times10^{-3}}{(L-d_a/2)^3} - \frac{2.7087\times10^{-6}}{(L-d_a/2)^9} - 0.050\,14\right] \tag{1-75}$$

(2) H-K-S-F 方程

式(1-76)是 Staito 和 Foley[82]推导出适于圆柱孔模型的 H-K-S-F 方程。

$$\begin{aligned}RT\ln(p/p_0) &= \frac{3}{4}\pi N_{av}\left(\frac{N_aA_a + N_AA_A}{d_0^4}\right)\\ &\quad\times\sum_{k=0}^{\infty}\left\{\frac{1}{2k+1}\left(1-\frac{d_0}{r_p}\right)^{2k}\left[\frac{21}{32}\alpha_k\left(\frac{d_0}{r_p}\right)^{10} - \beta_k\left(\frac{d_0}{r_p}\right)^4\right]\right\}\end{aligned} \tag{1-76}$$

式中：k——加和的指数整数；

r_p——圆柱孔半径；

α_k, β_k——参数(由 k 的 Gamma 函数算出)。

(3) H-K 球形孔展开式

A 型和八面沸石的孔笼类似球类，为求解其吸附方程，Cheng-Yang[83]提出 H-K 球形孔的展开式

$$RT\ln(p/p_0)=\frac{6(N_1\varepsilon_{1,2}^*+N_2\varepsilon_{2,2}^*)L^3}{(L-d_0)^3}\times\left[-\left(\frac{d_0}{L}\right)^6\left(\frac{1}{12}T_1+\frac{1}{8}T_2\right)+\left(\frac{d_0}{L}\right)^{12}\left(\frac{1}{90}T_3+\frac{1}{80}T_4\right)\right] \tag{1-77}$$

式中：L——球形孔笼的半径；

$\varepsilon_{1,2}^*$——吸附剂－吸附质最小互作用势；

$\varepsilon_{2,2}^*$——吸附质－吸附质最小互作用势；

N_1——孔笼壁上单位面积含氧原子数，

$$N_1=4\pi L^2N_a \tag{1-78}$$

N_2——笼内吸附原子数，

$$N_2=4\pi(L-d_0)^2N_A \tag{1-79}$$

$T_1\sim T_4$——无因次项，通式为

$$T_i=\frac{1}{\left[1+(-1)^n\left(\frac{L-d_0}{L}\right)^n\right]}-\frac{1}{\left[1-(-1)^n\left(\frac{L-d_0}{L}\right)^n\right]} \tag{1-80}$$

$(i=1,2,3,4;n$ 对 T_i 分别为 $3,2,9,8)$

(4) H-K 改进式

考虑到非线性等温线的校正，Cheng 等[84,85]提出 H-K 改进式，即将 H-K 原方程左边 $RT\ln(p/p_0)$改换为

$$RT\ln(p/p_0)+\left[RT-\frac{RT}{\theta}\ln\frac{1}{1-\theta}\right] \tag{1-81}$$

即可得到分别适用于狭缝孔、圆柱孔和球形孔的 H-K 改进式。非线性校正引入的 θ 代表孔隙充填率或相对总吸附量(V/V_0)。

(5) H-K 法计算孔分布

因为 H-K 方程关联孔尺寸随压力 p/p_0 的变化，等温线提供吸附量 $V(p)$的关系，即可得到吸附量与孔尺寸间的对应关系，于是由实验等温线通过上述狭缝孔原方程和圆柱孔、球形孔以及改进的 H-K 方程计算 $\mathrm{d}V/\mathrm{d}L$(或 $\mathrm{d}V/\mathrm{d}r$)对 L(或 r)的孔分布。

孔分布最可几(峰)位置受孔模型选择的物理参数影响很大，表 1-1 给出推荐的有关参数文献值。由 77KN_2 在炭分子筛(狭缝孔)、87K Ar 在 ZSM-5 沸石(圆柱孔)上和八面沸石与 5A 分子筛(球形孔)上的吸附，按上述 H-K 原方程和改进的 H-K 方程计算的孔分布图分别见图 1-14～图 1-17。沸石通道与孔笼精确尺寸列于表 1-2，用以对比。

表 1-1　H-K 法计算孔分布的物理参数

参数	吸附剂氧化物离子		吸附质 Ar
	硅酸铝	磷酸铝	
直径 d/nm	0.276	0.26	0.336
极化率 α/cm^3	2.5×10^{-24}	2.5×10^{-24}	1.63×10^{-24}
磁化率 χ/cm^3	1.3×10^{-29}	1.3×10^{-29}	3.24×10^{-29}
单位面积密度 $N/(mol\cdot cm^{-2})$	1.31×10^{15}	1.48×10^{15}	8.52×10^{14}
密度(孔笼)[1)]$N/(mol\cdot cm^{-2})$	8.48×10^{14}	—	—
密度(孔笼)[2)]$N/(mol\cdot cm^{-2})$	8.73×10^{14}	—	—

1) 八面沸石笼。

2) 5A 分子筛笼。

表 1-2　沸石分子筛通道与孔笼尺寸

沸石分子筛	通道尺寸/nm	孔笼尺寸/nm
ZSM-5	0.56×0.53	—
$AlPO_4$-5	0.73	—
$AlPO_4$-11	0.63×0.39	—
VPI-5	~1.2	—
CaA	~0.49	1.14
八面沸石	0.74	1.37

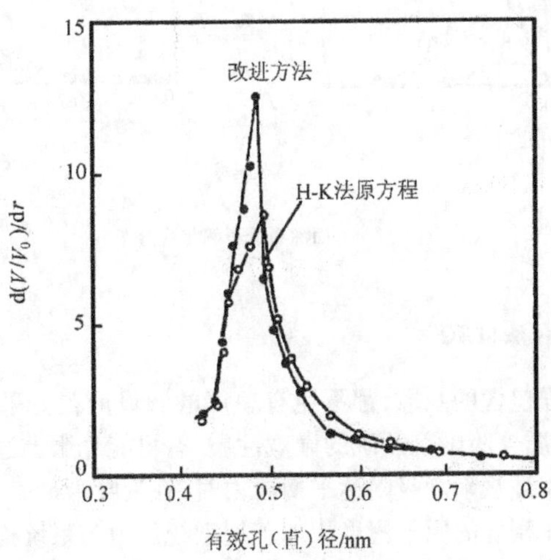

图 1-14　炭分子筛微孔分布(狭缝孔模型)

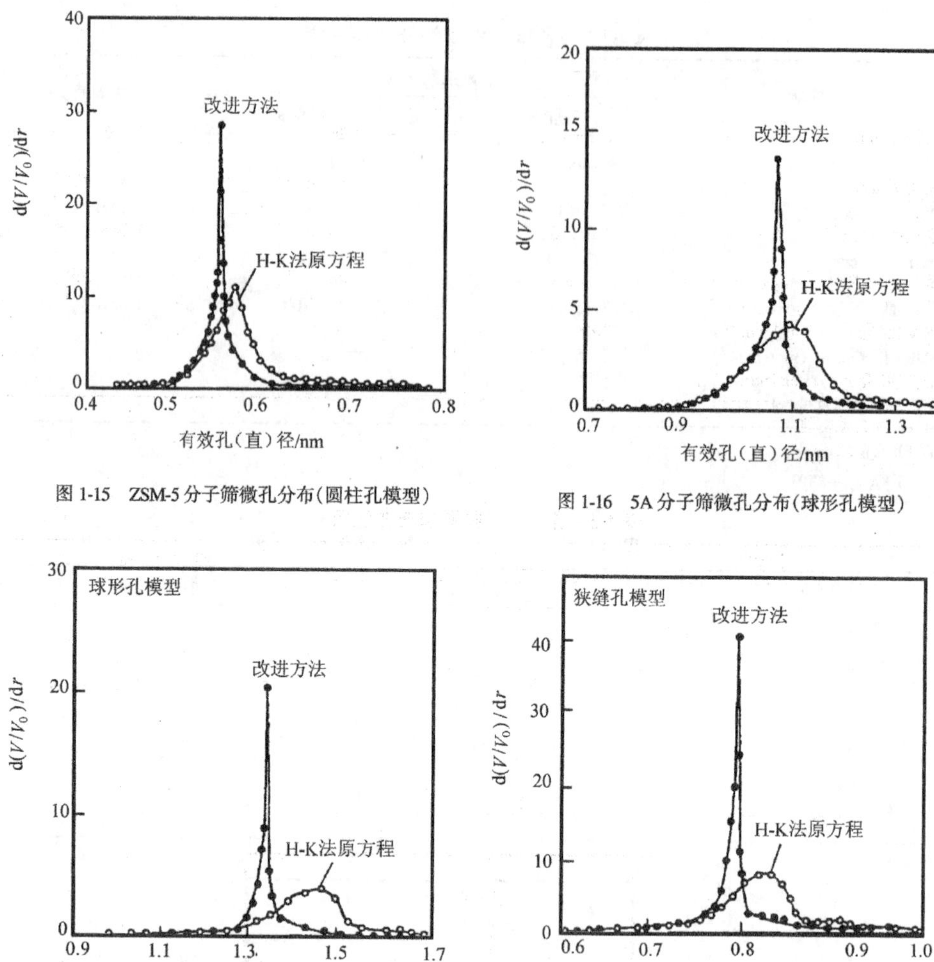

图 1-15　ZSM-5 分子筛微孔分布(圆柱孔模型)

图 1-16　5A 分子筛微孔分布(球形孔模型)

图 1-17　八面沸石分子筛微孔分布

1.3.2.5　密度函数法(DFT)

传统吸附等温方程包含的系数,都不免有争议的假设前提。采用分子统计热力学方程,关联等温线与吸附质－吸附剂系统的微观性质,有可能克服上述缺点。

一定的吸附质气体被吸附剂吸附达平衡压力时,在近吸附剂表面的空间,吸附质气体原子密度远大于其主体相处的原子密度。如若用系统压力与系统构成分子的性质函数来描述近表面处气体原子的平衡分布,则可构成该吸附质－吸附剂系统的吸附等温模型。要达到这一目的必须满足热力学定律要求,即需要平衡时系统最小自由能的组态与原子间对偶互作用势 $\varepsilon(s)$ 的描述。通常 $\varepsilon(s)$ 可由 Lennard-Jones 势给出

$$\varepsilon(s)=4\varepsilon\left[\left(\frac{d_a}{s}\right)-\left(\frac{d_a}{s}\right)^6\right] \tag{1-82}$$

式中：ε——吸附质的特征能；

d_a——吸附质分子直径；

s——离散距离。

DFT 理论基于 Tarazona 状态方程的解，可以得到多孔体吸附等温线而应用于孔结构分析[56,57,86]。

设间隔为 H 的两平行板单孔体浸于恒温、恒压、单组分流体（吸附质）中，流体感应孔壁并达平衡时，流体各点的化学势必与主流体（流体相）化学式相等，而主流体是恒密度均匀体系，其化学势又由系统的压力决定；但近孔壁处流体不是恒密度，其化学势由依赖于密度的若干组分构成，当平衡时在各点又必然综合为与主流体相同值的化学势。

平衡时系统有最小 Helmholtz 自由能，在热力学上作为总势表达为

$$W[\rho(r)] = F[\rho(r)] + \int \mathrm{d}r\rho(r)[A(r) - \mu] \tag{1-83}$$

式中：$\rho(r)$——处于三维空间坐标 r 的平衡密度；

$A(r)$——作用于 r 处的一个分子的势；

μ——化学势；

F——Helmholtz 自由能，以平衡时气体分子密度分布 $\rho(r)$ 的函数 $F[\rho(r)]$ 表达。

式(1-83)中右边后一部分含有理想气体项和流体 – 流体互作用的贡献，$F[\rho(r)]$ 可以展开为两个分量

$$F[\rho(r)] = F_{\mathrm{hs}}[\rho(r')] + 1/2\int \mathrm{d}r\rho(r)\varepsilon(r,r') \tag{1-84}$$

式(1-84)中右边第一项反映分子间斥力引起的自由能，对三维流体不知其精确“硬球”自由能函数，常用简单近似式(1-85)来表达

$$F_{\mathrm{hs}}[\rho(r')] = \int \mathrm{d}rf_{\mathrm{hs}}[p(r)] \tag{1-85}$$

式中，$F_{\mathrm{hs}}[\rho(r)]$ 是均匀硬球流体的 Helmholtz 自由能密度，可以计算，实际常可近似为平均密度 ρ_{adv}。

方程(1-84)右边第二项是引力贡献，为由引力计算的平均场，$\varepsilon(r,r')$ 是系统在 r 处的所有其他流体分子和在 r' 处的一个分子对偶势引力的加和。$\varepsilon(r,r')$ 由 Lannar-Jone 6-12对偶关系计算，于是

$$\varepsilon(r,r') = \int \mathrm{d}r'\rho(r')\varepsilon(r) \tag{1-86}$$

然后可以运用热力学总势方程(1-83)描述特定温度、压力下并与孔尺寸相关联的原子和分子体系，也就是使热力学总势作为单颗粒密度分布的函数。为此必须通过计算使总势

$W[\rho(r)]$减至最小密度仿形分布，以获得平衡密度仿形分布，再通过 Euler-Lagrance 方程求函数极小值的原理完成求解。对于狭缝孔模型，$\rho(r)$只取决于垂直表面的 z 坐标方向。求极小值的方程为

$$KT\ln[\rho(z)] + \Delta\Psi[\rho_{\text{adv}}(z)] + \int dz'\rho_{\text{adv}}(z)\Delta\Psi'[\rho_{\text{adv}}(z)] \cdot \left[\frac{\delta\rho_{\text{adv}}}{\delta\rho}\right] + \varepsilon(z) + V(z) = \mu \tag{1-87}$$

解方程(1-87)可得到平衡密度仿形分布，经由在空间占有的坐标方向 r(即从孔壁外)上积分平衡密度仿形分布，减去无壁作用时的吸附量(主流体的贡献)，即可得到单位表面积的吸附量。因为分析解不大可能，采用迭代数值法解决宽的孔尺寸范围要计算颇多等温压力点的问题，即由超低压到饱和压力范围求算平衡密度仿形分布，需要得到一个特定孔尺寸的单模型等温线。制作一组孔尺寸范围的模型等温线，要求从约气体分子大小的孔尺寸递增到自由表面，而且要重复计算所研究压力范围的一系列的孔尺寸。

DFT 法的优点是不需校正，可适用全等温线范围，对相对压力或孔尺寸范围没有限制[87,88]。但是方法运算繁杂，工作量大，幸而现代微型计算机容量增大，可以承担这一工作。图 1-18 的 A ~ D 是一个展示 DFT 法的运算解析实例。

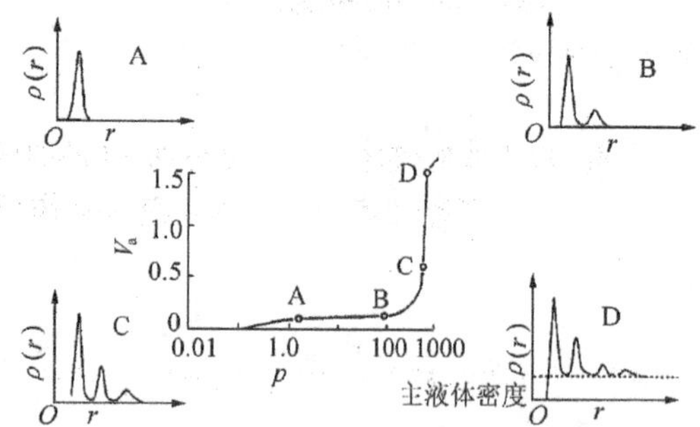

图 1-18 DFT 法解析活性炭上 87.3K 氩模拟等温线

等温线上标点及相对应的插图显示距孔壁不同处气体密度(纵轴)

对于能量均匀表面的石墨类活性炭，采用改进的 DFT 法使用非定域描述方式，可以建立起由实验等温线计算孔分布的方法[89]。对实验数据应用狭缝模型描述孔分布的等温线积分方程取代式(1-88)

$$n(p) = \int dx q(p,x) f(x) \tag{1-88}$$

式中：$n(p)$——压力 p 时每克吸附剂的总吸附量；

$q(p,x)$——描述由孔宽 x 表征的理想均匀材料的吸附等温方程的核函数(可作为每平方米孔表面积的吸附量)；

$f(x)$——想要的孔表面积对 x 的分布函数。

方程(1-88)写为累加式，得

$$n(\boldsymbol{p}) = \sum_i \boldsymbol{q}(\boldsymbol{p}, x_i) f(x_i) \tag{1-89}$$

式中：$n(\boldsymbol{p})$——内插到各压力点的矢量 $\boldsymbol{p}$ 的实验吸附等温线；

$(\boldsymbol{p}, x_i)$——每平方米吸附量的矩阵，每一矩阵行由在各压力 $\boldsymbol{p}$ 对 x 的值算出；

$f(x_i)$——一个解矢子，代表每一孔宽 x_i 所表征的样品的表面积。

当计算狭缝孔的等温线时，x 是可变的孔宽 $x = w - \sigma_{cc}$，其中 w 为孔壁相对两个碳原子中心的间距，σ_{cc}是碳原子的 Lennard-Jones 直径。图 1-19(a)为核函数代表的模型等温线；图 1-19(b)是由图 1-19(a)模型等温线计算的微孔分布。

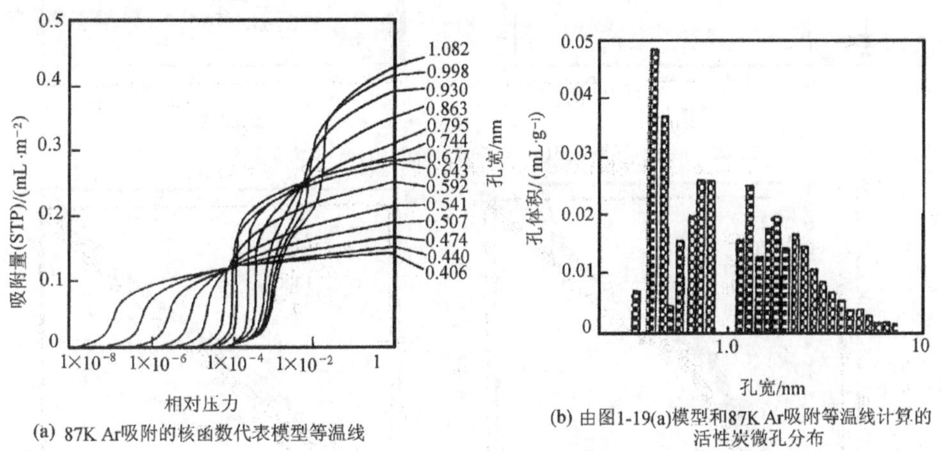

(a) 87K Ar吸附的核函数代表模型等温线

(b) 由图1-19(a)模型和87K Ar吸附等温线计算的活性炭微孔分布

图 1-19 DFT 法计算活性炭上微孔分布

1.3.3 吸附表征沸石分子筛孔结构

解析物理吸附数据，可以对分子筛孔结构提供全貌性信息，主要是利用低压吸附数据，研究分子筛的微孔孔隙特征。当前介孔分子筛的合成与应用，已经成为沸石研究的主要方向之一，表征其孔结构自然是必要的研究内容，也反映了物理吸附目前的研究与应用水平。

1.3.3.1 微孔分子筛吸附表征

DA 或 DR 方程对微孔分子筛尺寸分析依然有用，可以给出微孔体积等信息，但近代低压吸附模拟法指出，微孔充填实际是一个步进过程。孔壁上形成单层，然后在孔内凝聚，因此在方程(1-44)或积分式

$$\theta = \exp[-(A/E)^n] \tag{1-90}$$

中作为局域等温线对于全吸附是不合适的。

α_s 比较图(即给定 p/p_0 下吸附量与 $p/p_0 = 0.4$ 时吸附量之比为 α_s，制成的吸附量 V-α_s 图)可以指示微孔充填与凝聚现象，获得微孔体积 V_{mi}和外表面积信息，并用以比较类似材料的孔结构。

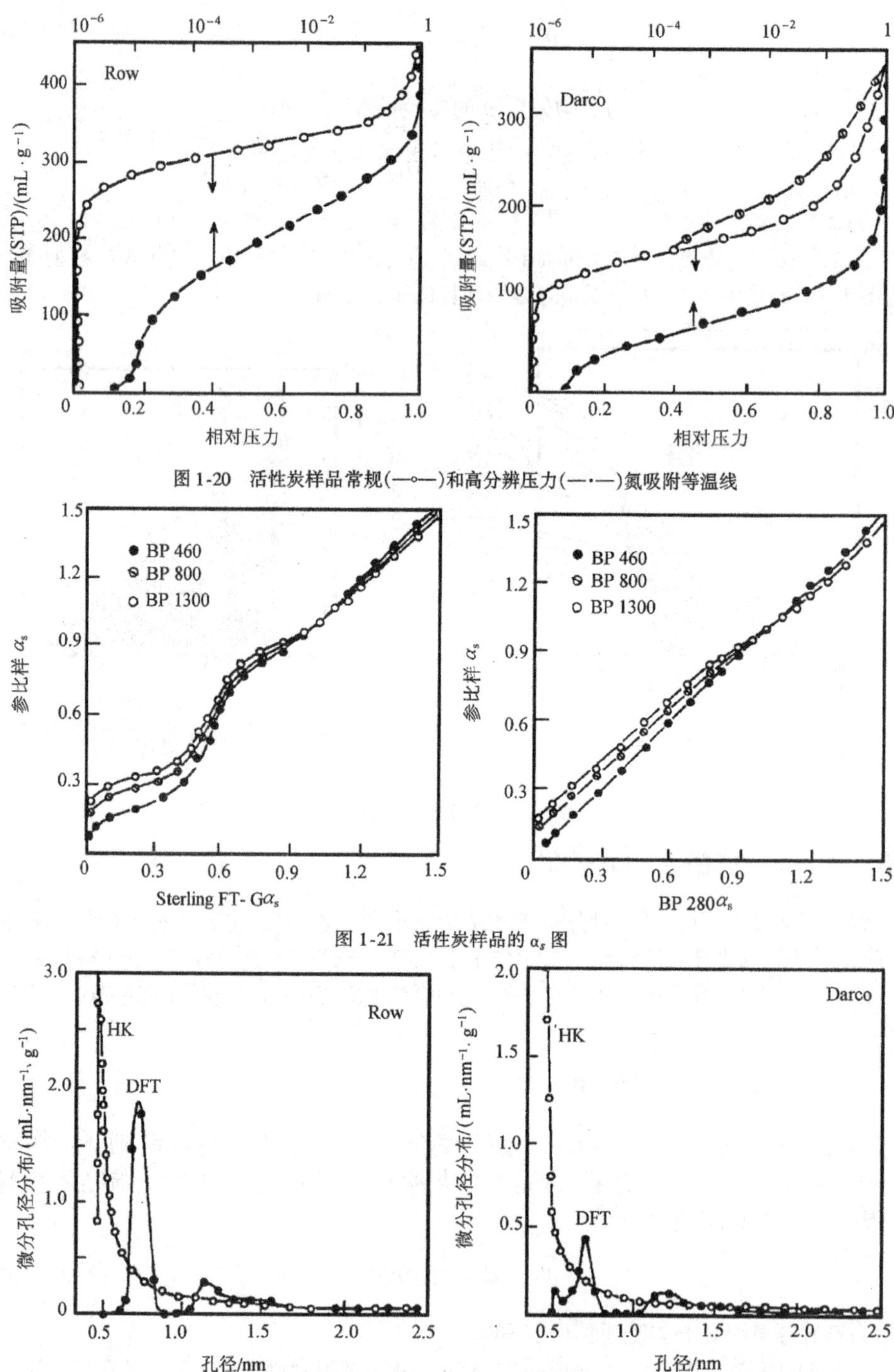

图 1-20　活性炭样品常规(—○—)和高分辨压力(—·—)氮吸附等温线

图 1-21　活性炭样品的 α_s 图

图 1-22　*H-K* 法与 *DFT* 法计算活性炭样品的微孔分布

真正可以提供微孔材料全吸附等温线与孔分布的方法是 H-K 法与 DFT 法,这要与 HRADS 实验方法相结合。表 1-3 和表 1-4 是两个参比炭黑样与六个测试炭黑样的孔分析数据,参比样为表面均匀的 Sterling FT-G 和表面不均匀的 BP280;测试样为 ROW、Darco、BP2000、BP1300、BP800 和 BP460。它们的常规和高分辨压力等温线见图 1-20,α_s 图见图 1-21,H-K 法和 DFT 法计算的孔分布比较见图 1-22[90]。

表 1-3　参比炭黑样与测试炭黑样的孔分析数据

样品	$S_{BET}/(m^2 \cdot g^{-1})$	$S_{ex}^{1)}/(m^2 \cdot g^{-1})$	$V_{mi}^{1)}/(m^3 \cdot g^{-1})$
参比 Sterling FT-G	11.4	—	—
参比 280	40.9	—	—
待测 BP460	78.0	81.3	0.00
待测 BP800	242	227	0.01
待测 BP1300	520	426	0.04

1) 以 BP280 为参比。

吸附过程中,沸石晶体并不处于静态,随吸附的积累,因①吸附相组态弛豫改变吸附相密度;②晶粒重排或骨架弯曲与变形;③孔充填-倒空相关的孔网络(效应)变动,引起吸附行为陡变与吸附-脱附滞后回线出现。所以吸附过程最好在近静态下($dp/dt \approx 0$)下和有限的平衡时间下进行。于是产生了高分辨吸附技术[91]和连续比例调压技术[92]。

表 1-4　炭黑试样孔分析数据

样品	S_{BET} $/(m^2 \cdot g^{-1})$	BET 法 p/p_0 范围	参比 Sterling FT-G			参比 BP280		
			$S_{ex}/(m^2 \cdot g^{-1})$	$V_{mi}/(cm^3 \cdot g^{-1})$	$S_t/(m^2 \cdot g^{-1})$	$S_{ex}/(m^2 \cdot g^{-1})$	$V_{mi}/(cm^3 \cdot g^{-1})$	$S_t/(m^2 \cdot g^{-1})$
Row	938	0.06~0.25	112	0.40	1010	135	0.40	1178
	1061	0.005~0.12	—	—	—	—	—	—
Dacro	457	0.06~0.25	189	0.12	430	215	0.12	500
	485	0.005~0.12	—	—	—	—	—	—
BP2000	1454	0.06~0.25	425	0.49	1150	489	0.48	1530

Unger 和 Muller 研究了 ZSM-5 上氮吸附行为[93],发现滞后回线对三个因素敏感:①铝或其他阳离子的存在,无或少铝的沸石($n(Si)/n(Al) > 500$)显示出滞后回线;②温度升高(如升到 90K)引起向低压力区移动转变;③吸附质的极性,由于 Ar 没有永久偶极,不显示滞后回线,因此对于微孔分子筛的表征来说,Ar 比 N_2 可以给出更为精确的吸附数据。

1.3.3.2 介孔分子筛吸附表征

(1) 介孔分子筛比表面积

BET 氮吸附法仍是常用的测量表面积的方法,依据是多层吸附。但是,介孔分子筛情况与此不同,测量 BET 面积的低压区,毛细凝聚比多层吸附更起作用,2～3nm 小孔径分子筛或低有序的材料更是如此[94,95],因此为了避免出现计算比表面积偏高,应该避开使用毛细凝聚压力区,可以在低压区利用吸附数据,采用比较作图法(α_s 图和 t 图)测算比表面积;如若必须使用 BET 法,则应对计算所在的压力范围严格规定。

非孔或大孔参比样与分子筛试样的比较图画出直线,指示二者吸附过程相同,按单一的多层吸附机理进行;反之,比较图偏离线性,表明试样吸附的机理与参比样不同,可能是微孔充填或毛细凝聚。经验证明色谱用硅胶适于作高硅分子筛的孔分析参比样[94,96,97]。

比较图的前部常呈线性,数据不受毛细凝聚影响,可用其低压段的斜率计算分子筛比表面积,对含微孔或有序性较差的样品特别重要。

(2) 介孔分子筛孔体积

介孔分子筛含有原(一级)介孔孔体积(介孔分子筛均一孔特征)、亚介孔(二级介孔包括未形成介孔分子筛有序结构的介孔和少量大孔)孔体积及微孔体积。

测定微孔体积和微孔孔隙率采用比较图法。比较图低压初始段如偏离线性,指示微孔充填,其直线部分在“吸附量”轴上的截距可视为微孔吸附量,乘转换因子 1.5468×10^{-3} 即转换为用 $cm^3 \cdot g^{-1}$ 表示的 77K 吸附量的微孔体积。比较图中高压区的线性段上翘抖动,指示介孔中存在毛细凝聚现象,其线性部分的斜率可用以计算介孔与大孔表面积。

比较图的高压部分的直线段,适用于计算介孔分子筛的原介孔孔体积 V_1 和外表面积(颗粒外表面积和可能的无定形材料外表面积)[94,96]。

总孔体积 V_t 由靠近饱和蒸气压(如 $p/p_0 = 0.99$)的压力下的吸附量给出,经换算为液体吸附质的体积。

总孔体积 V_t 与原介孔孔体积 V_1 之差,代表亚介孔孔体积 V_2,即

$$V_t = V_1 + V_2 \tag{1-91}$$

(3) 介孔分子筛孔尺寸和分布

介孔分子筛中存在非真实微孔隙率[98,63],不能精确地测定介孔尺寸;基于 Kelvin 方程的孔分布计算方法,对小的介孔孔分布计算也常会引出一系列错误[95,99,100]。现有的 DFT 法可以利用,但会出现双峰孔分布之类错误[97],据说专用于介孔分子筛的 DFT 模拟软件正在开发[99,100],目前真正可用的是以下的简单尺寸测定方法。

呈六角排列的均一 MCM-41 类分子筛,从几何概念出发,考虑其峰窝状结构中的孔体积与孔壁比,导出孔(直)径 w_d 关系[95,103]

$$w_d = Cd\left(\frac{\rho V_1}{1 + \rho V_1}\right)^{1/2} \tag{1-92}$$

式中:w_d——孔尺寸;

V_1——原介孔孔体积；

ρ——孔壁密度(高硅介孔分子筛约 $2.2cm^3 \cdot g^{-1}$)[103,104]；

d——XRD 面间距；

C——常数(圆柱孔等于 1.213[105],六角形孔等于 1.155[106])。

只要从孔的两边(六角形)中心间距$[(2/3)^{1/2}d]$减去 w_d 即为孔壁厚 t_w,也可用式(1-92)计算。

方程(1-92)的改进式为

$$w_d = Cd\left(\frac{V_1}{1/\rho + V_1 + V_{mi}}\right)^{1/2} \tag{1-93}$$

式中,V_{mi}为微孔体积,由 V_{mi}的存在可以解释某些合成 MCM-41 分子筛出现介孔-微孔双峰孔分布,但面间距很大而原介孔尺寸较小的现象。

需要指出的是,方程(1-92)和方程(1-93)只适用于 MCM-41 这类分子筛的经验式,并不普适于所有介孔分子筛,也不能计算孔分布;当然不排除经过检验或校正应用于某些介孔分子筛。不过经过这种方法表征过的高质量 MCM-41 分子筛,可以用做介孔分析吸附方法的模型材料[107]。

孔尺寸的分析方法的依据是①适应毛细凝聚-毛细蒸发与孔尺寸之间的相应关系;②建立吸附压力与固体表面上吸附质统计厚度之间的关系(t 曲线)。一旦建立了这种关系,即可以选用各种分析计算方法,BJH 法仍是介孔分子筛较为适用的方法[108]。经验发现,77K 氮吸附、采用圆柱孔模型,毛细凝聚压力与 2 ~ 65nm 孔尺寸之间有经验表达式(1-94)。

$$r(p/p_0) = 0.416[\lg(p_0/p)]^{-1} + t(p/p_0) + 0.3 \tag{1-94}$$

式中,r 为孔半径,为 10 ~ 100nm,此式与 Kelvin 方程等效。

Jaroniec 等[107]研究 $p/p_0 = 10^{-5} \sim 0.995$ 硅胶上的吸附等温线,导出统计膜厚$t(p/p_0)$曲线的分析表达如式(1-95),在 $p/p_0 = 0.1 \sim 0.95$ 内很精确。

$$t(p/p_0) = 0.1\left[\frac{60.65}{0.030\,71 - \lg(p/p_0)}\right] \times 0.3968 \tag{1-95}$$

方程(1-94)很适合计算近似圆柱孔的 HCM-41、MCM-48 等分子筛[105,109~113]。

(4) 介孔分子筛滞后回线

1993 年,Branton 和 Sing 研究 MCM-41 的氮吸附-脱附等温线[114,115],发现在 $p/p_0 = 0.41 \sim 0.46$ 窄范围等温线陡升,而且完全可逆,得到一个无滞后回线的异常的Ⅳ型等温线(图 1-23)。以非孔氧化硅作参比物,得到其 α_s 图(图 1-24)。分析图 1-23、图 1-24 的形状,表明在 $p/p_0 = 0.41$ 发生毛细凝聚前在孔壁上出现了单-多层吸附;初始直线段又可外延到原点,证明不存在任何低压区可检出的微孔填充现象。又作了氩对 MCM-41 的等温线和 α_s 图,及氧的等温线[114],分别见图 1-25、图 1-26 和图 1-27。Ar 的 α_s 图与孔壁发生的毛细凝聚前物理吸附机理相一致,但 Ar 和 O_2 的等温线却出现了滞后回线,而与氮吸附

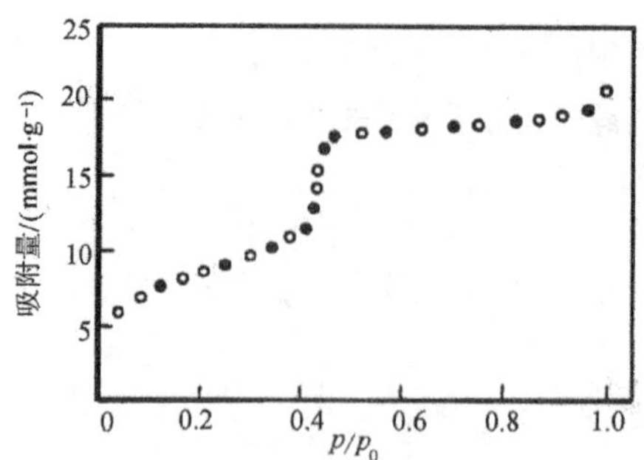

图 1-23 MCM-41 分子筛上 77K 氮的无滞后回线等温线

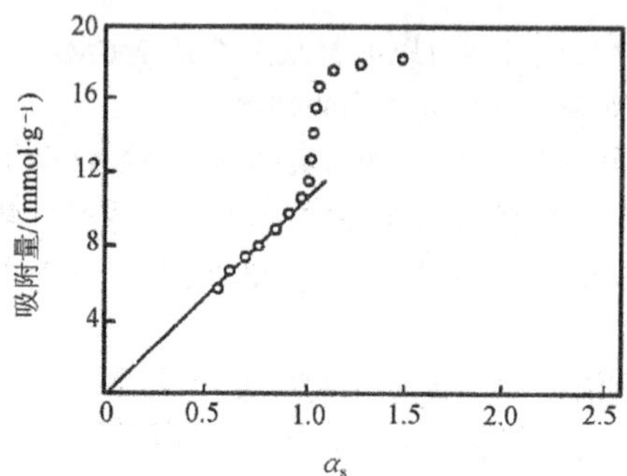

图 1-24 MCM-41 分子筛上氮吸附的 α_s 图

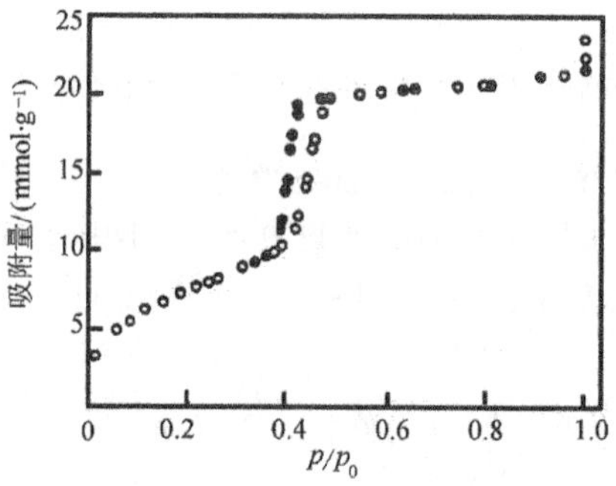

图 1-25 MCM-41 分子筛上 77K 氩吸附等温线

情况不同。通过对包括 BET 数据在内的吸附数据计算，汇列于表 1-5，其中 n_m(BET)代表 BET 单层吸附容量，C(BET)代表 BET 常数，$\alpha_m(1)$是各吸附质的视分子面积，由氮面积和各吸附质的 n_m(BET)值算出，$\alpha_m(2)$是由各吸附质在其沸点时的液体密度算出的分子截面积，w_p 是有效孔宽，V_t 是总孔体积。比较表 1-5 中数据，发现氧的 $\alpha_m(1)$与 $\alpha_m(2)$十分接近，氩则有一定差异；但氩的 $\alpha_m(1)$值与非孔和介孔氧化物的检验平均值 0.167nm² 十分吻合；在 $p/p_0=0.95$ 得到的三个总孔体积 V_t 的值，与假设 77K 氩的超冷液体毛细凝聚状态良好吻合；将等温线的陡阶与 α_s 图关联，清楚表明在介孔的窄压力范围出现了毛细

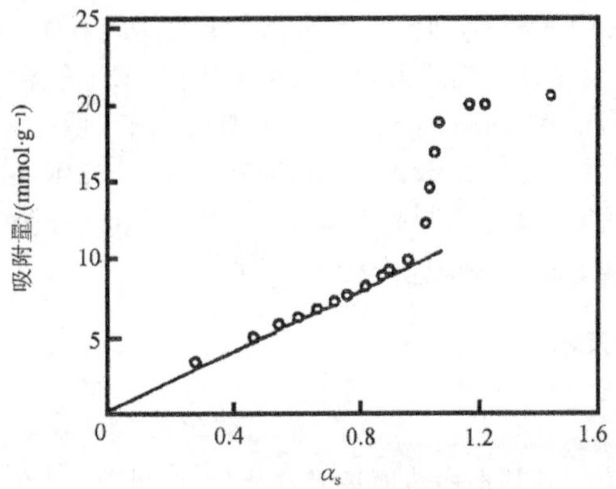

图 1-26　MCM-41 分子筛上氩吸附的 α_s 图

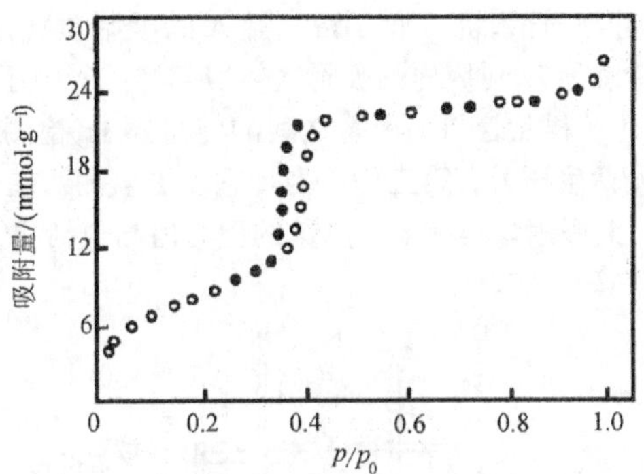

图 1-27　MCM-41 分子筛上 77K 氧吸附等温线

凝聚。因为滞后回线的形式与毛细凝聚相关,回线类型在很大程度上受孔形和网络性质制约[108,116],回线下限与孔尺寸和温度有关[118]。所以当(1)恒温情况,孔尺寸(或维度)减小到临界以下时,和(2)恒孔情况、充分提高温度时,都会出现毛细凝聚的不稳定性。因此,对比氮吸附与氩和氧吸附,说明出现 MCM-41 的可逆等温线现象,不是由于特殊的孔形和孔分布,而是毛细凝聚在高度均匀孔结构上不稳定性的反映。表现在 $p/p_0 = 0.41 \sim 0.46$ 的氮吸附,发生了毛细凝聚与蒸发的可逆现象。

表 1-5　氮、氩、氧在 MCM-41 上的吸附[114]

吸附质	n_m(BET) /(mmol·g⁻¹)	C(BET)	$\alpha_m(1)$ /nm²	$\alpha_m(2)$ /nm²	p/p_0	w_p /nm	V_t /(cm³·g⁻¹)
氮	6.71	~200	0.162	0.162	0.41~0.46	3.3~4.3	0.64
氩	6.51	41	0.167	0.138	0.38~0.46	3.5~5.1	0.61
氧	7.52	37	0.145	0.143	0.34~0.44	3.1~4.7	0.64

Sing 等[116]最近用 CCl_4 和 N_2 吸附对比研究了硅型 MCM-41(SiO_2 3.4nm)样品,出现两个现象:①MCM-41 分子筛上仍然出现氮的可逆吸附-脱附等温线,但陡升位置与前述 $p/p_0=0.41\sim0.46$ 不同,位于 $p/p_0=0.33\sim0.37$;α_s 图证明也未发现微孔充填现象;②CCl_4的等温线,随等温温度由 273K 经 288K、303K 上升到 323K,由出现轻微滞后回线到完全可逆,这表明毛细凝聚-毛细蒸发的发生主要取决于温度。由氮吸附等温线和由 CCl_4 吸附等温线计算的孔直径也十分接近,为 3.8~4.0nm。

1.3.4 物理吸附实验技术

1.3.4.1 测量仪器

静态容量物理吸附仪的基本构造原理是众所周知的[119],近代自动仪器的结构示意图如图 1-28 所示。基本单元器件是三个压力传感器 B、D、F 以及用以接通真空、吸附质气和隔离样品的阀,样品管,液氮恒温浴和储气器 A。由它们构成温控单元、测压单元、真空系统、样品管、储气器及歧管系统。来自储气器 A 的吸附质气,进入样品管和平衡管,样品管侧的样品压力传感器 B,对因样品吸附气体引起样品管中压力下降感应,并引发伺服阀开闭以维持恒压,位于样品管与平衡管之间的传感器 D,检测两管间的压力差,并触发另一伺服阀 E 去平衡两管压力。第三个压力传感器 F 监测两储气器 A 之间压力,并判定样品吸附的气体量。此吸附量实际上经测量的压力值与包括歧管在内的死空间体积计算得到,死空间的体积精确预知。

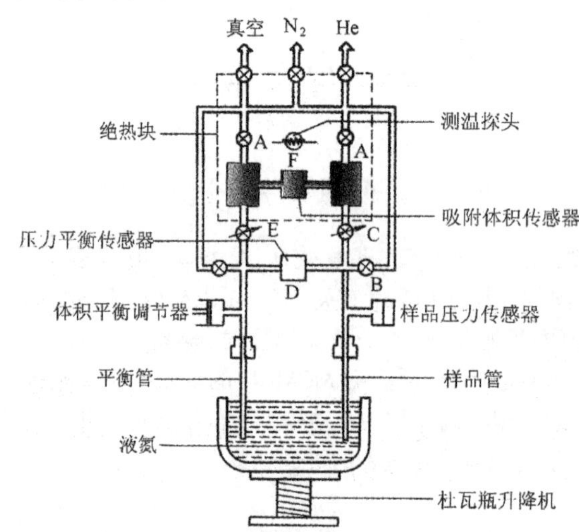

图 1-28 静态气体自动吸附仪结构原理

现代物理吸附仪与 10 年前相比,主机及脱气单元基本没有变化,仅自控性能更为精确、更加小型化,主要进步体现在计算机控制、特别是数据处理的软件功能。例如,Micromeritics 公司 Gemini 2300 系列,尤其 Tristar 3000 孔率分析仪,它的 Windows 软件几乎包括了所有目前物理吸附有影响的等温方程与计算方法,包括完全吸附-脱附等温线、单点和多点 BET 表面积、Langmuir 表面积、BJH 孔分布(体积和面积)、Halsey 层厚方程、总孔体积、MP 法、t 图和 α_s 图比较法等，还有独家的 DFT Plus，可以进行孔体积、表面积与表面能量分布计算。

为了适应活性炭、沸石分子筛等微孔材料的孔结构研究，近年已经出现了商品高分辨吸附仪(HRADS)，在压力分辨率至少达到 0.13Pa 条件下，实现 p/p_0 从 $1\times10^{-6}\sim1\times10^{-1}$ 的 Ar 或 N_2 低温吸附实验，由计算机程序控制脉冲平衡吸附，即对盛放于样品管的被测样品按给定间隔时间(如 5min)施以恒定体积(0.05mL)吸附质的气体脉冲。正式吸附测量前，先用氦置换测定死体积。仪器配置的计算机软件程序可以连续监测样品室压力变化，并给出等温线，一般采用 H-K 法计算孔分布。典型的 HRADS 仪器有 Omicron Tech Corp 生产的 Omnisorp 360 型、Advanced Scientific Designs In (ASDI)生产 RXM-100 型和 Micromeritics 公司生产的 ASAP 2010 型等。

1.3.4.2 实验要求

催化剂样品要求在 300℃和 < 0.133Pa 的条件下脱气 3h[44,45]。吸附实验过程包括①精确测量死空间体积；②真空系统真空度应达 1.33×10^{-2}Pa；③精确校正压力测量系统；④严格液氮温度的恒温控制；⑤合理选用样品管，对于细粉状沸石分子筛样品，应选用 20 ~ 25cm^{3}样品管，以免脱气时沸扬。

HRADS 要求在 $1\times10^{-4}\sim1\times10^{-3}$Pa、300℃进行脱气处理 0.5 ~ 1h，其他与常规物理吸附实验要求相同。

1.3.4.3 实验方法应用与标准化

表征不同孔结构项目的测算方法，依据样品的实验吸附等温线类型选择。常规的催化剂表征项目为表面积、总孔体积和孔(体积)分布，对一般不含微孔的样品，氮吸收 BET 表面积多点法和一点法、BJH 孔分布计算法，及其依据的吸附等温线都已成为标准化方法[44,45,120~122]；对于含微孔的催化剂，微孔总表面积或沸石含量测定方法所采用的 t 法，亦已标准化[123]；要求根据氮吸附数据计算 $i=1,2,\cdots,n$ 各点的 t 值，

$$t_i=\left[\frac{113.99}{0.034-\lg(p_i/p_0)}\right]^{1/2} \tag{1-96}$$

由 t 图直线求出斜率 S_t 和截距 I_t，再计算 t 面积，它被视为催化剂基质(非微孔部分)表面积

$$t\text{ 面积}=S_t\left(\frac{15.47}{0.975}\right) \tag{1-97}$$

0.975 是氧化物类催化剂的适用因子。计算出 BET 表面积

$$\text{BET 表面积}=4.353\,V_m \tag{1-98}$$

最后由式(1-99)和式(1-100)计算分子筛表面积(微孔表面积)和微孔体积

$$\text{分子筛表面积}=\text{BET 表面积}-t\text{ 面积} \tag{1-99}$$

$$\text{微孔体积} = 1.547 \times 10^{-3} \times I_t \tag{1-100}$$

含微孔或不含微孔的介孔沸石的孔结构分析方法见前述。建立催化剂孔结构标样是孔表征标准化的要求，20 世纪 80 年代美国国家标准技术研究所已经设立了适合静态法和连续流动态法测定表面积的三个标准样品，分别是低硅铝比的高岭土、氧化铝和高硅铝比的硅酸铝，可以从美国国家标准局(NBS)购得[124]。

1.3.5 压汞法

1.3.5.1 基本原理

压汞(孔率)法是用于介孔分析仅次于物理吸附法的主要实验技术，更是大孔分析的首选实验方法。其基本原理基于非润湿毛细原理推出的 Washburn 方程，实验测量外压力作用下进入脱气处理后固体孔空间的进汞量，再换算为不同孔尺寸的孔体积、表面积。换算依据 Young-Duper 方程，使 $\mathrm{d}V$ 的汞进入固体需要做功与形成汞-固体界面面积 S 的所需功关联，得到式(1-101)[125]

$$-p_{\mathrm{h}}\mathrm{d}V = \gamma_{\mathrm{L}}\cos\theta \mathrm{d}S \tag{1-101}$$

不同外压力段积分后，得到式(1-102)

$$-\int_0^{S_n} \gamma_{\mathrm{L}}\cos\theta \mathrm{d}S = \int_0^{V_n} p_{\mathrm{h}}\mathrm{d}V \cong \sum_{i=1}^{n} \overline{p}_{\mathrm{h}_i} \Delta v_i \tag{1-102}$$

其中

$$\overline{p}_{\mathrm{h}_i} = (p_{\mathrm{h}_i} + p_{\mathrm{h}_{i+1}})/2 \tag{1-103}$$

所以

$$S = -\sum_{i=1}^{n} \overline{p}_{\mathrm{h}_i} \Delta v_i / (\gamma_{\mathrm{L}}\cos\theta) \tag{1-104}$$

总表面积

$$S = \frac{-1}{\gamma_{\mathrm{L}}\cos\theta} \int_0^{p_{\mathrm{h(max)}}} p_{\mathrm{h}}\mathrm{d}V \tag{1-105}$$

式中：γ_{L}——汞-固体表面张力；

θ——接触角；

p_{h}——进汞外压力

进汞量对孔半径 r 微分 $\mathrm{d}V/\mathrm{d}r$(或对孔直径微分 $\mathrm{d}V/\mathrm{d}w$)可得微分曲线。实际上，孔半径的微分分布 $D(r)$是由孔半径(或直径)对应的外压力 p_{h} 转换得到的，其孔体积分布和表面积分布分别见式(1-106)和式(1-107)

$$D(r)=\frac{\mathrm{d}V}{\mathrm{d}r}=\frac{p_{\mathrm{h}}\mathrm{d}V}{r\mathrm{d}p_{\mathrm{h}}}=\frac{-1}{r}\cdot\frac{\mathrm{d}V}{\mathrm{d}(\ln p_{\mathrm{h}})} \tag{1-106}$$

$$D(r)=\frac{\mathrm{d}S}{\mathrm{d}r}=\frac{\Delta S}{\Delta V}\cdot\frac{\mathrm{d}V}{\mathrm{d}r}=\frac{2}{r}\cdot\frac{\mathrm{d}V}{\mathrm{d}r}=\frac{2}{r^2}\cdot\frac{\mathrm{d}V}{\mathrm{d}(\ln p_{\mathrm{h}})} \tag{1-107}$$

压汞分布曲线还可有多种表达方式，如积分进-退汞曲线(图 1-29)、进汞体积增量、累加进汞体积和对数微分进汞体积(图 1-30)曲线等。

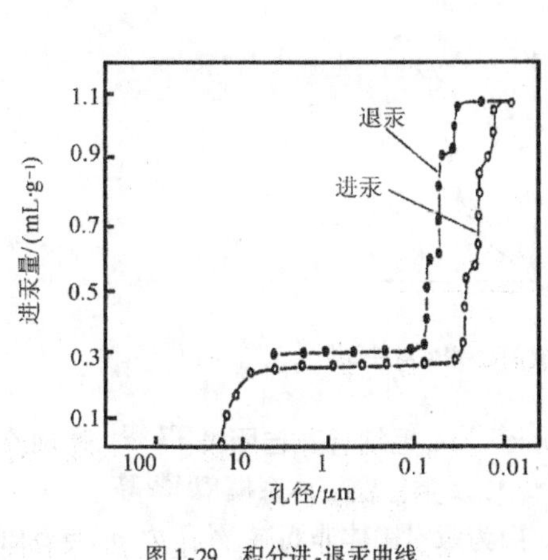

图 1-29 积分进-退汞曲线

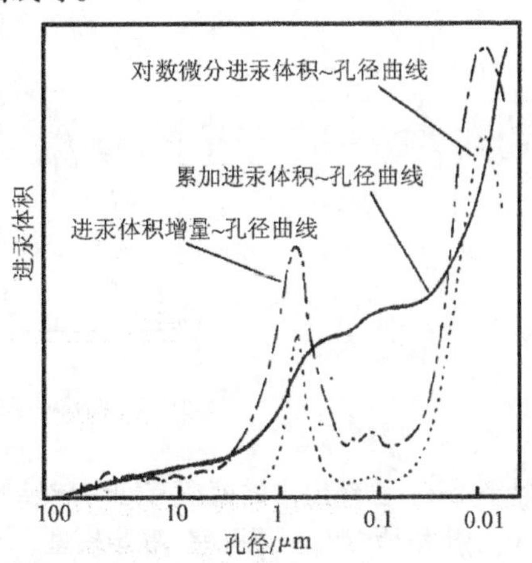

图 1-30 三种进汞体积-孔径曲线

依据式(1-101)～式(1-107)，对实验进汞曲线处理后，可以获得常规压汞分析要求的结果，包括压汞总孔体积、压汞表面积和孔分布。

1.3.5.2 进-退汞滞后回线与影响因素

压汞法的进-退汞滞后回线包含着丰富的孔结构信息，是压汞法表征催化剂等多孔体的重要内容。

实验进汞曲线与退汞曲线不重合，形成类似吸-脱附滞后回线的进-退汞滞后回线(图 1-31)。这种现象首先是偏离理想孔模型的结果，例如喉颈孔连接较大圆柱孔，二者孔半径 $r_{\mathrm{n}}<r_{\mathrm{w}}$(下角 n 表示窄孔，w 表示宽孔)，对应的进汞压力 $p_{\mathrm{h_n}}>p_{\mathrm{h_w}}$，根据压汞原理，外压力降至 $p_{\mathrm{h_w}}$之前，汞不能退出宽孔(r_{w})孔空间，即进汞外压力由 r_{n} 决定，进汞压力大于退汞压力，形成压力滞后，所以进汞滞后回线与孔形结构密切相关。其次，滞后回线也与多孔体表面粗糙度或表面不均匀性相关，即使是单一孔形的多孔体，仍然出现压汞滞后回线。

任何孔分布测定必然涉及多孔体的孔形和孔网络，多数情况下由近似的等效模型替代，不同模型的几何效果不同[126]，由不同模型模拟的进汞曲线自然也不同。即使是相同球堆积的简单模型，当进汞时，也会在堆积球截面不同形状空隙中穿透，因此，复杂的基元模型堆积、连接和织构的结果，所形成的不规则网络结构，必然造成进汞曲线及进-退汞回线的复杂性。同理，卷积形的进汞或退汞曲线，以及它们的滞后回线也包含了丰富的孔结

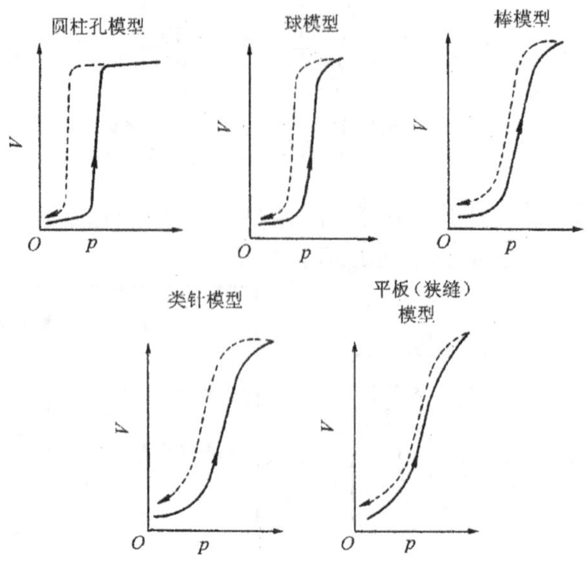

图 1-31　不同的单一孔形多孔体的进-退汞滞后回线

构特征[127]。已经提出的模型有均匀球堆积模型[128~131],毛细管互连网络[132,133]、喉颈连接大孔网络[134,135],三维孔室-喉颈模型[127,136~138],以及类针颗粒体系模型[139]等。

固体表面粗糙度也是影响滞后回线的因素。因为汞对固体非润湿,外压力 p_h 与界面的表面张力 γ 和接触角 θ 有函数关系(Washburn 方程),而表面粗糙度不仅几何上因折皱曲率影响接触角,而且不均匀性及由此引起的液-固互作用会影响表面张力以及扩展系数,γ 和 θ 的变化会对外压力 p_h 和孔分布曲线造成误差[140],但在压汞法应用过程中的影响尚不能确定[141]。

1.3.5.3　分形几何学在压汞法中的应用

典型孔基元模型和网络模型适于"海绵结构"(sponge structure)研究,但是基于欧氏几何学的规则几何构型结合物理原理建立的孔结构表征过程的物理模型和数学模型,很难克服实际固体表面不均匀性对孔喉比和孔隙几何因子的影响,若反映如孔喉比等孔结构特征,使用模型范围局限性大,因此要求分形几何学替代欧氏几何学以设计模型,而且关于粗糙度的研究也支持需要分形的观点[142]。

分形理论由 Mondelbrot[143]于 1975 年提出,该理论把分形几何概念应用于描述自然界极不规则构型与现象,并可在一定测量空间对分形结构进行定量分析与计算。

分形适用于描述不具有特征长度的形状、结构和任何图形,即不具有整维数的几何对象;"分形是一种形状,其细小部分与整体之间具有某种相似性"[143,144];分形是一类极其"破碎"而复杂的、空间维数(非整数的)称为分维(fractal dimension)的、具有多层次自相似性的体系。与欧氏几何要求用公式描述不同,数学上分形要求用递归算法模拟。

由于分形几何的分维和自相似性特征,在表征具有自然分形结构的多孔体[144~150]及催化剂方面[147,151],已取得良好结果,对聚合链交联的网络结构的凝胶,分形系统用 lg 逻辑函数做了孔体积分布描述和计算了表面分(形)维(数)$D_s = 1.4 \sim 1.8$[152]。

测量固体表面分维和表征孔结构的关键是建立分形模型。Winter[142]提出一种较复杂的海绵模型(图 1-32),在研究多孔体润湿-非润湿机理过程中,用分形孔网络描述了孔壁粗糙度。

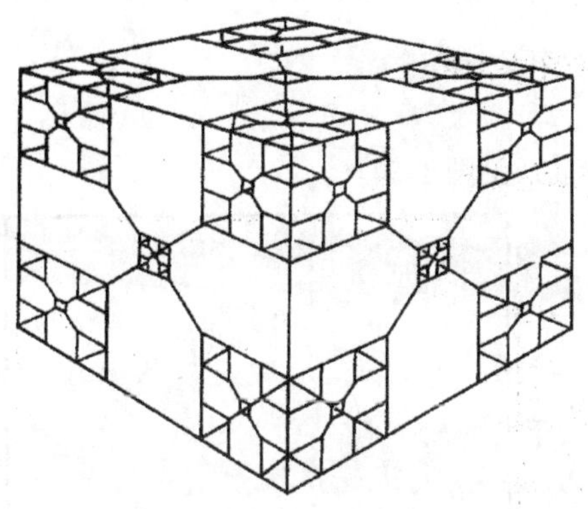

图 1-32 Winter 复杂分形海绵模型

Friesen 等[153]引入 Sirpinski 海绵模型(图 1-33)拟合压汞孔的分形结构,得出标度关系式,见式(1-108)

$$\lg\left(\frac{\mathrm{d}V}{\mathrm{d}p_{\mathrm{h}}}\right) \approx (D_s - 4)\lg(p_{\mathrm{h}}) \tag{1-108}$$

式中:V——进汞体积,m^3;

p_{h}——外压力,Pa;

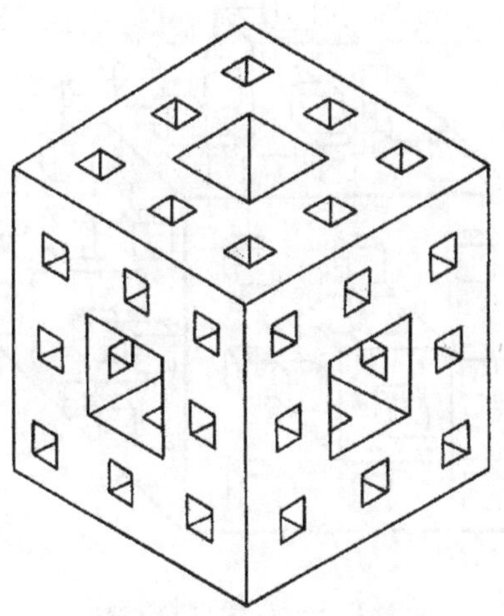

图 1-33 Sirpinski 分形海绵模型

D_s——分维。

Neimark[154]提出与表面积 S 关联的标度式，见式(1-109)。

$$D_s = 2 - \frac{\mathrm{dlg}S(r_i)}{\mathrm{dlg}r_i} \tag{1-109}$$

式中：S——压汞法测出的孔表面积；

r_i——孔半径。

Neimark 关系的试验曲线见图 1-34。

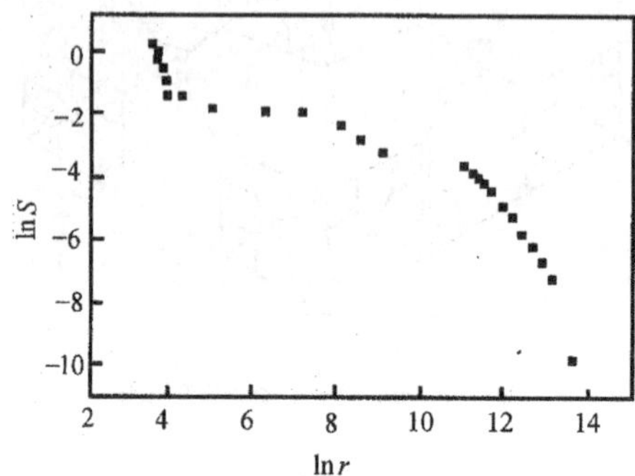

图 1-34 Neimark 关系式得到的 lnS-lnr 试验曲线

马兴华等[155]从流体受分形多孔体约束而有相应的分形结构的概念出发，最近提出一个反 Sirpinski 海绵的马-王分形体模型，见图 1-35。这与前人只从多孔体本身建立模型的构思不同，而是借助铸塑概念为流体建立的模型，结构简洁。在此模型基础上导出的统计自相似性表面积与体积增量间的分形表达式见式(1-110)。

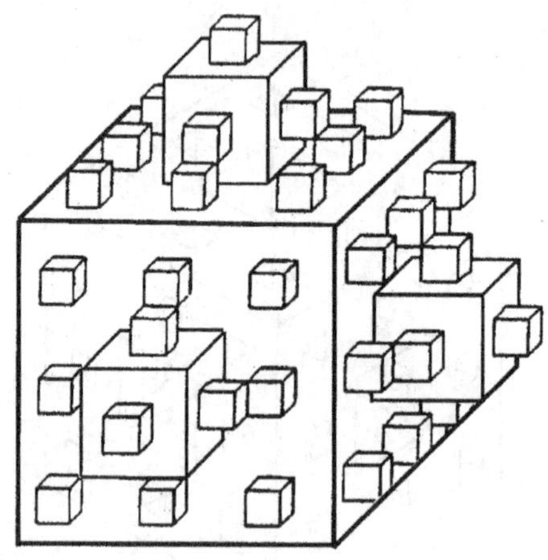

图 1-35 马-王分形体模型

$$S = k\Delta V^{\left(\frac{2-D_s}{3-D_s}\right)} \tag{1-110}$$

式中，k 为表面积的体积增量分形系数，其表达式见式(1-111)

$$k = 6\left(\frac{N^3}{6}\right)^{\frac{2-D_s}{3-D_s}} \tag{1-111}$$

$$D_s = \frac{\lg(N^2+4)}{\lg N} \tag{1-112}$$

式中，N 是比例系数为正整数的倒数，如 1/3、1/4 等。

分形模型的基本形式与压汞关系式结合，得到压汞法应用的分形式，见式(1-113)

$$S = \sum_{i=1}^{n} \overline{p}_{h_i} \Delta v_i = \alpha \Delta V^{\left(\frac{2-D_s}{3-D_s}\right)} \tag{1-113}$$

其中

$$\alpha = -\gamma_L \cos\theta\ k$$

式中，k 为分形系数。

γ-Al_2O_3 试验进汞曲线和对应的 S-ΔV 分形曲线分别见图 1-36 和图 1-37。作压汞表面积 S 对体积增量 ΔV 的双对数坐标图，得到直线的斜率即为 $\frac{2-D_s}{3-D_s}$，由此求出的 D_s 在 2～3之间，符合分形原理。

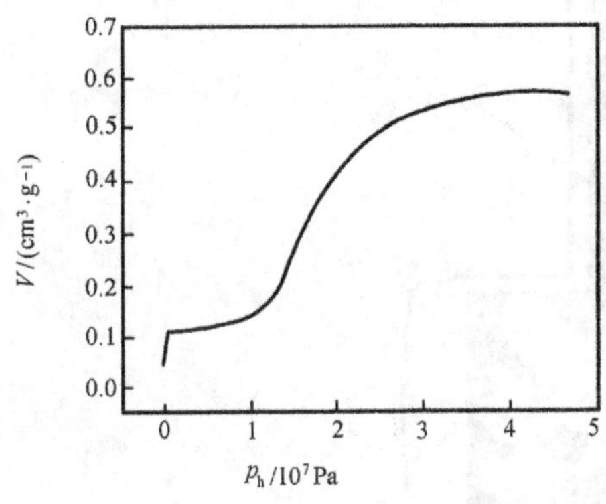

图 1-36　γ-Al_2O_3 试验进汞 V-p_h 曲线

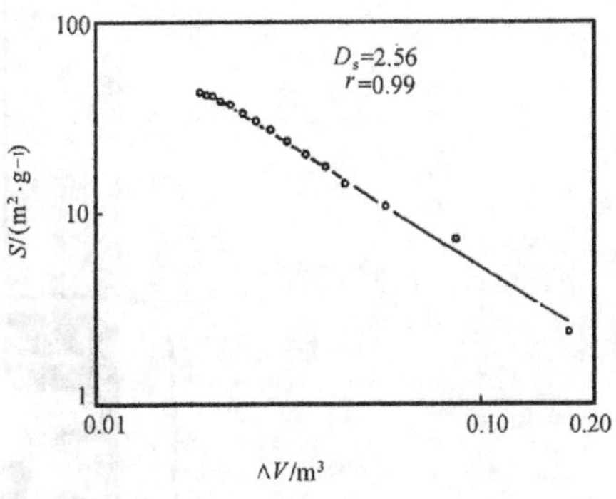

图 1-37　相应于图 1-36 的 S-ΔV 分形曲线

1.3.5.4　压汞法实验结果与吸附法数据比较

任一(外)压力 p_{h_i} 下压汞法的 V_i 是孔半径 $\geqslant r_i^{p_h}$ 的所有孔体积的累计，累计孔体积随外压力增大而减小；吸附法相反，累计孔体积 $\sum \Delta v_i^p$ 是孔半径 $\leqslant r_i$ 的所有孔体积的累计，累计孔体积随蒸汽压 p 增大而增加。两种方法的累计孔体积都可以对 r 作微分曲线，获得 $(\mathrm{d}V/\mathrm{d}r)$-$r$ 的孔分布曲线。

压汞法适于测量孔宽大于 2nm 的孔，吸附法的测量孔宽范围为 1～50nm，所以两种方法在 2～50nm 交叉，最好在 3～50nm。一般在 3～300nm 孔区内进行比较。

为使两种方法的孔分布曲线一致，应在压汞法的进汞曲线上选择一个不靠近测量下限的参考点，一般取在 $\gamma^{p_h}=4$nm 处，然后假设此点处的总孔体积是由气体吸附法测量的累计孔体积，或将此点处两种方程的累计孔体积校正到相同。这样互相参比过的测量结果，一般在 3.5～30nm 范围内相互支持，吻合良好，这实际是计算方式标准化的结果。就选用的参数而言，压汞法采用的接触角推荐 130°，比常用的 140°更好[156]。但是，两种方法测量表面积的结果吻合不理想，一般由进汞曲线积分计算的表面积值大于 BET 表面积，这与汞固体接触面的计算有关。

1.3.5.5 压汞法试验技术

压汞仪原理结构组成包括充放样品的膨胀计、高压系统(室)、低压系统和进汞量与压力记录单元。膨胀计工作示意图和低压系统示意图分别见图 1-38 和图 1-39。一般仪器构造流程参见已有文献[157]。

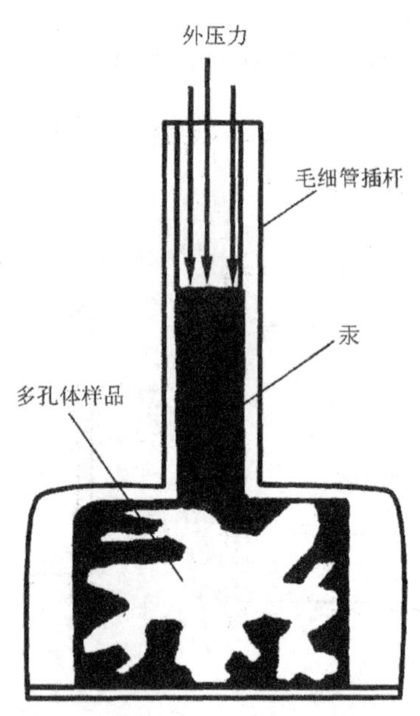

图 1-38 装样的膨胀计进汞示意图

现代压汞仪(如 Micrimeritics Auto Pore Ⅲ/9400 系列)具有达 400MPa 的高压发生系统，测量下限达 3nm，可以程序加压、自动平衡停时控制、自动程序连接进-退汞循环(即程

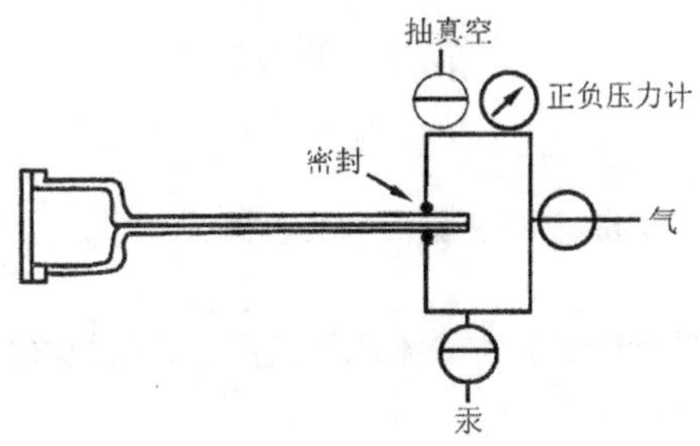

图 1-39 压汞仪的低压系统

控进汞压力到预定值,退汞到起始压力值,再重新进汞和退汞)。试验数据收集后,由配备的 Windows 软件(如 NAG 常规程序)处理为圆柱孔模型或其他模型的孔结构结果,常规的报告为 dV/dr 的对数分布曲线或积分图。

催化剂的压汞法分析已经实现了标准化,一般要求在 150℃、1.3Pa 下对催化剂样品抽空脱气 8h;不要过分加大压力,以免造成部分催化剂孔结构破坏;进行非孔样空白试验,对进汞现象(压缩性支配)应在催化剂样品测量中扣除,若出现排汞现象(热效应支配),应在催化剂测量中补加。表 1-6 为接触角参考值,对照表征催化剂样品的性质选用[158]。

表 1-6 压汞法选择接触角参考值

材料	接触角 θ/(°)	材料	接触角 θ/(°)
TiO_2	160	层状黏土矿	139 ~ 147
TiO_2	141	Al_2O_3	127
碱性硅硼玻璃	153	ZnO	141
碳化钨	121	炭	155
石英	132 ~ 147		

1.4 催化剂扩散系数测定

1.4.1 扩散系数与扩散系数测定方法比较

研究多相反应的本征反应动力学和设计多相反应器及预测活性组分在载体上的理想浓度分布,都需要知道有效扩散系数。因此测定多孔体的有效扩散系数和进行扩散相关的理论研究,对于催化剂研制及其工业应用工艺技术的开发十分重要[159]。

多孔体中扩散与流动很复杂,包含许多传质机理,而目前还没有令人满意的孔网络模型,因此迄今主要依赖于实验技术与数值解结合[160]测定扩散系数,并研究解决实际体系中何种机理是传质的真正贡献的问题。通常情况下,认为传递扩散是一个随机过程,在特定方向上的传质净通量与该方向的浓度梯度成正比,即气体吸附质在多孔体颗粒(团)中扩散的推动力是浓度梯度,可由 Fick 定律表达,见式(1-114)

$$\frac{dN}{dt} = -SD\frac{dc}{dx} \tag{1-114}$$

式中：N——吸附质扩散通量；

dN/dt——单位时间扩散通过 S 截面的分子数；

c——浓度；

dc/dx——扩散的吸附质组分在 S 截面附近沿 x 方向的浓度梯度；

D——扩散系数。

多孔体中扩散的分子运动受阻不同，因而扩散机理不同。

孔半径（r_p）与扩散分子平均自由程之比≥10，即孔半径远大于分子平均自由程，孔中分子扩散运动阻力主要是分子间碰撞，为普通（容积）扩散，或体相扩散（bulk diffusion），有时也称自由扩散，其扩散系数 D_B 如式（1-115）

$$D_B = \frac{l}{3}\bar{v} = \frac{0.707}{3\pi\sigma^2 c_T}(8k_B T/\pi m)^{1/2} \tag{1-115}$$

式中：l——分子平均自由程；

$\bar{v}$——分子平均运动速率；

σ, m——组分分子平均直径和质量；

k_B——玻耳兹曼常量；

c_T——组分总浓度。

表明容积扩散与孔径无关，和总浓度（或总压力）有反比关系。

当孔半径与扩散分子平均自由程之比≤0.1，即 r_p 小于 l 的 Knudsen 扩散区，分子与孔壁碰撞是主要扩散阻力，Knudsen 分子扩散起支配作用时，组分分子浓度沿孔长作线性下降，其表达式见式（1-116）

$$\frac{dN}{dt} = \pi r_p^2\left[\frac{2r_p}{3}\left(\frac{8k_B T}{\pi m}\right)^{1/2}\right]\frac{dc}{dx} \tag{1-116}$$

将式（1-116）代入式（1-115）得到 Knudsen 扩散系数 D_k 的表达式，见式（1-117）

$$D_k = \frac{2r_p}{3}\left(\frac{8k_B T}{\pi m}\right)^{1/2} = \frac{2r_p}{3}\bar{v} \tag{1-117}$$

D_k 值与孔半径（r_p）成正比，与总压无关（但因浓度关系与组分分压有关）。

两种扩散区之间是两种扩散同等重要的过渡区，扩散系数 D 的表达式见式（1-118）

$$D = \frac{1}{3}\bar{v}l\left(1 - e^{-\frac{2r_p}{l}}\right) \tag{1-118}$$

当 $r_p \ll l$，即孔径远小于分子运动自由程时，式（1-118）还原为式（1-117）；$r_p \gg l$ 时，式（1-118）化为容积扩散式（1-115）。

多孔体的复杂孔结构常不确定,一般以 Fick 定律形式表达的有效扩散系统 D_e 更便于描述扩散通量,它考虑到孔隙率(θ)和孔尺寸与形状不均匀性的影响,后者可用孔形度(粗糙度)因子 τ 表示,有效扩散系数表达式如式(1-119)

$$D_e = D\theta/\tau \tag{1-119}$$

大多数多孔体的 θ 在 0.3~0.7 之间(一般为 0.5),τ 在 2~7 之间(一般为 4)。

测定扩散系数的方法很多,由上述扩散概念支配并且基于吸附过程速率推算扩散系数的方法都属于宏观法,包括传统的吸附速率法和已经普遍使用的气体色谱法,近年发展的稳态扩散池法和瞬态扩散池法及零柱长(ZLC)法。

从微观出发,认为传递扩散源于化学势梯度,而与浓度无关,扩散通量 N 为

$$N = -D_{sel}\frac{\partial\mu}{\partial Z} \tag{1-120}$$

式中,D_{sel}称为自扩散系数,反映吸附平衡(即无净通量)时吸附质示踪分子的迁移性质。实际达到吸附平衡时,当吸附质即扩散组分的浓度很低时,表观扩散系数 D_{app}与自扩散系数 D_{sel}的关系见式(1-121)

$$D_{app} = D_{sel}\frac{\mathrm{dln}p}{\mathrm{dln}c} \tag{1-121}$$

或

$$D_{app}/D_{sel} = \mathrm{dln}p/\mathrm{dln}c \approx 1 \tag{1-122}$$

服从 Henry 定律[161],表观扩散系数与自扩散系数趋于相同。实验测定扩散系数的微观方法包括核磁共振(NMR)法、中子散射法等[162]。上述应用广泛的各试验方法,主要技术特点的比较列于表 1-7。值得注意的是,随着分形几何学应用于孔结构表征研究的发展[163],分形几何学引入扩散系数计算[164]也已展现出良好的应用前景,是值得重视的研究方向。

表 1-7 测量有效扩散系数的试验方法比较

方法	优点	缺点	局限性
GC 法	1) 操作简单;2) 适于在宽温度和压力范围(甚至反应条件)下应用;3) 可使用多个颗粒(团);4) 可使用工业催化剂成型颗粒(团)	1) 较为复杂的数学模型(包括轴向扩散,气-固传质粒内黏滞流);2) 轴向弥(扩)散对总包性能贡献大(导致数据精度不高)	低床孔隙率(0.4),限制载气速率(难以消除流类型影响)
稳态 DC 法	1) 可以消除轴向扩散,气流不良分布、气-固传质和可能的粒内黏滞流(相对 GC 法);2) 直接测量 D_e;3) 不受有限的传热影响	1) 耗时;2) 死端孔不可及;3) 非各向同性固体得到不可信数据;4) 双峰(孔)分布固体的 D_e 值可能有误	1) 仅对大孔扩散有用;2) 颗粒(团)长度小的粒团不能实现(安装与密封困难);3) 不适于高温高压下测量(密封问题)

续表

方法	优点	缺点	局限性
瞬态 DC 法	1) 可以消除轴向弥(扩)散,气流不良分布,气-固传质和可能的粒内黏滞流(相对 GC 法);2) 数据收集快(对比稳态 DC 法);3) 死端孔的贡献可以评价(比稳态 DC 法获得更多信息)	1) 结果的数学解释较为繁琐(与稳态 DC 法比较);2) 矩方法常常不准确(与稳态 DC 法比较);3) 通常在单颗粒(团)上进行实验(与 GC 法比较)	1) 测量微孔扩散系数较难;2) 太短的颗粒(团)不能实现测量(安装与密封困难);3) 不适于高温高压条件下测量(密封问题)
吸附速率测量-质量法	1) 操作简单;2) 样品的各表面等压;3) 微量天平直接测量吸附量	设备较为复杂,对传质传热阻力大,快过程不可靠	多组分系统较为困难
ZLC 法	1) 可以消除流类型影响(与 GC 法比较);2) 只需少量吸附剂样品(与 GC 法比较);3) 对沸石分子筛扩散性能研究有用;4) 数学处理相对简单(与 GC 法比较)	仅适用于测定微孔扩散系数和吸附平衡常数的弱吸附系统	1) 只可用于吸附系统;2) 只限于沸石扩散性能研究
PFG-NMR 法	1) 操作简单;2) 在已知时间间隔内,均方根位移直接测量晶内扩散系数	1) 测量扩散系数范围受弛豫时间限制;2) 仅适于快过程	必须有 NMR 谱仪,只限于 ^{1}H 和 ^{17}F-NMR 谱

1.4.2 吸附速率重量法

重量法[165~168]用于测量单组分气体的扩散系数。单组分气体在多孔颗粒(团)上的扩散方程近似解可写为式(1-123)[160]

$$\frac{M_t}{M_\infty} = 1 - \frac{8}{\pi^2}\sum_{m=0}^{\infty}\frac{1}{(2m+1)^2}\exp\{-\bar{D}(2m+1)^2\pi^2 t/l^2\} \tag{1-123}$$

对于恒扩散系数的系统,应用吸-脱附初始速率,可以得到式(1-124)

$$\frac{M_t}{M_\infty} = \frac{2S}{V}\left(\frac{d_{\mathrm{p}}t}{\pi}\right)^{1/2} \tag{1-124}$$

式中:d_{p}——颗粒(团)直径;

S——颗粒(团)外表面积;

V——颗粒(团)的体积;

M_t, M_∞——吸附时间 t 时和到达吸附平衡时扩散组分吸附量。

当选择吸附组分分子平均自由程≫吸附剂样品孔径条件即 Knudsen 扩散控制区,方程(1-124)中 $2S/V$ 用分子扩散程 l 取代,得到式(1-125)

$$\frac{d_p}{l^2} \approx D_e = \frac{\pi}{4}\left[\left(\frac{M_t}{M_\infty}\right)/t^{1/2}\right]^2 \tag{1-125}$$

或

$$\frac{M_t}{M_\infty} = \left(\frac{4}{\pi}D_e\right)^{1/2} t^{1/2} \tag{1-126}$$

重量法实验测量 M_t 和 M_∞ 两吸附量($mol \cdot g^{-1}$),作 M_t/M_∞ 对 $t^{1/2}$ 图,由直线的斜率可计算出有效扩散系数 D_e。

实验测量吸附量,可以采用精密真空微量天平,也可采用石英弹簧[169],一般宜用静态法。这一方法适用于介孔和微孔材料的有机蒸气分子有效扩散系数的测定。设备与操作均较简单,但应注意外传质传热干扰。

1.4.3 气体色谱(GC)法

色谱法在宽温度与压力范围测定固体催化材料的有效扩散系数,实验操作简便、快捷,可以在接近工业吸附和催化过程条件下进行,其实验装置见图 1-40。

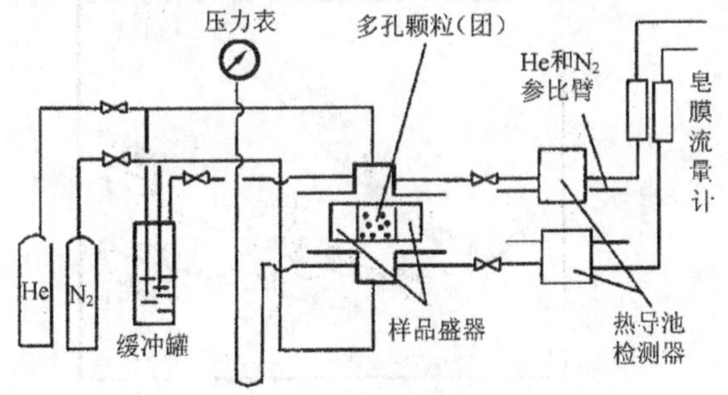

图 1-40 Wicke-Kallenbach 扩散装置(GC)流程示意图

填充多孔体的色谱柱,由于柱、气体和操作条件等因素的影响,沿色谱柱移动的色谱带发生峰加宽。这种色谱柱上的扩散效应,是色谱法测定多孔体有效扩散系数的基础。用 van Deemter 方程式(1-127)[170,171]描述

$$H = A + B/u + Cu \tag{1-127}$$

式中:H——等效理论塔板高度(等板高度);

u——色谱柱中载气线速率(L/t_R);

A,B,C——有关柱、气流和操作条件的常数,A 起因于填充颗粒引起的湍流,又称"涡扩散",B 由脉冲中组分在载气中正、反纵向扩散所引起,C 则是气-固间传质阻力的贡献。

在高气体流速情况下,式(1-127)表明 C 支配 H 而 B 可忽略,于是变为式(1-128)

$$H = A + Cu \tag{1-128}$$

假设 C 是活性炭或其他多孔体孔中气体扩散项[172]，则 C 可写为式(1-129)[173]

$$C = \frac{d_p^2}{(2\pi^2)^{1/2}}\left(\frac{\theta_1}{\theta_2}\right)\frac{1}{V_g D_e}\left[\frac{1}{(1+K_0\theta_1/\theta_2)^2}\right] \tag{1-129}$$

其中

$$K_0 = 1/[\theta + (t_m - t_d)u\,\theta_1/\theta_2 L] \tag{1-130}$$

测量不同流速下非化学作用的气体在被测多孔体填充的色谱柱上出现的脉冲峰宽 ω，可按方程(1-131)或方程(1-132)计算等板高度 H

$$H = L/16(\omega/t_R)^2 \tag{1-131}$$

$$H = L(\sigma/t_R)^2 \tag{1-132}$$

由 H 对 u 作图(图 1-41)，高流速区对应的 H-u 曲线的线性段斜率即为 C 值。再按照方程(1-129)即可计算出 D_e。

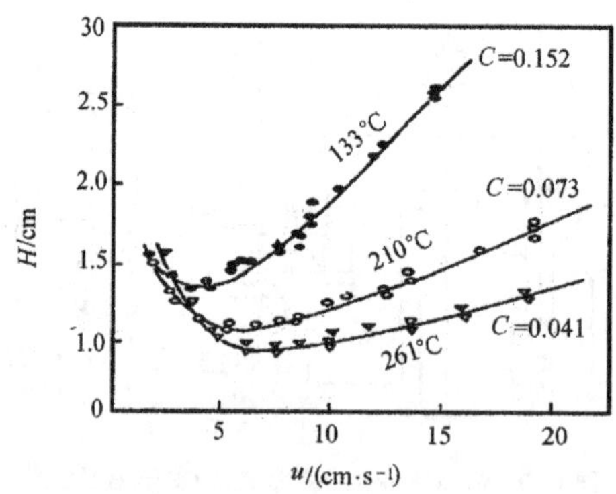

图 1-41　等板高度与 Na 丝光沸石上不同流速 SO_2 的关系曲线

当色谱实验测知 θ_1、θ_2、V_g、d_p、θ、t_m、t_d、L、t_R、u、ω 或 σ 后，即可按前列各式算出 H 和实验数据作 H-u 曲线得到 C，最后算出有效扩散系数 D_e。

色谱的矩分析解法较 van Deemter 近似法精确[174,175]。统计矩定义如式(1-133)和式(1-134)[176]

原点第 n 矩
$$\mu_n = \int t^n c(L,t)\,dt \tag{1-133}$$

平均第 n 矩
$$\mu_n' = \int (t-\mu_1)^n c(L,t)\,dt \tag{1-134}$$

式(1-133)、式(1-134)中的

$$\int c(L,t)\,dt \equiv 1 \tag{1-135}$$

式中,μ 为统计矩。

对于具有圆截面的空管,可以导出方程(1-136)、方程(1-137)

第 1 矩 $$\mu_1 = L/u \tag{1-136}$$

第 2 矩 $$\mu_2' = 2DL/u^3 \tag{1-137}$$

式中:L——填充柱长;

u——平均线速率;

D——扩散系数。

文献[176,177]对于具有高斯分布状色谱峰形,常用第 1 矩和第 2 矩取代保留时间 t_R 和等板高度 H,然后进行计算。

实验色谱技术可以是脉冲法或连续流法,以及逆流色谱法[177,178]。

1.4.4 扩散池法

扩散池(DC)法[179]适于扩散组分和载气构成的二元混合流在双峰孔分布颗粒(团)上的扩散研究,分为稳态 DC 法和瞬时 DC 法两种,近十几年获得广泛应用[180~186]。

1.4.4.1 稳态 DC 法

Wicke-Kallenbach 型扩散池示意于图 1-42,长 L 的圆柱形颗粒(团)置于上、下气室之间,纯的不吸附组分 A 和 B(载气)分别以流速 u_1 和 u_2 通过上、下气室,颗粒(团)表面上任一处浓度皆等于主流体浓度,且假设没有黏滞流,达到稳态时浓度保持恒定,包括粒间、粒内和上、下两气室在内的总质量平衡

$$\mathrm{d}^2 c/\mathrm{d}z^2 = 0 \tag{1-138}$$

式中,c 是颗粒(团)中组分 A 的有效浓度。

方程(1-138)的边界条件为:$z = 0, c = c_1; z = L, c = c_2$。规定有效扩散系数 D_e 在整个颗粒(团)中为恒值,且 c_1 和 c_2 是常数。对方程(1-138)积分得到通过颗粒(团)的组分 A 的通量 N_A,并得到有效扩散系数方程,见式(1-139)

$$D_e = N_A L/(c_1 - c_2) \tag{1-139}$$

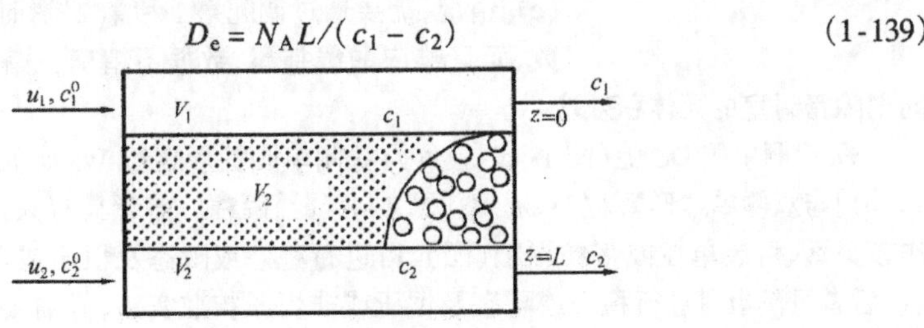

图 1-42 扩散池(DC)示意图

可以在浓度梯度(或压力梯度)下实验测量 D_e,即在扩散池中浓度梯度($c_1 - c_2$)下,测量组分 A 的通量 N_A,为此要求扩散池的两气室总压必须维持相等,以保证通过颗粒(团)的传质纯粹是浓度梯度产生的扩散。

1.4.4.2 瞬态 DC 法

稳态 DC 法要求 D_e 是常数,但多数情况下有效扩散系数随浓度变动,而且多孔体为宽的孔分布体系。为了克服这些不足,可以采用瞬态 DC 法,以时滞技术处理试验数据。使用瞬态 DC 法可以获得双峰孔分布颗粒(团)的有效扩散系数[187,188]。

设待测多孔催化剂颗粒(团)为 L 长的圆柱体,孔隙率为 θ,对组分 A 不吸附,在此情况下经过时间 t,组分 A 扩散通过颗粒(团)的总量为 Q_t,当 $t\to\infty$ 时,Q 逼近线性渐进线,见式(1-140)

$$Q_1 = \frac{D_e c_1}{\theta L}\left[t - \left(\frac{L^2\theta}{6D_e}\right)\right] \tag{1-140}$$

此渐进线在 t 轴上的截距即为时滞 τ_{lag}

$$\tau_{lag} = L^2\theta/6D_e \tag{1-141}$$

实验取扩散池下游压力与对应时间数据作二者关系图,并外推曲线的直线部分在时间 t 轴上获得截距,即为 τ_{lag},按方程(1-141)计算 D_e。

1.4.4.3 扩散池配置

扩散池法要求扩散池有一定配置,但必须保持池两侧压力相等,计算结果一般要求矩技术或时域拟合。DC 池配置包括渗透池、半或全封闭 DC 池、双侧单粒 DC 池、单侧单球粒(团)池、混合型 DC 池和双面浅床 DC 池等,它们的主要特点如下。

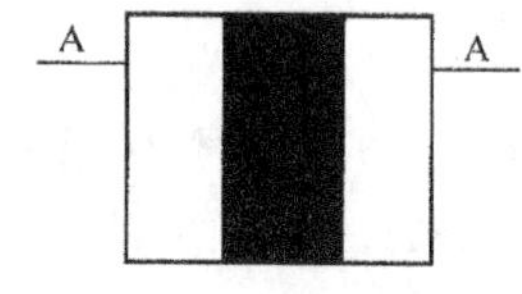

图 1-43 渗透池示意图

1) 渗透池(图 1-43)。操作简单,直接测量渗透性,可进行稳态和时滞(τ_{lag})试验;仅限于当扩散机理处理 Kundsen 区时,方可测得有效扩散系数 D_e。

2) 半封闭或全封闭 DC 池(图 1-44)。操作不太灵活,不能进行稳态试验;瞬态实验时,在单侧和半开放式[图 1-44(c)]情况,需要通过调配第 1 和第 2(瞬时)矩计算有效扩散系数,而且响应曲线拖尾,数据不精确;这种扩散池配置技术不能消除密封室的死体积效应。

3) 双侧单粒 DC 池(图 1-45)。分为双侧单圆柱形颗粒 Wicke-Kallenbach[图 1-45(a)和(b)]与双侧单球形颗粒 Weisz 池[图 1-45(c)]两种。前者具有只由第 1 矩计算 D_e、操作较灵活、可装单粒或多粒颗粒(团)、可进行稳态或瞬态及恒压或非恒压扩散实验的优点;后者虽然也可进行稳态或瞬态及恒压或非恒压扩散实验,但需要较多的数学处理,只能采用单粒实验,而且不适于微孔实验。

4) 单侧单球形颗粒 DC 池(图 1-46)。池不密封,适于 $D_e = 1\times10^{-2} \sim 1\times10^{-8}$

$cm^2 \cdot s^{-1}$段测量;只限于单粒实验。

5) 混合型 DC 池[189](图 1-47)。可装载数粒颗粒(团)不密封,但需通过调配第 1 矩和第 2 矩计算扩散系数,而且响应曲线拖尾,计算结果不精确。

6) 双面浅床 DC 池[190](图 1-48)。池不密封,可使用数粒颗粒(团),但非恒压时不能排除粒间扩散,计算较繁琐。

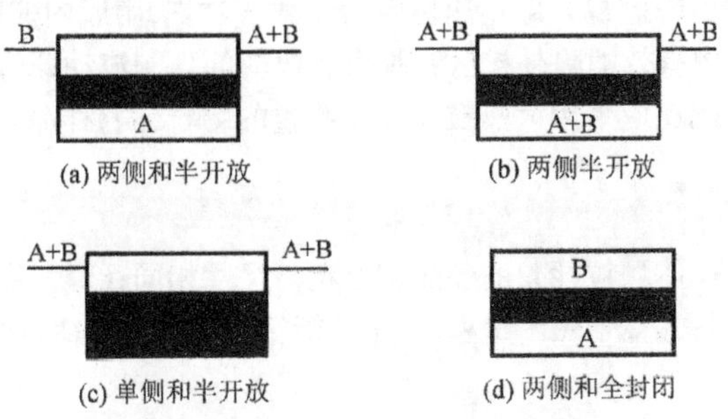

B
A+B
A
(a) 两侧和半开放
A+B
A+B
A+B
(b) 两侧半开放
A+B
A+B
(c) 单侧和半开放
B
A
(d) 两侧和全封闭

图 1-44　半封闭或全封闭 DC 池示意图

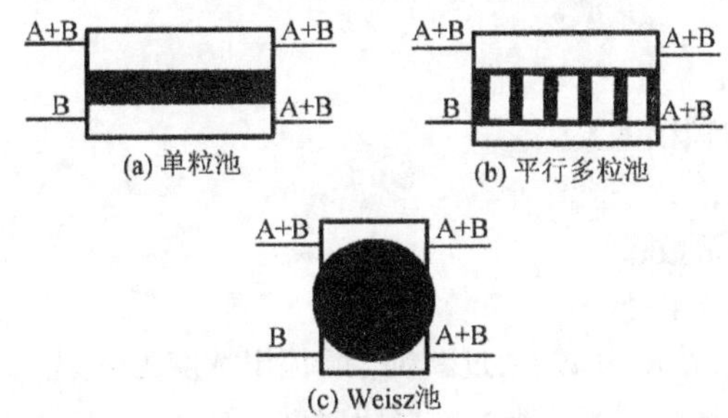

A+B
A+B
B
A+B
(a) 单粒池
A+B
A+B
B
A+B
(b) 平行多粒池
A+B
A+B
B
A+B
(c) Weisz池

图 1-45　双侧单粒 DC 池示意图

A+B
A+B

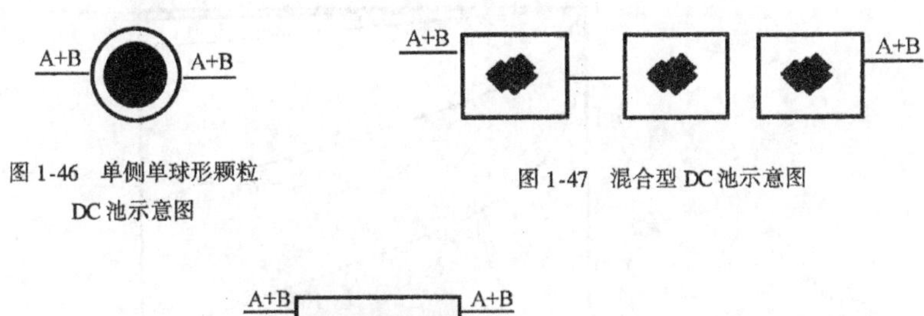

图 1-46　单侧单球形颗粒 DC 池示意图

A+B
A+B

图 1-47　混合型 DC 池示意图

A+B
A+B
B
A+B

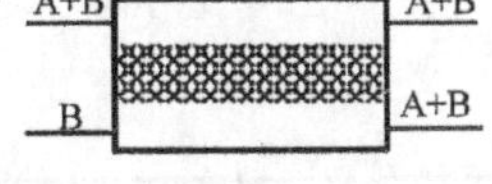

图 1-48　双面浅床 DC 池示意图

1.4.5　ZLC 法

ZLC(zero length column)法属于类似色谱技术的扩散系数宏观测定方法[191,192],尤其适于晶内扩散系数测定，是目前研究沸石晶内扩散性能的重要方法。

1.4.5.1　ZLC 法实验技术

ZLC 法实验装置与 GC 法测定扩散系数装置基本相同，吸附柱部分改为由两个多孔金属片固持极少量（1～2mg）颗粒或颗粒（团）的盛器。扩散组分 A 随载气通过颗粒进行吸附达平衡（由色谱出峰监视），即迅速切换为纯载气吹扫，由脱附速率与有效扩散系数关系式求 D_e。要求采用有效消除外扩散和脱附热效应的强制流动载气，以减少对晶内扩散系数测定的干扰，为此还应采用大晶粒尺寸少载量的颗粒（团）样品，和较大的气流速率。

1.4.5.2　ZLC 法原理

假设：①被测多孔体颗粒（团）的各晶粒形状与尺寸相同；②扩散组分在颗粒上的脱附过程由晶内扩散控制；③整个脱附过程气-固平衡符合 Henry 定律，参数 L 由式（1-142）定义

$$L = \frac{u\rho_p R^2}{3mKD_e} \tag{1-142}$$

式中：u——载气流速；

ρ_p——多孔体的颗粒密度；

m——颗粒质量；

K——吸附平衡常数；

R——多孔体晶粒半径。

设扩散组分的初始浓度为 c_0，通过颗粒（团）流出浓度为 c，当 $L \leqslant 1.0$ 时，$\ln(c/c_0)$ 与 Dt/R^2 的关系曲线接近线性（图 1-49），在脱附时间 t 较长时，可得出长时法（LT）近似方程，见式（1-143）

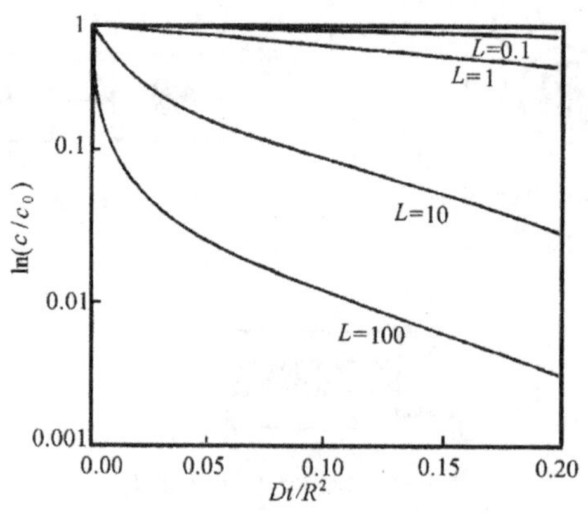

图 1-49　ZLC 法的 $\ln(c/c_0)$-Dt/R^2 曲线

$$\ln(c/c_0) = \ln\left[\frac{2L}{\beta^2 + L(L-1)}\right] - \beta^2 D_e t/R^2 \tag{1-143}$$

于是作 $\ln(c/c_0)$对 t 图,得到直线斜率 s

$$s = (\beta^2/R^2) D_e \tag{1-144}$$

式中,β 是方程(1-145)的根。

$$\beta\cot\beta + L - 1 = 0 \tag{1-145}$$

于是可求算出有效扩散系数 D_e,即晶内扩散系数(D_{intra})。

当在脱附初期测量扩散组分流出浓度时,可推得短时(ST)法近似关系式(1-146)

$$c/c_0 = (R^2/L\pi D_e t)^{1/2} - 1/L \tag{1-146}$$

由实验数据作(c/c_0)-$t^{-1/2}$曲线,可得斜率 s 见式(1-147)

$$s = (R^2/L\pi D_e)^{1/2} \tag{1-147}$$

由式(1-147)计算出 D_e。但是由于空白吸附干扰,实际上短时法较难采用。

因为 ZLC 的基础是设定了无因次参数 L,所以 ZLC 法测量扩散系数的误差随无因次参数 L 变化,这实际上反映了吸附平衡对脱附过程的影响。L 越小,脱附过程越接近平衡,测量扩散系数误差较大;L 增大又减小脱附曲线上估算扩散系数的有效区,因此 L 值应适当减小,并应采用低扩散组分浓度(一般控制分压在 0.13~1.3Pa 之间)[193],可以获得较满意的测量结果。

1.4.6 核磁共振法

核磁共振(NMR)技术已经成为研究气体在多孔体中扩散行为的重要工具,是测量无机或有机气体在沸石分子筛等多孔体中的晶内扩散系数的重要微观方法。NMR 技术测量扩散系数主要有两种方法,第 1 种一是间接法,即通过测量分子跃迁间隔的平均时间(NMR 弛豫时间)求算扩散系数,它有假设扩散系数决定于设定跃迁长度的缺点,并且只在 1~2 个晶胞尺度上进行,对较长晶内距离的扩散系数测量结果可能严重偏低。第 2 种是直接法,即脉冲场梯度核磁共振(PFG-NMR)法[194],通过在已知测量时间内直接测量自扩散系数,在分子筛扩散性能测量方面,得到了广泛应用[195,196]。

1.4.6.1 PFG-NMR 法原理

因为 NMR 活化核(一般是质子)的旋进频率与外磁场强度成正比,在两个场梯度脉冲间的不同位置的旋进相各不相同,因此若在两个场梯度脉冲的时间间隔改变各气体分子位置,则各分子被 NMR 活化核累加的相就会不同,可显现一个 NMR 信号(自旋响应)衰减[162]。在场梯度脉冲的宽度为 δ(远短于两脉冲间隔或测量时间 t)、旋磁比为 γ 时,NMR 自旋响应衰减(Ψ)的对数与脉冲强度 g 有比例关系,其比值包含扩散系数 D

$$\ln(\Psi) = \gamma^2 \delta^2 g^2 Dt \tag{1-148}$$

根据分子均方根位移(rms)即 $< r^2(t) >^{1/2}$ 与沸石晶粒平均半径(R)之比,可以测定晶内扩散系数 D_{intra} 和长程(晶外)扩散系数 D_{Lr}。PFG-NMR 技术也已扩展到允许直接测量吸附相与周围气体分子间的交换速率,称为快速示踪脱附法[197~199](图 1-50)。

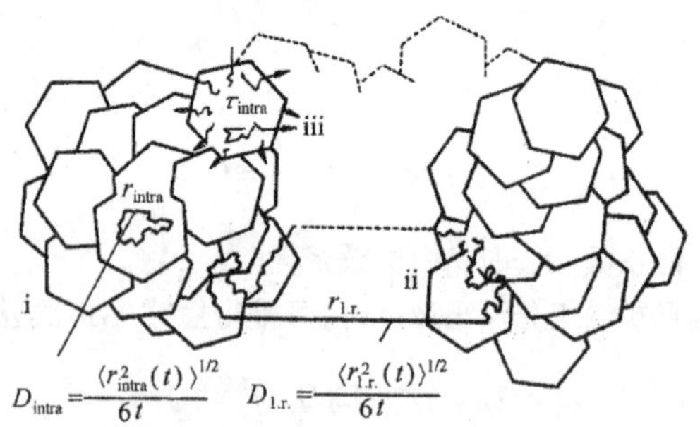

图 1-50 PFG-NMR 法测定沸石中吸附质分子传质扩散的三种参数

(1) 晶内自扩散系数 D_{intra},是晶内传质速率的量度

$$D_{intra} = \langle r^2(t) \rangle^{1/2}/6t \tag{1-149}$$

要求 $\langle r^2(t) \rangle^{1/2} \leqslant R$。也可以由 Fick 第一定律

$$j^* = -D \cdot \mathrm{gradc}^* \tag{1-150}$$

用穿过沸石吸附剂的吸附质通量密度 j^* 与平衡条件下吸附质浓度梯度 gradc^* 的比求算晶内自扩散系数。

(2) 长程自扩散系数 D_{Lr},是吸附质通过试验安装的晶粒传质速率的量度

$$D_{Lr} \equiv \langle r^2(t) \rangle^{1/2}/6t \tag{1-151}$$

要求 $\langle r^2(t) \rangle^{1/2} \geqslant R$。吸附质分子在沸石中扩散的测量时间与均方根位移的比例关系行为参见图 1-51。变动温度易于看到从晶内扩散到长程扩散之间的过渡,在此过渡范围内,均方根位移 rms 必须是晶粒半径 R 的数量级,一些实例见表 1-8。

表 1-8 $\langle R^2 \rangle^{1/2}$ 与均方根 $\langle r^2 \rangle^{1/2}$ 的比较

吸附质-吸附剂	$\langle R^2 \rangle^{1/2}/\mu m$	$\langle r^2 \rangle^{1/2}/\mu m$
正丁烷-NaX	1.5	2
正庚烷-NaX	1.5	1.9
环己烷-NaX	1.5	1.7
	12.5	14
水-HZSM-5	2.7	2.5
Xe-NaCaA	6.5	9
	10	12
Xe-HZSM-5	12.5	11
平均误差/%	20	30

注:R 为沸石晶粒半径,r 为沸石上吸附分子半径。

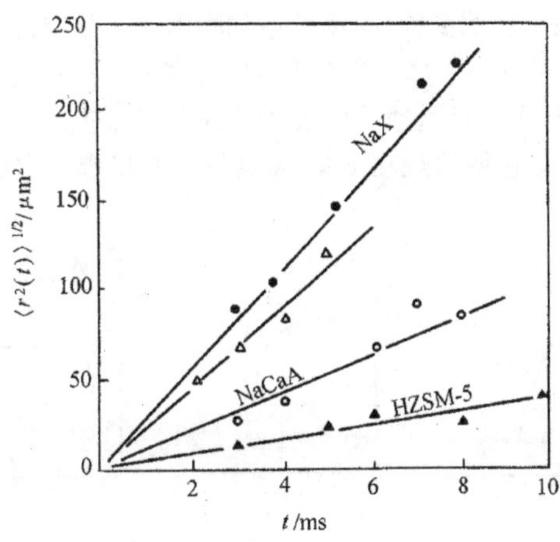

图 1-51　不同沸石中吸附 Xe 原子的 rms 位移与间隔时间 t 关系图

(3) 晶粒内分子停留时间 τ_{intra},通过比较 rms$\gg R$ 的分子与 rms$\ll R$ 的分子的相对量而测定,可以提供与传统示踪脱附试验相同的信息。

1.4.6.2　PFG-NMR 试验

PFG-NMR 测量在平衡条件下进行。测量前应在约 10^{-2}Pa 和 350～400℃下对样品进行脱气处理,然后导入一定体积吸附质,密封样品管。吸附质的导入量,可以由分析 NMR 信号强度或重量法测知。

对吸附质-吸附剂的样品管重复进行 PFG-NMR 测量,检验是否达到平衡。

晶内自扩散系数是平衡条件(即无浓度梯度或无净通量的条件)下示踪分子迁移速率的量度,与质量传递扩散系数的测量物理状态不同,因而二者不等,但从热力学可逆情况考虑,二者间存在关系,见式(1-152)

$$D_d = D_{sel}\mathrm{d}\ln p(c)/\mathrm{d}\ln c \tag{1-152}$$

式中:D_d,D_{sel}——质量传递扩散系数和晶内自扩散系数;

c——吸附质压力为 $p(c)$平衡时的吸附质浓度。

1.4.6.3　晶内扩散系数-吸附质浓度关系曲线的不同形式

吸附质分子与沸石孔系作用的不同性质,直接影响 PFG-NMR 法测定的晶内自扩散系数与示踪吸附质浓度之间的关系,将已有研究概括为五种类型(图 1-52)。Ⅰ型:D_{sel}随浓度提高而单调减小。短支链烃在 Silicalite 和 NaX 型沸石中出现,因吸附质浓度提高导致分子运动的相互间阻力也增大;Ⅱ型:D_{sel}值与浓度基本无关。不饱和烃和芳烃在 NaX 型沸石中出现,沸石骨架外阳离子与不饱和烃或芳烃的双键作用的结果,是形成Ⅱ型曲线的原因;Ⅲ型:随吸附质浓度增加,D_{sel}值急剧增大到饱和值。小的极性分子(如水和 NH_3)

在 NaX 型沸石中出现，吸附质浓度提高，逐渐达到吸附中心饱和；Ⅳ型：D_{sel}值先随浓度增加而急剧增加到极大值，再急剧下降。甲醇和酮、腈类较大的极性分子在 X 型沸石中出现，D_{sel}达最大值后，由于分子间运动受浓度增大的阻滞，造成 D_{sel}又快速下降。Ⅴ型：D_{sel}值随浓度增大而增大。正构烷烃在 NaCaA 型等小孔口沸石中出现，符合完全反应速率理论规律。

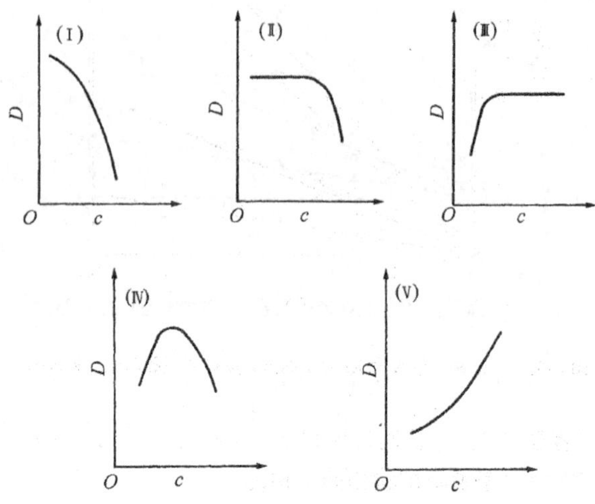

图 1-52　晶内自扩散系数-浓度关系曲线类型

沸石骨架外阳离子类型与数目，不仅影响Ⅱ型线，也影响其他型晶内扩散过程，见表 1-9。

表 1-9　甲烷和水在 NaCaA 型沸石中晶内自扩散系数与沸石阳离子含量关系

沸石中 Ca 的质量分数/%	$D_{sel}/(m^2 \cdot s^{-1})$	
	甲烷(－100℃)	水(100℃)
22	4×10^{-11}	4×10^{-11}
33	1.5×10^{-10}	3×10^{-11}
42	4×10^{-9}	2×10^{-11}
66	1×10^{-9}	1×10^{-11}
平均误差/%	20	30

符　号　说　明

A　　常数

A　　吸附势

A_A　　吸附剂的 Lennard-Jones 势常数

A_a　　吸附质的 Lennard-Jones 势常数

AJI	空气喷射磨损指数
a	吸收系数
a_m	吸附质视分子截面积
B	常数
C	常数
c	相邻吸附位平均数
c_T	组分总浓度
D_s	球形颗粒(或粒团)总有效扩散系数
D	扩散系数
D_e	有效扩散系数
D_B	容积扩散系数
D_k	Knudsen 扩散系数
D_{sel}	自扩散系数
D_{intra}	晶内扩散系数
D_{Lr}	长程(晶外)扩散系数
D_{app}	表观扩散系数
D_d	质量传递扩散系数
D_s	分形维数
d	颗粒粒径,颗粒度
d	XRD 面间距或两平行晶面的核间距
d_A	吸附剂原子平均直径
d_a	吸附质分子直径
d_0	吸附质与吸附剂原子直径算术平均值
d_p	颗粒直径
$\overline{d_n}$	颗粒粒径算术平均值
E	光能量;全散射系数;吸附能
E_0	标准状态下吸附能
f	透镜焦距
f_{me}	介孔表面占总吸附量的分数
f_{mi}	微孔表面占总吸附量的分数
ΔG	Gibbs 自由能变
g	重力加速度,脉冲强度
H	等板高度(等效理论塔板高度)
h	沉降距离
I	散射或透射光强度
I_0	入射光强度
I_t	t 图直线截距
i_1, i_2	散射光强度函数
J	贝塞尔函数
j^*	吸附质扩散通量密度
K	常数
k	催化剂内表面反应速率;加和指数整数
k	表面积的体积增量分形系数
k_B	玻耳兹曼常量
L	样品池厚度;介质光程

L	狭缝孔两平面层核间距，球形孔笼半径
L	色谱填充柱长；ZLC 法的无因次参数
l	分子平均自由程，扩散程，$l=\frac{0.707}{\pi\sigma^2 C_T}$
M_t	t 时吸附量
M_∞	吸附平衡时吸附量
m	相对折射率；试样质量；单位面积晶位的互作用数
N	颗粒总数；吸附质扩散通量
N_a	单位吸附质面积分子数
N_1	沸石孔笼壁上单位面积含氧原子数
N_2	沸石孔笼内吸附原子数
N_{av}	阿伏伽德罗常量
N_A	单位吸附剂面积分子数
n_i	第 i 粒级颗粒数
n_0	总吸附容量(总最大吸附量)
$n_{mi,0}$	微孔最大吸附量(容量)
$n_{me,0}$	介孔单层容量
$n_{mi,t}$	微孔表面吸附量
$n_{me,t}$	介孔表面吸附量
n_t	吸附压力下总吸附量
n_m	(BET)BET 单层容量
p	压力；蒸汽压
p_0	饱和蒸汽压
p_C	临界压力，凝聚压力
p_{C_0}	石墨炭表面临界压力
p_h	外压力
Q_t	扩散总量
q	介孔单位表面积吸附量
R	晶粒半径
R	球形或等效球形催化剂颗粒(粒团)半径
r	衍射环半径；孔半径，两原子核间距
r_n	窄孔(喉孔)半径
r_w	宽孔(颈孔)半径
r_p	圆柱孔半径
Re	雷诺准数
S_g	比表面积
S	表面积
S_t	t 图直线斜率
S_{me}	介孔表面积
s	离散距离；*ZLC* 法 *LT* 方程及 *ST* 方程直线斜率
T	光透射率；能量分布矩阵
t	时间；统计吸附层厚
t_d	非吸附质保留时间
t_m	吸附质保留时间
t_R	色谱峰中心处测量的保留时间

t_w 孔壁厚

u 颗粒重力沉降的平衡沉降速率

u 载气流速

V 吸附体积

V_0 饱和(极限)吸附体积

V_t 最大吸附体积,总吸附体积

V_m 单层容量

V_1 原介孔孔体积

V_2 亚介孔孔体积

ΔV 体积增量

$\bar{v}$ 分子平均运动速率,$\bar{v}=\left(\frac{8k_BT}{\pi m}\right)^{1/2}$

W 颗粒尺寸分布列向量

w_i 颗粒的质量分数

w_t 悬浮物中液体质量分数

w_s 悬浮物中固体质量分数

w 孔宽

w_{adv} 平均孔宽

w_d 孔(直)径

w_p 有效孔宽

X 参数

x 距离;孔宽

y 概率密度

z 吸附分子沿 z 轴垂直到固体表面的距离

α_k、β_k 由加和的指数整数 k 的 Gamma 函数算出的参数

β D-R 方程中亲和(力)系数

β 方程(1-145)的根

γ 旋磁比

γ_L 汞-固体表面张力

δ $(d_A-d_a)/2$

δ NMR 场梯度脉冲宽度

ε 互作用能

ε_{xy} 物种 x 与 y 间 Lennard-Jones 互作用势

ε_{Aa}^* 吸附剂-吸附质最小互作用势

ε_{aa}^* 吸附质-吸附质最小互作用势

ε_0^* $\frac{d}{2r_0}=\infty$ 处的吸附势阱深

ε_{xy}^* x、y 间互作用势的最小阱深

ε_w 横向互作用能

$c\,\varepsilon_w$ 吸附位上横向互作用能

$\varepsilon(s)$ 系统最小自由能组态与原子间对偶互作用势

$\varepsilon(r,r')$ 系统 r 处流体分子与 r 处一个分子的对偶势加和

η 黏度;催化剂磨损率

θ 衍射角

θ 相对吸附量;表面覆盖度;微孔充填率

θ 孔隙率;汞-固体接触角

θ_1	柱填充空隙分数
θ_2	柱填充密实分数 $= 1 - \theta_1$
λ	波长
μ	化学势;统计矩
ρ	密度;质量浓度
ρ_0	介质密度
ρ_p	颗粒密度
ρ_s	颗粒悬浮体系中颗粒初始质量浓度
σ	抗压碎强度
σ_n	标准偏差
σ	气体原子与零作用能处表面的核间距
σ	分子平均直径;标准偏差
σ_{ca}	吸附质原子与活性炭表面碳原子间核间距
σ_{cx}	$\varepsilon_{cx} = 0$ 时固体晶格原子 c 与吸附物种 x 间距
σ_{xy}	$\varepsilon_{xy} = 0$ 时物种 x 与 y 间距
σ_{cc}	碳原子的 Lennard-Jones 直径
τ	介质浊度
τ	孔形度(粗糙度因子)
τ_{lag}	时滞
ϕ	Theile 模数
ψ	介质中颗粒的体积浓度
Ψ	每分子化学势
Ψ	NMR 自旋响应衰减
ω	脉冲峰宽;色谱峰宽
Δ	基平面间距
$\rho(r)$	三维空间坐标 r 处气体平衡密度
$F[\rho(r)]$	平衡时气体分子密度分布函数
$W[\rho(r)]$	平衡时气体分子密度分布的热力学总势
$\chi_n(A)$	吸附势微分分布函数
$\chi_t^*(A)$	吸附势总分布函数

参 考 文 献

[1] Dogu T. Ind Eng Chem Res, 1998,37:2158

[2] Wakao N, Smith J M. Chem Eng Sci, 1962, 17:825

[3] Smith J M. Chemical Engineering Kinetics. 3rd ed, New York: McGraw-Hill, 1981

[4] Whitaker S. AIChE J, 1988, 34:679

[5] 刘希尧 . 工业催化剂分析测试表征 . 北京:中国石化出版社,1990

[6] Allen T. Particle Size Measurement. 3rd ed, London: Chapman and Hall, 1981

[7] Webb P A, Orr C. Analytical Methods in Fine Partical Technology. Noreross GA: Micromeritics Instrument Corporation, 1997. 18

[8] Oliver J P, Hickin G K, Orr C. Powder Techn, 1970, 4:257

[9] Barth H G. Anal Chem, 1987, 59(11):1562

[10] Wang N N, Yu X H. Advan Powder Techn, 1991, 2(1):39

[11] 张福根,荣跃龙,程路,粉体技术,1996,2:7

[12] ASTM. Standard Test Method D 4464-85
[13] 顾冠亮,王乃宁.上海机械学院院报,1984,5(4):16
[14] 王乃宁,郑刚,蔡小舒.粉体技术,1996,2:41
[15] Cummins H Z. Pike E R. Photon Correlation and Light Beating spectroscopy. New York: Plenum Press, 1974
[16] Ostrowsky N, Sornetl D, Parker P et al. Optica Acta, 1981, 28:1059
[17] Puls F H. Bradley S A et al. Characterization and Catalyst Development. Washington D C: ACS, 1989. 384
[18] Bertolacini R J. Bradley S A et al. Characterization and Catalyst Development. Washington D C: ACS, 1989. 380
[19] Farrar G L. National Petroleum Refiners Association, questions and answers refining technology. Washington D C: NPRA, 1982. 52;102;151
[20] 刘希尧.工业催化剂分析测试表征.北京:中国石化出版社,1990.34
[21] ASTM. Standard Test Method D 4179-82
[22] Hutching G J. J Chem Techn Biotechnol, 1986, 36:255
[23] Adams A R, Sartor A F, Welch J G. Chem Eng Progr, 1975, 71:35
[24] Fulton J W. Chem Eng, 1986, 93(10):71
[25] US 4513603,1985
[26] Bradley S A, Pitzer E, Koves W. Bradley S A et al. Characterization and catalyst development. Washington D C: ACS, 1989, 398
[27] Beaver E R. Weller S W. Standardization of Catalyst Test Methods. New York: AIChE, 1974. 3
[28] ASTM. Standard Test Method D 4058-81
[29] ASTM. Standard Test Method D 5757-95
[30] 刘希尧.工业催化剂分析测试表征.北京:中国石化出版社,1990.42
[31] Rudzinski W, Everett D H. Adsorption of Gases on Heterogeneous surface. London, San Diego: Academic Press, 1992. 395
[32] Pierotti R A, Thomas H E. Matjevic E. Surface and Colloid Science. Vol 4. New York: Wiley, 1971. 93
[33] Waksmundzki A, Rudzinski W, Jaroniec M. Polish J Chem, 1974, 48:1741
[34] Rudzinski W, Sokolowski S, Jaroniec M. Z Phys Chem Leipzig, 1975, 256:273
[35] Cerofolini G F. Z Phys Chem Leipzig, 1977, 258:937
[36] Burgess C G V, Everett D H, Nuttall S. Langmuir, 1990,6:1734
[37] Jaroniec M, Rudzinski W. Acta Chim Hung, 1976, 88:351
[38] Hill T L. Statistical Mechanics. New York: McGraw-Hill, 1956
[39] Cortes J, Araya P. J Colloid Interface Sci, 1987, 115:271
[40] Hobson J P. J Phys Chem, 1969, 73:2720
[41] Jaroniec M, Sokolowski S. Polish J Chem, 1976, 50:779
[42] Kim S K, Oh B K. Thin Solid Films, 1968, 2:445
[43] Oh B K, Kim S K. J Chem Phys, 1977, 67:3416~3427
[44] ASTM Standard Test Method D 3663-87
[45] 中国标准 GB 5816-86
[46] Brunauer S, Mikhail R Sh, Bodor E.J. Colloid Interface Sci, 1967, 24:451
[47] Sing K S W. Adv Colloid Interface Sci, 1998, 77:3
[48] Gregg S T, Sing K S W. Adorption Surface area and porosity. 2nd ed, London: Academic Press, 1982. Charpt 2
[49] Lippins B C, de Boer J H.J. Catal, 1965, 4:319
[50] Breekhoff J C P, de Boer J H. Everett D H. Surface Area in Intermediate Pores, Proc of International Symp. On Surface Area Determination. U K: 1969
[51] Hagymassy J Jr, Brunauer S, Mikhail R Sh. J Colloid Interface Sci, 1967, 29:485
[52] Dubinin M M, Radushkevich L V. Dokl Akad Nauk SSSR, 1947, 45: 331
[53] Spitzer Z, Bíba V, Kadlec O. Carbon, 1976, 14:151

[54] Neimark A V. Rodriguez-Reinoso F et al. Characterization of Porous Solids Ⅱ. Amsterdam: Elsevier, 1991. 67
[55] Findenegg G H, Gross S, Michalski Th. Rouguerol J et al. Characterization of Porous Solids Ⅲ. Amsterdam: Elsevier, 1994. 71
[56] Tarazona P. Phys Rev, 1985, 31:2672
[57] Tarazona P, Marconi U M B, Evans R. Molecular Physics, 1987, 60:543
[58] Sealon N A, Walton J P R B, Quirke N. Carbon, 1989, 27:853
[59] Ross S, Olivier J P. On Physical Adsorption. New York: Interscience Publishers Wiley, 1964
[60] Oliver J P, Conklin W B. Rouguerol J et al. Characterization of Porous Solids Ⅲ. Amsterdam: Elsevier, 1994. 93
[61] McEnaney B, Mays T J. Rodriguez-Reinoso F et al. Characterization of porous solids Ⅱ. Amsterdam: Elsevier, 1991. 477
[62] Dubinin M M, Astakhov V A. adv Chem Soc, 1971, 102:69
[63] Horvath G, Kawazoe K. J Chem Eng Japan, 1983, 16:470
[64] Jaroniec M, Mader R. J Phys Chem, 1988, 92:3986
[65] Jaroniec M. Langmiur, 1987, 3:795
[66] Dobruskin V K. Langmiur, 1988, 14:3847
[67] Valladares D, Zgarblich C. Adsorption Sci Tech, 1997, 15: 15
[68] Katz A J, Thompson A H. Phys Rev Letters, 1985, 54:1325
[69] Winter A. Rodriguez-Reinose F et al. Characterization of Porous Solids Ⅱ. Amsterdam: Elsevier, 1991. 85
[70] Webb S W, Conner W C. Rodriguez-Reinoso F et al. Characterization of Porous Solids Ⅱ. Amsterdam: Elsevier, 1991. 31
[71] Reichert H, Muller U, Unger K K et al. Rodriguez-Reinoso F, et al eds. Characterization of Poros Solids Ⅱ. Amsterdam: Elsevier, 1991. 535
[72] Jaroniec M, Madey R, Choma J et al. Carbon, 1988, 26:97
[73] Dubinin M M. Ricca F. Adsorption-Desorption Phenomina. London: Academic Press, 1972. 3 ~ 18
[74] Stoekli H F. Carbon, 1990, 28: 1
[75] Каганел М Г. Ж ФиЗ Хим, 1959, 32:2209
[76] Dobruskin V K. Langmuir, 1998, 14:3847
[77] Stoekli H F. Adsorpt Sci Technol, Special Issue, 1993, 10
[78] Jaroniec M, Uadey R. Physical Adsorption on Heterogeneous solids. Amsterdem: Elsevier, 1988. 45 ~ 46
[79] Rudzinski W, Everett D H. Adsorption of Gas on Heterogeneous surface. London, New York: Academic Press, 1992. charpt 4 ~ 3
[80] Jaroniec M, Gadkaree K P, Choma J. Colloid and Surfaces A, Physicochemical and Engineering Aspects, 1996, 118: 203
[81] Everett D H, Powl J C. J Chem Soc, Faraday Trans 1, 1976, 72:619
[82] Staito A, Foley H C. AIChE J, 1991, 37:429
[83] Cheng L S, Yang R T. Chem Eng Sci, 1994, 16:2599
[84] Cheng L S, Yang R T. Adsorption, 1995, 1:187
[85] Kaminsky R D, Maglara E, Conner W C. Langmuir, 1994, 10:1556
[86] Seaton N A, Watton JPRB, Quirke N. Carbon, 1989, 27:853
[87] Olivier J P, Conklin W B. Intern Symp on Effects of Surface Heterogeneity in Adsorption and Catalysis on Solids Poland: Kazimierz Dolny, 1992
[88] Olivier J P, Conklin W B. Rouguerol J et al. Characterization of Porou Solids Ⅲ. Amsterdam: Elsevier, 1994. 19
[89] Olivier J P. Carbon, 1998, 36:1469
[90] Kruk M et al. Carbon, 1998, 36:1447
[91] O' roung Chulin, Sawicki R A, Suib L. Microporous Materials, 1997, 11:1
[92] Agot H, Joly J F Rautz F et al. Rodriguez-Reinose F, et al eds. Characterization of Porous Solids Ⅱ. Amsterdam: Elsevier, 1991. 161

[93] Unger K K, Muller U. Unger K K. Characterization of Porous Solids. Amsterdam: Elsevier, 1988
[94] Kruk M, Jaroniec M, Ryoo R, Kim M. Microporous Mater, 1997, 12:93
[95] Kruk M, Jaroniec M, Sayari A. J Phys Chem B, 1997, 101:583
[96] Sayari A, Liu P, Kruk M et al. Chem Mater, 1997, 9:2499
[97] Sayari A, Kruk M, Jaroniec M. catal Lett, 1977, 49: 147
[98] Olivier J P, Conkin W B, Szombathely M V. Stud Surface Sci Catal, 1994, 87:81
[99] Kruk M, Jaroniec M, Sayari A. Langmuir, 1997, 13:6267
[100] Ravikovitch P I, Domhnaill S C O, Neimark A V et al. Langmuir, 1995, 11:4765
[101] Ravikovitch P I, Wei D, Chuch W T, Neimark A V. J Phys Chem B, 1997, 101:3671
[102] Maddox M W, Olivier J P, Gubbins K E. Langmuir, 1997, 13:1737
[103] Dabadic T, Ayral A, Guizaard C et al. J Mater Chem, 1996, 6:1789
[104] Iler R K. The Chemistry of Silica. New York: Wiley, 1979
[105] Beek J S, Vartuli J C, Roth W J et al. J Amer Chem Soc, 1992, 114:10834
[106] Alfredsson V, Keung M, Monnier A et al. J Chem Soc, Chem Commun, 1994,921
[107] Jaroniec M, Kruk M, Sayari A. Stud Surface Sci Catal, 1998, 117:325 ~ 332
[108] 格雷格 S J,辛 K S W著.吸附、比表面与孔隙率(中译本).北京:化工出版社,1989,第4章
[109] Stucky G D, Huo Q, Firouzi A et al. Stud Surface Sci Catal, 1997, 105:3
[110] Raman N K, Anderson M T, Brinker C J. Chem Mater, 1996, 8:1682
[111] Sayari A. Stud Surface Sci Catal, 1997, 102:1
[112] Sayari A, Liu P. Microporous Mater, 1997, 12:149
[113] Lim M H, Blanford C F, Stein A. J Amer Chem Soc,1997, 119:4090
[114] Branton P J, Hall P G, Sing K S W. J Chem Soc, Faraday Trans, 1994, 90:2965
[115] Branton P J, Hall P G, Sing K S W. J Chem Soc, Chem Commun, 1993, 1257
[116] Branton P J, Sing K S W, White J W. J Chem Soc, Faraday Trans,1997, 93:2337
[117] Gregg S J, Sing K S W, Stoeckli. Everett D H. Characterization of Porous Solids Proc Int Symp. London: Socicty of Chem Sal Industry, 1979. 107
[118] Burgess C G V, Everett D H, Nutall S. Pure Appl Chem, 1989, 61:1845
[119] 尹元根.多相催化剂的研究方法.北京:化工出版社,1988.14 ~ 20
[120] ASTM Standard Test Method D 4567-86
[121] ASTM Standard Test Method D 4222-90
[122] ASTM Standard Test Method D 4641-88
[123] ASTM Standard Test Method D 4365-85
[124] Haines R A. Bradley SA et al. Characterization and catalyst development. ACS Symposium 1989, 436
[125] Rootare H M, Prenzlow C F. J Phys Chem, 1967, 77:2733 ~ 2736
[126] Karnaukhov A P. Rodriguez-Reinoso F et al. Characterization of Porous solids Ⅱ. Amsterdam: Elsevier Sci Publ B V, 1991. 105 ~ 113
[127] Tsakiroglou C D, Payatakes A C. Rodriguez-Reinoso F et al. Characterization of Porous Solids Ⅱ. Amsterdam: Elsevier Sci Publ B V, 1991. 169 ~ 173
[128] Kruyer S. Trans Faraday Soc, 1958, 54:1758 ~ 1760
[129] Mayer R P, Stowe R A. J Colloid Sci, 1965,20:893 ~ 897
[130] Mayer R P, Stowe R A. J Phys Chem, 1966,70:3867 ~ 3873
[131] Smith D M, Stermer D L. J Colloid Interface Sci, 1986, 111:160 ~ 169
[132] Chatzis I, Dullien F AL. J Can Pet Tech nol, 1977, 16:97
[133] Androutsopuoulos G P, Mann R. Chem Eng Sci,1979, 34: 1203 ~ 1212
[134] Chatzis I, Dullien F AL. Int Chem Eng, 1985, 25:47 ~ 66
[135] Diaz C E, Chatzis I, Dullien F AL. Trans Porous Media, 1987, 2:215 ~ 221

[136] Constantinindes G N, Payatakes A C, Chem Eng Commun, 1989, 81:55 ~ 81
[137] Tsakiroglou C D, Payatakes A C. J Colloid Interface Sci, 1990, 137:315 ~ 324
[138] Day M, Parker I B, Bell J et al. Rodriguez-Reinoso F et al. Characterization of Porous Solids Ⅱ. Amsterdam; Elsevier Sci Publ B V, 1991. 75 ~ 84
[139] Karaukhov A P. Rodriguez-Reinoso F et al. Characterization of Porous Solids Ⅱ. Amsterdam: Elsevier Sci Publ B V, 1991. 105 ~ 204
[140] 尹元根.多相催化剂的研究方法.北京:化学工业出版社,1988.270 ~ 272
[141] Sing K S W. Rodriguez-Reinoso F et al. Characterization of Porous Solids Ⅱ. Amsterdam: Elsevier Sci Publ B V, 1991. 1 ~ 9
[142] Winter A. Rodriguez-Reinoso F et al. Characterization of Porous Solids Amsterdam: Elsevier Sci Publ B V, 1991. 85 ~ 96
[143] Mondelbrot B B. The Fractal Geometry of Nature Freeman. San francisco: W H Freeman and Company, 1982
[144] Mondelbrot B B. Nature, 1984, 308:261 ~ 263
[145] 章厚文编.分形理论及应用中国科学技术大学出版社,1993
[146] Spitzer Z. Powder Technol,1981, 29:177 ~ 185
[147] Avnir D. The Fractal Approach to Heterogeneous Chemistry. Chichester: Wiley, 1989
[148] Avnir D, Nouveau P P. J Chem, 1983, 7:71 ~ 72
[149] Avnir D Nouveau P P. J Colloid Interface Sci, 1985, 103:112 ~ 121
[150] Cole M W, Holter N S, Pfeifer P. Phys Rev B, 1986, 33:8806 ~ 8817
[151] 张宝泉.多孔介质的分维及其在多相催化剂的应用天津:天津大学,1994
[152] Semetz M, Bittener M R, Baumboer C et al. Characterization of Porous Solids Ⅱ. Rodriguez-Reinoso F et al. Amsterdam: Elsevier Sci Publ B V, 1991. 461 ~ 468
[153] Friesen W I, Mikular R J. J colloid Interface Sci, 1987, 120:263 ~ 272
[154] Neimark A V. Adsorption Eng Technol, 1990, 7:210 ~ 221
[155] 马兴华,王鲁英.中国科学B辑,待发表
[156] 格雷格S J,辛K S W.吸附、比表面与孔隙率(中译本).北京:化学工业出版社,1989.191 ~ 192
[157] 刘希尧.工业催化剂分析测试表征.北京:中国石化出版社,1990.88 ~ 89
[158] ASTM Standard Test Method D4058 ~ 92
[159] Dogu T. Ind Eng Chem Res, 1998, 37:2158 ~ 2171
[160] Crank J. The Mathematics of Diffusion. London: Clarendon Press, 1975
[161] Karger J. J Surf Sci,1976, 57:749 ~ 752
[162] Karger J, Pfeifer H, Heink W. Adv Magn Reson, 1988, 12:1 ~ 8
[163] Katz A J, Thompson A H. Phys Rev Lett, 1985, 54:1325 ~ 1330
[164] Schieferstein E, Heinrich. Langmuir, 1997, 13:1723 ~ 1728
[165] Barrer R M. J Chem Soc Faraday Trans, 1949, 45:358 ~ 359
[166] Ocellil M L. Preprints Div Petrol Chem, ACS, 1981, 26:672 ~ 674
[167] Ruckenstein E. ehem Eng Sci,1971, 26:1305 ~ 1311
[168] Gray P, Do D D. AIChE J, 1991, 37:1027 ~ 1030
[169] 刘希尧,王宝峰,乐菊云,等.催化学报,1986,7:86 ~ 88
[170] Choudhary V R. J Chromatogr, 1974, 98:491 ~ 510
[171] van Deemter J J, Zniderweg F J. Chem Eng Sci, 1956,5:271 ~ 278
[172] Habgood H W, Hanlan J F. Can J Chem, 1959, 37:843 ~ 846
[173] Leftler A J. J Catal, 1966, 5:22 ~ 24
[174] Kolk J F M, Natulewicz E R A. J Chromatogr, 1978, 160:11 ~ 28
[175] Paryjczak T. GC in Adsorption and Catalysis. London: Wiley and Sons Press, 1986.267
[176] Henry W, Haynes Tr, Sarma N. AIChE J, 1973, 19:1043 ~ 1046

[177] Hsu L-K P, Haynes Jr H W. AIChE J, 1981, 27:81~91
[178] Katsanos N A. Pure and Appl Chem, 1993, 65:2245~2252
[179] Park I S, Do D D. Catal Rev-Sci Eng, 1996, 38:189~247
[180] Biswas J, Do D D, Greenfield P F. Appl Catal, 1987, 32:217~219
[181] Biswas J, Do D D, Greenfield P F. Appl Catal, 1987, 32:235~239
[182] Dogu G, Smith J M. Chem Eng Sci,1976,31:123~128
[183] Suzuki M, Smith J M. Adv Chromatogr, 1975, 13:213~225
[184] Furusawa T, Suzuki M, Smith J M. catal Rev-Sci Eng, 1976, 13:43~76
[185] Haynes Jr H W. Catal Rev-Sci Eng,1988, 30:563~627
[186] Kapoor A, Yang R T, Wong C. Catal Rev-Sci Eng, 1989, 31:129~158
[187] Dogu G, Ercan C. Can J Chem Eng, 1983, 61:660~662
[188] Dogu G, Keskin A, Dogu T. AIChE J, 1987, 33:322~325
[189] Gibilaro L G, Waldram S P. J Catal, 1981, 67:392~394
[190] Sun W, Costa C A V, Rodrigues A E. Ind Eng Chem Res, 1994, 33:1380~1385
[191] Eic M, Ruthven D M. Zeolites, 1988, 8:40~43
[192] Ruthven D M, Eic M, Richard E. Zeolites,1991, 11:294~296;647~650
[193] 栗同林,刘希尧等.石油化工,1999,28(1):17~22
[194] Karger J, Pfeifer H. J Chem Soc, Faraday Trans, 1991, 87:1989~1996
[195] Karger J, Pfeifer H, .Wutscherk T. J Phys Chem,1992, 96:5059~5063
[196] Karger J, Ruthven D M et al. Zeolites, 1949, 9:267~281
[197] Karger J, Pfeifer H. Zeolites, 1987, 7:90~93
[198] Karger J. AIChE J, 1982, 28:417~419
[199] Ruthaen D M. Principles of Adsorption and Adsorption Processes. New York: Wiley, 1984

(刘希尧,燕山石油化工集团公司研究院)

第 2 章　分析电子显微镜方法

早在 1968 年，P. Duncumb 率先把 X 射线波谱仪(WDS)装到透射电镜(TEM)上，试图同时从薄试样的某一区域获得化学组成和微结构信息。从此“集成仪器”的概念在后来几年中得到了迅速发展，一种多功能综合显微分析仪器——分析电子显微镜(AEM)脱颖而出。AEM 指配有 X 射线能谱(EDS)和电子能量损失谱仪(EELS)的专用扫描透射电子显微镜(Dedicated STEM)或 TEM/STEM。AEM 的出现是基于物理学理论进展，使人们对电子与物质交互作用认识的深化以及电子技术、真空技术、计算机技术的发展与运用的结果。AEM 已突破了传统上的“显微镜”的含义。它以 1979 年 Hren 等[1]所著的 *Introduction to Analytical Electron Microscopy* 一书的发行为标志。AEM 的问世，开创了电子显微学的一个新时代。

由于 AEM 采用 TEM 相同的薄试样及中等加速电压(100 ~ 400 kV)和细的电子束(直径 < 1 ~ 10 nm)，其特点是空间分辨力高(< 1 ~ 10 nm)，具有 TEM、STEM 的几乎全部功能，还可进行薄样 X 射线显微分析和电子能量损失谱分析[2~4]，即①亮场和暗场成像(晶格像，分子或原子像)；②选区电子衍射、微衍射、会聚束电子衍射；③二次电子、背散射电子成像；④EELS 分析和 EELS 成像、延展电子能量损失精细结构(EXELFS)研究；⑤X 射线显微分析和 X 射线成像。AEM 是研究物质微结构、微区组成的一种强有力的工具，在固体物理、固体化学、材料科学、地矿学、生命科学及环境科学等各领域的应用日益广泛。

固体催化剂的研究长期以来一直是工业和科学关注的课题，但催化剂制备本身至今仍是一种经验技艺。这表明要试图表征催化剂的物理化学性质，完全理解所配催化剂的催化反应性能，确非易事。由于催化作用发生在固体表面的某些特殊位置(活性位)，即反应中的催化剂上表面原子或原子团，所以要求表征方法在原子、分子尺度上获取结构、组成信息，理想的情况是在实际反应条件下的原位表征。

尽管近一二十年应用各种现代物理技术对催化剂和催化过程的研究不断发展[5~7]，但由于催化剂活性组分含量低和分散度高，限制了某些物理方法的应用，而且大多物理方法所得到的结果是总体性质的“平均结果”，其有效性值得讨论。如 van der Pol 等[8]发表的一篇关于 TS 沸石的文章表明所用的多种物理方法都难以区分活性还是非活性的样品。AEM 在工业催化剂研究开发中显露出突出作用[9~13]，为优化催化剂的设计，充分了解催化剂活性相组成、结构与性能之间的关系所必不可少。这些信息如何从 AEM 中得到，又如何与催化剂性能相关联，这是我们要探究的问题。例如通过对工业新鲜、失活和再生后催化剂的 AEM 观察与分析，催化工程师据此往往就能调变、把握新型催化剂配方的走向或催化剂改性的途径。更进一步借助 AEM 有可能作催化剂的“微设计”[11]。这一有吸引力的概念将大大提高设计催化剂的能力。

在过去 10 年中，AEM 显微分析的方法学，特别是定量全分析、无标样分析、计算机控制操作及数据处理、轻元素分析、超高灵敏分析及能量选择或能量过滤成像技术(如 Ω

过滤器和 GIF 过滤器)、电子全息像、控制气氛电镜、运用场发射枪、高速-清洁抽空系统等，都有显著进展[4, 14~21]。

本文作为尹元根主编《多相催化剂研究方法》一书 1988 年版第五章的续篇，只着重对薄样 X 射线显微分析法的原理、仪器构造作简要叙述，空间分辨率和最小检出量等作讨论，着重在最后列举数个典型 AEM 研究固体催化剂实例说明其有效性及应用前景。

2.1 EDS 原 理

2.1.1 EDS 分析物理基础

2.1.1.1 电子与固体试样的交互作用

AEM 显微分析是建立在经 100 kV、200 kV 或 300 kV 加速后的高能电子(能量为 E_0)入射并与固体薄试样(薄膜或微粒子)中的原子、电子作用发生弹性散射和非弹性散射。在非弹性散射过程中，入射电子能量部分损失(ΔE)，会以一连串的过程转化为二次电子、特征 X 射线、俄歇电子的发射及引起固体试样的辐射、热损伤、键的断裂，结晶度的降低，还会由溅射而损失其质量等，图 2-1 图解了电子与固体试样的相互作用产生的在 AEM 中不同检测型的检测信号。实际电子与固体试样相互作用的机理是相当复杂的[22~27]。

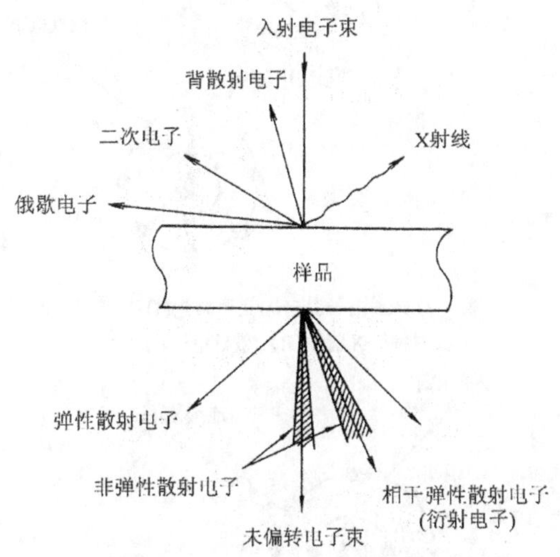

图 2-1 电子与固体试样的相互作用

弹性散射电子($E \approx E_0$)；样品电流(或吸收电子)($E = E_F$)；透射电子($E = E_0$)；俄歇电子($E < 10$ eV)；背散射电子(50 eV $< E \leqslant E_0$)；特征，连续 X 射线光子($0 < h\nu < E_0$)；二次电子($0 < E \leqslant 50$ eV)；阴极发光($0 < h\nu < 1 \sim 3$ eV)；衍射电子($E = E_0$)；能量损失电子($E = E_0 - \Delta E$)

2.1.1.2 特征 X 射线发射谱

具有能量 E_0($E_0 > E_c$,E_c 为临界激发能)的入射电子与固体试样非弹性碰撞的结果,使试样原子内壳层电子击出而离化,处于较高能态。这个过程所产生的电子空位会被外层电子所填充(跃迁)。表明原子结构的能量差可以发射特征 X 射线光量子或俄歇电子[3, 24~26],见图 2-2。特征 X 射线的能量 E 与所研究元素的原子序数之间的关系由 Moseley 定律描述

$$E = A(Z - 1)^2 \tag{2-1}$$

式中:A——常数;

Z——固体试样组成元素的原子序数。

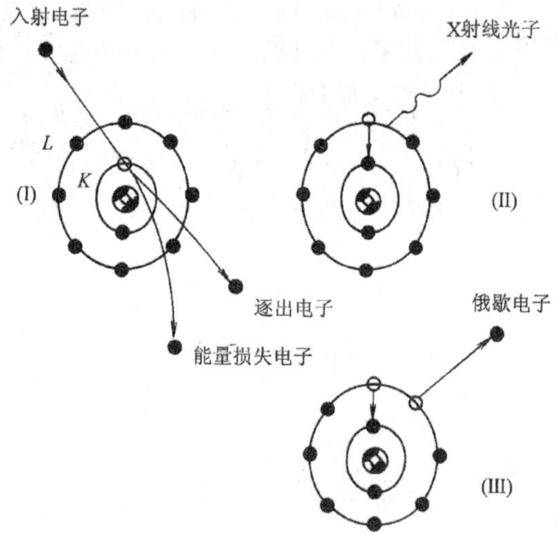

(a) 入射电子引起 K 壳层离化(I);
发射特征 X 射线(II);俄歇电子(III)

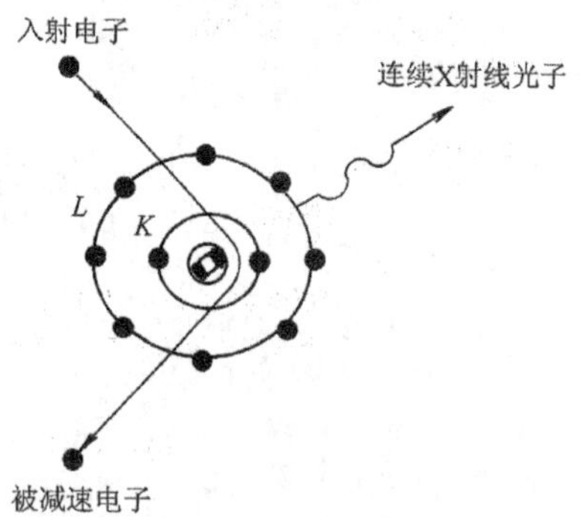

(b) 入射电子被减速产生连续 X 射线发射(韧致辐射)

图 2-2

连续 X 射线谱是指当入射电子在试样原子核库仑场作用下减速时产生的韧致辐射，连续 X 射线形成背景，且在一个十分宽的能量范围内($0<E\leqslant E_0$)，如图 2-2(b)，软 X 射线谱是指范围从 100 eV 到 1.5 keV，轻元素($4\leqslant Z\leqslant 9$)发射的特征 X 射线处在该范围。如一个原子的 K 层电子被击出，形成的空位由外层电子填充所发射的特征 X 射线称 K 系辐射，类推由外层电子跃迁填充 L 层或 M 层电子空位发射的特征 X 射线，分别称 L 系辐射或 M 系辐射。电子的跃迁为选择定律[25]所限定，$\Delta n\neq 1, |\Delta l|=1, |\Delta j|=0$。$n$、$l$、$j$ 分别为原子中的电子的主量子数。角量子数和内量子数。重要的 X 射线发射线和它们的标识见图 2-3。

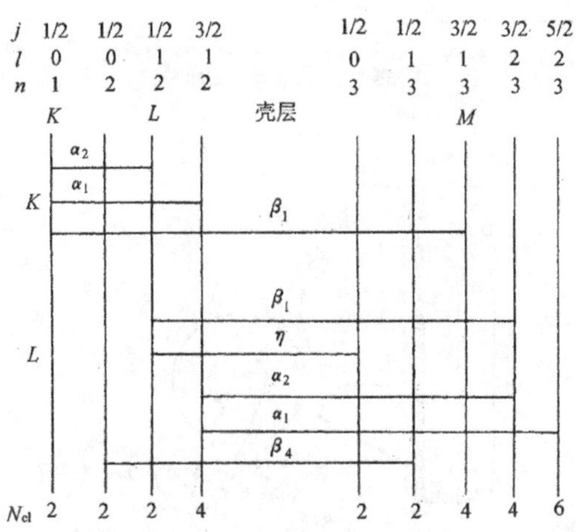

图 2-3 特征 X 射线标识，量子数 j、l、n 及各壳层的电子数 N_{el}

根据特征 X 射线的能量大小可做化学元素定性分析，元素面分布图(EDS 探测到不同元素的 X 射线可以用不同颜色来表示，构成伪彩色组成图或组成直方图，显示样品上各点组成元素浓度之间数字关系。同时，试样形貌和元素组成可示于同一图内)[28]和元素浓度线分析。根据其相对强度可作定量分析，但特征 X 射线并不反映原子化学态的确实变化。

2.1.1.3 X 射线探测

X 射线探测在 AEM 中通常采用 EDS 谱仪的半导体固态探测器。对常规的 Si(Li)探测器收集能量范围为 0.1～20 keV，而高纯 Ge(HPGe)探测器可高到 80 keV[15]。Si(Li)探测器的结构及作用过程分别见图 2-4 和图 2-5[1, 4, 25, 29]。Si(Li)探测器组合元件中场效应二级管前置放大器被冷却到接近液氮温度，使热诱发信号最小。为保证良好的电接触，在二级管前后端面都涂敷厚度约 20 nm 的 Au 层，为防污染和高能背散射电子直接进入探测器而引起噪音，一般在探测器前方有一个厚度为 7 μm 的 Be 窗。

当 X 射线光子与 Si(Li)半导体活性区 Si 原子相互作用激发出电子-空穴对(每产生一个电子-空穴对消耗能量为 3.8 eV)。在探测器上施加反向偏压时，这些电子-空穴对电荷被收集形成电脉冲信号输出。所产生电脉冲幅度(与电子-空穴对数目成正比)和所接

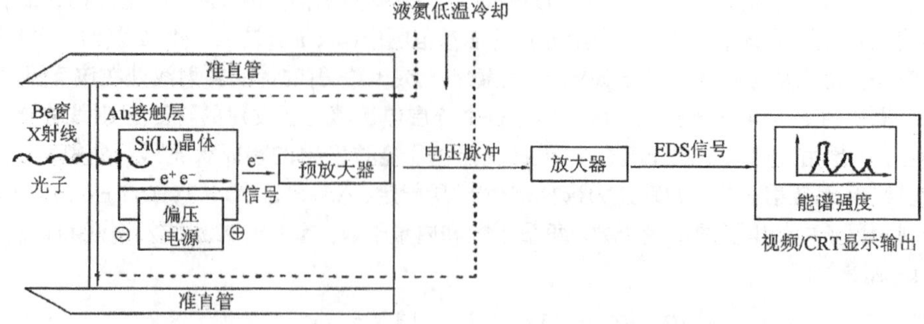

图 2-4 EDS 系统图解

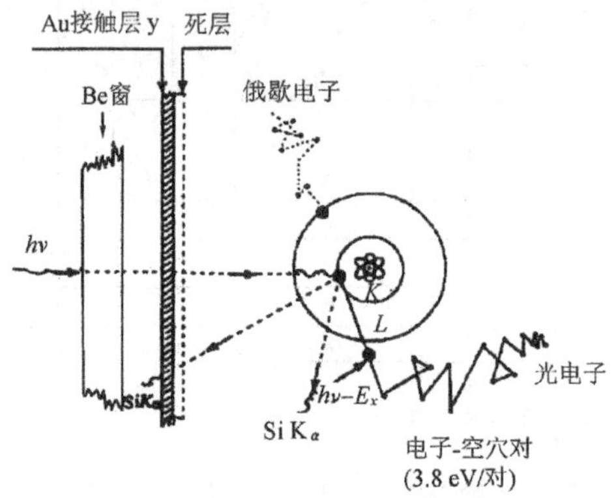

图 2-5 在 EDS 探测器中 X 射线光子探测过程图解

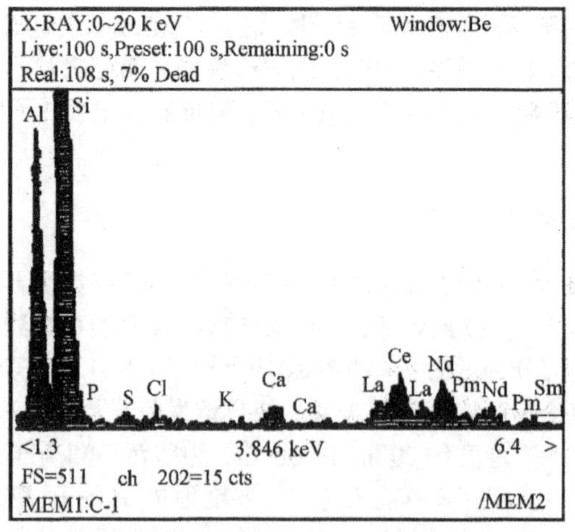

图 2-6 典型的 X 射线能谱(REY 分子筛催化剂)

收的 X 射线能量成正比。经放大后显示在多道分析器系统的显示屏上形成能谱图，图2-6为典型的 X 射线能谱。

通常对 3～15 keV 内的 X 射线，Si(Li)探测器的探测效率接近 100%[28]。而在低能处效率降低，这是由于 X 射线在 Be 窗、Au 层和 Si 死层中的吸收引起的。无窗探测器可以记录轻元素 K_α 量子到 Be。在能量大于 15 keV 时，效率的降低是由于增加了穿透探测器的活性区，引起离化效率降低所致。

经典的电子探针 X 射线显微分析(EPMA)是测定样品中感兴趣元素发射的特征 X 射线并与已知组成的标准样品相比较，在保持相同的分析条件下，能够从 X 射线强度比并按照 Castaing 的一级近似定量关系获得元素质量浓度。

2.1.2 薄样 EDS 定量分析原理

2.1.2.1 特征 X 射线强度

每一个入射电子(能量为 E_0)入射在含元素 A 的试样上，平均离化数 n' 是

$$n' = \frac{N\beta_A\rho}{M_A}\int_{E_c}^{E_0}\frac{Q_A}{\mathrm{d}E/\mathrm{d}x}\mathrm{d}E \tag{2-2}$$

式中：$\mathrm{d}E/\mathrm{d}x$——一个电子在经过距离 x 时，平均能量的变化；

N——阿伏伽德罗常量；

ρ——样品密度；

M_A——元素 A 的相对原子质量；

β_A——元素 A 的质量浓度；

E_c——临界激发能量；

Q_A——离化截面[每单位给定能量电子，路径长度引起样品中元素 A 原子 K(或 L、M)壳层的离化概率]。

由于在试样中一部分入射电子背散射并不产生离化，故特征 X 射线强度[1, 20, 28, 30, 31]为

$$I_A = \frac{c}{M_A}\beta_A R\omega_A\alpha_A\int_{E_c}^{E_0}\frac{Q_A}{\mathrm{d}E/\mathrm{d}x}\mathrm{d}E \tag{2-3}$$

式中：I_A——特征 X 射线强度；

R——背散射因子；

c——常数；

ω_A——荧光产率；

E_0——入射电子能量；

α_A——元素 A 特征 K 系辐射中 K_α 线所占分数。

所测的特征 X 射线强度在经典的块状样品 X 射线显微分析中，为获得准确的局部化学元素分析结果，必须作原子序数、吸收、荧光修正(ZAF 修正)。

2.1.2.2 薄样 X 射线显微分析

(1) 薄膜近似

在 AEM 薄试样中，入射电子很少被背散射，也很少损失能量(~5 eV/nm)，因此 Q_A 视为常数。入射电子行进的路径也可假设基本相同于薄试样的厚度 t，因此式(2-3)可简化为

$$I_A = c\beta_A\omega_A Q_A\alpha_A\frac{t}{M_A} \tag{2-4}$$

式中，t 为样品厚度。

若假设所分析的薄试样“无限薄”，X 射线的吸收和荧光可以忽略，不作修正。所以从试样激发区产生的特征 X 射线即为识别的离开薄试样的 X 射线强度。这假设即所谓的“薄膜标准”(thin film criterion)或“薄膜近似”(thin film approximation)[1, 3, 4, 24, 30, 32, 33]。从图 2-7 清楚看到样品厚度、X 射线出射角即吸收距离($t\cdot\cos\alpha$)的影响。显然，高出射角是有利的，这涉及到探测器相对于试样的几何位置。

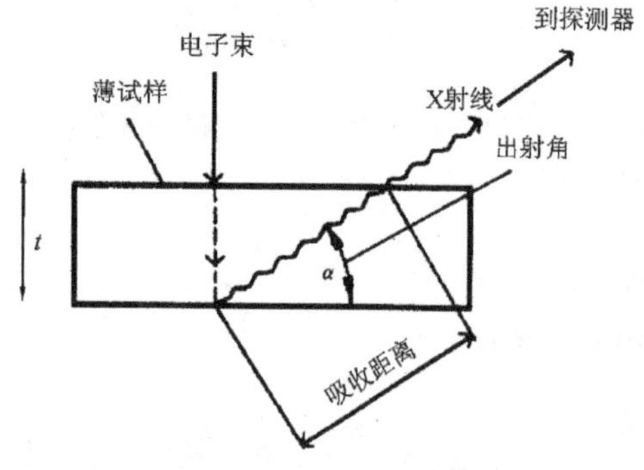

图 2-7 吸收距离的定义

按理从式(2-4)通过测定特征 X 射线强度、计算常数和别的项即可简单地获得试样分析区域的化学组成。

(2) 薄样分析中的比率法

在实际薄样 EDS 分析中，由于很多几何因子和常数不能精确得到，比如薄试样的厚度从一点到另一点往往是有变化的。在这种情况下，提出了“比率技术”(ratio technique)[1, 3, 32~35]。即同时测定薄试样中 A、B 两个元素的 X 射线强度，得特征 X 射线强度比 I_A/I_B，将式(2-4)代入，强度比可直接关系到元素 A、B 的质量浓度比 β_A/β_B。

$$\beta_A/\beta_B = \frac{M_A(Q\omega_A)_B\alpha_B}{M_B(Q\omega_A)_A\alpha_A}I_A/\beta_B \tag{2-5a}$$

$$\beta_A/\beta_B = K_{AB}\, I_A/I_B \tag{2-5b}$$

若试样满足薄膜近似条件，I_A 和 I_B 又同时测定时，式(2-5b)中 K_{AB}项只随操作电压变化，与试样的厚度和组成无关。

“比率技术”也称“Cliff-Lorimer”法[4]，已为很多分析者所采纳。该方法是建立在假设“薄膜标准”前提下，这既可忽略试样厚度变化，又使入射电子束强度的起伏不改变分析结果。若把内标元素 Si(或 Fe)考虑为式(2-5b)中的元素 B，则常数 K_{ASi}(相对灵敏度因子)可用式(2-6)给出 K'值

$$K = K_{AB} = K'_{ASi} = \left[\frac{\beta_A}{\beta_{Si}}\right]\left[\frac{I_{Si}}{I_A}\right] \tag{2-6}$$

结合应用实验 K 值和式(2-6)，可获得各种元素 AB 组合的 K_{AB}值。虽然 K_{AB}值会随所用仪器型号的不同而有所变化(如 EDS 探测器和试样接近程度往往不同等原因)。各种元素的 K' 值已为数个研究者所报道[20, 31]。

2.1.2.3 无标样定量分析

无标样定量分析指用计算方法取代标准样品 X 射线强度的测定(建立在原子数据和经验实验数据上)。在商品仪器上都配有无标样定量分析软件。K_{AB}和 K 值可用式(2-5b)直接计算。从式(2-5b)和式(2-6)可知

$$K = \frac{M_A(Q\omega_A)_{Si}}{M_{Si}(Q\omega_A)_A} \times \frac{e^{-\mu/\rho)_{Be}^{Si}\rho_{Be}y}}{e^{-\mu/\rho)_{Be}^{A}\rho_{Be}y}} \tag{2-7}$$

式中：$\mu/\rho)_{Be}^{Si}$——元素 Si 的特征 X 射线在 Be 窗中的质量吸收系数；

$\mu/\rho)_{Be}^{A}$——元素 A 的特征 X 射线在 Be 窗中的质量吸收系数；

ρ_{Be}——Be 窗密度；

y——Be 窗厚度。

在无标样定量分析中，K 系谱线相对精度可达到 1% ~ 5%，而 L 系谱线还有一些不确定的因素存在，特别是 M 系谱线，原子数据的设置仍然是不完全和不够精确的。

在实际试样分析中，大多数情况要求测定多于两个元素。如在三元素分析中采用式(2-5b)则

$$\left.\begin{aligned} \beta_A/\beta_B &= K_{AB}I_A/I_B \\ \beta_B/\beta_C &= K_{BC}I_B/I_C \\ \beta_A+\beta_B+\beta_C &= 1 \end{aligned}\right\} \tag{2-8}$$

在 AEM 中最显著分析误差是来自 X 射线计数统计。

2.1.2.4 薄样 EDS 分析灵敏度

在 AEM 中 EDS 分析灵敏度指可检测到的最小质量(MDM)或最小质量分数(MMF)[1, 3, 4, 25, 36]。它取决于数个因素，如 EDS 探测器的效率、收集几何学、杂散(假)X 射线计数率及产生特征 X 射线和连续 X 射线辐射截面等。

最小可检测质量(MDM)可表达为

$$\mathrm{MDM} \sim \frac{1}{P_A \tau J} \tag{2-9}$$

其中

$$P_A = Q_A \omega_A \alpha_A T$$

式中：τ——计数时间；

J——电子束电流密度；

T——EDS 探测器效率。

为了改进 MDM，可以通过增加灯丝的发射电流来增加电子束电流密度 J(电子束电流随各种电子源及电子束直径的变化示于图 2-8)；也可增加计数时间 τ(但它受到污染、试样漂移及电子学-机械不稳定性的限制)。

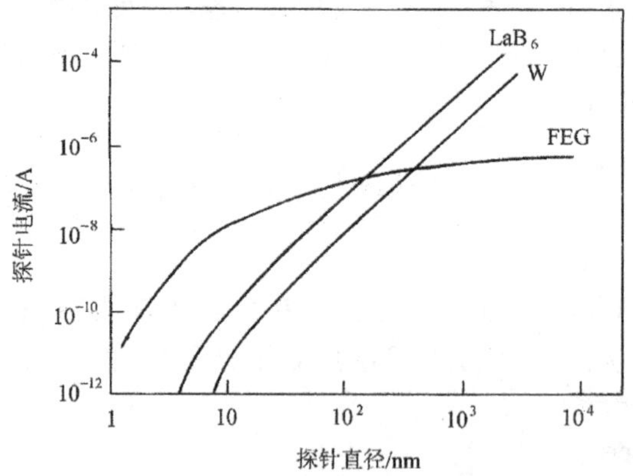

图 2-8 典型电子束电流随各种电子源及电子束直径的变化

计算表明若用钨丝热发射枪(电子束电流密度 20 A/cm^2，加速电压 ~ 100 kV，计数时间 100 s)，对元素($10 < Z < 40$)进行检测，MDM 可达 5×10^{-20} g。

最小可检测质量分数(MMF)可表达为

$$\mathrm{MMF} \sim \frac{1}{(P'/BP'\tau)^{1/2}} \tag{2-10}$$

式中：P'——纯元素特征峰计数率；

P'/B——纯元素峰背比。

从式(2-10)看出，改变分析操作条件，如增加计数时间 τ，提高加速电压，增加入射电子能量，可以增加 P'/B(各种操作电压下，峰背比与原子序数的关系示于图 2-9)；增加电子束电流密度 J 及优化探测器结构，如增加探测器收集有效面积，增大 X 射线收集立体角可增加特征峰强度，见图 2-10；使式(2-10)中的三项都尽可能大，就可以改善分析灵敏度。图 2-11 表明了 MMF 与原子序数 Z 的关系。

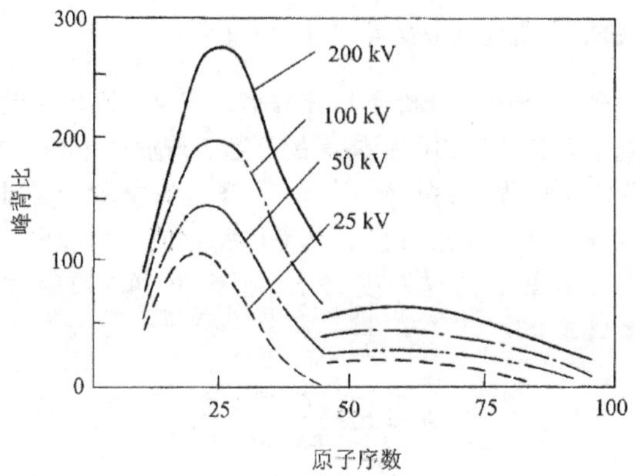

图 2-9 各种操作电压下，峰背比与原子序数的关系

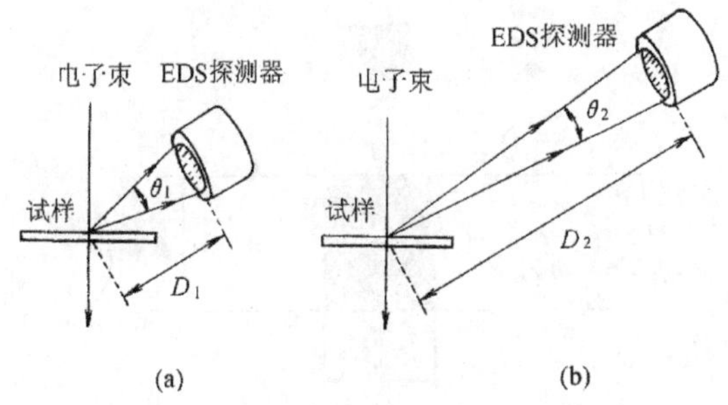

图 2-10 EDS 探测器立体角反比于探测器与样品间距离的平方

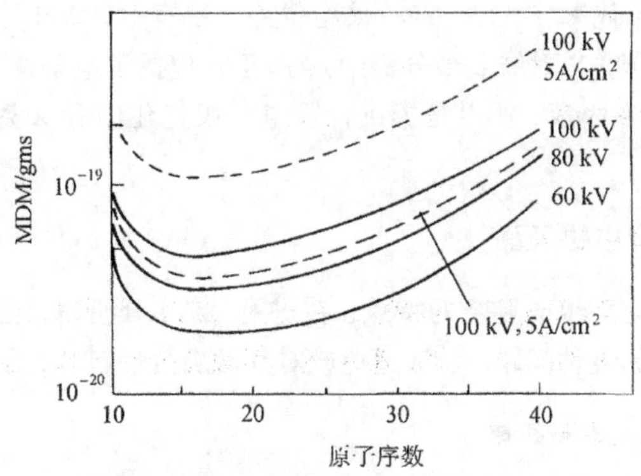

图 2-11 最小可检测质量(MDM)与原子序数 Z 的关系

计数时间 100 s，实线为 $J = 20\ \text{A/cm}^2$

很多AEM实验室的经验表明，用热发射电子枪，MMF可达0.5%。若用场发射电子枪，由于电子束直径小，电流密度大，计数率高，EDS分析灵敏度可大为提高。

2.1.2.5 薄样EDS分析空间分辨率

在文献中出现很多关于EDS分析空间分辨率的定义，比较一致的看法是EDS分析空间分辨率是入射电子束和薄样相作用体积的函数，与加速电压、电子束直径、试样平均原子序数、试样厚度等参数有关[1, 3, 25, 32, 34, 37, 38]。有文献[38]对此专门作了讨论，并定义EDS分析空间分辨率为电子束直径 d 与平均宽化值 b 之和即 $(d+b)$。假设电子散射发生在薄样中心(图 2-12)，薄样厚度为 t，在 ϕ 角中单散射电子束宽化计算按式(2-11)进行。

$$b = 625 \frac{Z}{E_0} \frac{\rho^{1/2}}{M} t^{3/2} \tag{2-11}$$

式(2-11)表明若要优化EDS分析空间分辨率，则要用最小尺寸探针，足够大的束电流，以产生显著的统计计数，还要使试样尽可能薄，加速电压尽可能高。

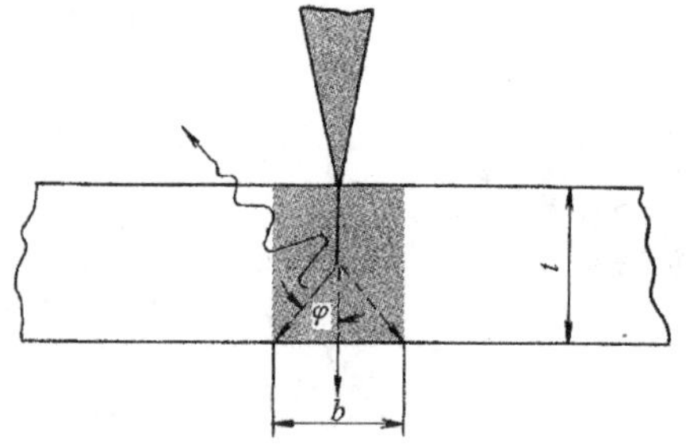

图 2-12 在薄样中产生特征X射线的作用体积(阴影部分)

早在20世纪70年代末，P.G.Faulker采用蒙特卡罗模型计算电子束在试样中的宽化和X射线源大小(在薄膜X射线显微分析中)，由于它包括了电子背散射、多重散射和非准直电子的影响等诸多因素，所以是提供计算电子束宽化值和X射线源大小的最好方法。

2.1.3 薄样EDS分析中的问题

针对实用固体催化剂组成复杂的特点，在进行AEM分析时，必须了解分析全过程可能出现的影响结果的种种问题，设法避免或对其做出合理解释，最终恰当利用数据。

2.1.3.1 试样的采集和处理

催化剂样品的采集，特别要注意从反应器(指固定床反应器)所采集的部位及在转移过程中可能发生的变化，要有所估计和判断[7]。如NiW等硫化物催化剂、$TiCl_4/MgCl_2$ 聚烯烃催化剂等一类对环境中的 O_2 和 H_2O 敏感的样品要做专门的妥善处置。考虑AEM试样制备过程中催化剂组分的迁移、流失及造成污染的可能。

2.1.3.2 仪器

(1) 系统背景

EDS探测器可能探测到来自样品周围的材料，如样品载网、测角台、抗污染装置、极靴、光栏等未经准直的X射线辐射和散射电子，所有这些归类为EDS分析的“系统背景”[13, 25, 39]。

“系统背景”往往有时在不知不觉中影响EDS定量分析。这种难以捉摸的杂散辐射要完全消除，事实上是不可能的，但可以采用细的、电流密度高的电子束照明，提高峰背比，使分析者尽可能仅从样品上感兴趣的区域获得X射线谱。

(2) 空间限制

EDS装接到TEM镜筒造成的最难解决的问题是“空间限制”[1, 2]。因为在薄样分析中X射线产率低，所以较大的EDS探测器收集立体角、较大的EDS探测器有效表面及探测器与样品间较短的距离都可提高探测器效率。

(3) 仪器环境

应考虑微扰/电磁干扰、颤噪的影响[1, 2]。

2.1.3.3 操作条件设置

照明电子束直径、束流大小、加速电压高低及收谱时间长短等的设定与试样污染、漂移、辐照损伤有密切关系，需根据样品特点和分析要求做出最佳选择[3, 20]。

2.1.3.4 污染

薄样表面污染[1, 3, 7, 40~42]使电子束宽化，空间分辨率变差。样品上污染物构成连续背景，降低了可达到的峰背比，对可检测最低限有负面影响。污染物吸收从薄样发射的X射线，直接影响定量分析结果。同样，冰及烃分子凝结在探测器输入端窗口，会影响软X射线探测效率。因此要求快速、清洁抽空系统来降低污染程度[43]。

2.1.3.5 试样稳定性

催化剂试样暴露在电子束下的稳定性问题备受关注。如发现试样中存在的K、Na等元素在电子束照射下的迁移；电子束诱发的化学反应发生[42, 44, 45]；试样上电子束辐照区的炭沉积[1]等。

2.1.3.6 轻元素分析

通常Be窗EDS探测器只能探测原子序数 $Z \geqslant 11$ 的元素，对软X射线必须用超薄窗(UTW)或无窗(WL)探测器，以增加对轻元素的探测效率[3, 4, 18, 21, 46~48]。进行薄样轻元素定量分析的困难还在于修正试样对软X射线的吸收。但对AEM中轻元素分析问题，可联合运用对轻元素分析灵敏度高的EELS技术来解决[49]。

2.2 AEM 仪器结构

2.2.1 d-STEM 型 AEM

由场发射电子枪(FEG)、探针形成聚光镜系统、物镜和电子探测成像系统及 EDS、Parallel EELS 探测器组成，见图 2-13。d-STEM 型 AEM 的特点:①电子束直径细，一般可达到 0.2~0.5 nm;②电子像衬度高，因采用环形暗场探测器(ADF)，所收集的不同电子信号可通过模拟或数字处理作“Z-衬度像”成像[3, 19, 50~53]。如在一个适当薄的载体上重元素信号原子能被成像，可消除载体的干扰[11]，见图 2-14。在 Al_2O_3 表面上的三聚 Pt 原

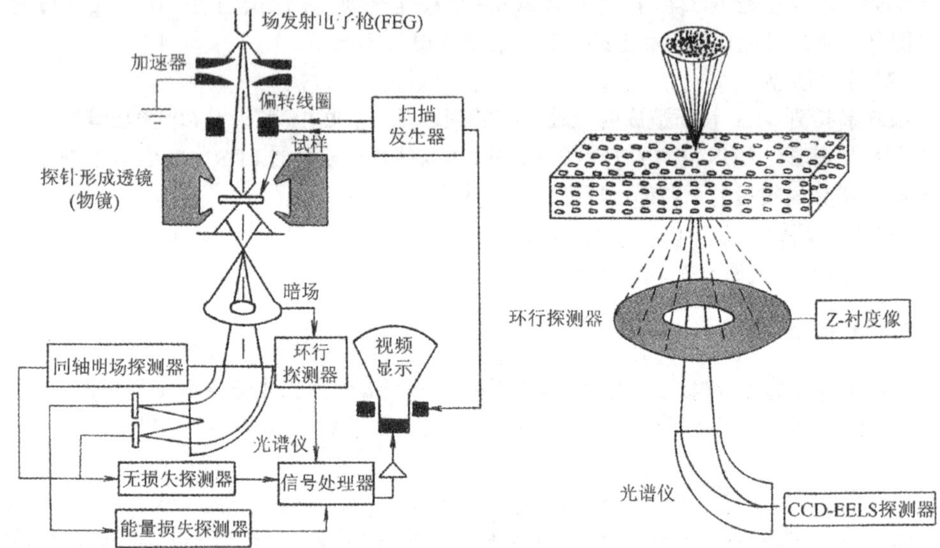

图 2-13 d-STEM 型 AEM 结构图

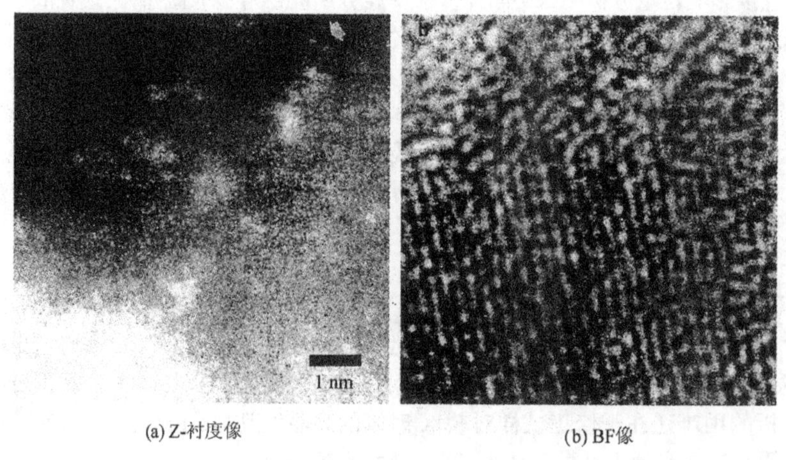

(a) Z-衬度像 (b) BF像

图 2-14 在 300 kV STEM 中观察 Pt/γ-Al_2O_3 催化剂

子(图 2-14 中箭头所指)，注意到在 BF 像中 Al_2O_3 的较高衬度使得难于看到 Pt 原子。

例如，VG HB603 U 型 300 kV(用 11 组加速器产生)场发射 STEM[54]，具有优异的 ADF 成像能力。形成大约只有 0.13 nm 直径探针，可增长负载金属原子峰背比，可使负载金属原子直接成像，推断催化活性中心及催化剂衰变时活性中心结构变化。电子束流高到 1 μA，适合于高灵敏度分析。

2.2.2 TEM/STEM 型 AEM

TEM/STEM 型 AEM 的结构图，见图 2-15。

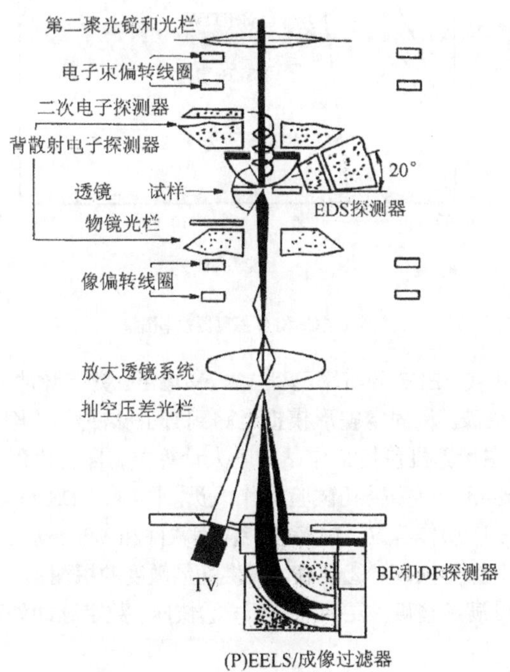

图 2-15 TEM/STEM 型 AEM 的结构图

2.3 EDS 进展

自从 20 多年前 EDS 技术运用到 AEM 并得到了迅速发展，该技术日趋成熟[14]。最早 EDS 系统固态 Si(Li)探测器在 20 世纪 60 年代末是用在扫描电镜(SEM)上，当时探测器的活性面积为 50 mm^2、分辨率只达 700 eV、Be 窗厚度为 0.125 mm，只能探测 Ca 以上元素。

20 世纪 70 年代，EDS 开始装接到 TEM 上，Be 窗厚度减小到 7 μm，可探测 Na 以上元素。其间，EDS 最重要的进展是计算机的运用及有关软件的开发，如 Frame C 软件的开发。无标样分析程序也已开发，仪器则用专用计算机。

20 世纪 80 年代，新的探测器窗材料(大气薄窗 ATW)的发明，纯 Ge 探测器的出现，极大提高了EDS谱仪分辨率(因纯Ge晶体比Si(Li)产生电子-孔穴对所需能量低，即具有更高的内在分辨率)。纯Ge探测器对高能X射线探测效率高，因此适合匹配到中等加速电压(100~400 kV)的AEM上，见图2-16。EDS定量分析算法和无标样定量分析进一步完善。数字X射线图的出现，显示元素空间分布信息。

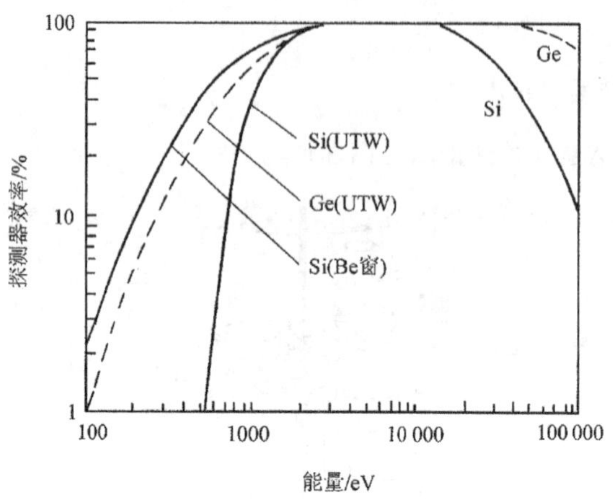

图2-16 Ge和Si探测器效率图解

进入20世纪90年代，EDS分辨率已到130 eV以下，数字脉冲处理器的出现是EDS硬件发展中最明显的突破。从固定整形模拟电路到自由脉冲处理电路，增加了处理信息通量。现在EDS系统主计算机包括工作站和个人计算机，自动化程度高、使用方便。很少再用专用计算机，也很少再需委托试验操作人员。同时，EDS系统新的软件核心设计也具备了一些新特点：①操作容易。内装智能应用软件和Windows 95用户接口，广泛的在线帮助和应用支持，操作便捷；②准确。提供高灵敏度的探测器，高稳定电子学保证，包括有峰形程序库，可满足精确、复杂的分析；③快速。数字脉冲处理器的应用，保证了快而精确的分析。

近年来新开发的扫描隧道显微镜(scanning tunneling microscopy, STM)和原子力显微镜(atomic force microscopy, AFM)可作为CTEM/STEM的补充来研究周期和非周期结构，在实空间横向分辨率(即空间分辨率)高达0.1~0.2 nm，竖向分辨率高达0.01~0.005 nm，并可在环境条件下达到原子分辨而不需样品制备[55]。因此有希望结合多用途的AEM和扫描探针技术在原子水平来表征催化剂。

2.4 应用实例

近期分析电子显微镜(AEM)技术快速发展，在分辨率、灵敏度、操作范围、分析速率等方面都有显著地改进和提高。这些都会增加AEM在催化剂表征中的有效性，将更好地理解催化剂结构、组成和活性的关系；将使催化剂性能的设计和优化有新的突破。当然催化剂表征最终目标将是开发“原位表征技术”，真实地反映在催化过程中的催化剂表面状态及性质，说明催化反应机理，使“催化”越来越接近“可预测科学”。至今催化剂原位表征技术虽还没有普遍实施，但它是催化科学和工程诸多领域的重要课题之一[56]。

各种催化剂表征的方法都有其有利点和局限性，需要通过多种方法对催化剂表征提供互补。下面列举数例有关工业催化剂应用 AEM 研究的典型实例。

2.4.1 合成沸石分子筛

分子筛对催化科学和技术有巨大的影响[57]。20 世纪 60 年代初分子筛裂化催化剂的发明，引发了炼油工业的一场技术革命。20 世纪 70 年代发现 ZSM-5 分子筛的择形性，使得重要的石油炼制和石油化工新工业过程(乙苯生产、甲苯歧化、重油脱蜡等)开发成功[58]。20 世纪 80 年代，TS-1 变价元素杂原子分子筛的出现使分子筛“氧化催化”[59]的领域异常活跃。近年来分子筛在“环保催化”[57]中应用亦发展很快。分子筛在工业催化过程的成功应用激励了分子筛合成、改性、表征、应用研究的广泛开展。分子筛改性最基本的办法是通过二次合成、杂原子同晶取代等途径，改变其骨架组成。AEM 对检测纳米级范围的元素及其组成变化十分有利。下面以脱铝 Y 分子筛和 TS-1 分子筛为例，介绍 AEM 在分子筛合成中的应用。

2.4.1.1 脱铝 Y 分子筛

20 世纪 70 年代，炼油工业面临渣油加工和高辛烷值汽油生产的问题。FCC 催化剂必须具有高的水热稳定性、抗重金属污染、减少积炭生成、抑制氢转移反应等特点。

人们发现 Y 分子筛经脱铝[9, 60, 61]，提高其骨架 Si/Al 会带来一系列结构和化学性质的变化，包括晶胞收缩、表面酸中心浓度降低、酸中心强度增加、酸中心分布分散、同时产生二次中孔。这些正适应炼油催化剂性能新的要求。脱铝 Y 分子筛已被广泛用作 FCC 催化剂活性组分。实际上因晶化时间较长，工业规模直接合成具有 Si/Al 大于 5 的 Y 沸石是十分困难的。所以合成后脱铝或用模板剂是仅有可能制备高 Si 超稳 Y 沸石的方法[62]。脱铝 Y 分子筛最先是由 Grace 公司的 Mcdanniel 和 Maher 于 1968 年提出的。在有水蒸气存在条件下，NH_4Y 分子筛经高温焙烧制得，称超稳 Y 分子筛(USY)。目前，制备脱铝 Y 分子筛的方法主要有：水热深床处理(工业大规模生产采用此种方法)；化学法(液相或气相)脱铝；水热-化学法等。作者应用 AEM 研究脱铝 Y 分子筛的结果[63]见图 2-17 和表 2-1。

实验表明：①经脱铝，Y 分子筛晶粒轮廓基本保持完整；②晶粒上 Al 分布各异(即会因脱铝方式、条件、起始材料的不同特性而有很大差异)。从表 2-1 可看出，同一样品体系内，晶粒间 Si 与 Al 物质的量比有较大差别，即使同一晶粒上 Al 分布也不均一。显然，若测得的 Si/Al 是平均值，则难以说明 Si/Al 相同而其催化性能大不一样的问题；③晶内形成中孔范围的二次孔，其在晶粒上的几何分布密度与 Si/Al 大小对应。显然二次孔的形成提供了较大的催化活性中心可达度。

根据上述脱铝 Y 分子筛 AEM 研究结果，还可深入地讨论 Y 分子筛脱铝过程。伴随脱铝 Y 分子筛骨架的重建或修复，方钠石笼整体塌陷，形成二次孔[64~71]，见图 2-18。

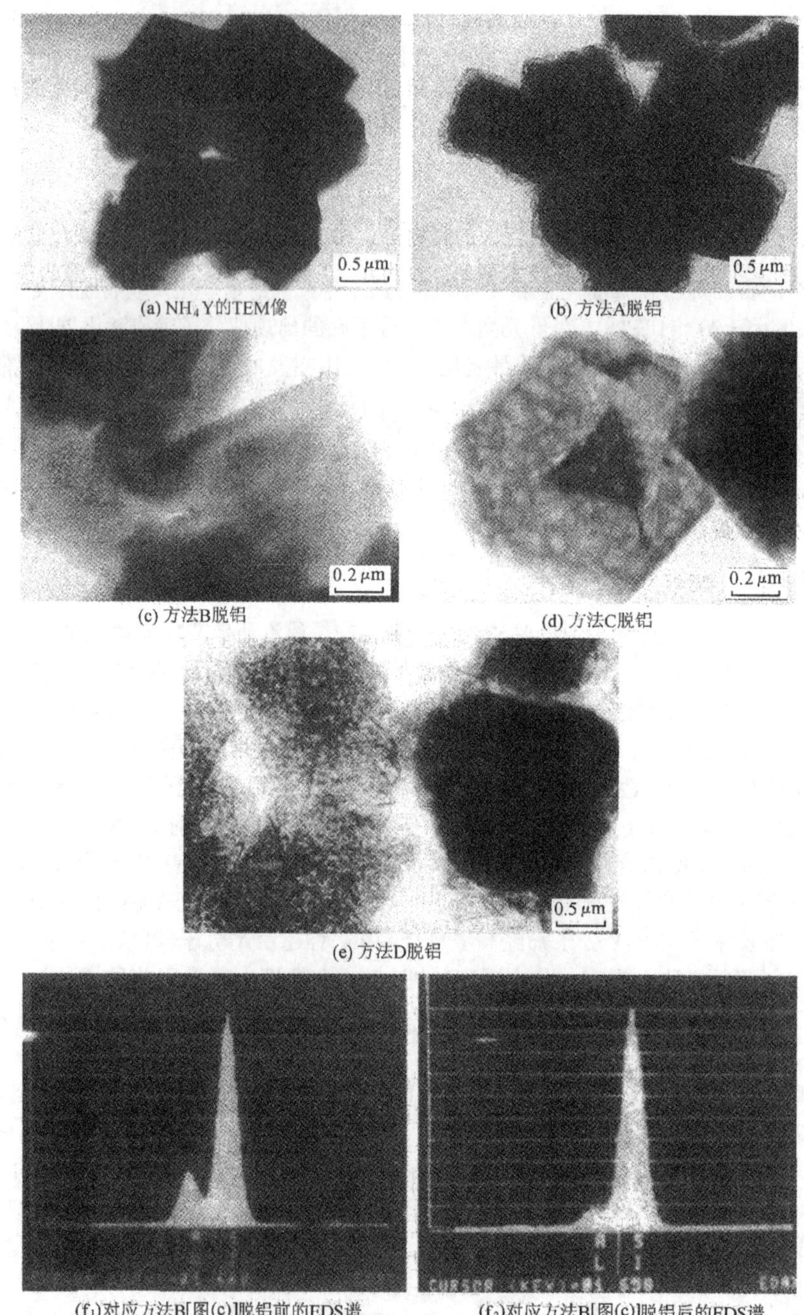

(a) NH_4Y的TEM像

(b) 方法A脱铝

(c) 方法B脱铝

(d) 方法C脱铝

(e) 方法D脱铝

(f_1)对应方法B[图(c)]脱铝前的EDS谱

(f_2)对应方法B[图(c)]脱铝后的EDS谱

图 2-17　不同方法脱铝 Y 沸石的 TEM 像及能量分散谱(EDS)

表 2-1 NH_4Y和(方法 D 脱铝)不同脱铝深度(E-1, E-2, E-3)沸石晶粒上的硅铝物质的量比

分析区域	NH_4Y	E-1		E-2		E-3	
		晶粒 1	晶粒 2	晶粒 1	晶粒 2	晶粒 1	晶粒 2
中心区	2.678	5.280	5.464	8.442	11.706	11.376	11.594
边缘区	2.690	11.034	5.633	13.065	31.020	21.075	16.452

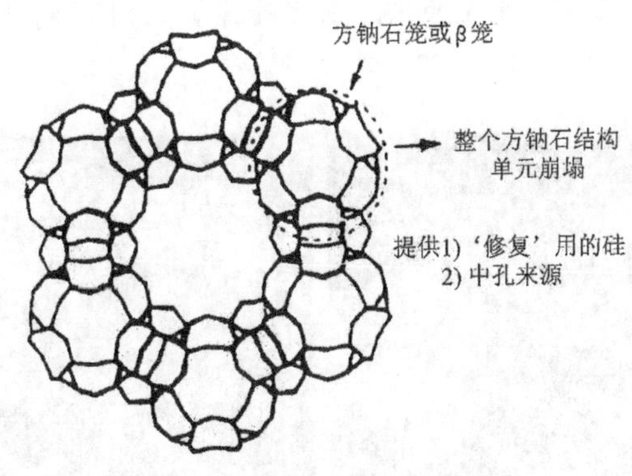

图 2-18 FAU 沸石脱铝机理模型图解

Arribas 等[71]研究了脱铝 Y 分子筛骨架 Si/Al 对瓦斯油裂化活性的影响，表明瓦斯油并不扩散到分子筛晶粒深层，催化活性仅受外表层骨架 Si/Al 控制。由此看到通过高空间分辨率 AEM 对脱铝 Y 分子筛结构和组成的检测，针对具体 FCCU 情况(原料油特点、工艺条件和产物分布)，调变 Y 分子筛性能，有可能设计出高效 FCC 催化剂。

2.4.1.2 TS-1 分子筛

TS-1 是一种含过渡金属的分子筛(TMCMS)[59]，是由变价特征的过渡金属 Ti 对全 Si 分子筛同晶取代的产物，具有 Silicalite 的晶体结构(MFI)和 $x\mathrm{TiO_2}(1-x)\mathrm{SiO_2}$ 的组成($0.0<x<0.04$ mol)。在形成还原-氧化，即通过催化剂往复氧化还原，实现催化氧化，同时具有择形功能。

TS-1 分子筛为 Taramasso 等[72]在 1983 年作为一种新材料申请了专利。1987 年，成功地在意大利 Ravenna 的 Enichem 工厂[73]启动了用 H_2O_2 作氧化剂的 TS-1 选择性催化氧化苯酚羟基化过程，年产万吨对苯二酚和邻苯二酚。之后不久揭示了另一个用 TS-1 作催化剂的环已酮肟化的新过程[74]。TS-1 分子筛催化氧化过程条件温和，转化率高，选择性好，不污染环境。

TS-1 分子筛催化剂的显著特点，具有定向择形催化氧化性能。这无疑与分子筛骨架上引入 Ti 有直接关系。因此在研究 TS-1 分子筛结构和性能时，物化表征的重点在于确定 Ti 在分子筛骨架上存在的方式、含量、配位环境、活性给氧体的形式等。1987 年，Chen 等[75]报道了 TS-1 分子筛的物化性质和催化性能。最近 Vayssilov[76]对 TS-1 分子筛结构和物化特性等方面的工作进行了总结。至今所用物化方法对 TS-1 分子筛表征结果未能与其催化性能有效关联[8]，要全面认识 TS-1 分子筛难度不小。

在 TS-1 分子筛上骨架的 Ti(IV)量有一个极限值(因受 Pauling 规则和 Lowenstem 规则的限制)，即 Ti 同晶取代 Si 只有“很少的取代”才可能是热力学稳定的固体。Millini[77]、Notari[78]等认为，进入骨架 Ti 的质量分数不超过 2.5%；否则，骨架外形成 Ti 氧化物相。为识别分子筛骨架上、骨架外的 Ti，应用了 FT-RS、FT-IR、UV-Vis、XPS 等物化表征手段[79~83]，但终因 Ti 物种含量低且呈纳米级、亚钠米级高分散状态，给有效检测造成困难。

笔者用 AEM 对大量不同来源的 TS-1 分子筛观察、分析，将结果归纳分类，典型示例见图 2-19 与表 2-2。

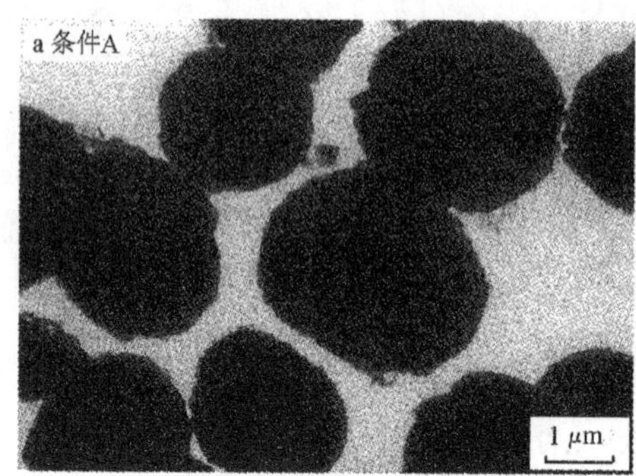

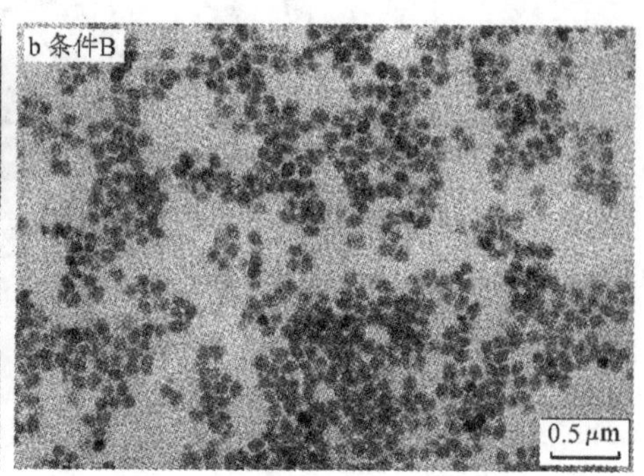

图 2-19 两种条件(A、B)制备的 TS-1 沸石的 TEM 像

表 2-2 不同条件制备的两种 TS-1 沸石晶粒的质量组成及粒径

项目	条件 A			条件 B		
	晶粒 1	晶粒 2	晶粒 3	晶粒 1	晶粒 2	晶粒 3
SiO_2/%	96.19	96.92	97.01	97.62	97.71	97.86
TiO_2/%	3.82	3.08	2.99	2.38	2.29	2.14
平均直径/μm		2.8			0.17	

结果表明，因制备条件不同，产物的晶粒大小不同，Ti 含量不同，游离 TiO_2 也不同(游离晶体或呈高分散态附着在 TS-1 晶粒外表面)，见图 2-20。Duprey 等[84]发表的 TS-1 分子筛 EDS 分析结果，同样说明 Ti 在 MFI 结构中不是理想的均匀分布，存在着浓度梯度，即 TS-1 晶体表面富 Ti。

TS-1 分子筛中 Ti 含量与其催化活性之间的关系确实存在，即 Ti 含量高，活性就高，但只限于 Ti 含量十分低的情况。另外还有其他催化活性影响因素值得注意，即液相反应中的“扩散”问题[85]。这由 van der Pol[8]根据 Weisz 理论对不同大小晶粒 TS-1 分子筛在苯酚羟基化中的扩散限制进行了讨论。人们最近也合成了中孔 Ti-MCM-41 沸石(六角形、开孔 3.5 nm)[86]。总之 AEM 若与上述物化方法联合做综合分析，有可能澄清TS-1分子筛在骨架上或骨架外 Ti 存在的状态及其与催化氧化活性的关系。

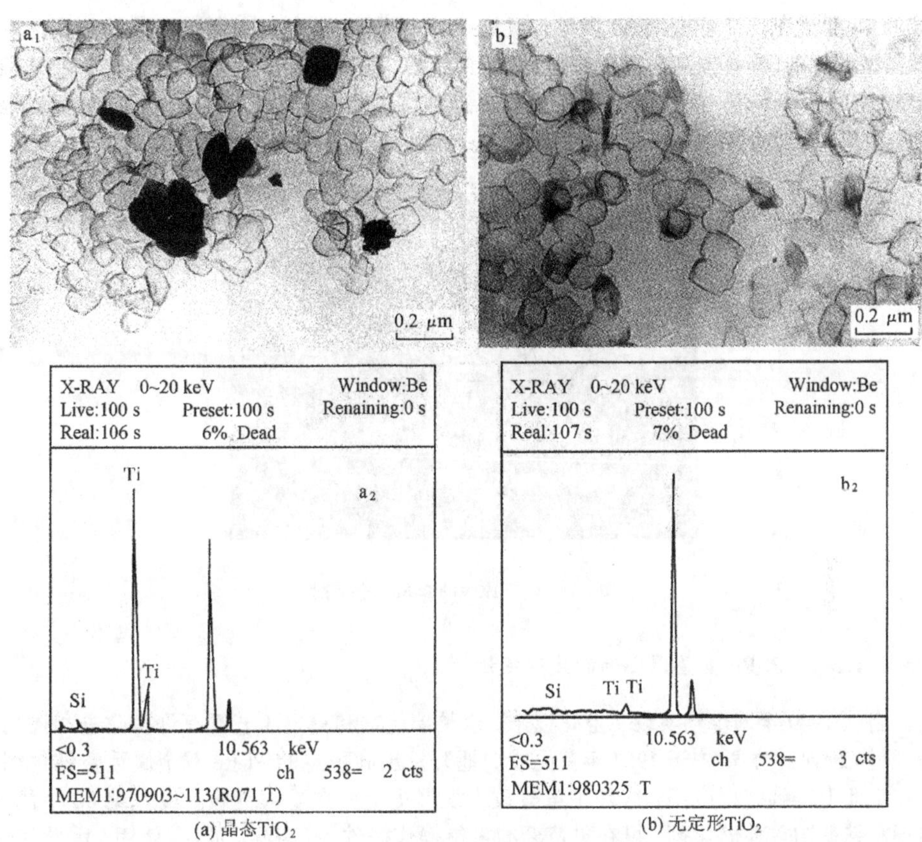

(a) 晶态TiO_2　　(b) 无定形TiO_2

图 2-20　条件 C、D 制备的两个 TS-1 沸石骨架外 Ti 的 TEM 图及 EDS 谱

2.4.2　双金属催化剂

早期双金属合金催化剂是以金属丝、纱等形式使用的，如生产 HCN 的 Pt-Rh 纱催化剂，见图 2-21。

直至 1973 年，Sinfelt[87]引入了(负载)高分散双金属簇的概念，以此说明两个实际不混溶金属(virtually immiscible metal)的相互作用。Sinfelt 讨论了处在高分散态金属的非平衡结构稳定性。认为这类催化剂的组成不受常规合金组成的限制；同样催化剂的活性和选择性也不是各个金属组元的简单加和。

典型的双金属催化剂，如工业上重要的双金属石脑油重整催化剂是由引入第二金属组元 Re、Sn、Ir 或 Ge 到 $Pt/\gamma\text{-}Al_2O_3$ 重整催化剂构成的[88~90]。它们显著地改进了单 Pt 催化剂在催化重整过程中的稳定性和选择性。关于第二组元金属引入的作用机理，一直是人们关注和广泛进行讨论的课题。其中有关 Pt-Re 等合金形成与否的讨论最频繁，不同的结论则来自各种化学和物理表征方法。但终因工业 Pt-Re 重整催化剂等金属载量低、分散度高，所以用物理表征方法获得 Pt-Re 等相互作用的直接证明相当困难。这也是尽管 Pt-Re 催化剂已工业应用 30 多年，但 Re 引入的作用至今还未完全弄清的原因之一。用模型催化剂(具有较高金属负载量)的研究结果，则未必能描述实际的工业催化剂。而 AEM 空间分辨率高，提供了有力的技术来研究高分散双金属粒子，给出详细的粒子结构、组成。以下介绍用 AEM 研究工业 Pt-Re/γ-Al_2O_3 重整催化剂的两个实例。

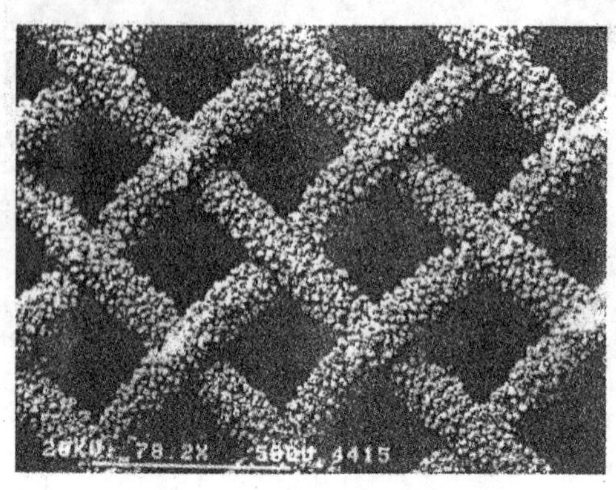

图 2-21　生产 HCN 的 Pt-Rh 纱催化剂

2.4.2.1　Pt-Re 重整催化剂的热稳定性

自从 1949 年铂重整实现工业化以来，重整催化剂和重整工艺都有许多改进和提高，特别是 Chevron 公司[91]于 1967 年首先成功地开发出高稳定的 Pt-Re 双金属重整催化剂，并在工业上得到广泛应用，这是铂重整技术发展史上一次重大突破。20 世纪 80 年代又出现高铼低铂重整催化剂，可在更苛刻的重整操作条件下(高温、低压)使用，因此使固定床半再生式重整工艺达到了一个新的水平。

由于 Pt-Re 双金属重整催化剂在工业上应用成功，必然对第二金属组元铼的引入、其状态及在重整过程中的作用引起人们的关注。因此，已有较多的研究涉及这个问题，但至今看法不一。关于金属铼在 Pt-Re/γ-Al_2O_3 重整催化剂中的状态主要有两种看法[92]：一种认为铼被还原成金属，并与铂形成合金，为 O_2 化学吸附，TPR、重整微反实验结果所支持；另一种则认为铼以低价氧化物(ReO_2)存在，还可能与载体氧化铝作用形成表面复合物，则为 AEM、离子散射谱、X 射线吸收谱及 IR 结果所表明。关于铂催化剂在重整反应、再生过程中金属组元状态的变化，即金属烧结及再分散的问题已有不少报道。专利文献[91]中认为铼的引入阻抑了铂晶粒的生长。

作者通过 AEM 对 A、B 两个工业重整催化剂经高温热处理后(在管状炉中，700℃、H_2 气流中热处理 8 h)Pt-Re 状态变化的观察、分析来阐述铂、铼在载体氧化铝上存在的状态、铂铼间的关系及铼的引入对铂催化剂热稳定性的影响，以加深对 Pt-Re 重整催化剂的认识，有助于新型 Pt-Re 催化剂的设计、开发。热处理后工业重整催化剂 AEM 观察结果示于图 2-22，表明各催化剂铂晶粒都有不同程度的烧结。从烧结后的铂晶粒大小(催化剂 A 的 Pt 晶粒为 5.1 nm，催化剂 B 的 Pt 晶粒为 23.7 nm)可看出，催化剂 B 比催化剂 A 的热稳定性要差得多。由于 A 与 B 催化剂的铂、铼含量相当，故不得不考虑其他因素的影响，如所用载体氧化铝的组成和表面性质、氯的保持能力及铂、铼前体引入方式等。

用 AEM 对热处理后的 B 催化剂相应于图 2-22 上的颗粒(a 区)和背底(b 区)做了 EDS 微区元素分析，结果示于图 2-22c。

结果确定 a 区颗粒，即烧结长大的颗粒(图 2-22b 中 a 区)是不含铼的铂粒子，说明在热处理过程中只是铂发生迁移、融合、晶粒长大；铼则未见变化。还可从观察到的单个粒子测其 Re/Pt(见下述例子)。从图 2-22c_2 中的 EDS 谱中可发现，b 区铼的特征 X 射线计数极低，也即在该区中铼的浓度十分低。同时从 b 区的 EDS 谱中还可发现 Al 的存在(萃取复型法制样，本应除去载体氧体铝)，所以铼很可能以低价氧化物(ReO_2)分子层即筏状二维地分散在载体氧化铝表面上并与之发生作用形成复合物。

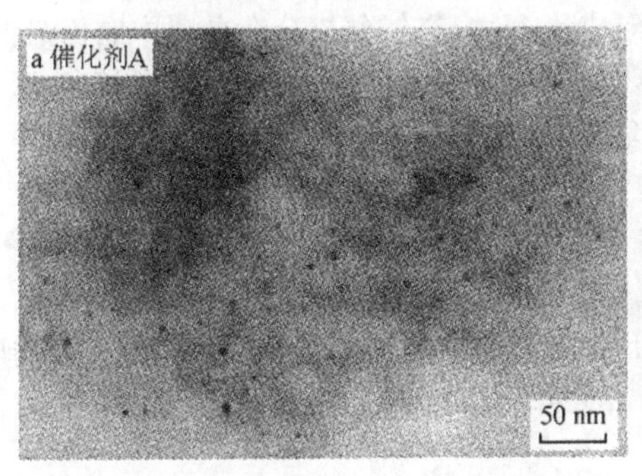

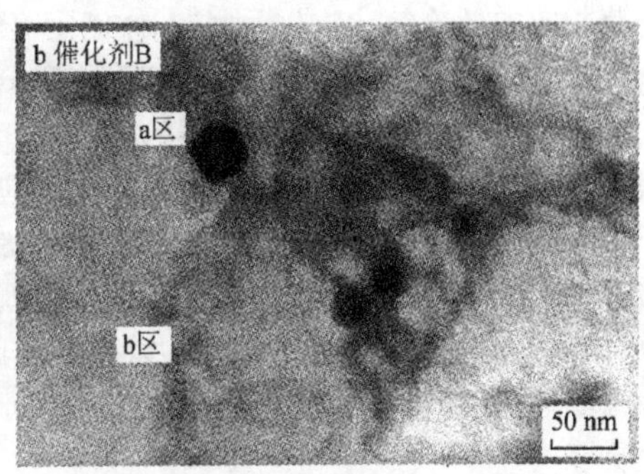

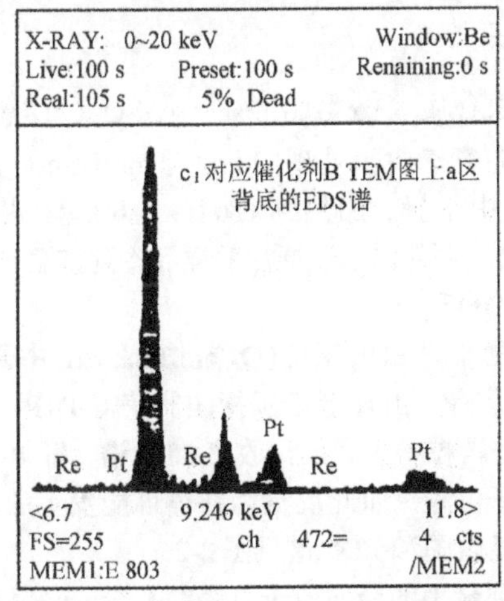

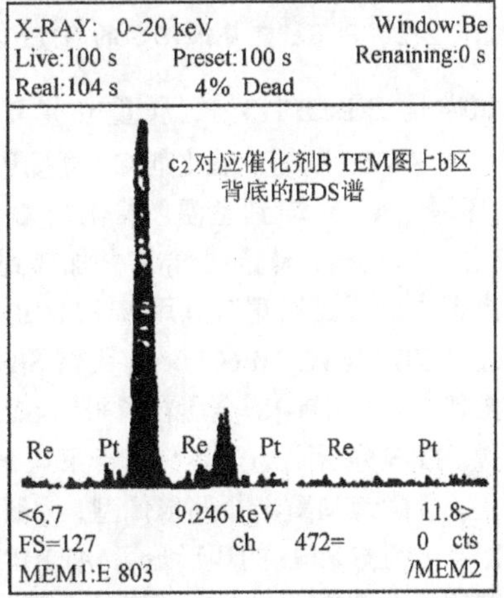

图 2-22 工业 Pt-Re/γ-Al_2O_3 重整催化剂

热处理后的 TEM 图及 EDS 谱

综合以上讨论，认为在工业 Pt-Re 重整催化剂中，铂与铼形成合金的可能性不大，与报道的结果一致[92,93]。实际上不能排除少量 Re^0 的存在，因为从 Pt-Re 催化剂所得重整产物的分布可判断，有部分铼确应处于金属态[94]。另外，也有可能是铼在所分析的粒子中，其浓度低于 EDS 的检出限。这可从下述第 2.4.2.2 节用 d-STEM 分析电镜研究结果得到说明。

考虑到 Pt-Re 重整催化剂的出现主要克服了单铂催化剂活性稳定性差，不能长期在苛刻的重整操作条件下使用。一般负载金属催化剂的稳定性与催化剂的抗烧结、抗积炭和抗中毒有关。对于 Pt-Re 双金属催化剂，关于铼可去除积炭前体、减少积炭、延长催化剂使用寿命的作用有较多的报道。而催化剂的中毒问题可通过重整进料的预处理(预加氢、增设吸附床脱除硫、砷等毒物)加以减缓或避免。尤其是当重整操作要求高转化率、高芳烃产率时，需要提高反应温度的情况下，应解决铂催化剂的烧结问题。根据以上讨论所得到的认识及专利[91]报道，引入铼为阻抑铂晶粒生长。推测当时 Pt-Re 重整催化剂的设计思路，很可能是为提高铂催化剂的抗烧结性。

至此，可把 Pt-Re 重整催化剂中铂和铼在载体氧化铝表面上的状态模型化：铂原子群落与铼的低价氧化物(多半与载体氧化铝形成复合物)交错邻接分布在载体氧化铝上。这样用几何效应(ensemble effect)容易解释第二组元铼的作用。由于在重整中所发生反应的不同结构的敏感性，对不希望的过程，如氢解、结焦形成，已知要求相对大的 Pt 原子簇或相临接的金属原子群落；对希望的反应，如芳构化、异构化，能发生在单个孤立原子上[95, 96]。因此通过预硫化，可考虑 Re—S 为惰性稀释剂[97]稀释 Pt 表面，抑制了氢解，增长了脱氢活性。同时由于电子从第二金属转移到 Pt，将弱化 Pt—C 键的强度(电子效应)，导致在重整反应中选择性的改变及降低在 Pt 上的结焦程度。实际上，第二金属的状态取决于很多因素，如引入的第二金属起始材料、金属载量、焙烧及还原温度和载体性质等。

2.4.2.2 Pt-Re 重整催化剂的 STEM/EDS 分析

试样是 EUROPT-4[Pt(质量分数 0.3%)-Re(质量分数 0.3%)/γ-Al_2O_3]重整催化剂[98]，由 AKZO 制造。催化剂 C：直接还原，在氢气中预处理[30 mL/(min·g cat)]，在 480℃还原 1 h，冷却到室温。催化剂 D：N_2 气中干燥，加热到 680℃，4 h 后样品冷至 400℃，Ar 气吹扫，暴露到 H_2 中并加热到 480℃，保持 1 h，还原后的样品冷到室温，储存在干燥器中的样品瓶里直到用 STEM/EDS 进行分析。

在 d-STEM(VG HB603)装有无窗 Si(Li)探测器的 EDS 系统(Oxford Link exl)中研究，仪器操作 300 kV，Pt-Re 金属粒子采用 STEM 型成像，由环形暗场探测器获得 Pt-Re 金属粒子像。EDS 分析则通过聚焦电子束在 Pt-Re 金属粒子上，累计收集 EDS 谱，每 10 s 累加停止，显微镜又重新折回成像型，为跟踪粒子位置，如此反复为补偿可能发生的样品漂移。催化剂 C 和 D 的环形暗场(ADF)STEM 显微图和 EDS 谱见图 2-23。

观察到金属粒子像是较弥散的白斑，检测到最小的金属粒子直径约 0.5 nm。从催化剂 C 和催化剂 D 收集到的 EDS 谱中的 Pt 和 Re 信号来自同一单个粒子，表明金属粒子的确是双金属粒子。为得到可靠的 EDS 数据，每个样品大约分析 80 ~ 100 个金属粒子。考虑在金属粒子中所测 Pt 含量的变化，故做出每个样品的粒子组成与粒子直径大小分布图，如图 2-24 所示。表 2-3 是各样品的 Pt-Re 粒子组成和平均粒子直径。表 2-3 说明催化剂 C 中 Pt-Re 相互作用程度较大(平均金属粒子质量组成近 70% Pt 和 30% Re)。

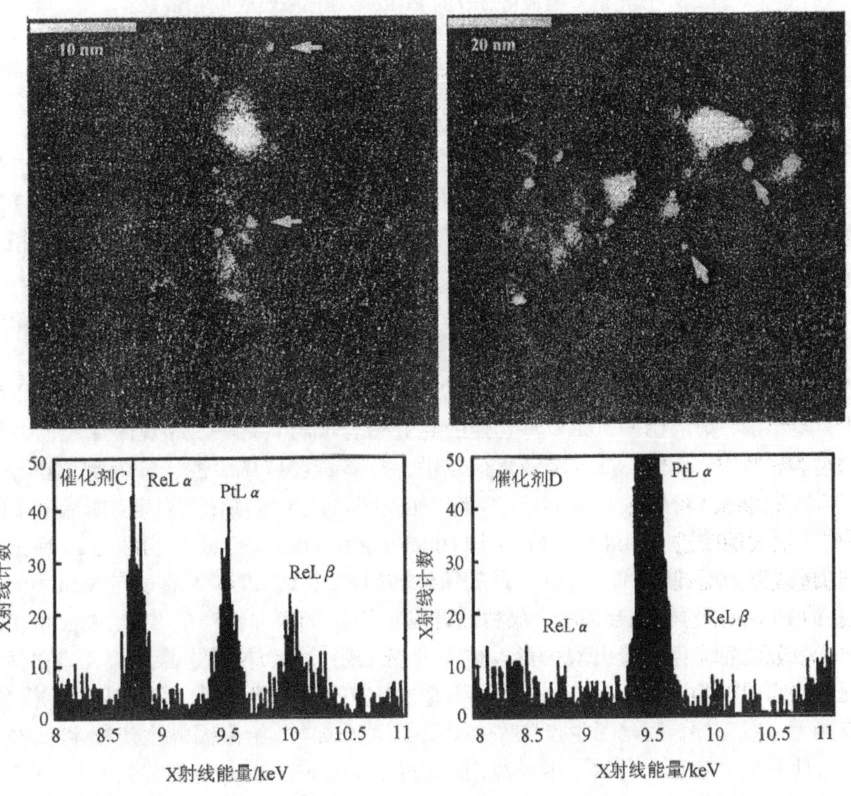

图 2-23　催化剂 C、催化剂 D 的 ADF 像及 EDS 谱

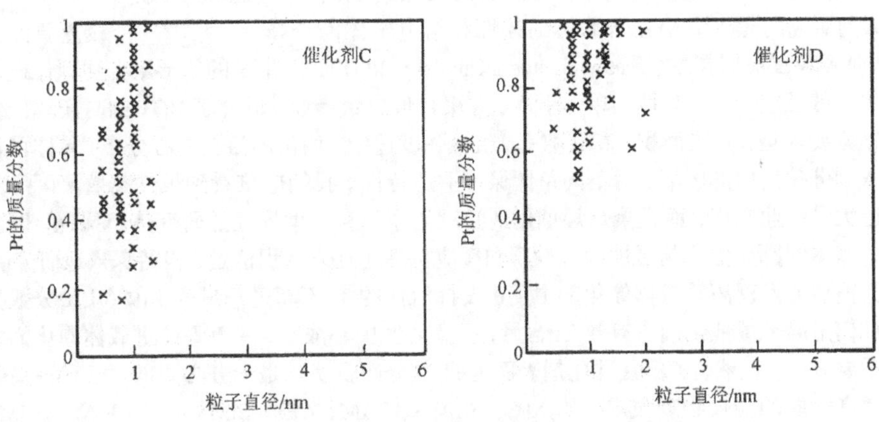

图 2-24　催化剂 C、催化剂 D 的粒子直径与粒子组成关系图

表 2-3 催化剂 C 与催化剂 D 的 Pt-Re 粒子质量组成和平均粒径

样 品	Pt/Re	平均粒径/nm	分析的粒子数
催化剂 C	0.68/0.32	0.9	86
催化剂 D	0.96/0.04	2.3	86

用 STEM/EDS 分析证明了在还原后催化剂中 Pt-Re 间的相互作用，其作用程度取决于催化剂的预处理条件。假使在催化剂还原前，催化剂含足够量的湿气，则 Pt-Re 相互作用较强；假使在催化剂还原前经干燥脱水，则 Pt-Re 相互作用较弱。

2.4.3 丙烯聚合催化剂

丙烯资源丰富，价格低廉，聚丙烯(PP)的综合性能优异，用途广泛，是一种环境友好材料。多年来，聚丙烯一直是发展迅速的高分子合成材料之一。综观丙烯聚合工业生产发展过程[99, 100]，其核心技术是催化剂技术，关键因素是高活性、高立规度催化剂的开发。自从 Ziegler 和 Natta 于 20 世纪 50 年代初发明烯烃聚合催化剂以来，丙烯聚合催化剂得到了很大的改进。在 1968 年 Mitssui Petrochemical Industries ltd[101]开发了以 $MgCl_2$ 为载体的负载型聚烯烃催化剂，开创了高效催化剂的新时代。1976 年通过与 Montedison 公司(现在的 Himont 公司)联合研究，成功地开发了用于聚丙烯生产的 $TiCl_4/MgCl_2$(TMC)高定向高效催化剂。伴随着出现丙烯本体聚合新工艺，大大推动了聚丙烯工业的发展。20 世纪 80 年代中期由 Himont 公司[102]开发成功先进的球形催化剂，可实现无脱灰、无脱无规物和无造粒工序，简化了生产工序、降低了生产成本，给聚丙烯生产技术带来了又一次革命性的重大变革。当然近年 MBC(metallocene based catalyst)的迅速发展，对 PP 工业发展又注入了新的活力。

在 $TiCl_4/MgCl_2$ 聚丙烯催化剂研究过程中发现，载体和电子给予体(E.D.)对于聚丙烯催化剂是两个极其重要的因素。为满足聚丙烯新工艺要求和满足对聚丙烯树脂的改性，人们研究的焦点集中在对载体的改性和给电子体的选择上。其中一个最重要的概念[100]是颗粒反应器技术(reactor granule technology,RGT)，即生长的球形聚合物颗粒提供一个多孔的反应床，让其他的单体引入，并聚合形成聚烯烃。适合于 RGT 的高产率催化剂的基本要求是：高表面积、高孔隙率、机械强度适中、均匀的活性中心分布、单体可自由出入到催化剂内部区域，对不同单体保持上述特性。我们应该看到虽然高效聚丙烯催化剂已大量工业应用，而且聚烯烃催化剂问世至今一直是世界性的研究热门课题，但至今一些基本问题如催化剂活性中心性质和反应机理还远未认识清楚，极待深入地研究。

先前研究发现高效载体催化剂中真正发挥活性的 Ti 不超过总量的 10%(质量分数)。因此如何提高负载催化剂中有效 Ti 含量，提高活性中心浓度，一直是改进载体催化剂的一个重要方面。显然，了解在催化剂表面上的 Ti 分布及状态是十分必要的。已有一些研究者用高性能的现代物理技术，如 XPS、EXAFS、SAM、AES、SIMS、^{13}C CP MAS NMR 研究聚丙烯催化剂上 Ti 的活性相[103~107]。作者运用 AEM 成功地观察和分析工业 Z-N 催化剂的 $MgCl_2$ 载体表面的 Ti 分布，结果见图 2-25。工业 PP 催化剂实体的 EDS 分析结果(质量组成)：Mg 17.28%、Cl 73.70%、Ti 6.09%，余量为其他元素。

由图 2-25 清楚可见，聚丙烯工业催化剂中 Ti 呈薄层较均匀地分布在催化剂球体外

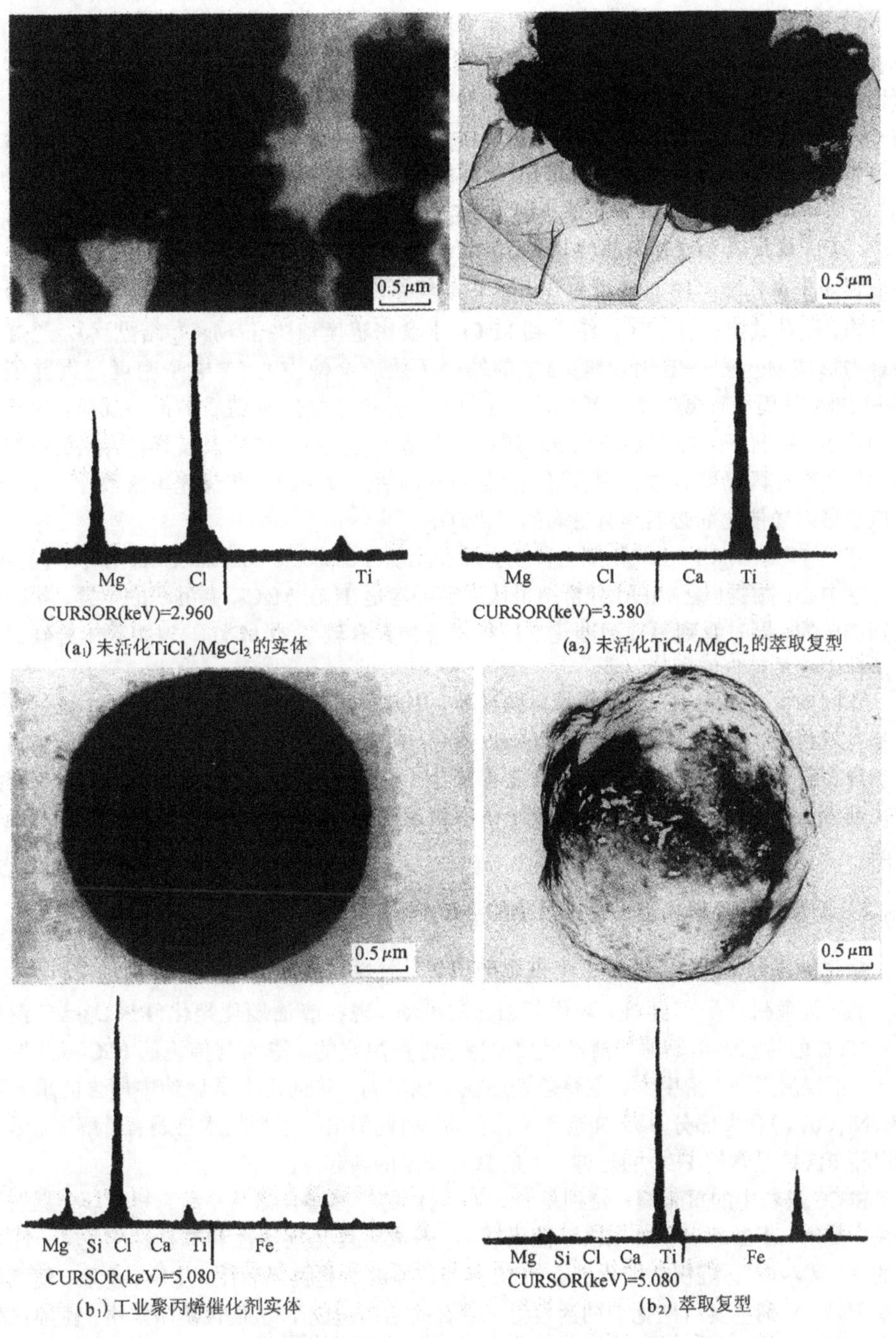

(a_1) 未活化$TiCl_4/MgCl_2$的实体　(a_2) 未活化$TiCl_4/MgCl_2$的萃取复型

(b_1) 工业聚丙烯催化剂实体　(b_2) 萃取复型

图 2-25　某工业聚丙烯催化剂和未活化 $TiCl_4/MgCl_2$ 的电子显微图及 EDS 谱

表面，EDS 数据判明 Ti 富集在催化剂球外表面，估计球体内浓度低，从球外到球里 Ti 会呈梯度分布。此结论与 Hashimoto 用 XPS 和 SIMS 所测结果一致[107]。未经活化的 $MgCl_2$

上 $TiCl_4$ 则堆积在 $MgCl_2$ 晶体外表面，完全没有分散开(用于丙烯聚合无活性显示)。可见，简单 $MgCl_2 + TiCl_4$ 不能直接反应形成聚丙烯催化活性中心。因此催化剂制备，即通过活化(使 $MgCl_2$ 晶体结构无序化)使 Ti 在 $MgCl_2$ 上沉积无择优，而是“各向同性”，使 Ti 均匀高分散在 $MgCl_2$ 球外表面，同时引起活性中心某种程度均一性。活化已由机械活化过程(研磨法)发展成化学活化过程(反应法)，如无水 $MgCl_2$ 的醇合，解醇和载 Ti 加内酯。反应法的这一系列过程，使 $MgCl_2$“无定形化”先使 $MgCl_2$ 晶体结构破坏，再使 Mg^{2+}、Cl^- 聚集成 $MgCl_2$ 微晶(XRD 无定形)，造成 $MgCl_2$ 有较多晶体结构缺陷、较大比表面积和丰富孔隙。$TiCl_4$ 通过与在 $MgCl_2$ 微晶表面缺陷的相互作用与载体键合构成 Ti 复合物，锚在载体表面($TiCl_4$ 结合到 $MgCl_2$ 上紧密程度取决于 $MgCl_2$ 结晶度)。通过 Ti 复合物形成Mg—Cl—Ti化学键，Mg 的推电子效应会使中心 Ti 电子密度增大并削弱 Ti—Cl键，从而可降低链增长活化能，有利于丙烯单体配位及随后的插入反应。由于载体的使用，有利于活性中心的充分暴露和活性物质的负载、传质及转移。因此负载型聚丙烯催化剂在丙烯聚合过程中有可能提供更多的活性位和改变传递速率常数[100]。因而，反应法聚丙烯催化剂必然具有更高的催化效率。

有关 $TiCl_4/MgCl_2$ 在催化剂上存在立规和无规(isospecific and aspecific)两种不同类型的活性中心，根据以上 AEM 分析结果认为很可能是 Ti 在 $MgCl_2$ 上沉积的位置、状态的差别造成的。同时看到负载型催化剂所得聚合物具有较窄的 MWD，表明载体的确引起了活性中心某种程度的均一化。

在丙烯聚合研究中，若采集聚合物颗粒，用超薄切片制样，经 AEM 检测，就可确认在聚合过程中，催化剂球是否破裂(breaks down 或 shatters 或 disintegrates)及催化剂碎片是否分散在整个聚合物粒子中，即确认是否符合“多粒模型”(multi-grain model)。这对解释催化剂粒子作为模板，复型聚合物粒子的形貌及说明丙烯聚合链增长机制都是十分有价值的。

2.4.4 工业 RFCC 催化剂上金属污染的 AEM 研究

流化催化裂化(FCC)已有半个世纪的历史。随着世界原油变重，特别是 20 世纪 70 年代的石油危机及受到经济、环保等因素的推动，现在渣油催化裂化(RFCC)已广泛应用。RFCC 的特点是由其原料渣油性质的特殊性所决定的。渣油与传统的 FCC 减压蜡油相比，不仅沸点高、密度大，主要差别还在于残炭高，并且富集了原油中所含的重金属(Fe,Ni,Cu,V)和大部分 S 及 N 杂原子化合物。由此引出一系列技术难题有待解决。因此可以说 RFCC 是常规 FCC 的延伸，也是 FCC 技术的新起点。

RFCC 进料中的重金属，特别是 Ni、V，它们的卟啉螯合物及一些有机酸盐会在裂化过程中热解，不断地沉积在 RFCC 催化剂上，造成对催化剂活性和选择性的危害，即所谓的“金属污染”。沉积在催化剂上的 Ni 具有较强的催化脱氢活性，生氢、生焦、使汽油产率下降；V 则主要对催化剂的活性组分沸石的结构造成不可逆的破坏作用，使催化剂的活性降低。通过多种途径可减缓污染金属对催化剂的毒害作用，如渣油加氢脱金属处理，改进 RFCC 工艺过程，设计抗金属催化剂及应用金属钝化剂和俘获剂等。

显然要加速 RFCC 的发展，关键是开发出更有效的污染金属的钝化技术和高金属容量的 RFCC 催化剂。实现这一点，首先要认识 Ni、V 沉积在催化剂上的分布和所处状态，了解在 RFCC 操作过程中所发生的相关的物理及化学态的变化。至今已发表了一些运用现代物理技术，包括 SIMS、XPS、EPMA、EXAFS、TPR 所进行的有关研究报道。可惜其中不少研究是具有较高水平金属的模型体系，所得结果往往不能恰当地评估工业平衡催化剂中污染金属的实际状态和真实地反映其对催化剂性能的影响。各种钝化技术的作用机理，其化学本质还有待深入地研究。

鉴于中国原油的 Ni 含量偏高，V 含量都低、Ni/V 比较国外原油高得多的特点，这里主要针对金属 Ni 污染，举例采用高空间分辨率 AEM、高灵敏度 UV-Vis、TPR、EPMA 等分析测试手段，研究污染金属 Ni 在工业 RFCC 催化剂上沉积的分布及状态[108]。

取 REY、高岭土和黏结剂氧化铝组成的工业 RFCC 催化剂(平衡剂含 Ni 的质量分数为 5.4×10^{-3}，Fe 的质量分数为 6.406×10^{-3}、Cu 的质量分数为 5.6×10^{-5}、V 的质量分数为 5.93×10^{-4})、待生剂和再生剂作为实验样品。EPMA 测得平衡催化剂微球上 Ni 的浓度线、面分布图(Ni 的 K_α X 射线图)示于图 2-26。

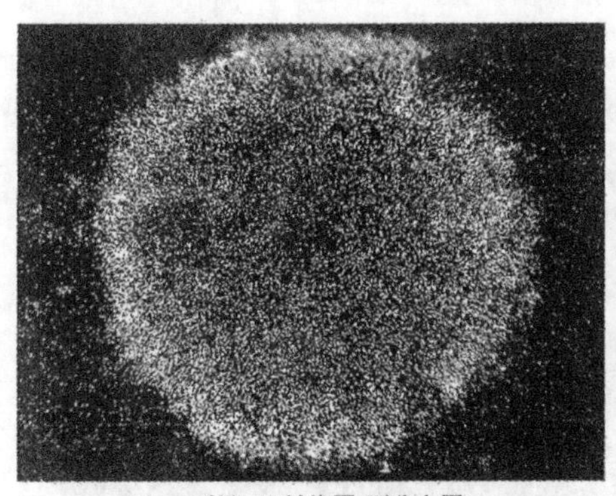

(a) Ni的K_α X射线图(面分布图)

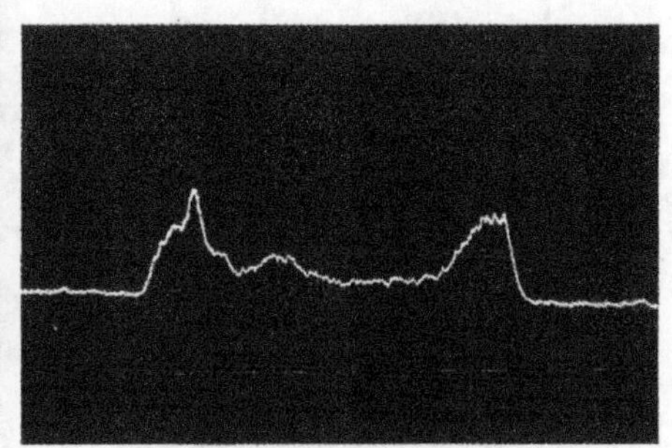

(b) 沿催化剂颗粒直径Ni线分布图

图 2-26 平衡剂微球上 Ni 的浓度面、线分布图

从图 2-26 上清楚看到 Ni 富集在催化剂微球的壳层中，说明原料渣油中的 Ni 卟啉等开始就分解，沉积在微球壳层之后，当催化剂交替循环处在反应器、再生器系统时，Ni 在催化剂微球上很少迁移。

AEM 结果见图 2-27。由此可清楚看到待生剂的 TEM 显微图上出现有数纳米大小的微粒，并且主要分布在黏结剂氧化铝上，根据其 EDS 谱[图 2-27(b_3)]，表明此种微粒由 Ni 组成，而经再生后，这种微粒便消失；但又在之后的待生剂中出现，如此循环不止。因此很明显，催化剂上沉积的 Ni 随着从反应器(还原气氛)到再生器(氧化气氛)，其物理态和化学态都发生着有规律的交替变化。

由待生剂和再生剂的 UV-Vis 谱，发现再生剂的谱线在 580 ~ 630 nm 波长内有 $NiAl_2O_4$ 特征吸收，而待生剂的特征吸收则显得极弱。这说明在再生剂中含有一定量的铝酸镍。已知一般 Ni/Al_2O_3 催化剂失活通常的原因是惰性 $NiAl_2O_4$ 的形成或金属态 Ni 的烧结。因此在 RFCC 的情况下，高温再生可作为钝化金属 Ni 的一种途径。再生剂的 TPR 谱显示，温度升到 720℃之前就有一定量的氢消耗，说明在再生剂中有可还原的组分存在。认为再生剂上氧化态 Ni 在反应器中部分还原成金属态 Ni 是完全可能的。

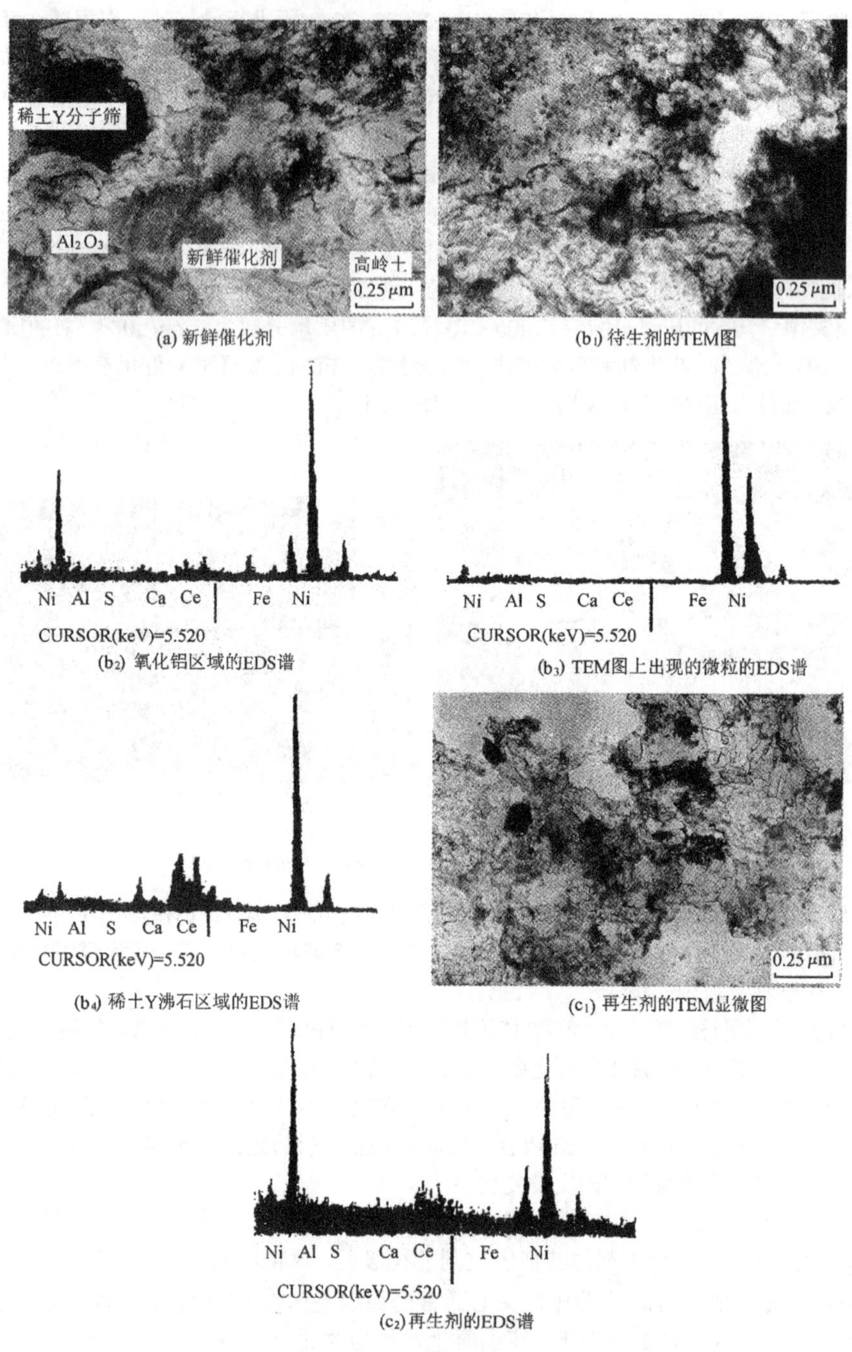

(a) 新鲜催化剂

(b_1) 待生剂的TEM图

(b_2) 氧化铝区域的EDS谱

(b_3) TEM图上出现的微粒的EDS谱

(b_4) 稀土Y沸石区域的EDS谱

(c_1) 再生剂的TEM显微图

(c_2)再生剂的EDS谱

图 2-27 新鲜、待生、再生 RFCC 催化剂的 TEM 显微图及 EDS 谱

根据 AEM 等研究表明，污染金属 Ni 是沉积在 RFCC 催化剂微球的壳层中。催化剂在反应器、再生器系统中不断循环时，Ni 的迁移度极低，至少部分 Ni 发生了氧化态与还原态周而复始的交替变化。当催化剂处在反应器中时，催化剂上污染金属 Ni 呈现数纳米大小的微粒，且主要沉积在催化剂的黏结剂氧化铝组分上。

在 RFCC 过程中，平衡催化剂上污染金属 Ni 的可还原性及高的金属 Ni 分散度，使其具有较强的催化脱氢性能。因此，这也成为开发有效的 Ni 钝化技术和抗金属污染催化剂设计的出发点。

2.4.5 微设计催化剂

工业重要的固体催化剂的设计和开发，实际目标是用已有的概念、先前的经验和表面材料科学知识来复合、组装、杂化成高效、长寿命催化剂。目前一门新兴的学科微工程学(微设计)[11, 109]引起人们极大的兴趣。微设计的宗旨是在理论指导下，为了某种需要设计出特种性质、特殊结构的材料，然后采用各种合成和制备技术获得这一材料，实现定向合成的目的。人们认识到纳米材料的小尺寸效应，表面效应(庞大比表面积，键态严重失配，表面出现非化学平衡)等，在催化反应中具有重要作用。这些概念大大地提高了我们设计催化剂的能力。催化剂的微设计是有吸引力的提法。下面应用两例加以说明。

1) 在 MoS_2 加氢催化剂的设计中，如组成为 $MoS_2/TiO_2/SiO_2$ 的催化剂，若在制备中使 MoS_2 单层覆盖在 TiO_2 岛上，即载在 SiO_2 上的纳米大小 TiO_2 粒子上，如图 2-28(b)中较暗的 MoS_2"线"，其显著的特色是 MoS_2 在 TiO_2 上具有小的曲率半径。常规的 Al_2O_3 负载加

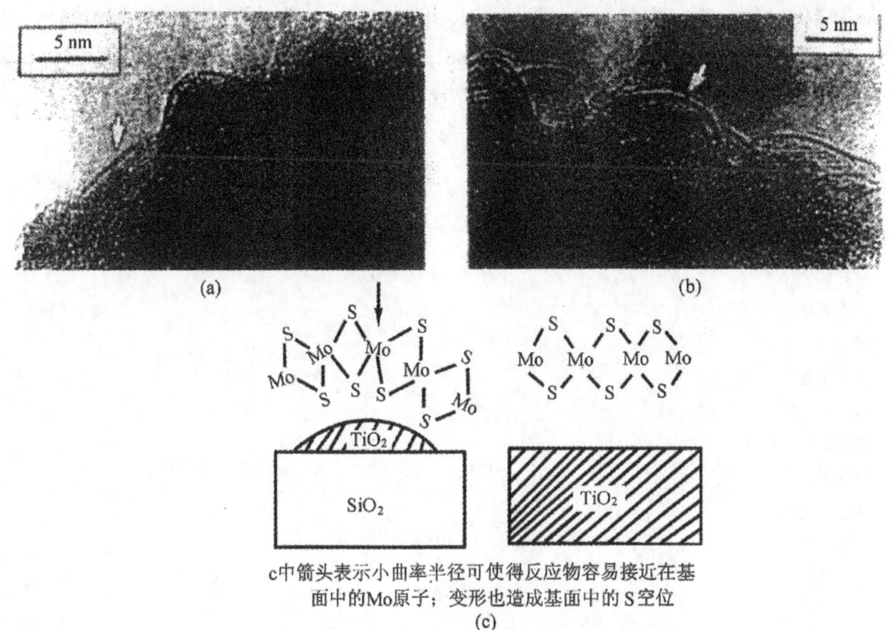

图 2-28 $MoS_2/TiO_2/SiO_2$ 催化剂的 TEM 图及表面曲率可能对负载 MoS_2 结构的影响图解

氢处理催化剂，MoS_2"线"通常是平直的。图 2-28(a)箭头区 MoS_2 在 SiO_2 上的"线"也是平直的。$MoS_2/TiO_2/SiO_2$ 催化剂显示出比 MoS_2/Al_2O_3 催化剂更高的吡啶 HDN 比活性。这可能因为前者上的 MoS_2 高度弯曲，可以导致它的晶格变形和出现空穴、缺陷所致，见图 2-28(c)所示。

2) 在 Pt-Rh/Al_2O_3 双金属催化剂的设计中，通过 AEM 的研究结果表明，单个金属粒子的质量组成中只有极少的粒子具有平均组成。多数具有富 Pt 和富 Rh 的组成，并发现富 Pt 粒子比富 Rh 粒子更具活性，甚至比纯 Pt 粒子本身更具活性。这就是 $m(Pt)/m(Rh)=75/25$ 的催化剂性能好于 $m(Pt)/m(Rh)=60/40$ 的催化剂的原因，而最佳组成为 $m(Pt)/m(Rh)=95/5$。在早先关于 Ru-Au 体系的研究工作中也发现大多数粒子是富 Ru 或富 Au 的，几乎没有粒子是平均组成。所以通过 AEM 可获得小尺寸的结构及组成信息，进一步可推出活性-组成关系，在催化剂的设计中可发挥独特的作用。

2.5 结　语

AEM 技术已经历 30 年的发展，文中数例表明它在固体催化剂研究中具有应用前景。固体催化剂 AEM 原子尺寸细节的描绘及纳米、亚纳米区元素组成分析是目前仅有的一种成熟的技术。AEM 高空间分辨率是其突出优点，只要我们充分利用 AEM 的优势，广泛使用，遵循催化剂表征准则(而不仅依赖于一种技术)，更多地与其他催化剂表征技术结合，必将获取丰富、有价值的有关催化剂性质的信息，从而能够科学地做出催化剂设计和认识催化过程，便于查找和排除生产过程中的故障。特别是与生产紧密地联系，无论在过去、现在和将来都是催化学科发展的坚实基础。在此基础上建立新的选择催化剂的指导原则，才有可能开发出新一代适用于特定反应场合的催化剂。

符 号 说 明

α　某元素特征 K 系辐射中 K_α 线所占分数

A　常数

b　平均宽化值

c　常数

d　电子束直径

E_0　入射电子能量

E_c　临界激发能量

i　角量子数

I　特征 X 射线强度

j　内量子数

J　电子束电流密度

K　相对灵敏度因子

M　元素的原子量

n　主量子数

n'　平均离化数

N　阿伏伽德罗常量

P_A	为 $Q_A\omega_A\alpha_A T$
P'/B	纯元素峰背比
P'	纯元素特征峰计数率
Q	离化截面
R	背散射因子
t	样品厚度
T	EDS 探测器效率
x	距离
y	Be 窗厚度
Z	原子序数
α	X 射线出射角
β	质量浓度
ρ	样品密度
μ/ρ	某元素的特征 X 射线在某窗中的质量吸收系数
τ	计数时间
ω	荧光产率

参 考 文 献

[1] Hren J J, Goldstein J I, Joy D C. Introduction to Analytical Electron Microscopy. New York: Plenum Press, 1979. 83 ~ 167

[2] Williams D B, Goldstein J I, Newbury D E. X-Ray Spectrometry in Electron Beam Instruments. New York and London: Plenum Press, 1995. 1 ~ 51

[3] Williams D B. Practical Analytical Electron Microscopy in Materials Science. Verlag Chemie International, Philips Electronic Instruments Inc Electron Optics Publishing Group, 1984. 1 ~ 90

[4] Keyse R J, Garratt-Reed A J, Good hew P J et al. Introduction to Scanning Transmission Electron Microscopy. Oxford: Bios-scientific Publisher, 1998. 69 ~ 96

[5] Imelik B, Vedrine J C. Catalyst Characterization Physical Techniques for Solid Materials. New York and London: Plenum Press, 1994. 509 ~ 558

[6] Leofanti G, Tozzola G, Padovan M et al. Catal Today, 1997, 34: 307 ~ 327

[7] Amelinckx S, van Dyck D, van Landuyt J et al. Handbook of Microscopy, Application III. Weinheim: VCH, 1997. 691 ~ 737

[8] van der Pol, A J P H, Verduyn A J, van Hooff J H C. Appl Catal, 1992, 92: 113 ~ 130

[9] Whyte Jr T E et al. Catalytic Materials Relationship Between Structure and Reactivity. Washington D C: ACS, 1984. 367 ~ 383; 311 ~ 333

[10] Delannay F. Catal Rev-Sci Eng. 1980, 22: 141 ~ 170

[11] Ertl G et al. Handbook of Heterogeneous Catalysis Vol 2. Weinheim: VCH, 1997. 493 ~ 512

[12] Bonnelle J P et al. Surface Properties and Catalysis by Non-Metals. Orolrecht: D Reidel Pub Co, 1983. 217 ~ 236

[13] Craven A J. Electron Microscopy and Analysis, 1993. Bristol and Philadelphia: Institute of Physics Publishing, 1993, 9 ~ 16; 531 ~ 534

[14] van der Voort G F, Friel J J. Developments in Materials Characterization Technologies. Ohio USA: ASM International, Materials Park, 1996. 81 ~ 89

[15] Crozier P A, McCartney M R. J Catal, 1996, 163: 245 ~ 254

[16] Chao K J, Wu C N, Chang A S et al. Microporous and Mesoporous Materials, 1999, 27: 287 ~ 295

[17] Amelinckx S, van Dyck D, van Landuyt J et al. Handbook of Microscopy, Methods I. Weinheim: VCH, 1997. 245 ~ 536

[18] Williams D B, Goldstein J I, Newbury D E. X-Ray Spectrometry in Electron Beam Instruments. New York and London: Plenum Press, 1995. 127 ~ 159

[19] Cherns D. Electron Microscopy and Analysis, 1995. Bristol and Philadelphia: Institute of Physics Publishing, 1995. 207 ~ 210

[20] Scott V D et al. Quantitative Electron Probe Microanalysis. New York: Ellis Horwood, 1995. 93 ~ 109; 183 ~ 211
[21] Friel J. Microbeam Analysis 1994. New York: VCH, 1994. 135 ~ 136; 239 ~ 240
[22] Reimer L. Transmission Electron Microscopy, Physics of Image Formation and Microanalysis. Berlin: Springer, 1997. 143 ~ 196
[23] Joy D C. Romig A D, Jr Goldstein J I. Principles of Analytical Electron Microscopy. New York and London: Plenum Press, 1986. 1 ~ 27
[24] Amelinckx S, van Dyck D, van Landuyt J et al. Handbook of Microscopy, Methods II. Weinheim: VCH, 1997. 661 ~ 690
[25] Fitzgerald A G, Storey B E, Fabian D, Quantitative Micorbeam Analysis. Bristol and Philadelphia: Institute of Physics Publishing, 1993. 213 ~ 301
[26] Scott V D et al. Quantitative Electron Probe Microanalysis. New York: Ellis Horwood, 1995. 19 ~ 44
[27] Merli P G, Antisari M V. Electron Microscopy in Materials Science. Singapore: World Scientific, 1992. 431 ~ 456
[28] van Grieken R E, Markowicz A A et al. Handbook of X-Ray Spectrometry: Methods and Techniques. New York: Marcel Dekker, 1993. 1 ~ 34
[29] Scott V D et al. Quantitative Electron Probe Microanalysis. New York: Ellis Horwood, 1995. 61 ~ 75
[30] Joy D C, Jr Romig A D, Goldstein J I. Principles of Analytical Electron Microscopy. New York and London: Plenum Press, 1986. 123 ~ 217
[31] Kiss K. Problem Solving with Microbeam Analysis. Amsterdam: Elsevier, 1988. 40 ~ 73
[32] Scott V D et al. Quantitative Electron Probe Microanalysis. New York: Ellis Horwood, 1995. 251 ~ 278
[33] van Grieken R E, Markowicz A A et al. Handbook of X-Ray Spectrometry: Methods and Techniques. Nes York: Marcel Dekker, 1993. 616 ~ 620
[34] Murr L E. Electron and lon Microscopy and Microanalysis Principles and Applications. New York: Marcel Dekker Inc, 1991. 191 ~ 207
[35] Wood J E, Williams D B, Goldstein J I. J Microsc, 1984, 133: 255 ~ 274
[36] Williams D B, Goldstein J I, Newbury D E. X-Ray Spectrometry in Electron Beam Instruments. New York and London: Plenum Press, 1995. 101 ~ 126
[37] Murr L E. Electron and Ion Microscopy and Microanalysis Principles and Applications. New York: Marcel Dekker Inc, 1991. 635 ~ 655
[38] Williams D B, Michael J R, Goldstein J I et al. Ultramicroscopy, 1992, 47: 121 ~ 132
[39] Williams D B, Goldstein J I, Newbury D E. X-Ray Spectrometry in Electron Beam Instruments. New York and London: Plenum Press, 1995. 167 ~ 219
[40] Joy D C, Jr Romig A D, Goldstein J I. Principles of analytical Electron Microscopy. New York and London: Plenum Press, 1986. 353 ~ 374
[41] Reimer L. Transmission Electron Microscopy, Physics of Image Formation and Microanalysis. Berlin: Springer, 1997. 463 ~ 494
[42] Hren J J, Goldstein J I, Joy D C. Introduction to Analytical Electron Microscopy. New York: Plenum Press, 1979. 481 ~ 505
[43] Bigelow W C. Vacuum Methods in Electron Microscopy. London and Chapel Hill: Portland Press, 1994. 227 ~ 419
[44] Treacy M M J, Nensam J M. Ultramicroscopy, 1987, 23: 411 ~ 420
[45] Smith D J, Mccartney M R. Ultramicroscopy, 1987, 23: 299 ~ 304
[46] Etz E S. Microbeam analysis. New York: VCH, 1995. 187 ~ 188
[47] Benoit D, Bresse J F, Vant Dack L et al. Microbeam and Nanobeam Analysis. New York: Springer-Verlag, 1996. 493 ~ 500
[48] Lyman C E, Williams D B, Goldstein J I. Ultramicroscopy, 1989, 28: 137 ~ 149
[49] Thomas L E. Ultramicroscopy, 1985, 18: 173 ~ 184
[50] Rodenburg J M. Electron Microscopy and Analysis. Bristol and Philadelphia: Institute of Physics Publishing, 1997. 383 ~ 386
[51] Amelinckx S, van Dyck D, van Landuyt J et al. Handbook of Microscopy, Methods II. Weinheim: VCH, 1997. 563 ~ 620
[52] Craven A J. Electron Microscopy and Analysis. Bristol and Philadelphia: Institute of Physics Publishing, 1993. 499 ~ 538
[53] Amelinckx S, van Dyck D, van Landuyt J et al. Electron Microscopy: Pinciples and Fundamentals. Weombei: VCH, 1997. 329 ~ 386
[54] Rodenburg J M. Electron Microscopy and Analysis. Bristol and Philadelphia: Institute of Physics Publishing, 1997. 399 ~ 402

[55] Benoit D et al. Microbeam and Nanobeam Analysis. New York: Springer Wien, 1996.435 ~ 442
[56] Farrauto R J, Bartholomew C H. Fundamentals of industrial Catalytic Processes. London: Blackie Academic and Professional, 1997.183 ~ 187
[57] Weitkamp J, Karge H G, Pfeifer H et al. Stud Surf Sci Catal, 1994, 84C: 37 ~ 44; 421 ~ 428; 725 ~ 732
[58] Jennuzs J R. Selected Developments in Catalysis. Oxford: Blackweel Scientific Pub, 1985.64 ~ 101
[59] Eley D D, Haag W O, Gates B et al. Advan Catal, 1996, 41C: 253 ~ 334
[60] Kuchne M A, Babitz S M, Kung H H et al. Appl Catal A, 1998, 166: 293 ~ 299
[61] Corma A, Melo F V, Rawlence D J. Zeolites, 1990, 10: 690 ~ 694
[62] Levinbuk M I, Pavlov M L, Kustov L M et al. Appl Catal A, 1998, 172: 177 ~ 191
[63] 薛用芳.电子显微学报，1990，9(3)：212 ~ 216
[64] Williams B A, Babitz S M, Miller J T et al. Appl Catal A, 1999, 177: 161 ~ 175
[65] Yuki C S, Toshiyuki S, Yukihiro T et al. J Catal, 1998, 178: 94 ~ 100
[66] Choi-Feng C, Hall J B, Huggins B J et al. J Catal, 1993, 140: 395 ~ 405
[67] Ray G J, Nerheim A G, Donobue J A. Zeolites, 1988, 8: 458 ~ 463
[68] Zukal A, Patzelova V, Lohse U. Zeolites, 1986, 6: 133 ~ 136
[69] Occelli M L, Connor P O. Fluid Catalytic Cracking Ⅲ. Materials and Processes. Washington D C: ACS, 1994.81 ~ 97
[70] Scherzer J. Catal Rev Sci Eng, 1989, 31: 215 ~ 354
[71] Arribas J, Corma A, Fornes V et al. J Catal, 1987, 108: 135 ~ 142
[72] Taramasso M, Milanese S D, Perego G et al. Preparation of Porous Crystalline Synthetic Material Comprised of Silicon and Titanium Oxides. US: 4410501, 1983-10-18
[73] Notari B. Stud Surf Sci Catal, 1988, 37C: 413 ~ 425
[74] Centi G, Trifiro F. Stud Surf Sci Catal, 1990, 55C: 43 ~ 52
[75] Ward J W. Stud Surf Sci Catal, 1988, 38C: 253 ~ 261
[76] Vayssilov G N. Catal Rev Sci Eng, 1997, 39: 209 ~ 251
[77] Millini R, Massara E P, Perego G et al. J Catal, 1992, 137: 497 ~ 503
[78] Notari B. Catal Today, 1993, 18: 163 ~ 172
[79] Jacobs P A, Jaeger N I, Kubelkova L et al. Stud Surf Sci Catal, 1991, 69C: 251 ~ 258
[80] Deo G, Turek A M, Wachs I E et al. Zeolites, 1993, 13: 365 ~ 373
[81] Bartholomew C H, Butt J B. Stud Surf Sci Catal, 1991, 68C: 761 ~ 766
[82] Thangaraj A, Kumar R, Mirajkar S P et al. J Catal, 1992, 130: 1 ~ 8
[83] Blasco T, Camblor M A, Corma A et al. J Amer Chem Soc, 1993, 115: 11806 ~ 11813
[84] Duprey E, Beaunier P, Springuel-Huet M A et al. J Catal, 1997, 165: 22 ~ 32
[85] Huang Y Y, Sachtler W M H. Appl Catal A, 1997, 163: 245 ~ 254
[86] Blasco T, Corma A, Navarro M T et al. J Catal, 1995, 156: 65 ~ 74
[87] Sinfelt J H. J Catal, 1973, 29: 308 ~ 315
[88] Carter J L, McVicker G B, Weissman W et al. Appl Catal, 1982, 3: 327 ~ 346
[89] Sachdev A, Schwank J. J Catal, 1989, 120: 353 ~ 369
[90] Handy B E, Dumesic J A, Sherwood R D et al. J Catal, 1990, 124: 160 ~ 182
[91] Kluksdahl H G. Reforming a Sulfur-Free Naphtha with a Platinum-rhenium catalyst. US: 3415737, 1968-10-10
[92] Huang Z, Fryer J R, Park C et al. J Catal, 1994, 148: 478 ~ 492
[93] Craven A J. Electron Microscopy and Analysis 1993. Bristol and Philadelphia: Institute of Physics Pub, 1993, 469 ~ 472
[94] Macleod N, Fryer J R, Stirling D et al. Catal Today, 1998, 46: 37 ~ 54
[95] Coq B, Figueras F. J Catal, 1984, 85: 197 ~ 205
[96] Ribeiro F H, Bonivardi A L, Kim C et al. J Catal, 1994, 150: 186 ~ 198
[97] Biloen P, Helle J N, Verbeek H et al. J Catal, 1980, 63: 112 ~ 118
[98] Prestrik R, Totdal B, Lyman C E et al. J Catal, 1998, 176: 246 ~ 252

[99] Seymour R B, Cheny T. History of polyolefins. Dordrecht: D Reidel Pub, 1986.1 ~ 7;87 ~ 130;213 ~ 242
[100] Alpizzati E, Galimberti M. Catal Today, 1998, 41:159 ~ 168
[101] Keii T, Soga K. Catalytic Polymeriztion of Olefins. Amsterdam: Elevier, 1986.1 ~ 27;165 ~ 179;431 ~ 442
[102] Galli P. Progr Polym Sci, 1994, 19:959 ~ 974
[103] Furuta M. J Polym Sci Polym Phys, 1981, 19:135 ~ 141
[104] Kaminsky W, Sinn H. Transition Metals and Organametallics as Catalysts for Olefin Polymerization. Berlin: Springer-Verlag, 1988.223 ~ 229
[105] Aleandri L, Fraaije V, Fink G et al. Macromol Rapid Commun, 1994, 15:453 ~ 458
[106] Koichi H, Hideharu M, Masahiko T et al. J Mol Catal A, 1997, 115:259 ~ 263
[107] Yoshida S, Takezawa N, Ono T. Catalytic Science and Technology Vol 1. Tokyo: Kadansha Ltd, 1991.377 ~ 380
[108] 薛用芳.石油学报(石油加工)英文专刊，1997，146 ~ 151
[109] Datye A K, Srinivasan S, Allard L F et al. J Catal, 1996, 158:205 ~ 216

（薛用芳，北京石油化工科学研究院）

第 3 章 热分析方法

热分析是研究物质在加热或冷却过程中其性质和状态的变化并将这种变化作为温度或时间的函数来研究其规律的一种技术。由于它是一种自动化动态跟踪测量，所以与静态法相比有连续、快速、简便等优点。目前从热分析技术对研究物质的物理和化学变化所提供的信息和可能性来看，热分析技术已广泛地应用于无机化学、有机化学、高分子化学、生物化学、冶金学、石油化学、矿物学和地质学等各个学科领域。

热分析用于催化方面的研究已有 70 多年的历史。在我国虽然起步较晚，但近年来随着国产热分析仪的研制和国外先进热分析仪的引进，热分析在我国催化研究中已得到全面应用，包括催化剂活性评价、催化剂制备条件选择、催化剂组成确定、确定金属活性组分的价态、金属活性组分与载体的相互作用、活性组分分散阈值及金属分散度测定、活性金属离子的配位状态及分布、固体催化剂表面酸碱性测定、催化剂老化及失活机理、催化剂的积炭行为、吸附和表面反应机理、催化剂再生及其条件选择和多相催化反应动力学等十几个方面。可见，从催化剂制备→催化反应→催化剂失活→催化剂再生整个过程，热分析皆能提供有价值的信息和数据，特别是热分析的定量性，是其他一些分析方法或技术所不及的，因此可以说在加速催化反应的研究过程中，热分析技术的作用是举足轻重的。

本文首先介绍热分析的定义、分类及一些常用的热分析技术和原理，继而着重介绍几种常用的热分析技术在催化研究中的应用。

3.1 热分析的定义及分类

1965 年，国际热分析组织——国际热分析协会(ICTA)成立，同时成立热分析命名委员会，该会在历届国际会议上发表了热分析命名 1～V 报。中国化学会，物理化学专业委员会，热力学、热化学、热分析专业组于 1981 年召开“热分析命名讨论会”，以 ICTA 公布的方案为基础，拟定了中文热分析命名试行稿。下面按试行稿分述热分析的定义及分类。

3.1.1 热分析定义

热分析为在程序控制温度下，测量物质的物理性质与温度关系的一类技术。

热分析是一个广义词，凡是在程序控制温度下，以温度或时间为函数的物质的某一物理性质的测量均可成为一种特定的热分析技术。现将 ICTA 已确定的几种常用热分析技术的定义分述如下。

1) 热重法。在程序控制温度下，测量物质的质量与温度关系的一种技术。

2) 逸出气检测。在程序控制温度下，定性检测从物质中逸出的挥发性产物与温度关系的技术(应指明检测气体的方法)。

3）逸出气分析。在程序控制温度下，测量从物质中释放出的挥发性产物的性质或数量与温度关系的技术(应指明气体分析方法)。

4）差热分析。在程序控制温度下，测量物质和参比物的温度差与温度关系的一种技术。

5）差热扫描量热法。在程序控制温度下，测量输入到物质和参比物的功率差与温度关系的一种技术。

6）热膨胀法。在程序控制温度下，测量物质在可忽略负荷时的尺寸与温度关系的一种技术。

此外，还有等压质量变化测定、放射热分析、热微粒分析、升温曲线测定、热机械分析、动态热机械法、热发声法、热传声法、热光学法、热电学法以及热磁学法等技术，这些技术目前在催化研究中很少使用，这里不一一叙述。

3.1.2 热分析分类

ICTA 根据所测物理性质将热分析分类及命名列于表 3-1。

表 3-1 热分析技术分类及命名

物理性质	中文名	英文命名	缩写
质量	热重法	thermogravimetry	TG
	等压质量变化测定	isobaric mass-change determination	
	逸出气检测	evolved gas detection	EGD
	逸出气分析	evolved gas analysis	
	放射热分析	emanation thermal analysis	
	热微粒分析	thermoparticulate analysis	
温度	升温曲线测定	heating-curve determination	
	差热分析	differential thermal analysis	DTA
热量	差示扫描量热法	differential scanning calorimetry	DSC
尺寸	热膨胀法	thermodilatometry	
力学特性	热机械分析	thermomechanical analysis	TMA
	动态热机械法	dynamic thermomechanometry	
声学特性	热发声法	thermosonimetry	
	热传声法	thermoacoustimetry	
光学特性	热光学法	thermophotometry	
电学特性	热电学法	thermoelectrometry	
磁学特性	热磁学法	thermomagnetometry	

表 3-1 中共包括 9 类 17 种技术，其中英文命名和缩写为 ICTA 命名委员会推荐使用的，现已在国际上使用英语地区通用；中文名是采用 1981 年中国化学会热分析命名试行稿。

3.2 几种常用热分析技术

3.2.1 差热分析

3.2.1.1 基本原理

差热分析(DTA)的基本原理如图 3-1 所示。它是把试样和参比物放在相同的加热或冷却条件下，记录二者随温度变化所产生的温差(ΔT)。由于采用试样与参比物相比较的方法，所以要求参比物的热性质为已知，而且在加热或冷却过程中比较稳定。两者之间温差测量采用差示热电偶，它的两个工作端分别插入试样和参比物中。在加热或冷却过程中，当试样无变化时，两者温度相等，无温差信号；当试样有变化时，则两者温度不等，有温差信号输出。由于记录的是温差随温度的变化，故称差热分析。

图 3-1 DTA 原理

3.2.1.2 差热分析仪及其工作原理

差热分析仪分为常量和微量两种。早期的常量型采用点接触式电偶检测器；近年出现的微量型，普遍采用较前者更为灵敏的哑铃型面接触式电偶检测器，它们的工作原理如图 3-2 所示。

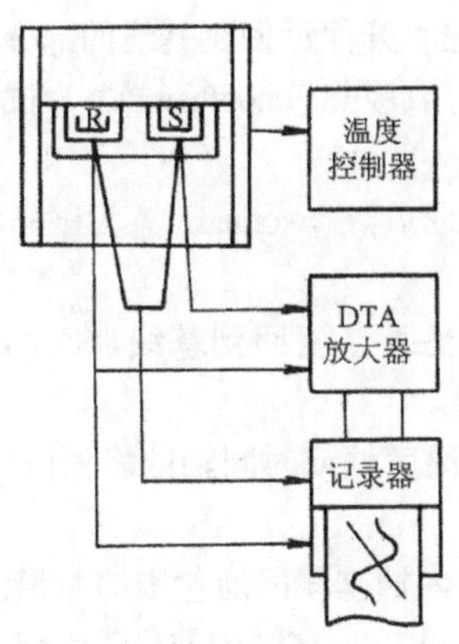

图 3-2 差热分析仪工作原理

差热分析仪是由试样部分，加热部分，温度调节部分和测定记录部分组成。试样和参比物对称地放在样品支持器或哑铃型检测器上，并将其置于炉子的均温区，当以一定的程序加热或冷却时，若试样无变化，二者温差 $\Delta T=0$，此时若二者的热性质相近，则记录的曲线几乎为一水平线；若试样有变化，二者温差 $\Delta T\neq0$。假若为放热反应，则 ΔT 为正，曲线偏离基线移动直到反应终了，再经历一个试样与参比物之间的热平衡过程而逐步恢复到 $\Delta T=0$。从而形成一个放热峰；反之，若为吸热反应，则 ΔT 为负值，形成一个反向的峰。连续记录温差随温度变化的曲线即为差热曲线(或 DTA 曲线)。

3.2.1.3 差热曲线

根据差热分析的定义，DTA 曲线的数学表示为：$\Delta T=f(T \text{ 或 } t)$，其记录曲线如图3-3所示。纵坐标是温差，曲线向下表示吸热反应，向上表示放热反应。横坐标是温度 T 或时间 t。

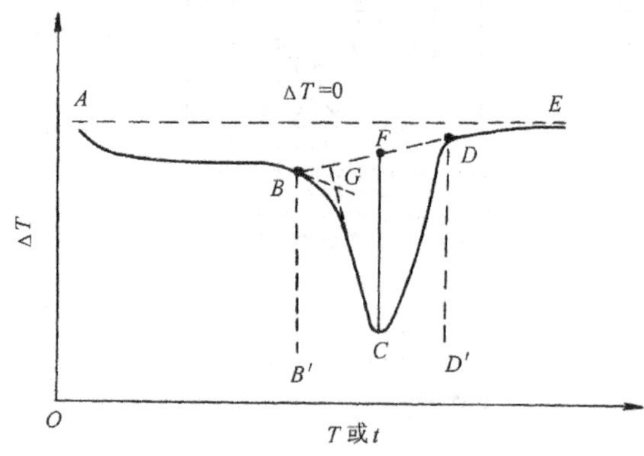

图 3-3 典型 DTA 曲线

(1) ICTA 对 DTA 曲线规定的术语

1) 基线(base line)。DTA 曲线上相应 ΔT 近似于零的部分(图 3-3 中的 AB 和 DE)。

2) 峰(peak)。DTA 曲线上先离开而后回到基线的部分(图 3-3 中的 BCD)。

3) 吸热峰(endothermic peak)或吸热(endotherm)。为试样温度低于参比物温度的峰，即 ΔT 为负值。

4) 放热峰(exothermic peak)或放热(exotherm)。为试样温度高于参比物温度的峰，即 ΔT 为正值。

5) 峰宽(peak width)。离开基线点至回到基线点间的温度或时间间隔(图 3-3 中的 $B'D'$)。

6) 峰高(peak height)。垂直温度轴或时间轴的峰顶(C)至内插基线的距离(图 3-3 中的 CF)。

7) 峰面积(peak area)。峰和内插基线间所包围的面积(图 3-3 中的 $BCDB$)。

8) 外推起点(extraplated onset) T_{eo}。在峰的前沿最大斜率点的切线与外推基线的交点(图 3-3 中的 G 点)。

(2) 差热曲线定性或定量的依据

1) 峰的位置。由于差热分析曲线反映的是过程中的热变化，所以物质发生的任何物理和化学变化，其 DTA 曲线上都有相对应的峰出现。峰的位置通常用起始转变温度(开始偏离基线的温度)或峰温(指反应速率最大点温度)表示。同一物质发生不同的物理或化学变化，其对应的峰温不同。不同物质发生的同一物理或化学变化，其对应的峰温也不同。因此峰温可作为鉴别物质或其变化的定性依据。

2) 峰面积。实验表明：在某一定样品量范围内，样品量与峰面积成线性关系，而后者又与热效应成正比，故峰面积可表征热效应的大小，是计量反应热的定量依据。

3) 峰形状。峰的形状与实验条件(如加热速率、纸速、灵敏度)有密切关系，但在给定条件下，峰的形状取决于样品的变化过程。因此从峰的大小、峰宽和峰的对称性等还可以得到有关动力学行为的信息。

3.2.2 差示扫描量热法

3.2.2.1 基本原理

ICTA 对差示扫描量热法按采用的测量方法分为功率补偿型差示扫描量热法(power compensation DSC)和热流型差示扫描量热法(heat-flux DSC)。最早 ICTA 只承认功率补偿式 DSC，把热流式归为定量 DTA 中。热流式 DSC 发展很快，最后又将它归为 DSC 技术。这里着重介绍功率补偿式 DSC，其原理如图 3-4 所示。

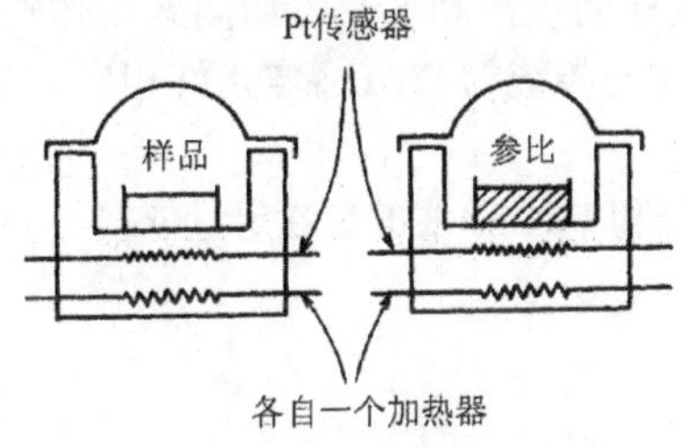

图 3-4 DSC 原理

它采用零位平衡原理，要求试样与参比物的温度差不论试样吸热或放热都要处于零位平衡状态，即 $\Delta T \to 0$。为此，在试样和参比物下面除设有测温元件外，还设有加热器，借助加热器的补偿作用以随时保持试样和参比物之间温差为零。

功率补偿的三种方式如下：

1) 保持参比物侧以给定的方式升温，通过变化试样侧的供热来达到补偿作用。若试样放热，则试样侧少加热；反之则多加热。此方案较合理，不破坏程序升温。

2) 在程序控制过程中，同时变化两侧的电流以达到 $\Delta T \to 0$。试样放热时，试样侧少加热，参比物多加热；试样吸热时则相反。这种加热方式对程序升温稍有影响。一般采用电子计算机分别控制两侧的升温速率。

3) 在程序升温过程中，当试样放热时，只对参比物加热；试样吸热时，只对试样侧加热，使 $\Delta T \to 0$。这种加热方式对程序升温影响大。

3.2.2.2 差示扫描量热计及其工作原理

以日本岛津DT-30系中的功率补偿式差示扫描量热计为例，它的工作原理示于图3-5。

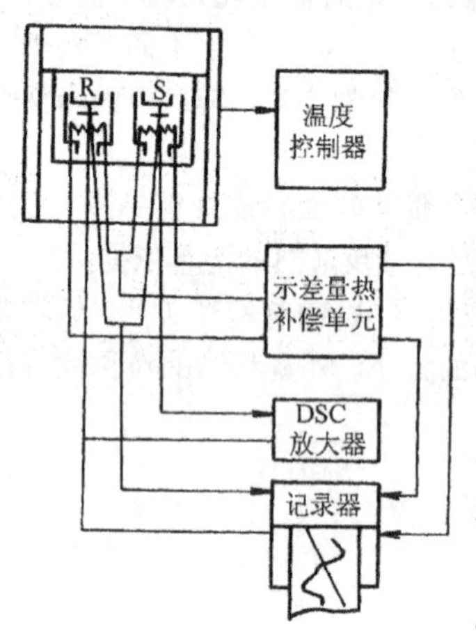

图 3-5 差示扫描量热计工作原理

试样池(S)和参比物池(R)对称地固定在炉子的均温区，二者之间的温差用与DTA相同的方法检测，但不做记录。加热器对其温差随时予以补偿。在程序升温过程中，若试样吸热，则补偿于S侧；若试样放热，则补偿于R侧，以随时调节二者温差为零。连续记录二者功率差随温度或时间的变化曲线，即为差示扫描量热曲线(或DSC曲线)。

这种差示扫描量热计本身热容量很小，试样用量小，热传递良好。借助测温元件的作用，当试样有热效应发生时，辅助加热器立即动作，之后基线立即复原。因此DSC中的试样随时处于程序控制温度下，由于温度条件严格，故该法具有较高分辨率。

3.2.2.3 差示扫描量热曲线

根据差示扫描量热法的定义，DSC曲线的数学表示为 $\mathrm{d}H/\mathrm{d}t = f(T$ 或 $t)$，其记录曲线与DTA曲线十分相似。纵坐标是热流率 $\mathrm{d}H/\mathrm{d}t$，横坐标是温度或时间，但对纵坐标的吸热和放热方向问题未作规定。有的按热化学上的规定，吸热为正，放热为负，这与传统的DTA规定正好相反。有的则与DTA的规定相同。目前尚无统一规定。

对DSC曲线所用的术语和DSC曲线的定性定量依据与DTA相同，这里不再重复。

3.2.3 热重法

3.2.3.1 基本原理

热重法即采用热天平进行热分析的方法，热天平与一般天平原理相同，所不同的是在受热情况下连续称量。从结构按梁、样品皿、炉子的相对位置有上皿式(a)、下皿式(b)和水平式(c)之分，如图3-6所示。

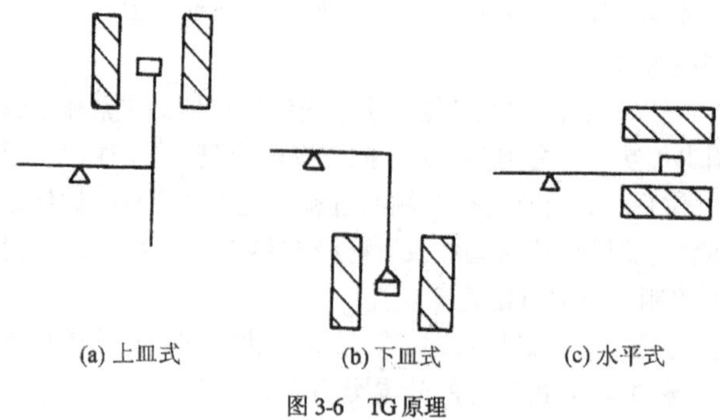

图 3-6 TG原理

最早采用加砝码配平的方法测量试样随温度所产生的质量变化，后来有研究者采用弹簧计测定仪，由弹簧的伸长测量质量变化。近年已发展为将质量变化转为电讯号进行检测，有变位法和零位法两种。变位法是天平梁的倾斜与质量变化成正比关系，倾斜位移用差动变压器等检出，并自动记录。零位法是将天平梁的倾斜用差动变压器法，光学法或电触点法等来检出，并用励磁线圈对安装在天平系统中的永久磁铁施加外力，使天平倾斜复原。

由于对永久磁铁所加的力与重量变化成比例，后者又与流过励磁线圈的电流成正比，因此由测量电流便可得知重量变化。

3.2.3.2 热天平及其工作原理

热天平分常量和微量两种。常量热天平可以早期日本岛津 DT-2A 型热分析仪的热天平附加装置为例，其工作原理如图 3-7 所示。它是一种应答迅速的密封式热天平，检测元件是差动变压器，试样 1 g 以下时，灵敏度为 0.25 mg。

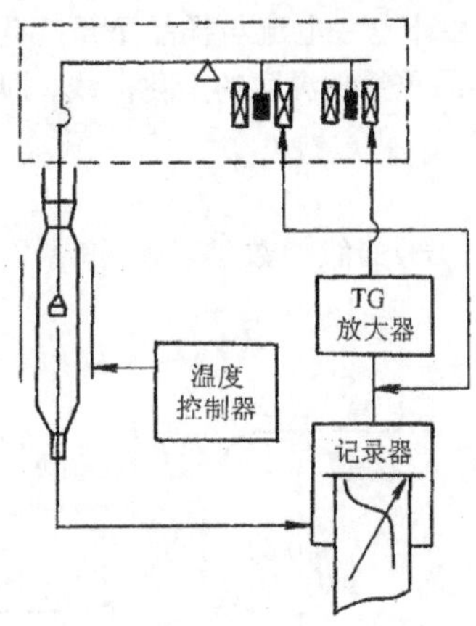

图 3-7 常量热天平工作原理

样品篮系在天平一端，并悬吊在石英管内，测量池放有 α-Al_2O_3，固定在样品篮下面，二者保持 4～5 mm 的距离，并同处于均温区，天平的另一端连接差动变压器的铁心，先将天平调至平衡位置，在程序升温条件下由试样重量增减引起的天平梁倾斜采用零位法检测。

微量热天平以日本岛津 DT-30B 型热分析仪的热天平的附加装置为例。其工作原理示于图 3-8。它是采用自动平衡法，由于采用光电检测元件和张丝结构，使它比常量天平有更高的灵敏度。试样量程用 1 mg 时，其灵敏度为 0.01 mg。

样品篮系在天平的一端并悬吊在石英管内，天平另一端连接一遮光板，先用加砝码配平的方法使天平处于零位，此时接成桥式电路的两个光电二极管被遮光板遮住相同的面积，故输出为零。当温度变化引起样品重量增减时，由于改变了两个光电二极管的光照面积，使桥路失去平衡而有电流输出。电流的方向和大小与遮光板上下移动的方向和位移有关。这一电流通过放大后反馈到动圈内，在磁场的作用下产生反向平衡力矩，从

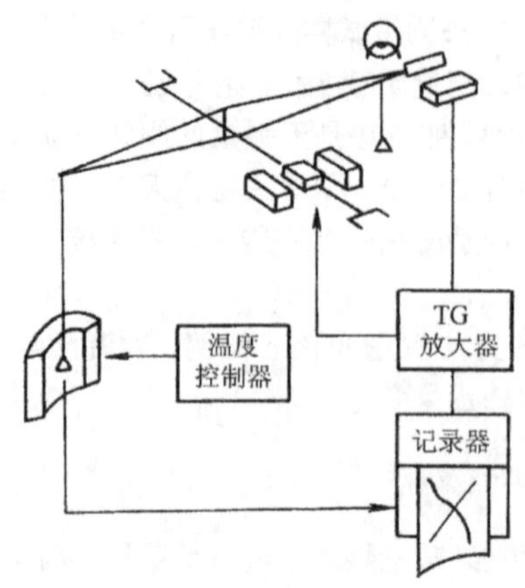

图 3-8 微量热天平工作原理

而使天平处于新的平衡位置。由于这一电流与样品重量变化成正比关系，故将这电流的一部分引入记录器即可得到样品重量随温度的变化曲线，即 TG 曲线。

3.2.3.3 热重曲线

根据热重法的定义，热重(TG)曲线的数学表示式为 $W=f(T$ 或 $t)$，其记录曲线如图 3-9 所示。

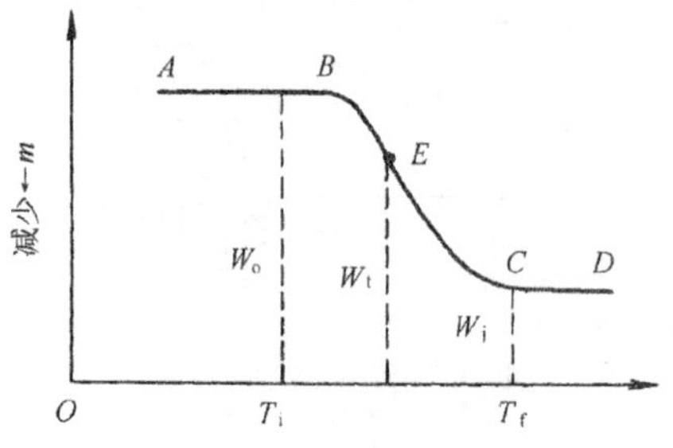

图 3-9 典型 TG 曲线

(1) ICTA 对 TG 曲线定义的术语

1) 平台(plateau)。TG 曲线上质量基本不变的部分(如图 3-9 中的 *AB* 和 *CD*)。

2) 起始温度(T_i)。累积质量变化达到热天平可以检测的温度。

3) 终止温度(T_f)。累积质量变化达到最大值的温度。

4) 反应区间。起始温度与终止温度间的温度间隔(如图 3-9 中的 T_i—T_f)。

5) 阶梯(step)。两个平台之间的距离称为阶梯。

(2) 热重曲线定性或定量的依据

1) 阶梯位置。由于热重法是测量反应过程中的重量变化，所以凡是伴随重量改变的物理或化学变化，在其 TG 曲线上都有相对应的阶梯出现，阶梯位置通常用反应温度区间表示。同一物质发生不同的变化时，如蒸发和分解，其阶梯对应的温度区间是不同的。

不同物质发生同一变化时，如分解，其阶梯对应的温度区间也是不同的。因此阶梯的温度区间可作为鉴别变化的定性依据。

2）阶梯高度。阶梯高度代表重量变化的多少，由它可计算中间产物或最终产物的量以及结晶水分子数和水含量等。故阶梯高度是进行各种参数计算的定量依据。

3）阶梯斜度。阶梯斜度与实验条件有关，但在给定的实验条件下阶梯斜度取决于变化过程。一般阶梯斜度越大，反应速率越快；反之，则慢。由于阶梯斜度与反应速率有关,由此可得动力学信息。

3.3 热分析在催化研究中的应用

3.3.1 催化剂制备条件的选择

催化剂制备方法很多，无论采用哪一种方法制备，所得到的催化剂前体大多是以氢氧化物、氧化物或盐等形式存在，没有催化活性。为使它们具有催化活性，还要经焙烧、还原、氧化、硫化、羟基化等处理。其处理条件(温度、气氛、时间等)对得到预计的催化剂结构和组成是十分重要的。由于热分析可以原位模拟这些过程，并得到有关热和量的变化信息，所以通常由一条热分析跟踪曲线，就可以对制备条件做出判断。即使有时需要几条热分析曲线，与传统的、由最终反应活性来判断制备条件相比，也将节省几倍的时间。

3.3.1.1 姿态控制肼分解催化剂焙烧温度和还原温度的选择

肼分解催化剂是以 Al_2O_3 为载体，浸渍后的组成为 H_2IrCl_6/Al_2O_3。为将负载 H_2IrCl_6 分解为 $IrCl_3$，要求在氮气下进行焙烧。图 3-10 为 H_2IrCl_6/Al_2O_3 于氮气下的焙烧 TG-DTG 曲线。

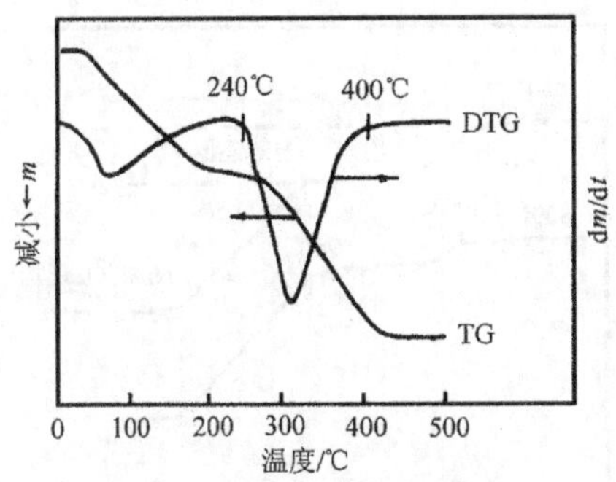

图 3-10 H_2IrCl_6/Al_2O_3 于 N_2 气下的焙烧 TG-DTG 曲线

由图 3-10 可以发现：在 DTG 曲线上出现两个峰，在其 TG 曲线上皆有对应的失重。第一个峰出现在 150℃之前，为脱表面吸附水峰；第二个峰出现在 240～400℃温区，为负载 H_2IrCl_6 的分解峰。反应如下

$$H_2IrCl_6/Al_2O_3 \longrightarrow IrCl_3/Al_2O_3 + 2HCl\uparrow + \frac{1}{2}Cl_2\uparrow$$

显然，对肼分解催化剂，其焙烧温度是指负载盐分解终了的温度。故由其焙烧的TG-DTG曲线，可以直接确定肼分解催化剂的焙烧温度为400℃。

催化剂焙烧后的组成为$IrCl_3/Al_2O_3$，为将负载$IrCl_3$还原为具有催化活性的零价Ir，需要在H_2气下还原。其还原温度同样可由它于H_2气下还原的TG-DTG曲线确定。结果表明：负载$IrCl_3$还原温区为280～450℃。

Ir是一种贵金属，为使负载Ir得到充分利用，选择还原温度时需顾全两个方面：一是活性组分$IrCl_3$尽可能还原完全；二是避免已还原为金属的粒子的烧结。为此用TG技术进一步考查了还原度与温度的关系。

结果表明：负载$IrCl_3$于400℃还原时还原度已达98.3%；于500℃还原时虽然还原度提高到100%，但从X射线分析和比表面积的数据发现：被还原为零价的Ir已有部分烧结现象，Ir^0的比表面积也有所减小，故还原温度应选在400℃较为适宜。

3.3.1.2 烃类蒸气转化烧结型催化剂焙烧温度的选择

蒸气转化催化剂是以Al_2O_3为载体，活性组分为NiO。由于烃类蒸气转化温度较高，要求催化剂有较高的热稳定性。国外同类型催化剂研究结果表明：活性组分NiO与载体在适当的高温下生成$NiAl_2O_4$结构有利于活性持久。因此，蒸气转化催化剂的焙烧温度不是泛指的负载盐分解终了的温度，而是活性组分NiO与载体Al_2O_3生成$NiAl_2O_4$的温度。为选择这一温度，用热分析方法，先将催化剂于不同温度下焙烧，并作其还原TG曲线，然后由$NiAl_2O_4$还原失重计算$NiAl_2O_4$的生成量确定焙烧温度。

催化剂用干混法制备，活性组分NiO有两种掺入方法。

1) 809#催化剂。85%的$Al(OH)_3$与15%的NiO干混成型后于1100℃、2 h烧成。

2) 810#催化剂。85%$Al(OH)_3$先于1100℃烧4 h，磨细再与15%的NiO干混成型于1100℃、2 h烧成。图3-11为两种不同干混法制备的催化剂的还原TG曲线。

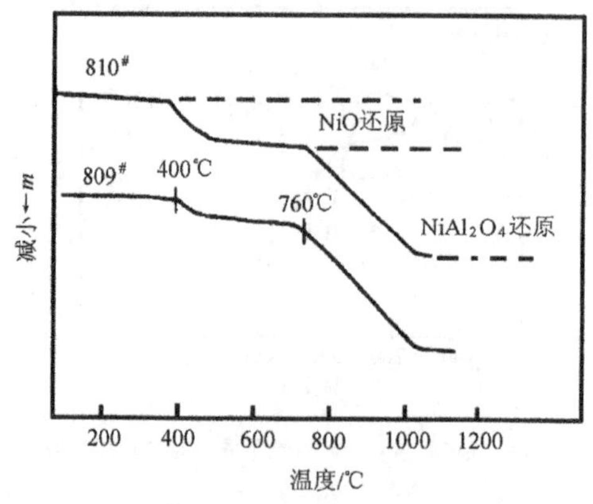

图3-11 不同干混法制备的催化剂的还原TG曲线

两种干混法制备的催化剂具有相似的还原TG曲线，在TG曲线上出现两个失重段，400℃开始的失重段为NiO的还原，760℃开始的失重段为$NiAl_2O_4$还原。按$NiAl_2O_4$还原失重计算809#和810#催化剂上的$NiAl_2O_4$生成量分别为87.9%和73.9%。说明在NiO

含量(以下含量均为质量分数)相同的情况下，809#催化剂制备方法更有利于 $NiAl_2O_4$ 的生成，反应结果表明：烃类蒸气转化率与 $NiAl_2O_4$ 的生成量为正比关系。

焙烧温度考查结果表明，在1000℃以下焙烧时，$NiAl_2O_4$ 的生成量很少；在1000℃以上焙烧时，则有90%左右的活性组分变成了 $NiAl_2O_4$。同时发现 $NiAl_2O_4$ 的生成量和起始还原温度皆随焙烧温度的增高而增高。从烧结型催化剂的结构来讲，当然是 $NiAl_2O_4$ 生成量越多越好，但鉴于工业上要求催化剂的还原温度不宜太高，故焙烧温度选择1000℃较适宜。

3.3.1.3 合成分子筛催化剂焙烧温度的选择[1]

在硅铝或磷铝分子筛催化剂的合成中，若引入一定量的有机胺，则可得到骨架结构相同、而硅铝比或磷铝比可相差2~3个数量级的硅铝或磷铝沸石。有机胺本身是一种碱，除晶化过程可提供所需的 OH^- 外，重要的是对硅铝或磷铝系沸石骨架的形成起结构导向作用，即所谓模板效应，有机胺称为模板剂。因此，对这一类合成沸石的焙烧温度，应该是指有机胺分解终了的温度。图3-12和图3-13为以四乙基氢氧化胺为模板剂的SAPO-5和SAPO-34于 N_2 气下焙烧的TG-DTG曲线。

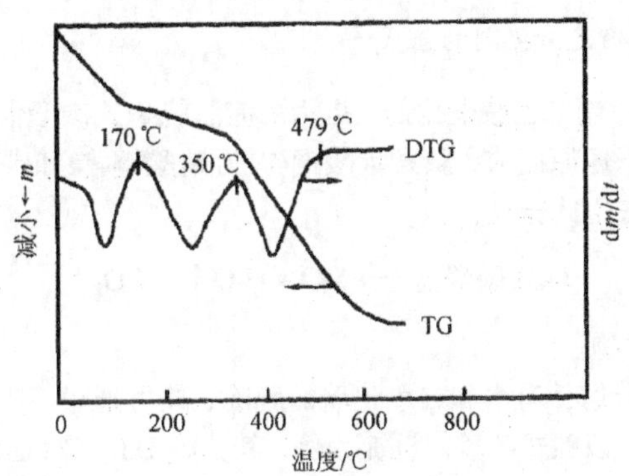

图3-12 SAPO-5于 N_2 气下焙烧的TG-DTG曲线

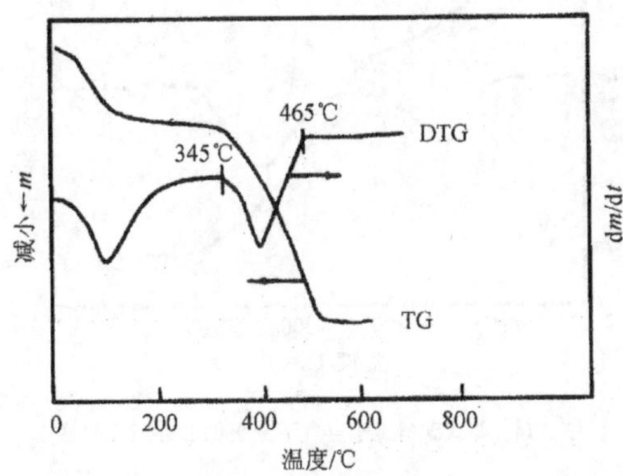

图3-13 SAPO-34于 N_2 气下焙烧的TG-DTG曲线

从图 3-12 可见，SAPO-5 于 N_2 气下焙烧的 DTG 曲线上有 3 个峰。在其 TG 曲线上皆有对应的失重。第一个峰出现在 170℃以前，为脱表面吸附水峰；第二个峰出现在 170～350℃温区，为胺分解峰，这部分胺是用来平衡骨架负电荷的；第三个峰出现在 350～479℃温区，也为胺分解峰。由于 SAPO-5 是内 12 元环孔道构成的大孔沸石，这部分胺填充在孔道内。

同时从图 3-13 可见，SAPO-34 于 N_2 气下焙烧的 DTG 曲线上，除了表面水外，只有一个胺分解峰出现在 345～465℃温区。这是因为 SAPO-34 是由八元环孔道构成的小孔沸石。除平衡骨架电荷的胺离子外，孔道内不可能填充胺，所以只呈现一个高温胺分解峰，故 SAPO-5 和 SAPO-34 的焙烧温度分别不能低于 480℃和 470℃。

3.3.2 催化剂组成确定

固体催化剂的催化性能，主要取决于它的结构和化学组成。为此，在制备过程中常借助元素分析、原子吸收光谱、X 射线衍射分析等方法来确定催化剂的组成。由于热分析可以跟踪在各种反应情况下物质的热和量的变化，所以根据催化剂活性组分的某一特定反应，由其中有关量的变化数据，可以确定各种各样的催化剂组成。

3.3.2.1 分解法确定催化剂的组成[2]

临氢常压胺烷基化制二乙胺催化剂，是用沉淀法将碱式碳酸铜和碱式碳酸镍负载在白土载体上，于氢气下还原而成，碱式碳酸铜-镍为硝酸铜-镍和碳酸钠反应生成的沉淀物。一般碱式碳酸盐按下式分解：

$$\text{碱式碳酸盐} \longrightarrow MO + H_2O\uparrow + CO_2\uparrow$$

式中，MO 为金属氧化物。

鉴于碱式碳酸盐分解伴有水和二氧化碳的脱除，故可通过 TG 测定分解过程的失重来确定碳酸盐的组成。以碱式碳酸镍沉淀为例，其分解 DTA-TG 曲线示于图 3-14。

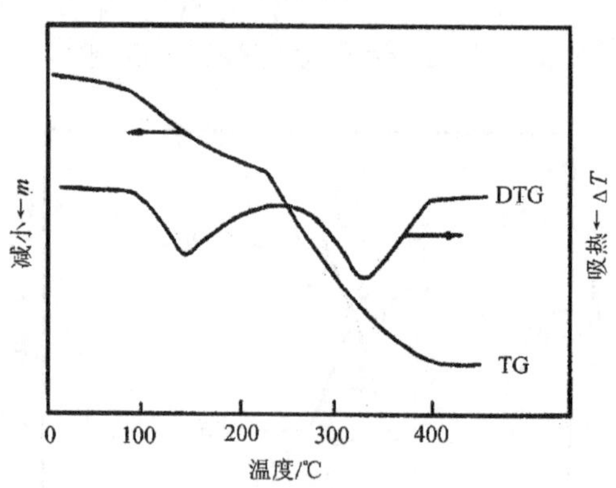

图 3-14 碱式碳酸镍于空气下分解的 DTA-TG 曲线

由图 3-14 可见，在 DTA 曲线上出现两个峰。分别为脱水和脱二氧化碳峰。在其 TG 曲线上有对应的失重。对各碱式碳酸盐按其分解式计算理论分解失重，并与实验值比较，见表 3-2。

表 3-2 碱式碳酸盐分解理论失重值与实验值比较

碱式碳酸盐分子式	分解失重/mg	
	理论值	实验值
1) $Cu_2(OH)_2 \cdot CO_3$	56.08	39
2) $Cu_3(OH)_2 \cdot (CO_3)_2$	61.52	39
3) $Ni_2(OH)_2 \cdot CO_3 \cdot 4H_2O$	94.56	91
4) $Ni_3(OH)_4 \cdot CO_3 \cdot 4H_2O$	80.83	91
5) $Ni_5(OH)_6 \cdot (CO_3)_2 \cdot 4H_2O$	72.84	91

从表 3-2 可见，对碱式碳酸镍按表中 3)计算的理论失重与实验值接近，故其组成为 $Ni_2(OH)_2CO_3 \cdot 4H_2O$；对碱式碳酸铜按表中 1)、2)计算的理论失重皆大于实验值，因而其组成难以确定。后经 X 射线衍射分析，确定其组成为 $Cu_2(OH)_2 \cdot CO_3$ 和 CuO。因其中 CuO 在碱式碳酸铜分解温度区间不发生任何质量变化，则分解 TG 曲线上的失重应该是碱式碳酸铜分解的结果。所以由其分解失重算得碱式碳酸铜的含量为 7%，其余为氧化铜。

3.3.2.2 还原法确定催化剂组成

(1) 确定催化剂中金属组分含量

金属负载型催化剂通常用浸渍法制备。浸渍法虽是一个简单操作，但影响浸渍效果的因素很多。因此所得催化剂实际金属活性组分含量，常常与制备含量有所差异，有时甚至相差很大，此时可考虑用 TG 还原方法，求得所制备的催化剂中的金属活性组分的准确含量。

例如，由浸渍法得到的汽车尾气净化 CuO/Al_2O_3 催化剂，其中铜的制备含量应为 12.8%。为准确确定其中金属铜的含量，取 30 mg 样品于 H_2 气下进行还原，图 3-15 为它的还原 TG-DTG 曲线。

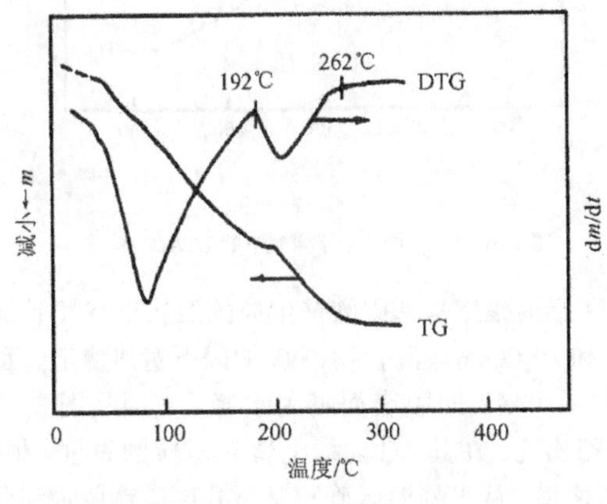

图 3-15 CuO/Al_2O_3 于 H_2 气下的还原 TG-DTG 曲线

从图 3-15 可见，在它的还原 DTG 曲线上有两个峰，分别为脱表面吸附水峰(30～192℃)和负载 CuO 的还原峰(192～262℃)，在其 TG 曲线上皆有对应的失重。其中负载 CuO 还原反应可表示为

$$CuO/Al_2O_3 + H_2 \longrightarrow Cu/Al_2O_3 + H_2O$$

取样品 30 mg，TG 方法还原表明：负载 CuO 还原失重为 0.9 mg，依此计算铜的量为 3.59 mg,则催化剂中铜的含量为 12%。

(2) 确定催化剂中氧化物组分含量

Ni/Al_2O_3 催化剂对许多反应具有优良的催化性能。早期的烃类蒸汽转化制氢的 Ni/Al_2O_3催化剂有两种类型。一种是水泥型，Ni 主要以 NiO 形式存在；另一种是烧结型，Ni 主要以 $NiAl_2O_4$ 形式存在。为了确定氧化态镍的组成，前人多采用 X 射线衍射法，且只能定性。若用热分析方法，不但可以定性，而且可以定量确定 NiO 和 $NiAl_2O_4$ 的含量。

例如，以 85% $Al(OH)_3$ 在 1100℃烧 4 h 磨细，与 19% NiO 干混成型后经 1100℃烧2 h 成烧结型催化剂。在它的还原 TG 曲线上，除脱表面吸附水峰，还有两个失重段。第一段(400～500℃)失重为 0.8 mg，为 NiO 的还原；第二段(760～1000℃)失重为 1.3 mg，为 $NiAl_2O_4$ 的还原。样品质量为 40 mg，由还原失重计算催化剂中 NiO 和 $NiAl_2O_4$ 的含量分别为 9.3%和 35.4%。

3.3.2.3 分解-还原法确定主活性组分含量

文献[3]用热分析法对外 1# 催化剂进行了剖析，图 3-16 为外 1# 催化剂于空气下的 DTA-TG 曲线。

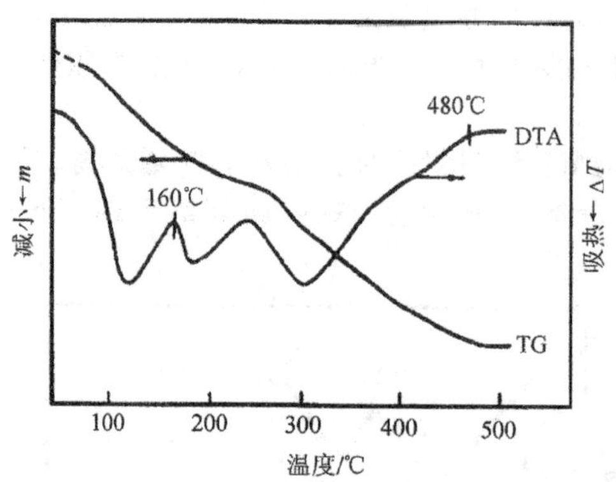

图 3-16 外 1# 催化剂于空气下的 DTA-TG 曲线

该催化剂由铜、锌、铝的硝酸盐和碳酸钠生成的沉淀于空气下 300℃焙烧而成，XRD 检测结果为 CuO、ZnO 和 Al_2O_3 晶体混合物，600℃以下对热稳定。因此在外 1# 催化剂的 DTA 曲线上只可能出现一个峰，即脱表面吸附水峰。然而从图 3-16 可发现：除脱水峰外，还有第二峰、第三峰出现，在其 TG 曲线上皆有对应的失重。根据外 1# 催化剂在制备过程中有补加碳酸铜之说，从出峰温区确定是碱式碳酸铜脱水和分解

$$CuCO_3 \cdot Cu(OH)_2 \cdot H_2O \longrightarrow CuCO_3 \cdot Cu(OH)_2 + H_2O \uparrow$$

$$CuCO_3 \cdot Cu(OH)_2 \longrightarrow 2CuO + CO_2 \uparrow + H_2O \uparrow$$

这表明外1#催化剂主活性组分除氧化铜外还有碳酸铜，而且碳酸铜是在焙烧后或成型前加入的。因此,可根据160～480℃分解失重30.7 mg，计算碱式碳酸铜含量和由碱式碳酸铜分解生成的氧化铜量，分别为91.6 mg和61.0 mg。外1#催化剂于空气中加热到480℃后切换为氢气，由氧化铜还原失重21.12 mg，即可算得该催化剂中氧化铜总量为105 mg。

这样，氧化铜总量减去由碱式碳酸铜分解生成的氧化铜量，可得到催化剂焙烧后的氧化铜含量为44 mg。外1#催化剂净重为200 mg，则由此可以算得外1#催化剂主活性组分氧化铜和碱式碳酸铜的含量分别为22.0%和45.8%。若将碱式碳酸铜换算为氧化铜量计算，外1#催化剂氧化铜的含量为52.5%。

3.3.2.4 吸附-脱附法确定催化剂上可变氧原子数[4]

$YBa_2Cu_3O_{6+x}$是高温超导氧化物，其晶胞中的氧原子按所处的位置不同分四类：O_I、O_{II}、O_{III}和O_{IV}。这四种氧原子因位置不同而具有不同的热稳定性，而且在一定温度下彼此可以交换。有人曾利用这一性质将它用作一氧化碳氧化反应的催化剂。显然该催化剂中可变氧原子数 x 对催化氧化至关重要。为确定这一可变的氧原子数 x，将$YBa_2Cu_3O_{6+x}$于N_2气下脱氧和于O_2气下吸氧过程用TG进行了跟踪，表3-3列出了脱氧量和吸氧量的测定结果。

表3-3 $YBa_2Cu_3O_{6+x}$脱氧和吸氧TG测定结果

催化剂	样品量/mg	脱氧		吸氧	
		温区/℃	失重/mg	温区/℃	失重/mg
1#	49.12	460～698	0.56	340～505	0.58
2#	47.15	470～680	0.62	330～505	0.63
平均	48.14	—	0.59	—	0.60

从表3-3可见：$YBa_2Cu_3O_{6+x}$催化剂于N_2气下两次脱氧量的平均结果与在O_2气下吸氧量的平均值基本相符，$YBa_2Cu_3O_6$的相对分子质量为650.2，由脱氧量和吸氧量平均值0.595即可算出 x 值：

$$\frac{16x}{650.2+16x}=\frac{0.595}{48.14}, \qquad x \approx 0.5$$

则高温超导氧化物催化剂组成为：$YBa_2Cu_3O_{6+0.5}$。

3.3.3 活性组分单层分散阈值的确定

作为催化剂活性组分的某些盐类或氧化物与高比表面积的载体混合后，在低于它们熔点的适当温度下焙烧时，这些盐类或氧化物可在载体表面自发地分散，当低载量时呈单层分散态。最大的单层分散容量被称为阈值，当载量超过阈值时会出现结晶态。许多催化剂的研究结果表明：若活性组分载量在阈值附近时，往往可以获得高活性和高选择性。因此，阈值就成为指导负载型催化剂制备的重要依据。对此，谢有畅[5]等首先提出：单层分散阈值可用密置单层排布模型估算。之后，陈懿等[6]又提出嵌入模型。胡波等[7]又提出表面对称模型等。估算值的正确与否，完全取决于对单层分散后的表面微观结构的认识深度。用各种模型估算阈值的可靠程度也在于此。

阈值的试验测定，早期多采用 X 射线衍射法(XRD)，即由结晶量(%)对负载总量(%)作图获得单层分散阈值。之后，又出现了 X 光电子能谱法(XPS)、离子散射法(ISS)、穆斯堡尔谱法、激光拉曼谱法(LRS)及固体核磁共振谱法(NMR)等。用热分析法(TA)也可以确定阈值。由于该方法依据的是不同分散态的活性组分的热性质不同，所以它可以克服 XRD 等方法的不足，对被分散相是非晶态的，也可以进行测量。

3.3.3.1 用分解法确定 MSO_4 在 γ-Al_2O_3 载体上单层分散阈值[8]

MSO_4/γ-Al_2O_3 是一种新型烯烃叠合催化剂。为确定 MSO_4 于 γ-Al_2O_3 载体上的分散阈值，分别将 $ZnSO_4$、$FeSO_4$ 和 $CuSO_4$ 溶液等量浸渍 γ-Al_2O_3(比表面积为 195 $m^2 \cdot g^{-1}$)，然后于 100℃烘干制成不同载量的 MSO_4/γ-Al_2O_3 催化剂。以 $FeSO_4/\gamma$-Al_2O_3 为例，图 3-17为不同载量的 $FeSO_4/\gamma$-Al_2O_3 于空气中的分解 TG 曲线。

由图 3-17 可见，不同载量的 $FeSO_4/\gamma$-Al_2O_3 的分解 TG 曲线不尽相同。载量在 2%～5%时，TG 曲线上除了脱表面吸附水段外，只有一个失重段为单层分散态负载 $FeSO_4$ 的分解。当载量为 6%～11%时，除脱水段外出现两个失重段，分别为单层分散态和结晶态负载 $FeSO_4$ 的分解。根据对应的分解失重，计算两种状态负载 $FeSO_4$ 中 Fe 的含量，测定结果见表 3-4。由表 3-4 可见，$FeSO_4$ 在 γ-Al_2O_3 载体上的单层分散阈值为 5.4%。

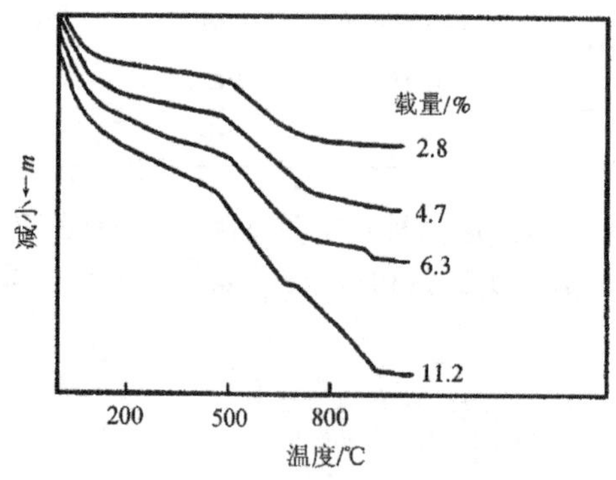

图 3-17 不同载量 $FeSO_4/\gamma$-Al_2O_3 于空气中分解的 TG 曲线

表 3-4 单层分散态与结晶态负载 $FeSO_4$ 中 Fe 的含量

样品量/mg	单层负载 $FeSO_4$ 分解			结晶态负载 $FeSO_4$ 分解		
	温区/℃	失重/mg	w_{Fe}/%	温区/℃	失重/mg	w_{Fe}/%
41.42	560～945	1.52	2.8	—	—	0
46.91	545～755	2.86	4.7	—	—	0
38.10	500～720	2.66	5.4	720～945	0.46	0.9
38.05	495～660	2.70	5.4	660～950	2.86	5.7

与此同时，对三种硫酸盐于 γ-Al_2O_3 载体上的单层分散阈值进行估算，若硫酸盐在 γ-Al_2O_3 载体上按密置单层模型排布，则硫酸盐于 1 g 的 γ-Al_2O_3 载体上的最大单层分散阈值 T_v，可由式(3-1)计算

$$T_v = \left(\frac{S}{S_a b}\right)\frac{M_r}{N} \tag{3-1}$$

式中：S——γ-Al_2O_3 比表面积/($m^2 \cdot g^{-1}$)；

S_a——SO_4^{2-} 中一个 O^{2-} 所占的面积/($6.79 \times 10^{-20}\ m^2$)；

b——SO_4^{2-} 中 O^{2-} 在 γ-Al_2O_3 表面上的个数/3 个；

M_r——$FeSO_4$ 相对分子质量；

N——阿伏伽德罗常量。

计算结果表明：三种硫酸盐于 γ-Al_2O_3 载体表面单层分散阈值的估算值(其中 $FeSO_4/\gamma$-Al_2O_3为 7.15%)均高于实测值。这可能是由于 γ-Al_2O_3 表面上空位密度较大，M^{2+} 进入空位后，随即有覆盖氧在其上对邻近的空位形成屏蔽所致。说明用热分析方法根据两种状态的活性组分分解温度不同，由其对应分解失重可大致确定硫酸盐于 γ-Al_2O_3 载体表面的单层分散阈值是可行的。

用分解法还测定了 Mn_2O_3 在 γ-Al_2O_3 载体上的单层分散阈值为 18%。换算成 Mn 含量为 13%。这一值正好处在苯甲酸加氢转化为苯甲醛的最高活性和高选择性对应的 Mn 含量 10%～15%，说明高活性和高选择性与 Mn_2O_3 在载体 γ-Al_2O_3 上呈单层分散有关[9]。

3.3.3.2 还原法确定 Ni_2O_3 在 γ-Al_2O_3 载体上单层分散阈值

Ni_2O_3/γ-Al_2O_3 是一种可以催化多种反应的催化剂，是由不同浓度的 $Ni(NO_3)_2$ 溶液浸渍 γ-Al_2O_3 载体(比表面积为 205 $m^2 \cdot g^{-1}$)在空气下于 480℃焙烧而成，由还原 TG 确定其焙烧产物为 Ni_2O_3。

除最低载量外，在不同载量 Ni_2O_3/γ-Al_2O_3 的还原 TG 曲线上均出现三个失重段。第一失重段出现在 60～220℃温区，为脱表面吸附水峰。第二失重段出现在 220～340℃温区，为结晶态负载 Ni_2O_3 的还原峰。第三失重段出现在 340～820℃温区，为单层负载 Ni_2O_3 的还原峰。根据还原失重，分别计算出结晶态和单层分散态的负载 Ni_2O_3 的含量见表 3-5。

表 3-5　不同载量 Ni_2O_3/γ-Al_2O_3 于 H_2 气下 TG 测定结果

样品量/mg	结晶 Ni_2O_3 还原		单层 Ni_2O_3 还原		总 Ni_2O_3 含量/%
	失重/mg	Ni_2O_3 含量/%	失重/mg	Ni_2O_3 含量/%	
19.69	0.19	3.30	0.76	13.30	16.60
17.38	0.12	2.36	0.68	13.46	15.82
20.26	0.10	1.68	0.73	12.44	14.12
17.10	不清	—	0.63	12.69	12.69

从表 3-5 可见，由不同载量 Ni_2O_3/γ-Al_2O_3 催化剂上的单层 Ni_2O_3 还原失重计算的单层分散阈值变化在 12.44%～13.46%之间，其平均值为 12.97%。结晶态 Ni_2O_3(%)与总负载 Ni_2O_3(%)作图呈直线下降，直线与横坐标的交点对应的总 Ni_2O_3 约为 12.10%，这一点可视为无结晶态存在，即 Ni_2O_3 于 γ-Al_2O_3 载体表面单层分散阈值为 12.1%，换算为镍的含量为 8.6%。若按密置单层模型计算，Ni_2O_3 在 γ-Al_2O_3 表面单层分散阈值换算为镍的含量为 8.9%，与实测值比较接近。

3.3.3.3　用还原-氧化法确定 CuO 在 CeO_2 载体上的单层分散阈值

金属氧化物在 γ-Al_2O_3、SiO_2 等载体上的单层分散阈值已有许多报道，但是在稀土氧化物载体上的分散阈值报道较少[10]。在此以 CuO 在 CeO_2 载体上分散为例，介绍由热分析方法获得分散阈值的尝试。

图 3-18 为 CuO 载量为 18.8%的 CuO/CeO_2 催化剂于 H_2 气下的还原 TG 曲线。

从 CuO 和 CeO_2 还原 TG 曲线得知二者还原温区不重叠。由图 3-18 可见：在 CuO/CeO_2 还原 TG 曲线上有两个失重段，140℃以前为脱去表面吸附水，140～200℃温区为负载 CuO 还原，其实际还原失重与按制备含量计算的理论还原失重基本接近，说明在此温度段负载 CuO 完全还原为零价 Cu。但还原 TG 曲线没有表现出单层分散态和结晶态还原的明显界限。故由 CuO 还原失重只能计算负载 CuO 总量。

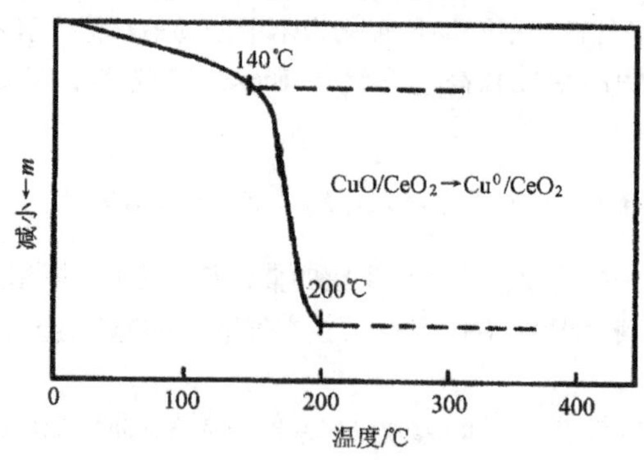

图 3-18　18.8%的 CuO/CeO_2 催化剂于 H_2 气下的还原 TG 曲线

图 3-19 为还原态 Cu^0/CeO_2 催化剂于 O_2 气下的氧化 TG 曲线，表 3-6 列出了 Cu^0/γ-Al_2O_3 氧化 TG 测量结果，并与 CuO/γ-Al_2O_3 还原 TG 结果进行了比较。

从图 3-19 可见，在 Cu^0/CeO_2 的氧化 TG 曲线上有两个质量变化段。第一段为失重段，出现在 30～100℃温区为脱表面吸附水；第二段为增重段，出现在 130～340℃温区为负载 Cu^0 的氧化。但其氧化增重量远小于负载 CuO 还原失重量，这是由于只是其中结晶态负载 Cu^0 被氧化的缘故。故由氧化增重可计算结晶态负载 CuO 的量。

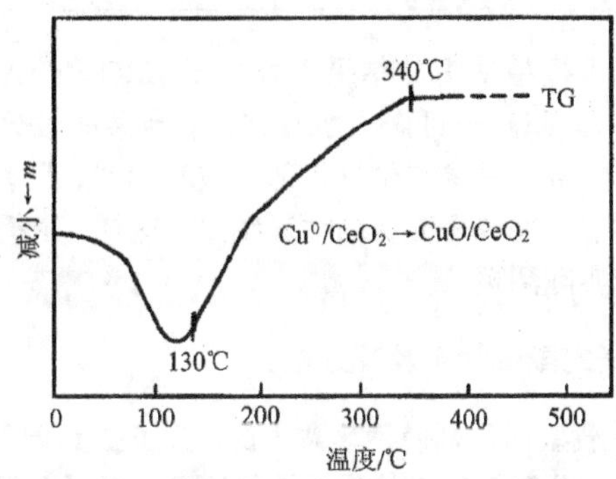

图 3-19　还原态 Cu^0/CeO_2 催化剂于 O_2 气下的氧化 TG 曲线

表 3-6　Cu^0/CeO_2 催化剂于 O_2 下氧化的 TG 测量结果

样品质量/mg	$CuO/\gamma\text{-}Al_2O_3$ 还原			$Cu^0/\gamma\text{-}Al_2O_3$ 氧化		
	温区/℃	失重		温区/℃	增重	
		mg	%		mg	%
42.87	140～205	1.60	3.73	130～340	0.84	1.96

由结晶态 CuO(%)对总量 CuO(%)作图为一直线，直线与横坐标交点对应的总量 CuO 为 9.3%，即为 CuO 于 CeO_2 载体上的单层分散阈值。

与此同时还用嵌入模型对分散阈值进行了估算[11]。CeO_2 结构，优先暴露面为(111)面，以菱形表示的二维最小结构单元正好包含一个 O^{2-} 和一个空位，菱形面积 S 和 1 m^2 上最大单层分散阈值 T_v 可分别由式(3-2)和式(3-3)计算

$$S = 2r^2\sqrt{12} \tag{3-2}$$

$$T_v = \frac{1\times 10^{18}}{S} \times \frac{10^6}{N} \tag{3-3}$$

式中：r——氧离子半径/0.14 nm；

$\frac{1\times 10^{18}}{S}$——1 m^2 暴露面的空位数/7.35×10^{-18}个；

N——阿伏伽德罗常量。

按式(3-3)估算 CuO 在 CeO_2 载体上的单层分散阈值列于表 3-7，并与 XRD 和 TG 法的测定结果进行了比较。

表 3-7　CuO 于 CeO_2 上的单层分散阈值 T_V 的估算值与实测值比较

嵌入模型估算		XRD 法测量		TG 法测量	
$mg\cdot m^{-2}$	$\mu mol\cdot m^{-2}$	$mg\cdot m^{-2}$	$\mu mol\cdot m^{-2}$	$mg\cdot m^{-2}$	$\mu mol\cdot m^{-2}$
0.97	12.2	0.94	11.8	1.09	13.8

由表 3-7 可见，由嵌入模型估算的结果正好处于 XRD 和 TA 测定结果之间，说明 CuO 在 CeO_2 载体上分散，其阳离子可嵌入所有空位。当某些被分散氧化物或盐由于阴离子体积大产生屏蔽效应，载体晶格空位只是部分被利用时，只有准确给出占结构单元单位表面上的阳离子个数，才能取得准确的估算结果。这样，由模型估算才具有实际意义。否则阈值只能立足于实际测量。

3.3.4　研究活性金属离子的配位状态及其分布

以氧化铝为载体的负载型催化剂使用非常广泛，为了提高催化剂的活性，人们关注了它的比表面积、负载量和分散态等对催化活性的影响，但对金属离子的配位状态及其分布却注意得很少。近年有用红外和激光拉曼光谱法表征活性金属离子配位状态和其分布的报道，但用热分析法进行表征的报道尚未见到。在此，提供几个用热分析方法检测金属离子配位态及其分布的例子。

3.3.4.1　$MoO_3/\gamma\text{-}Al_2O_3$ 催化剂中 Mo 的配位状态及分布[12]

赵壁英等[13]用激光拉曼光谱(LRS)跟踪了 $MoO_3/\gamma\text{-}Al_2O_3$ 催化剂的制备过程。结果表明：当 MoO_3 载量低于单层分散容量时，$MoO_3/\gamma\text{-}Al_2O_3$ 的 LRS 谱上两个最突出的峰是 950 cm^{-1}处的宽峰和 876 cm^{-1}处的尖峰。前者主要是八面体配位的钼物种，后者为四面体配位的钼物种，并确定八面体配位的钼对噻吩加氢脱硫反应有活性。助剂 ZnO 的加入可抑制非活性的四面体配位钼的生成。可见，了解金属配位状态及其分布，在确定活性位和筛选助剂上的重要作用，为此对 $MoO_3/\gamma\text{-}Al_2O_3$ 上 Mo 的配位状态及其分布的检测也用热分析法进行了尝试。首先将浸渍后的干燥样于空气下程序升温分解到 450℃，使负载钼酸盐分解为 MoO_3，然后冷却到室温，抽空进 H_2 气还原。表 3-8 列出了两种低载量的 $MoO_3/\gamma\text{-}Al_2O_3$ 催化剂的还原 TG 测量结果。图 3-20 为 15% $MoO_3/\gamma\text{-}Al_2O_3$ 催化剂于

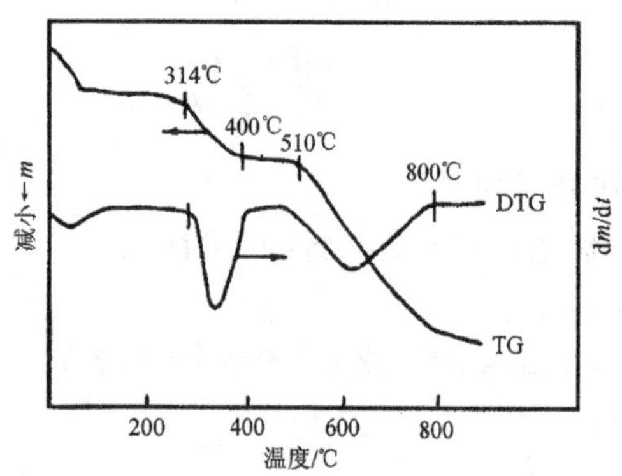

图 3-20　15% $MoO_3/\gamma\text{-}Al_2O_3$ 催化剂于 H_2 气下的还原 TG-DTG 曲线

H_2 气下的还原 TG-DTG 曲线。

表 3-8　两种低载量 MoO_3/γ-Al_2O_3 催化剂于 H_2 气下还原 TG 的测量结果

催化剂	样品质量/mg	一段还原（360～400℃）		二段还原（510～800℃）		MoO_3 总含量/%
		失重/mg	MoO_3 含量/%	失重/mg	MoO_3 含量/%	
1#	15.90	0.17	3.20	0.38	7.16	10.36
6#	15.83	0.24	4.54	0.54	10.22	14.76

由图 3-20 可见，在低载量 MoO_3/γ-Al_2O_3 还原的 DTG 曲线上有三个峰，在其 TG 曲线上皆有对应失重。第一个峰为脱表面吸附水，第二、三峰分别为八配位 MoO_3 和四配位 MoO_3 的还原。由各自的还原失重按其还原方程计算八配位和四配位的 MoO_3 的量列于表 3-9。

表 3-9　八配位 MoO_3 和四配位 MoO_3 质量的计算结果

催化剂	总 MoO_3/%		MoO_3/%		分布/%	
	分解法	还原法	八配位	四配位	八配位	四配位
1#	10.15	10.36	3.20	7.16	30.9	69.1
6#	14.28	14.76	4.54	10.22	30.8	69.2

由表 3-9 可见，由还原法计算的负载 MoO_3 总量与由分解法计算的结果相近，说明负载 MoO_3 的还原产物按零价 Mo^0 设计是对的。同时可见，两种不同配位态的负载 MoO_3 的量，皆随 MoO_3 含量的增加而增加。这一点与文献[13]相同，不同的是八面体配位态与四面体配位态的比例不随 MoO_3 含量的增加而增加，而是维持在一个常数。说明当 MoO_3 载量低于单层分散容量时，两种配位态 MoO_3 的分布比例是固定的，即八面体配位 MoO_3 与四配位 MoO_3 的比例大约为 30%和 70%。

3.3.4.2　WO_3/γ-Al_2O_3 催化剂中 W 的配位状态及其分布

颜建华等[14]用激光喇曼光谱证明：W 在 Al_2O_3 上形成了四面体和八面体中心。对此用热分析方法进行了考查，图 3-21 为 18% WO_3/γ-Al_2O_3 于 H_2 气下的还原 TG 曲线，按还原失重量计算 WO_3 量列于表 3-10。

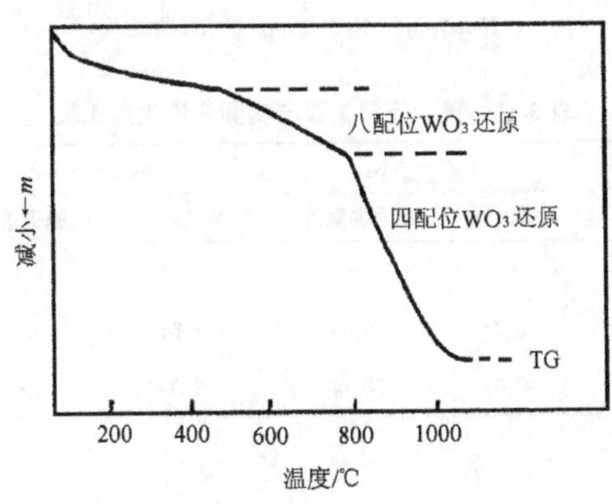

图 3-21　18% WO_3/γ-Al_2O_3 催化剂于 H_2 气下还原的 TG 曲线

表 3-10 $WO_3/\gamma\text{-}Al_2O_3$ 于 H_2 气下还原 TG 的测量结果

配位状态	还原温区/℃	还原失重/mg	WO_3/mg	分布/%
八配位 WO_3	500~800	0.23	1.13	20~20.9
四配位 WO_3	800~1050	0.88	4.27	79.1~80

注：样品质量为 29.61 mg，WO_3 的含量为 18%。

由图 3-21 可见，$WO_3/\gamma\text{-}Al_2O_3$ 于 H_2 气下先脱除表面吸附水，然后分两步还原，第一段为八配位 WO_3 还原，第二段为四配位 WO_3 还原[15]。从表 3-10 可见，按各段还原失重计算的八配位与四配位 WO_3 在 Al_2O_3 上的分布比例大约为 20%和 80%。

3.3.4.3 $NiO\text{-}WO_3/\gamma\text{-}Al_2O_3$ 催化剂中 Ni 对 W 的配位状态及其分布的影响

据文献报道[16]Ni 能明显增加负载 MoO_3 和 WO_3 的加氢脱硫、加氢脱氮活性，对此用热分析考查了 Ni 对 W 配位状态及其分布的影响。图 3-22 是含量为 18%的 WO_3/Al_2O_3 和不同 Ni 含量的 $NiO\text{-}WO_3/Al_2O_3$ 的还原 TG 曲线。由 WO_3 含量和 Ni/W(原子比)计算的 NiO 和 WO_3 的理论还原失重与实际失重比较见表 3-11。表 3-12 列出了不同 Ni 含量的 $NiO\text{-}WO_3/Al_2O_3$ 的还原 TG 测量结果。

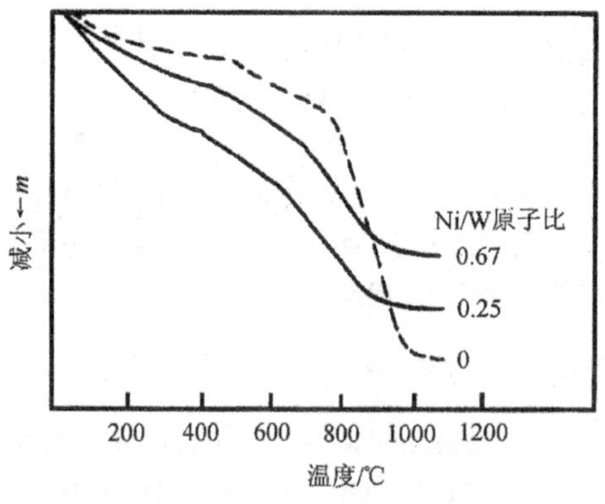

图 3-22 18% $WO_3/\gamma\text{-}Al_2O_3$ 和不同 Ni 含量的 $NiO\text{-}WO_3$ 于 H_2 气下还原的 TG 曲线

表 3-11 理论还原失重与实际还原失重比较

催化剂 序号	催化剂 /mg	Ni/W 原子比	$NiO \longrightarrow Ni^0$ NiO/mg	$NiO \longrightarrow Ni^0$ 还原失重/mg	$WO_3 \longrightarrow W^0$ WO_3/mg	$WO_3 \longrightarrow W^0$ 还原失重/mg	总还原失重/mg 理论	总还原失重/mg 实测
1#	29.61	0	—	—	5.33	1.10	1.10	1.11
2#	15.80	0.25	0.23	0.05	2.84	0.59	0.64	0.64
3#	16.67	0.67	0.65	0.14	3.00	0.62	0.76	0.76

表 3-12 不同 Ni 含量 $NiO-WO_3/Al_2O_3$ 还原 TG 测量结果

催化剂	WO_3/mg	八配位 WO_3 还原			四配位 WO_3 还原			分布/%	
		温区/℃	失重/mg	WO_3/mg	温区/℃	失重/mg	WO_3/mg	八配位	四配位
1#	5.33	500～800	0.230	1.11	800～1050	0.88	4.25	20.8	79.7
2#	2.84	450～730	0.160	0.77	730～990	0.48	2.31	27.1	81.3
3#	3.00	400～670	0.260	1.25	670～990	0.50	2.41	41.6	80.0

由图 3-22 可见，$NiO-WO_3/Al_2O_3$ 与 WO_3/Al_2O_3 具有相似的还原 TG 曲线。即在有 Ni 存在时，WO_3 也分两步还原。但起始还原温度明显提前，还原速度明显减慢，这显然是由于引入 Ni 所致。

由表 3-11 可见，按还原产物为 Ni^0 和 W^0 计算的理论还原失重量与实测还原失重量符合很好，说明在 H_2 气下 NiO 和 WO_3 皆能还原为金属。

由表 3-11 和表 3-12 可见，在无 NiO 存在时，八配位 WO_3 和四配位 WO_3 在 Al_2O_3 上的分布为 20%和 80%。在有 NiO 存在时，若全按 WO_3 还原计算，则八配位 WO_3 的量均超过 20%，而四配位 WO_3 的量仍保持在 80%左右。这说明引入的 Ni 没有进入氧四面体空穴，而是进入了八面体空穴。

如果从 2# 和 3# 催化剂的第一段还原失重分别扣除引入 NiO 的理论还原失重量 0.05 mg 和 0.14 mg，则由此计算八配位 WO_3 的量皆占催化剂上 WO_3 总量的 19%，与无 NiO 存在时的 20%只差 1%。这可能是由于 NiO 和 WO_3 的制备含量与实际含量之差造成的。也可能是由于还原 TG 曲线分段误差造成的。这说明在有 NiO 存在时八配位 WO_3 和四配位 WO_3 在 Al_2O_3 上的分布仍为 20%和 80%，引入 Ni 对两种配位 WO_3 在 Al_2O_3 上的分布比例无影响。

3.3.5 研究活性组分与载体的相互作用

最初将金属活性组分负载在载体上是为了增加金属活性组分的有效表面积，而载体被视为惰性物质。但大量的研究结果表明：载体并非惰性物质，金属活性组分与载体之间存在相互作用，由于这种相互作用可导致催化剂性能的差异，因此研究金属活性组分与载体的相互作用，对加深催化剂和催化反应的认识具有重要意义。

研究结果表明，金属活性组分与载体的相互作用不仅决定于它们本身而且与金属的分散情况和催化剂制备条件有关。由于这种相互作用常常表现为金属活性组分热性质的改变或生成新相，故用热分析来考查金属组分与载体的相互作用是最直观和有效的方法。

3.3.5.1 金属盐与载体的相互作用

用浸渍法制备负载型催化剂通常是将某种盐负载在载体上，然后经干燥、焙烧而成，负载盐热性质的改变即证明金属盐与载体相互作用的存在。

图 3-23 中(a)、(b)分别为 $Cu(NO_3)_2\cdot 3H_2O$ 和负载在 Al_2O_3 载体上的 $Cu(NO_3)_2$ 于空气下的分解 TG-DTG 曲线。

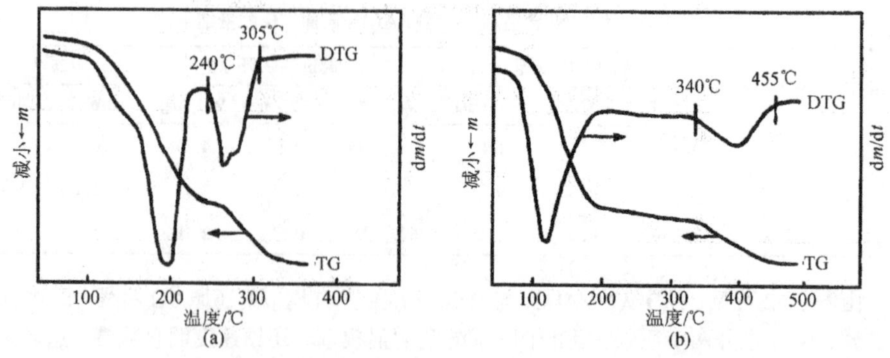

图 3-23 $Cu(NO_3)_2 \cdot 3H_2O$(a)和负载 $Cu(NO_3)_2$(b)于空气下的分解 TG-DTG 曲线

从图 3-23(a)可见，在 $Cu(NO_3)_2 \cdot 3H_2O$ 的 DTG 曲线上大致可分为两个峰，在其 TG 曲线上皆有对应的失重，第一个峰出现在 90～240℃温区，为脱表面吸附水和结晶水峰；第二个峰出现在 240～305℃温区，为 $Cu(NO_3)_2$ 分解峰。从图 3-23(b)可见，在 $Cu(NO_3)_2/\gamma\text{-}Al_2O_3$ 的 DTG 曲线上也有两个峰，出现在 30～185℃和 340～455℃温区，分别为脱表面吸附水和负载 $Cu(NO_3)_2$ 的分解峰。比较起始分解温度，负载 $Cu(NO_3)_2$ 的分解比非负载 $Cu(NO_3)_2$ 的分解高 100℃。这是由于金属盐与载体相互作用的结果。

3.3.5.2 金属氧化物与载体相互作用

图 3-24(a)和图 3-24(b)分别为 MoO_3 和负载在 $\gamma\text{-}Al_2O_3$ 上的 MoO_3 的还原 TG-DTG 曲线。从图 3-24(a)可见，在 MoO_3 的还原 DTG 曲线上只有一个峰出现在 435～725℃温区；在其 TG 曲线上有对应的失重，为 MoO_3 还原为 Mo^0。从图 3-24(b)可见，在 $MoO_3/\gamma\text{-}Al_2O_3$ 的还原 DTG 曲线上有两个峰，出现在 324～405℃和 535～780℃温区；在其 TG 曲线上皆有对应的失重，为负载 MoO_3 分两步还原为 Mo^0。比较起始还原温度，$MoO_3/\gamma\text{-}Al_2O_3$ 比 MoO_3 低约 110℃，说明金属氧化物与载体间有一定的相互作用。

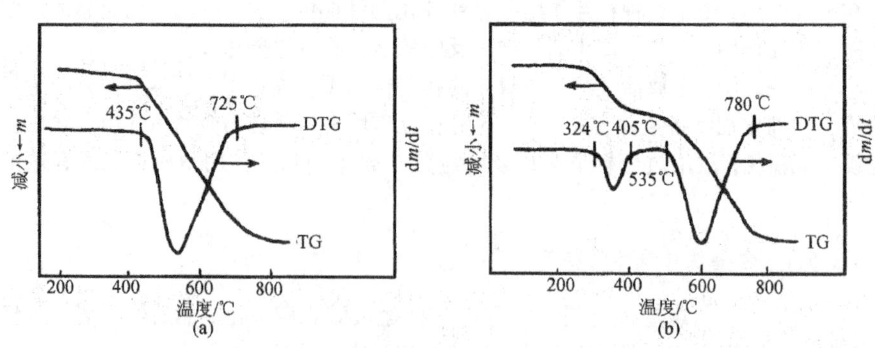

图 3-24 非负载(a)和负载(b) MoO_3 于 H_2 气下的还原 TG 曲线

3.3.5.3 活性组分载量对活性组分与载体相互作用的影响[17]

CO加氢催化剂是由载体浸渍 $RuCl_3$ 水溶液后于空气下 480℃烧成，活性组分为 RuO_2。表 3-13 列出了负载 RuO_2 还原的 DTG 测量结果。

表 3-13 不同载量负载 RuO_2 于 H_2 气下还原的 DTG 测定结果

RuO_2 载量	1%	1%	5%	5%
催化剂	RuO_2/Al_2O_3	RuO_2/SiO_2	RuO_2/Al_2O_3	RuO_2/SiO_2
还原温区/℃	178 ~ 265	167 ~ 198	170 ~ 217	147 ~ 200

由表 3-13 可见，载量相同时，负载 RuO_2 的还原温度依载体而不同。RuO_2 负载在 Al_2O_3 上的还原温度比在 SiO_2 上的还原温度高。这是由于 RuO_2 与 Al_2O_3 的相互作用比与 SiO_2 强。对同一载体，负载 RuO_2 的还原温度依载量而不同。1%载量的 RuO_2 的还原温度比 5%载量的还原温度高。这可能是由于低载量时 RuO_2 以单层分散在载体表面，RuO_2 与载体相互作用较强。高载量时会出现结晶态 RuO_2，与单层分散态相比，结晶态 RuO_2 与载体相互作用较弱，更易还原。

3.3.5.4 焙烧温度对金属组分与载体相互作用的影响[18]

图 3-25(a)和图 3-25(b)分别为 450℃和 900℃ NiO/Al_2O_3 焙烧样于 H_2 气下的还原 TG 和 DTG 曲线。

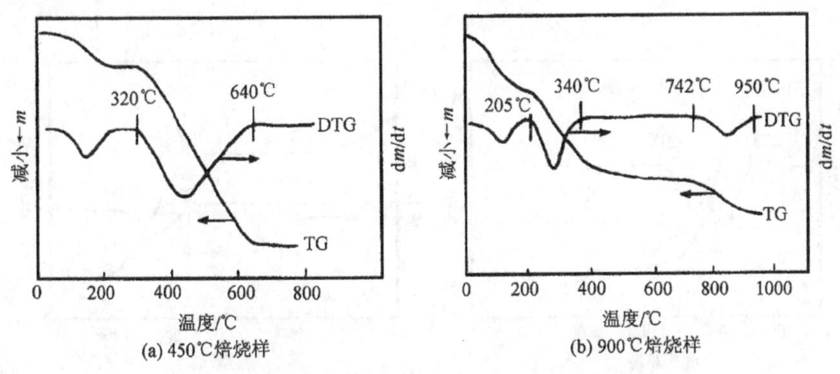

(a) 450℃焙烧样 (b) 900℃焙烧样

图 3-25 NiO/Al_2O_3 焙烧样于 H_2 气下的 TG-DTG 曲线

由图 3-25(a)可见，在 450℃焙烧样的还原 DTG 曲线上于 320 ~ 640℃出现一个还原峰，XRD 谱证实主相是 NiO。同时存在 $NiAl_2O_4$，但晶粒细衍射峰弥散，说明有极少的 NiO 和 Al_2O_3 相互作用形成 $NiAl_2O_4$，大部分活性组分是以 NiO 形式存在。在 900℃焙烧样还原 DTG 曲线上(b)于 205 ~ 340℃出现 NiO 还原峰，于 742 ~ 950℃出现 $NiAl_2O_4$ 还原峰，XRD 谱确证主相是 $NiAl_2O_4$，说明经高温焙烧，NiO 与 Al_2O_3 相互作用生成了尖晶石型化合物铝酸镍。

图 3-26(a)和图 3-26(b)为 450℃和 900℃ NiO/Nb_2O_5 焙烧样于 H_2 气下的还原 TG-

DTG 曲线。

由图 3-26(a)可见，在 450℃焙烧样的还原 DTG 曲线上，NiO 还原峰消失，于 623～810℃出现 $NiNb_2O_6$ 还原峰，XRD 谱证实了 $NiNb_2O_6$ 物相的存在，说明 NiO 与 Nb_2O_5 于 450℃相互作用就可形成新的化合物铌酸镍。

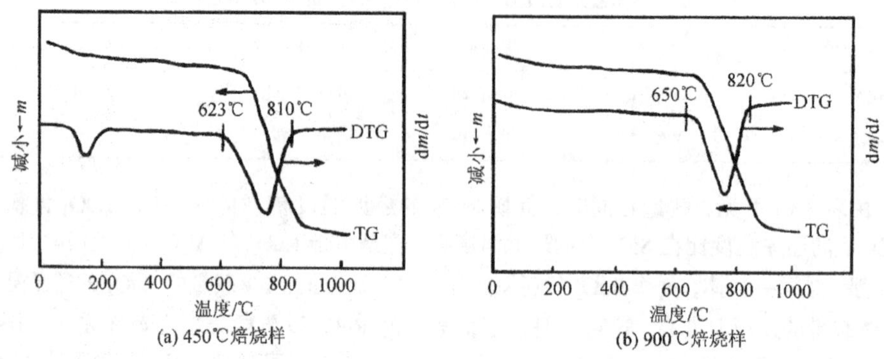

图 3-26　NiO/Nb_2O_5 焙烧样于 H_2 气下的 TG-DTG 曲线

在 900℃焙烧样的还原 DTG 曲线(b)上也是于 650～820℃出现 $NiNb_2O_6$ 还原峰。XRD 谱证实主相是 $NiNb_2O_6$，而且比 450℃焙烧样略增。说明于 900℃ NiO 与 Nb_2O_5 相互作用生成了更多的 $NiNb_2O_6$。

图 3-27(a)和图 3-27(b)为 450℃和 900℃ NiO/TiO_2 焙烧样于 H_2 气下的还原 TG-DTG 曲线。

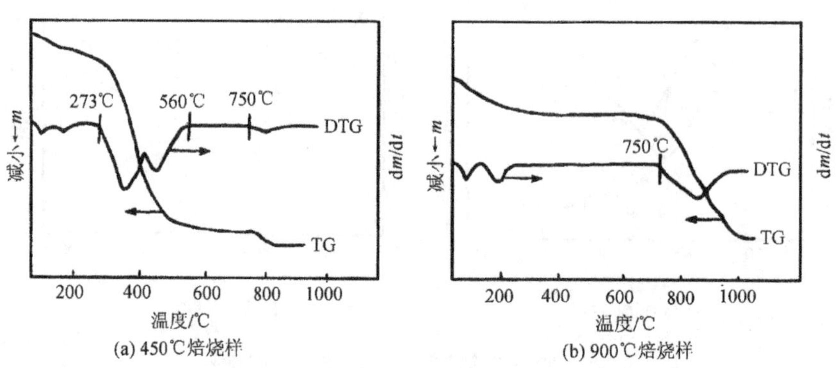

图 3-27　NiO/TiO_2 焙烧样于 H_2 气下的 TG-DTG 曲线

由图 3-27(a)可见，在 450℃焙烧样的还原 DTG 曲线上 NiO 还原峰出现在 273～560℃，是两个搭界的峰，分别为负载在两种晶型(锐钛矿 70%，金红石 30%)TiO_2 载体上 NiO 的还原。750℃出现一个很小的峰，可能是 NiO 与 TiO_2 相互作用产物 $NiTiO_3$ 的还原。XRD 谱表明：载体以锐钛矿为主，同时存在金红石。说明 NiO 与两种晶型的 TiO_2 相互作用很弱。

在 900℃焙烧样的还原 DTG 曲线(b)上 NiO 还原峰消失，而于 750℃还原峰明显增强，是 NiO 与 TiO_2 相互作用产物 $NiTiO_3$ 的还原。XRD 表明：锐钛矿消失，部分锐钛矿转化为金红石，同时有 $NiTiO_3$ 新物相生成，说明 NiO 与锐钛矿形成尖晶石型化合物钛酸镍。

图 3-28(a)和图 3-28(b)为 400℃和 900℃ NiO/玻璃焙烧样于 H_2 气下的还原 TG-DTG 曲线。

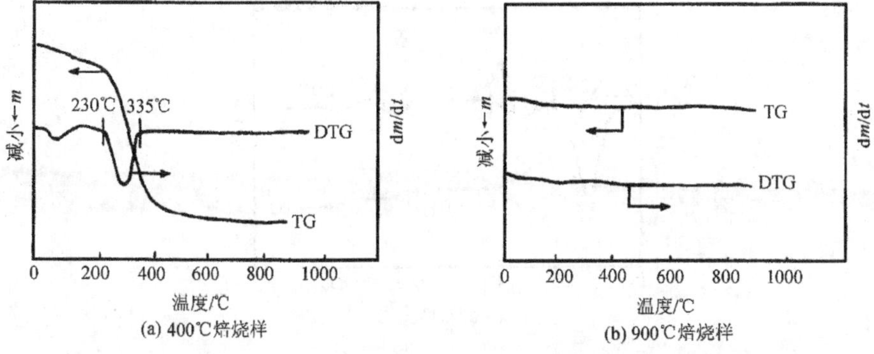

(a) 400℃焙烧样 (b) 900℃焙烧样

图 3-28 NiO/玻璃焙烧样于 H_2 气下的还原 TG-DTG 曲线

由图 3-28(a)可见，在 400℃焙烧样的还原 DTG 曲线上，NiO 还原峰出现在 230 ~ 335℃。XRD 结果表明：主相为 NiO，说明 NiO 与玻璃无相互作用。

在 900℃焙烧样的还原 DTG 曲线上[图 3-28(b)]无任何峰出现，说明经高温焙烧 NiO 与玻璃相互作用形成新化合物，而该化合物在室温约 900℃于 H_2 气下不还原，XRD 表明：有衍射峰出现，是由于玻璃组成复杂所致。

3.3.6 固体催化剂表面酸碱性表征

按照 Brönsted 和 Lewis 的定义，固体酸是具有给出质子或接受电子对能力的固体物质，而固体碱则相反。就反应机理，酸催化剂特征是催化剂提供质子，使反应物分子质子化为正碳离子，而碱催化剂相反。由于沸石能催化许多正碳离子反应如，裂化、异构化、烷基化、酸化等，表现出酸催化的特征，所以人们首先对其酸性研究给予很大的关注，因而酸性(酸种类、酸量和酸强度)测量就成为表征沸石催化剂的重要内容。固体催化剂表面酸性测量方法很多，有指示剂法、光谱法、碱性气体吸附法和量热法等，目前以采用碱性气体吸附-色谱程序升温热脱附技术最普遍。但缺点是准确性差，特别是在吸附质有分解的情况下。若采用碱性气体吸附-热重程序升温热脱附技术则可以克服这一缺点。同样，采用酸性气体吸附-热重程序升温热脱附技术可以实现对碱性的测量。

3.3.6.1 固体催化剂的酸性表征

(1) NH_4-NaY 沸石表面酸性[19]

1) NH_4-NaY 沸石的热行为。图 3-29 为交换度为 77%的 NH_4-NaY 沸石于 N_2 气下的 TG-DTG 曲线。可以看出，在其 TG 曲线上出现四个失重段，在 DTA 曲线上有对应的四个峰。分别为脱表面吸附水峰(28 ~ 255℃)，脱氨峰(255 ~ 396℃)，脱结构羟基峰(618 ~ 700℃)和脱表面硅醇羟基峰(732 ~ 890℃)。同时发现：NH_4-NaY 沸石的脱氨量随交换度的增加而增加。这是因为脱氨后在铝氧四面体附近留下 H^+ 质子，以中和铝氧四面体的负电荷，从而形成 B 酸中心。脱氨越多，留下的 H^+ 质子越多，形成的酸中心也越多。由于沸石具有可逆的吸-脱氨性质，故可用氨或其他碱吸附测量沸石的表面酸性。

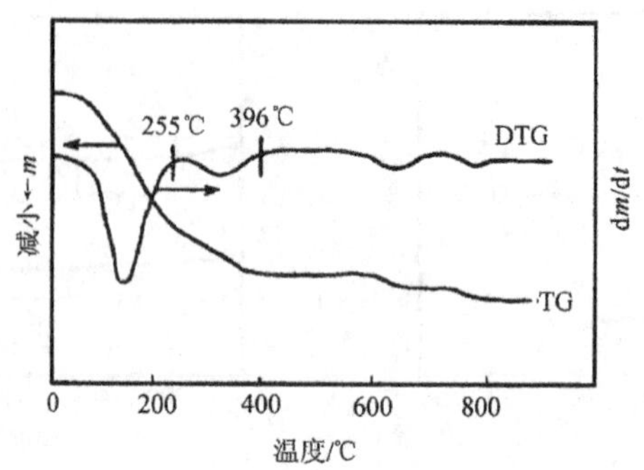

图 3-29　NH_4-NaY 沸石于 N_2 气下的 TG-DTG 曲线

2）NH_4-NaY 沸石上 B 酸与 L 酸量的测定。沸石酸位转化可表示为如图 3-30。

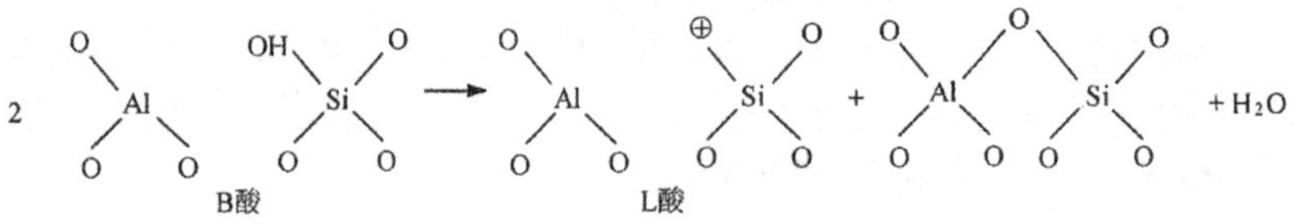

2 Al(O)(O)(O) Si(OH)(O)(O)(O) → Al(O)(O)(O) $Si^{\oplus}$(O)(O)(O) + (O)(O)Al–O–Si(O)(O)(O) + H_2O

B酸　　　L酸

图 3-30　沸石酸位转化示意图

图 3-30 表明沸石脱羟基过程就是 B 酸、L 酸转化过程。两个 B 酸中心转变为一个 L 酸中心，因此用氨或碱吸附法测定沸石脱羟基前后的脱附碱量，就可得到该沸石拥有的 B 酸及 L 酸量。图 3-31 是以氨为吸附质，交换度为 77％的 NH_4-NaY 沸石脱氨的 TG-DTG 曲线，表 3-14 列出了脱氨的 TG-DTG 测量结果。

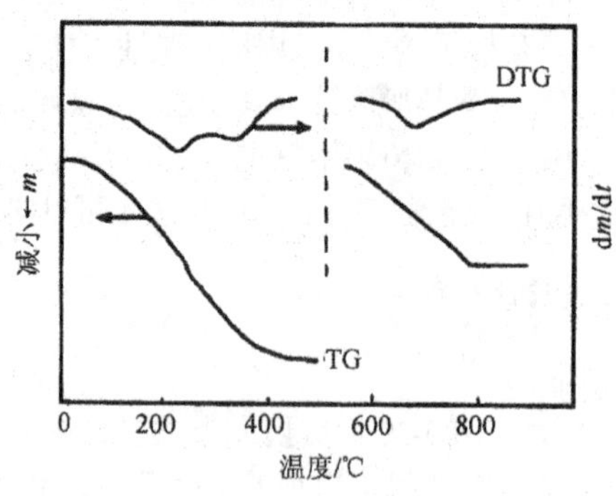

图 3-31　NH_4-NaY 沸石脱羟基前后的脱氨 TG-DTG 曲线

表 3-14　77%交换度的 NH_4-NaY 沸石脱羟基前后脱氨的 TG-DTG 测量结果

酸类型	DTG		TG	
	温区/℃	峰温/℃	失重/mg	比例
B_1	205 ~ 295	257	—	—
B_2	295 ~ 445	375	1.16	2
L	210 ~ 440	270	0.52	1

由图 3-31 可见：在脱羟基前的脱氨 TG 曲线上有一个失重段，对应的 DTG 曲线上有两个搭界峰，说明有强弱 B 酸中心。在脱羟基后的脱氨 TG 曲线上有一个失重段，对应的 DTG 曲线上有一个峰，说明只有一个 L 酸中心。从表 3-14 可见：B 酸与 L 酸量恰好是 2∶1 的关系，这与早期 Datka 用 IR 法测得的结果一致。

若按 NH_4-NaY 沸石组成($Na_{56}Al_{56}Si_{136}O_{384}$)计算沸石中的氢质子数(4.38 mmol/g)为理论酸中心数，按脱氨量计算的吸附中心数为实测酸中心数，则对不同交换度的 NH_4-NaY 沸石的计算结果表明：理论酸中心数与实测酸中心数基本一致。说明在该测量条件下氨在两类酸中心上是单中心吸附，即一个酸中心吸附一个氨分子。

3) NH_4-NaY 沸石上的酸强度。酸强度是指固体酸给出质子或接受电子对的能力，其量度因测定的物理量而不同。常用的碱性气体吸附-色谱程序升温热脱附技术是以脱附碱的峰温来表征。即吸附在弱酸中心的碱分子容易脱除，其脱附峰温较低；吸附在强酸中心的碱分子则相反。在上述 NH_4-NaY 沸石的脱氨 TG-DTG 的测量中，同样可以采用脱氨 DTG 峰温定性表征酸强度，同时还可以对其 TG 曲线进行动力学处理，由所得脱氨活化能定量地表征酸强度。表3-15是用 Kissinger 法[20]对 NH_4-NaY 沸石上各类酸中心脱氨活化能的计算结果。

表 3-15　NH_4-NaY 沸石上各类酸中心脱氨活化能(E_d)的计算结果

催化剂	$E_d/(kJ\cdot mol^{-1})$		
	B_1	B_2	L
NH_4(77)-NaY	66.57	147.33	160.69
NH_4(64)-NaY	70.80	159.52	99.48
NH_4(46)-NaY	—	99.81	76.95
NH_4(20)-NaY	—	51.75	44.25

由表 3-15 可见：对高交换度的 NH_4(64% ~ 77%)-NaY 沸石，$E_d(B_2) > E_d(B_1)$说明 B_2 酸位吸附的氨比 B_1 酸位难脱附，即酸强度 $B_2 > B_1$。对较低交换度的 NH_4(20% ~ 64%)-NaY 沸石，无 B_1 酸位，在同一交换度下 $E_d(L) < E_d(B_2)$，即酸强度 $B_2 > L$。各类酸位的脱氨活化能随交换度的增加而增加，这是由于沸石超笼羟基增多所致。

4) NH_4-NaY 沸石上各类酸中心对选择性的影响。以正己烷裂化为探针反应，考查了具有不同酸物种的 NaY 沸石的催化活性及正己烷对低碳烯烃的选择性。结果表明：在转化率相似的条件下，L 酸位的选择性比 B 酸位高；在反应温度相同的条件下，也是 L 酸位的选择性比 B 酸位高。说明由正己烷转化为低碳烯烃，L 酸位是主要活性位。

(2) HZSM-5 沸石的表面酸性[21]

1) HZSM-5 沸石热行为。HZSM-5 沸石于 N_2 气下的 TG 曲线上在 40 ~ 180℃温区有一失重段。在其 DTG 曲线上有对应的峰为脱表面吸附水峰。之后随温度升高无任何失重出现。这是因为HZSM-5是高硅铝比沸石，结构羟基相对较少。即使量程用最灵敏的一档，脱结构羟基的 TG 失重段和 DTG 峰也难以看清。在这种情况下，要准确找出 B→L 酸位的转化温度和分别测量其上的 B 酸、L 酸量是困难的。因此用碱性分子吸附法测量酸量时，为得到明显的脱碱失重段，应选择直径小于沸石孔径、且相对分子质量较大的碱分子做吸附质。

2) HZSM-5 沸石上酸量的测定。以乙胺（M_r = 45.09）为吸附质，不同硅铝比的 HZSM-5 沸石脱胺的 TG-DTG 曲线见图 3-32。从图 3-32 可见，在脱胺 TG-DTG 曲线上分别出现两个失重段和两个峰。这说明在 HZSM-5 沸石上存在两种酸中心。从脱附难易来看，前者为弱酸中心，后者为强酸中心。若以 TG 曲线上脱胺量和 DTG 曲线上最大峰温分别作为酸量和酸强度的量度，则无论哪一种酸中心，其酸量和酸强度均随硅铝比的增高而降低。这表明两种酸中心皆与沸石中的铝原子数有关，其依赖性前者大于后者。有人对全硅型 ZSM-5 沸石进行测定也得到同样的结果。

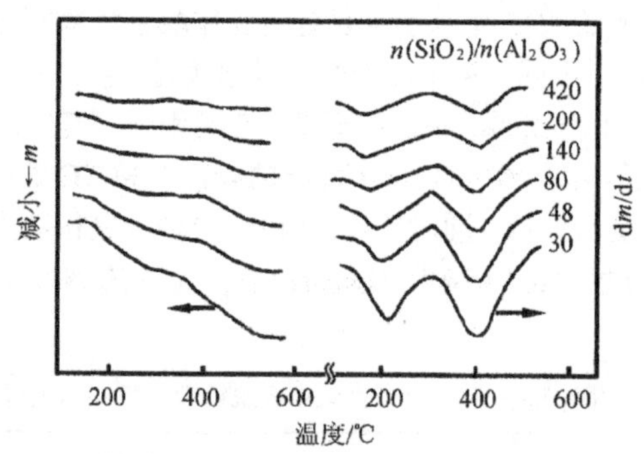

图 3-32　HZSM-5 沸石脱胺的 TG-DTG 曲线

根据沸石组成计算沸石中的氢质子数即理论酸中心数，与由脱胺量计算的弱酸、强酸中心数基本接近，说明在该测量条件下乙胺在弱酸、强酸中心上的吸附也是单中心吸附，即一个酸中心吸附一个乙胺分子。

3) HZSM-5 沸石上的酸强度。为了定量表征 HZSM-5 沸石酸中心强度，采用 Broid 法[22]对不同条件下处理的改质 ZSM-5 沸石的脱胺曲线进行处理。图 3-32 为处理温度对改质 ZSM-5 沸石强酸位的酸强度的影响。

由图 3-33 可见，随着处理温度增高，改质 ZSM-5 沸石强酸位的脱胺活化能皆呈现下降趋势。对 P-ZSM-5 沸石，若获得同一酸强度，用水蒸气处理比加热处理低 150℃左右。若同在水蒸气下处理，Mg-ZSM-5 沸石比 P-ZSM-5 沸石的处理温度低 100 ~ 150℃。可见，若要求酸强度下降，水蒸气处理比加热处理好；从改质元素上看，用 Mg 比用 P 更有效。

4) ZSM-5 沸石酸性对选择性的影响。甲醇转化为低碳烯烃的小试评价结果表明：HZSM-5 用 P、Mg 改质后 C_5 的生成量明显减少，这是由于强酸中心减少的结果；P 改质有利于 $C_2^=$ 生成，Mg 改质有利于 $C_3^=$ 和 $C_4^=$ 生成，这说明改质后沸石催化剂的酸强度分

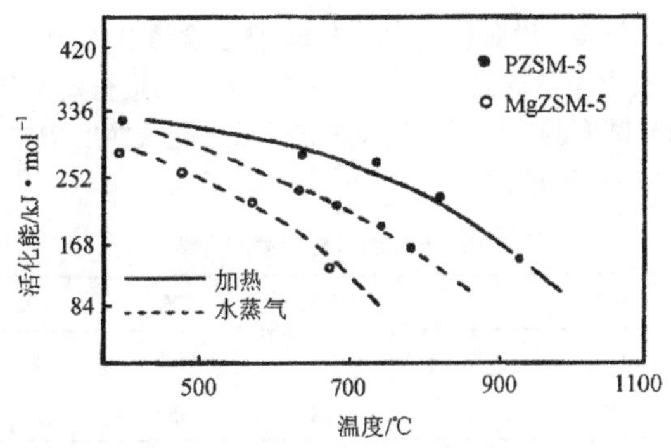

图 3-33 热处理温度对酸强度的影响

布有利于低碳烯烃的生成。

3.3.6.2 固体催化剂碱性表征[23]

(1) X 型沸石的表面碱性

沸石的碱性理论上可以说是来自酸的共轭碱。这一酸碱对是相互矛盾的，酸性越强，碱性越弱，而且这种碱性可以通过碱金属交换得到加强。刘旦初等[24]曾用 CO_2 吸附-色谱程序升温热脱附技术，测量了 X 型沸石的表面碱性。

测量样品是以钠含量为 12.3% 的 13X 型沸石为母体，用 NH_4Cl 溶液在 25℃下进行不同程度的交换后，经洗涤，干燥，于 450℃焙烧而成。

1) NaX 和 HX 沸石上的 CO_2 脱附行为。图 3-34 为 NaX 和经交换后的 HX 沸石上的 CO_2 程序升温脱附曲线。

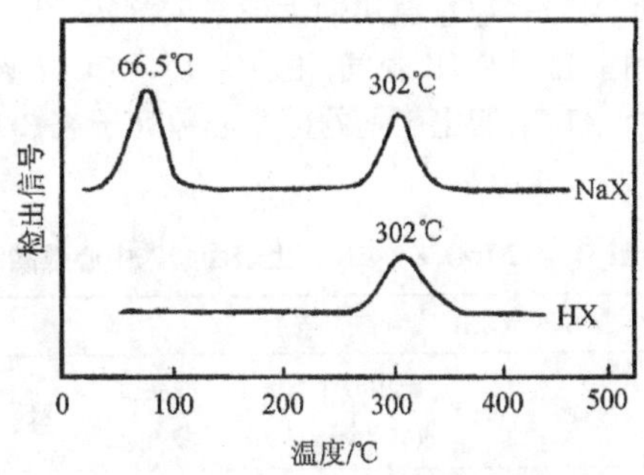

图 3-34 NaX 和经交换后 HX 沸石上 CO_2 程序升温脱附曲线

由图 3-34 可见，在 NaX 沸石上的 CO_2 程序升温脱附曲线上有两个脱附峰，在排除了水的干扰后，确证这两个峰均为 CO_2 脱附峰，说明在 NaX 沸石上存在两种碱中心。从脱附难易判断：前者为弱碱中心，后者为强碱中心。

当交换度低于 25%时，低温峰面积明显随交换度的增加而减小；当交换度高于 25%

时，只出现一个高温脱附峰，说明弱碱中心与 Na 离子含量有关。

2) NaX 和 HX 沸石上碱量的测定。用外标法对脱附物进行定量分析。表 3-16 为不同交换度的 HX 沸石的总碱度测定结果。从表 3-16 可见，随交换度增加，HX 沸石的总碱量急剧下降，但仍然保持一定的碱量。

表 3-16　HX 沸石总碱度测定结果

样　品	NaX	HX_1	HX_2	HX_3	HX_4	HX_5
交换度/%	0	2.3	5.2	14.5	25.2	79.6
碱度/(10^{18}个·g^{-1})	36	30	24	15	2.7	1.9

3) HX 沸石的碱性对选择性的影响。脱水反应活性与酸中心有关。而脱氢反应活性往往与碱中心有关。经交换后的 HX 沸石，虽然碱量大大减少，但仍保持一定的碱量。因而使脱氢反应仍保持一定的选择性。可见沸石上的酸、碱中心数可以通过离子交换来调变。这种特性对需要酸、碱协同催化的反应尤为重要。

列举这一例子的目的是想说明 CO_2 吸附-色谱程序升温脱附技术，完全可以用 CO_2 吸附-热重程序升温脱附技术来代替。

(2) MnO_x/γ-Al_2O_3 催化剂表面碱性

MnO_x/γ-Al_2O_3 是苯甲酸甲酯加氢制苯甲醛的有效催化剂。活性考查结果表明，Mn 载量为 10%～20%催化效果最好。对此，曾考查了浸渍制备的负载 MnO_x 分散态的影响。用热分析方法测量 MnO_x 在 γ-Al_2O_3 载体上的单层分散阈值正好处于 10%～20%[25]，但没有考虑催化剂酸碱性的影响。γ-Al_2O_3 是一种酸性载体，在 MnO_x/γ-Al_2O_3 催化剂上应存在酸中心。但活性考查结果表明，γ-Al_2O_3 基本没活性。因此，需要考查 γ-Al_2O_3 载体和 MnO_x/γ-Al_2O_3 催化剂上是否存在碱中心。

1) γ-Al_2O_3 载体和 MnO_x/γ-Al_2O_3 催化剂上碱量的测定[26]。首先催化剂于 H_2 气下还原到 420℃，然后冷却到室温切换 N_2 载气，稳定后切换 CO_2，吸附至饱和。由吸附 CO_2 量计算 γ-Al_2O_3 和 MnO_x/γ-Al_2O_3 催化剂上的碱中心数列于表 3-17，并与以 NH_3 吸附测定的酸中心数进行比较。

表 3-17　γ-Al_2O_3 和 MnO_x/γ-Al_2O_3 上表面酸碱中心数的测定结果

Mn 载量/%	CO_2 吸附			NH_3 吸附		
	样品质量/mg	吸附量/mg	碱中心个数/(10^{20}个·g^{-1})	样品质量/mg	吸附量/mg	酸中心个数/(10^{20}个·g^{-1})
0	27.60	0.82	4.06	31.45	0.15	1.69
10	31.35	1.45	6.32	33.65	0.18	1.89
20	34.00	1.25	5.03	35.65	0.14	1.39
30	38.25	1.30	4.65	38.95	0.13	1.18
40	31.80	0.96	4.13	35.85	0.11	1.08

从表 3-17 可见，γ-Al_2O_3 和 MnO_x/γ-Al_2O_3 上既有酸中心也有碱中心，其中碱中心居

多。同时可见：$MnO_x/\gamma\text{-}Al_2O_3$ 催化剂上酸碱中心数开始是随载量增加而后减少。无论增加还是减少，碱中心变化幅度远大于酸中心变化幅度。这可能与 Mn 的负载状态有关。

2) $MnO_x/\gamma\text{-}Al_2O_3$ 催化剂碱性对活性和选择性的影响[27]。小试评价结果表明：$\gamma\text{-}Al_2O_3$ 载体几乎没有活性。当少量 Mn 负载在 $\gamma\text{-}Al_2O_3$ 上，其活性和选择性迅速上升；当 Mn 负载量增加到 10%时，其碱中心数远大于 $\gamma\text{-}Al_2O_3$；酸中心数和 $\gamma\text{-}Al_2O_3$ 接近。此时选择性最高达到90.8%。之后，随着 Mn 载量继续增加，碱中心数明显下降，酸中心数变化不大，其选择性下降明显。当 Mn 载量增加到 30% ~ 40%时，无论酸中心数，还是碱中心数都与 $\gamma\text{-}Al_2O_3$ 接近。此时选择性下降到 81.6%。这充分说明碱性有利于苯甲醛的生成。只有保证催化剂表面有一定数量的碱位，苯甲醛的选择性才能达到最佳。

3.3.7 催化剂老化和失活机理的研究

引起催化剂老化和失活的原因很多，一般可分为两类：一是由于杂质或毒物的化学吸附、分解产物或固体杂质的沉渍，覆盖在催化剂表面造成的失活；二是由于烧结或结构改变，使催化剂活性表面下降或化学组成改变造成的失活。此外活性组分流失和价态变化有时也是导致催化剂失活的重要原因。由于催化剂老化前后的热行为不同，故可借助热分析由热量和质量的变化判断催化剂老化和失活机理。

3.3.7.1 由于中毒造成的失活

催化剂毒物通常是由反应原料带入的杂质和反应过程中生成的产物中含有的对催化剂有毒的物质。因为它们在很低浓度下就对反应有明显的抑制作用，所以称之为毒物。根据它们与催化剂相互作用的强弱，分为永久性毒物和暂时性毒物。

早期曾有人用DTA技术对检测氨、水和二氧化硫对镍/硅藻土催化剂的中毒进行了尝试，发现新鲜催化剂于 H_2 气氛下的 DTA 曲线上出现一个很高的氢吸收峰，这三种毒物使催化剂中毒后，其氢吸附峰高明显降低，并发现氨、水是暂时性毒物，中毒后可以用氮气吹扫而去除，氢吸附峰高可以恢复；二氧化硫是永久性毒物，催化剂中毒后即使经长时间氮气吹扫，其氢吸附峰高仍保持原来的低水平。因此，DTA 技术用于镍催化剂中毒检测是比较易行的一种方法。

之后又有人用差示扫描式量热法(DSC)技术，研究了二氧化硫对碱金属氧化物和贵金属净化催化剂的中毒作用。净化反应系指汽车尾气中的毒物一氧化碳和烃类转化为无毒气体，发现新鲜催化剂于 CO 气氛下的 DSC 曲线上出现一个 CO 氧化放热峰。二氧化硫使催化剂中毒后，CO 氧化放热峰的位置发生位移。为考查二氧化硫对催化剂的中毒作用，将碱金属氧化物和贵金属催化剂于含有质量分数为 1×10^{-4}的 SO_2 的混合气中加热处理到 500℃，然后冷却至室温，再于 CO 气氛下进行 DSC 测量，发现前者 CO 转化温度提高 100℃，后者只提高 30℃，说明贵金属催化剂比碱金属氧化物催化剂有更高的抗毒能力。

3.3.7.2 由堵塞或覆盖造成的失活

由于不同的催化剂所催化的反应各异，在反应过程中出现在催化剂表面的沉积物也各种各样。最常见的是含碳化合物的沉积，通常称为积炭。因为以有机物为原料的催化反应过程几乎都可能发生积炭，对积炭的研究也比较多，对此将在本章第3.3.10节专述。下面只介绍另一种常见的、由杂质或固体副产物的覆盖所导致的失活。

王琪等[28]曾用DTA-TG技术，研究了常压气相催化聚合制三聚氯氰活性炭催化剂的失活机理，图3-35为各种催化剂样品的DTA曲线。

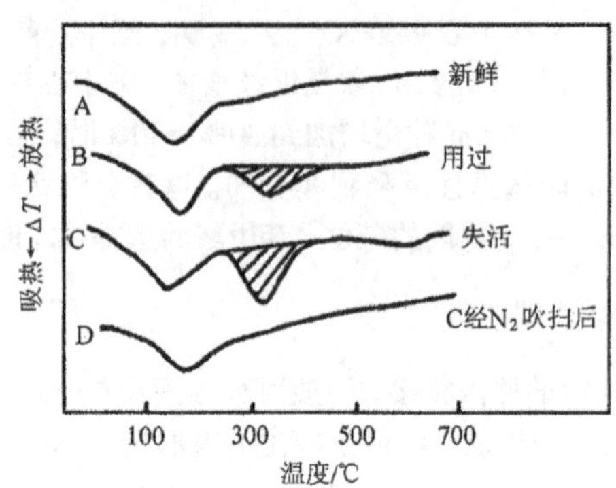

图3-35　各种催化剂样品的DTA曲线

由图3-35可见，在新鲜催化剂的DTA曲线A上只于110℃出现一个脱水吸热峰。在使用后的催化剂的DTA曲线B上，除脱水峰外还于330℃出现了第二个吸热峰。为考查第二个峰是否与催化剂失活有关，将完全失活的催化剂DTA曲线C与B比较，发现DTA曲线C与DTA曲线B十分相似，而且第二个吸热峰比曲线B更明显。显然催化剂失活与第二吸热峰有关。之后将完全失活的催化剂于380℃用N_2吹扫4 h，发现TG曲线上有失重。再将吹扫后的催化剂样品进行DTA测量，得到曲线D，发现第二个峰消失，同时催化剂活性得到部分恢复。这说明催化剂失活是由于某种覆盖物造成的。根据反应期间有乳白色物质从炭样中升华出来的迹象推测，催化剂失活原因可能是反应副产物，即四聚物和少量多聚物在催化剂表面沉积，堵塞了催化剂细孔或覆盖催化剂内表面所致。第二吸热峰是四聚氯氰分解为二聚氯氰。TG结果表明，四聚物可以通过氮气吹扫去除，而多聚物即使在氮气氛下加热到500℃经长达4 h吹扫也难以去除，这与工业上用氮气吹扫催化剂后，其活性也不能完全恢复的结果一致。

3.3.7.3　由烧结造成的失活

烧结通常是负载型催化剂失活的主要原因，因为负载型催化剂的金属活性组分在载体表面呈高分散态，并具有高比表面积。在高温下，特别是在高温下还原时不仅会引起载体比表面积下降，而且还会引起金属粒子聚集，即由小晶粒长成大晶粒。通常将这种现象称为烧结，由于它可使催化剂金属活性表面大幅度下降，从而造成催化剂失活。

顺酐加氢制γ-丁内酯反应，采用的是CuO-ZnO-Al_2O_3催化剂。为了选择还原温度，先将催化剂于某一设定温度下还原，然后由TG测量CO吸附量，并依此检验还原后的催化剂是否有烧结现象。图3-36为CO吸附量与还原温度的关系。

由图3-36可见，催化剂于140℃还原后的CO吸附量比较低。这是因为还原温度低，

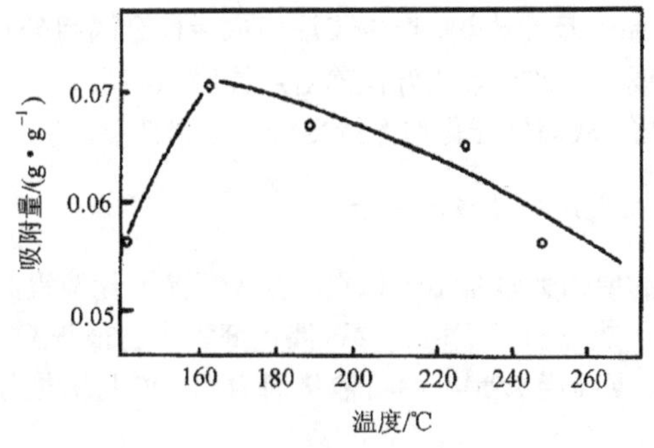

图 3-36 CO 吸附量与还原温度的关系

只有部分 CuO 还原为 Cu^0，而在 160℃还原时获得最大的 CO 吸附量。之后随温度的升高，其 CO 吸附量呈下降趋势。这主要是由于随还原温度的增高，有越来越多的 Cu^0 被烧结所致。

低压合成甲醇催化剂也是采用 $CuO-ZnO-Al_2O_3$ 催化剂，但制备方法与同类催化剂有所不同。它的主活性组分 CuO 的含量(质量分数，下同)为 52.5%，有两种来源：一部分是由硝酸盐与碳酸钠沉淀经焙烧得到的 CuO；一部分是由于焙烧后另加入的碳酸铜经还原得到的 CuO。用热分析方法分析国内外催化剂组成的比较见表 3-18。

表 3-18 外 1# 和内 2# 催化剂主组分的含量比较[11]

催化剂	表面水/%	$CuCO_3\cdot Cu(OH)_2\cdot H_2O$/%	CuO/%
外 1#	6.8	45.8	22.2
内 2#	4.8	23.0	37.2

用对 CO 吸附能力表征外 1# 和内 2# 催化剂的相对初活性。图 3-37 为两种催化剂于 50℃等温吸附 CO 的 TG 曲线。

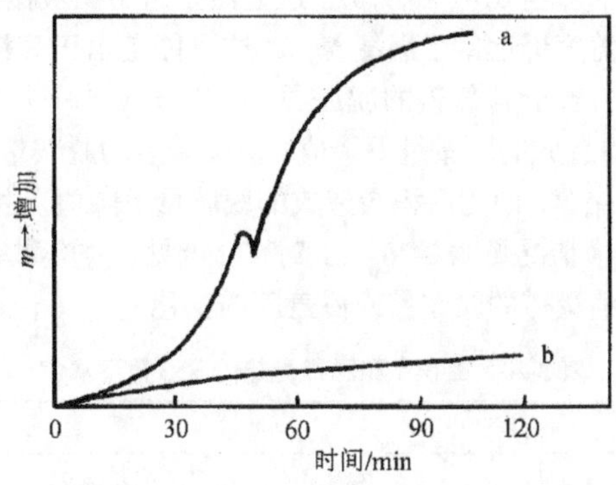

图 3-37 外 1# (a)和内 2# (b)催化剂 CO 吸附 TG 曲线

由图 3-37 可见，在外 1# 催化剂的等温 CO 吸附 TG 曲线上出现很大的增重。对内 2# 催化剂的 CO 吸附增重相当小。这是因为内 2# 催化剂中的碳酸铜含量在还原过程中的吸热不足以平衡 CuO 还原引起的放热，产生飞温使主活性金属组分 Cu^0 烧结所致。外 1# 催化剂中碳酸铜和氧化铜含量的设计正好使前者还原吸热与后者还原放热抵消。由于还原温度平稳，未出现烧结，从而使催化剂保持良好的吸附性能。

3.3.7.4 由结构组成改变造成的失活

沸石催化剂失活的原因大多是由于积炭。有些情况下骨架铝的脱落也可导致催化剂活性下降甚至失活[29]。热分析用于检测沸石催化剂积炭已很普遍，但用于脱铝检测还很少。在此，以甲醇制低碳烯烃 ZSM-5 沸石催化剂为例，说明用热分析如何得到催化剂脱铝的信息和数据。

以乙胺为吸附质，用热重程序升温热脱附技术测量 ZSM-5 沸石催化剂酸性。表 3-19 列出了 ZSM-5 催化剂于各种条件下的乙胺吸附量和覆盖度的计算结果。

表 3-19 催化剂于各种条件下的乙胺吸附量和覆盖度

反应温度/℃	气氛	w_C/%	乙胺吸附量/($g \cdot g^{-1}$)		覆盖度	
			弱酸中心	强酸中心	弱酸中心	强酸中心
500	N_2	—	20.17	28.24	1	1
400	甲醇	1.5	19.60	28.48	0.97	1
600	甲醇	6.9	8.37	13.40	0.41	0.47
去炭后	—	—	16.6	19.90	0.82	0.70

注：乙胺吸附量为每克催化剂吸附的乙胺质量，下同。

在 500℃于 N_2 气氛下处理的 HZSM-5 沸石脱胺 TG 曲线上出现两个失重段。若以这两个失重段脱胺量分别为弱、强酸部位满覆盖，则覆盖度减少多少，就意味着弱、强酸中心数损失多少。由表 3-19 可见，甲醇于 400℃反应有少量积炭。积炭后乙胺在催化剂弱、强酸部位的覆盖度基本未变。甲醇于 600℃反应时积炭量较大，积炭后乙胺在催化剂弱、强酸部位的覆盖度下降至 0.41 和 0.47。这显然是由于积炭覆盖的结果。烧掉炭后乙胺在弱、强酸部位的覆盖度仍远低于满覆盖值。这可能是由于高温引起骨架铝脱落的结果。这样，对弱酸中心相当于满覆盖的脱胺量 20.17 $g \cdot g^{-1}$减去 600℃烧炭后的脱胺量 16.6 $g \cdot g^{-1}$，即为由脱铝造成的脱胺量下降值；由去炭后的脱胺量 16.6 $g \cdot g^{-1}$减去 600℃积炭样的脱胺量 8.37 $g \cdot g^{-1}$，即为由积炭造成的脱胺量下降值。由积炭和脱铝造成的弱、强酸中心上的脱胺量下降情况见表 3-20。由表 3-20 可见，为检测沸石催化剂是否有脱铝现象，可比较积炭样和消炭样的脱胺量或覆盖度的变化。

表 3-20 由积炭和脱铝引起的脱胺量下降值

失活原因	弱酸中心		强酸中心	
	/($mg \cdot g^{-1}$)	/%1)	/($mg \cdot g^{-1}$)	/%1)
积炭	8.2	40.8	6.5	23.0
脱铝	3.6	17.7	8.3	29.5

1) 占满覆盖度时乙胺吸附量的质量分数。

3.3.8 沸石催化剂积炭行为的研究

沸石催化剂上积炭是裂化、异构化、重整、烷基化及聚合等有机反应中常见的现象。由于积炭覆盖了活性中心或堵塞了孔道，阻止反应物接近活性中心和畅通的孔道，导致催化剂活性下降甚至失活。因此,积炭成为沸石催化反应中普遍关注的问题。

大量实验结果表明，沸石催化剂上的积炭主要是在酸中心上发生，特别是强酸中心更易产生积炭，其积炭量与酸量有很好的对应关系。同时,沸石的孔径和孔结构也是影响积炭的重要因素。对某一反应若采用X型和Y型大孔沸石，由于孔内具有较大的自由空间，有利于大分子如多环芳烃的生成，且难于从孔径较小的孔道扩散出去而导致积炭。用ZSM-5等中孔沸石时，由于骨架结构中没有大于孔道的空腔，限制了大的缩合分子形成，而可能使积炭减少。因此,为减少积炭，适应某种催化反应的要求，常采用某些金属阳离子调节沸石催化剂的表面酸性和孔径。此外，沸石自身的性质如硅铝比、晶粒大小等以及反应条件如温度、压力、反应物浓度、空速等对沸石催化剂表面积炭也产生一定的影响。鉴于热分析特别是热重法可以原位定量检测积炭，所以研究积炭的原因，考查各种因素对积炭的影响也就不难实现。

3.3.8.1 甲醇转化为低碳烯烃沸石催化剂上的积炭行为[30]

(1) 沸石结构对积炭的影响

采用三种不同孔结构的沸石：小孔沸石(八元环)-毛沸石(HE)和类毛沸石(HS)；中孔沸石(十元环)-Fu沸石，ZSM-5和ZSM-11沸石；大孔沸石(十二元环)-丝光沸石(HM)和Y沸石(HY)。这三种不同孔结构的沸石对甲醇转化为低碳烯烃都有一定的选择性，但由于积炭行为不同，沸石的稳定性相差较大，故用热重法考查了沸石结构对积炭的影响。

图3-38为甲醇于375℃在不同结构沸石上的积炭TG曲线。图3-38表明，积炭初速率按以下顺序递减：毛沸石(小孔) > 类毛沸石(小孔) > HY沸石(大孔) > 丝光沸石(大孔) > Fu沸石(中孔) > HZSM-5(中孔)、HZSM-11(中孔)。

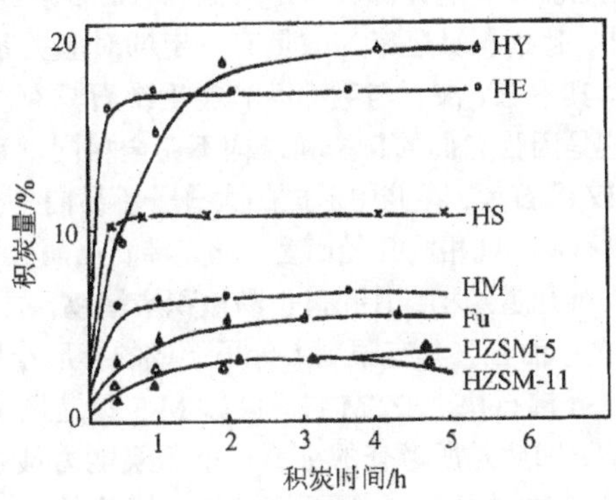

图3-38 在不同结构沸石上的积炭TG曲线

总积炭量按以下顺序递增：HZSM-5(中孔) ≈ HZSM-11(中孔) < Fu沸石(中孔) < 丝

光沸石(大孔)<类毛沸石(小孔)≪毛沸石(小孔)、HY沸石(大孔)。

可以看出，无论是大孔还是小孔沸石，它们的积炭初速率和积炭量均大于中孔沸石。这是由于中孔沸石的择形作用，限制了大分子烃类尤其是稠环烃在孔道内生成，从而抑制了积炭形成。中孔沸石中又以HZSM-5积炭趋势最小，这是由于HZSM-5沸石具有高形状选择性的结果。

(2) 沸石酸性对积炭的影响

影响积炭的另一重要因素是沸石的酸性。为了解酸性对积炭的影响，用氨吸附法测量了上述沸石的酸性，在它们的脱氨曲线上皆出现两个峰分别与弱酸、强酸中心相对应，甲醇转化为烃过程的积炭量是在强酸部位发生。表3-21列出了各种沸石催化剂强酸部位的脱氨量与其起始积炭速率。

表3-21 各种沸石催化剂强酸部位的脱氨量与其起始积炭速率

沸石	$n(SiO_2)/n(Al_2O_3)$	脱氨峰温/℃	脱氨量/$(mmol \cdot g^{-1})$	积炭温区/℃	起始积炭速率/$(10^{-3}g \cdot min^{-1} \cdot g^{-1})$
毛沸石	7	534	0.66	300~330	59.5
类毛沸石	7	450	0.61	320~345	54.9
HF沸石	30	450	0.28	324~375	26.5
HZSM-5	48	460	0.30	580~663	0.4
HZSM-11	66	460	0.28	535~632	0.4
丝光沸石	10	475	0.39	319~336	38.9
HY沸石	4	485	0.60	340~410	1.9

表3-21结果表明，沸石强酸部位酸量随硅铝物质的量比增高按如下顺序递降：毛沸石>类毛沸石>HY沸石>丝光沸石>HF沸石≈HZSM-5≈HZSM-11。

其起始积炭速率递降顺序为：

毛沸石>类毛沸石>丝光沸石>HY沸石>HZSM-11≈HZSM-5

可见，除HY沸石外，起始积炭速率与酸量有一定的对应关系。即起始积炭速率最大者也具有最大的酸量。其中HY沸石与毛沸石和类毛沸石具有相近的酸量，但起始积炭速率却有很大不同。这是因为它们的孔径和结构不完全相同。毛沸石和类毛沸石的孔口比HY沸石小，笼比HY沸石大，在笼中形成的大分子不易向外扩散，而且孔口很快被堵塞，因而积炭比HY沸石快；就相同孔径而言，丝光沸石虽属大孔，而且酸量居中，但由于它是扭曲的，相当一维孔道结构，其孔口也易被积炭堵塞，故其起始积炭速率比HY沸石快。HF沸石虽然酸量小而且又具有限制大分子形成的择形作用，但它的外表面大故其起始积碳速率比其他中孔沸石快。HZSM-11和HZSM-5酸量最小又具有择形作用，限制大分子在孔道内的形成，因此是所考查的沸石中抗积炭能力最强者。因此，在比较不同结构沸石的初始积炭速率时，除酸性外还要考虑其结构的影响。

(3) 阳离子改质对积炭的影响

一些研究表明，往沸石上引入某些阳离子可以调节沸石的酸性和孔径，不但可以减少强酸位的酸中心数，而且可以抑制链增长、环化和芳构化反应，从而减少积炭的生成，增加沸石催化剂的稳定性。为此对活性比较稳定的 HZSM-5 沸石添加磷、镁、锰、锌等进行改质,并用热重法考查这些阳离子对积炭的影响, 图 3-39 为不同阳离子改质的 ZSM-5 催化剂在 450℃恒温积炭的 TG 曲线。

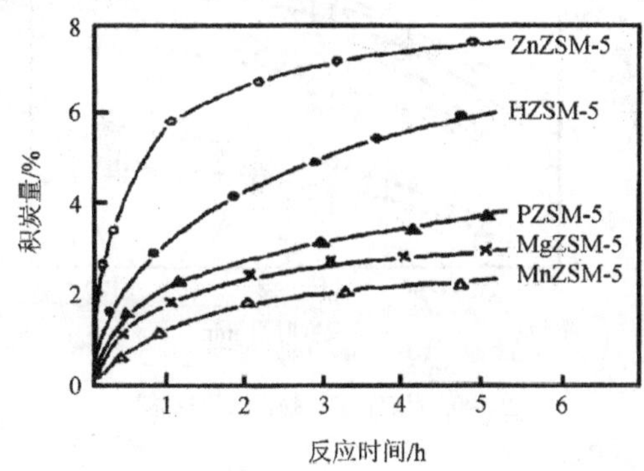

图 3-39 不同阳离子改质的 ZSM-5 催化剂的积炭 TG 曲线

由图 3-39 可以看出, 除 Zn 改质外, 其他阳离子改质的 ZSM-5 沸石催化剂上的积炭, 皆比 HZSM-5 沸石上的积炭少,其积炭量按以下顺序递减:

$$ZnZSM\text{-}5 > HZSM\text{-}5 > PZSM\text{-}5 > MgZSM\text{-}5 > MnZSM\text{-}5$$

酸量测定结果表明, 改质后强酸部位的酸量皆有所下降。这可能是由于引入的阳离子占据了沸石的部分强酸位置, 因此可以认为改质的 ZSM-5 沸石上积炭的减少, 是由于沸石表面强酸位酸量下降和孔径变窄的缘故。

甲醇转化为低碳烯烃的活性表明: 除 Zn 外, 其他阳离子改质的 ZSM-5 沸石催化剂活性下降的趋势皆比 HZSM-5 慢, 说明用阳离子进行调变, 不仅可以减少沸石催化剂上的积炭, 而且有利于提高催化剂稳定性。

3.3.8.2 催化裂化干气与苯烃化制乙苯高硅沸石催化剂上的积炭行为[31]

催化裂化副产干气包括甲烷、氮、CO_2、乙烯、丙烯和丁烯等。裂化干气与苯烃化制乙苯, 系指其中 10% ~ 30% 的乙烯与苯烃化制乙苯的过程。

(1) 反应时间对积炭的影响

单组分以苯、乙烯、丙烯为反应物, 体积分数为 10%, 以乙苯、异丙苯为产物; 双组分以苯/乙烯, 苯/丙烯为反应物, 体积分数为 30%/7.5%。反应温度为 400℃, 考查了反应时间对反应物和产物积炭的影响, 图 3-40 为反应物和产物于 400℃恒温积炭的 TG 曲线。

由图 3-40 可见, 单、双组分反应物积炭皆随反应时间增加而增加。其中苯/乙烯积炭随反应时间的增加基本是直线上升趋势; 苯/丙烯、乙烯、丙烯积炭趋势相近, 皆为先快后慢; 苯在相同的反应时间内的积炭远低于其他反应物; 产物乙苯和异丙苯积炭随时间增加也呈上升趋势, 其积炭量介于乙烯和苯之间。

所有积炭曲线皆可用 Voorhies 经验式表示

$$w_C = K_C t^u \tag{3-4}$$

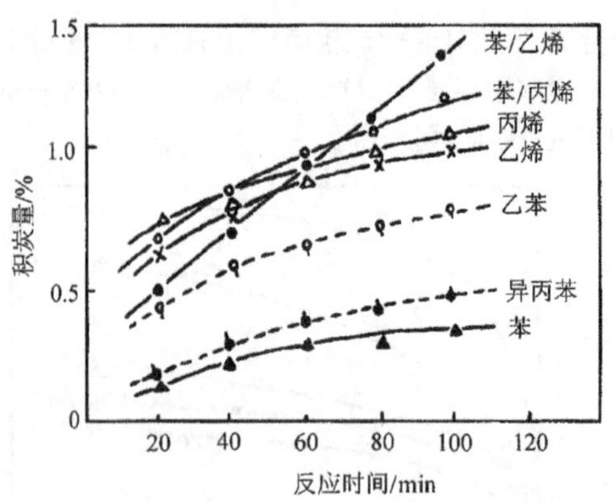

图 3-40　反应物和产物积炭 TG 曲线

式中：w_C——积炭量，%；

K_C，u——常数；

t——反应时间，min。

将式(3-4)取对数，则

$$\lg w_C = \lg K_C + u\lg t \tag{3-5}$$

$\lg w_C$ 对 $\lg t$ 作图为一直线，斜率为 u，由截距求 K_C。

(2) 反应温度对积炭的影响

单组分以苯、乙烯为反应物，体积分数为 10%，以乙苯为产物；双组分以苯/乙烯为反应物，体积分数为 30%/7.5%。考查了反应温度对单及双组分反应物和产物积炭的影响，图 3-41 为反应物和产物积炭与反应温度的关系。

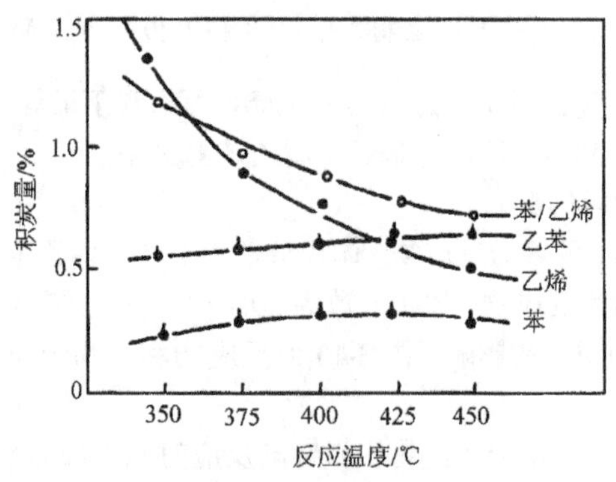

图 3-41　反应物和产物积炭与反应温度的关系

由图 3-41 可见，苯积炭随温度变化很小，这可能是因为苯具有大 π 键，由于共轭较应使苯环较稳定，使 C—H 断键发生缩合较困难，故其积炭少，随温度升高积炭不明显。乙烯积炭随温度升高迅速下降，这是因为在低温下乙烯容易在酸性部位发生聚合生成链状化合物，由于移动性小而吸附于沸石孔内，表现有较多的积炭；当温度升高时，吸附物移动性增加，同时裂解和氢转移反应增强，使其脱附转移到气相产物中去，表现为积炭量减少。反应产物乙苯积炭随反应温度的增高而缓慢增高，这是因为乙苯在较高温度下容易裂解成苯和乙基正碳离子，后者易在沸石骨架中再聚合为空间位阻较大的高级脂肪族化合物，同时苯环上有烷基链时，烷基易脱氢而发生交联生成缩合物，即积炭前身。

(3) 反应物和产物浓度对积炭的影响

反应温度400℃，考查了反应物和产物浓度对自身积炭的影响，图3-42为反应物和产物积炭与其浓度的关系。

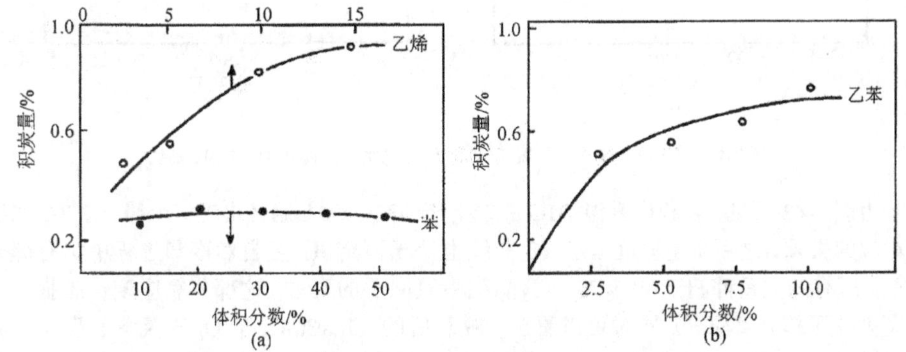

图3-42 反应物积炭(a)和产物积炭(b)与其体积分数的关系

由图3-42(a)可见，苯积炭在体积分数<15%时，随体积分数增加呈上升趋势，之后积炭几乎不再增长；乙烯积炭随体积分数增加迅速上升，当体积分数>10%时其增量变小。由图3-42(b)可见，产物乙苯的积炭量开始随体积分数的增高而增高，当体积分数>7.5%时其增势变小，逐渐趋于平稳。

3.3.9 吸附与反应机理的研究

催化反应进行的必要条件是至少有一种反应分子被吸附在催化剂表面，即反应分子在金属活性中心上的吸附和活化是反应必经步骤，其次反应分子在催化剂表面吸附强度适度是推进反应的重要条件。因此,研究催化剂的吸附性质对了解催化剂的反应性能和反应机理是十分重要的。热分析用于催化剂吸附研究，不仅对催化剂的吸附行为可做出定性的表征，如吸附可能性、吸附温度、吸附态等，而且对催化剂的吸附能力可做出定量表征，如吸附量、吸附热、吸附-脱附动力学参数等，并依此可从不同角度探讨与揭示反应机理。

3.3.9.1 $YBa_2Cu_3O_{6+x}$高温超导氧化物上晶格氧的脱附、吸附及氧化反应机理[32]

本章3.3.2.4节提到，由于$YBa_2Cu_3O_{6+x}$晶体上以O(1)、O(2)、O(3)和O(4)标记的氧原子在一定条件下可以互换，曾把它作为CO氧化催化剂，为了研究晶格氧的行为，用TG-DTG对$YBa_2Cu_3O_{6+x}$于N_2气氛下脱氧和于O_2气氛下吸氧的行为进行了跟踪，图3-43(a)、图3-43(b)分别为$YBa_2Cu_3O_{6+x}$于N_2气氛下脱氧和于O_2气氛下吸氧的TG-

DTG 曲线。

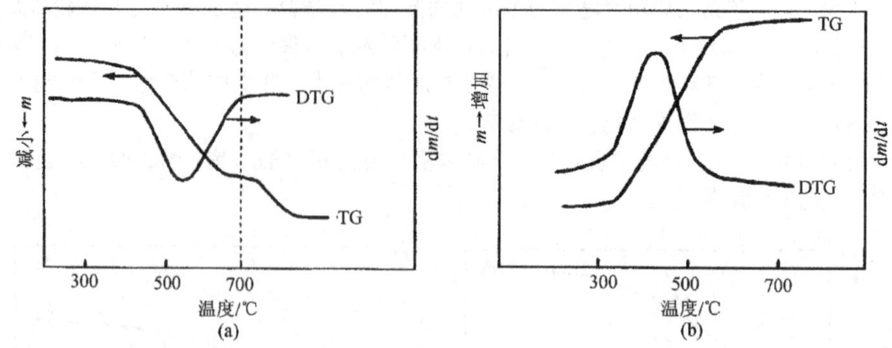

图 3-43 催化剂于 N_2 气氛下脱氧(a)和于 O_2 气氛下吸氧(b)的 TG-DTG 曲线

由图 3-43 可见，在程序升温 DTG 曲线上于 460～700℃温区出现一个峰，在 TG 曲线有对应的失重，之后随着温度恒定 TG 曲线也处于恒定值。在自然冷却过程中仍有部分失重。所有的失重都归于 $YBa_2Cu_3O_{6+x}$晶胞中氧原子的失去，这部分氧应该是晶胞中最易失去的那部分氧原子。同时可以看出，脱氧后的 $YBa_2Cu_3O_6$ 于 O_2 气氛下的程序升温 DTG 曲线上于 330～500℃温区出现一个与在 N_2 气氛下相反方向的峰，在 TG 曲线上有对应的增重是由于晶格氧空位又吸入了氧所致。反应如下

$$YBa_2Cu_3O_{6+x} \rightleftharpoons YBa_2Cu_3O_x + \frac{x}{2}O_2$$

脱氧量与吸氧量基本符合，说明 $YBa_2Cu_3O_{6+x}$正交晶体结构损失的氧原子可由气相氧原子得到完全补充，即从四方结构又复原为正交结构。

由于 $YBa_2Cu_3O_{6+x}$晶体上那部分可移动的氧原子可借助气相氧构成自身的氧循环，故 CO 氧化反应，应属于具有电子转移的有氧参与的氧化还原反应机理。

3.3.9.2 NaY 负载 Ag 上的氧吸附及丙酮酸乙酯生成机理[32]

Ag/NaY 是一种良好的氧化脱氢催化剂，氧在 Ag/NaY 上的吸附态早有研究，程序升温脱附(TPD)和电子自旋共振(ESR)研究结果表明：氧在 NaY 负载 Ag 上吸附形成 Ag—O—Ag 这样一个具有桥形结构的物种。它是催化反应中的关键物种，为将 Ag/NaY 催化剂用于乳酸乙酯脱氢制丙酮酸乙酯反应，用热分析方法对氧在 Ag/NaY 催化剂上的吸附态进行了考查。首先将催化剂于 N_2 气氛下程序升温到 500℃处理，然后冷却至室温切换为 H_2 气还原到 500℃，冷却时观测 Ag^0/NaY 的吸氧行为，此时是吸氢气中的氧。

TG 跟踪结果表明，吸氧温区为 200℃至室温。表 3-22 列出了吸氧温区的吸氧量和按桥式吸附计算的理论吸氧量。

表 3-22　氧在 Ag^0/NaY 上的吸附量与理论吸附量的比较

试样量/mg	Ag 负载量/%	理论吸附量/mg	实际吸附量/mg	实测/理论值	吸附态
30.07	47.8	1.06	1.78	1.67	桥式　线式
32.35	52.7	1.26	1.88	1.49	桥式　线式
34.93	55.4	1.43	1.46	1.02	桥式　—
35.45	64.2	1.68	1.06	0.63	桥式　—
44.45	70.9	2.33	1.20	0.51	桥式　—

从表 3-22 可见，Ag 负载量低时，实际吸氧量大于理论值，说明除桥式吸附态 Ag—O—Ag 外尚有线式 Ag—O 吸附。当 Ag 负载量为 55.4%时，其实际吸氧量与理论值符合很好，说明此时均为桥式吸附。当 Ag 负载量超过该值时实际吸氧量均小于理论值，这可能是由于 Ag 的聚集。由于桥式吸附的氧原子是关键物种，理论上应该是 Ag 的负载量为 55.4%的催化剂活性最好，但实际上是 Ag 负载量为 64.2%的催化剂表现出最好的活性、选择性和产率，这说明催化剂的化学环境是复杂的，催化活性是各种影响因素综合制约的结果。

根据上述表征，丙酮酸乙酯生成机理可揭示如图 3-44。

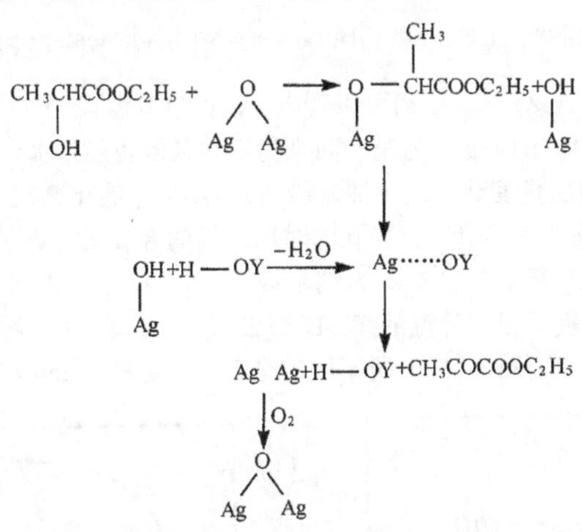

图 3-44　丙酮酸乙酯生成机理

图 3-44 表明，乳酸乙酯首先吸附在吸附了氧的 Ag 表面发生解离吸附，之后有 B 酸的 H—OY 给出质子 H 与载体上的—OH 基生成水后变成质子接受体……Y，它很容易从 $CH_3CH(O-)COOC_2H_5$ 基获得质子，完成乳酸乙酯到丙酮酸乙酯的转化。

3.3.9.3 纳米级 $Au/\gamma\text{-}Al_2O_3$ 催化剂上的 O_2、CO 和 H_2 吸附及氧化反应机理

早期对一般负载 Au 催化剂的吸氧行为已有报道，指出在 < 170℃情况下负载 Au 催化剂是不吸氧的，直到 200℃才有较明显的吸氧行为，但对高分散态的负载 Au 催化剂上的氧吸附尚未见报道，为此用热分析方法对沉积-沉淀法制备的纳米级 $Au/\gamma\text{-}Al_2O_3$ 催化剂的吸氧行为进行了考查。先将催化剂于 N_2 气氛下程序升温到 350℃，然后切换空气观察冷却过程中的质量变化。图 3-45 为纳米级 $Au/\gamma\text{-}Al_2O_3$ 催化剂于 N_2 气氛下程序升温和于空气下程序降温的 TG-DTG 曲线。

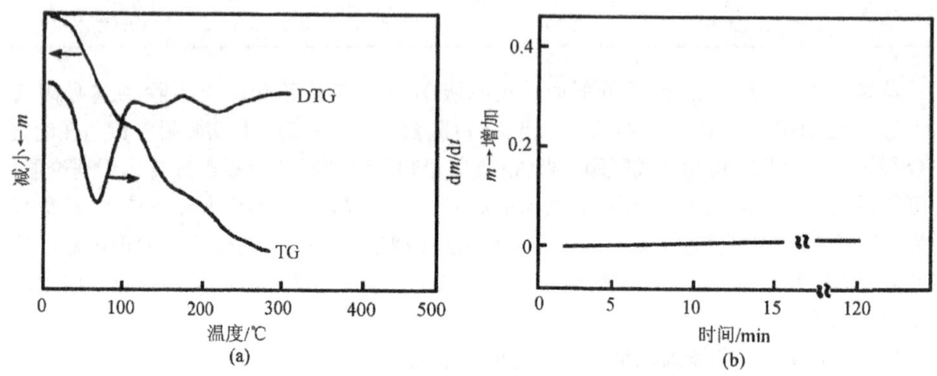

图 3-45 催化剂于 N_2 气氛下程序升温(a)和于空气下程序降温(b)的 TG-DTG 曲线

由图 3-45 纳米级 $Au/\gamma\text{-}Al_2O_3$(a)可以看出，在程序升温段 DTG 曲线上出现三个峰，在其 TG 曲线上皆有对应的失重，为脱表面吸附水和载体脱羟基水，但在冷却 TG 曲线上图 3-45(b)没发现任何质量变化，说明纳米级 $Au/\gamma\text{-}Al_2O_3$ 催化剂在 340℃ ~ 室温区间不吸附氧，这与早期报道不完全相同。与此同时用同样的方法又考查了纳米级 $Au/\gamma\text{-}Al_2O_3$ 催化剂的吸 CO 和吸 H_2 行为。图 3-46 为纳米级 $Au/\gamma\text{-}Al_2O_3$ 催化剂于 N_2 气氛下的程序升温和于 CO 或 H_2 气氛下程序降温的 TG-DTG 曲线。

从图 3-46(b)可见，与图 3-45(b)所不同的是在 CO 或 H_2 下的冷却 TG 曲线一开始就

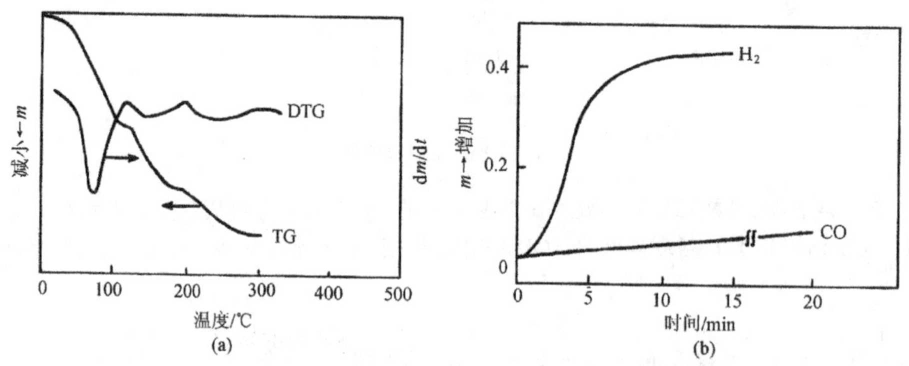

图 3-46 催化剂于 N_2 气氛下程序升温(a)和于 CO 或 H_2 气氛下程序降温(b)的 TG-DTG 曲线

出现增重，直到冷却到室温仍增重不止，这显然是由于吸 CO 和吸 H_2 所致。

以上结果表明，纳米级 Au/γ-Al_2O_3 催化剂是不吸附氧的，但吸附 CO 和 H_2，因此对纳米级 Au/γ-Al_2O_3 催化剂上进行的 CO 氧化反应和氢氧化反应[33]，首先被吸附活化的反应物分子是 CO 和 H_2 而不是 O_2，因此 CO 或 H_2 在纳米级 Au/γ-Al_2O_3 催化剂上的氧化反应，应按 Eley-Rideal 机理进行。

3.3.10　多相催化反应动力学研究

多相催化过程所涉及的反应包罗万象，如吸附、脱附、氧化、还原、加氢、脱氢、积炭、烧炭、烃化、反烃化等。由于这些反应均伴有热量变化和质量变化，原则上都可以用热分析法研究其动力学行为。

催化反应动力学主要是研究反应速率依反应时间、反应物浓度和反应温度的变化规律。有了这些依存关系就可以计算反应动力学参数：反应级数、活化能和频率因子，并依此建立反应速率方程和推断反应机理。过去曾将建立反应速率方程视为催化工程学的目标，将推断反应机理视为催化科学的目标，目前用热分析方法对实现这两个目标皆提供了可能性[34, 35]。

3.3.10.1　苯烷基化反应失活 ZSM-5 催化剂烧炭动力学参数测定[36]

为了充分利用催化裂化干气中的 10%～30%的乙烯，所开发的苯和乙烯烃化制乙苯工艺所采用的 ZSM-5 催化剂，乙烯回收率可达 95%以上，但不足的是反应过程中催化剂上有积炭，需反复通空气再生。为了比较用各种阳离子改性的 ZSM-5 催化剂的再生能力，用 TG-DTG 跟踪了烧炭过程，图 3-47 为其中失活 P、MgZSM-5 催化剂于空气下的烧炭 TG-DTG 曲线。

由图 3-47 可见，在烧炭 DTG 曲线上出现两个峰，在其 TG 曲线上均有对应的失重。第一个峰为脱表面吸附水，第二个峰为积炭的燃烧。

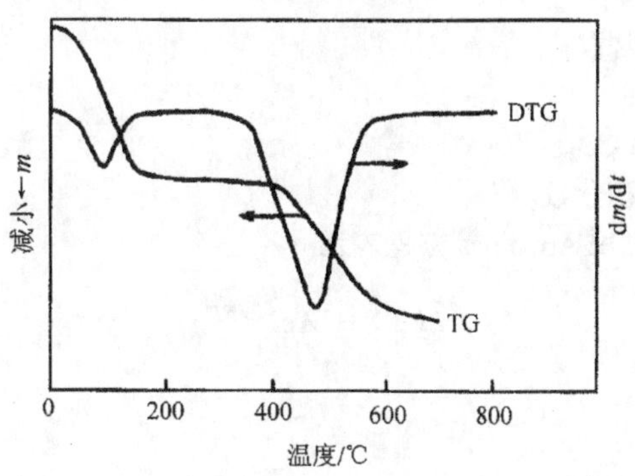

图 3-47　失活催化剂于空气下的烧炭 TG-DTG 曲线

以起始烧炭温度为量度，其烧炭难易次序为：MgZSM-5（386℃）> P、MgZSM-5（382℃）> HZSM-5（335℃）> ZnZSM-5（320℃）。

用 Broid 法计算的烧炭动力学参数列于表 3-23。

表 3-23 失活催化剂于空气下烧炭动力学参数计算结果

催化剂	反应级数 n	活化能 $E/(kJ\cdot mol^{-1})$	频率因子 A/s^{-1}
HZSM-5	1	77.54	5.3×10^3
ZnZSM-5	1	81.01	6.55×10^3
MgZSM-5	2	198.16	8.49×10^{11}
P、MgZSM-5	1.5	180.28	2.07×10^{10}

以烧炭活化能为量度，其烧炭难易次序为：MgZSM-5 > P、MgZSM-5 > ZnZSM-5 > HZSM-5。

可以看出，这个次序与以起始烧炭温度为量度的次序不尽相同，但却与催化剂的酸性大小次序一致，说明积炭与催化剂酸性有关。对 HZSM-5 催化剂由于强酸中心酸性强，导致被称为碳氢炭的多种芳香族化合物的生成容易被烧除，而对其他催化剂由于改性使强酸中心的酸强度减弱，而导致石墨化炭的生成不易烧除。

3.3.10.2 乙烷与 CO_2 制乙烯过程 Fe 系催化剂上积炭速率方程的建立[37]

为了充分利用催化裂化干气中与乙烯几乎同等数量的乙烷，开发了一种具有工业应用前景的乙烷与 CO_2 制乙烯新工艺。该过程催化剂上的积炭，虽然比传统高温水蒸气裂解制乙烯工艺明显减少，但仍是导致催化剂失活的主要原因。为使乙烷与 CO_2 制乙烯新工艺达到最优化设计，积炭速率方程是基础设计依据之一。

对乙烷与 CO_2 制乙烯反应，按常规催化剂上积炭反应速率方程可表示为

$$\frac{dw_C}{dt} = k\,\varphi_e^{n_e}\varphi_d^{n_d} \tag{3-6}$$

式中：$\frac{dw_C}{dt}$——积炭速率；

k——反应速率常数；

n——反应级数；

e，d——C_2H_6 和 CO_2；

φ——反应物体积分数。

反应速率常数 k 可用 Arrenious 方程表示

$$k(T) = Ae^{-E/RT} \tag{3-7}$$

式中：A——频率因子；

E——活化能；

R——摩尔气体常量；

T——热力学温度。

将式(3-6)取对数，则

$$\ln\frac{dw_C}{dt} = \ln k + n_e\ln\varphi_e + n_d\ln\varphi_d \tag{3-8}$$

在特定反应温度下，若固定其中一个反应物的浓度，则 $\ln(\mathrm{d}w_C/\mathrm{d}t)$对 $\ln\varphi$ 作图为一直线，由其斜率可求得反应级数 n_e 和 n_d。

将式(3-7)取对数，则

$$\ln k = \ln A - E/RT \tag{3-9}$$

若反应物浓度固定，则 $\ln k$ 对 $1/T$ 作图为一直线，由其斜率可求得活化能，由其截距可求得频率因子。

表 3-24 列出了 9 Fe/Si-2 和 9 Fe-9 Mn/Si-2 催化剂上积炭动力学参数计算结果。

表 3-24 Fe 系催化剂积炭动力学参数计算结果

催化剂	反应级数		活化能 $E/(\mathrm{kJ\cdot mol^{-1}})$	频率因子 $A/\mathrm{s^{-1}}$
	n_e	n_d		
9 Fe/Si-2	1.04	0.76	75.668	29.7121
9 Fe-9 Mn/Si-2	1.14	0.05	41.662	0.5824

对 9 Fe-9 Mn/Si-2 催化剂，$n_d = 0.05$，说明增加 CO_2 浓度对乙烷与 CO_2 反应过程中催化剂表面积炭影响不明显，这可能是由于 Mn 氧化物的引入抑制了积炭。

根据积炭动力学参数的计算结果，9 Fe/Si-2 和 9 Fe-9 Mn/Si-2 催化剂上乙烷与 CO_2 制乙烯过程的积炭速率方程可表示如下

1）9 Fe/Si-2 催化剂

$$\frac{\mathrm{d}w_C}{\mathrm{d}t} = 29.7121\exp(-75\,668/RT)\varphi_e^{1.04}\varphi_d^{0.76} \tag{3-10}$$

2）9 Fe-9 Mn/Si-2 催化剂

$$\frac{\mathrm{d}w_C}{\mathrm{d}t} = 0.5824\exp(-41\,662/RT)\varphi_e^{1.14}\varphi_d^{0.05} \tag{3-11}$$

由式(3-10)和式(3-11)计算 9 Fe/Si-2 和 9 Fe-9 Mn/Si-2 催化剂于各温度下积炭速率与实测值相对误差为 5%左右。

3.3.10.3 甲醇转化为低碳烯烃失活 ZSM-5 催化剂烧炭反应机理判别

在推进以石油原料制低碳烯烃的进程中开发的甲醇转化为低碳烯烃工艺所采用的 ZSM-5 催化剂在反应过程中也产生积炭。在反复通空气再生过程中，发现水蒸气存在有利于积炭的烧除，对此用热分析方法在建立常规烧炭反应速率方程的同时，还判别了积炭燃烧反应机理。

在等温条件下，烧炭速率方程可表示为

$$\frac{\mathrm{d}w_C}{\mathrm{d}t} = kf(a) \tag{3-12}$$

式中：a——变化率；

$f(a)$——变化率微分函数。

对式(3-12)移项，积分得

$$g(a)=\int\frac{\mathrm{d}a}{f(a)}=kt \tag{3-13}$$

式中，$g(a)$为变化率积分函数。

对一个特定的反应，如果$f(a)$或$g(a)$选择合适，则式(3-13)中的$g(a)$与时间t符合线性关系，此时$f(a)$或$g(a)$所对应的机理模式即为该反应的机理。表3-25列出了Šestak[38]归纳的9种反应机理模式。

表3-25　常用的多相反应机理模式及对应的$f(a)$和$g(a)$

模式代号	反应机理	$f(a)$	$g(a)$
R_1	幂指数成核	1	a
R_2	相界反应	$2(1-a)^{\frac{1}{2}}$	$1-(1-a)^{\frac{1}{2}}$
R_3	相界反应	$3(1-a)^{\frac{2}{3}}$	$1-(1-a)^{\frac{1}{3}}$
D_1	扩散反应	$\frac{1}{2}a^{-1}$	a^2
D_2	扩散反应	$[-\ln(1-a)]^{-1}$	$a+(1-a)\ln(1-a)$
D_3	扩散反应	$\frac{3}{2}[(1-a)^{-\frac{1}{3}}-1]^{-1}$	$\left(1-\frac{2}{3}a\right)-(1-a)^{\frac{2}{3}}$
F_1	成核及核成长	$(1-a)$	$-\ln(1-a)$
F_2	成核及核成长	$2(1-a)[-\ln(1-a)]^{\frac{1}{2}}$	$-\ln(1-a)^{\frac{1}{2}}$
F_3	成核及核成长	$3(1-a)[-\ln(1-a)]^{\frac{2}{3}}$	$-\ln(1-a)^{\frac{1}{3}}$

为判别积炭烧除反应机理，固定催化剂含炭量为0.9%～1.0%，再生气中氧的体积分数为1.5%，水的体积分数为2%。在不同温度下作恒温烧炭TG曲线，在每条曲线上取数个点，由其对应的烧炭失重计算一系列a值，然后按式(3-13)以9种模式的$g(a)$对t进行线性回归。

结果表明：以D组模式相关系数r最大，450℃时，$r=0.9966$；500℃时，$r=0.9969$；550℃时，$r=0.9987$。按D_1、D_2、D_3对应的$f(a)$所建立的烧炭速率方程计算的烧炭速率与实测值比较，以D_1即$f(a)=\frac{1}{2}a^{-1}$误差最小，约为2%，以与D_1对应的各温度下的平均$\ln k$对$1/T$回归，算得烧炭活化能为134.84 kJ·mol^{-1}。频率因子为1.63 s^{-1}。故烧炭速率方程可写为

$$\frac{\mathrm{d}a}{\mathrm{d}t}=1.63\exp(-134\,840/RT)\frac{1}{2}a^{-1} \tag{3-14}$$

即在有水参与下，一维扩散是烧炭反应的控制步骤。

3.4 结　　语

综上所述，近10年热分析在催化研究中的应用得到很大发展。由直接利用二维热分析曲线，到由二维曲线获得更深层次上的数据是一个很大的提高。但对所研究的反应有时还需要旁证，光凭热分析曲线是不能下结论的。比如前面提到的 $MoO_3/\gamma\text{-}Al_2O_3$ 催化剂，在它的还原 TG 曲线上脱除表面水出现两个失重段。其原因可归属为表面和体相负载 MoO_3 的还原，也可归属为结晶态和单层分散态负载 MoO_3 的还原，同时还可归属为处于八配位和四配位 MoO_3 的还原。最后之所以把它归属为八配位和四配位 MoO_3 的还原，一是因为负载量低，不可能出现结晶态；二是因为有激光喇曼(LRS)跟踪的可靠结果。否则光凭热分析曲线是难以确定的。这也就是热分析的局限性所在。在这种情况下必须借助其他技术或分析方法给予确认。因而就出现了热分析技术与各种技术的离线联用或在线联用。如热分析与质谱联用。对煤热解产物分析给出的三维图，可将苯、萘、蒽、苯酚和脂肪族碳氢化合物等分别析出，有助于了解煤的成分和其分解过程。这是传统的二维热分析所不及的。因此热分析与其他技术联用，即三维同步技术仍然是热分析技术发展的必然趋势。

其次，热分析由于是在程序控制温度下的测量，所给出的二维曲线反映了物质某一物性的变化过程，给出的温度是线性升温情况下的温度，而不是物质发生变化的真实温度。为了摆脱热分析的这种局限，近期出现了一种受控热分析(SCTA)或受控率热分析(CRTA)[39]，将样品性质的变化速率由调节样品的温度来控制。由于这种技术可以区分平衡态和非平衡态，所以不仅可观察到样品的完整变化过程，而且可以得到样品产生变化的真实平衡温度。1992年，把温度调节技术引入 DSC，称为 t_m-DSC[40]。显然，将这种温度调节技术引入热分析将是今后的发展方向之一。

另外，在热动力学方面还只局限于单元基元反应过程的动力学研究，尽管热分析非等温动力学沿用了等温均相体系动力学理论和方程，其适用性和可靠性尚有争议，但用在多相催化反应动力学研究上的报道却有增无减。STCA 和 CRTA 新技术和 TA 的区别，在于它是通过控制反应过程中产物气的逸出率达到控制反应速率(一般保持常数)的目的，因此特别适用于多相催化反应。这种新技术将推动热动力学进一步向合理性发展。

总之，随着热分析技术的发展，热分析在催化研究中的应用也将更加广泛。热分析技术将成为催化工作者使用的常规研究工具。

符　号　说　明

3.3.1～3.3.6节

b　SO_4^{2-} 中 O^{2-} 在 $\gamma\text{-}Al_2O_3$ 表面上的个数(3个)

M_r　相对分子质量

N　阿伏伽德罗常量

r　氧离子半径，nm

S　比表面积，m^2/g

S_a　SO_4^{2-} 中一个 O^{2-} 所占的面积

T_v	阈值(即最大单层分散容量)

3.3.7～3.3.10节

A	频率因子，s^{-1}
D_1，D_2，D_3	扩散反应模式代号
E	活化能，kJ/mol
F_1，F_2，F_3	随机成核模式代号
$f(a)$	变化率微分函数
$g(a)$	变化率积分函数
k	速率常数
K_C	常数
m	质量
n	反应级数
R	气体常数
R_1	幂指数成核模式代号
R_2,R_3	相界反应模式代号
r	相关系数
T	绝对温度，K
ΔT	温差，K
t	时间，h或min
u	常数
w_C	积炭量，%
x	可变氧原子数
a	变化率
φ	体积分数

下角标

C	积炭
d	CO_2
e	乙烷

参 考 文 献

[1] 李宏愿,梁娟,汪荣慧等.石油化工,1987,16(5)：340～346
[2] 刘金香,钱义祥,杨宝珍等.催化学报,1984,5(2)：190～193
[3] 刘金香,杨立新,熊大方等.石油化工,1988,17(9)：573～579
[4] 刘金香,牛新伟,高秀英等.现代科学仪器,1998,(5)：40～42
[5] 谢有畅,杨乃芬,刘英俊等.中国科学,B辑,1982,(8)：673～682
[6] Chen Y,Zhang L F. Catal Lett,1992,12:51～62
[7] 胡波,臧雅茹,汪跃民等.催化学报,1996,17(6)：517～521
[8] 刘金香,曲秀云,高秀英等.第六届溶液化学,热力学,热化学,热分析论文报告会摘要集.郑州:中国化学会,STTT专业委员会,1992.377～378
[9] Liu J X,Xu H L,Shen W et al.J Thermal Anal Calorimetry,1999,58：309～315
[10] 董林,陈懿.催化学报,1995,16(2)：85～86
[11] 董林,徐斌,陈懿.第七届全国催化学术会议论文摘要集.大连：中国科学院大连化学物理研究所,1994.464～465
[12] 蒋宗轩,孟淑纯,李灿等.催化学报,1994,15(5)：387～391

[13] 赵壁英,徐献平,陆林等.石油化工,1993,22(4):216~221
[14] 颜建华,刘英骏,桂琳琳等.物理化学学报,1993,9(1):13~20
[15] 李福臣,李新生,辛勤等.催化学报,1993,(增刊):73~77
[16] 罗锡辉,何金海,刘金香等.催化学报,1993,14(5):361~366
[17] Liu J X, Yang L X, Liu M et al. Thermochimica Acta, 1988, 123:121
[18] Liu J X, Yang L X. Thermochimica Acta, 1991, 178:9~17
[19] Liu J X, Yang L X, Liu M et al. Thermochimica Acta, 1988, 123:113~120
[20] Kissinger H E. Anal Chem, 1957, 29(11):1702~1706
[21] 刘金香,王清遐,杨立新等.催化学报,1987,8(2):203~207
[22] Broido A. J Polym Sci, A-2, 1969, 7(10):1761~1773
[23] 温朗友,陶克毅.石油化工,1992,21(1):47~54
[24] 刘旦初,郭蔚曦,丁健等.石油化工,1987,16(3):237~240
[25] 徐华龙,沈伟,项一非等.催化学报,1997,18(5):384~387
[26] 李明,刘金香.现代科学仪器,1999,(5):36~38
[27] 杨永泰,徐华龙,沈伟等.催化学报,1999,20(5):530~534
[28] 王琪,张维新.石油化工,1980,9(10):580~585
[29] 刘金香,王清遐,杨立新等.催化学报,1988,9(2):183~189
[30] 刘金香,蔡光宇,杨立新等.催化学报,1985,6(3):238~244
[31] 王清遐,刘金香、蔡光宇等.石油化工,1997,26(11):725~730
[32] 胡旭灿,沈伟,刘金香等.催化学报,1998,19(5):428~431
[33] Hao Z P, An L D, Zhou J L. Chinese Chem Lett, 1995, 6(4):345~346
[34] Liu J X, Wang Q X, Xu L Y. J Therm Anal Calorimetry, 1999, 58:375~381
[35] Liu J X, Xu L Y, He D B et al. J Therm Anal Calorimetry, 1999, 58:447~453
[36] Liu J X, Wang Q X, Yang L X. Thermochimica Acta, 1988, 135:391~396
[37] 徐龙伢.催化裂化干气综合利用新流程探讨.大连:中国科学院大连化学物理研究所,1998
[38] Šestak J, Berggren G. Thermochimica Acta, 1971, 3:1
[39] Laureiro Y, Jerez A, Rouquerol F et al. Thermochimica Acta, 1996, 278:165~173
[40] Ortega A, Akhouayri S, Rouquerol F. Thermochimica Acta, 1990, 163:25~32

(刘金香,中国科学院大连化学物理研究所)

第 4 章　多晶 X 射线衍射

决定物质性能的因素不仅是其分子的化学组成，还有相关原子在空间结合成分子或物质的方式，即结构形式。因此结构与结构分析一直是化学学科发展中很活跃的部分。

作为结构研究基础的 X 射线晶体学已趋成熟，相关的繁重计算也因计算机的广泛使用而成为可行。无疑，在当今以更大的投入发展 X 射线晶体学在催化及其他领域中的应用与应用研究已势在必行和势在必得。

在当今材料科学的基础研究和应用研究中，功能意识的加强以及对结构与性能联系规律认识的不断提高，人们期望着实现以性能为导向寻找和设计出最适宜结构的最佳化合物。为此发展相关的结构分析测试方法有着重要的意义和不可限量的前景。

多晶 X 射线衍射，由于样品易得以及样品与实际体系相接近等，作为一项研究物质结构的技术，在学科研究和工程技术中的应用将日趋广泛和富有成效。

4.1　晶体对 X 射线的衍射

自然界中的晶体大小悬殊、形状各异，然而，深入观察不难发现它们有惊人的一致性。理想的晶体结构是具有一定对称性关系的、周期的、无限的三维点阵结构。一个点阵点代表结构中一个不对称单元。晶体的宏观对称性有 32 种对称类型，称 32 点群，晶体的理想外形和宏观物理性质制约于 32 点群，而原子和分子水平上的空间结构的对称性则分属于 230 个空间群，它制约着晶体中原子的分布[1,2]。

X 射线是一种电磁波，入射晶体时晶体中产生周期变化的电磁场。原子中的电子和原子核受迫振动，原子核的振动因其质量很大而忽略不计。振动着的电子成为次生 X 射线的波源，其波长、周相与入射光相同。基于晶体结构的周期性，晶体中各个电子的散射波可相互干涉相互叠加，称之为相干散射或 Bragg 散射，也称衍射。散射波周相一致相互加强的方向称衍射方向。衍射方向取决于晶体的周期或晶胞的大小。衍射强度由晶胞中各个原子及其位置决定。衍射方向和衍射强度均可被一定的实验装置记录下来。

4.1.1　衍射方向

4.1.1.1　Bragg 方程

波长为 λ 的 X 射线入射任一点阵平面上，在这一点阵面上各个点阵点的散射波相互加强的条件是入射角与反射角相等，入射线、反射线和晶面法线在同一平面上(见图 4-1)。

晶体的空间点阵可以划分成若干个平面点阵族。平面点阵族是一组相互平行间距相等的平面，以晶面指标 $h^* k^* l^*$ 表示，$h^* k^* l^*$ 是有理指数定律决定的三个互质的整数。晶面间距以 $d_{h^*k^*l^*}$ 表示。X 射线入射到这族平面点阵上，若入射线与点阵平面的交角为 θ，并满足

$$2d_{h^*k^*l^*}\sin\theta_{hkl} = n\lambda$$

的关系时，各个点阵平面的散射波将相互加强产生衍射，上式称为 Bragg 方程。式中 $h = nh^*, k = nk^*$，$l = nl^*$，h、k、l 称为衍射指标，与 hkl 相对应的衍射角为 θ_{hkl}，在同一组点阵平面 $h^*k^*l^*$ 上可以产生 n 级衍射。n 称为衍射级数，是有限的正整数，其数值应使 $\sin|\theta_{hkl}| \leqslant 1$，$\theta_{hkl}$ 为衍射方向。

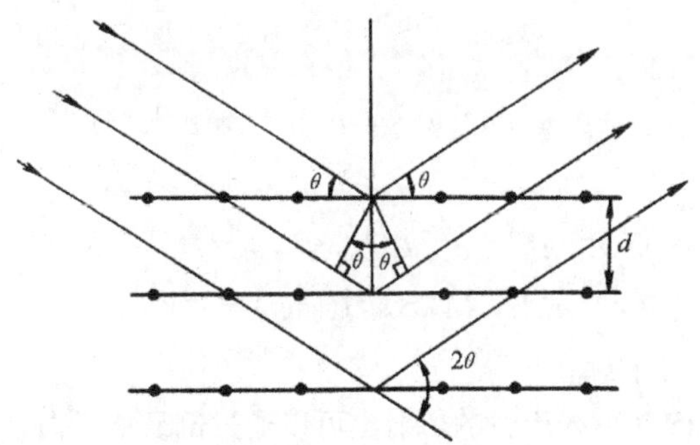

图 4-1　平面点阵族的衍射方向

严格的三维周期结构的晶体对 X 射线的散射皆为 Bragg 散射。在其 X 射线衍射谱中，每个衍射都表现为一个尖锐的衍射峰。当结构中的原子呈某种无序排列时，这类原子中的电子在 X 射线的作用下虽然也能产生与入射光波长一致的散射光，但不遵从 Bragg 方程，于是将出现弥散散射，称此为非 Bragg 散射。如具有层状结构的 β 沸石分子筛，它是层内具有严格周期、层间存在着堆垛层错的部分层无序结构[3,4]，因而在 β 沸石分子筛的衍射图谱上既有 Bragg 散射相关的尖锐的衍射峰，也有非周期性造成的非 Bragg 散射相关的弥散散射（见图 4-2）。

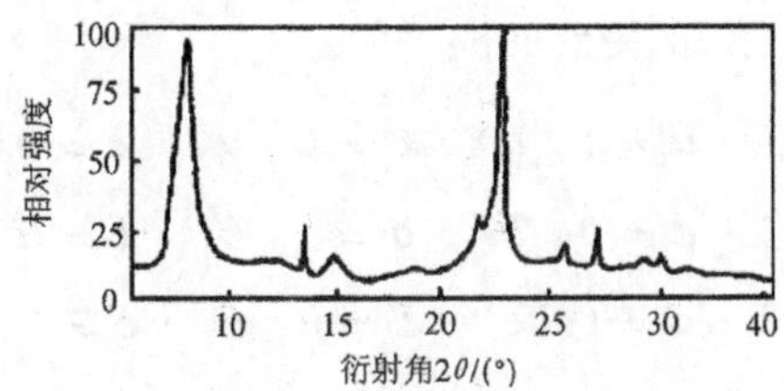

图 4-2　β-沸石分子筛的 XRD 图

晶面间距 $d_{h^*k^*l^*}$ 与晶胞参数 a、b、c、α、β、γ 之间的关系如下：

立方晶系

$$d_{h^*k^*l^*} = [(h^{*2} + k^{*2} + l^{*2})a^{-2}]^{-1/2}$$

六方晶系

$$d_{h^*k^*l^*} = [4/3(h^{*2} + h^*k^* + k^{*2})a^{-2} + l^{*2}c^{-2}]^{-1/2}$$

三方晶系

$$d_{h^*k^*l^*} = \{a^{-2}(1 + 2\cos^3\alpha - 3\cos^2\alpha)^{-1}[(h^{*2} + k^{*2} + l^{*2}) \cdot \sin^2\alpha + 2(h^*k^* + k^*l^* + l^*h^*)(\cos^2\alpha - \cos\alpha)]\}^{-1/2}$$

四方晶系

$$d_{h^*k^*l^*} = [(h^{*2} + k^{*2})a^{-2} + l^{*2}c^{-2}]^{-1/2}$$

正交晶系

$$d_{h^*k^*l^*} = (a^{-2}h^{*2} + b^{-2}k^{*2} + c^{-2}l^{*2})^{-1/2}$$

单斜晶系

$$d_{h^*k^*l^*} = [(a^{-2}h^{*2} + b^{-2}k^{*2}\sin^2\beta + c^{-2}l^{*2} - c^{-1}a^{-1}2l^*h^*\cos\beta)(\sin\beta)^{-2}]^{-1/2} \tag{4-1}$$

三斜晶系:应用甚少,从略。

晶体和波长为 λ 的 X 射线产生的衍射也可以通过倒易格子向量 $\boldsymbol{H}$（hkl）来表示，$\boldsymbol{H}$（hkl）$= h\boldsymbol{a}^* + k\boldsymbol{b}^* + l\boldsymbol{c}^*$。该向量是倒易空间中从倒易格子原点指向坐标为（$hkl$）的倒易格子点之间的向量，它代表 $h^*k^*l^*$ 平面上产生的各级衍射。hkl 为衍射指标，$\boldsymbol{a}^*$、$\boldsymbol{b}^*$、$\boldsymbol{c}^*$ 以及 α^*、β^*、γ^* 为倒易点阵对应的倒易晶胞参数。$\boldsymbol{H}$（110）$= \boldsymbol{a}^* + \boldsymbol{b}^*$，$\boldsymbol{H}$（220）$= 2\boldsymbol{a}^* + 2\boldsymbol{b}^*$，这两个向量分别代表（110）晶面上产生的 110 和 220 两个衍射，$\boldsymbol{H}$ 向量的方向皆平行于（110）晶面的法线，其长度分别为 $1/d_{110}$ 和 $2/d_{110}$。

当 $\boldsymbol{s}_0$ 为入射方向的单位向量，$\boldsymbol{s}$ 为衍射方向的单位向量时，Bragg 方程的向量表达式如下

$$\frac{\boldsymbol{s}}{\lambda} - \frac{\boldsymbol{s}_0}{\lambda} = H$$

晶胞参数与倒易晶胞参数之间的关系如下：

$$\boldsymbol{a}^* \cdot \boldsymbol{a} = 1 \quad \boldsymbol{a}^* \cdot \boldsymbol{b} = 0 \quad \boldsymbol{a}^* \cdot \boldsymbol{c} = 0$$

$$\boldsymbol{b}^* \cdot \boldsymbol{a} = 0 \quad \boldsymbol{b}^* \cdot \boldsymbol{b} = 1 \quad \boldsymbol{b}^* \cdot \boldsymbol{c} = 0$$

$$\boldsymbol{c}^* \cdot \boldsymbol{a} = 0 \quad \boldsymbol{c}^* \cdot \boldsymbol{b} = 0 \quad \boldsymbol{c}^* \cdot \boldsymbol{c} = 1$$

$$\cos\alpha^* = \frac{\cos\beta\cos\gamma - \cos\alpha}{\sin\beta\sin\gamma}$$

$$\cos\beta^* = \frac{\cos\gamma\cos\alpha - \cos\beta}{\sin\gamma\sin\alpha}$$

$$\cos\gamma^* = \frac{\cos\alpha\cos\beta - \cos\gamma}{\sin\alpha\sin\beta}$$

当以 V^* 代表倒易晶胞体积时，

$$\boldsymbol{a}=\frac{\boldsymbol{b}^*\times\boldsymbol{c}^*}{V^*}\qquad \boldsymbol{b}=\frac{\boldsymbol{c}^*\times\boldsymbol{a}^*}{V^*}\qquad \boldsymbol{c}=\frac{\boldsymbol{a}^*\times\boldsymbol{b}^*}{V^*}$$

$\boldsymbol{a}^*$、$\boldsymbol{b}^*$、$\boldsymbol{c}^*$、α^*、β^*、γ^* 与 $\boldsymbol{a}$、$\boldsymbol{b}$、$\boldsymbol{c}$、α、β、γ 互为倒易。

4.1.1.2 Ewald 反射球

若沿着入射 s_0 方向以 $1/\lambda$ 为半径过倒易格子原点作一个球，此球面称 Ewald 反射球。从图 4-3 可见，球面上的任意倒易格子点(h,k,l)都符合衍射条件而产生衍射，球心指向格子点的方向即为衍射方向。当晶体相对入射线有一种取向，即倒易格子分布一定时即有一定数量的倒易格子点落到球面上，产生相应数目的衍射。当改变晶体取向，即倒易格子与反射球做相对运动的过程，将有另一些倒易格子点落到反射球面上。因此晶体(倒易格子)和反射球之间不同形式的相对运动对应于晶体的 X 射线衍射的各种实验。以倒易格子原点为中心，以 $2/\lambda$ 为半径的球面称为极限球。当晶体和反射球做相对运动时，落在极限球上的倒易格子点(h,k,l)都有可能产生衍射，也只有这些点能够产生衍射。波长一定时，反射球大小一定。倒易格子参数 $\boldsymbol{a}^*$、$\boldsymbol{b}^*$、$\boldsymbol{c}^*$ 越小(晶胞越大)，倒易格子点越密集，所产生衍射的数目也越多。

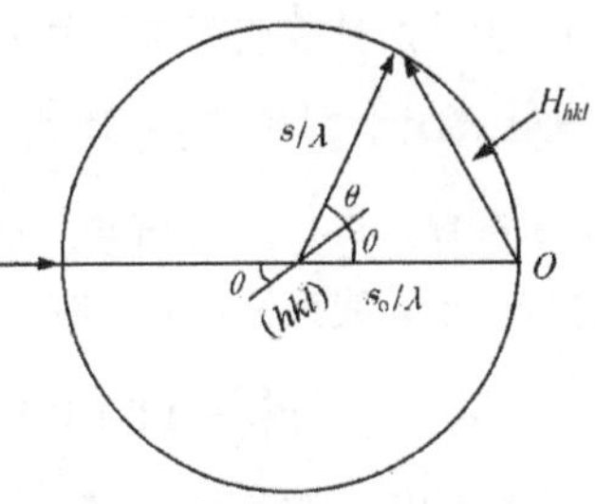

图 4-3 *Ewald* 反射球

在可行的实验条件下，不同的运动方式将产生不同的衍射图案，获得不同的信息。因此，各种收集衍射数据的实验方法，都是根据倒易格子与反射球的相对关系设计的。相应的实验结果，也都可用反射球和倒易格子的相对关系来解释。

多晶粉末样品，是由无数取向机遇的小晶粒组成的。晶面取向全方位都是等概率的，因此，样品中($h^*k^*l^*$)晶面对应的倒易格子线 $H(hkl)$是球形对称的。这样一些倒易格子线上的端点，与反射球面相交，将得一个圆环。环上各点与球心连线都是衍射方向，其组合是一圆锥，其张角为 4θ (θ 为 Bragg 角)。不同的 $H(hkl)$对应于张角不同的圆锥，其结果在与轴线相垂直的平面上将分布着与大小不同的 θ 相对应的圆环。

4.1.2 衍射强度

Bragg 方程只确定衍射方向，衍射强度是由晶体晶胞中原子的种类、数目和排列方式决定的。仪器等实验条件对其数值也有影响。

多晶 X 射线衍射强度

$$I(hkl)=I_0\frac{e^4}{m^2c^4}\left(\frac{\lambda^3}{16\pi R\sin^2\theta\cos\theta}\right)\frac{1+\cos^2 2\theta}{2}\left(\frac{|F(hkl)|^2}{V_c^2}\right)DJV \tag{4-2}$$

式中：V——参加衍射的样品的有效体积，与吸收系数有关；

V_c——晶胞体积。

如不考虑吸收,式(4-2)可表示如下

$$I(hkl) = K\,P\,L\,D\,J\,|F(hkl)|^2$$

式中,K 是与样品和实验条件有关的常数。

(1) 极化因子和 Lorentz 因子(PL)

极化因子 $P = (1 + \cos^2 2\theta)/2$ 是由于未偏振化的 X 射线束照射到电子上,其散射波的强度各个方向不等而引入的校正项。$L = 1/(2\sin^2\theta\cos\theta)$,是考虑到实际情况下样品结晶不够完善,实验条件不够理想所引起的衍射方向偏离和衍射线束弥散对强度的影响而引入的。上述两种效应都与衍射角 θ 有关,一般统称 PL 为角因子,即

$$PL = (1 + \cos^2 2\theta)/2 \cdot 1/(2\sin^2\theta\cos\theta)$$

经单色器单色化的 X 射线已部分偏振化,上述关系不再适用。当应用石墨单色器,此附件置于衍射线束一侧时,有

$$PL = (1 + 0.894\cos^2 2\theta)/[(1 + \cos^2 2\theta)\sin^2\theta\cos\theta]$$

(2) 温度因子(D)

晶体中的原子普遍存在热运动。通常所谓的原子坐标是指它们在不断振动中的平衡位置。随着温度的升高,其振动的振幅增大。这种振动的存在增大了原子散射波的位相差,影响了原子的散射能力,因此,引入一个校正项 D。在晶体中,特别是对称性低的晶体,原子各个方向的环境并不相同,因此严格地说,不同方向振动的振幅是不等的。如果忽略振动的这种各向异性,D 可表示为

$$D = \exp(-B\sin^2\theta/\lambda^2)$$

$$B = 8\pi^2\langle u^2\rangle$$

$\langle u^2\rangle$为原子振动振幅平方的平均值。上述关系是 P. Debye 和 I. Waller 首先建立的,故也称 Waller-Debye 因子。在晶体里,结构状态相同的原子,$\langle u^2\rangle$应该是相同的,因此,处在同一套等效点系的原子,可以取相同的 B 值。在初步计算中,晶体中的不同种原子也可以取同一个常数 B 为初值,再进行修正。

(3) 倍数因子(J)

多晶 X 射线衍射服从 Bragg 方程 $2d\sin\theta = n\lambda$。由于对称性的作用,某些衍射可能具有相同的 d 值(表 4-1)。例如正交晶系

$$d(hkl) = [(h/a)^2 + (k/b)^2 + (l/c)^2]^{-1/2}$$

适应上述方程,下列 8 个衍射:hkl,$\bar{h}kl$,$h\bar{k}l$,$hk\bar{l}$,$\bar{h}\bar{k}l$,$h\bar{k}\bar{l}$,$\bar{h}k\bar{l}$,$\bar{h}\bar{k}\bar{l}$,具有相同 d 值,在衍射谱上,它们将重叠在一起,这 8 个衍射,不仅 d 值相同,其强度数值也严格相等,称此为对称性重叠。8 被称为 hkl 衍射的倍数因子(或多重性因子)。对于 $hk0$ 衍射,$hk0$,$\bar{h}k0$,$h\bar{k}0$,$\bar{h}\bar{k}0$ 等 4 个衍射的 d 值和强度值也严格相等,4 即为 $hk0$ 衍射的倍数因子。属于同一 Laue 点群的晶体,其倍数因子相同。

表 4-1　各种晶系不同衍射类型的倍数因子

对称性	衍射类型及倍数因子 J						
立方晶系	(hkl)	(hhl)	$(hk0)$	$(hh0)$	(hhh)	$(h00)$	
O_h, O, T_d	48	24	24	12	8	6	
T_h, T	2(24)	24	2(12)	12	8	6	
六方晶系及三方晶系	(hkl)	(hhl)	$(h0l)$	$(hk0)$	$(hh0)$	$(h00)$	$(00l)$
$D_{6h}, D_6, D_{3h}, C_{6v}$	24	12	12	12	6	6	2
C_{6h}, C_6, C_{3h}	2(12)	12	12	2(6)	6	6	2
D_{3d}, D_3, C_{3v}	2(12)	12	2(6)	12	6	6	2
C_{3i}, C_3	4(6)	2(6)	2(6)	2(6)	6	6	2
四方晶系	(hkl)	(hhl)	$(h0l)$	$(hk0)$	$(hh0)$	$(h00)$	$(00l)$
$D_{4h}, D_4, C_{4v}, D_{2d}$	16	8	8	8	4	4	2
C_{4h}, C_4, S_4	2(8)	8	8	2(4)	4	4	2
正交晶系	(hkl)	$(h0l)$	$(hk0)$	$(0kl)$	$(h00)$	$(0k0)$	$(00l)$
D_{2h}, D_2, C_{2v}	8	4	4	4	2	2	2
单斜晶系	(hkl)	$(h0l)$	$(h00)$				
C_{2h}, C_2, C_s	4	2	2				
三斜晶系	所有类型 $J=2$						
C_1, C_i							

(4) 结构因子(F)

结构因子 $F(hkl)$是一个晶胞对散射 X 射线振幅的贡献。结构因子的向量表示见图 4-4，令 $\boldsymbol{s}$ 和$\boldsymbol{s}_0$ 向量分别代表入射方向和衍射方向的单位向量。在 $\boldsymbol{a}$、$\boldsymbol{b}$、$\boldsymbol{c}$ 所规定的晶胞中包含有 N 个原子，第 j 个原子在晶胞中的分数坐标为 $x_jy_jz_j$，原子散射因子为 f_j，从晶胞原点到第 j 个原子的向量 $\boldsymbol{r}_j = \boldsymbol{a}x_j + \boldsymbol{b}y_j + \boldsymbol{c}z_j$。对于衍射 hkl，通过原子 j 与晶胞原点散射波的程差和相差分别是

$$l_j = \boldsymbol{r}_j(\boldsymbol{s} - \boldsymbol{s}_0)$$

$$\varphi_j = 2\pi\boldsymbol{r}_j(\boldsymbol{s} - \boldsymbol{s}_0)/\lambda = 2\pi\boldsymbol{r}_j\boldsymbol{H}$$

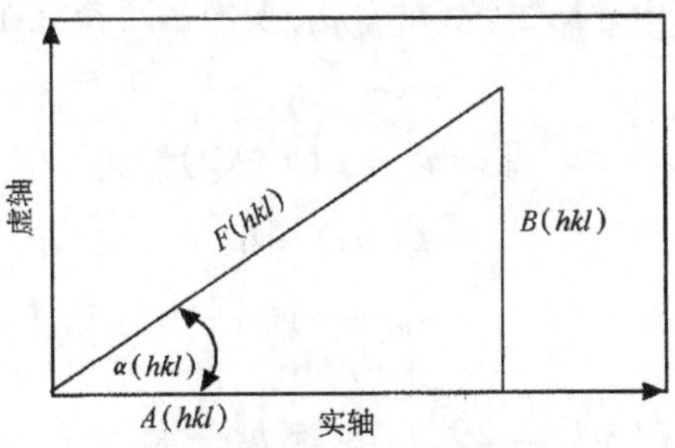

图 4-4　结构因子的向量表示

$\boldsymbol{H}$ 为倒易格子向量，则结构因子为

$$F(\boldsymbol{H}) = \sum_{j=1}^{n} f_j \exp[-2\pi i \boldsymbol{r}_j \boldsymbol{H}]$$

$$F(hkl) = \sum_{j=1}^{n} f_j \exp[-2\pi i(hx_j + ky_j + lz_j)]$$

$$= \sum_{j=1}^{n} f_j [\cos 2\pi(hx_j + ky_j + lz_j) - i\sin 2\pi(hx_j + ky_j + lz_j)] \tag{4-3}$$

结构因子的数值是由晶胞中原子的种类、数目和分数坐标决定的。

$$F(hkl) = |F(hkl)| \exp(-i\alpha_{hkl})$$

$$= |F(hkl)| (\cos\alpha_{hkl} - i\sin\alpha_{hkl})$$

$$= A(hkl) - iB(hkl) \tag{4-4}$$

$$A(hkl) = \sum_{j=1}^{n} f_j \cos 2\pi(hx_j + ky_j + lz_j) = |F(hkl)| \cos\alpha_{hkl}$$

$$B(hkl) = \sum_{j=1}^{n} f_j \sin 2\pi(hx_j + ky_j + lz_j) = |F(hkl)| \sin\alpha_{hkl}$$

α_{hkl}为相角

$$\alpha_{hkl} = \arctan \frac{B(hkl)}{A(hkl)} \tag{4-5}$$

求取 $F(hkl)$的数值在许多情况下并非易事。依照衍射强度 $I(hkl)$正比于$|F(hkl)|^2$ 的关系，从实验所得的衍射强度数值中可求出结构因子的模$|F(hkl)|$，只有再已知相角 α_{hkl} 的条件下，才可求得结构因子 $F(hkl)$。然而求得 α_{hkl}必须有一定数量的可靠的结构信息，在结构分析之初未必具有这个条件，因此求取相角是运用 $F(hkl)$进行结构分析工作的难点。

晶胞原点不同，相角也不相同。

当晶体具有对称中心，且晶胞原点位于对称中心上时，其相角是一个简单的数值。此时晶胞中的 N 个原子中有$N/2$个处在 $x_jy_jz_j$，另有 $N/2$ 个处在$\overline{x_j}\ \overline{y_j}\ \overline{z_j}$，依照式(4-3)、式(4-4)和式(4-5)，则

$$A(hkl) = \pm |F(hkl)|$$

$$B(hkl) = 0$$

$$\alpha_{hkl} = 0 \text{ 或 } \pi$$

$$F(hkl) = 2\sum_{j=1}^{N/2} f_j \cos[2\pi(hx_j + ky_j + lz_j)]$$

在这种情况下，可以比较容易地取得 $F(hkl)$值。

(5) 原子散射因子(f)

在结构因子的表达式中，f 为原子散射因子，它相关于一个原子散射波的振幅，其数值与衍射角有关[5]。

(6) 原子占有率因子(n)

当结构中某一位置上的平均原子数小于 1 时，这个结晶学位置上的原子对于 X 射线的散射能力将小于一个原子的。处在这个位置上的原子 j 的原子散射因子应乘以一个小于 1 的倍数 n_j，即

$$n_j = \frac{\text{处在该套等效点系上的原子数目}}{\text{该套等效点系位置的数目}}$$

n_j 称为原子 j 的占有率。引入占有率 n 变量之后，结构因子的表达式应为

$$F(hkl) = \sum_{j=1}^{n} n_j f_i \exp[-2\pi i(hx_j + ky_j + lz_j)]$$

4.2 衍射数据的收集

4.2.1 照相法

20 世纪 50 年代以前，有关 X 射线衍射的各种实验都是用照相底片记录衍射线的位置和强度，相关的设备除 X 射线发生器之外，还有各种型式的照相机。

4.2.1.1 Debye-Scherrer 法

Debye 相机呈圆筒状，内壁平滑，曲率准确，感光底片贴紧内壁，$\varphi = 0.5 \sim 0.8$mm 的棒状样品是由一根细而均匀的玻璃丝(B-Al)通过加拿大树胶将无数小晶体黏附其上后捻搓而成的。样品直立相机中心，中心有旋转轴带动样品转动。

光源为点焦点，入射光束通过平直器入射到样品上，由于样品中大量的小晶粒取向机遇，对于每个晶面族总有许多小晶粒同时处在符合衍射条件的位置上。依照其倒易格子 $H(hkl)$和反射球相作用的关系，衍射线将形成连续的以入射线方向为轴的、张角为 4θ 的圆锥。不同的 $d(hkl)$晶面族同时产生衍射，于是，形成一系列同轴而不同张角的圆锥。在照相的条件下，这些锥面与底片相遇时使底片同时感光形成一系列同心圆。底片展开后将留有一系列的弧线段。图 4-5 是 Debye 相机沿旋转轴的投影，图中 AB 线段的长度为 $2S$(mm)，当衍射角 θ 单位为弧度时

$$4\theta R = 2S$$

$$\theta(\text{弧度}) = \frac{S}{2R}$$

$$\theta(\text{度}) = \frac{S}{2R} \times 57.3$$

式中，R 为照相机半径。

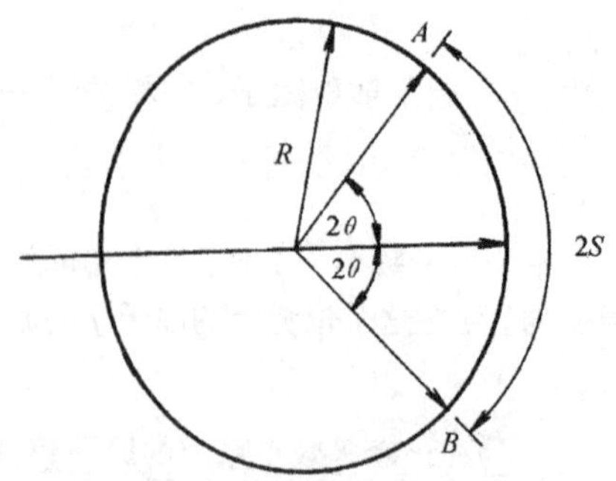

图 4-5　Debye 相机沿旋转轴的投影衍射圆锥

为方便起见，标准的 Debye 相机直径取 57.3mm 或 114.6mm，衍射强度由线条的黑度获得。

Debye 法中各个 d 值相关的衍射线同时被底片记录，相对强度可靠。小晶体是在玻璃棒滚动中黏附其上的，也少有择优取向。但是，受感光底片灵敏度的限制，必须长时间积累衍射信号衍射线才有满足测量需要的黑度。实验时间很长，冲洗底片和测量强度的工作都十分繁琐。因此 Debye 照相法逐渐被现代的衍射仪所取代。

4.2.1.2　聚焦法

在 Debye 法中，入射线虽经平直器限制，但仍有一定的张角，从而加重了背底，降低了灵敏度。聚焦照相机能使有一定发散度的衍射线集合为一个点或一条线而落到底片上。

聚焦照相机也是圆筒状的，半径为 R，样品是诸多小晶粒压成薄片并制成弧形，其弧度与相机曲率相等，见图 4-6。

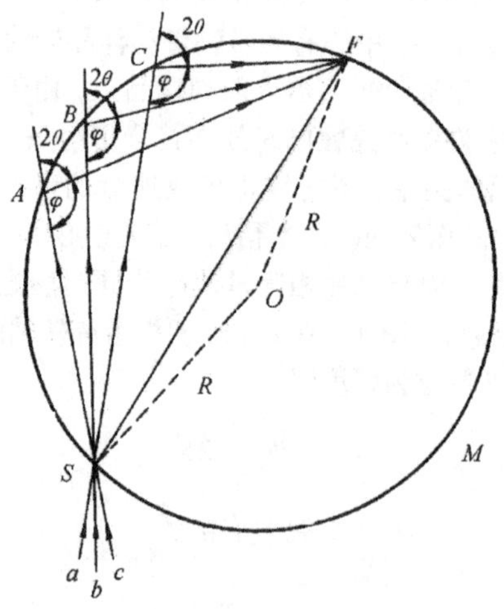

图 4-6　聚焦照相机

图 4-6 中 S 为入射线焦点，底片紧贴相机内壁分布在 FMS 区域内。入射线发散地射

到整个样品上，在 A、B、C 范围内 $d(h^* k^* l^*)$ 相同晶面所产生的衍射，其衍射角皆为 2θ，以 A、B、C 三点为顶的圆周角 φ 皆等于 $(\pi-2\theta)$，它们将立于同一个弦 SF 上，因此数个衍射束会聚于 F 点而被底片吸收，达到了聚焦的目的。聚焦半径与相机半径相等。这种聚焦作用提高了照相法的灵敏度。

在 $\triangle BFS$ 中，$2\theta=\angle BFS+\angle BSF$，因为 $\angle BFS$ 对应弧 BAS，$\angle BSF$ 对应弧 FCB，故 $(\angle BFS+\angle BSF)$ 对应弧 $FCBAS$。圆周角可以用对应弧的 1/2 表示，所以

$$2\theta = 1/2\ FCBAS/R, \quad \theta = 1/4\ FCBAS/R$$

用弧度表示，则衍射角

$$\theta = 1/4\ FCBAS/R\ 57.3(°)$$

4.2.2 衍射仪法[6]

衍射仪是 20 世纪 50 年代出现的应用测角仪和计数器记录衍射图谱的装置。

4.2.2.1 测角仪的几何设计

测角仪的结构如图 4-7 所示。

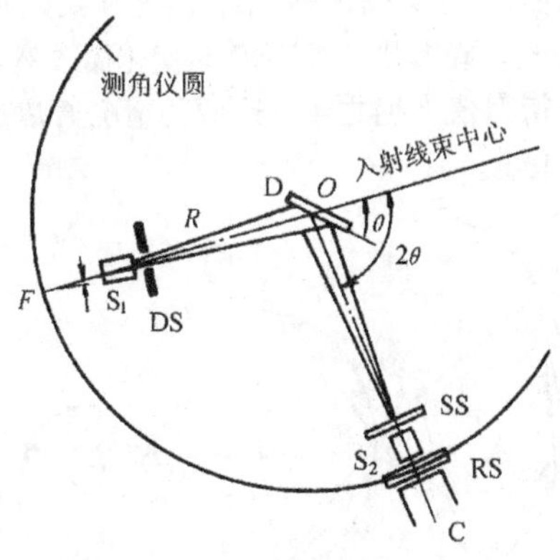

图 4-7 衍射仪的结构

图 4-7 中，F 为入射 X 射线焦点；D 为平板样品；O 为测角仪和样品台中心；C 为计数器。从光源 F 到样品中心 O 的距离与 O 到计数器 C 的距离相等，都等于测角仪的半径(或称扫描半径) R。当样品与计数器绕 O 旋转时上述距离保持不变。入射的 X 光经过入射狭缝 DS(限制入射光束的发散度)，衍射光经过防散射狭缝 SS(防空气散射进入)和限制衍射线束的接收狭缝光阑 RS。在光路上还有两组由平行金属片组成的 Soller 狭缝 S_1S_2，其作用是限制入射和衍射光束的垂直发散度。SS、S_2、RS 等狭缝和计数器 C 都装在同一个支架上，在实验过程中联合转动。

4.2.2.2 衍射仪的聚焦

衍射仪是在聚焦照相机原理的基础上设计的，但聚焦条件有所不同，见图 4-8。

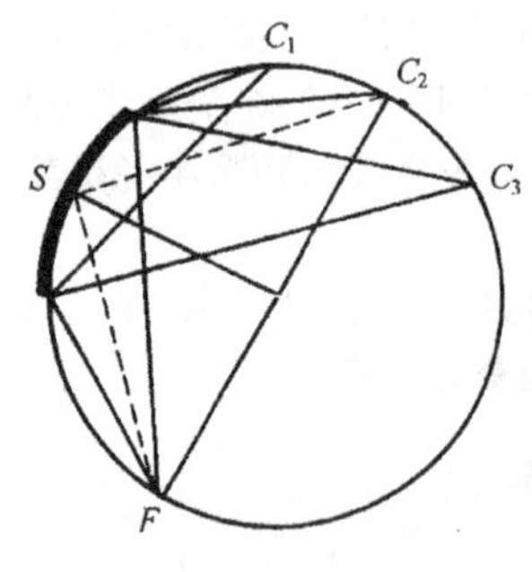

图 4-8 衍射仪的聚焦条件

X 射线从 F 入射到样品上，在 X 光照射范围内 d 值不同的晶面所对应的衍射角 θ 各不相同。$d(h_1k_1l_1)$ 相关于 θ_1；$d(h_2k_2l_2)$ 相关于 θ_2；$d(h_3k_3l_3)$ 相关于 θ_3，其衍射线分别落于 C_1、C_2、C_3 三个点上。对于聚焦照相机来说，大面积底片可把这三个衍射信号同时记录下来，但是对于衍射仪来说，计数器接收的范围是它所在的一个点，而计数器的位置受衍射仪设计的制约，一个 θ 对应一个位置。在图 4-8 所示的情况下，只有一个 $d(h_2k_2l_2)$ 相关的信号符合条件而被 C_2 接收，产生这个衍射的晶面应基本上平行于样品平面。为获得其他衍射信号，必须改变入射角 θ，为此样品应绕中心轴旋转，同时计数管也作相应的移动以捕捉相应的信号。

按图 4-9 所示，若光源 F 不动，令样品和探头绕衍射仪轴，向 2θ 增大的方向旋转，$FS = SC_1$ 对应于衍射角 θ_1，$FS = SC_2$ 对应于衍射角 θ_2，$FS = SC_3$ 对应于衍射角 θ_3，聚焦圆为过 F、S、C 三点的外接圆，$2\theta_1$ 相关的聚焦半径为 r_1，$2\theta_2$ 相关的聚焦半径为 r_2，$2\theta_3$ 相关的聚焦半径为 r_3。上述结果说明一个聚焦圆对应一个与 d 和 θ 相关的衍射。为收集到样品所有衍射，必须令样品和计数器同时旋转，以满足衍射条件和聚焦条件。样品和计数器的不断运动也称扫描。在扫描过程中，在 θ 和聚焦圆半径的不断变化中，一个个衍射相继被计数器 C 接收。聚焦圆半径随 θ 的变化而改变。当 $2\theta = 0$ 时，聚焦圆半径 $r = \infty$；当 $2\theta = \pi$ 时，r 为衍射仪半径之半。这两种情况通常是不存在的，衍射仪实用的扫描范围一般为 $2\theta = 4° \sim 160°$。

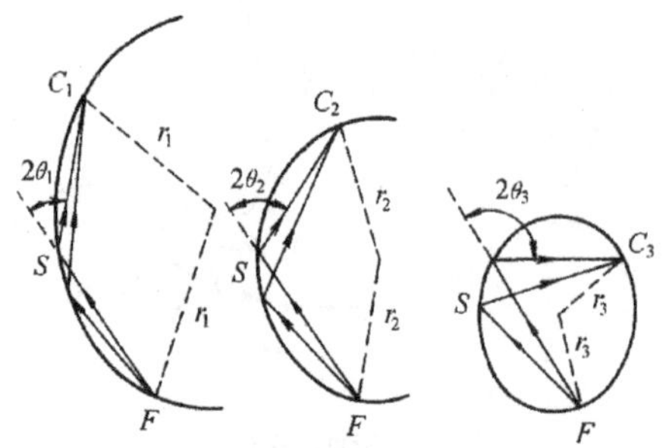

图 4-9 衍射仪的聚焦几何

聚焦法的聚焦半径就是聚焦照相机的半径，其曲率是恒定的。为取得良好的聚焦效果，样品压成片状并呈弧形，其曲率与相机圆和聚焦圆相同。而衍射仪工作时，聚焦半径是不断改变的。样品曲面无法适应聚焦圆半径的变化而改变其曲率。为此，将衍射仪用的样品简化成平板状，装在衍射仪的中心旋转轴上，使其平面始终与聚焦圆相切。

4.2.2.3 样品与计数器旋转速度的关系

图 4-10 说明了样品平面与计数器探头在扫描过程中它们位置的相对关系。S 为平板样品；F 为入射线焦点；C 为计数器探头。图 4-10 中样品平面为 S_1，处在扫描半径端点的探头 C_1 符合衍射条件；若样品平面绕 O 轴转动 θ，即 S_1 平面转至 S_2，求算探头 C_2

处在什么位置也符合衍射条件，今通过角度的数值求二者的运动速率的比值。若探头相应移动至 C_2 时，也符合衍射条件，已知$\angle S_1OS_2=\theta$，求$\angle C_1OC_2=?$。

OH_1 为 S_1 面的法线，OH_2 为 S_2 面的法线，$\angle FOH_1=\angle H_1OC_1$，$\angle FOH_2=\angle H_2OC_2$，已知$\angle H_1OH_2=\theta$，$\angle FOH_1-\angle FOH_2=\theta$，$2(\angle FOH_1-\angle FOH_2)=2\theta$，$\angle C_1OC_2=\angle FOC_1-\angle FOC_2$，因为$\angle FOC_1=2\angle FOH_1$，$\angle FOC_2=2\angle FOH_2$，所以$\angle C_1OC_2=2(\angle FOH_1-\angle FOH_2)=2\theta$。结果说明样品与探头的转速为 1∶2，样品平面转动 θ 时，计数器探头摆动的圆心角为 2θ。按此关系运动 OC 始终为衍射方向，计数器 C 的位置皆在聚焦圆上。

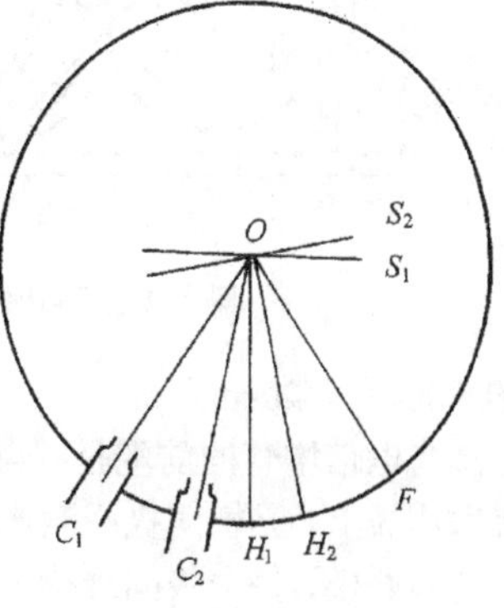

图 4-10 样品与计数器旋转速度的关系

4.2.2.4 测角仪的特点

综上可知，测角仪有下列特点。

1) 固定光源线焦点，光源焦点到样品中心的距离与样品中心到探头的距离相等。

2) 平板样品，在这种情况下，样品的吸收系数与衍射角 θ 无关。

3) 不在聚焦圆上的信号不能被计数器接收，因此一个聚焦条件对应一个衍射。

4) 为收集到所有晶面可能发生的全部衍射，实验过程中样品与探头以 O 为轴同时旋转，二者的转速为 1∶2。

5) 对于平板样品虽然其中晶粒无数，取向随机，但只有与样品平面平行的晶面所产生的衍射才能为探头所接收，因此采用衍射仪法，样品用量大，择优取向容易发生。

6) 由于不在聚焦圆上的任何信号都不能进入探头，因此可以充分利用测角仪的无用空间。如在闲空间安装一种微型反应装置以对化学反应的实际过程进行原位表征，再如对易潮解的样品加一个屏蔽罩，见图 4-11。它是用高压聚乙烯薄膜压成的一个 $6\times10\text{cm}^2$、一边开口的袋子，套在样品上，在样品架上卡一个由铁丝制成的弓形支架，将塑料袋支撑开，以使塑料袋偏离样品平面即偏离聚焦圆。终因塑料袋所在位置不符合聚焦条件而使它的衍射信号不能进入探头被接收。烘干后的样品封装其中，在实验全过程里，样品可一直保持干燥状态。

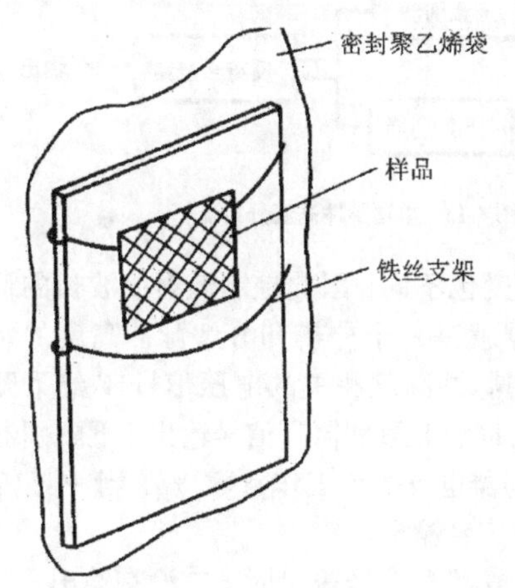

图 4-11 样品防潮罩

只要附加的物件的位置不符合聚焦条件，它们的散射波对样品的正常衍射信号将无干扰。

4.2.2.5 强度记录

(1) 闪烁计数器

记录衍射强度的计数器有盖革计数器(GC)、

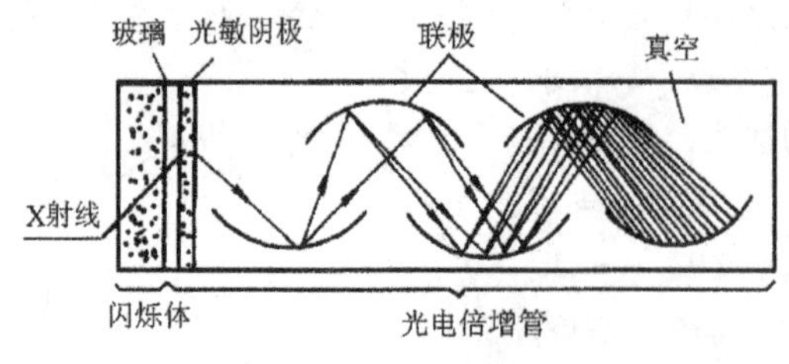

图 4-12　闪烁计数器

正比计数器(PC)和闪烁计数器(SC)。由于闪烁计数器具有灵敏度高、计数快、寿命长等优点，近年来被广泛应用。闪烁计数器包括有闪烁体、光电倍增管和前置放大器三个部分，见图 4-12。

闪烁体是掺入约 0.5% 铊(Tl)作激活剂的碘化钠(NaI)透明晶体。闪烁体的作用是将入射的 X 射线光子转化成可见的荧光($\lambda = 420$nm)。

光电倍增管的前端是 Cs-Sb 金属间化合物制成的光敏阴极。闪烁体发出的荧光照到光敏阴极上，光敏阴极受激产生光电子电流，于是将光信号变成了电信号。其后是若干级金属联极，每个级间维持 100V 的电位差，联极将电信号放大约 2×10^6 倍，形成了一个可测量的电脉冲，输入到前置放大器，信号再次放大后被记录仪接收，一个 X 射线光子对应一个电脉冲，衍射光越强，X 射线光子的数目越多，相应的脉冲数目也越多，因此衍射强度是通过脉冲数目计量的。

大量 X 射线光子相应的脉冲高度有一个分布，闪烁体的质量和光电倍增管高压对脉冲的高度有一定影响。当上述两个条件一定时，脉冲高度的最可几值与 X 射线光子能量成正比。因此，脉冲高度对应于衍射波的波长。

每一个 X 射线光子转换成电脉冲的过程需用 2×10^{-7}s。如此快速的分辨能力，决定了闪烁计数器能吸收衍射过程中的所有 X 射线光子，不会有计数损失，其工作效率接近 100%。

碘化钠晶体极易吸潮，为不降低工作效率，应注意保护。另外，光敏阴极受热易产生无照电流，增加图谱背底，这是闪烁计数器的缺点。

(2) 单道脉冲高度分析器(图 4-13)

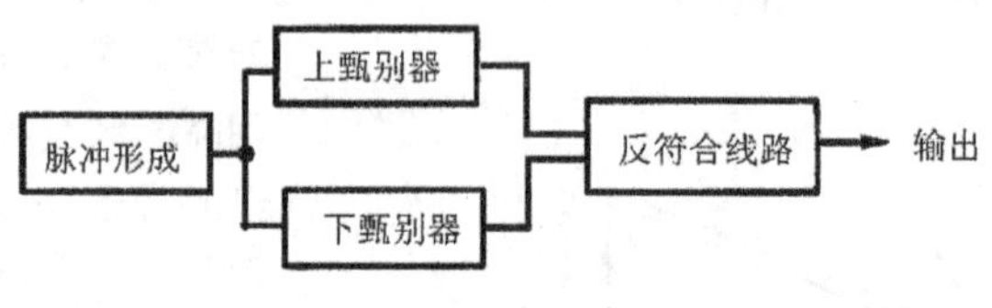

图 4-13　单道脉冲高度分析器

多晶 X 射线衍射用单色光源，其衍射光波长不变。实验要求计数器接收的都是与入射光波长一致的衍射信号，为此应去除实验过程中光源和环境可能介入的其他波长的辐射。不同波长的散射波相应的 X 射线光子能量不同，经闪烁计数器转换后其脉冲高度也不同，因此控制散射波波长的目的可以通过控制脉冲高度来实现。脉冲高度分析器就是一个分辨和分解脉冲高度的装置。下甄别器的工作参数为 V_0，放大器输出一个与脉冲高度相关的电压信号 V 给下甄别器，当 $V < V_0$ 时，下甄别器没有输出；当 $V > V_0$ 时，下甄别器有信号输出。下甄别器的作用，就是去除脉冲高度小于 V_0 的信号。上甄别器也有一个工作参数 V_H，当 $V < V_H$ 时，上甄别器没有输出；当 $V > V_H$ 时，上甄别器有信号输出。

反符合线路工作的原则是当上、下甄别器都有或都没信号输出时，它没有输出，二者只有一个输出信号时它才有信号输出。如只有当 $V_H > V > V_0$ 时反符合线路有输出。$\Delta V = V_H - V_0$，称为阈值或道宽；V_0 称为电平或基线；V_H 和 V_0 是预置参数。如能按需要正确地选择其数值，将能合理地限制进入记录仪的脉冲高度，使得大于 V_H、小于 V_0 的噪声、连续谱和与入射光能量不同的其他信号不能被接收，从而达到滤波的目的。V_0 的大小相关于噪声的波长范围，V_0 的正确程度影响衍射谱的背底。

(3) 记录系统

记录系统包括时率计和记录仪两部分。

时率计的功能是将脉冲高度分析器输出的脉冲计数，转换成单位时间的脉冲数并将与平均值相关的电信号送给记录仪。

设定时间 T_C，时率计将 T_C 时间内收集到的脉冲数按时间 T_C 求平均，所得的每秒脉冲数(CPS)即是衍射强度。记录仪依照时率计给定的一个衍射角 θ 对应的 CPS 数值在记录纸上画出衍射图谱(衍射角和衍射强度)。T_C 称为时间常数，其单位为 s，它是连续扫描时的工作参数。T_C 的数值太大和太小都不合适，以能去掉计数的不必要起伏为宜，它不应大于接收狭缝的时间宽度。

时间常数、接收狭缝和扫描速率三者匹配使用。对于时间常数 T_C、扫描速率 ω、接受狭缝 RS，D/Max-rA 型衍射仪有下列关系：$5 \leqslant \omega T_C \leqslant 10$，具体数值列于表 4-2。

表 4-2　D/Max-rA 衍射仪接受狭缝、扫描速率和时间常数之间的关系

RS 为 0.3mm						
$\omega/(°)\cdot min^{-1}$	1/8	1/4	1/2	1	2	4
T_C/s	12~24	6~12	3~6	1.5~3	0.75~1.5	0.4~0.8
RS 为 0.15mm						
$\omega/(°)\cdot min^{-1}$	1/8	1/4	1/2	1	2	4
T_C/s	6~12	3~6	1.5~3	0.75~1.5	0.4~0.8	0.2~0.4

入射狭缝 DS 也是预置参数，其大小是以在扫描起始角度入射光照满样品而不外溢为宜。当衍射仪半径 $r = 185$mm，容纳样品的矩形框长方向为 20mm 时，扫描起始角 2θ 与入射狭缝 DS 的关系如表 4-3。

表 4-3　扫描起始角 2θ 与入射狭缝的关系

$2\theta/(°)$	4~10	10~20	20~40	40~80	80~160
DS/(°)	1/6	1/2	1	2	4

(4) 定标器

定标器也是记录脉冲数目的装置，有定时计数和定数计时两种工作方式。定时计数是预置时间 T，测量样品在某一个 2θ 角在 T 时间内积累的脉冲数，对时间求平均后输出 CPS 数值；定数计时是预置计数 N，就某一个 2θ 角测量积累 N 个计数所需要的时间 T，求平均值后输出 CPS。

衍射强度的测量误差与计数 N 的大小有关，N 越大，可几误差 u 越小

$$u = \frac{0.67\sqrt{N}}{N} = \frac{0.67}{\sqrt{N}}$$

在实际工作中，强衍射的强度值误差小，弱衍射误差大，为此常采用定数计时法延长计数时间以积累更多的脉冲数目提高准确度。

4.2.2.6 衍射峰的仪器宽化效应

晶体对 X 射线的衍射服从 Bragg 定律($2d\sin\theta = n\lambda$)。当 d 和 θ 满足上述关系，所得的衍射波又完全符合聚焦条件时，探头收集到的衍射强度应该与衍射角 θ 严格对应。但通常所得的衍射强度在($\theta \pm \varepsilon$)范围内有一个分布，因而实验结果不是明晰的衍射线，而是有一定形状和宽度的衍射峰，这是由于衍射仪的设计几何无法达到聚焦条件和调试不理想等因素造成的。现将影响衍射峰宽化的因素归纳如下。

1) 光源因子。光源为线焦点，但不是几何线。当视角为 3° ~ 6°时，射出光束的截面积为 0.1mm × 10mm，因而使衍射峰变宽。

2) 平板样品。样品呈平板状，其中相当多的晶面不在聚焦圆上，因而降低了聚焦效果，并导致峰形不对称。另外，样品有一定厚度，外表面与聚焦圆相切，其内部的晶面偏离聚焦圆较远。对于弱吸收的轻原子或衍射角大的衍射，入射光穿入样品较深，影响更为严重。

3) 光束的垂直发散度。尽管有 Soller 狭缝限制，但其平行金属片间有一定距离，因而光束仍有一定程度的垂直发散，使得衍射峰宽化而且不对称。当 $2\theta = 90°$时，这个因子基本不起作用。

4) 接收狭缝因子。接受狭缝也不是几何线。

5) 入射光非单色。入射 X 射线虽经滤波或单色器处理，但波长的单一程度仍不理想。

6) 仪器未调好。按要求，光源线、样品平面、入射与接收狭缝应严格平行，光源和接收狭缝的中心点应在扫描圆周上，Soller 狭缝应严格平行于扫描平面，样品位于扫描圆的中心。如果不调整到上述水平，衍射方向和衍射强度都会受到影响。

上述诸因素的影响使实验获得的衍射强度 $I(2\theta)$的分布不对称，在一般情况下，$2\theta < 90°$时，衍射峰重心表现前倾不对称；$2\theta > 90°$时，衍射峰加宽，并有重心为后倾的不对称。

衍射仪测量衍射强度，是将光信号变为电信号后实现的。应用现代技术，通过检波放大所得的衍射强度数据准确而可靠。因此衍射仪的应用提高了工作效率和工作质量，也拓宽了应用范围。近年来，电子学、计算技术的发展与普及，使得 X 射线衍射仪有条件向着高精度、自动化方向发展。

4.3 物相分析

以化学组成和结构相区别的物质被称为不同的物相。化学成分不同的是不同的物相。化学成分相同而内部结构不同的也是不同的物相，如 α-Al_2O_3 和 γ-Al_2O_3 是化学组成相同而结构与性能差异明显的两个物相。

重视在原子、分子水平上认识和分析物质，是因为物质的性能是受其结构制约的。化学反应是指物质在原子和分子水平上相互转化的关系和过程。在对化学反应的研究和应用中，不论是原料的选取、中间过程的控制还是产品的鉴定，无不同时涉及相关物相的组成与结构。因此在化学化工的生产和研究工作中，只有化学成分的分析是不够的，必须有以揭示结构为目的的物相分析相配合。

4.3.1 方法的依据

X 射线入射到结晶物质上，产生衍射的充分必要条件是

$$\begin{cases} 2d\sin\theta = n\lambda \\ F(hkl) \neq 0 \end{cases}$$

第一个公式确定了衍射方向。第二个公式示出衍射强度与结构因子 $F(hkl)$的作用。在一定的实验条件下衍射方向取决于晶面间距 d。d 是晶胞参数的函数，$d(hkl) = d(a,b,c,\alpha,\beta,\gamma)$；衍射强度正比于 $F(hkl)$模的平方，$I \propto |F(hkl)|^2$。当 $F(hkl) \neq 0$ 时，$I(hkl) \neq 0$。

$$F(hkl) = \sum_{j=1}^{n} f_j \exp[2\pi i(hx_j + ky_j + lz_j)]$$

$F(hkl)$的数值取决于物质的结构，即晶胞中原子的种类、数目和排列方式。因此决定 X 射线衍射谱中衍射方向和衍射强度的一套 d 和 I 的数值是与一个确定的结构相对应的。这就是说，任何一个物相都有一套 d-I 特征值，两种不同物相的结构稍有差异其衍射谱中的 d 和 I 将有区别。这就是应用 X 射线衍射分析和鉴定物相的依据。

若某一种物质包含有多种物相时，每个物相产生的衍射将独立存在，互不相干。该物质衍射实验的结果是各个单相衍射图谱的简单叠加。因此，应用 X 射线衍射可以对多种物相共存的体系进行全分析。

一种物相衍射谱中的 d-I/I_1（I_1 是衍射图谱中最强峰的强度值）的数值取决于该物质的组成与结构，其中 I/I_1 称为相对强度。当两个样品 d-I/I_1 的数值都对应相等时，这两个样品就是组成与结构相同的同一种物相。因此，当一未知物相的样品其衍射谱上的 d-I/I_1 的数值与某一已知物相 M 的数据相合时，即可认为未知物即是 M 相。由此看来，物相分析就是将未知物的衍射实验所得的结果，考虑各种偶然因素的影响，经过去伪存真获得一套可靠的 d-I/I_1 数据后与已知物相的 d-I/I_1 相对照，再结合结构化学和衍射的理论对所属物相进行肯定与否定。当今在科学家们的努力下，已储备了相当多的物相的 d-I/I_1 数据，若未知物是在储备范围之内，物相分析工作即是实际可行的。

4.3.2 JCPDS 卡片介绍

1939 年，Hanawalt 和 Rinn 等收集了 1000 种物质的衍射图，整理出 d-I/I_1 值和其他数据，并于 1942 年由美国材料试验协会(American Society for Testing and Materials)编辑成卡片正式出版，称为 ASTM 卡片。与此同时出版了相应的卡片集索引。1972 年之后，美国、英国、法国和加拿大等国组成联合机构 JCPDS(Joint Committee Powder Diffraction Standard)，将卡片整理汇编，装订成书并继续征集相关资料，继续出版，又称 JCPDS 卡片。其形式和主要内容与 ASTM 卡片相同，现将 JCPDS 卡片内容予以介绍(表 4-4)。

表 4-4　第 1~24 组卡片的形式

<table>
<tr><td colspan="6">10</td><td colspan="6" align="right">11</td></tr>
<tr><td>D</td><td>1a</td><td>1b</td><td>1c</td><td>1d</td><td></td><td colspan="3">7</td><td colspan="3">8</td></tr>
<tr><td>I/I_1</td><td>2a</td><td>2b</td><td>2c</td><td>2d</td><td></td><td>d</td><td>I/I_1</td><td>hkl</td><td>d</td><td>I/I_1</td><td>hkl</td></tr>
<tr><td colspan="6">3</td><td rowspan="4">9</td><td rowspan="4">9</td><td rowspan="4">9</td><td rowspan="4">9</td><td rowspan="4">9</td><td rowspan="4">9</td></tr>
<tr><td colspan="6">4</td></tr>
<tr><td colspan="6">5</td></tr>
<tr><td colspan="6">6</td></tr>
</table>

第 1 区 1a、1b、1c 和 1d 表明此卡片所记载的物相在 $2\theta < 90°$的区间中最强的三个衍射峰的 d 值和本实验收集到的最大 d 值。

第 2 区 2a、2b、2c、2d 是上述各衍射峰相对应的强度，最强峰定为 100。

第 3 区是衍射的实验条件。

第 4 区是晶体学数据。

第 5 区是物性数据和光学热学性质。

第 6 区是样品来源和简单化学性质。

第 7 区是样品的英文化学名称及分子式。

第 8 区是样品的结构式及英文矿物名称。

第 9 区是在上述实验条件下收集到的全部衍射的 d、I/I_1 和 hkl 值。

第 10 区是卡片编号数字。

第 11 区是卡片质量评定记号：

★：表示本卡片数据非常可靠；

i：表示本卡片数据比较可靠；

无：表示可靠性一般；

O：表示可靠性比较差；

C：表示其数据是由单晶 X 射线衍射数据计算而得。

第 25 组之后的卡片形式如表 4-5。

表 4-5　第 25 组及以后卡片的形式

<table>
<tr><td colspan="2">10</td><td colspan="6" align="right">11</td></tr>
<tr><td>7</td><td>8</td><td>d</td><td>I/I_1</td><td>hkl</td><td>d</td><td>I/I_1</td><td>hkl</td></tr>
<tr><td colspan="2">3</td><td rowspan="4">9</td><td rowspan="4">9</td><td rowspan="4">9</td><td rowspan="4">9</td><td rowspan="4">9</td><td rowspan="4">9</td></tr>
<tr><td colspan="2">4</td></tr>
<tr><td colspan="2">5</td></tr>
<tr><td colspan="2">6</td></tr>
</table>

4.3.3 卡片集索引

卡片集索引是查找卡片的工具书，它有两种形式。

4.3.3.1 字母索引

字母索引是依照化合物的英文名称按字母顺序编排的(编排方式与英文字典相同)，每个物相占一个条目，每条列出其英文名称、分子式、三个最强峰的 d 值和相对强度以及卡片号等。相对强度是在 d 值的下标位置出现。最强峰的强度定为 10，以 x 表示，其他的以整数表示。当图谱中存在个别比最强峰还强得多的峰时，这个衍射的 d 值下标写为 g。

变换物质的英文名称关键词的顺序可使一种物相在字母索引中多次出现，如硅铝化合物 $3Al_2O_3\cdot 2SiO_2$($Al_6Si_2O_{13}$)在字母索引中出现两次(表 4-6)。

表 4-6

英文名称	分子式	三个强峰 d 值和强度	卡片号
aluminum silicate	$Al_6Si_2O_{13}$	$3.39_x\ 3.43_x\ 2.21_6$	15-776
silicate aluminum	$Al_6Si_2O_{13}$	$3.39_x\ 3.43_x\ 2.21_6$	15-776

字母索引分无机物和有机物两部分。对于无机物，还有矿物名称索引，它是按化合物英文矿物名称字母编排的，如 $3Al_2O_3\cdot 2SiO_2$ 矿物名为 Mullite，它在矿物索引中 M 字头区域出现。

有机化合物的字母索引也有两种：一种是按化合物英文名称的字母编排的；另一种分子式索引，是依照 C、H 两个元素的数目排序，以 C 为先，当 C 的数目相同时再按 H 的数目排列。若 C、H 皆相同，则按分子式中其他元素的英文名称顺序排列。

当被检测物相的英文名称已知，欲确认在某体系中它是否存在时，应用字母索引是十分便利的。

4.3.3.2 数字索引

(1) Hanawalt 法

这是应用最早的数字索引，它是按衍射谱中的强度次序列出各个衍射峰的 d 值。早年取其 $2\theta < 90°$的 3 个强衍射峰的 d 值。后来在大范围内取 8 个强衍射峰，列出 8 个 d 值，处在前 3 位的是 $2\theta < 90°$的 3 个强峰，第 1 位是最强衍射峰的 d 值；第 2 位是次强的；第 4～8 位按强度递减排列。每个物相占一个条目，d 值之后是分子式和卡片号。Hanawalt 将 d 值从 999.99 到 0.00 分成若干组，如表 4-7。每个物相相关的条目按第 1 强峰的 d 值入组，每一个组中按第 2 强峰的 d 值从大到小按顺序排列，第 2 强峰的 d 值相同的按第 3 强峰的 d 值排列，以此类推。

应用该数字索引，是依照实验结果第 1 强峰的 d 值到表 4-7 所示的所属组中去查找。例如样品为 $3Al_2O_3\cdot 2SiO_2$，当实验结果所得衍射谱中第 1 强峰的 d 值为 3.39 时，应到 3.39～3.32 这一组去查找。

表 4-7 Hanawalt 组的划分

组	偏差范围	组	偏差范围
999.99 ~ 8.00	0.20	2.99 ~ 2.95	0.01
7.99 ~ 7.00	0.10	2.94 ~ 2.90	0.01
…	…	…	…
3.49 ~ 3.40	0.02	2.22 ~ 2.16	0.01
3.39 ~ 3.32	0.02	2.15 ~ 2.09	0.01
…	…	…	…
3.09 ~ 3.05	0.01	1.67 ~ 1.38	0.01
3.04 ~ 3.00	0.01	1.37 ~ 1.00	0.01

引自：Copyright @ JCPDS-International Centre for Diffraction Data 1922.

这种索引的 d 值是按强度次序排列的，而多晶 X 射线衍射中的择优取向难于避免，相对强度的实际次序有可能因此而被破坏。为弥补强度规律失真的缺陷，前 3 个强峰轮流占据索引条目中的第 1 位。因此每一个物相在数字索引中将出现 3 次，如 Mullite 相(表 4-8)。

表 4-8

8 个峰 d 值的强度	分子式	卡片号
3.39_x 3.43_x 2.21_6 5.39_5 2.54_5 2.69_4 1.52_4 2.12_3	$Al_6Si_2O_{13}$	15-776
3.43_x 2.21_6 3.39_x 5.39_5 2.54_5 2.69_4 1.52_4 2.12_3	$Al_6Si_2O_{13}$	15-776
2.21_6 3.39_x 3.43_x 5.39_5 2.54_5 2.69_4 1.52_4 2.12_3	$Al_6Si_2O_{13}$	15-776

就此样品，如果实验结果 d 与 I/I_1 整体基本符合实际，当实验结果 d 值不是 3.39 而是 2.21(或 3.43)的衍射峰为最强峰时，与它相关的条目将出现在 2.22 ~ 2.16(或 3.49 ~ 3.40)这一组中。因此对 Mullite 样品的物相分析三个强峰中无论哪一个最强，就其实验结果查找 Hanawalt 数字索引都可以得知其卡片号为 15-776。

(2) Fink 法

Fink 索引是按 d 值大小编排，将 8 个强衍射峰按 d 值从大到小依次排列，将 4 个强峰的 d 值印成黑体，这 4 个峰轮流为首，改变次序时首尾相接，再如 Mullite 相(表 4-9)。$Al_6Si_2O_{13}$物相在 Fink 数字索引中出现 4 次。

表 4-9

8 个峰 d 值的强度	分子式	卡片号
5.39_5 3.43_x 3.39_x 2.69_4 2.54_5 2.21_6 2.12_3 1.52_4	$Al_6Si_2O_{13}$	15-776
3.43_x 3.39_x 2.69_4 2.54_5 2.21_6 2.12_3 1.52_4 5.39_5	$Al_6Si_2O_{13}$	15-776
3.39_x 2.69_4 2.54_5 2.21_6 2.12_3 1.52_4 5.39_5 3.43_x	$Al_6Si_2O_{13}$	15-776
2.21_6 2.12_3 1.52_4 5.39_5 3.43_x 3.39_x 2.69_4 2.54_5	$Al_6Si_2O_{13}$	15-776

在物相分析的工作中，应注意图谱中 d 和 I/I_1 的整体相合，切忌依照一两个峰做结论。另外，考虑 d 值与衍射强度的偏差时，应注意衍射仪测角仪的精度和 X 射线发生器的功率。样品晶粒力求细小均匀，对片状、针状晶体应精心制样，争取减少择优取向。晶粒太大时取向机遇性差，晶粒太小则衍射峰弥散，大小在几个或十几微米范围内做物相分析最合适。

4.4 定量相分析

X 射线衍射也是物相定量分析最得力的工具，它的依据是一物相的衍射强度是随它在样品中含量的增加而提高的。值得注意的是，在吸收作用的影响下其含量与衍射强度不是简单的正比关系，需要修正。

4.4.1 吸收系数

X 射线穿过样品时产生 X 射线衰减的现象称为吸收。入射光与透射光强度的关系满足 Beer 定律

$$I = I_0\exp(-\mu x)$$

式中：I——透射光强度；

I_0——入射光强度；

x——吸收体的厚度；

μ——吸收体的线性吸收系数，表示截面为 $1cm^2$ 的 X 光束穿过吸收体 1cm 行程时 X 射线被吸收的量。

N 种物相组成的样品为吸收体，当以 f 表示各相的体积分数时，该样品的线性吸收系数为

$$\mu_M = \sum_{q=1}^{N} f_q \mu_q$$

式中：μ_q 为第 q 相物质的线性吸收系数。

当吸收体的密度改变时，其线性吸收系数 μ 的数值将有所改变。

$$\mu^* = \mu/\rho$$

式中：μ^*——质量吸收系数[7]，表示 X 射线穿过 1g 物质时被吸收的量；

ρ——物质的密度。

对于 N 相体系，当以 w 表示各相的质量分数时，样品的质量吸收系数

$$\mu_M^* = \sum_{q=1}^{N} w_q \mu_q/\rho_q = \sum_{q=1}^{N} w_q \mu_q^* \tag{4-6}$$

式中：μ_q^* 为第 q 相的质量吸收系数。

当物质的密度改变时，其质量吸收系数 μ^* 数值不变。因此质量吸收系数也可以用组成元素的质量分数表示。由多种元素组成的物质，不论它是化合物、混合物还是固溶

体，其质量吸收系数与物质的聚焦态无关，其数值等于组成元素的质量吸收系数与该元素在样品中的质量分数的乘积的加和。

4.4.2 单相体系的强度公式

当采用衍射仪收集衍射强度时，吸收效应与衍射角 θ 无关。依照式(4-2)某一指标为 hkl 的衍射 j，其强度

$$I_j = I_0 \frac{e^4}{m^2 c^4} \frac{\lambda^3}{8\pi R} P_j L_j J_j D_j \frac{|F_j|^2}{V_C^2} V_e$$

式中，V_e 是样品的有效体积。

当样品的相组成、衍射实验条件和衍射指标 hkl 一定时，上式中的衍射强度 I_j 仅仅是样品有效体积的函数

$$I_j = K_j V_e$$

由此可见，X 射线衍射有容量性，即参加衍射的样品越多衍射强度越强。因此，可以依据衍射强度进行定量相分析。

有效体积 $V_e = A_0/2\mu$（A_0 为入射 X 光束的垂直截面积，μ 为样品的线性吸收系数），则

$$I_j = I_0 \frac{e^4}{m^2 c^4} \frac{\lambda^3}{8\pi R} P_j L_j J_j D_j \frac{|F_j|^2}{V_C^2} \frac{A_0}{2\mu} = K_j A_0/2\mu \tag{4-7}$$

$$= K_j/\mu$$

$$K_j = I_0 \frac{e^4}{m^2 c^4} \frac{\lambda^3}{8\pi R} P_j L_j J_j D_j \frac{|F_j|^2}{V_C^2} \frac{A_0}{2} \tag{4-8}$$

4.4.3 多相体系的强度公式

4.4.3.1 衍射强度与体积分数的关系

对于多种物相组成的体系，各个物相将独立地产生衍射。若样品由 N 个物相组成，样品的有效体积

$$V_{M,e} = \frac{A_0}{2\mu_M}$$

式中，μ_M 是样品的线性吸收系数。

当 N 相之中第 q 相的体积分数为 f_q 时，多相体系中第 q 相的有效体积 $V_{q,e} = f_q V_{M,e} = f_q A_0/2\mu_M$，第 q 相衍射 j 的强度与其体积分数的关系为

$$I_{q,j} = K_{q,j} f_q/\mu_M \tag{4-9}$$

4.4.3.2 衍射强度与质量分数的关系

在定量分析工作中，人们通常关注的是质量分数而不是体积分数。N 相体系总质量

为m；总体积为V；第q相的质量分数为w_q；体积分数为f_q；体积为V_q；密度为ρ_q，

$$V_q = mw_q/\rho_q$$

$$V = \sum_{i=1}^{N} \frac{mw_i}{\rho_i}$$

$$f_q = V_q/V = \left(\frac{w_q}{\rho_q}\right) \Big/ \left(\sum_{i=1}^{N} \frac{w_i}{\rho_i}\right)$$

N相体系的线性吸收系数为

$$\begin{aligned}\mu_M &= \sum_{q=1}^{N} f_q\mu_q = \sum_{q=1}^{N}\left\{\left(\frac{w_q}{\rho_q}\right)\Big/\left(\sum_{i=1}^{N}\frac{w_i}{\rho_i}\right)\right\}\mu_q \\ &= \left(\sum_{q=1}^{N}\frac{w_q}{\rho_q}\mu_q\right)\Big/\left(\sum_{i=1}^{N}\frac{w_i}{\rho_i}\right) \\ &= \mu_M^*\Big/\sum_{i=1}^{N}\frac{w_i}{\rho_i}\end{aligned}$$

$$\begin{aligned}\frac{f_q}{\mu_M} &= \left(\frac{w_q}{\rho_q}\Big/\sum_{i=1}^{N}\frac{w_i}{\rho_i}\right)\Big/\left(\mu_M^*\Big/\sum_{i=1}^{N}\frac{w_i}{\rho_i}\right) \\ &= \frac{w_q}{\rho_q\mu_M^*}\end{aligned}$$

将f_q/μ_M值代入式(4-9)，则

$$I_{q,j} = \frac{K_{q,j}}{\rho_q}\frac{w_q}{\mu_M^*} \tag{4-10}$$

式(4-10)是定量相分析所依据的最基本的关系式。式中μ_M^*是样品的质量吸收系数，其数值与样品的组成有关，对于待测样品，在一般情况下是未知的。这就是定量分析的困难所在。围绕解决μ_M^*的各种途径，产生了相应的定量相分析的各种方法。

4.4.4 分析方法

4.4.4.1 外标法

欲求多相体系中第q相的含量，如能找到纯q相物质作标样，按相同条件收集待测样品中q相和纯q相衍射j的衍射强度，分别为$I_{q,j}$和$I_{q,j}^0$，即

$$I_{q,j} = \frac{K_{q,j}w_q}{\rho_q\mu_M^*}$$

$$I_{q,j}^0 = \frac{K_{q,j}}{\rho_q}\frac{1}{\mu_q^*} \tag{4-11}$$

$$w_q = \frac{I_{q,j}}{I_{q,j}^0}\frac{\mu_{\mathrm{M}}^*}{\mu_q^*} \tag{4-12}$$

式中第 q 相的质量吸收系数μ_q^* 是已知的。当 μ_{M}^* 可以通过计算或其他方式获得时，应用式(4-12)进行分析是可行的。

在许多情况下，一些化学反应只有相变而没有成分损失，其产物的质量吸收系数与投入原料的总吸收系数相等。例如下述反应

$$4Al_2O_3 + 2SiO_2 \longrightarrow 3Al_2O_3 \cdot 2SiO_2 + \alpha\text{-}Al_2O_3$$

反应前后样品的质量吸收系数 μ_{M}^* 可以通过 μ_{Al}^*、μ_{Si}^*和 μ_{O}^* 等常数以及 Al、Si 和 O 投料的质量分数按式(4-6)计算获得。产物 α-Al_2O_3 的质量吸收系数也可通过 μ_{Al}^*和 μ_{O}^* 按其化学式和式(4-6)计算获得。为求上述反应所得产物中 α-Al_2O_3 相的含量，可就 α-Al_2O_3 选一个合适的衍射 j 先收集反应产物的衍射强度 $I_{\alpha,j}$，再用纯的 α-Al_2O_3 按照相同的实验条件得 $I_{\alpha,j}^0$，再将求得的 μ_{M}^* 和 μ_α^* 等有关数据一并代入式(4-12)中，即可求出产物中 α-Al_2O_3 的含量 w_α。

若多相体系为同分异构体，如 α-Al_2O_3 和 γ-Al_2O_3 共存的体系，为求其中 α-相的含量，也可以依照式(4-12)进行。按照质量吸收系数的定义，μ_α^* 和μ_γ^* 都与该体系的μ_{M}^* 相等，故

$$w_\alpha = I_{j,\alpha}/I_{j,\alpha}^0$$
$$w_\gamma = I_{j,\gamma}/I_{j,\gamma}^0$$

在上述两个实例中，都有样品之外的标样(纯 α-Al_2O_3)，称其为外标物，这种方法称为外标法。

当能找到待测物相的纯相样品时，外标法是简单易行的。其缺点是 I_j 和 I_j^0 是两个样品两次实验提供的数据，容易产生偏差。控制实验的条件(包括制样)相一致，是减少误差的关键，而做到完全一致是困难的。

4.4.4.2 内标法

在 N 相体系中加入一定量样品中不存在的标准物质 S 相(标准物质应结晶完好，晶粒度合适)，混合均匀之后样品由原 N 相变成$(N+1)$相，若待测的 q 相在原样品中的质量分数为w_q，在$(N+1)$相的样品中的质量分数为 w'_q，标准物 S 相在$(N+1)$相样品中质量分数为 w_S，依照式(4-10)

$$I_{q,j} = \frac{K_{q,j}}{\rho_q}\frac{w'_q}{\mu_{\mathrm{M}}^*}$$

$$I_{S,j} = \frac{K_{S,j}}{\rho_S}\frac{w_S}{\mu_{\mathrm{M}}^*}$$

$$\frac{I_{q,j}}{I_{S,j}} = \frac{K_{q,j}/\rho_q w'_q}{K_{S,j}/\rho_S w_S}$$

式中，$K_{q,j}$、$K_{S,j}$、ρ_q 和 ρ_S 均为常数，w_S 是已知的定值，因此

$$\frac{I_{q,j}}{I_{S,j}} = C'w'_q = Cw_q \tag{4-13}$$

待测物相 q 在样品中的质量分数与 $I_{q,j}$ 和 $I_{S,j}$ 的比值有线性关系。当待测物相与内标物相组成结构一定且内标物加入量 w_S 一定时，比例常数 C 为定值。C 的数值可以通过计算，也可以通过制作校正曲线求得。

为制作校正曲线，应配制一系列 q 相含量 w_q 不同的样品，其中内标物含量 w_S 相同。为调节每个样品中 w_q/w_S 的数值，应配加质量吸收系数合适的稀释剂。样品配好之后，充分研磨混合均匀。在确定的实验条件下，收取各个样品的 $I_{q,j}$ 和 $I_{S,j}$ 数值，并获得一系列 $I_{q,j}/I_{S,j}$ 与 w_q 的对应值，以 $I_{q,j}/I_{S,j}$ 为纵坐标，w_q 为横坐标，即可获得一条过原点的直线。收取衍射强度 $I_{q,j}$ 和 $I_{S,j}$ 时应注意，q、S 两相的测试峰的衍射角应尽量接近。

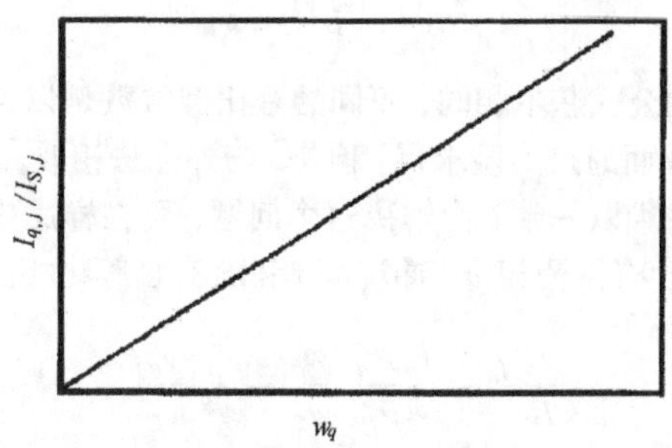

图 4-14 内标法工作曲线

在测量未知的 w_q 时，内标物的加入量 w_S 和实验条件应与制作标准曲线时相同。就待测样品和内标物收取衍射强度 $I_{q,j}/I_{S,j}$，从图 4-14 的工作曲线上即可查出样品中 q 相的含量 w_q。

上述方法，标准物混在样品之中，因此称内标法。由于标准物和待测 q 相存在于同一样品之中，其衍射强度是在同一次实验中的同一张衍射图谱上获得的，消除了许多产生误差的因素。因此增加了结果的可靠性。

内标法工作曲线的制作，是一项繁琐的工作，但所得的工作曲线有一定的通用性，对于含 q 相的其他体系也适用，这是因为其比例常数 C 只与 q 和 S 两个物相有关，与其他 $(N-1)$ 相无关。

4.4.4.3 参比强度法[8]

(1) 公式

参比强度法是在内标法原理的基础上建立的，是将内标物统一为刚玉(corundum)，其比例系数可以通用的一种方法。

若样品中加入已知质量分数 w_f 的称为冲洗剂的 f 相，依照式(4-10)和式(4-11)关系，

$$\frac{K_q}{\rho_q} = I_q^0 \mu_q^*$$

$$\frac{K_f}{\rho_f} = I_f^0 \mu_f^*$$

$$I_{q,j} = I_q^0 \mu_q^* \frac{w_q}{\mu_M^*}$$

$$I_{f,j} = I_f^0 \mu_f^* \frac{w_f}{\mu_M^*}$$

$$\frac{I_{q,j}}{I_{f,j}} = \frac{I_q^0 \mu_q^*}{I_f^0 \mu_f^*} \frac{w_q}{w_f} \tag{4-14}$$

式(4-14)与内标法的公式基本相同，不同的是比例常数是以纯相的强度和质量吸收系数表示，可以不作曲线而通过实验求得。但是，与外标法相似，测量纯 q 相的 $I_{q,j}^0$ 和待测 q 相的 $I_{q,j}$ 的实验条件难以一致。为解决这个问题，可在样品中再加入另一个物相刚玉(α-Al_2O_3)，体系中将含有待测相 q、冲洗剂 f 和刚玉 C 等物相。依照式(4-14)，

$$\frac{I_{q,j}}{I_{C,j}} = \frac{I_q^0 \mu_q^*}{I_C^0 \mu_C^*} \frac{w_q}{w_C} = k_q \frac{w_q}{w_C}$$

$$\frac{I_{f,j}}{I_{C,j}} = \frac{I_f^0 \mu_f^*}{I_C^0 \mu_C^*} \frac{w_f}{w_C} = k_f \frac{w_f}{w_C}$$

$$\frac{I_{q,j}}{I_{f,j}} = \frac{k_q}{k_f} \frac{w_q}{w_f} \tag{4-15}$$

k_q 为物相 q 的参比强度，在一定实验条件下，是与 q、C 两种物相结构相关的常数。k_f 为物相 f 的参比强度，是与 f、C 两种物相结构相关的常数。式(4-15)说明，在多相体系中，任意两组分衍射强度的比值正比于此两组分以质量分数表示的含量比，其比例系数为它们的参比强度的比值，与样品中其他物相无关。

欲求其 q 相的含量，可在样品中配加一定量 w_f 的冲洗剂 f 相。当两个相的参比强度 k_q 和 k_f 已知时，在同一次实验中求得两相相关衍射的强度数值，依照式(4-15)即可计算出样品中 q 相的含量 w_q。式(4-15)是参比强度法的基本公式。

(2) 自动冲洗[9]

在 N 相体系中不加冲洗剂，从一张衍射图谱中把所有的组分 w_q 求出的方法称为自动冲洗。依照参比强度法的基本公式(4-15)

$$
\begin{cases}
\dfrac{I_1}{I_i} = \dfrac{k_1}{k_i}\dfrac{w_1}{w_i} \\[2ex]
\dfrac{I_2}{I_i} = \dfrac{k_2}{k_i}\dfrac{w_2}{w_i} \\[2ex]
\qquad \cdots \\[2ex]
\dfrac{I_{j\neq i}}{I_i} = \dfrac{k_{j\neq i}}{k_i}\dfrac{w_{j\neq i}}{w_i} \\[2ex]
\qquad \cdots \\[2ex]
\dfrac{I_N}{I_i} = \dfrac{k_N}{k_i}\dfrac{w_N}{w_i} \\[2ex]
\sum\limits_{\substack{j=1 \\ j\neq i}}^{N} w_j = 1 - w_i
\end{cases}
$$

由此可知

$$
w_i \frac{k_i}{I_i}\sum_{j=1}^{N}\frac{I_j}{k_j} = 1
$$

$$
w_i = \left(\frac{k_i}{I_i}\sum_{j=1}^{N}\frac{I_j}{k_j}\right)^{-1} \tag{4-16}
$$

式(4-16)是自动冲洗的公式。如果混合样品中，各个组分都是能够预鉴的结晶物质，都有可知的参比强度 k 值，即可计算出样品中各组分的含量。当然，只有对样品中所有的组分都进行计算时才能计算出所需的 w 值，缺一不可。当样品中有无定形相存在时，上述关系不能成立。如此要求一般条件下难以实现，但是式(4-16)的关系的确说明了多相体系的全分析是可能的。

作为一个特例，两相体系有下列简单关系

$$
\begin{cases}
\dfrac{I_1}{I_2} = \dfrac{k_1}{k_2}\dfrac{w_1}{w_2} \\[2ex]
w_1 + w_2 = 1
\end{cases}
$$

$$
w_1 = \frac{1}{1 + \dfrac{k_1}{k_2}\dfrac{I_2}{I_1}} \tag{4-17}
$$

因此两相体系可以不加冲洗剂。只要知道 k_1 和 k_2 即可依照式(4-17)求得体系中两相的质量分数 w_1 和 w_2。

(3) 参比强度(k)的测定[10]

$$
k_q = \frac{I_q^0 \mu_q^*}{I_C^0 \mu_C^*} = \frac{I_{q,j} w_C}{I_{C,j} w_q}
$$

$$k_f = \frac{I_f^0 \mu_f^*}{I_C^0 \mu_C^*} = \frac{I_{f,j} w_C}{I_{C,j} w_f}$$

可见欲求 q 和 f 等物相的参比强度 k_q 和 k_f 的数值，可依照 q、C 两相和 f、C 两相的质量分数和衍射强度的比值确定。当两相的质量分数相等，$w_C = w_f$ 或 $w_C = w_q$ 时，求算工作最简单

$$k_q = \left[\frac{I_{q,j}}{I_{C,j}}\right]_{1:1} \qquad k_f = \left[\frac{I_{f,j}}{I_{C,j}}\right]_{1:1} \tag{4-18}$$

通常式(4-18)中的 $I_{C,j}$是取刚玉的(113)衍射的强度，它是相对强度为 100 的最强衍射峰的衍射强度，$I_{q,j}$和$I_{f,j}$是 q 和 f 相相对强度为 100 的最强峰的衍射强度。测量参比强度和测量未知样品对衍射峰的选择要求相同。

为测定某物相 q 的参比强度，可配制包含有 q、C 两种物相的样品并满足 $w_q = w_C$。按式(4-18)即可求得物相 q 的参比强度。在实际测定时，也可配制一个包含刚玉的 N 相体系，其中任意 i 相的参比强度为

$$k_i = \frac{I_{i,j}}{I_{C,j}} \frac{w_C}{w_i}$$

若其中每个相的含量 w_i 和 w_C 都能准确称量，每相的 I_{max}都能准确测定，在同一次实验中的同一张衍射图谱上即可求得除刚玉以外的$(N-1)$个物相的参比强度。为减少衍射强度的测量误差，配样时应控制各物相含量使它们的 I_{max}相接近。若将配好的样品分成若干等份，式中的衍射强度取多次测量的平均值，也可增加结果的可靠性。

刚玉的参比强度 k_C 等于 1。

当 I_{max}在衍射图谱上因衍射峰重叠而不能准确测量时，可选用另一个比较强的衍射 I_j 代替 I_{max}。此时该物相的参比强度 k 值将有所改变。

$$k = k_{max} \frac{I_j}{I_{max}}$$

式中，k_{max}为 I_{max}所对应的参比强度。

(4) 参比强度 k 值的通用性

应用参比强度法做定量相分析，当 k_q 和 k_f 已知时，分析工作十分便捷。

在基体冲洗法中相关物相参比强度数值的确定都是经过刚玉统一的，测定衍射强度时应用的都是强度为 100 的衍射，如此标准化的做法所得的 k 值有一定的客观性，因此是可以通用的。常见物相的 k 值积累一定的数量后，基体冲洗法即是一种广泛应用的、方便而可靠的方法。

因此，它问世不久，JCPDS 即开始征集 k 的数值并进行核准出版。在卡片的第三区增加一项 I/I_{cor}。鉴定后的 k 值列入 I/I_{cor}之后，在卡片集索引中卡片号之后也列有 I/I_{cor}，或给一个标志表示这张卡片上附有 k 值(详见索引说明书[8])。

正确 k 值数量不断增长的储备为基体冲洗法的普及和应用创造了有利条件。

4.4.4.4 无标样相定量[11~13]

前述几种分析方法中，标样的使用都是不可缺少的，而对标样的要求又无不严格，如纯度足够、粒度合适、结晶完好，以及衍射峰不相重叠等。样品选择的困难增加了上述分析方法的局限性。

当组成样品中各相的结构参数已知时，应用 Rietveld 衍射强度观察值和计算值的全图拟合而不用标样也可求出其含量。

式(4-10)给出了多相体系第 q 相衍射 j 的强度，将式(4-8)代入式(4-10)中则得

$$I_{q,j} = \left(\frac{I_0}{16\pi R}\frac{e^4\lambda^3 A_0}{m^2c^4\mu_{\mathrm{M}}^*}\right)\frac{w_q}{\rho_q V_{\mathrm{c},q}^2}P_{q,j}L_{q,j}J_{q,j}D_{q,j}\mid F_{q,j}\mid^2$$

式中，括号内的数值对各个物相皆为常数，则第 q 相衍射 j 的强度为

$$I_{q,j} = C\frac{w_q}{\rho_q V_{\mathrm{c},q}^2}P_{q,j}L_{q,j}J_{q,j}D_{q,j}\mid F_{q,j}\mid^2 \tag{4-19}$$

当考虑衍射图谱 2θ 轴上任意 i 点的强度时，应注意 q 相的 j 衍射、q 相的其他衍射和 q 以外其他相的某些衍射都可能对 $I_i(2\theta)$有贡献，因此 $I_i(2\theta)$点的强度应该是在峰形函数 $G(\Delta 2\theta_{i,j})$和择优取向参数 Φ_j 制约下，按式(4-19)的关系对 q 和 j 求加和。

$$I_i(2\theta) = \sum_q\sum_j\frac{w_q}{\rho_q V_{\mathrm{c},p}^2}P_{q,j}L_{q,j}J_{q,j}D_{q,j}\mid F_{q,j}\mid^2 G(\Delta 2\theta_{i,j})\Phi_j \tag{4-20}$$

依照式(4-20)的关系，当多相体系中各个相的结构参数已知时，可通过 Rietveld 衍射强度全图拟合求得样品中某一个相、某几个相或各个相的质量分数 w_q。这就是无标样相定量的依据(有关 Rietveld 全图拟合详见本章第 4.10 节)。

结构参数的正确和完善程度，是无标样相定量结果正确的基础。

应用 Rietveld 衍射强度全图拟合的理论进行定量分析的微机软件于 1997 年问世，它有良好的实用价值。

4.4.5 强度的可靠性

4.4.5.1 强度的测量

在定量相分析中，强度测量的准确性直接决定着结果的可靠程度。在条件允许时应提倡使用积分强度。因为积分强度对仪器的依赖和受样品结晶状态的影响都是比较小的，是计量衍射强度稳定而可靠的方法。在现代衍射仪的控制系统中，收集积分强度已不困难。当不具备上述条件时，以峰高表示衍射强度也是可行和便捷的。应该注意的是，待测样品和标准样品的结晶状态应尽量接近。检验的方法是，测量衍射峰的半高宽。当它们的半高宽相一致时，可以用峰高的数值代替积分强度的数值。无论哪一种测量强度的方法，正确的扣除背底都是非常重要的。

4.4.5.2 影响强度的因素

(1) 原消光和次消光

在多晶X射线衍射实验中，原消光和次消光的存在会降低衍射强度的测量值。它是X射线穿过理想、完整大晶粒时，经历二次散射和反射所造成的非正常吸收现象，对低衍射角区衍射强度的影响显著。但是，实际晶体并不十分完整，通常是由一些小镶嵌块组成，镶嵌块间小小的角度差可避免上述现象的发生，当样品晶粒度为几个或十几微米时，原消光和次消光的作用很小。因此克服的办法是加强研磨。另外，应尽量选用高角区的衍射。

(2) 吸收

吸收也是影响强度的一个因素。当比较两个体系的衍射强度时，注意他们的 μ_M^* 应相接近。另外，含有多种组分的样品，混合均匀也是十分必要的。样品中各个局部相含量分布的不同，造成各个微区吸收效应的差异，也将影响实验结果。

(3) 择优取向

多晶X射线衍射的基本假定是样品中包含有数量多至难以计数的小晶粒，它们的取向是随机的，样品中各个晶面族相关的倒易格子向量 $H(hkl)$是球形对称的。择优取向的存在破坏了上述晶面取向随机性，也破坏了相对强度的正常值。针状和片状晶体尤为严重。解决的办法是认真研磨，尽量改变其外形。也可以掺合一定量立方晶系的晶体起冲淡作用。经验说明，当制样时用砂纸的粗糙面作为压样底板时，能够减少择优取向的发生。

4.5 平均晶粒度的测定

许多固体物质经常以小颗粒状态存在，小颗粒往往由许多细小的单晶体聚集而成。这些小单晶称为物质的一次聚集态，小颗粒为二次聚集态。通常所说的平均晶粒度是指物质一次聚集态晶粒的平均大小。

晶粒度直接关系到相关材料的物理与化学性能，在催化材料以及其他化学化工的生产与研究工作中，测定物质的平均晶粒度(一次聚集态)有重要意义，应用十分广泛。

确定晶粒大小可以通过电子显微镜和金相显微镜观察，形貌的观察有可能判断出晶粒的大小，但也可能把孪晶和晶劈合并视为一个小晶粒，使数据失真。而应用X射线衍射宽化法测量的是为同一点阵所贯穿的小单晶的大小，它是一种与晶粒度含义最贴切的测试方法，也是统计性最好的方法。

4.5.1 小晶粒衍射峰的宽化效应

X射线入射到小晶体 hkl 面上(h、k、l 为互质的整数)，若小晶粒中共有 p 层这种晶面，其晶面间距为 d，当入射角为 θ，满足 $2d\sin\theta = n\lambda$ 关系时将产生衍射。当衍射方向有一个小小的偏离，衍射角为$(\theta+\varepsilon)$时，程差也将有相应的改变

$$2d\sin(\theta + \varepsilon) = n\lambda + \Delta l$$

若程差改变量 Δl 的大小对应为 0.01λ，图 4-15 所示的晶面 1 与晶面 2 之间的 $\Delta l_1 = 0.01\lambda$，晶面 1 与晶面 3 之间的 $\Delta l_2 = 0.02\lambda$，晶面 1 与晶面 51 之间的 $\Delta l_{50} = 0.50\lambda$，$\Delta l_{51} = 0.51\lambda$。第 1 个晶面与第 n 个晶面之间的 $\Delta l_{n-1} = 0.01(n-1)\lambda$。第 1 与第 51 两个晶面之间与 ε 相关的散射波因程差为半波长而相抵消。按此关系第 2 与第 52；第 3 与第 53……，相关的散射波也都将相抵消。当 $p \to \infty$ 时，终因全部成对抵消使得$(\theta+\varepsilon)$处的衍射波强度为零，衍射角即为 θ。实际晶体都是有限的，都存在不能抵消的部分，晶粒越小，不能抵消的比例越大，在$(\theta \pm \varepsilon)$处的衍射波强度越不可忽视。此时衍射波的强度将在$(\theta \pm \varepsilon)$范围内展开，衍射峰因此而宽化。晶粒越小，宽化程度也越大，故可依照衍射峰宽化的程度 ε 数值测定晶粒的大小。

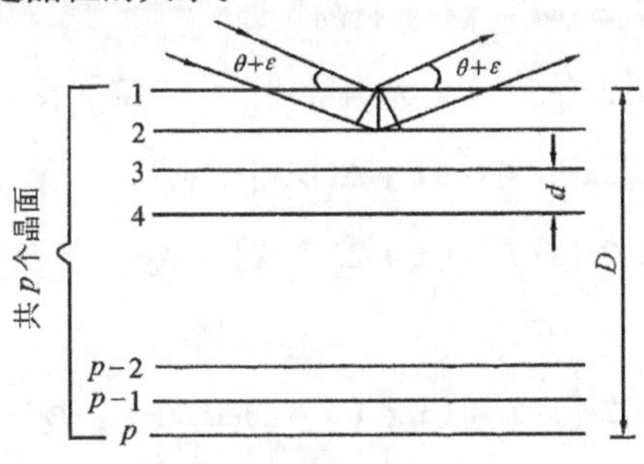

图 4-15　*hkl* 平面族的衍射

衍射峰形可以用函数表述，讨论影响峰形各因素之间的相互作用可以通过讨论函数之间的相互作用来进行。

衡量衍射峰宽化的程度有半高宽和积分宽两种表示方法。半高宽是指强度分布曲线下峰值高度一半处角(2θ)的宽度。积分宽的定义是指强度分布曲线下的面积除以峰值的高度

$$\beta = \frac{\int_{-\infty}^{\infty} I(2\theta)\mathrm{d}(2\theta)}{I_{\max}}$$

4.5.2　Scherrer 方程

波长为 λ 的 X 射线以角 θ 入射到小晶体，晶面间距为 d，层数为 p 的晶面上，发生衍射，当衍射角 θ 存在一个小的变化量 ε 时，见图 4-15。

$$2d\sin(\theta+\varepsilon) = n\lambda + \Delta l$$

$$2d(\sin\theta\cos\varepsilon + \cos\theta\sin\varepsilon) = n\lambda + \Delta l$$

由于 ε 为很小的值，可以近似认为 $\cos\varepsilon \approx 1$，$\sin\varepsilon \approx \varepsilon$，有

$$2d(\sin\theta + \varepsilon\cos\theta) = n\lambda + \Delta l$$

$$n\lambda + 2d\varepsilon cos\theta = n\lambda + \Delta l$$

与 ε 相对应的程差

$$\Delta l = 2d\varepsilon\cos\theta$$

相差

$$\Delta\varphi_0 = 2\pi\Delta l/\lambda = 4\pi d\varepsilon\cos\theta/\lambda \tag{4-21}$$

X 射线是一种电磁波。电磁波是横波，以电场强度 $\boldsymbol{E}$ 和磁场强度 $\boldsymbol{H}$ 表示。$\boldsymbol{E}$ 与 $\boldsymbol{H}$ 共面且相互垂直,位相相同。波长为 λ 的 X 光入射至 p 层晶面组成的晶面族上，其传播速度向量 $\boldsymbol{V}$ 与 $\boldsymbol{E}$、$\boldsymbol{H}$ 所在平面相垂直，电磁波在 t 时刻行进到光程 x，振动频率为 ν,周期为 T,其反射电磁波的场强为

$$\begin{aligned} E_1 &= E_0\exp i[2\pi(\nu t - x/\lambda) + \varphi_0] \\ &= E_0\exp i[2\pi(t/T - x/\lambda) + \varphi_0] \qquad \text{第一层} \\ E_2 &= E_0\exp i\{2\pi[t/T - (x + \Delta l)/\lambda] + \varphi_0\} \qquad \text{第二层} \\ E_3 &= E_0\exp i\{2\pi[t/T - (x + 2\Delta l)/\lambda] + \varphi_0\} \qquad \text{第三层} \\ &\cdots \\ E_p &= E_0\exp i\{2\pi[t/T - (x + (p-1)\Delta l)/\lambda] + \varphi_0\} \qquad \text{第 } p \text{ 层} \end{aligned}$$

其中

$$\begin{aligned} &2\pi[t/T - (x + \Delta l)/\lambda] + \varphi_0 \\ &= 2\pi(t/T - x/\lambda) + \varphi_0 + 2\pi\,\Delta l/\lambda \\ &= 2\pi(t/T - x/\lambda) + \varphi_0 + \Delta\varphi_0 \end{aligned}$$

于是

$$\begin{aligned} E_1 &= E_0\exp i[2\pi(t/T - x/\lambda) + \varphi_0] \\ E_2 &= E_0\exp i[2\pi(t/T - x/\lambda) + \varphi_0 + \Delta\varphi_0] \\ E_3 &= E_0\exp i[2\pi(t/T - x/\lambda) + \varphi_0 + 2\Delta\varphi_0] \\ &\cdots \\ E_p &= E_0\exp i[2\pi(t/T - x/\lambda) + \varphi_0 + (p-1)\Delta\varphi_0] \end{aligned}$$

p 个电场强度矢量其振幅相同，两个矢量间相角的差值相等，合成矢量与初始矢量间的夹角

$$\varphi = p\Delta\varphi_0/2 \tag{4-22}$$

合成矢量的振幅(图 4-16)

$$A = E_0 p\sin\varphi/\varphi \tag{4-23}$$

将式(4-21)的关系代入式(4-22)和式(4-23)中

$$A = E_0 p \frac{\sin(2\pi pd\cos\theta \cdot \varepsilon/\lambda)}{(2\pi pd\cos\theta \cdot \varepsilon/\lambda)}$$

衍射光的强度 I 与振幅的平方成正比，当 ε 为 0 时，衍射强度数值最大，

$$I_m = A^2 = E_0^2 p^2 (\lim_{\alpha \to 0} \sin\alpha/\alpha = 1)$$

$$I_{1/2} = (A_{1/2})^2 = E_0^2 p^2 \frac{\sin^2(2\pi pd\cos\theta \cdot \varepsilon_{1/2}/\lambda)}{(2\pi pd\cos\theta \cdot \varepsilon_{1/2}/\lambda)^2}$$

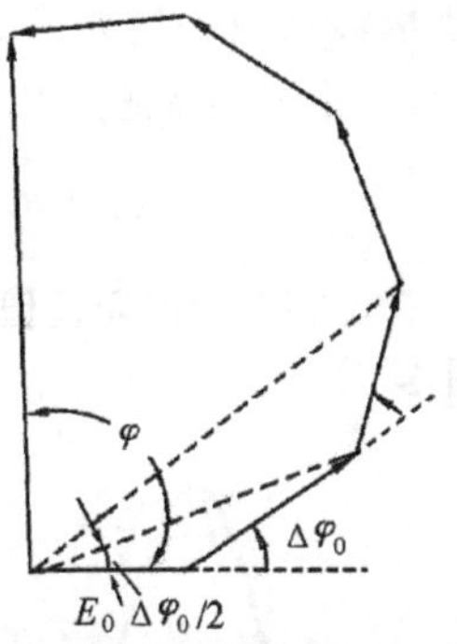

图 4-16 振幅的合成矢量

在衍射峰高度之半处的强度与最大值之比应为 1/2，即 $I_{1/2}/I_m = 1/2$

$$\frac{\sin^2(2\pi pd\cos\theta \cdot \varepsilon_{1/2}/\lambda)}{(2\pi pd\cos\theta \cdot \varepsilon_{1/2}/\lambda)^2} = \frac{1}{2} \tag{4-24}$$

经测算，当 $2\pi pd\cos\theta\, \varepsilon_{1/2}/\lambda = 1.40$ 时，可满足方程(4-24)。

$\varepsilon_{1/2} = 1.40\lambda/(2\pi pd\cos\theta)$，衍射峰的半高宽 $\beta = 4\varepsilon_{1/2}$，

$$\beta_{hkl} = 4 \times 1.40\lambda/(2\pi pd\cos\theta)$$

$$= 0.89\lambda/(D_{hkl}\cos\theta_{hkl}) \tag{4-25}$$

晶面 *hkl* 法线方向晶粒的维度(厚度) $D_{hkl} = pd$，式(4-25)称为 Scherrer 方程。这个公式给出了以半高宽表示衍射峰宽化程度时，样品平均晶粒度和衍射峰宽度的定量关系。应用 Scherrer 方程，应注意下列几点：① β 为晶粒因子函数的半高宽，单位为弧度；② D_{hkl} 只代表 *hkl* 晶面法线方向的维度，β 值与晶粒其他方向的维度无关；③ 晶粒大小因子的峰形可近似用偶函数表示

$$f(y) = f(-y)$$

Stockes 和 Wilson 相继提出衍射峰宽以积分宽表示时的关系

$$\beta_{hkl} = \frac{\lambda}{D_{hkl}\cos\theta_{hkl}} \tag{4-26}$$

依照式(4-26)所求得的 D_{hkl} 即为晶体在 *hkl* 方向的体平均厚度。

4.5.3 衍射峰的分析

引起衍射峰宽化的，除了晶粒因子之外，入射光非单色和仪器几何因子等宽化效应也都同时存在。

4.5.3.1 $K_{\alpha1}$ 和 $K_{\alpha2}$ 双线的线性加合

入射到晶体的 X 射线经滤波片或单色器之后其成分为 K_α 辐射，包含有 $K_{\alpha1}$ 和 $K_{\alpha2}$ 两

种成分，二者的波长有一定差异，对于 Cu K_α，$\lambda_{K_{\alpha1}}=0.154\ 05\text{nm}$，$\lambda_{K_{\alpha2}}=0.154\ 43\text{nm}$，$\Delta\lambda=0.000\ 38\text{nm}$。依照 Bragg 方程

$$2d\sin\theta_1 = n\lambda_1, \qquad 2d\sin\theta_2 = n\lambda_2$$

因此在衍射方向上将有衍射角差值为 $\Delta 2\theta$ 的两个散射波，实验结果是这两个散射波的线性叠加(图 4-17)。

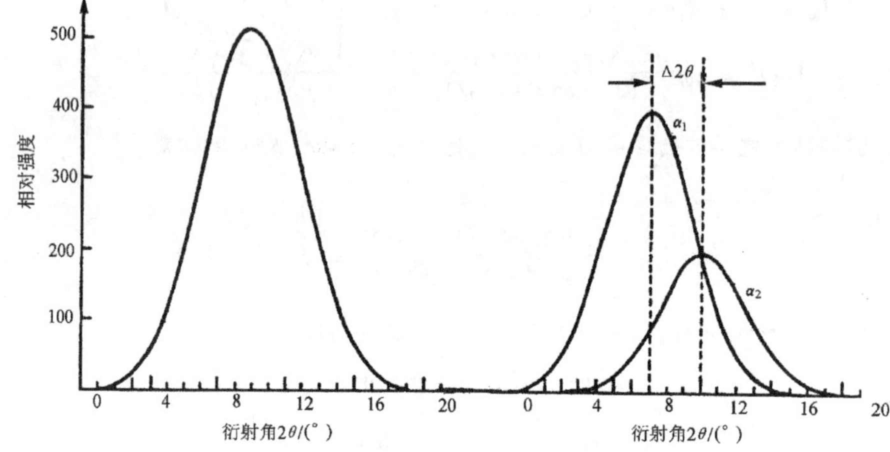

图 4-17 $K_{\alpha1}$和 $K_{\alpha2}$衍射强度的线性叠加

角度相差 $\Delta 2\theta$ 的两个衍射峰叠加后所显示的衍射强度的分布宽化了，宽化的程度与单独的峰形有关，也与 $\Delta 2\theta$ 的大小有关。

(1) $\Delta 2\theta$ 与 2θ 的关系(图 4-18)

$\Delta 2\theta$ 的数值与 Bragg 角 θ 有关。

$$2d\sin\theta_1 = n\lambda_1 \qquad 2d\sin\theta_2 = n\lambda_2$$

$$\Delta 2\theta = 2(\theta_2 - \theta_1) \qquad \theta_1 = \theta_2 - \Delta\theta$$

$$\frac{2d(\sin\theta_2 - \sin\theta_1)}{2d\sin\theta} = \frac{n(\lambda_2 - \lambda_1)}{n\lambda} = \frac{\Delta\lambda}{\lambda}$$

$$\begin{aligned}\sin\theta_1 &= \sin(\theta_2 - \Delta\theta)\\ &= \sin\theta_2\cos\Delta\theta - \sin\Delta\theta\cos\theta_2\\ &= \sin\theta_2 - \Delta\theta\cos\theta_2\end{aligned}$$

$$\sin\theta_2 - \sin\theta_1 = \Delta\theta\cos\theta_2$$

当 $\Delta\theta$ 很小时，可近似取 $\theta_2\approx\theta$，

$$\frac{\Delta\theta\cos\theta}{\sin\theta} = \frac{\Delta\lambda}{\lambda}$$

$$\Delta\theta = \tan\theta \frac{\Delta\lambda}{\lambda}$$

$$\Delta 2\theta = \tan\theta \frac{2\Delta\lambda}{\lambda} \tag{4-27}$$

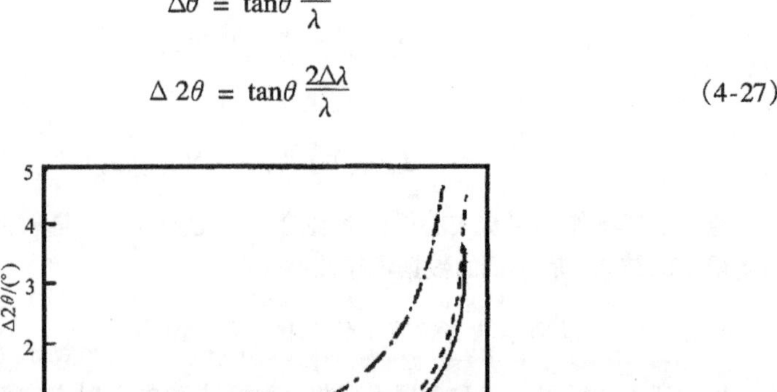

图 4-18 $\Delta 2\theta$ 与 2θ 的关系

(2) $K_{\alpha1}$和 $K_{\alpha2}$的双线分离

一般以 $K_{\alpha1}$对应的峰宽衡量衍射峰宽化的程度，为此必须从实验所得的叠合峰中去除 $K_{\alpha2}$叠加的影响，分出 $K_{\alpha1}$相关的衍射峰。由于 $I_{K_{\alpha1}}$与 $I_{K_{\alpha2}}$峰形相同，数值为 2∶1，若叠加后的强度分布在 $2\theta_1 \sim 2\theta_2$ 范围内，显然在 $2\theta_1 \sim (2\theta_1 + \Delta 2\theta)$区间里衍射强度没有 $K_{\alpha2}$辐射的贡献。同理$(2\theta_2 - \Delta 2\theta) \sim 2\theta_2$ 区间里没有 $K_{\alpha1}$辐射的贡献。在 2θ 轴上取某一个固定的角度改变量$(\Delta 2\theta / n)$将衍射峰分成若干个区间。例如 $n = 3$ 时，依照图 4-17 所示的关系，应用如下逐级减去法，即可获得 $I(\alpha_1)$的数值。

$$I_0 = 0$$

$$I_1 = i_1(\alpha_1)$$

$$I_2 = i_2(\alpha_1)$$

$$I_3 = i_3(\alpha_1)$$

$$I_4 = i_4(\alpha_1) + i_1(\alpha_2) = i_4(\alpha_1) + 0.5 i_1(\alpha_1)$$

$$I_5 = i_5(\alpha_1) + i_2(\alpha_2) = i_5(\alpha_1) + 0.5 i_2(\alpha_1)$$

$$\cdots$$

$$I_m = i_m(\alpha_1) + i_{m-3}(\alpha_2) = i_m(\alpha_1) + 0.5 i_{m-3}(\alpha_1)$$

则

$$i_1(\alpha_1) = I_1$$

$$i_2(\alpha_1) = I_2$$

$$i_3(\alpha_1) = I_3$$

$$i_4(\alpha_1) = I_4 - 0.5 i_1(\alpha_1)$$

$$i_5(\alpha_1) = I_5 - 0.5 i_2(\alpha_1)$$

$$\cdots$$

$$i_m(\alpha_1) = I_m - 0.5 i_{m-3}(\alpha_1) \tag{4-28}$$

通过上述操作即可从实验得出的叠合峰中分离出 $K_{\alpha 1}$辐射的独立散射的强度分布。如此得出的结果，后半部的数据可靠性差一些。

4.5.3.2 仪器因子与晶粒因子的卷积

衍射仪设计得不完善和调试不理想，都可能造成衍射方向偏离 Bragg 角，引起衍射峰宽化，统称为仪器宽化效应。众所周知，晶粒足够大，无晶格畸变，结晶完好的 α-石英，其 $K_{\alpha 1}$对应的衍射峰也有一定的宽度，该宽度显示了仪器宽化效应的存在和宽化程度，通常以它的 $K_{\alpha 1}$对应的峰宽作为校正仪器宽化因子的依据。

在小晶粒与仪器两种宽化效应共存时，其实验结果可用这两种因子相关的函数的卷积(convolution)表示。晶粒因子与仪器因子所用函数分别表示如下

$$I_d(y) = I_d(\max) f(y), \qquad I_s(x) = I_s(\max) g(x)$$

卷积之后其结果为

$$I_m(z) = I_m(\max) h(z)$$

$$I_m(z) = I_m(\max) \int_{-\infty}^{\infty} f(y) g(z - y) \mathrm{d}y$$

$$h(z) = \int_{-\infty}^{\infty} f(y) g(z - y) \mathrm{d}y = \int_{-\infty}^{\infty} g(x) f(z - x) \mathrm{d}x$$

当小晶粒宽化效应和仪器宽化效应同时存在时，实验所得的衍射峰形一般是以两个相关的函数 $f(x)$和 $g(y)$卷积的结果 $h(z)$函数表示。为从实验结果中求出晶粒效应对应的函数 $f(y)$，应从 $h(z)$函数出发解卷积。

4.5.4 工作曲线的制作

4.5.4.1 辐射的非单色校正曲线

由于仪器宽化效应是 $K_{\alpha 1}$的仪器宽化和 $K_{\alpha 2}$的仪器宽化的叠加结果(晶粒宽化也是如此)，因此无论讨论仪器宽化效应还是小晶粒宽化效应，都应首先从实验结果中剥离出 $K_{\alpha 2}$相关的强度，以求得 $K_{\alpha 1}$的强度分布，这是校正工作的第一步。这一步工作只有当 $K_{\alpha 1}$峰宽、$\Delta 2\theta$ 的数值和叠合峰宽，三个数值的关系明确时才能进行。按经验，其关系可应用 α-石英已知的数值做校正曲线获得。由于峰形不同，叠合的结果不同，因而入射光非单色使得仪器宽化和晶粒宽化的结果也不完全相同，为此需要制作两条工作曲线。

取 5 ~ 15μm 的 α-石英在 $2\theta = 30° \sim 40°$收集(110)衍射峰的强度，依照前述的 $K_{\alpha 1}$和 $K_{\alpha 2}$双线分离的方法，求得 $K_{\alpha 1}$的峰形 $g_1(x)$，再依照 $I_{\alpha 2} = 0.5\ I_{\alpha 1}$的关系，求得 $K_{\alpha 2}$的峰形

$g_2(x)$，将 $g_1(x)$和 $g_2(x)$以某一个$\Delta 2\theta$值相叠合，即可得到一个$K_{\alpha1}$和$K_{\alpha2}$叠合峰形。

若 $g_1(x)$的半高宽或积分宽为 b，$g_1(x)$和 $g_2(x)$叠合峰的半高宽或积分宽为 b_0，而 b_0 应是 b 和$\Delta 2\theta$ 的函数

$$b_0 = \varphi'(b,\Delta 2\theta),$$

$$1 = \varphi'(b/b_0,\Delta 2\theta/b_0), \quad b/b_0 = \varphi(\Delta 2\theta/b_0)$$

由此得到了一个与$\Delta 2\theta$ 和b 相关的b_0 以及 b/b_0-$\Delta 2\theta/b_0$ 的对应关系。在通常的使用范围内改变$\Delta 2\theta$ 的数值，取 n 个$\Delta 2\theta$，以不同的$\Delta 2\theta$ 叠加$g_1(x)$和 $g_2(x)$，将得到 n 个叠合峰和相应的 n 个 b_0 值，以及 n 对b/b_0 和$\Delta 2\theta/b_0$ 对应点，连接各对应点即得到一条 $b/b_0 \sim \Delta 2\theta/b_0$ 校正曲线。从这条校正曲线上所得到的 b 值即代表仪器的宽化效应。

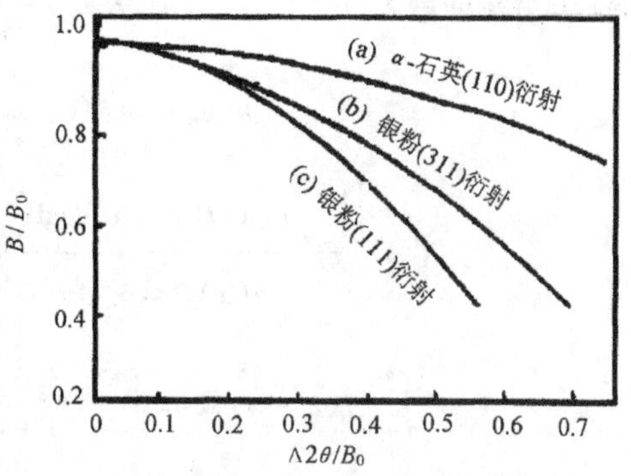

图 4-19　$b/b_0 \sim \Delta 2\theta/b_0(B/B_0 \sim \Delta 2\theta/B_0)$关系曲线

再取一个晶粒大小在 10～50nm、性能稳定，无晶格畸变的样品，选择一合适的衍射，实验所得的峰形即为 $h(z)$，经双线分离得出 $K_{\alpha1}$对应的 $h_1(z)$和 $K_{\alpha2}$对应的 $h_2(z)$,将两个衍射峰以一定的$\Delta 2\theta$相叠合，即可得到它们的叠合峰。$h_1(z)$的半高宽或积分宽为 B，叠合峰的半高宽或积分宽为 B_0，取 n 个$\Delta 2\theta$即得到n 组B/B_0 和$\Delta 2\theta/B_0$对应点，从而得到一条与小晶粒样品相关的去除 $K_{\alpha2}$影响的校正曲线。依照这条曲线所求得的 B 值是去除了 $K_{\alpha2}$影响后的 $h_1(z)$对应的峰宽，该宽度中仍包含有仪器因子和晶粒因子两种宽化作用。图 4-19 示出了辐射非单色校正曲线，以 5～15μm 的 α-石英就其(110)衍射制作的 b/b_0-$(\Delta 2\theta/b_0)$关系曲线(a)和以平均晶粒度约为 20nm 的银粉,就其(111)和(311)两个衍射分别获得的(B/B_0)-$(\Delta 2\theta/B_0)$关系曲线(b)和(c),供选择使用。

使用上述工作曲线时，首先选择一个合适的衍射依照 2θ 的数值，按式(4-27)求得$\Delta 2\theta$ 值，再从待测晶粒度的样品(或 α-石英)的实验峰中求得半高宽或积分宽 $B_0(b_0)$，据$\Delta 2\theta/B_0(\Delta 2\theta/b_0)$的比值在图 4-19 曲线上即可求出 $K_{\alpha1}$对应的半高宽或积分宽 $B(b)$。

4.5.4.2　仪器因子的校正曲线

当校正了 $K_{\alpha1}$和 $K_{\alpha2}$双线叠加的影响之后，还有仪器因子和晶粒因子两种宽化效应的相互作用存在于实验结果之中。为求得单一的晶粒宽化效应，必须从中去掉仪器宽化作用的影响。

若以 b 代表仪器因子函数 $g(x)K_{\alpha1}$的峰宽；以 β 代表晶粒因子函数 $f(x)K_{\alpha1}$的峰宽；以 B 代表二者卷积作用后 $h(x)$的峰宽。B 是 b 和β 的函数

$$B = \varphi'(b,\beta)$$

$$1 = \varphi'(b/B,\beta/B)$$

$$\beta/B = \varphi(b/B)$$

为从 b 和B 的数值中求得确切的β值，必须明确 β、b 和B 三者的函数关系。若利用某些已知的条件获得一系列 B、β 和 b 三个变量的相关数值，即可得知 β/B 与b/B之间的函数关系。

(1) 积分宽法

函数 h 是晶粒因子函数f 和仪器因子函数 g 的卷积

$$h(z) = \int g(x)f(z-x)\mathrm{d}x$$

依照积分宽的定义

$$B = \frac{\int_{-\infty}^{\infty} h(z)\mathrm{d}z}{h_{\mathrm{m}}(z)}$$

$$h_{\mathrm{m}}(z) = h(0) = \int g(x)f(-x)\mathrm{d}x$$

$$B = \frac{\iint_{-\infty}^{\infty} g(x)f(z-x)\mathrm{d}x\mathrm{d}z}{\int_{-\infty}^{\infty} g(x)f(-x)\mathrm{d}x} = \frac{\int_{-\infty}^{\infty} g(x)\mathrm{d}x\int_{-\infty}^{\infty} f(z-x)\mathrm{d}z}{\int_{-\infty}^{\infty} g(x)f(-x)\mathrm{d}x}$$

$$\int_{-\infty}^{\infty} f(z-x)\mathrm{d}z = \int_{-\infty}^{\infty} f(z-x)d(z-x) = \int_{-\infty}^{\infty} f(x)\mathrm{d}x$$

$f(x)$可视为偶函数，$f(x)=f(-x)$

$$B = \frac{\int g(x)\mathrm{d}x\int f(x)\mathrm{d}x}{\int g(x)f(x)\mathrm{d}x} \tag{4-29}$$

当 $f(x)$和 $g(x)$皆为归一函数时，它们的积分宽 b 和β分别为

$$b = \int g(x)\mathrm{d}x$$

$$\beta = \int f(x)\mathrm{d}x$$

则

$$\frac{\beta}{B} = \frac{\int g(x)f(x)\mathrm{d}x}{\int g(x)\mathrm{d}x} \tag{4-30}$$

$$\frac{b}{B} = \frac{\int g(x)f(x)\mathrm{d}x}{\int f(x)\mathrm{d}x} \tag{4-31}$$

根据式(4-30)和式(4-31)可以看出，β/B 和 b/B 的数值是由 $\int g(x)\mathrm{d}x$、$\int f(x)\,\mathrm{d}x$ 和 $\int g(x)f(x)\mathrm{d}x$ 的数值决定的。以 5～15μm 的 α-石英在指定的仪器上收集某一个衍射的强度，经过 K_α 双线校正之后获得 $K_{\alpha1}$ 相关的强度分布即为 $g(x)$，进而得出积分宽 b，对于指定的 X 射线衍射仪，其 $g(x)$ 和 b 是不变的。

晶粒因子 $f(x)$ 一般取 Cauchy 函数表示

$$f(x)=\frac{1}{1+K^2x^2}$$

令 K 为某一个数值，按 $f(x)$-x 关系作图，即可得某一个 K 值对应的 $f(x)$ 强度分布。因为 $f_{\mathrm{m}}(x)=f(0)=1$，其积分宽

$$\beta=\int f(x)\mathrm{d}x=\int\frac{1}{1+K^2x^2}\mathrm{d}x=\frac{\pi}{K}$$

另外

$$\int g(x)f(x)\mathrm{d}x\approx\sum_{n=-\infty}^{\infty}g(x_n)f(x_n)\Delta x$$

$f(x)$ 的分布形式与 β 值都是由 K 的数值决定的。改变 K 值即可得到不同的 $f(x)$ 和相应的 β 数值，根据上述 $g(x)$ 和各个 K 值所对应的 $f(x)$ 值以及式(4-30)和式(4-31)的关系又可获得一系列的 β/B 与 b/B 的相关数值，从而得到一条以积分宽表示的仪器因子校正曲线，利用这条曲线可获得晶粒因子所对应的峰宽 β 值。

(2) 半高宽法

$g(x)$ 为仪器因子 $K_{\alpha1}$ 对应的函数，其半高宽为 $b_{1/2}$。晶粒因子函数以 Cauchy 函数 $f(x)=1/(1+K^2x^2)$ 表示时，其半高宽为 $\beta_{1/2}=2/K$。求 $f(x)$ 和 $g(x)$ 的卷积得 $h(z)$，将其结果按 $h(z)$-z 的关系作图，即可求得 $h(z)$ 函数对应的半高宽 $B_{1/2}$，改变 K 值，可获得一系列的 $f(x)$ 和相应的 $h(z)$，以及一系列的半高宽 $B_{1/2}$ 和 $\beta_{1/2}$ 的数值。依照 $\beta_{1/2}/B_{1/2}$-$b_{1/2}/B_{1/2}$ 的关系即可得到一条以半高宽表示的仪器因子校正曲线 $\beta_{1/2}/B_{1/2}$-$b_{1/2}/B_{1/2}$。

图 4-20 为按半高宽法制作的仪器因子校正曲线。其中 $f(x)=1/(1+K^2x^2)$，其半高宽为 β，取 5～15μm 的 α-石英以(110)和(223)衍射所得的两个 $g(y)$ 分别与 $f(x)$ 求卷积得两个 $h(z)$ 分布，分别求出其半高宽 $B_{1/2}$，则得两条 β/B-b/B 仪器因子校正曲线(a)和(b)。

制作以上工作曲线，首先应求卷积以获得 $h(z)$ 的峰形，下述褶积法是求卷积较为直观的方法(图 4-21)。

将 $g(x)$ 和 $f(x)$ 以某固定间隔 Δx 取其 n 个 $g(x)$ 和 $f(x)$ 数值，分上下两列记在纸条上。

$g_{\mathrm{m}}(x)$ 和 $f_{\mathrm{m}}(x)$ 居中对齐，设 $h(z)$ 函数的自变量 $z=2x$，则 $x=z/2$，着眼于某一定点 $z/2$，其左边的第 n 点为某一 x 值时，右边第 n 点将为 $[x+2(z/2-x)=z-x]$，若将

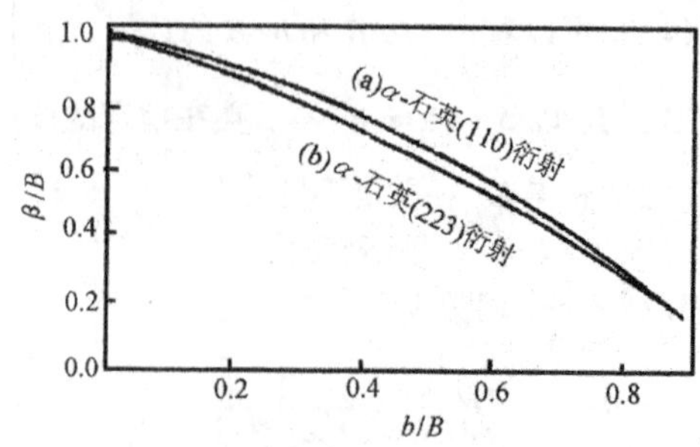

图 4-20 β/B-b/B 关系曲线(半高宽)

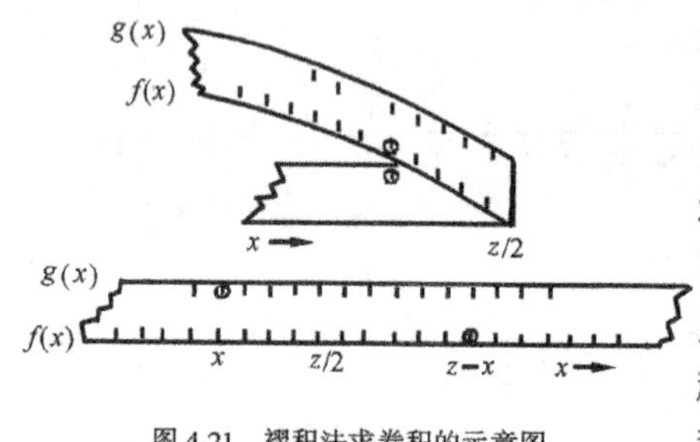

图 4-21 褶积法求卷积的示意图

纸条在某一个 $x=z/2$ 处褶叠，褶叠后 $g(x)$ 的位置和 $f(z-x)$ 位置上下相对，将 $g(x)$ 和 $f(z-x)$ 各个对应点的数值相乘，再将诸乘积求加和即得 $h(z/2)$ 的数值。改变不同的 z，即得一系列的 $h(z)$，依照 $h(z)$-z 关系，可得相关的半高宽 $B_{1/2}$ 的数值。Δx 取值越小，n 的数值越大，所得 $h(z)$ 函数的峰形越平滑。

4.5.5 平均晶粒度的计算步骤

(1) 衍射数据的收集

依照晶粒的形状,就关注的方向选取合适的衍射指标。采用慢速连续扫描或步进扫描方式,收集样品的衍射强度,获得可靠的峰形,量出相应的半高宽或积分宽 B_0。用 5～15μm 的 α-石英选取一个衍射,以相同的实验条件收集衍射强度,获得可靠稳定的峰形量得其半高宽或积分宽 b_0。值得注意的是 B_0 和 b_0 相关的两个衍射的 Bragg 角应尽量接近。

(2) K_α 双线校正

按式(4-27)求出与 2θ 相关的 $\Delta 2\theta$，计算出 $\Delta 2\theta/B_0(\Delta 2\theta/b_0)$ 值，在图 4-19 的 B/B_0-$\Delta 2\theta/B_0(b/b_0$-$\Delta 2\theta/b_0)$ 关系曲线上，求得 $K_{\alpha1}$ 相应的峰宽 $B(b)$。

(3) 仪器因子的校正

计算 b/B 的数值，依照图 4-20 的 β/B-b/B 的关系曲线，求得 β 值。

(4) 将 β 值代入 Scherrer 公式，解出样品的平均晶粒度

$$\overline{D}_{hkl}=\frac{k\lambda}{\beta_{khl}\cos\theta}$$

4.5.6 结果分析

4.5.6.1 精度估计

当衍射仪功率比较大、强度数据比较可靠时，$\overline{D}$ 值误差约为 10%。

实验考察说明，b 的数值是影响误差的重要因素之一，b 的数值越小，其结果的准确性越高。就样品而言，小晶粒比大晶粒的测试结果更准确。如果晶粒度超过 100nm，测量的准确度将有所降低。严格地说，超过 50nm，偏差就会增大。

因为 b 的数值对测量工作有不可忽视的影响，因此有关仪器因子的校正，应就实用的仪器进行，不同型号的仪器应有不同的仪器校正曲线。

4.5.6.2 团簇分散与单(分子)层分散

经验说明，应用 Scherrer 公式测量晶粒大小。当晶粒大于 200nm 时，衍射峰宽化不明显，难以得出确切的结果；小于 3nm 时，衍射峰宽化严重以致弥散，I_{max}很小，测量工作也难于进行。对于单相体系，在一般情况下测量范围为 3～200nm。

晶体某一方向的粒度 $pd = 200$nm 的样品对于一般的 X 射线衍射仪来说其衍射峰的半高宽 $\beta \approx 0.15°$；当 $pd = 2$nm 时，2θ 按 40°考虑，依照式(4-26)计算，$\beta = 4.18°$，其衍射峰宽化的程度是 200nm 的数据的 27.9 倍。当 $pd = 1$nm 时，$\beta = 8.36°$，衍射强度的弥散更为严重。当入射光照射的体积不变时，其衍射的积分强度不变(即峰面积不变)，因此相关的峰高 I_{max}将大幅度降低。衍射谱上各个信号都将因衍射峰的高度弥散而相互连接和重叠，致使衍射峰分散于背底之上而消失。这样的实验结果不但不能测定其晶粒的大小，也难以检出该物相的存在。

对于小晶体，$pd = 2$nm 或 1nm 时，显然 $p > 2$，因为任何金属或无机化合物各原子或分子层的厚度都不能达到 1nm 或 2nm，在此情况下，虽然实验上衍射峰已消失，但参与衍射的样品至少仍保持 2～3 个周期格子，而不能确定为单(分子)层分散。因此可以认为在一般情况下，当某一物相从衍射谱上消失时，它可能是单(分子)层分散，也可能呈一定大小的团簇状态分散。

在实际体系中，检测样品很少是单相的。当考虑盐类或氧化物在载体上的分散状态时，无论其载体是 γ-Al_2O_3 还是某种其他无机氧化物，其 XRD 的实验结果衍射峰的交叠、背底或其他连续谱的干扰就将使晶粒度测量和物相检出的准确性都大大降低。在这种情况下，造成衍射峰检测不出或实际消失的原因应有多种可能。因而有必要提醒，在研究盐类或氧化物分散状态时，当以 X 射线衍射作为检测手段时，单以高分散相衍射峰的消失来确认它是单(分子)层分散，其结论有可能是错误的。因为衍射峰的消失只是单(分子)层分散的必要条件，而不是充分必要条件。

4.6 非完整晶体中晶格畸变率和体平均厚度的测定

氧化物和复合氧化物等催化活性材料，在某些制备条件下，小晶体内会产生与某种结构非完整性相关的晶格畸变。由于它对材料的物理化学性能有重要影响，因此在这类材料的研究和应用中，在关注晶粒大小的同时，也有必要揭示其晶格畸变的存在。

4.6.1 XRD 峰形函数的近似表示[14]

在 XRD 实验中，每一个衍射的强度，都在 $2\theta \pm \Delta(2\theta)$范围内，有着一种分布，习惯上称其为一个衍射峰。在研究工作中，人们常用函数和函数之间的相互作用表示峰形以及峰形的变化和结果。衍射峰形(强度分布的形式)是由与仪器和样品性能相关的诸多因素决定的。

对于 $2\theta > 20°$ 的衍射峰，不对称的程度不显著，$K_{\alpha1}$ 所对应的衍射峰形可以近似用对称性的 Voigt 函数表示。它是由 m 个 Cauchy 函数和 n 个 Gauss 函数卷积而成的。

4.6.1.1　m 个 Cauchy 函数的卷积，其结果仍为 Cauchy 函数

m 之中第 i 个 Cauchy 组元以及 m 个组元卷积之后的强度分布分别为

$$Y_{C,i}(x) = Y_{Ci}(0)\omega_{C,i}^2/(\omega_{C,i}^2 + x^2)$$

$$Y_C(x) = Y_C(0)\omega_C^2/(\omega_C^2 + x^2)$$

式中，$2\omega_C$ 和 β_C 代表 Cauchy 函数的半高宽和积分宽，卷积后的半高宽和积分宽为其组元的线性加和

$$2\omega_C = \sum_{i=1}^{m} 2\omega_{C,i}, \qquad \beta_C = \sum_{i=1}^{m} \beta_{C,i} \tag{4-32}$$

$$2\omega_C/\beta_C = 2/\pi = 0.6366$$

式中，$2\omega_C/\beta_C$ 为形状因子。

4.6.1.2　n 个 Causs 函数的卷积，其结果仍为 Gauss 函数

n 之中第 i 个 Gauss 组元以及 n 个组元卷积之后的强度分布分别为

$$Y_{G,i}(x) = Y_{G,i}(0)\exp(-\pi x^2/\beta_{G,i}^2)$$

$$Y_G(x) = Y_G(0)\exp(-\pi x^2/\beta_G^2)$$

式中，β_G 为积分宽。

$2\omega_G$ 为半高宽，则积分宽和半高宽的平方分别等于组元的平方和

$$(2\omega_G)^2 = \sum_{i=1}^{n}(2\omega_{G,i})^2, \qquad \beta_G^2 = \sum_{i=1}^{n}\beta_{G,i}^2 \tag{4-33}$$

$$2\omega_G/\beta_G = 2(\ln 2/\pi)^{1/2} = 0.9394$$

4.6.1.3　m 个 Cauchy 函数和 n 个 Gauss 函数的卷积，其结果为 Voigt 函数

$$Y(x) = \int_{-\infty}^{\infty} Y_C(u)Y_G(x-u)\mathrm{d}u$$

Voigt 函数的半高宽以 2ω 表示；积分宽以 β 表示；$2\omega/\beta$ 称为形状因子。

令

$$k = \beta_C/(\pi^{1/2}\beta_G) \tag{4-34}$$

通过解卷积，可得如下关系

$$\beta/\beta_G = \exp(-k^2)/\mathrm{erfc}(k) \tag{4-35}$$

$$R_e\{\bar{\omega}(\pi^{1/2}\omega/\beta_G) + ik\} = \beta_G/2\beta \tag{4-36}$$

式中：erfc(k)——误差函数；

$\{\bar{\omega}(\pi^{1/2}\omega/\beta_G) + ik\}$——复数误差函数。

式(4-35)和式(4-36)的近似解为

$$\beta_C/\beta = 1 - (\beta_G/\beta)^2 \tag{4-37}$$

$$(2\omega)^2 = (2\omega_G)^2/\ln 2 + (2\omega_C)^2 \tag{4-38}$$

取不同的 k 值代入式(4-35)和式(4-36)，可获得一系列的 $2\omega/\beta$、k 和 β_G/β 的数值，列于表4-10。当从 XRD 实验中获得以 Voigt 函数近似表示的衍射峰半高宽 2ω 和积分宽 β 和形状因子 $2\omega/\beta$ 时，即可应用表4-10的数据内插求得 k 与 β_G，进而依式(4-34)获得 β_C 的数值。

表 4-10　Voigt 函数的 $2\omega/\beta$ 与 k、β_G/β 的关系

$2\omega/\beta$	k	β_G/β	$2\omega/\beta$	k	β_G/β
0.9395	0.0	1.0000	0.6682	2.0	0.2554
0.8977	0.1	0.8965	0.6658	2.1	0.2451
0.8628	0.2	0.8090	0.6636	2.2	0.2356
0.8326	0.3	0.7346	0.6617	2.3	0.2267
0.8079	0.4	0.6708	0.6600	2.4	0.2185
0.7866	0.5	0.6157	0.6585	2.5	0.2108
0.7681	0.6	0.5678	0.6570	2.6	0.2036
0.7530	0.7	0.5259	0.6557	2.7	0.1969
0.7397	0.8	0.4891	0.6546	2.8	0.1905
0.7282	0.9	0.4565	0.6535	2.9	0.1846
0.7184	1.0	0.4276	0.6525	3.0	0.1790
0.7099	1.1	0.4017	0.6516	3.1	0.1737
0.7026	1.2	0.3785	0.6507	3.2	0.1687
0.6961	1.3	0.3576	0.6499	3.3	0.1640
0.6903	1.4	0.3387	0.6492	3.4	0.1595
0.6854	1.5	0.3216	0.6486	3.5	0.1553
0.6812	1.6	0.3060	0.6480	3.6	0.1513
0.6774	1.7	0.2917	0.6474	3.7	0.1474
0.6740	1.8	0.2786	0.6469	3.8	0.1438
0.6709	1.9	0.2665	0.6464	3.9	0.1403

若以 $2\omega/\beta$ 对 β_G/β、β_C/β 的关系作图，可获得 β_G/β、β_C/β 随 $2\omega/\beta$ 变化的工作曲线，见图 4-22。

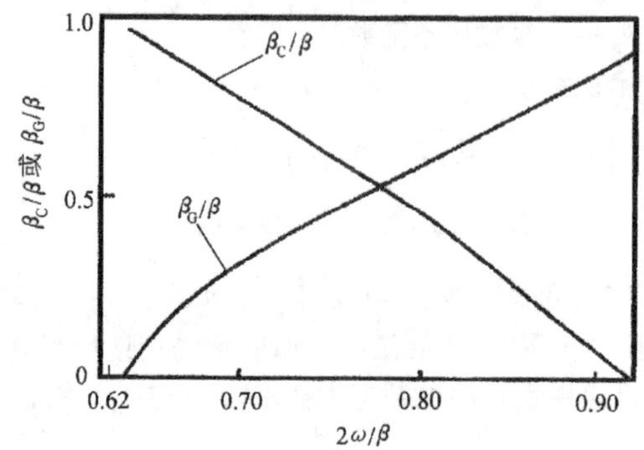

图 4-22 β_G/β 和 β_C/β 与 $2\omega/\beta$ 的关系

依照图 4-22 所示的关系，可得出下列经验公式

$$\begin{cases}\beta_C/\beta = a_0 + a_1\varphi + a_2\varphi^2 & (4\text{-}39)\\ \beta_G/\beta = b_0 + b_{1/2}(\varphi - 2/\pi)^{1/2} + b_1\varphi + b_2\varphi^2 & (4\text{-}40)\end{cases}$$

其中 $\varphi = 2\omega/\beta$；$a_0 = 2.0207$；$a_1 = -0.4803$；$a_2 = -1.7756$；$b_0 = 0.6420$；$b_{1/2} = 1.4187$；$b_1 = -2.2043$；$b_2 = 1.8706$

当从实验结果中获得 $2\omega/\beta$ 之后，应用式(4-39)和式(4-40)也可计算出 β_G/β、β_C/β 的数值，在实用中比利用表 4-10 的数据求值更为方便。

4.6.2 衍射实验峰形的分析

4.6.2.1 $K_{\alpha1}$ 和 $K_{\alpha2}$ 双线叠加

任一个衍射，实验所得的衍射强度都是 $K_{\alpha1}$ 和 $K_{\alpha2}$ 线性加合的结果。两种成分的强度比为

$$Y_{K_{\alpha2}} = \frac{1}{2}Y_{K_{\alpha1}} \tag{4-41}$$

两条线 Bragg 角的差值

$$\Delta(2\theta) = \frac{2\Delta\lambda}{\lambda}\text{tg}\theta \tag{4-42}$$

式中：$\Delta\lambda$——$K_{\alpha1}$ 和 $K_{\alpha2}$ 两种波长的差值；

λ——平均波长；

θ_0——平均波长对应的 Bragg 角。

对于 Cu K_α

$$\Delta\lambda = 0.154\,43 - 0.154\,05 = 0.000\,38\text{nm}$$

平均波长

$$\lambda = 0.154\ 18\text{nm}$$

前述各种函数所对应的半高宽、积分宽指的都是 $K_{\alpha1}$所对应的数值。为此，应按照式(4-41)、式(4-42)和式(4-28)的关系应用逐级减去法从实验结果中分离出 $K_{\alpha1}$衍射峰后再求出相关的半高宽 2ω 和积分宽β 值待用。

4.6.2.2 结构宽化因子与仪器宽化因子的卷积

当样品晶粒的维度小于 0.2μm 或存在晶格畸变时，衍射峰皆显出宽化，称其为结构宽化。另外，衍射仪的几何设计，加工精度与调试不完满所造成的衍射峰宽化也是不可避免的，称其为仪器宽化。因此，在通常情况下，当样品不存在结构宽化的影响时，其衍射强度分布也因仪器宽化效应的存在而有一个可观察到的宽度。当上述结构宽化因子和仪器宽化因子同时存在时，二者相作用的结果将以代表两个因子的函数卷积的结果来表示。若以 $f(y)$函数表示结构宽化因子，以 $g(x)$函数表示仪器宽化因子，二者的卷积 $h(z)$代表实验获得的衍射峰，即是两种因子相互作用之后的强度分布，则

$$h(z) = \int_{-\infty}^{\infty} f(y)g(z-y)\mathrm{d}y$$

4.6.3 体平均厚度、晶格畸变与积分宽的关系

依照非完整晶体衍射强度分布的公式，可推引出晶粒大小相关的函数为 Cauchy 形式，晶格畸变为 Gauss 形式。也就是说，当衍射实验所得的强度分布以 Voigt 函数表示时，其中 Cauchy 组元的积分宽 β_C 对应于晶粒宽化效应，其中 Gauss 组元的积分宽 β_G 对应于晶格畸变宽化效应。其关系为

$$\beta_C = \frac{\lambda}{D_{hkl}\cos\theta_0} \tag{4-43}$$

$$\beta_G = 2(2\pi)^{1/2}\langle\varepsilon_{hkl}^2\rangle^{1/2}\mathrm{tg}\theta_0 \tag{4-44}$$

式中：θ_0——Bragg 角；

β——单位为弧度；

D_{hkl}——晶面(hkl)垂直方向的体平均厚度，nm。

$\langle\varepsilon_{hkl}^2\rangle^{1/2}$——晶面($hkl$)垂直方向的均方根晶格畸变率。

4.6.4 二级或多级衍射求平均晶粒度和晶格畸变

将式(4-43)和式(4-44)积分宽的表达式，按式(4-32)和式(4-33)转化为半高宽表达式，则有

$$2\omega_C = 2/\pi\lambda/(D_{hkl}\cos\theta_0) \tag{4-45}$$

$$2\omega_G = 4(2\ln 2)^{1/2}\langle\varepsilon_{hkl}^2\rangle^{1/2}\mathrm{tg}\theta_0 \tag{4-46}$$

将式(4-45)、式(4-46)代入式(4-38)之中，得

$$(2\omega)^2\cos^2\theta_0 = 4/\pi^2(\lambda/D_{hkl})^2 + 32\langle\varepsilon_{hkl}^2\rangle\sin^2\theta_0 \tag{4-47}$$

式(4-47)中含有两个未知数，对于待测样品，当实验获得某一个衍射一级、二级或多级衍射，量出 $K_{\alpha1}$相关的半高宽之后，代入式(4-47)的关系，两个或多个方程联立，即可解出平均晶粒度 D_{hkl}和方均畸变率$\langle\varepsilon_{hkl}^2\rangle$。

$$(2\omega_1)^2\cos^2\theta_1 = 4/\pi^2(\lambda/D_{hkl})^2 + 32\langle\varepsilon_{hkl}^2\rangle\sin^2\theta_1$$
$$(2\omega_2)^2\cos^2\theta_2 = 4/\pi^2(\lambda/D_{hkl})^2 + 32\langle\varepsilon_{hkl}^2\rangle\sin^2\theta_2$$

应用上述关系研究了 $La_{1-x}Sr_xFeO_3$ 体系[15]，考查 Sr^{2+}的加入及处理温度的变化对样品晶粒体平均厚度和晶格畸变率的影响，取(101)和(202)衍射获得 D_{101}和$\langle\varepsilon_{101}^2\rangle^{1/2}$的数值，列于表 4-11。

表 4-11　$La_{1-x}Sr_xFeO_3$ 体系晶粒体平均厚度和晶格畸变率

样　品	D_{101}/nm	$\langle\varepsilon_{101}^2\rangle^{1/2}\times10^{-3}$
$LaFe_{0.96}O_{2.940}$	79	1.0
$La_{0.9}Sr_{0.1}FeO_{2.993}$	120	1.1
$La_{0.8}Sr_{0.2}FeO_{2.982}$	39	2.1
$La_{0.6}Sr_{0.4}Fe_1O_{3-\delta}$(1000℃)	13	4.9
$La_{0.6}Sr_{0.4}Fe_1O_{3-\delta}$(1100℃)	23	1.1
$La_{0.6}Sr_{0.4}Fe_1O_{3-\delta}$(1200℃)	40	0.8

从表 4-11 可见，Sr^{2+}加入使体系产生了晶格畸变，随着处理温度的升高，这种畸变减小。结构的如此变化，与体系的催化性能有重要关联。

4.6.5　单个衍射峰近似求体平均厚度和晶格畸变[16]

在 XRD 实验中，当衍射峰处在 $2\theta>20°$，其实验峰形 h、仪器宽化因子的峰形 g 以及结构宽化因子(包括晶粒大小和晶格畸变)峰形 f 皆可取 Voigt 函数近似表示时，则有下列关系

$$\begin{aligned} h &= h_C h_G \\ h_C &= g_C f_C \\ h_G &= g_G f_G \end{aligned} \tag{4-48}$$

式中：下标 C——Cauchy 函数组元；

下标 G——Gauss 函数组元；

f——结构宽化因子函数。

就待测样品的某一衍射收集衍射强度获得了 h 函数，再以粒度为 5 ~ 15μm 的 α-石英(无结构宽化效应的样品)收集衍射强度，得 g 函数，经 $K_{\alpha1}$和 $K_{\alpha2}$双线分离后，量出两个峰 $K_{\alpha1}$所对应的半高宽$(2\omega)^h$、$(2\omega)^g$和积分宽β^h、β^g。

在求 $K_{\alpha1}$对应的峰形的工作中，分离的工作通常是用逐级减去法。此法虽然也方便，但经常发生尾部数据波动，峰面积求不准的情况。为此，常不使用尾部的数据而是应用逐级减去法获得强度最大值之后，依照下式计算出积分宽。

$$\beta = \frac{S}{L_1(1+R)}$$

式中：S——$K_{\alpha1}$和 $K_{\alpha2}$双线叠加后衍射峰的总面积；

L_1——$K_{\alpha1}$所对应的强度分布的最大值；

R——$K_{\alpha1}$和 $K_{\alpha2}$相应强度的比值，取 0.5。

当求出$(2\omega)^h/\beta^h$、$(2\omega)^g/\beta^g$ 二数值之后，应用表 4-10 或式(4-39)、式(4-40)，即可以求得样品的 h 函数的 Cauchy 和 Gauss 组元的积分宽 β_C^h、β_G^h，和仪器因子函数 g 的 Cauchy 和 Gauss 组元的积分宽 β_C^g、β_G^g。根据 Cauchy 函数和 Gauss 函数的性质，进而可获得结构宽化因子 f 函数的 Cauchy 和 Gauss 组元的积分宽 β_C^f、β_G^f，有

$$\beta_C^f = \beta_C^h - \beta_C^g$$

$$(\beta_G^f)^2 = (\beta_G^h)^2 - (\beta_G^g)^2$$

由此即可得到积分宽 β_C^f 和 β_G^f。依照式(4-43)和式(4-44)即可求得 D_{khl}和$\langle \varepsilon_{khl}^2 \rangle^{1/2}$。

$$\beta_C^f = \frac{\lambda}{D_{khl}\cos\theta_0}$$

$$\beta_G^f = 5\langle \varepsilon_{khl}^2 \rangle^{1/2}\tan\theta_0$$

式中：β——单位为弧度；

θ_0——hkl 衍射的 Bragg 角；

D_{khl}——与晶面(hkl)相垂直方向的体平均厚度；

λ，D_{khl}——单位为 nm；

$\langle \varepsilon_{khl}^2 \rangle^{1/2}$——$hkl$ 方向的均方根晶格畸变率。

4.6.6 $La_{k-x}Sr_xMn_wO_{3-\delta}$体系的晶格畸变[17]

$LaMnO_3$ 与 $LaAlO_3$ 结构相同，皆为三方钙钛矿型，空间群为 D_{3d}^5-$R\bar{3}m$。当 A 位的 La^{3+} 部分被 Sr^{2+} 取代，依照 Sr^{2+} 的含量不同得 1～6 号 6 个样品。结构测定的结果说明，Sr^{2+} 进入晶格后，结构形貌未变，空间群仍为 D_{3d}^5-$R\bar{3}m$，结构式列于表 4-12。

表 4-12　La-Sr-Mn-O 体系的结构式

样品序号	结构式
1	$[La_{0.88}Sr_{0.00}\square_{0.12}][Mn_{0.56}^{4+}Mn_{0.37}^{3+}\square_{0.07}]O_3$
2	$[La_{0.79}Sr_{0.07}\square_{0.14}][Mn_{0.70}^{4+}Mn_{0.23}^{3+}\square_{0.07}]O_3$
3	$[La_{0.72}Sr_{0.17}\square_{0.11}][Mn_{0.71}^{4+}Mn_{0.22}^{3+}\square_{0.07}]O_3$
4	$[La_{0.61}Sr_{0.27}\square_{0.12}][Mn_{0.75}^{4+}Mn_{0.17}^{3+}\square_{0.08}][O_{2.94}\square_{0.06}]$
5	$[La_{0.52}Sr_{0.37}\square_{0.11}][Mn_{0.82}^{4+}Mn_{0.10}^{3+}\square_{0.08}][O_{2.94}\square_{0.06}]$
6	$[La_{0.46}Sr_{0.47}\square_{0.07}][Mn_{0.86}^{4+}Mn_{0.06}^{3+}\square_{0.08}][O_{2.97}\square_{0.03}]$

随着 Sr^{2+} 在 A 位占有率的增加，B 位 Mn^{4+} 增多，Mn^{3+} 减少。A、B 和 O 位都机遇地存在着空位，依照占有率计算出的 A、B、O 位和体系的电价列于表 4-13。

表 4-13　La-Sr-Mn-O 体系的离子价态的计算

样品	A			B	$\sum A+\sum B$	O	$\sum A+\sum B+\sum O$
	$3\times n_{La}$	$3\times n_{Sr}$	$\sum A$	$\sum B=3\times n_{Mn}$		$\sum O=6\times n_o$	
1	2.64	0.00	2.64	2.79	5.43	6.00	-0.57
2	2.37	0.14	2.51	2.79	5.30	6.00	-0.70
3	2.16	0.34	2.50	2.79	5.29	6.00	-0.71
4	1.83	0.54	2.37	2.76	5.13	5.88	-0.75
5	1.56	0.74	2.30	2.76	5.06	5.88	-0.82
6	1.38	0.94	2.32	2.76	5.08	5.94	-0.86

该化合物 A 位价态的平均值小于 3，由于 Mn^{4+} 的出现，B 位大于 3，因而离子间的配位偏离于 $LaAlO_3$ 型的正常结构，易于产生晶格畸变。体系中这种离子变价、离子缺位和晶格畸变等非完整性使其具有特定的催化功能。

取样品的(110)衍射，应用上述的单个衍射峰的方法测定了 6 个样品的在(110)方向的体平均厚度 D_{110} 和均方根晶格畸变率 $\langle\varepsilon_{110}^2\rangle^{1/2}$。应用于 CO 完全氧化反应测量 CO 完全转化率，将其关系列于表 4-14。表 4-14 数据说明，1 ~ 4 号样品的催化活性逐渐下降，而 4 ~ 6号呈上升趋势，见图 4-23。

表 4-14　平均晶粒度、晶格畸变率以及 CO 转化率

样品	D_{110}/nm	$\langle\varepsilon_{110}^2\rangle^{1/2}/10^{-3}$	CO 转化率/%
1	58	-	91
2	52	-	65
3	67	-	64
4	39	1.4	56
5	45	2.5	78
6	43	2.6	81
7	56	2.0	61

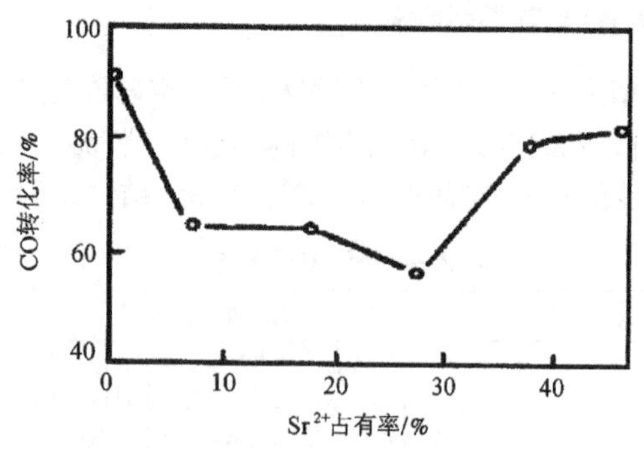

图 4-23　1 ~ 6 号样品 CO 转化率

经分析，B 位 Mn^{3+} 离子含量和结构中的晶格畸变率是影响体系催化活性的两个因素。Mn^{3+} 占有率越高，CO 转化率越高；晶格畸变率数值越大，CO 转化率越高。在 La-Sr-Mn-O 体系中，1~6 号样品 Mn^{3+} 的离子含量顺次减少，而晶格畸变率单调上升。两种因素交叉起作用的结果，使得体系的催化活性以 4 号样品为转折，先下降再上升。

实验还发现，样品在不同的热处理条件下，可有效地改变晶格畸变率的数值。取 4 号样品快速加热到 800℃，然后在空气中做淬火处理，得 7 号样品。经分析，4 号与 7 号两个样品的相组成完全相同，而晶格畸变率和 CO 转化率的数值 7 号明显地高于 4 号，见表 4-14。

上述结果说明，控制和测定非完整结构体系的均方根晶格畸变率，是揭示这类催化材料反应机理的一种重要手段。

4.7 层柱状化合物的 X 射线散射

4.7.1 层柱状化合物的结构特点

层柱状化合物通常是从层状化合物出发，将可能作为柱子的阳离子聚合体嵌入连接薄弱的层间，撑开并连接起来，形成层间并非严格周期结构的层柱状化合物。有支撑和连接能力的柱子称为交联剂。

层柱状化合物的晶体外形呈片状，这些片平行于结构内部的单元层。对于 X 射线散射实验的样品，这类晶体在样品中的晶粒取向不是随机的，而是“择优取向”地将晶片平卧于样品平面。依照衍射仪的工作原理，只有平行于样品平面的晶面所产生的衍射能为散射仪探头所接受。因此，这类化合物的多晶 X 射线散射图谱中，散射强度多为 $00l$ 类型晶面所作的贡献。

蒙脱土(Mont morillonite，简称 Mt)是制备层柱状化合物的一种基料，其基本结构是 Si—O 四面体连接成片，两个 Si—O 四面体片之间夹着一个 Al—O 八面体组成的片。这三个片构成一单元层。这种层沿着 $\underline{a}$ 和 $\underline{b}$ 方向伸延，呈二维有序排列，其层的厚度约为 0.7nm[18]，层内的原子由共价键相连，这样的层由氢键和范氏键连接成为三维层状化合物。其中部分 Al^{3+} 被 Mg^{2+} 或 Fe^{2+} 取代，使结构单层带负电，层间容有可交换的阳离子。当无机或有机的聚合阳离子随机地嵌入层间，作为柱子在将层隙空间扩大的同时，带正电的柱体和带负电的单元层之间的静电作用以及柱子负有的 OH^- 和 H_2O 与环境之间氢键的形成等作用，将土层连接起来，形成结构稳定的交联蒙脱土。无机或有机阳离子可聚合成多种聚合体，它们的体积大小不同，进入层间的概率也不一样，因而交联之后形成的层柱状化合物其间距不是单一的一个 d 值，是多个不相等的数值，而且每个层间距 d_j 都对应一定的出现概率 p_j。因此，层柱状化合物是一种非完整晶体，其层内保持二维有序结构，而层间则是无序的。在这种情况下，其散射规律不完全符合 Bragg 方程。

4.7.2 层柱状化合物 X 射线散射强度分布公式

单元层内保持二维有序结构，层间距 d_1，d_2，…，d_n 及其相应的概率 p_1，p_2，…，p_n，其 X 射线散射强度分布公式[19,20]为

$$Y(2\theta) = KPL\,|F|^2 \frac{1 - C^2}{1 - 2C\cos(4\pi\bar{d}\sin\theta/\lambda) + C^2} \tag{4-49}$$

$$C = \sum_{j=1}^{n} p_j \cos\frac{4\pi\sin\theta}{\lambda(\bar{d} - d_j)}, \qquad \sum_{j=1}^{n} p_j = 1 \tag{4-50}$$

式中的 $\bar{d}$ 为平均间距，它与 d_j 和 p_j 的关系可表示为

$$\sum_{j=1}^{n} p_j \sin\frac{4\pi\sin\theta}{\lambda(d_j - \bar{d})} = 0 \tag{4-51}$$

式中：d_j——层柱状化合物各种层间距中第 j 种层间距；

p_j——相应的出现概率；

p——极化因子；

L——洛伦兹因子；

F——单元层的结构因子；

θ——散射角。

在多晶 X 射线衍射仪上用步进扫描方式收集层柱状化合物的 X 射线散射强度实验值 $Y_O(2\theta_i)$，通过式(4-49)求出层柱状化合物 X 射线散射强度的计算值 $Y_C(2\theta_i)$，将 $Y_C(2\theta_i)$与 $Y_O(2\theta_i)$逐点拟合，求出层间距 d_j 和相应的出现概率 p_j，其偏差方程为

$$\Delta_i = Y_O(2\theta_i) - Y_C(2\theta_i) \tag{4-52}$$

按照最小二乘法原理可写出下列公式

$$S = \sum_i [Y_O(2\theta) - Y_C(2\theta)] \tag{4-53}$$

由于 $Y_C(2\theta_i)$不是层间距 d_j 和出现概率 p_j 的线性函数，只能先给出一套与这些参数相近的初值$(d,p)_0$ 代入非线性函数的最小二乘法方程，解出修正量 Δd_j 和 Δp_j，将此修正量加到初始值$(d, p)_0$ 上得出$(d, p)_1$，再将$(d, p)_1$ 代入方程，解出新的修正量后得$(d, p)_2$，如此迭代直到偏差因子

$$R_p = \frac{\sum_i |Y_O(2\theta) - Y_C(2\theta)|}{\sum_i Y_O(2\theta)} \tag{4-54}$$

在较小的数值上收敛为止，此时的 $d_1, d_2, \cdots, d_n$ 和 $p_1, p_2, \cdots, p_n$ 即为所求的层间距和相应的出现概率。计算中所用的初始值$(d, p)_0$可依照作为柱子的各种阳离子聚合体的存在条件及其几何构型推测出来。

4.7.3 应用实例——交联蒙脱土

(1) 样品的制备

铝交联蒙脱土(Al-Mt)、铬交联蒙脱土(Cr-Mt)和锆交联蒙脱土(Zr-Mt)分别是利用含 Al^{3+}、Cr^{3+} 和 Zr^{4+} 水溶液加入一定浓度的 NaOH 溶液后形成的各种阳离子聚合体作为交

联剂，再与 Na 型蒙脱土在室温下交联后制得的。

(2) 聚合阳离子

Al^{3+} 可以多种水解聚合物形式存在[21]，其中铝十三聚体 $[Al_{13}O_4(OH)_{24+n}(H_2O)_{12-n}]^{(7-n)+}$ 占多数，其余为低聚体。据 Al_{13} 的单晶结构数据[22]，可算出 Al_{13} 的最大直径约 0.95nm。Cr^{3+} 在水溶液中也以多种聚合形态存在[23]，主要为单核 $[Cr(H_2O)_6]^{3+}$ 或 $[Cr(H_2O)_{6-n}(OH)_n]^{(3-n)+}$、三核 $\{Cr[Cr(OH)_2]_2(H_2O)_{10}\}^{5+}$，其余为少量的双核和四核。据单核和三核的几何构型，其有效直径分别为 0.45nm 和 0.93nm。

Zr^{4+} 在溶液中可能有四聚体 $[Zr_4(OH)_8(H_2O)_{16}]^{8+}$，三聚体 $[Zr_3(OH)_4(H_2O)_5]^{8+}$ 和单核 $[ZrO(H_2O)_7]^{2+}$[24]，根据这些聚合体的几何构型[25]，可推出 Zr_4 和 Zr_3 的有效直径分别为 1nm 和 0.8nm。

以上这些聚合体都带有大量的 OH^- 基和水分子，在它们与 Na-Mt 交联的过程中，都可通过氢键再吸附一些水分子，它们作为柱子一旦进入层间，所创造的空间将大于它们的有效直径。因此，在估算参数初值时所考虑的应包括聚合阳离子的有效体积、单元层厚度(蒙脱土为 0.7nm)以及在交联过程中聚合阳离子进一步吸收水分子的数目等。

(3) X 射线散射数据的收集

散射强度数据的收集应在功率较大的旋转阳极 X 射线衍射仪上进行，如 Rigaku D/max-rA，取 Cu 靶，40kV，180mA，散射线经石墨单色器单色化。采用步进扫描方式，步宽 0.05°，计数时间 10s，扫描范围 3°～11°。

(4) 交联蒙脱土层间距及其出现概率

根据上述各种聚合阳离子的构型，当估算出 $(d_1, d_2, d_3)_0$ 和 $(p_1, p_2, p_3)_0$ 初始值之后，代入非线性函数的最小二乘法方程中，解出修正量 $(\Delta d_1, \Delta d_2, \Delta d_3)$ 和 $(\Delta p_1, \Delta p_2, \Delta p_3)$，将这些修正量加到对应的初始值上，再代入法方程中，经几轮迭代至 R_p 在一较小的数值上收敛为止，所得的 d_j 和 p_j 即为所求的结果，相应的散射强度实验值、计算值及它们的差值示于图 4-24、图 4-25 和图 4-26。现将三类交联蒙脱土的层间距和相应概率列于表 4-15 中。

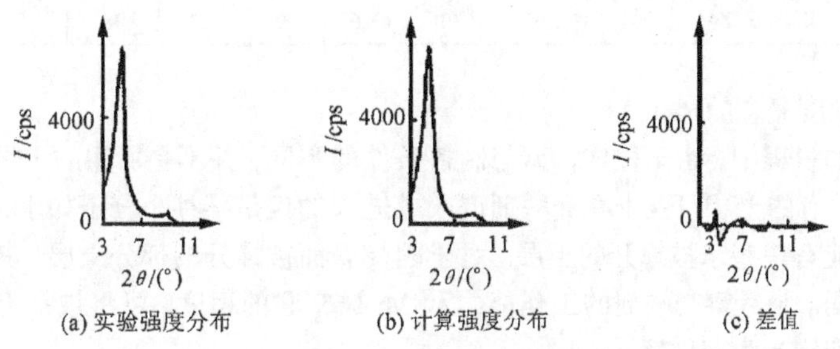

图 4-24 Al-Mt 的 X 射线散射图

目前，还有一些从事层状化合物研究的中外学者错误地将这类化合物多晶 X 射线散射图谱中的第一个峰定为 001 衍射，以其峰值对应的 2θ 代入只适于完整晶体的 Bragg 公式，将所求出的 d 值视为该层柱状化合物的层间距 d_{001}。在 Al-Mt 中，若以 X 射线散射强度分布图中峰值对应的 2θ 值代入 Bragg 公式，可得 $d = 1.9$nm，该结果不是 Al-Mt 的任一层间距，也不是其平均值，它无任何直接物理意义。

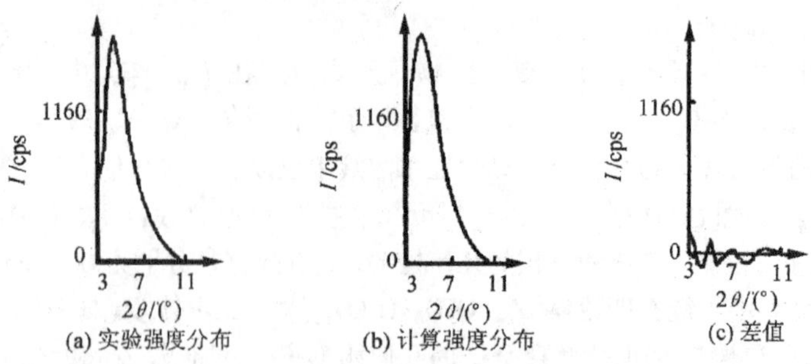

(a) 实验强度分布　(b) 计算强度分布　(c) 差值

图 4-25　Cr-Mt 的 X 射线散射图

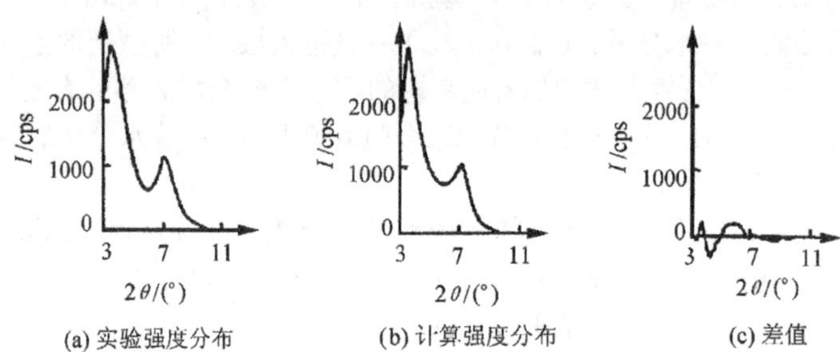

(a) 实验强度分布　(b) 计算强度分布　(c) 差值

图 4-26　Zr-Mt 的 X 射线散射图

表 4-15　交联蒙脱土层间距及其概率分布

交联蒙脱土	层间嵌入物			层间距 d_j/nm			出现的概率 p_j/%			偏离因子 R_p
Al-Mt[3]	Al_{13}	Al_6	H_2O	1.97	1.50	1.10	65	25	10	0.105
Cr-Mt[9]	Cr_3	Cr_1	H_2O	1.94	1.38	1.20	49	38	13	0.082
Zr-Mt[10]	Zr_4	Zr_3	H_2O	2.55	2.10	1.26	35	27	38	0.098

(5) 交联度概念的建立

在交联的过程中，由于柱体构型与制备条件的不同，并不是所用的土层都有柱体嵌入并被扩充，有的土层可能未有交联剂进入或进入的仅是某种小分子如水，因此交联后的产物中可能有一些未被撑开的土层。对于因交联而被撑开的部分土层，其柱子的利用率也各不相同。为考察交联剂的工作能力和 Mt 被交联的程度，可将被扩充的层间距的出现概率之和定义为交联度 S。

当交联 Mt 层间距为 d_j 相应的概率为 $p_j(j=1, 2, \cdots, n)$时，有

$$S = \sum_{j=1}^{n-1} p_j \tag{4-55}$$

这一概念的引用，将使人们对交联 Mt 结构的认识和研究更为定量化。

$$S(\text{Al-Mt}) = 0.65 + 0.25 = 0.90$$

$$S(\text{Cr-Mt}) = 0.49 + 0.38 = 0.8$$

$$S(\text{Zr-Mt}) = 0.35 + 0.27 = 0.62$$

这些数据，对交联蒙脱土的开发和利用具有重要参考价值。

4.8 径向分布函数(RDF)

在无定形固体中，任意一个原子都存在一些比较固定的近邻配位，但不具备晶体中的重复周期，仅有局部的构象。又由于原子都有一定的大小和相互之间的合理间距，因此对于无定形固体，当以一个平均原子的中心为原点时，也有一定的结构。这种类型的结构，可用径向分布函数(radial distribution funtion，RDF)$4\pi r^2\rho(r)$来描述。$4\pi r^2\rho(r)\mathrm{d}r$代表无定形固体中从一个平均原子中心出发经径向半径$r$到$(r+\mathrm{d}r)$球壳间的平均原子中心数目。

4.8.1 径向分布函数的推引[28]

均匀的各向同性的无定形固体样品，可能由一种或多种原子组成，每个原子的位置可用$\boldsymbol{r}_m$表示。当X射线以$\boldsymbol{s}_0$方向入射到样品上，不考虑吸收效应时，样品在$\boldsymbol{s}$方向散射X射线的强度为

$$I = I_e \sum_m f_m \exp(-2\pi i \boldsymbol{S}\boldsymbol{r}_m) \sum_n f_n \exp(2\pi i \boldsymbol{S}\boldsymbol{r}_n) \tag{4-56}$$

式中：$\boldsymbol{r}_m$，$\boldsymbol{r}_n$，$\boldsymbol{s}$，$\boldsymbol{s}_0$，$\boldsymbol{S}$——矢量，$\boldsymbol{S}=(\boldsymbol{s}-\boldsymbol{s}_0)/\lambda$；

I_e——散射强度的电子单位，

$$I_e = I_0 \frac{e^4}{m^2c^4} \frac{1+\cos^2 2\theta}{2} \tag{4-57}$$

I_0——入射X光强度；

e——电子电荷；

c——光速；

m——电子质量；

$\frac{1+\cos^2 2\theta}{2}$——一般称极化因子。

当实验过程中使用石墨单色器，并置于散射线一侧时，有

$$I_e = I_0 \frac{e^4}{m^2c^4} \frac{1+|\cos 2\theta_{\mathrm{m}}|\cos^2 2\theta}{1+\cos^2 2\theta}$$

式中，$2\theta_{\mathrm{m}}$为石墨单色器的石墨准晶体(002)衍射角。

式(4-56)应用于晶体时，$\boldsymbol{r}_m$属于平移群内某一个向量与晶胞中原点指向第m个原子的向量之和，其加和号内为几何级数，是可以求算的，但对于无定形固体，并不存在上

述简单关系。

引入差值向量 $\boldsymbol{r}_{nm}=\boldsymbol{r}_n-\boldsymbol{r}_m$ 代入式(4-56)中，其散射强度以电子单位来表示时为

$$
\begin{aligned}
I_{eu} &= \sum_m \sum_n f_m f_n \exp(2\pi i \boldsymbol{S}\boldsymbol{r}_{nm}) \\
&= \sum_m f_m^2 + \sum_m f_m \sum_{n\neq m} f_n \exp(2\pi i \boldsymbol{S}\boldsymbol{r}_{nm})
\end{aligned}
\tag{4-58}
$$

式(4-58)为无定形固体散射 X 射线的基本公式。通常，在式(4-58)的基础上对样品作空间的平均后解析出结构与散射强度间的关系。

若无定形固体由多种原子组成，可在样品中选取一个化学组成单元(uc)，样品是由 N 个单元组成的。对于符合化学计量比的，如无定形 SiO_2，是由一个 Si 和两个 O 构成一个 uc；对于组成为非化学计量比的样品，如合金 $A_{0.32}B_{0.68}$，则 0.32 个 A 和 0.68 个 B 构成一个 uc。

令样品的平均电子散射因子为

$$f_e = \sum_{uc} f_m / \sum_{uc} Z_m$$

对于无定形 SiO_2，其平均电子散射因子为

$$f_e = (f_{Si}+2f_O)/(14+2\times 8)$$

定义 uc 中第 m 个原子的原子散射因子为

$$f_m = Z_m f_e$$

代入式(4-58)中，得

$$I_{eu} = \sum_m f_m^2 + f_e^2 \sum_m Z_m \sum_{n\neq m} Z_n \exp(2\pi i \boldsymbol{S}\boldsymbol{r}_{nm}) \tag{4-59}$$

Z_m 可看成第 m 个原子的有效电子数，其数值近于原子序数。引入函数 $\rho_m(\boldsymbol{r}_{nm})$，$\rho_m(\boldsymbol{r}_{nm})dV_n$ 的数值等于从原子 m 中心出发至向量 $\boldsymbol{r}_{nm}$ 末端体积元 $\mathrm{d}V_n$ 中找到原子的数目乘以相应的原子序数 Z_n，因此 $\rho_m(\boldsymbol{r}_{nm})\mathrm{d}V_n$ 代表体积元 $\mathrm{d}V_n$ 中存在的有效电子数。将 $\rho_m(\boldsymbol{r}_{nm})\mathrm{d}V_n$ 代入式(4-59)，则对 n 的加和将变为对整个样品体积的积分，有

$$I_{eu} = \sum_m f_m^2 + f_e^2 \sum_m Z_m \int_s \rho_m(\boldsymbol{r}_{nm}) \exp(2\pi i \boldsymbol{S}\boldsymbol{r}_{nm}) \mathrm{d}V_n$$

令 ρ_e 为整个样品的平均电子密度

$$
\begin{aligned}
I_{eu} = &\sum_m f_m^2 + f_e^2 \sum_m Z_m \int_s [\rho_m(\boldsymbol{r}_{nm}) - \rho_e] \exp(2\pi i \boldsymbol{S}\,\boldsymbol{r}_{nm}) \mathrm{d}V_n \\
&+ f_e^2 \sum_m Z_m \int_s \rho_e \exp(2\pi i \boldsymbol{S}\,\boldsymbol{r}_{nm}) \mathrm{d}V_n
\end{aligned}
\tag{4-60}
$$

式(4-60)中右侧第三项代表小角度部分的散射强度，在一般的实验条件下基本上收

集不到，因此可以略去。散射强度以 I'_{eu}表示，则

$$I'_{eu} = \sum_m f_m^2 + f_e^2 \sum_m Z_m \int_s [\rho_m(\boldsymbol{r}_{nm}) - \rho_e] \exp(2\pi i \boldsymbol{S}\, \boldsymbol{r}_{nm}) \mathrm{d}V_n$$

若无定形固体样品其化学单元(uc)由 1, 2, 3, …, n 种原子组成，给向量 $\boldsymbol{r}$ 一个定值，并将 $\boldsymbol{r}$ 的起点置于样品中第 j 类原子的中心，样品中所有的 $\boldsymbol{r}_{nm} = \boldsymbol{r}$ 的向量所对应的 $\rho_m(\boldsymbol{r}_{nm})$就整个样品求平均

$$\langle \rho_m(\boldsymbol{r}_{nm}) \rangle_j = \rho_j(\boldsymbol{r})$$

对于由 N 个 uc 组成的样品其散射强度为

$$I'_{eu} = N \sum_{uc} f_j^2 + f_e^2 N \sum_{uc} Z_j \int_s [\rho_j(\boldsymbol{r}) - \rho_e] \exp(2\pi i \boldsymbol{S}\, \boldsymbol{r}) \mathrm{d}V$$

$$= N \sum_{uc} f_j^2 + f_e^2 N \sum_{uc} Z_j \int_0^{\infty} \int_0^{2\pi} \int_0^{\pi} [\rho_j(\boldsymbol{r} - \rho_e)] \times$$

$$\exp(2\pi i \boldsymbol{S}\, \boldsymbol{r}) r^2 \sin\psi \mathrm{d}\psi \mathrm{d}\theta \mathrm{d}r$$

由于无定形固体各向同性，$[\rho_j(\boldsymbol{r}) - \rho_e]$呈球对称，因此 $\rho_j(\boldsymbol{r})$中的向量 $\boldsymbol{r}$ 可以用标量代之，则

$$I'_{eu} = N \sum_{uc} f_j^2 + f_e^2 N \sum_{uc} Z_j \int_0^{\infty} 4\pi r^2 [\rho_j(\boldsymbol{r}) - \rho_e] \frac{\sin kr}{kr} \mathrm{d}r$$

$$k = 4\pi \sin\theta / \lambda \tag{4-61}$$

引入

$$i(k) = (I'_{eu}/N - \sum_{uc} f_j^2)/f_e^2 \tag{4-62}$$

$$k i(k) = 4\pi \int_0^{\infty} \sum_{uc} Z_j r [\rho_j(\boldsymbol{r}) - \rho_e] \sin kr \mathrm{d}r$$

经 Fourier 变换后

$$\sum_{uc} Z_j 4\pi r^2 \rho_j(\boldsymbol{r}) = 4\pi r^2 \rho_e \sum_{uc} Z_j + \frac{2r}{\pi} \int_0^{\infty} k i(k) \sin kr \mathrm{d}k \tag{4-63}$$

式(4-63)为多原子组成的无定形固体样品的径向分布函数的基本公式。$\sum_{uc} Z_j 4\pi r^2 \rho_j(\boldsymbol{r})$即是 RDF，它代表一个 uc 中以每个原子为中心的径向分布函数权重的加和，其权重因子是中心原子 j 的原子序数。随着 r 值的改变 RDF 数值呈现一种分布，它代表了与 r 相对应的电子数目的分布。而电子数目是与原子的种类和数目相关的。因此，在 RDF-r 的关系图上各种形式的峰，应是各式原子分布的体现。峰位对应的 r 值表示原子间距的大小，峰的面积相关于原子种类和数目。因此，通过径向分布函数的求称，可确定无定形固体的配位状况。例如无定形 SiO_2，其第一个峰位于 0.162nm 处，这是 Si—O 的最近间距，峰面积代表两个配位效应的叠加；一个是以平均 Si 原子为中心，围绕它的 O 原子组成的配位；另一个是以平均 O 原子为中心，围绕它的 Si 原子组成的配位。因此，其峰面

积应为

$$A = \sum_{uc} Z_j 4\pi r^2 \rho_j(\boldsymbol{r}) = 1(Z_{Si}\ n_O\ Z_O) + 2(Z_O\ n_{Si} Z_{Si})$$

Z_{Si}、Z_O 分别为 Si、O 原子的原子序数，n_O 为围绕 Si 原子的最近 O 配位数，n_{Si}为围绕 O 原子的最近 Si 配位数。从化学组成来看，$n_O = 2n_{Si}$，于是

$$\begin{aligned} A &= 1\ Z_{Si}\ n_O\ Z_O + 2Z_O\ n_{Si}\ Z_{Si} \\ &= Z_{Si}\ n_O\ Z_O + Z_O\ n_O\ Z_{Si} \\ &= 2Z_{Si}\ n_O\ Z_O \end{aligned} \tag{4-64}$$

由于 Z_O、Z_{Si}为已知，当准确的量出峰面积 A，即可从式(4-64)计算出围绕 Si 原子最近的 O 配位数 n_O。

4.8.2 径向分布函数的求值

4.8.2.1 散射强度数据的收集

式(4-63)给出了通过 X 射线散射强度求多原子组成的无定形固体径向分布函数公式。公式右边第一项为常数项，与样品的密度和化学组成有关。右边第二项为样品散射强度构成的积分或级数。获得稳定可靠的散射强度数据，是做好这项工作的必要条件。因此，在搜集样品的散射强度数据时应选取高功率的旋转阳极 X 射线衍射仪、以步进扫描的方式来获得 I'_{eu}。另外，应尽可能避免级数的截尾效应的干扰，即 k 值尽可能的大。从公式 $k = 4\pi\sin\theta/\lambda$ 来看，增大 k 值的最佳办法是减小 λ 值，因此在求径向分布函数的实验中，入射的 X 光最好选用 Mo K_α 辐射。

4.8.2.2 散射强度的归一化

式(4-63)中散射强度 I'_{eu}的单位为电子单位，而在实验中获得的散射强度 $I(2\theta)$仅为相对强度，因此必须归一到电子单位。

从式(4-61)可看出，等号右边第二项被积函数中$[\rho_j(\boldsymbol{r}) - \rho_e]$，当 $\boldsymbol{r}$ 大于几个原子的直径后，$[\rho_j(\boldsymbol{r}) - \rho_e] \to 0$，因此可用小间隔 δ 来划分 $\boldsymbol{r}$，引入

$$Y_i = \int_{r_i-\delta/2}^{r_i+\delta/2} 4\pi r^2 [\rho_j(\boldsymbol{r}) - \rho_e] \mathrm{d}r$$

代入式(4-61)

$$I'_{eu}/N = \sum_{uc} f_j^2 + f_e^2 \sum_{uc} Z_j \left(\sum Y_i \frac{\sin kr_i}{kr_i} \right) \tag{4-65}$$

式(4-65)说明，当散射强度 I'_{eu}/N 与原子散射因子同属电子单位表示时，随着 k 值的增大，$I'_{eu}/N\text{-}k$ 将沿着 $\sum_{uc} f_j^2\text{-}k$ 上下摆动，因此将实验获得的散射强度经极化因子校正后，调整 $I'_{eu}/N\text{-}k$ 曲线的纵坐标，当它沿着 $\sum_{uc} f_j^2\text{-}k$ 上下摆动时，新的纵坐标所对应的

I'_{eu}/N 值即是电子单位表示的散射强度。

从实验所得的相对强度，除了包含式(4-65)中的两项之外，还有一部分非相干散射(compton)，因此严格地说当 k 值增大时应沿着 $\sum_{uc}[f_j^2 + i_j(M)]$ 摆动，$i_j(M)$ 为原子的 compton 散射强度[29]，f_j 和 $i_j(M)$ 可从 X 射线结晶学国际表中查获。

4.8.2.3 RDF 的求算

以电子单位表示的 I'_{eu}/N 代入式(4-62)中，得 $i(k)$ 曲线。将 $ki(k)$ 代入式(4-63)中，取一系列的 r_i 值，即可计算出相应的一系列 $\frac{2r_i}{\pi}\int_0^\infty ki(k)\sin kr_i \mathrm{d}k$ 的数值。最后得出 $\sum_{uc} Z_j 4\pi r^2 \rho_j(r)$-$r$(RDF-$r$)关系曲线。

4.8.3 嵌入 Y 型分子筛中钯簇的结构研究[30]

4.8.3.1 实验

经微波交换焙烧还原，制备了嵌入 Y 型分子筛中钯簇化合物(Pd-Cluster)。在日本理学 D/max-rA 型衍射仪上，Mo K_α，45kV，200mA 条件下，经石墨单色器单色化，以步进扫描方式(步长 0.02°)和计数时间 4s 在 $2\theta = 2° \sim 118°$ 内，收集 5800 个衍射强度数据。在其散射图中不见金属 Pd 结晶相的衍射，可见 Pd 原子已嵌入分子筛的体相。

4.8.3.2 径向分布函数的计算

在此多种原子组成的体系中，分别按式(4-63)计算 HY 和 Pd^0Y 分子筛的 RDF。为考查 Pd-Pd 原子对的分布情况，计算二者的差值

$$\Delta \mathrm{RDF} = \left[\sum_{uc} Z_i 4\pi r^2 \rho_i(r)\right]_{\mathrm{PdY}} - \left[\sum_{uc} Z_i 4\pi r^2 \rho_i(r)\right]_{\mathrm{HY}}$$

HY 和 PdY 的骨架相同，考虑到 $Z_{Pd}\,Z_{Pd}$ 的数值远大于 $Z_{Pd}\,Z_{Si(M)}$、$Z_{Pd}\,Z_O$ 和 $Z_{Pd}\,Z_{Na}$，因此当以 ΔRDF 对 r 作图时图中出现的凸峰将主要反映 Pd-Pd 原子对的效果。可以认为 ΔRDF 是代表嵌入 Y 型分子筛中 Pd 原子聚集体的径向分布函数，结果见图 4-27。与 r 对应的电子数和原子数列于表 4-16。

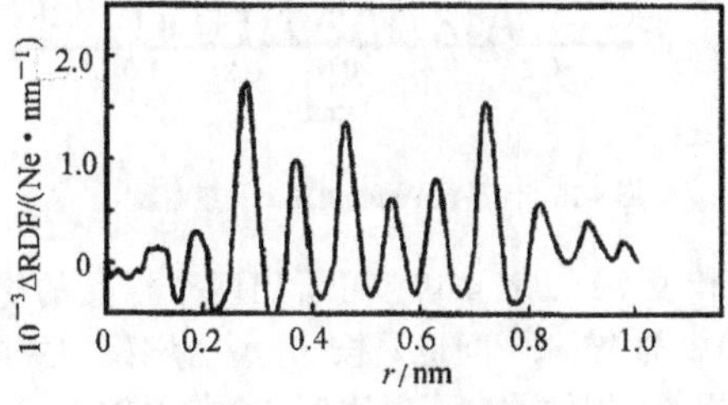

图 4-27 ΔRDF-r 关系曲线

Ne 为电子数

表 4-16　PdY 分子筛中 Pd 原子的配位情况

r/nm	电子数/1×10³	配位原子数	r/nm	电子数/1×10³	配位原子数
0.285～0.315	6.3	3.0	0.720～0.775	5.1	2.5
0.380～0.410	3.1	1.5	0.830～0.870	2.1	1.0
0.470～0.500	4.4	2.1	0.910～0.960	1.4	0.7
0.560～0.590	1.9	0.9	0.985～1.000	0.4	0.2
0.625～0.670	2.6	1.3			

晶态的 Pd 取 A_1 型密堆积，空间群为 O_h^5-Fm3m，晶胞参数为 0.389 07nm，当其晶粒足够大时，RDF 值列于表 4-17。依照表 4-17 的数据作图 4-28。

表 4-17　大晶粒金属 Pd 中原子的配位

r/nm	电子数/1×10³	配位原子数	r/nm	电子数/1×10³	配位原子数
0.275	25.4	12	0.778	12.7	6
0.389	12.7	6	0.825	76.2	36
0.476	50.8	24	0.870	50.8	24
0.550	25.4	12	0.912	50.8	24
0.615	50.8	24	0.953	50.8	24
0.673	16.9	8	0.992	152.4	72
0.728	101.6	48			

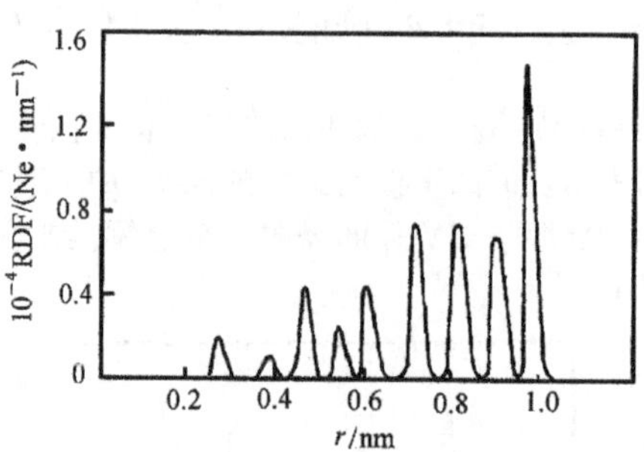

图 4-28　大晶粒 Pd 的 RDF-r 关系曲线

对比图 4-27、图 4-28 和表 4-16、表 4-17，可看出两个样品的峰值皆出现在相同的位置。因此嵌入 Y 型分子筛中的 Pd 原子间也是按 A_1 型密堆积方式排列的，但是峰面积的数值与大晶粒 Pd 不完全相同，配位数也不成比例。今将 PdY 分子筛和大晶粒金属 Pd 两种样品径向分布函数的面积比值列于表 4-18。从表 4-18 可见，PdY 相关的峰面积的数值远小于大晶粒金属 Pd 的，而且其比值随着 r 的增加呈下降趋势。

表 4-18　PdY 中的 Pd 簇与大晶粒 Pd 配位数之比

r/nm	比值	r/nm	比值
0.285 ~ 0.315	0.25	0.720 ~ 0.775	0.04
0.380 ~ 0.410	0.24	0.830 ~ 0.870	0.02
0.470 ~ 0.500	0.09	0.910 ~ 0.960	0.01
0.560 ~ 0.590	0.07	0.985 ~ 1.000	0.002
0.625 ~ 0.670	0.04		

在 RDF 的计算中，所谓中心原子是指对整个样品，即处在颗粒内部和颗粒边缘等各种位置的平均原子。处在内部的原子，其配位体完整的程度大于处在边缘的。当样品的晶粒变小时，体相原子数目的比例减小，配位原子数目少的表相原子比例增大。因此，求得的 RDF 的数值将小于大晶粒的数值。若以小晶粒维度 d 为直径作一个圆球，以此圆球的球心出发，在相距 r 处，再以 d 为直径作圆球。此两圆球的重叠部分与圆球体积之比应相当于小晶粒中相距为 r 的原子对的数目与小晶粒全部原子数之比。从图 4-29 可看出，当小晶粒大小确定之后，随 r 值的增大其比值下降。因此，小晶粒的 RDF 对大晶粒的 RDF 的比值将随 r 呈下降趋势。当 r 值接近于小晶粒的维度时，其比值趋近于 0。表 4-18 的数据中，当 r 趋于 1nm 时，其比值近乎于 0。考虑 Pd 原子的半径后，可以认为嵌入 Y 型分子筛中的钯簇分布状态约为 1.2nm 的纳米粒子。

图 4-29　小颗粒与其移动 r 距离后影子之间的关系

4.8.3.3　Pd 簇在 Y 型分子筛中的结构

在 Y 型分子筛中，其超笼空间近于球形，直径约 1.25nm，因此维度约为 1.2nm 的 Pd 簇可稳定的聚陷于超笼中，且也只能如此。嵌入 Pd 簇后的 Y 型分子筛结构见图4-30。从 Pd^0Y 样品的 ICP 分析结果可推知，在 Pd^0Y 每个晶胞中含有 6.7 个 Pd 原子，而 Y 型分子筛每个晶胞含有 8 个超笼，每个超笼平均摊 0.84 个 Pd 原子。在直径约为 1.2nm 的钯簇中，Pd 原子按 A_1 型密堆积排列时，每个簇大约由 28 个 Pd 原子组成，由此计算出 Pd 簇在分子筛中对超笼的占有率为 0.03。

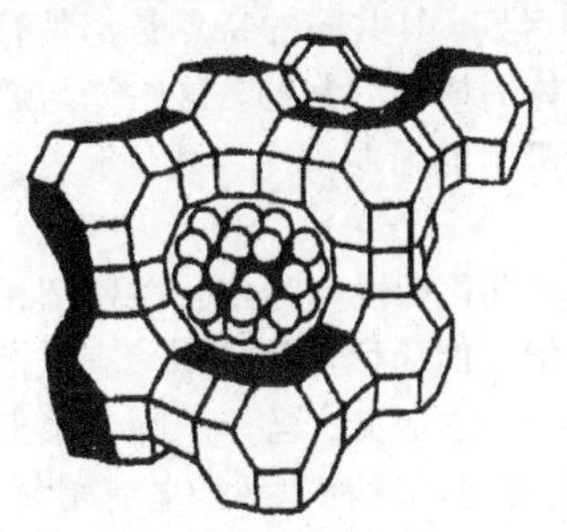

图 4-30　嵌入 Pd 簇后的 Y 型分子筛结构

4.8.3.4　反应性能的考查

改变离子交换溶液中 $[Pd(NH_3)_4]^{2+}$ 的浓度，可以获得 Pd 含量不同的两个样品，其质量分数分别为 0.72% 和 6.13%。它们对 CO 催化氧化反应的催化性能表现出超常的效果，见表 4-19。

表 4-19 Pd^0Y 型分子筛对 CO 的体积转化率

反应温度/℃	体积转化率	
	Pd 质量分数为 0.72%	Pd 质量分数为 6.13%
20	90%	100%
0	67%	100%

应用径向分布函数的方法研究嵌入 Y 型分子筛中钯簇的结构可得出下列几点结论。

1) Pd 原子在 Y 型分子筛中以 A_1 密堆积方式积聚成纳米级的微粒，具有较高的表相原子数目，因此具有极高的催化活性。

2) Pd 微粒的维度为 1.2nm，正好嵌入 Y 型分子筛超笼中，微粒内 Pd 原子基本上以金属键相连，而微粒表面的部分 Pd 原子可与分子筛骨架中的氧相互作用，从而削弱了 Pd 颗粒进一步的移动，防止颗粒结聚变大的趋势，延长了催化材料的寿命。

3) Pd 颗粒对超笼的占有率仅为 0.03，因此 Pd^0Y 仍然保留了 Y 型分子筛本身所具有的孔道结构特征。可以认为，Pd 原子簇嵌入后的 Y 型分子筛仍具有 Y 型分子筛的骨架结构，因此是一种性能极好的催化材料。

4.9 分子筛骨架外阳离子位置的测定

进行与骨架外阳离子位置相关的分子筛结构的研究，是分子筛应用研究中的重要课题。多数沸石分子筛骨架元素为硅、铝和与之配位的氧。其化学组成为

$$M_{2/n}O \cdot Al_2O_3 \cdot wSiO_2 \cdot yH_2O$$

式中：M——经离子交换，在分子筛晶内定位的金属阳离子，在人工合成的产物中，一般为 Na^+；

n——金属阳离子电价；

w——SiO_2 分子数；

y——H_2O 分子数。

另外，还有骨架元素为磷、铝和与之配位的氧组成的磷酸铝分子筛 $AlPO_4$[31]。

不同种类的分子筛，以不同的化学组成和晶体结构相区别。其共同的特点是都具有空旷的骨架结构，包含有各种形式的孔、笼或通道。受晶体周期性的制约，这些笼与通道分布均匀整齐，因此分子筛是一种很好的吸附剂。依照吸附的强弱次序，可实现一些气体和液体混合物的分离。

分子筛也是一种性能良好的催化材料。作为催化剂，其催化活性与骨架酸性密切相关。对于硅铝沸石分子筛，其骨架由硅氧四面体和少量的铝氧四面体连接而成。应该指出，四配位对 Si^{4+} 来说是正常而稳定的，而对 Al^{3+} 来说则不然。因此，当分子筛骨架出现具有四配位 Al^{3+} 时，骨架电荷将失去平衡，分子筛的酸性正是与这种非平衡电荷相关。过剩负电荷比较集中的区域就是酸中心的所在地。因此可以认为，铝氧四面体的存在是这类分子筛酸性的来源。当这种酸中心地处有利于反应的位置时，它就是分子筛的活性中心。

在分子筛的应用中，对酸中心分布的了解十分重要，但是这类与酸性相关的铝氧四面体的定位十分困难。这是由于硅和铝原子序数只差一个单位，X 射线衍射无法将硅和铝区分开。解决的办法是进行阳离子交换，以外层电子数目较多的阳离子取代其中的 Na^+，对于进入分子筛的阳离子，骨架电荷非平衡的微区，就是它最好的落脚之地。因此，当阳离子定位之后，阳离子分布对应着酸中心的分布。

如果骨架外阳离子在某些反应中有催化作用，负有此种阳离子的分子筛，即是一种催化功能材料。阳离子的位置，对其催化性能将有重要影响。

因此，确定这类分子筛骨架外阳离子的位置，考查反应过程中，其位置的变换，对催化机理的阐明，催化性能和催化剂寿命的控制，有重要的指导作用。

磷酸铝分子筛结构中同时出现铝氧四面体和磷氧四面体，经调整维持了电荷的平衡，因此，$AlPO_4$ 组成了比较稳定的骨架结构。由于骨架呈电中性，致使该分子筛酸性甚弱。经调变使骨架带有电荷才能成为一种有实用价值的催化剂。调变的方式，是引入杂原子，硅原子是用得最多的一种，其产物就是所谓的 $SAPO_4$ 分子筛。揭示 $SAPO_4$ 的酸性，也是通过阳离子交换后，确定骨架外阳离子的位置来进行的[32,33]。

4.9.1 强度公式

多晶 X 射线衍射强度见式(4-2)，如果不考虑吸收，可表示为

$$I(hkl) = KPLDJ\,|F(hkl)|^2 \tag{4-66}$$

式中：K——与样品和实验条件有关的常数；

P，L——极化因子和 Lorentz 因子；

D——温度因子；

J——倍数因子；

F——结构因子。

$$F(hkl) = \sum_{j=1}^{n} n_j f_j \exp[-2\pi i(hx_j + ky_j + lz_j)] \tag{4-67}$$

式中，f_j 为 j 原子的原子散射因子。

在分子筛结构中，骨架原子硅、铝和氧是共价结合的，在原子散射因子的计算中，硅原子一般取 Si^{4+} 和 Si^0 的平均值 $\langle f_{Si}\rangle$，铝原子取 Al^{3+} 和 Al^+ 的平均值 $\langle f_{Al}\rangle$。骨架 Si(Al) 统计原子的散射因子可依照硅铝原子的比例求得。

$$\langle f_{Si\text{-}Al}\rangle = \frac{\langle f_{Si}\rangle N_{Si} + \langle f_{Al}\rangle N_{Al}}{N_{Si} + N_{Al}}$$

式中：N_{Si}——骨架中硅原子的个数；

N_{Al}——骨架中铝原子的个数。

式(4-67)中 n_j 为原子占有率因子。分子筛骨架的原子位置都是满占有的，其 n 皆等于 1。骨架外阳离子的分布受骨架电荷多少的制约，其占有率往往小于 1。在相关的结构研究中，占有率是一个待定参数。

4.9.2 电子密度函数

电子密度函数 $\rho(x, y, z)$是晶胞中距原点坐标为(x, y, z)处的电子密度，$\rho(x, y, z)\mathrm{d}V$表示在(x, y, z)处体积元 $\mathrm{d}V$ 中的电子数。一般来说，$\rho(x, y, z)$数值最大处，即是原子的平衡位置。当原子的占有率相同而核外电子数不同时，其电子密度的数值也不相同。因此，$\rho(x, y, z)$不仅能揭示原子在晶胞中的分布，也能在一定程度上区别原子的种类。

由于晶体结构具有周期性，电子密度函数也是周期函数，且与晶体结构的周期相同，它与结构因子 $F(hkl)$互为 Fourier 变换，是正空间(晶体空间)和倒易空间之间的变换。计算公式如下

$$F(hkl) = \int_v \rho(x,y,z)\exp[-2\pi i(hx_j + ky_j + lz_j)]\mathrm{d}V$$

$$\rho(x,y,z) = V^{-1}\sum h \sum_{-\infty}^{+\infty} k \sum l\, F(hkl)\exp[-2\pi i(hx + ky + lz)] \qquad (4\text{-}68)$$

倒易空间中全部衍射相关的 $F(hkl)$对(x,y,z)点的电子密度都有贡献。

4.9.3 骨架外阳离子坐标的确定

4.9.3.1 样品的准备

欲以阳离子为探针揭示分子筛晶内活性中心的分布时，首先应将某种阳离子引入分子筛结构之中。为达到上述目的，必须选择合适的阳离子与钠离子进行交换，并使阳离子在骨架外定位，在离子交换的工作中，阳离子的种类、交换条件、活化温度等对定位阳离子的分布有重要影响。另外，人工合成的 Na 型分子筛功能并不好。作为催化剂一般是以更优异的阳离子取代钠离子，为此也常常进行阳离子交换。

在进行与阳离子位置相关的结构分析之前，应对样品进行化学分析，确定分子筛骨架 SiO_2/Al_2O_3 和 P_2O_5/Al_2O_3 的值、阳离子交换度以及含水量，此外还应了解该分子筛样品的结晶度。

4.9.3.2 衍射强度 $I(hkl)$的获得

(1) 衍射强度实验数据的收集

在对样品进行一般性的了解时，衍射实验可以连续扫描方式进行，但进行结构的研究时应选用步进扫描以定时计数方式，并注意步长和计数时间的选择。在计算 $\rho(x,y,z)$时，理论上要求衍射指标 h，k，l 的数值范围取至 $\pm\infty$，这是为了保证电子密度函数的正确收敛，减少截尾效应的干扰。为此，实验时应注意在反射球范围内收取尽量多的衍射，高角度的 $I(hkl)$尤其不可忽视。适应分子筛样品高角度衍射强度弱的特点，实验时应注意调整光路中狭缝宽度。

在扣除背底的工作中，注意无定形相的影响，必要时可依照分子筛 SiO_2/Al_2O_3 值，配制比例合适的 α-SiO_2 和 α-Al_2O_3 两相混合物，在相同的条件下收集衍射强度数据以对

样品的背底进行校正。

(2) 衍射谱指标化和晶胞参数的测定

当取得样品的衍射数据之后，首先应进行指标化。在一个衍射谱中，衍射指标的消存是受晶体的对称性相关的系统消光制约的。因此，指标化的结果将因空间群不同而异。

例如 M13X 型分子筛，其中 Na 型的成分是 $40[Na_2OAl_2O_328SiO_2 \cdot xH_2O]$，空间群为 $O_h^7 - Fd3m$，其晶胞参数 $\alpha_0 = 2.491nm$，按照消光规律 h、k、l 三个数值全奇全偶的指标出现，具体的条件为

$$hkl: h + k = 2n\text{、}k + l = 2n \text{ 和 } h + l = 2n$$

$$0kl: k + l = 4n\text{、}k = 2n \text{ 和 } l = 2n$$

$$hhl: h + l = 2n$$

$$h00: h = 4n$$

该样品指标化工作应如下进行。首先以钠型分子筛的晶胞参数 $\alpha_0 = 2.491nm$ 为样品晶胞参数初值。代入式(4-1)立方晶系 d 值公式中，h、k、l 的数值分别从 0 开始以增量为 1 增加，直到实验允许的最大数值。h、k、l 经过排列组合得出一系列可能的指标和 d 值后，依照该空间群的消光条件，对衍射指标进行取舍，去掉因消光而不可能存在的指标，再就已肯定的指标按角度顺序排列。然后将某些指标的 d_{hkl} 计算值与实验结果相对照并依照实验值进行修正。以校正后的 d_{hkl} 和 h、k、l 的对应数值再代入式(4-1)立方晶系的关系之中，求得新一轮的晶胞参数。

当分子筛有新的阳离子在骨架外定位后，该样品的晶胞参数的数值相对于钠型的将有一定的改变。依照实验值修正之后所得的晶胞参数无疑更接近于样品相关的正确值。从新的较为正确的 α_0 数值出发，重复上述过程再进行一轮指标化和晶胞参数修正，几轮工作之后将得到一套符合空间群 O_h^7 消光规律的衍射指标和该样品正确的晶胞参数。

指标化与晶胞参数测定的软件很多，使用时应注意对称性关系的运用，不可忽视衍射指标与消光规律的一致性。

(3) 非对称重叠衍射峰的分解

分子筛的晶胞参数较大，晶胞中原子的数目比较多，所以衍射峰密集甚至相互重叠。与对称性重叠不同的是它们的 d 值相接近，但强度值不相等，称此为非对称性重叠。衍射谱指标化之后可示出某一个角度或角度范围内密布的衍射指标，而它们的衍射强度的比例是模糊的。解决的办法是以试用结构参数(或分子筛骨架参数)求得结构因子 $F(hkl)$，依照各个衍射 $|F(hkl)|^2$ 的比例求得各个衍射强度的比值。如果忽略温度因子的作用，式(4-66)衍射强度为

$$I(hkl) = K\,P\,L\,J(hkl)\,|F(hkl)|^2$$

集中在某一个角度范围内的诸衍射，其角度数值是很接近的，因此它们 PL 值也是近乎相等的常数，为此

$$I(hkl) = K\,J(hkl)\,|F(hkl)|^2$$

如果$(hkl)_1$和$(hkl)_2$两个衍射相重叠，则

$$I(hkl)_1 = K\,J(hkl)_1\,|\,F(hkl)_1\,|^2$$

$$I(hkl)_2 = K\,J(hkl)_2\,|\,F(hkl)_2\,|^2$$

$$\sum I_{1,2} = I(hkl)_1 + I(hkl)_2$$

$$\frac{I(hkl)_1}{\sum I_{1,2}} = \frac{J(hkl)_1\,|\,F(hkl)_1\,|^2}{J(hkl)_1\,|\,F(hkl)_1\,|^2 + J(hkl)_2\,|\,F(hkl)_2\,|^2}$$

$$I(hkl)_1 = \frac{\sum I_{1,2}\,J(hkl)_1\,|\,F(hkl)_1\,|^2}{J(hkl)_1\,|\,F(hkl)_1\,|^2 + J(hkl)_2\,|\,F(hkl)_2\,|^2}$$

$$I(hkl)_2 = \frac{\sum I_{1,2}\,J(hkl)_2\,|\,F(hkl)_2\,|^2}{J(hkl)_1\,|\,F(hkl)_1\,|^2 + J(hkl)_2\,|\,F(hkl)_2\,|^2}$$

$\sum I_{1,2}$是实验收集到的衍射$(hkl)_1$和$(hkl)_2$叠合后的表观强度值，$J(hkl)_1$和$J(hkl)_2$是倍数因子，$F(hkl)_1$和$F(hkl)_2$可应用将试用结构参数代入式(4-68)所得的$F_c(hkl)$和$F_c(hkl)_2$的数值。由此便可得到两个独立的衍射强度$I(hkl)_1$和$I(hkl)_2$的数值。有了每个衍射的强度值$I(hkl)$即有了计算电子密度$\rho(x, y, z)$的条件。当经过$\rho(x, y, z)$计算和一系列分析工作获得新的、更为正确的结构参数后，依据新的结构参数求得相应的新一轮$F_c(hkl)$数值，重复上述过程，再一次对重叠峰进行分解。如此工作，经数轮修正之后，即可以得到一套可靠的$I(hkl)$数值。

正确的试用结构参数是非对称重叠峰合理分解的必要条件。

4.9.3.3 $F_o(hkl)$正负号的确定

求得每一个衍射对应的结构因子的模和相角，是应用$F(hkl)$计算电子密度分布的必要准备。$|F(hkl)|$是从$I(hkl)$的数值求得的，而相角的解决需要取另外的途径。

A、X、Y型和ZSM型分子筛之中的大部分以及磷酸铝中的一部分，其晶体结构中都具有对称中心。其相角α等于0或π。

$$F_o(hkl) = |\,F_o(hkl)\,|\cos\alpha_{hkl}$$

$$= \pm|\,F_o(hkl)\,|$$

此时结构因子的数值只有上述两种可能。当从所得的衍射强度$I(hkl)$中求得$|F_o(hkl)|$之后，再设法确定其正负号后，即可得出每个衍射对应的结构因子$F(hkl)$。当初始结构模型比较清晰时，确定符号的工作比较简单，一般是依照试用结构参数求出结构因子的计算值$F_c(hkl)$，将$F_c(hkl)$的符号移至对应$|F_o(hkl)|$上。这类分子筛的结构因子可分成两部分。

$$F_c(hkl) = F_f(hkl) + F_a(hkl) \tag{4-69}$$

$F_f(hkl)$是与骨架原子相关的；$F_a(hkl)$是与骨架外阳离子相关的。骨架外阳离子定位的

工作一般是在骨架结构已知的情况下进行的，因此 $F_f(hkl)$是已知的。在衍射谱中对于多数衍射来说，骨架原子的贡献占优势，即在许多情况下 $F_f(hkl)$和 $F_c(hkl)$的数值是接近的。因此最初可依照骨架原子坐标参数相关的 $F_f(hkl)$数值是大于 0 还是小于 0 来确定 $F_o(hkl)$的正负号。

具体的做法是：将分峰之后获得的衍射强度 $I(hkl)$经 Lorentz 因子、极化因子和倍数因子的校正之后开方，得结构因子的绝对值，再冠以对应的 $F_c(hkl)$的正负号（最初是 $F_f(hkl)$的正负号），即得 $F(hkl)$的初值。在没有对称中心时，可依照式(4-5)求得相角。

当获得结构因子的初值之后再进行非对称性重叠峰分解和电子密度函数 $\rho(x, y, z)$的计算等，即可获得骨架外阳离子分布的确切信息，即有了较为正确的 $F_a(hkl)$，依照式(4-69)，$F_c(hkl)$的数值与符号也更为正确，正确的 $F_c(hkl)$数值再一次被应用，重复上述过程多次迭代结构因子 $F(hkl)$将逐渐逼近正确结果。

4.9.3.4 电子密度 $\rho(x, y, z)$分布的计算

当分子筛具有对称中心时

$$\rho(x,y,z) = V^{-1}\sum h\sum_{-\infty}^{+\infty} k\sum l\, F(hkl)\cos[2\pi(hx + ky + lz)]$$

在通过电子密度计算来确定原子坐标的工作中，常将 x，y，z 三个变量之中的一个取定值，三维电子密度图分解为一个个二维截面。如将 z 坐标固定为 z_m，则

$$\rho(x,y,z_m) = V^{-1}\sum h\sum_{-\infty}^{+\infty} k\sum l\, F(hkl) \times\cos[2\pi(hx + ky + lz_m)]$$

计算结果显示$(xy)_{z_m}$平面上的电子密度分布。按照阳离子对 z 方向分布的预测，选取几个合适的 z_m 值进行计算，即可得到一系列包含阳离子分布的二维电子密度图，将它们按 Z 值顺序排列即得三维电子密度图。电子密度最大值的位置就是阳离子中心的位置。也可以固定 x(或 y)值计算电子密度在 yz(或 zx)平面的分布。截面方向与间隔的选取取决于对阳离子位置的预测。计算二维截面也需要全部的 $F(hkl)$数值。

4.9.3.5 偏离因子

当阳离子坐标和占有率确定后，依照骨架原子坐标参数和骨架外阳离子坐标参数计算 $F_c(hkl)$。当结构参数比较准确时，它与 $F_o(hkl)$相接近，二者越接近说明其结果越可靠。一般是取 $F_c(hkl)$和 $F_o(hkl)$的统计结果做如下计算

$$R = \frac{\sum \mid\mid F_c(hkl) \mid - \mid F_o(hkl) \mid\mid}{\sum \mid F_o(hkl) \mid}$$

R 称为偏离因子，其数值越小说明与骨架外阳离子相关的结构参数数值越准确。但 R 并不是鉴定结构正确性的惟一标准。骨架外阳离子的分布与骨架原子之间的关系是否符合结构化学原理是最终判据。

4.9.4 结构参数的修正

分子筛的结构特点决定了其衍射谱上非对称重叠现象比较严重，独立可靠的强度 $I(hkl)$为数不多，因此应用最小二乘法修正结构参数比较困难。Rietveld全图拟合修正是适宜且有效的。全图拟合修正结构参数的首要条件是有一套比较合理的峰形函数和试用结构参数。经 $Y_c(2\theta)$和 $Y_o(2\theta)$的逐点拟合进行修正，反复迭代即可得到准确的结果。具体做法见本章第4.10节部分。

4.9.5 结构参数的分析

4.9.5.1 键长、键角的计算

当骨架外阳离子的坐标参数确定之后，应进一步分析阳离子与骨架氧之间的配位关系，揭示出阳离子的配位形式，进而讨论分子筛的酸性及其应用。为此需要计算与阳离子相关的键长和键角。

依照结构化学的原理，与确定离子相关的各种型式的键长和键角不是任意的，而是有一个合理的数值范围。分子筛骨架外阳离子位置与骨架氧之间的键长和键角的数值也应在结构化学允许的范围之内，否则尽管 R 很小，也可能有谬误存在。例如，Flanigen 所测定的硅沸石晶体结构[34]，其 R 已经小到可接受的数值，但是利用这篇论文中所公布的原子坐标参数计算 Si—O 键长为 0.120 ~ 0.260nm，O—O 间距为 0.170 ~ 0.325nm，Si—Si间距为 0.265 ~ 0.428nm，O—Si—O 键角为 40.3° ~ 153.2°[35]，这些数据显然不符合结构化学基本原理。可以肯定，Flanigen 等所进行的硅沸石晶体结构研究工作存在着严重的差错。因此，合理的键长、键角也是结构正确性的标志。

4.9.5.2 阳离子分布与晶内酸性的关系

当分子筛骨架有过剩的负电荷时，依照库仑作用的关系，阳离子因被负电荷吸引而在晶内定位，体系也将达到电荷的平衡，相关的阳离子将分布在电荷非平衡的微区，即酸中心附近，因此阳离子的位置就是酸中心的所在地。当酸中心处在有利于反应进行的位置时，这种酸中心就是分子筛的活性中心。

阳离子在分子筛晶内的分布指示着酸中心的位置，确切的说，与阳离子配位氧的分布对应着酸中心的分布。骨架非平衡电荷越大，阳离子定位的数量也越多，因此阳离子的占有率与酸量有关。在分子筛中阳离子与骨架氧的配位状况是酸强度和稳定性的反映。

负载某种阳离子的分子筛催化剂，阳离子所在位置是否利于反应进行，对催化性能有重要影响。若阳离子在反应过程中有位置迁移，其性能也将有所改变。在这种情况下阳离子的位置与性能的关系更值得关注。

4.9.6 应用实例

4.9.6.1 HZSM-5分子筛晶内活性中心的研究[36,37]

ZSM-5分子筛结构中具有独特的三维通道和较强的酸性，是一种性能特异的催化材

料。为探讨其酸中心的分布，经过阳离子交换将 Zn^{2+} 和 Ni^{2+} 分别引入晶内。继之应用前述的多晶 X 射线衍射方法对 Zn/ZSM-5 和 Ni/ZSM-5 等样品进行以确定骨架外阳离子 Zn^{2+}（或 Ni^{2+}）分布为目的的结构研究（图 4-31），两种样品以相同的结论揭示了 ZSM-5 分子筛晶内活性中心分布的特点。

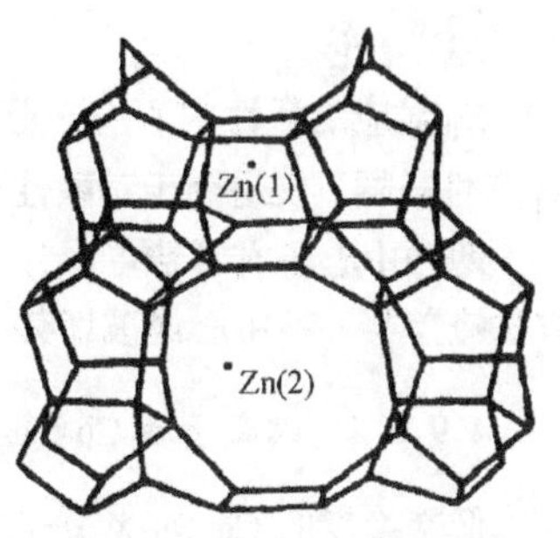

图 4-31　Zn^{2+} 在骨架外的位置

（1）结构分析的结果

经分析，Zn(Ni)在骨架外的位置可区分为 $S_Ⅰ$ 和 $S_Ⅱ$ 两种，$S_Ⅰ$ 在两个通道的交叉处，与骨架氧形成 8 配位；$S_Ⅱ$ 位于平行于(001)方向的 Z 字形通道中，接近十元环开口处，与 3 个骨架氧相配位。表 4-20 列出了 Zn^{2+} 与骨架氧的配位距离。两种位置的阳离子皆座落在空间群 D_{2h}^{16}-mmm 的 4cm 等效点系上，其占有率分别为 0.40 和 0.35。样品经 800℃处理后，$S_Ⅰ$ 和 $S_Ⅱ$ 两种位置的阳离子占有率都有所改变，分别为 0.20 和 0.05，$S_Ⅰ$ 位置下降 50%，$S_Ⅱ$ 位置下降 83%。以上结构研究得出，HZSM-5 晶内存在两种酸中心 $S_Ⅰ$ 和 $S_Ⅱ$。依照阳离子的配位状况，可推知 $S_Ⅰ$ 对应的酸量较大，酸强度较低，稳定性强；$S_Ⅱ$ 对应的酸量较小，酸强度较高，稳定性差。

表 4-20　Zn/ZSM-5 结构中 Zn^{5+} 和骨架氧的配位距离

原子对	原子间距/nm	原子对	原子间距/nm
Zn(1)-O(1)	0.284	Zn(1)-O(13)	0.216
Zn(1)-O(20)	0.308	Zn(1)-O(4)	0.298
Zn(1)-O(19)	0.255	Zn(1)-O(20)	0.308
Zn(1)-O(13)	0.216	Zn(1)-O(19)	0.255
Zn(2)-O(3)	0.272	Zn(2)-O(10)	0.319
Zn(2)-O(10)	0.319		

（2）HZSM-5 的 NH_3-TPD 谱

从图 4-32 可见，$S_Ⅰ$ 对应的峰面积大，脱附峰出现的温度较低，证明了 $S_Ⅰ$ 相关的酸量较大，酸强度不高。体系加热之后，峰面积缩小，温度越高变化越大，两峰相比 $S_Ⅱ$ 减小的比例更大，这也证明了 $S_Ⅱ$ 更不稳定的结论。其结果与阳离子占有率的数值相符合。

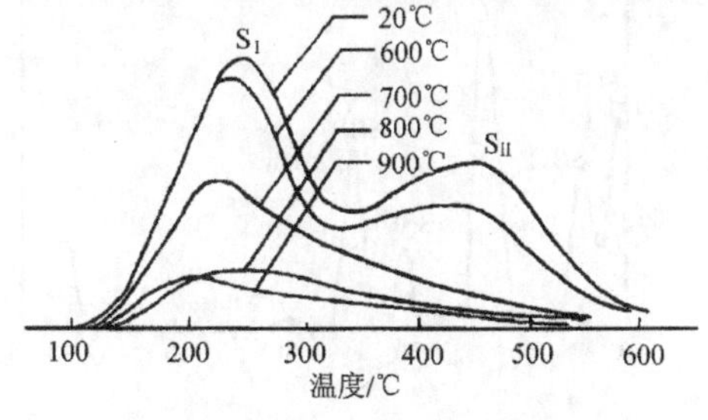

图 4-32　HZSM-5 的 NH_3-TPD 谱

(3) 结论

S_{II}对应的活性中心有较强的酸性，决定了它有较强的催化裂化和芳构化的功能。S_{I}酸性较弱，仅适用于对酸性要求不高的反应，如醇类脱水等。

两种中心各有其特点，为加强某种应用，可依照结构的要求，以化学或物理的调变方法掩盖某一种中心或破坏某一种中心，使 HZSM-5 更符合特定反应的需要。

4.9.6.2 铜离子在 Cu-Na-X 分子筛中的迁移[38]

低交换度的 Cu-Na-X 分子筛是石油化工中的一种催化剂。在使用中，该催化剂常因“掉铜”而寿终，在存放与运输过程中也有变色失活的危险。为解决上述问题，应用多晶 X 射线衍射方法对 Cu-Na-X 分子筛骨架外铜离子的位置进行研究，其结果揭示出了失活的机理和解决问题的途径。

(1) 样品

当推测出分子筛吸水，将影响铜离子定位之后，就 Cu-Na-X 分子筛设计了饱和吸水样(置于 NH_4Cl 饱和溶液气氛中)、烘干样(120℃)和焙烧样(500℃)3 个样品并进行结构分析。

(2) 结构研究的结果

Cu-Na-X 分子筛属 O_h^7-Fd3m 空间群。以 226 个衍射指标相应的结构因子计算了三维电子密度分布，见图 4-33、图 4-34 和图 4-35，得出了结构参数初值。经过 Rietveld 全图拟合修正，确定骨架外阳离子坐标参数。数据说明 Cu-Na-X 分子筛中 Na^+ 主要分布在骨架外 S_I $S_{I'}$和 $S_{II'}$$S_{II}$位置上。$Cu^{2+}$ 和 Na^+ 同时占有 S_{II} 位置。

X 型分子筛主要通道是十二元环，中间的空腔称为超笼(也称八面沸石笼)。S_{II}是一个有利于 Cu^{2+} 与进入超笼的反应分子相作用的位置。因此，S_{II} 位置是 Cu-Na-X 分子筛的活性中心。晶胞中的水分子处在骨架外的 U 位置上。图 4-33 ~ 图 4-35 示出随着样品中水含量增加，U 位置上电子密度分布的数值也在相应的增大。更值得注意的是，S_{II}位置上的电子密度数值差异明显，S_{II} 处的电子密度数值烘干样和焙烧样比吸水样增大近一倍。这是由于三个样品在 S_{II} 位置上 Cu^{2+} 的占有率 n 不同而引起的。在 Cu-Na-X 中，每个晶胞交换上 4.96 个 Cu^{2+} 离子。对于焙烧样，n 为 0.154，相当于 4.96 个铜离子全部定位；烘干样 n 为 0.130，定位比例为 84%；饱和吸水样 $n=0$，铜离子几乎没有定位。

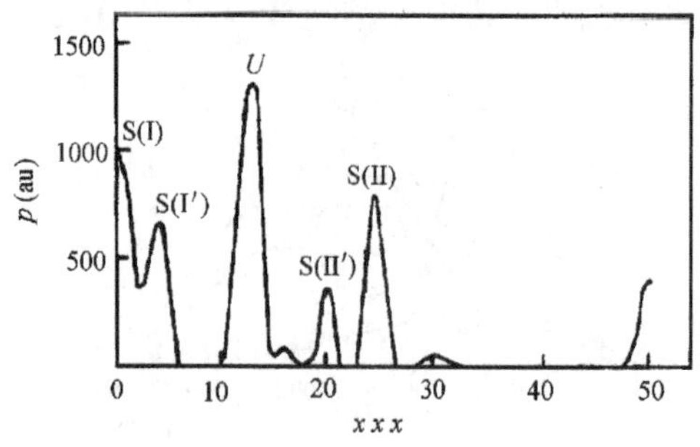

图 4-33　吸水样沿晶胞对角线方向的电子密度分布图

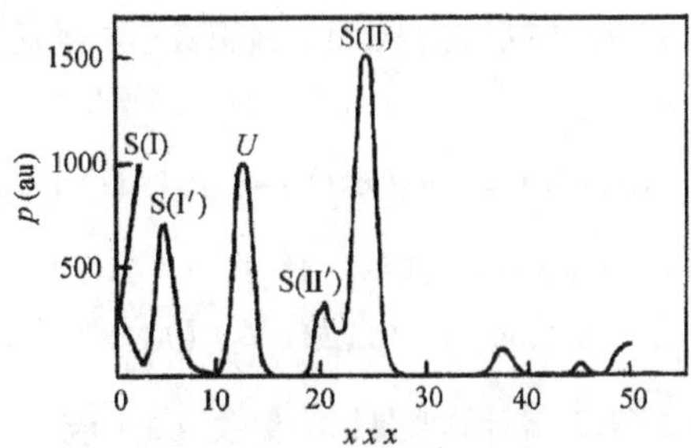

图 4-34 烘干样沿晶胞对角线方向的电子密度分布图

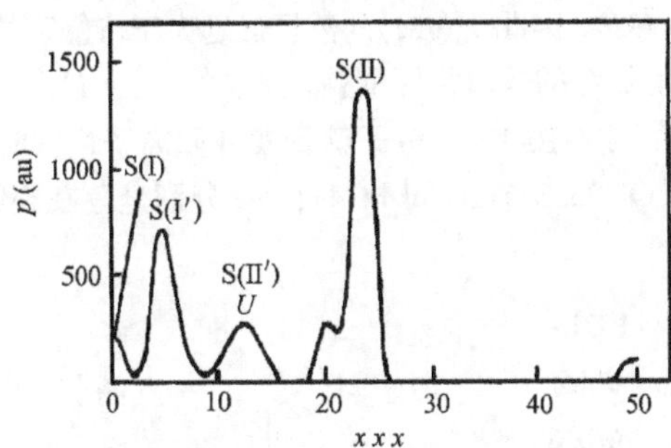

图 4-35 焙烧样沿晶胞对角线方向的电子密度分布图

上述结果说明，Cu^{2+}在S_{II}位置上的定位情况受水含量的影响很大，当含水量多时，Cu^{2+}将以水合离子形式迁移至超笼中，并在其中自由移动。在饱和吸水样中，晶胞中的全部Cu^{2+}都迁移至超笼并无序地分布在其中。

(3) 结论

Cu-Na-X分子筛作为催化剂，是靠S_{II}上的Cu^{2+}起作用的。因而Cu^{2+}在S_{II}位定位的数目越多，该催化剂的活性越高。当催化剂含水量高，或保存运输过程中催化剂吸水，都将导致该催化剂S_{II}上的Cu^{2+}迁移。虽然Cu^{2+}尚在，但由于失去定位，极易被反应物或中间产物夹带而流失，其催化活性也因此而丧失。含水量越大，铜流失越严重。以上是“掉铜”的原由。

铜离子因分子筛吸水而迁移的过程是可逆的。饱和吸水样置于120℃下烘干6h，将有84%的Cu^{2+}回到S_{II}位置上。置于500℃下烘干4h，将100%定位在S_{II}上。实验说明，经适当的处理，迁移走的Cu^{2+}可再行迁移并重新座落在活性中心位置上。

由此可见，该分子筛催化剂在使用前进行烘烤和对原料油等作脱水处理，都是恢复和延长Cu-Na-X分子筛催化剂寿命的有效途径。

4.10 多晶X射线衍射全图拟合结构参数的修正

4.10.1 问题的提出

应用XRD测定单晶晶体结构时，从实验中所获得的衍射强度数据为$I_0(hkl)$经P、

L 等因子修正后得到 $|F_o(hkl)|^2$ 或 $|F_o(hkl)|$。利用最小二乘法修正结构参数 u 时，其偏差方程有下列三种形式。

$$\Delta_1(hkl) = |F_o(hkl)| - |F_c(hkl)|$$

$$\Delta_2(hkl) = |F_o(hkl)|^2 - |F_c(hkl)|^2$$

$$\Delta_3(hkl) = I_o(hkl) - I_c(hkl)$$

$|F_c(hkl)|$、$|F_c(hkl)|^2$ 和 $I_c(hkl)$等计算值是结构参数 u 的函数，u 系指晶胞参数、晶胞内原子坐标参数($x_r y_r z_r$)、原子的温度因子和占有率等。最小二乘法原理要求实验所获得的 $I_o(hkl)$的数目大于待修正的结构参数的数目。对于 XRD 单晶法，实验可获得分立的反射球内各个衍射的强度 $I_o(hkl)$，因此 $I_o(hkl)$的数目远远大于待修正的结构参数数目。

在多晶法中，由于衍射峰的非对称性重叠，独立的 $I_o(hkl)$个数一般不大于待修正的结构参数的数目，例如在测定 Ba-Na-X 分子筛骨架外阳离子位置时[39]，该样品每个晶胞中 192 个 Si(Al)、384 个 O、23.3 个 Ba 和 14.4 个 Na 分别坐落在空间群 O_h^7-F4_1/d$\bar{3}$2/m 不同的等效点系上。

192Si(Al)	192i1	x_t	y_t	z_t
$96O_1$	96h2	0	x_1	$-x_1$
$96O_2$	96zm	x_2	x_2	z_2
$96O_3$	96zm	x_3	x_3	z_3
$96O_4$	96zm	x_4	x_4	z_4

骨架外阳离子可能的位置及占有率

16c 3m	0	0	0	占有率 p_1
32e3m	x_5	x_5	x_5	p_2
32e3m	x_6	x_6	x_6	p_3
32e3m	x_7	x_7	x_7	p_4

待修正的原子坐标参数为$(x_t y_t z_t) x_1 (x_2 z_2)(x_3 z_3)(x_4 z_4) x_5 x_6 x_7$，共 13 个；待修正的温度因子 $B_t B_{O1} B_{O2} B_{O3} B_{O4} B_{C1} B_{C2} B_{C3} B_{C4}$，共 9 个；待修正的占有率 p_1、p_2、p_3、p_4，共 4 个；以及比例因子 1 个。因此，在测定 Ba-Na-X 分子筛骨架外阳离子位置时，待修正的结构参数为 27 个。为进行最小二乘法修正，Ba-Na-X 分子筛的衍射图中独立的衍射峰 $I_o(hkl)$数目非大于 27 不可。事实上，该多晶 X 射线衍射图上独立的 $I_o(hkl)$的数目远小于 27。在此情况下就不能应用上述三个偏差方程。

20 世纪 60 年代末，Rietveld[40,41]提出，可在多晶 X 射线衍射图全图上以 $\Delta 2\theta$ 间隔取强度值逐点进行观察与计算强度值的全图拟合以修正结构参数。此时，偏差方程为

$$\Delta_i = Y_{i,o} - Y_{i,c}$$

式中：$Y_{i,o}$——$2\theta_i$ 点的衍射强度观察值；

$Y_{i,c}$——该点强度的计算值。

若 $\Delta(2\theta)$取值为0.02～0.04度，一般的衍射图都可获得上千个 $y_{i,o}$，因而，可以建立上千个独立的偏差方程，充分满足了修正的需要。结晶学界称此修正方法为 Rietveld 法。

按照最小二乘法原理，可写出下列公式

$$\Delta_i = Y_{i,o} - Y_{i,c} \qquad Y_{i,o} = Y_{ig,o} - Y_{ib,o}$$

偏差平方权重的加和：

$$S = \sum_i w_i \Delta_i^2 = \sum_i w_i (Y_{i,o} - Y_{i,c})^2$$

$$w_i = \frac{1}{Y_{ig,o} + Y_{ib,o}} = \frac{1}{Y_{i,o}}$$

式中：$Y_{ig,o}$——衍射谱上任意一 $2\theta_i$ 点的衍射强度的实验值；

$Y_{ib,o}$——$2\theta_i$ 点的背底；

w——权重因子

4.10.2 独立的单个衍射的峰形函数

基于实验条件和多晶样品本身的性质，在其 XRD 图中单个衍射的强度表现为一个具有某种分布的衍射峰，见图 4-36。

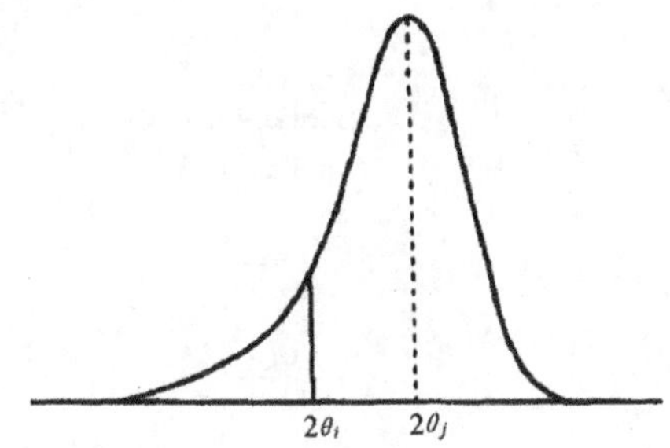

图 4-36 衍射的强度分布

若某一衍射 j，其峰形函数以 $G(2\theta_i - 2\theta_j) = G(\Delta 2\theta_{ij})$表示，$\theta_j$ 代表衍射 j 的 Bragg 角。衍射 j 的积分强度

$$I_j = K_j P_j L_j J_j \mid F_j \mid^2$$

则衍射 j 在 $2\theta_i$ 处的计算强度值为

$$Y_{ij,c} = K_j P_j L_j J_j \mid F_j \mid^2 G(\Delta 2\theta_{ij}) \Phi_j$$

考虑到多晶样品在制作样品时有可能产生择优取向，因而在计算 $Y_{ij,c}$时乘上择优取向因子 Φ_j。

从 4.2.2.6 节的讨论中可见，多晶 X 射线的衍射峰一般是不对称的。在 $2\theta < 90°$时 $2\theta_j < \theta_j$ 方向收敛得慢造成峰形呈前倾斜；$2\theta > 90°$时呈后倾斜；仅在 $2\theta = 90°$时是对称的。因此，单个衍射峰形函数一般为对称因子和不对称因子的组合。

$$G(\Delta 2\theta_{ij}) = g(\Delta 2\theta_{ij}) - \alpha(\Delta 2\theta_{ij})$$

$g(\Delta 2\theta_{ij})$为对称因子，其函数形式可从表 4-21 中选取。

表 4-21　对称因子的函数形式

表现形式	名称	可调参数
1) $\frac{c_0^{1/2}}{w_j\pi^{1/2}}\exp\frac{-c_0(2\theta_i-2\theta_j)^2}{w_j^2}$ $c_0=4\ln 2$ $w^2=U\tan^2\theta+V\tan\theta+W$ w_j 为衍射 j 的半高宽	Gaussina(G)	U, V, W
2) $\frac{c_1^{1/2}}{\pi w_j}\left[1+\frac{c_1(2\theta_i-2\theta_j)^2}{w_j^2}\right]^{-1}$ $c_1=4$	Lorentzian(L)	U, V, W
3) $\frac{2c_2^{1/2}}{\pi w_j}[1+\frac{c_2(2\theta_i-2\theta_j)^2}{w_j^2}]^{-2}$ $c_2=4(2^{1/2}-1)$	Mod 1 Lorentzian	U, V, W
4) $\frac{c_3^{1/2}}{2w_j}[1+\frac{c_3(2\theta_i-2\theta_j)^2}{w_j^2}]^{-3/2}$ $c_3=4(2^{2/3}-1)$	Mod 2 Lorentzian	U, V, W
5) $\eta L+(1-\eta)G$ $\eta=NA+NB(2\theta)$	Pseudo-Voigt(PV)	U, V, W,NA,NB
6) $\frac{c_4}{w_j}\left[1+4(2^{1/m}-1)\cdot\frac{(2\theta_i-2\theta_j)^2}{w_j^2}\right]^{-m}$ $m=NA+NB/2\theta+NC/(2\theta)^2$ $c_4=\frac{2\sqrt{m}(2^{1/m}-1)^{1/2}}{(m-0.5)^{1/2}\pi^{1/2}}$	Perason Ⅶ	U, V, W, NA，NB，NC

$\alpha(\Delta 2\theta_{ij})$为不对称因子，具有下列形式

$$\alpha(\Delta 2\theta_{ij}) = 1 - \left[A\frac{\Delta 2\theta_{ij}}{|\Delta 2\theta_{ij}|}(\Delta 2\theta_{ij})^2\cot 2\theta_{ij}\right]$$

式中，A 为不对称系数，是可调参数，$A>0$ 时峰形不对称，A 越大峰形越不对称。

当 $2\theta_j<90°$时，$\cot 2\theta_j>0$；以 $2\theta_j$ 为零点，在 $\Delta 2\theta_{ij}<0$ 部分，$\alpha(\Delta 2\theta_{ij})>1$；在 $\Delta 2\theta_{ij}>0$ 部分，$\alpha(\Delta 2\theta_{ij})<1$，此时 $\alpha(\Delta 2\theta_{ij})$作用在对称因子 $g(\Delta 2\theta_{ij})$上，将造成 $G(\Delta 2\theta_{ij})$呈前倾不对称。

当 $2\theta_j>90°$时，$\cot 2\theta_j<0$，此时 $\alpha(\Delta 2\theta_{ij})$的作用与上述相反，将造成 $G(\Delta 2\theta_{ij})$呈后倾不对称。

当 $2\theta_j = 90°$时，$\cot 2\theta_j = 0$，$\alpha(2\theta_{ij}) = 1$，$G(\Delta 2\theta_{ij})$为对称函数。

在实验中由于$K_{\alpha 1}$和$K_{\alpha 2}$双线的存在，因此每一个衍射峰都是$K_{\alpha 1}$和$K_{\alpha 1}$对应的衍射峰的线性加合，即

$$G'(\Delta 2\theta_{ij}) = 2/3\ G(\Delta 2\theta_{ij}) + 1/3 G(\Delta 2\theta_{ij} + 2\varepsilon_j)$$

$$2\varepsilon_j = 2\Delta\lambda/\lambda \tan\theta_j$$

ε_j 和$K_{\alpha 1}$和$K_{\alpha 2}$相关的 Bragg 角的差值。

对于独立的单个衍射 j，在 $2\theta_i$ 处的计算强度值

$$Y_{ij,c} = K_j P_j L_j J_j \mid F_j \mid^2 G'(\Delta 2\theta_{ij}) \Phi_j$$

4.10.3 多个衍射峰的重叠

在多晶 X 射线衍射图上，由于非对称性重叠，有可能多个衍射均对 $2\theta_i$处的衍射强度有贡献。因而，$2\theta_i$ 处的计算强度值为

$$Y_{i,c} = K \sum_j P_j L_j J_j \mid F_j \mid^2 G'(\Delta 2\theta_{ij}) \Phi_j$$

考虑峰的重叠作用时，必须已知峰的宽度。当衍射峰 j 的半高宽为 w 时，一般情况下，一个衍射的强度应分布在 $2\theta_j \pm 3w$ 内，超这个范围的强度数值为 0。$w_i = U\tan^2\theta_j + V\tan\theta_j + W_j$，其中 U、V、W 为待定参数。

4.10.4 最小二乘法修正

对于多晶 X 射线衍射全图拟合修正时偏差方程为

$$\begin{aligned} \Delta_i &= Y_{i,o} - Y_{i,c} \\ &= Y_{i,o} - K \sum_j P_j L_j J_j \mid F_j \mid^2 G'(\Delta 2\theta_{ij}) \Phi_j \end{aligned}$$

$$Y_{i,o} = Y_{ig,o} - Y_{ib,o}$$

$$S = \sum_i w_i [Y_{i,o} - K \sum_j P_j L_j J_j \mid F_j \mid^2 G'(\Delta 2\theta_{ij}) \Phi_j]^2$$

Y_{ib}为背底，其值可依据多项式 $Y_{ib} = \sum_{k=1}^{N} B_k (2\theta)^n$（$B$ 为待定参数）求得。或选几个点指定Y_b的数值，其他各点内插求得。

根据最小二乘法，偏差的平方权重加和为最小值的原理，则有

$$\frac{\partial S}{\partial u_1} = 0, \quad \frac{\partial S}{\partial u_2} = 0, \quad \frac{\partial S}{\partial u_3} = 0, \quad \cdots, \quad \frac{\partial S}{\partial u_p} = 0$$

等 p 个方程，其中 u_1，u_2，u_3，$\cdots$，u_p 为 Rietveld 修正工作中的 p 个待修正参数，它包含了测角仪的零点、衍射峰峰形函数的参数、样品的晶胞参数、晶胞内原子的坐标参数、温度因子参数、占有率以及比例因子等。由于 $Y_{i,c}$不是拟修正参数的线性函数，需引入

一套与真实函数相近的参数(u_1, u_2, u_3, …, u_p)，简称初始值(u_0)。然后将 $Y_{i,c}$按 Taylor 级数在 u_0 附近展开，近似取前两项

$$Y_{i,c} = Y_i(u_0) + \sum_{q=1}^{p} \frac{\partial Y_i}{\partial u_q} \Delta u_q$$

$$\begin{aligned} \Delta_i = Y_{i,o} - Y_{i,c} &= Y_{i,o} - Y_i(u_0) - \sum_{q=1}^{p} \frac{\partial Y_i}{\partial u_q} \Delta u_q \\ &= (\Delta_i)_0 - \sum_{q=1}^{p} \frac{\partial Y_i}{\partial u_q} \Delta u_q \\ &= (\Delta_i)_0 + \sum_{q=1}^{p} \frac{\partial \Delta_i}{\partial u_q} \Delta u_q \end{aligned} \tag{4-70}$$

将式(4-70)代入 p 个$\frac{\partial S}{\partial u}=0$方程中，经整理得出如下法方程

$$\begin{bmatrix} \sum_{i=1}^{k} w_i \frac{\partial \Delta_i}{\partial u_1} \frac{\partial \Delta_i}{\partial u_1}, & \sum_{i=1}^{k} w_i \frac{\partial \Delta_i}{\partial u_2} \frac{\partial \Delta_i}{\partial u_1}, & \sum_{i=1}^{k} w_i \frac{\partial \Delta_i}{\partial u_3} \frac{\partial \Delta_i}{\partial u_1}, & \cdots, & \sum_{i=1}^{k} w_i \frac{\partial \Delta_i}{\partial u_p} \frac{\partial \Delta_i}{\partial u_1} \\ \sum_{i=1}^{k} w_i \frac{\partial \Delta_i}{\partial u_1} \frac{\partial \Delta_i}{\partial u_2}, & \sum_{i=1}^{k} w_i \frac{\partial \Delta_i}{\partial u_2} \frac{\partial \Delta_i}{\partial u_2}, & \sum_{i=1}^{k} w_i \frac{\partial \Delta_i}{\partial u_3} \frac{\partial \Delta_i}{\partial u_2}, & \cdots, & \sum_{i=1}^{k} w_i \frac{\partial \Delta_i}{\partial u_p} \frac{\partial \Delta_i}{\partial u_2} \\ \sum_{i=1}^{k} w_i \frac{\partial \Delta_i}{\partial u_1} \frac{\partial \Delta_i}{\partial u_3}, & \sum_{i=1}^{k} w_i \frac{\partial \Delta_i}{\partial u_2} \frac{\partial \Delta_i}{\partial u_3}, & \sum_{i=1}^{k} w_i \frac{\partial \Delta_i}{\partial u_3} \frac{\partial \Delta_i}{\partial u_3}, & \cdots, & \sum_{i=1}^{k} w_i \frac{\partial \Delta_i}{\partial u_p} \frac{\partial \Delta_i}{\partial u_3} \\ \vdots & \vdots & \vdots & & \vdots \\ \sum_{i=1}^{k} w_i \frac{\partial \Delta_i}{\partial u_1} \frac{\partial \Delta_i}{\partial u_p}, & \sum_{i=1}^{k} w_i \frac{\partial \Delta_i}{\partial u_2} \frac{\partial \Delta_i}{\partial u_p}, & \sum_{i=1}^{k} w_i \frac{\partial \Delta_i}{\partial u_3} \frac{\partial \Delta_i}{\partial u_p}, & \cdots, & \sum_{i=1}^{k} w_i \frac{\partial \Delta_i}{\partial u_p} \frac{\partial \Delta_i}{\partial u_p} \end{bmatrix}$$

$$\times \begin{bmatrix} \Delta u_1 \\ \Delta u_2 \\ \Delta u_3 \\ \vdots \\ \Delta u_p \end{bmatrix} = - \begin{bmatrix} \sum_{i=1}^{k} w_i (\Delta_i)_0 \frac{\partial \Delta_i}{\partial u_1} \\ \sum_{i=1}^{k} w_i (\Delta_i)_0 \frac{\partial \Delta_i}{\partial u_2} \\ \sum_{i=1}^{k} w_i (\Delta_i)_0 \frac{\partial \Delta_i}{\partial u_3} \\ \vdots \\ \sum_{i=1}^{k} w_i (\Delta_i)_0 \frac{\partial \Delta_i}{\partial u_p} \end{bmatrix}$$

式中，k 为全图按一定间隔逐点取强度数据的点数。

通过解法方程可得出 p 个待修正参数的修正量$(\Delta u)_1$，将此修正量加到初始值 u_0 上。

$$(u_1)_1 = (u_1)_0 + (\Delta u_1)_1$$

$$(u_2)_1 = (u_2)_0 + (\Delta u_2)_1$$
$$(u_3)_1 = (u_3)_0 + (\Delta u_3)_1$$
$$\vdots \qquad \vdots \qquad \vdots$$
$$(u_p)_1 = (u_p)_0 + (\Delta u_p)_1$$

然后再以$(u_1)_1$，$(u_2)_1$，$(u_3)_1,\cdots,(u_p)_1$为初始值代入法方程解出 p 个$(\Delta u)_2$，如此迭代直至 Δu 收敛。

4.10.5 拟合结果的判据[43]

当以上述方法对待求参数进行迭代时，可以通过偏离因子 R 的数值来判断修正工作是否正常或是否接近于完成。常用的 R 因子有下列几种

$$R_{\mathrm{F}} = \frac{\sum \| F_{\mathrm{o}}(hkl) | - | F_{\mathrm{c}}(hkl) \|}{\sum | F_{\mathrm{o}}(hkl) |}$$

$$R_{\mathrm{B}} = \frac{\sum \| I_{\mathrm{o}}(hkl) | - | I_{\mathrm{c}}(hkl) \|}{\sum | I_{\mathrm{o}}(hkl) |}$$

$$R_{\mathrm{P}} = \frac{\sum | Y_{i,\mathrm{o}} - Y_{i,\mathrm{c}} |}{\sum | Y_{i,\mathrm{o}} |}$$

$$R_{\mathrm{WP}} = \left[\frac{\sum w_i (Y_{i,\mathrm{o}} - Y_{i,\mathrm{c}})^2}{\sum w_i (Y_{i,\mathrm{o}})^2} \right]^{1/2}$$

以上 4 种偏离因子中，R_{F}、R_{B} 是从单晶结构分析的方法中移植过来的。事实上，在多晶 XRD 全图拟合修正结构参数时，不可能从实验中直接得到$|F_{\mathrm{o}}(hkl)|$和 $I_{\mathrm{o}}(hkl)$，因此 R_{P} 和 R_{WP}比较直接反映了 Rietveld 法结构参数修正的情况。R_{P} 和 R_{WP}的数值越小，说明衍射强度的观察值和计算值相符越好，相应的结构参数也越接近正确。

修正工作结束之前，还应该计算拟合度 GOF(GOF 为 Goodness of Fit 的缩写，称为拟合度)，即

$$\mathrm{GOF} = \frac{\sum w_i (Y_{i,\mathrm{o}} - Y_{i,\mathrm{c}})^2}{k - p}$$

式中：k——全图逐点求强度时所取的点数；

p——待修正参数的数目。

当 k 的数值足够大且与 p 的差值越大时，最小二乘法可靠性越大。当计算值与观察值越接近，$w_i(Y_{i,\mathrm{o}} - Y_{i,\mathrm{c}})^2$ 越小，修正结果越好。因此，一般 GOF 的数值在 1.0 ~ 1.3 时，可认为拟合工作是在充分合理的实验条件下完成的，其结果较为准确可靠。

修正工作所依据的 $Y_{i,\mathrm{o}}$-2θ、$Y_{i,\mathrm{c}}$-2θ 和$(Y_{i,\mathrm{o}} - Y_{i,\mathrm{c}})$-$2\theta$ 的关系图(图 4-37)也可以直观地将修正结果的可靠性展示出来。

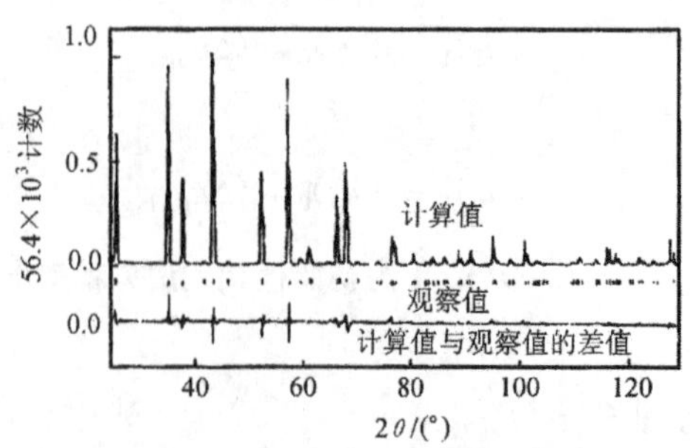

图 4-37 α-Al_2O_3(刚玉)的 Rietveld 拟合图[44]

值得提出的是，由于某些假象之间的巧合也会导致偏离因子 R 很小，因此衡量所获结构正确性的最终判据应该是其结构在化学上的合理性。

计算机的发展，促进了 Rietveld 法的实施和不断完善，使得对于一些对称性较低、晶胞较大的晶体，较客观地确定其结构参数成为可能。例如，ZSM-5 分子筛，属于正交或单斜晶系，晶胞也较大，应用 Rietveld 法确定了 Zn/ZSM-5、Ni/ZSM-5、Ti/ZSM-5[45]分子筛中阳离子在骨架外的分布，确定了低级晶系 $AlPO_4$-11[46]的结构以及复合氧化物非完整结构中的空位[47]等。这些化合物都是良好的催化功能材料，有关结构参数的修正在揭示结构与性能的关系中都起了不可忽视的作用。

当今，在多晶 XRD 法测定结构的工作中，Rietveld 全图拟合修正结构参数已成为一种可行且不可缺的手段。

符 号 说 明

A	峰型不对称系数
A_0	入射光垂直截面积
$A(hkl)$	结构因子的实部
$\boldsymbol{a},\boldsymbol{b},\boldsymbol{c}$	晶胞参数
a^*,b^*,c^*	倒易晶胞系数
B	实验所得的衍射峰宽
$B(hkl)$	结构因子的虚部
b	仪器因子对应的衍射峰宽；常数
C	比例常数；中间变量
c	光速
D	温度因子参数
D_{hkl}	小晶体 hkl 方向的平均厚度
d	晶面间距
$\langle d\rangle$	平均间距
E	电场强度
e	电子电荷
$F(hkl)$	结构因子
f	样品中某物相的体积分数
f_j	j 原子散射因子

$f(x)$	晶粒因子函数，结构宽化因子
$G(2\theta)$	峰形函数
$g(x)$	仪器宽化因子函数
H	磁场强度
$\boldsymbol{H}(hkl)$	倒易格子矢量
h,k,l	衍射指标
h^*,k^*,l^*	晶面指标
$h(z)$	晶粒因子函数和仪器因子函数卷积后产生的函数
I	透射光强度
$I^0(hkl)$	纯相 *hkl* 衍射的积分强度
I_0	入射光强度
$I(hkl)$	*hkl* 衍射的积分强度
I_{eu}	电子单位表示的散射强度
$i(M)$	compton 散射强度
$J(hkl)$	*hkl* 衍射的倍数因子
K	与样品和实验条件有关的常数
$K_{\alpha1},K_{\alpha2}$	X 射线 K_α 系中两种谱线
k	参比强度；比例系数；$k=4\pi\sin\theta/\lambda$
L	Lorentz 因子
Δl	光程差改变量
m	电子质量；N 相体系总质量；原子个数
N	原子数目；化学单元数目；全图拟合点数
n	衍射线数；配位原子数；金属阳离子电价；原子占有率因子
n_j	原子占有率
P	极化因子
p	概率；小晶体某晶面族的层数
R	偏离因子；照像机镜头半径；衍射仪扫描半径
r	聚焦半径
r_m	m 原子的位置
S	重叠峰的总面积；交联度
$\boldsymbol{S}(hkl)$	倒易格子向量
$\boldsymbol{s}$	散射方向的单位向量
$\boldsymbol{s}_0$	入射方向的单位向量
T	预置时间
T_c	时间常数
u_r	结构参数
$\langle u^2\rangle$	原子振动振幅平方的平均值
V	样品体积；脉冲高度
V_c	晶胞体积
V_e	有效体积
W	体相总质量
w	样品中某物相的质量分数；吸收体的厚度；光程；SiO 分子数；权重因子
Y	衍射图中某一点的衍射强度
y	H_2O 分子数
Z	原子序数
α,β,γ	晶胞参数

$\alpha^*,\beta^*,\gamma^*$	倒易晶胞参数
α_{hkl}	相角
$\alpha(\Delta 2\theta)$	峰形的不对称因子
β	晶粒因子对应的衍射峰宽
Δ	偏差
ε	衍射方向偏角
$\langle \varepsilon_{hkl} \rangle^2$	*hkl* 方向的均方晶格畸变率
Φ	择优取向参数
φ	电场矢量间夹角
λ	X射线波长
μ	元素的线性吸收系数
μ^*	元素的质量吸收系数
μ_M	样品的线性吸收系数
μ_M^*	样品的质量吸收系数
ρ	样品的密度
$\rho(x,y,z)$	(x,y,z)点的电子密度
θ	衍射角
ω	衍射峰的半高宽
下角标	
0	初始
b	背底
C	Cauchy
c	计算值
F	结构因子
G	Gauss
o	观察值
p	点强度
wp	加权重的点强度

参 考 文 献

[1] 唐有祺．结晶化学．北京:高等教育出版社,1957

[2] International Table for X-Ray Crystallography. Vol A, D Reidel Publishing Company, 1983

[3] Higgins J B, Lapierre R B, Schlanker J L et al. Zelites, 1988, 8: 446

[4] 孟宪平,王颖霞,韦承谦等．物理化学学报,1996,12(8):727~734

[5] International Tables for X-Ray crystallography Vol Ⅲ, D Reidel Publishing Co, 1983

[6] Klug H P, Alexander L E. X-Ray Diffraction Procedures of Polycrystallite and Amorphous Materials. 2nd Ed, New York: John Wiley & Sons, 1974. Chapt 5

[7] International Tables for X-Ray Crystallography. D Reidel Publishing Co, 1983. 162

[8] Chung F H. J Appl Crystallogr, 1974, 7: 519

[9] Ibid, 1974, 7: 526

[10] Ibid, 1975, 8: 17

[11] Hill R J, Howard C J. Ibid, 1987, 20: 467~474

[12] O' Connor B H, Raren M D. Powder Diffract, 1988, 3: 2

[13] Hill R J. Ibid, 1991, 6: 74

[14] Longford J I. J Appl Crystallogr, 1978, 11: 10

[15] Yu T, Wu Y et al. Scientia Simica(Series B), 1988, 11: 1281
[16] de Keijser Th H, Longford J I, Mittemejer E J et al. J Appl Crystallogr, 1982, 15: 308
[17] 林隽,章燕豪,郑香苗等. 燃料化学学报,1989,17(2):139~146
[18] 须藤俊男(日). 粘土矿物学. 北京:地质出版社,1981
[19] Brown G, Greene-Kelly R. Acta Crystallogr, 1954, 7: 101
[20] 项斯芬,李红,王连波等. 物理化学学报,1993,9(4):455~460
[21] Botterro J Y, Cases J M, Flosinger F et al. J Phys Chem, 1980, 84: 2933
[22] Johansson G. Acta Chem Scand, 1960, 14: 777
[23] Stûnzi H, Spiccia L, Rotzinger F P et al. Inorg Chem, 1989, 28: 67
[24] Zielen A J, Connick R E. J Am Chem Soc, 1956, 78: 5785
[25] Mak T C W. Canad J Chem, 1968, 46: 3491
[26] 项斯芬,李红,王军等. 催化学报,1993,增刊:154
[27] 王军,王连波,蒋青等. 高等学校化学学报,1993,14(7):902~906
[28] Warren B E. X-Ray Diffraction. Addision-Wesley Publishing Co, 1969. Chapt 10
[29] International Tables for X-Ray Crystallography. Vol Ⅲ, D Reidel Publishing Co, 1983. 247
[30] 张婉静,嵇天浩,孟宪平等. 物理化学学报,1996,12(7):609~614
[31] Wilson S T, Lok B M, Mossina C A et al. J Am Chem Soc, 1982, 104: 1146
[32] 韦城谦,郑香苗,尹维真等. 物理化学学报,1988,4(5):516~522
[33] 张婉静,李旺荣,林炳雄等. 石油学报(石油加工),3(增刊):95~100
[34] Flanigen E M, Bennett J M, Groze R W et al. Nature (London), 1978, 271: 512
[35] 王淑菊,张婉静,于勤等. 石油学报,1982,4:81
[36] Liu Z Y et al. Proceedings of the 7th International Zeolite Conference, Tokyo, Japan, August 17~22,1986.415
[37] 白波,刘振义,林炳雄等. 石油学报(石油加工),1989,1(5):17~24
[38] 魏国祥,宋德昱,叶慧娟等. 燃料化学学报,1985,13(1):57~64
[39] 赵同复,李红. 分子催化,1992,6(6):462~466
[40] Rietveld H M. Acta Crystallogr, 1967, 22: 151
[41] Rietveld H M. J Appl Crystallogr, 1969, 6: 65
[42] Young R A. The Rietveld Method. Oxford Sciece Publication, 1993. 9
[43] Ibid, 1993. 22
[44] Hill R J, Madson I C. Powder Diffract, 1987, 2: 146
[45] Huddersman K D, Rees L V C. Zeolite, 1991, 11: 270~276
[46] Bennett J M, Richardson Jr J W, Pluth J J et al. Ibid, 1987, 7: 160~162
[47] 臧希文,黄旭东,张婉静等. 催化学报,1989,10(4):365~371

(张婉静,北京大学化学学院)

第 5 章　化学吸附和表面酸性测定

多相催化过程是通过基元步骤的循环将反应物分子转化为反应产物。催化循环包括扩散、化学吸附、表面反应、脱附和反向扩散五个步骤。由此可见，化学吸附是多相催化过程中的一个重要环节，而且反应物分子在催化剂表面上的吸附，决定着反应物分子被活化的程度以及催化过程的性质，例如活性和选择性。因此，研究反应物分子或探针分子在催化剂表面上的吸附，对于阐明反应物分子与催化剂表面相互作用的性质、催化作用的原理以及催化反应的机理具有十分重要的意义。

化学吸附是一种界面现象，它与催化、腐蚀、黏结等有密切的关系，对它的研究具有重要的科学和实用价值。多年来，人们采用多种现代谱学技术并与常规的表征手段相结合，从分子水平考查化学吸附层的表面结构、吸附态以及分子与表面作用的能量关系，获得了广泛深入的研究结果，形成表面科学这一重要的学术领域，化学吸附也就成为重要的组成部分。

本章将从化学吸附的基本原理出发，阐述化学吸附在多相催化研究中的应用，并用几个实例说明研究化学吸附应采用哪些方法、注意哪些环节、如何获得确切的化学吸附的信息，然后着重介绍从化学吸附角度研究表面酸性的方法。

5.1 化 学 吸 附

早年，人们用重量法和容量法研究化学吸附。随着科学技术的进步，各种现代谱学技术已成为研究化学吸附的主要手段。催化研究工作者通过常规的方法和各种谱学技术研究化学吸附，用以阐明催化作用原理和催化反应机理。

5.1.1 化学吸附与多相催化的关联

在化学吸附与多相催化关联的长期研究中，归纳出两个经验规则[1]。

1) 一个固体物质产生催化活性的必要条件，是至少有一种反应物在其表面上进行化学吸附。换句话说，一种固体物质只有当其对反应物分子(至少是一种)具有化学吸附能力时，才有可能催化其反应。

2) 为了获得良好的催化活性，固体表面对反应物分子的吸附要适当。多相催化需要的是较弱并且快速的化学吸附。这个规则也可表述为：如果一个反应能被若干固体物催化，则单位表面上的反应速率，在相同覆盖度时与反应物的吸附强度成反比。

此规则不仅说明了化学吸附与多相催化间的密切关系，而且可应用于催化剂的研究与开发。根据化学吸附的试验结果，可以指明为某一反应选择催化剂活性组分的方向。

5.1.2 化学吸附的基本原理

5.1.2.1 化学吸附的特征

吸附过程可分为物理吸附和化学吸附两类。气体分子在固体表面上的物理吸附，其作用力为范德华力，多发生在低温。范德华力在同类或不同类分子之间普遍存在，因而物理吸附普遍存在于气体和任何固体表面之间。物理吸附就像气体凝聚为液体一样，可形成多分子吸附层或凝聚态。基于物理吸附的普遍性，原则上可用它测定任何固体的比表面积和孔结构。

化学吸附基于分子与表面之间的化学键力，因此化学吸附就像化学反应一样，只能在特定的吸附质和吸附剂表面之间进行。也就是说，化学吸附是选择性的或专一性的。利用这一点可以测定催化剂活性组分的表面积。例如，合成氨催化剂是多组分的($Fe\text{-}K_2O\text{-}Al_2O_3$)，可以利用 N_2 的物理吸附测定该催化剂的总表面积；利用 CO 的选择性化学吸附测定 Fe 的表面积；利用 CO_2 的化学吸附测定 K_2O 的表面积。这对研究多组分催化剂的活性表面很有意义。

化学吸附又分非活化吸附和活化吸附。非活化吸附不需要活化能，在低温就能实现。活化吸附需要活化能，在较高的温度下才能实现，并具有较高的吸附热，就像通常的化学反应一样。由于绝大多数的表面是不均匀的，吸附的活化能只能对一定的表面覆盖度 θ 而言，这将在下面介绍。

5.1.2.2 化学吸附过程的热力学

化学吸附遵循化学热力学的基本规律。吸附是自发进行的过程，它应伴有自由焓的降低。另外在吸附时，被吸附物的自由度的数目比吸附前也减少。例如，由 n 个原子组成的理想气体分子，具有三个平动自由度、三个转动自由度、$3n-6$ 个振动自由度。被吸附在表面上后，就失去全部或部分平动自由度，其余自由度的数目也减少。因此，由于吸附的结果，被吸附物的熵也减小。根据热力学的基本关系式可知

$$\Delta Z\,(吸) = \Delta H\,(吸) - T\Delta S\,(吸)$$

由于 $\Delta Z\,(吸) < 0$，$\Delta S\,(吸) < 0$，所以 $\Delta H\,(吸) < 0$，吸附过程的熵焓变化是负值。也就是说，吸附是放热过程。每一个吸附过程都有其特有的吸附热 $q\,[q = -\Delta H\,(吸)]$ 。如果吸附过程用式(5-1)表示

$$A + S \rightleftharpoons AS \tag{5-1}$$

式中：S——表面吸附位；

A——吸附物。

吸附过程的平衡常数可表示为

$$K = \frac{[AS]}{[S]\,[A]}$$

式中：K——吸附平衡常数；

［S］——吸附位的表面浓度。

$$\Delta Z（吸）= -RT\ln K$$

所以

$$K = e^{-\Delta Z(吸)/RT}$$

或者

$$K = e^{-\Delta S(吸)}\ e^{-\Delta H(吸)/RT}$$

又由于 $-\Delta H$（吸）$= q$，所以

$$K = K_0\,e^{q/RT} \tag{5-2}$$

式(5-2)表明，吸附的平衡常数随温度的升高而减小。也就是说，随着温度的升高，吸附量减少。

5.1.2.3 化学吸附的基本规律—三种模型的吸附等温式

吸附平衡可用等温式、等压式或等量式表示。吸附等温式比较常用，它可由一定的表面和吸附层的模型假定出发，通过动力学法、统计力学法或热力学法推导出来。

(1) Langmuir 吸附等温式

Langmuir 吸附等温式又称单分子层吸附理论。它是建立在理想表面和理想吸附层概念的基础上，反映了理想吸附的规律。Langmuir 在推导公式时做了三个基本假定：① 在固体吸附剂表面上有一定数目的吸附位，每个吸附位只能吸附一个分子或原子；②表面上所有吸附位的吸附能力相同，也就是说在所有吸附位上的吸附热相等；③被吸附分子之间无相互作用。

在这种情况下，吸附速率 v_a 可用式(5-3)表示

$$v_a = k_a\,p\,\theta_0 \tag{5-3}$$

也就是说，吸附速率 v_a 与空白表面所占的分数 θ_0 的大小以及吸附气体的压力 p 成正比。

被吸附分子的解吸速率 v_d 为

$$v_d = k_d\,\theta$$

也就是说，解吸速率与被吸附分子的表面覆盖度 θ 成正比。

当达到吸附平衡时，吸附速率 v_a 与解吸速率 v_d 相等

$$k_a\,p\theta_0 = k_d\,\theta$$

由于 $\theta_0 = 1-\theta$，所以

$$\frac{k_a}{k_d}\,p = \frac{\theta}{1-\theta}, \qquad \theta = \frac{(k_a/k_d)\ p}{1+(k_a/k_d)p}$$

k_a/k_d 为吸附平衡常数，又称吸附系数，令其等于 b，于是得

$$\theta = \frac{bp}{1+bp} \tag{5-4}$$

这就是 Langmuir 理想吸附层的吸附等温式。

如果将 θ 用实验可测定的物理量——吸附量 V 和饱和吸附量 V_m 表示，$\theta = V/V_m$，

则上述等温线方程可以化为实验可以测定的线性方程

$$\frac{p}{V} = \frac{1}{bV_{\mathrm{m}}} + \frac{p}{V_{\mathrm{m}}} \tag{5-5}$$

p 和 V 是可实验测定的，根据实验结果作 $p/V\text{-}p$ 的图，得一直线，由斜率求出 V_{m}，这就是单分子层饱和吸附量。由它可得出表面上吸附位的数目，由式(5-5)的截距，可求出吸附平衡常数，它是与吸附热有关的常数。

实验结果服从式(5-5)、式(5-4)的吸附，就是在均匀表面上的单位吸附，即一个分子在一个吸附位上的吸附。其吸附热不随表面覆盖度变化。

如果吸附过程伴有分子离解(也包括一个分子与两个吸附位作用)，例如 H_2 在金属表面上的吸附，由吸附动力学方程式，可求出这类吸附的 Langmuir 公式

$$\theta = \frac{(bp)^{1/2}}{1 + (bp)^{1/2}} \tag{5-6}$$

其线性方程为

$$\frac{\sqrt{p}}{V} = \frac{1}{\sqrt{b}\,V_{\mathrm{m}}} + \frac{\sqrt{p}}{V_{\mathrm{m}}} \tag{5-7}$$

服从这一方程的吸附为双位吸附，一个分子与两个吸附位作用。

如果一个分子与表面上 n 个吸附位作用，Langmuir 吸附等温线方程可以用式（5-8）表示

$$\theta = \frac{(bp)^{1/n}}{1 + (bp)^{1/n}} \tag{5-8}$$

Langmuir 当初从动力学概念得到的方程式，后来从统计热力学得到了严格的证明。只要满足上述三条基本假设，Langmuir 公式的规律一定会得到。即使是在比较复杂的吸附情况下，它仍是吸附过程规律的基础。就像其他理想定律一样，Langmuir 定律也带有近似的性质，它反映的是理想吸附层的概念。

（2）Freundlich 吸附等温式

绝大部分固体表面的性质是不均匀的。在不均匀表面上的吸附，特别是在低的平衡压力下，Langmuir 吸附等温线方程不能描述实验结果。在这种情况下应用 Freundlich 从经验归纳出的等温式有时却相当有效。这一表达式为

$$\theta = cp^{1/n_2} \qquad n_2 > 1 \tag{5-9}$$

式中，c 和 n_2 为常数，都随温度的升高而减小。

Freundlich 等温式也能用统计热力学方法从理论上推导出来。在推导中假定固体表面上吸附位的能量分布为吸附热随覆盖度对数下降的形式，见式(5-10)。

$$q = -q_{\mathrm{m}}\ln\theta \tag{5-10}$$

式中，q_{m} 为饱和吸附热。

将不均匀表面分成若干小的单元，假定每一个小单元 θ_i 都服从 Langmuir 吸附等温式，n_i 为 i 型吸附位占总吸附位的分数，通过 $\theta = \sum n_i\theta_i$ 进一步推导可以得出式(5-11)。

$$\theta = (a_0 p)^{RT/q_m} = cp^{1/n_2} \tag{5-11}$$

其中

$$c = a_0^{RT/q_m}; \qquad n_2 = \frac{q_m}{RT};$$

式中，a_0，q_m 为常数。

n_2 可理解为与吸附物种之间相互作用有关的常数，通常情况下，大于 1 的 n_2 被认为是被吸附分子之间相互排斥的结果。

Freundlich 吸附等温式的实验表达式为式(5-12)。

$$\lg V = \lg V_m + \frac{RT}{q_m}\lg a_0 + \frac{RT}{q_m}\lg p \tag{5-12}$$

式中：V——吸附量；

V_m——单分子层饱和吸附量。

由式（5-12）可检验实验结果是否符合 Freundlich 等温式并可求出有关常数。

验证结果表明，式(5-11)常常能在很宽的 θ 值范围内与实验数据吻合。

(3) Tëmkin 吸附等温式

在推导 Tëmkin 吸附等温式时，假定表面吸附位的能量分布特征为微分吸附热 q 随覆盖度 θ 的增加线性下降。计算如下

$$q = q_0(1 - a\theta) \tag{5-13}$$

应用 Langmuir 吸附等温式于这种能量分布的表面时，可以证明在 $\theta = 0$ 和 $\theta = 1$ 之间的中等覆盖度范围内的吸附等温式为

$$\theta = \frac{RT}{q_0 a}\ln(A_0 p) \tag{5-14}$$

其中

$$A_0 = a_0 e^{-q_0/RT}$$

式中：q_0——覆盖度等于零时的微分吸附热，所以 A_0 与覆盖度无关；

a_0，a——常数。

q 的减小或者是由于表面不均匀性引起的，或者是均匀表面上被吸附分子之间的排斥力造成的。按照 Tëmkin 的推导方式，也可以得到同样的数学表达式。

5.1.2.4 吸附热随表面覆盖度的变化

上述 5.1.2.3 节三个吸附等温式，反映了表面吸附位的吸附热随表面覆盖度 θ 变化的三种形式，如图 5-1 所示。

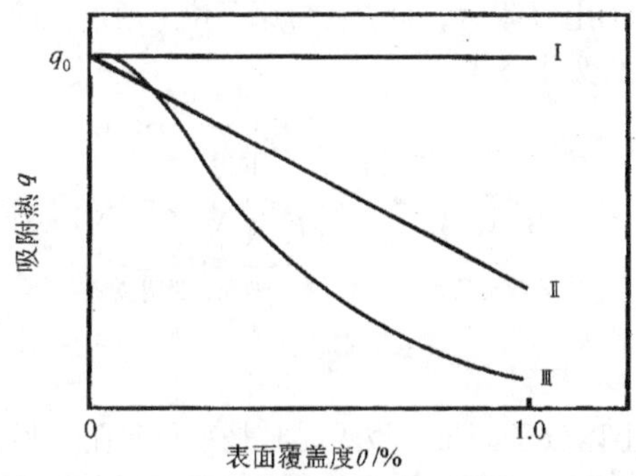

图 5-1　吸附热随表面覆盖度的变化

图 5-1 中Ⅰ表示 Langmuir 等温式的情况，吸附热不随表面覆盖度变化，表面是均匀的；Ⅱ代表 Tëmkin 等温式的情况，吸附热随表面覆盖度 θ 的增加线性下降；Ⅲ为 Freundlich 等温式的情况，吸附热随表面覆盖度 θ 的增大作对数式下降。

吸附热随表面覆盖度的变化，常用作表达吸附位在表面上的能量分布状况，或者吸附分子与吸附位之间相互作用的能量关系。吸附热随表面覆盖度的变化是由表面不均匀性引起的，还是由吸附物种之间相互排斥造成的，常常难得到确切的证明。不管怎样，把吸附热和催化活性进行关联是研究多相催化的一条途径。不过，在关联时应注意吸附热的选择，因为初始吸附热和饱和吸附时的吸附热相差极大。Gravelle 用量热法研究 CO 在 NiO 上催化氧化的结果表明[2]，反应物分子首先在最活泼的部位上被牢固地吸附(吸附热高)，以致于不能参与反应，而在弱的吸附位上吸附的分子能量太低，达不到进行反应的活化状态。只有中等活泼位，即中等覆盖度对应的吸附位才能参加催化反应。

5.1.2.5　化学吸附位与分子吸附态

分子在表面上化学吸附时可与表面上的单原子位、双原子位或若干原子组成的集团成键，而被称为单位吸附、双位吸附和多位吸附。键合的方式可以是氢键、共价键或离子键，因而分子在表面上的吸附态是多种多样的。

由于催化剂表面的性质以及反应物分子的性能不同，化学吸附所需吸附位的数目以及吸附态也不同。CO 在过渡金属表面上的吸附，可以在单个吸附位上生成线性吸附络合物，也可能在双吸附位上进行桥式吸附。它们分别属于单位吸附和双位吸附，如图 5-2所示。

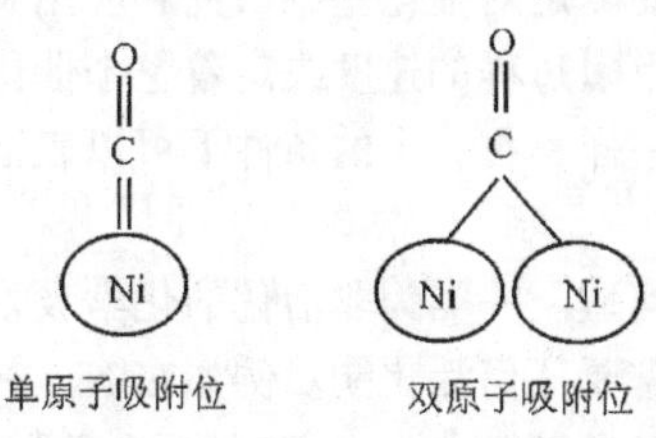

图 5-2

乙烯在过渡金属表面上吸附时，可以在单原子位上通过π键吸附，也可能在双吸附位上进行吸附，其吸附位见图 5-3。

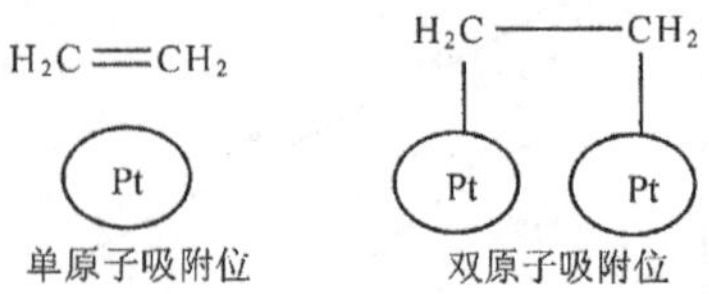

图 5-3

氧分子在 Ag 表面上以分子态 O_2^- 被吸附时是单位吸附，但当其在 Ag 表面上进行解离吸附时，形成 O_{ads}^{2-} 吸附态需要四个电子，而每个 Ag 原子只能提供一个电子，所以要实现 O_2 分子的离解吸附，需要由四个相邻的表面 Ag 原子组成的集团作为吸附位，如图 5-4 所示。

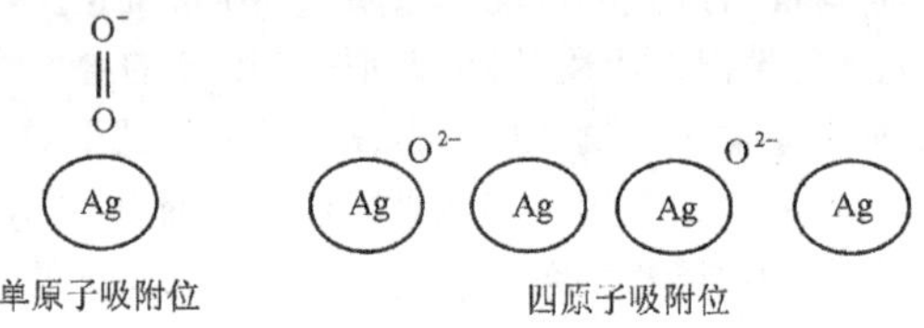

图 5-4

由反应物分子和吸附位之间形成的表面吸附络合物，可能是表面反应的活化络合物，也可能不是，需要由多种方法鉴定。但无论如何，由吸附和吸附态的研究结果可得到分子与表面相互作用的信息。测定吸附位的数目，常由化学吸附时的化学计量数求出。

在某些情况下，从吸附等温线可以求出组成吸附位的原子数。由 Langmuir 等温式的推导可以看出，如果是单分子吸附，即一个分子被吸附在单原子吸附位上，将符合单分子吸附方程式(5-5)。

如果发生离解吸附，一个分子被离解为两个部分，分别与相邻的两个金属原子连接。这时吸附位为双原子集团，吸附作用的表达式将符合式(5-7)。

由等温线求吸附位原子数的方法，对于单一组分金属表面可以应用。对多组分吸附剂，由于实验复杂，判断吸附类型有任意性，实际应用比较困难。

5.1.2.6 吸附速率及吸附活化能

化学吸附速率及活化能的测定对催化基础研究和应用研究都很重要。显然，当吸附为催化反应的限制步骤时，吸附过程的速度决定着整个催化反应的速度和催化活性。因此，吸附的活化能和吸附热一样，在一定的条件下可以表征活性位的性质，区别活性位的类型。

化学吸附有两种主要的类型。一类为非活化的化学吸附，它在低温时就能实现，其吸附速率非常快，实际上不需要任何活化能。例如在 Ni、Pt 上，H_2 在 -195℃就能很快地进行吸附。另一类为活化的化学吸附，简称为活化吸附，它需要在较高的温度下进行。其特点是需要活化能，就像真正的化学反应一样。

吸附动力学的研究结果表明，吸附活化能往往随表面覆盖度的增加而增大。例如 H_2 在 $ZnO\text{-}Cr_2O_3$ 上的吸附，覆盖度增加 3 倍时，吸附的活化能由 12.6kJ/mol 增加到 46.0kJ/mol。因此，吸附活化能的概念和吸附热一样，是对一定的覆盖度而言的，其表达式为

$$E_a = RT^2\left(\frac{\partial \ln v_a}{\partial T}\right)\theta \tag{5-15}$$

式中，E_a 为吸附活化能。

吸附速率 v_a 可由吸附量与时间的关系求出，其表达式有多种类型。在均匀表面上可采用 Langmuir 速率方程式

$$\frac{d\theta}{dt} = bp(1-\theta)e^{-E_a/RT} - d\theta e^{-E_d/RT} \tag{5-16}$$

式中：$d\theta/dt$——吸附速率；

t——时间；

T——热力学温度；

E_a，E_d——吸附和脱附的活化能；

b，d——吸附和脱附的平衡常数。

在不均匀表面上，通常采用 Elovich 速率方程式[3]

$$\frac{dV_t}{dt} = ae^{-bV_t} \tag{5-17}$$

式中：V_t——时间 t 时的吸附量；

a，b——常数。

式(5-17)的积分式为

$$V_t = \left(\frac{2.3}{b}\right)\lg ab + \left(\frac{2.3}{b}\right)\lg\left(t + \frac{1}{ab}\right) \tag{5-18}$$

如果吸附速率用阿累尼乌斯方程式表示

$$\frac{dV_t}{dt} = k_0 e^{-E_a/RT}$$

在两个温度 T_1 和 T_2 下测定达到同样吸附量 V_t 时的吸附速率 $\left(\frac{dV_t}{dt}\right)_1$ 和 $\left(\frac{dV_t}{dt}\right)_2$，吸附的活化能 E_a 可由式(5-19)求出。

$$E_a = \frac{2.3RT_1T_2}{T_2 - T_1}\lg(t_1/t_2) \tag{5-19}$$

显然，这样的计算是假定在此温度区间内吸附的机理不会变化。

由于吸附活化能、脱附活化能和吸附热之间有一定的联系，即 $E_d - E_a = q_0$，因而研究脱附过程也会为吸附过程提供一定的信息。

5.1.3 应用化学吸附进行研究中的几个问题

研究化学吸附的方法很多，如吸附量测定法、程序升温脱附法、量热法、磁学法、红外光谱法、拉曼光谱法、固体核磁、低能电子衍射、Auger 能谱、X 光电子能谱、高分辨能量损失谱、电子显微镜等，都可用来从不同的角度研究化学吸附。在本讲座中将有系统的介绍，因此有关化学吸附的实验方法，本文不一一赘述。至于吸附量的测定，常用容量法、重量法和色谱法。近年来由于自动吸附仪的应用，常规方法的使用日渐减少，本文不再介绍。对气体吸附量测定感兴趣者，可从文献［13］找到有关的资料。下面根据化学吸附的性质和原理，介绍应用化学吸附研究中的几个问题。

5.1.3.1 选择适宜的化学吸附实验条件，区分物理吸附与化学吸附，以便获得确切的化学吸附信息

化学吸附的研究可以提供分子与催化剂表面相互作用性质的信息。然而，在同一体系进行研究时，使用不同的实验条件会得到完全不同的结果。这是因为吸附不仅有物理吸附与化学吸附之分，而且化学吸附又有活化吸附与非活化吸附之别。一旦将各种吸附混淆，就会掩盖吸附的特征，很难给出确切的信息。

一般说来，物理吸附发生在低温，化学吸附多发生在高温，但这不是绝对的。对化学吸附而言，活化吸附多发生在高温，非活化吸附在低温就能实现。例如 CO 在分子筛上以及在过渡金属上的化学吸附，在液氮的温度下就能实现。因此，在进行化学吸附研究时，首先要注意温度的选择，观察在不同温度下吸附的特性。下面以实例加以证明。

(1) 不同温度下吡啶和 NH_3 在 HY 分子筛上的吸附特征

1) 吡啶 200℃在 HY 上的吸附。在用红外光谱法研究吡啶在 HY 上的吸附时，HY 分子筛呈现两个与酸性羟基有关的吸收带 3640 cm^{-1}和 3550 cm^{-1}(图 5-5)。3640 cm^{-1}对应于大笼中的酸性羟基，这种羟基的酸性较强。3550 cm^{-1}对应于小笼中的酸性羟基，其酸性较弱。当在 200℃吸附吡啶后，3640 cm^{-1}吸收带消失，而对应于小笼羟基的 3550 cm^{-1}吸收带则基本上不受影响。这表明吡啶吸附具有选择性，但这种选择性是几何形状的选择性。由于吡啶分子较大，不能通过结构中的六元环进入小笼与其中的羟基作用，从而使 3550 cm^{-1}吸收带保留下来。由此可见，用吡啶吸附的红外光谱法，可以判断大笼与小笼中的酸性中心。此外，吡啶与阳离子配位后，其红外光谱中也有特征的吸收带，因此利用吡啶吸附的红外光谱，也可研究阳离子在分子筛的大笼与小笼中的定位以及移动的状况[4]。

2) 室温下吡啶在 HY 上的吸附。在室温下吸附吡啶时，HY 的红外光谱中的 3640 cm^{-1}与 3550 cm^{-1}吸收带均被削弱，且 3550 cm^{-1}吸收带显著变宽，如图 5-6A 所示。这时发生的是非选择性的吸附，既有物理吸附的吡啶，如 1440 cm^{-1}吸收带所示，也有质子化的吡啶，1540 cm^{-1}吸收带的出现可作证明。3550 cm^{-1}吸收带被削弱以及变宽，可能是由于在 HY 大笼内强酸位上质子化的吡啶，通过骨架氧与方钠石笼的羟基形成氢键的缘故。这种无选择性的吸附，不能给出 HY 表面酸性的有关信息。但将此室温吸附体系升高温度至 250℃，3550 cm^{-1}吸收带逐渐增强，而 3640 cm^{-1}吸收带进一步减弱直至完全消失。而表征质子化吡啶的 1540 cm^{-1}吸收带逐渐增强，见图 5-6B。这说明在升高

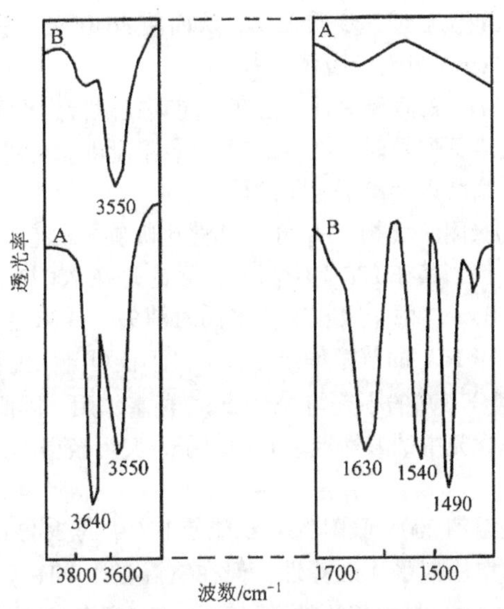

图 5-5 HY 沸石 200℃吸附吡啶前(A)后(B)的红外光谱图

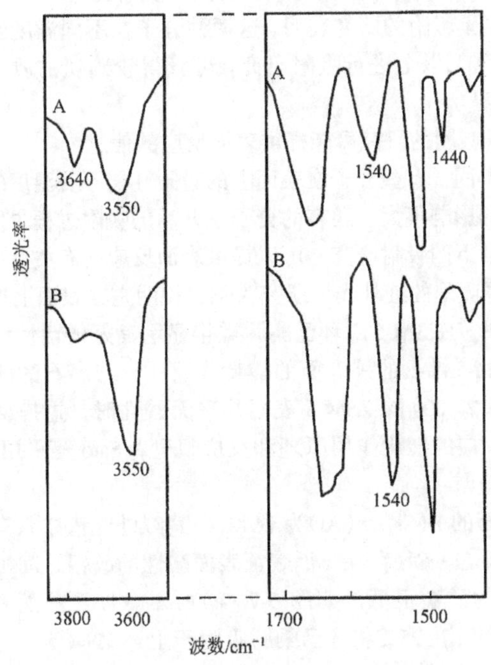

图 5-6 吡啶在 HY 沸石上吸附的红外光谱图

A. 室温吸附；B. 室温吸附后升温至 250℃

温度的过程中，吡啶由无序吸附变成有序的选择性吸附。吡啶由弱酸位或非酸位向强酸位转移。与此同时，吡啶与表面键合的形式，由多数为范德华力或氢键式键合变为离子键作用，使吡啶在中强酸位上进一步质子化，从而使 3640 cm^{-1}吸收带消失，表征吡啶与质子作用生成的1540 cm^{-1}吸收带增强[5,6]。

由此可见，吡啶在 HY 表面吸附时，温度不同其吸附行为也不同，现已证明[7]，当用吡啶作探针分子研究表面酸性时，在≥200℃时吸附吡啶，可以排除物理吸附的干扰，获得有关质子酸、路易斯酸以及离子定位的信息。

3) NH_3 在 HY 上的吸附。气相 NH_3 分子碱性比吡啶弱。它与强弱不同的酸位作用应显示不同的选择性。但当其在 HY 上吸附时，无论是在 200℃还是在室温，其红外光谱上的 3640 cm^{-1}和3550 cm^{-1}两个吸收带几乎同时消失，并未显示对 3640 cm^{-1}羟基作用的选择性[6]。这是由于 NH_3 的范德华半径较小，不仅可与大笼中的 3640 cm^{-1}羟基作用，而且可以进入 Y 型分子筛的小笼与 3550 cm^{-1}羟基作用。因此，用 NH_3 分子吸附的红外光谱法，既可研究大笼中的酸性羟基和阳离子，又可获得小笼中羟基和阳离子的信息。

从表面上看，在室温和 200℃吸附 NH_3 都能使 HY 中的 3640 cm^{-1}和 3550 cm^{-1}吸收带消失，NH_3 与酸位的作用似乎无选择性。但在室温吸附 NH_3 后的升温过程中，表征 NH_4^+（NH_3 的质子化）的 1450 cm^{-1}吸收带增强，NH_4^+ 的数目增加。说明室温吸附的氨在升温时由弱酸位向强酸位移动，导致更多的氨分子质子化。

由吡啶和氨在 HY 上吸附的研究表明，这两种分子在不同温度区间的吸附行为是不同的。一般说来，在 200℃以上进行吸附研究，可获得较确切的质子酸、路易斯酸的信息。

(2) 不同温度化学吸附的研究可能提供表面反应的信息

由于分子的性质不同，有些分子在表面上的吸附性能不受温度的影响，有些分子的吸附行为受吸附温度的影响很大。还有的分子在升温的吸附过程中发生表面反应。在后一种情况下，不同温度下的吸附研究，可以提供表面反应的有关信息。下面以环己酮肟在 HZSM-5 表面上升温吸附的红外光谱研究为例，说明它在表面上进行的重排反应。

Sato 等[8]研究表明，HZSM-5 对环己酮肟重排显示良好的活性和选择性。而且气相重排反应的活性与 ZSM-5 沸石的外表面的酸量成反比，与沸石的硅铝物质的量比成正比。当 $n(Si)/n(Al) = 27\,000$ 的 ZSM-5 表面几乎无酸性时，重排反应仍有很高的活性和选择性。为探讨该反应的催化作用原理和反应机理，Sato 等采用化学吸附-红外光谱法研究了这一反应过程。

催化剂 ZSM-5 沸石的 $n(Si)/n(Al)$为 1640，在其红外光谱中只有很强的3740cm^{-1}吸收带，表面羟基主要以 Si—OH 存在，而表征表面酸性的硅铝之间桥氧羟基则未显现出来，这说明该 ZSM-5 的酸性很低，如图 5-7（a）所示。环己酮肟在 IR 谱中有很强的 ν_{N-OH}吸收带 3480 cm^{-1}。在 25℃将环己酮肟吸附于上述 ZSM-5 上时，ZSM-5 上的 3740 cm^{-1}吸收带完全消失，环己酮肟的 3480 cm^{-1}吸收带削弱，说明两个羟基之间有相互作用，留下较弱的 $\nu_{C=N}$振动频率 1662 cm^{-1}。当温度升至 100℃时，已内酰胺的羰基吸收带 1637 cm^{-1}出现；继续升温至 250℃，这一吸收带无变化，这意味着重排反应在 100℃已经完成。进一步升温至 400℃时，此吸收带消失，这可能是已内酰胺脱附离开了 ZSM-5 的外表面。

E
D
C
B
A
0.07
吸光度
(a)
3950
3000
波数/cm⁻¹
E
1637
D
C
0.03
吸光度
1662
B
(b)
1800
1500
波数/cm⁻¹

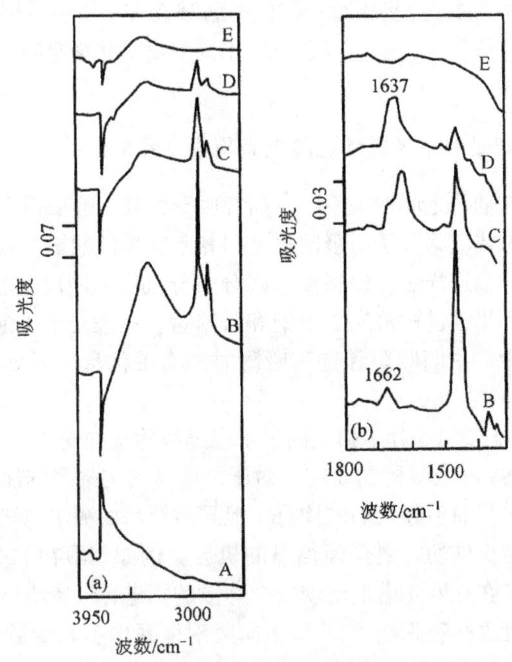

图 5-7 环己酮肟在HZSM-5[n(Si)/n(Al)=1640]
上吸附的傅里叶红外（FT-IR）谱与温度的关系
A. ZSM-5，B~E. 环己酮肟吸附差谱。真空脱气温度：500℃（A）；
25℃（B）；100℃（C）；250℃（D）；400℃（E）

由上述实验结果推断，ZSM-5 外表面的硅羟基是重排反应的活性位，反应可能是通过如下过程进行的，首先是环己酮肟的羟基与 ZSM-5 外表面的硅羟基作用，形成醚类化合物，再经重排反应最终形成己内酰胺，如图 5-8 所示。

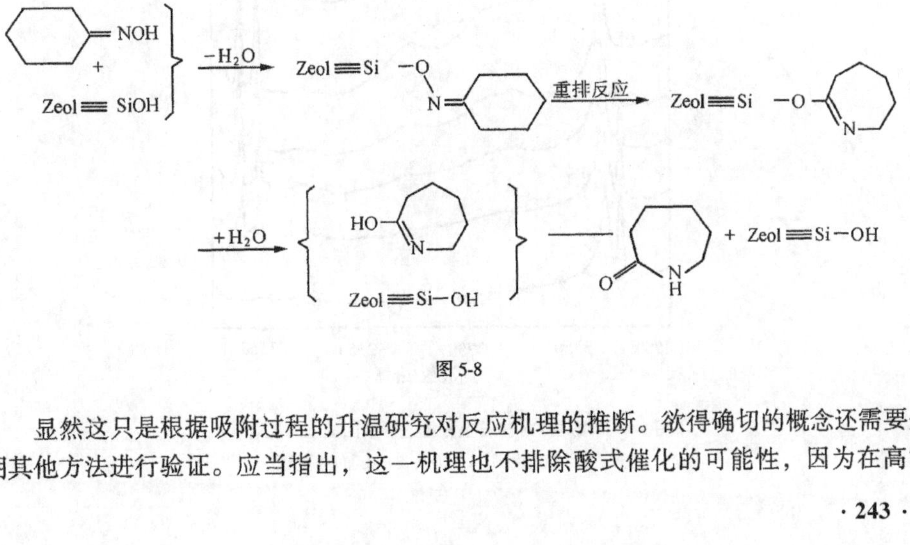

NOH
+
Zeol≡SiOH
$-H_2O$
Zeol≡Si—O
N
重排反应
Zeol≡Si—O
N
$+H_2O$
HO
N
Zeol≡Si—OH
+ Zeol≡Si—OH
O
NH

图 5-8

显然这只是根据吸附过程的升温研究对反应机理的推断。欲得确切的概念还需要采用其他方法进行验证。应当指出，这一机理也不排除酸式催化的可能性，因为在高温下，例如在 350℃，中性的硅羟基相对于碱性的肟基而言是酸性。因此，关于此反应机理有待进一步证明。这里引用此例，只是说明不同温度下化学吸附的研究可能提供的表面反应的信息。

5.1.3.2 研究吸附过程中吸附性能随表面覆盖度的变化

在研究化学吸附与催化之间的关系时，研究吸附性质与表面覆盖度的关系是非常重要的。为了研究吸附态或吸附分子与吸附位之间相互作用的能量关系随表面覆盖度的变化，在吸附时应采用分批进样法。即将被吸附分子分批引入吸附剂所在的吸附体系中，直至达到饱和吸附。而每批进样量应小于饱和吸附量，一般要小于饱和吸附量的 1/10。这样才能获得初始吸附、中间吸附和饱和吸附时的有关信息。下面我们用两个实例说明。

(1) 苯酚在 HY 和 HZSM-5 分子筛上的吸附态随吸附量的变化

苯酚在 HY 和 HZSM-5 上吸附的研究，对于阐明苯酚与烯烃(或醇)烷基化的催化作用原理有重要的作用，从而引起人们的注意。但采用简易的测定饱和吸附方法获得的试验结果，可能失去得到更确切、更全面信息的机会。例如苯酚在 HZSM-5 上的吸附[9]，在接近饱和吸附量时，在红外光谱上出现一个弥散的宽谱，只能给出苯酚与表面形成氢键的信息。而采用分批进样吸附法[10]，每次向吸附体系中引入少量苯酚，可以获得随吸附量增加，苯酚在表面上吸附态变化的信息。

如上述 5.1.3.1 节的 (2) 所述，HY 在红外光谱中出现两个与酸性羟基有关的 3640 cm^{-1}和 3550 cm^{-1}吸收带。它们分别表征大笼和小笼中的羟基，如图 5-9 (a)所示。当将一定量的苯酚先后引入具有 HY 样品的红外吸收池中时，引入第 1、2 份(脉冲)只

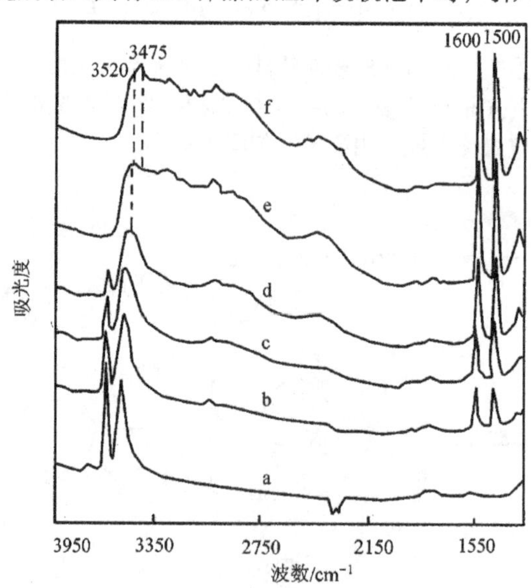

图 5-9 苯酚在 HY 沸石上分批进样吸附的红外光谱

a.HY; b ~ f.分别引入 1，2，3，4 和 6 份苯酚

使3640cm^{-1}吸收带的强度逐渐减弱，小笼羟基中的 3550 cm^{-1}吸收带则几乎不受影响。苯酚自身的3657 cm^{-1}吸收带也消失了，这说明苯酚的羟基优先与 HY 大笼中的 3640 cm^{-1}羟基作用。随着引入苯酚量逐渐增加，3640 cm^{-1}带逐渐消失，3550 cm^{-1}带逐渐变宽，更显著的是，在第 4 份苯酚引入吸收池后，表征苯酚二聚态羟基吸收带 3520 cm^{-1}出现[11]。引入第 6 份苯酚后，表征苯酚三聚态羟基吸收带的 3475 cm^{-1}也出现了。继续增加苯酚在 HY 上的吸附量，在 3600 ~ 3300 cm^{-1}区间内，出现一个弥散的宽谱，说明苯酚羟基与 HY 表面羟基之间的氢键合的吸附态形成。由此可见，随着吸附量的增加，苯酚在 HY 表面的吸附态由单个苯酚吸附态，向二聚、三聚甚至更高聚合度的吸附态变化，图 5-10 为苯酚在 HY 分子筛上的吸附态。

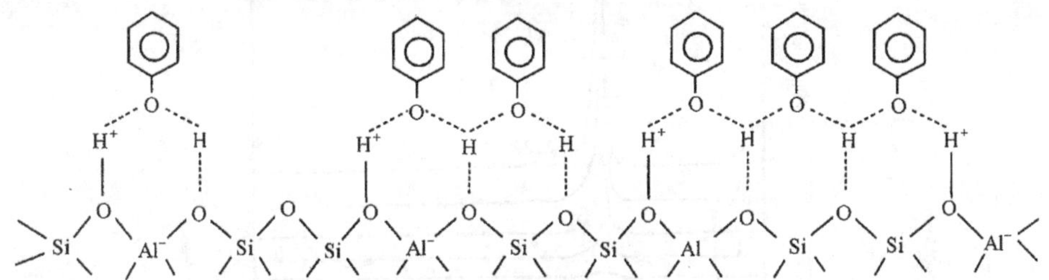

图 5-10 苯酚在 HY 分子筛上的吸附态

苯酚芳香环的振动光谱 1600cm^{-1}、1500cm^{-1}和 1475cm^{-1}吸收带以及 C—O—H 的面内弯曲振动 1360cm^{-1}吸收带的状况，进一步证实了图 5-10 所示的吸附模型。1600cm^{-1}、1500cm^{-1}以及 1475cm^{-1}吸收带的位置不受吸附作用的影响，只是它们的吸收强度随吸附量的增加而增加，这表明苯酚的苯环与 HY 表面之间无相互作用，在吸附态中的苯环垂直于 HY 的表面。

苯酚中 C—O—H 的面内弯曲振动谱在气相中为 1385cm^{-1}，当在 HY 上吸附后位移至 1360cm^{-1}，这又表明苯酚的羟基在吸附态时与 HY 表面以及其他苯酚的羟基发生了作用。

综合上述，从吸附量由高到低所得的红外光谱信息，可以认为苯酚在 HY 表面上吸附时，是苯酚的羟基与 HY 表面发生相互作用，而其苯环则垂直于表面。且随吸附量的增加，苯酚在表面上由单分子吸附态向双聚分子吸附态和三聚分子吸附态变化。在饱和吸附时变成多分子缔合吸附态，在 200℃进行吸附的结果与室温相同。这样的吸附态有利于正碳离子从苯环的对位进攻，实现烷基化反应的高对位选择性的催化作用。

(2) CO 的吸附态在低平衡压力下的研究

CO 也是一个适用于研究分子筛的质子酸、路易斯酸和阳离子定位状况的红外光谱探针分子。CO 是一个具有偶极的分子，可以通过碳端与金属阳离子形成 σ 给予键，导致 CO 的伸缩振动向高频率位移，从而给出阳离子在分子筛中配位状态的信息。同苯酚在 HY 上的吸附相似，CO 吸附量的多少对于研究其红外光谱中的精细结构也是非常敏感的。Knözinger 等[12]在研究 CO 在八面沸石上吸附的红外光谱时，在很低的 CO 平衡压力下获得了 Y 沸石骨架中铝的分布的信息。

Knözinger 等用 FT-IR 法在 88K 的低温下研究 CO 在钠型八面沸石上的吸附时发现，

在较高的 CO 吸附平衡压力下(0.1～0.7 kPa)只观察到强的 2172 cm^{-1}谱带，如图5-11(b, c, d, e)所示。2172 cm^{-1}吸收带是 CO 分子通过碳端电子对与钠离子形成 σ 给予键向高频移动的结果。2124 cm^{-1}弱吸收带是^{13}CO与钠阳离子作用生成的。但在 0.05 kPa 的 CO 的吸附平衡压力下，发现了 CO 伸缩振动谱的分裂(图 5-11)。由此可将 $Na^+ \leftarrow CO$ 吸附态的图谱分为四种模式的振动，其频率为 2183 cm^{-1}、2172 cm^{-1}、2166 cm^{-1}和 2157 cm^{-1}，如图 5-12 所示。

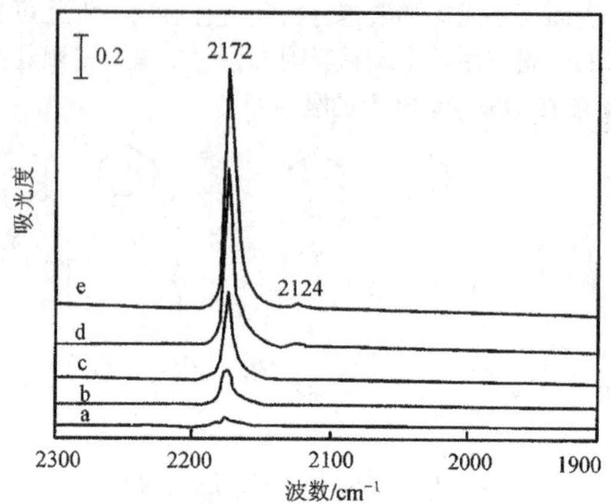

图 5-11　CO 在 NaY 沸石上吸附的红外光谱(88 K)

a. 0.05 kPa；b. 0.1 kPa；c. 0.3 kPa；d. 0.5 kPa；e. 0.7 kPa

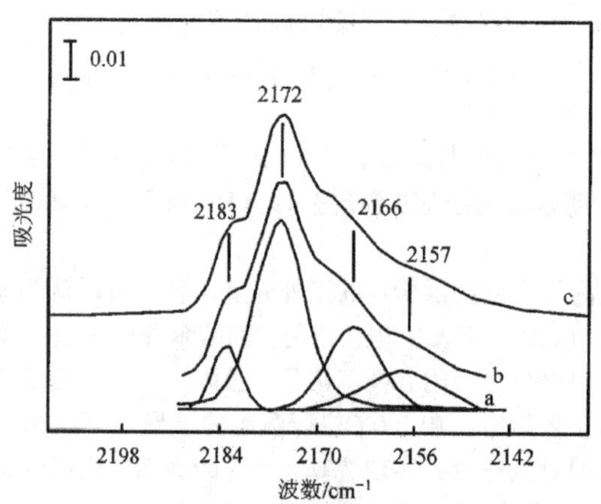

图 5-12　CO 在 NaY 吸附的分峰谱（88 K，0.05 kPa）

a. 分峰谱；b. 叠合谱；c. 0.05 kPa

CO 吸附在 NaY（88 K）上的 FT-IR 原谱

考虑到 CO 碳端的独对电子的给出电子倾向与 Na^+的电场强度有关，而 Na^+的电场强度又取决于 Y 沸石骨架外阳离子 S_{II}位邻近六元环中铝的分布。六元环的 Al 越多，骨架氧的负电荷也多，它们对 Na^+的屏蔽作用使 Na^+的电场变弱。从而使 CO 碳端给出 σ 电子的倾向变弱。当 S_{II}位邻近六元环中 Al 含量少时，Na^+的电场强，吸附的 CO 分子碳端给出电子的倾向也强。由此推断 2183 cm^{-1}高频带是最少被负电荷屏蔽的 S_{II} 上 Na^+ 离子与 CO 作用后羰基的伸缩振动谱带，这种 S_{II} 位邻近的六元环中只有一个 Al [图 5-13(d)]；最低频率吸收带 2157 cm^{-1}对应于 Na^+ 离子所在 S_{II} 位六元环含有三个铝原子[图 5-13(a)]；2172 cm^{-1}和 2166 cm^{-1}可能归属于 CO 配位于含量最多的两种 S_{II} 上 Na^+ 阳离子上产生的吸收带，这些 S_{II} 位六元环中含有两个铝原子，其构型分别为间位和对位[图 5-13(b,c)]。由此可见，从 CO 在钠型八面沸石上吸附后其伸缩振动谱的分裂，有可能提供沸石骨架六元环中铝分布的信息，而这种伸缩振动谱的分裂是在低温(88 K)和低的 CO 平衡压力下被观察到的。

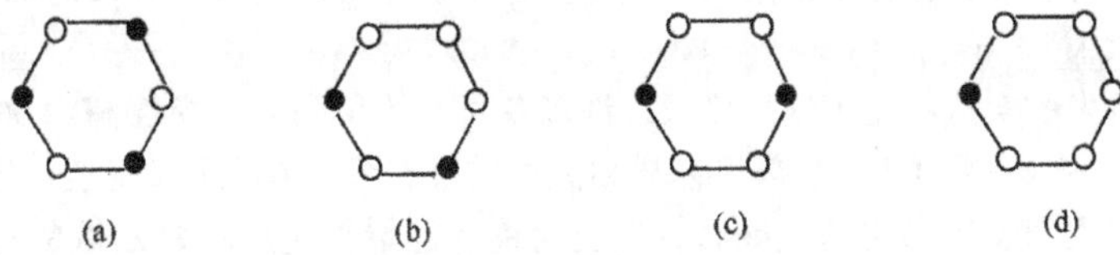

图 5-13 铝原子在 S_{II} 位近邻六元环中的可能分布

5.1.3.3 化学吸附法研究催化反应机理的局限性

在《多相催化剂的研究方法》一书中，我们曾经介绍了吸附动力学法研究乙烯氧化为环氧乙烷的机理[13]，并从机理推断，乙烯氧化为环氧乙烷的选择性最高不超过85.7%。Bhasin[14]根据后来研究进展，进一步用此例说明化学吸附法研究催化反应机理的局限性。

由乙烯氧化制环氧乙烷是一个研究得比较深入的催化反应，目前找到的催化剂活性组分只有金属银，其载体为 α-Al_2O_3 或碳化硅。

通过吸附动力学法研究氧气和微量氯在 Ag 催化剂上的吸附，Sachtler[15]揭示了银催化剂表面四个相邻的 Ag 原子集团($4Ag_{adj}$)能离解吸附氧形成 O^{2-}_{ads}，它是乙烯完全氧化为二氧化碳的活性位。反应如下

$$O_2 + 4Ag_{adj} \longrightarrow 2O^{2-}_{ads} + 4Ag^+$$

$$C_2H_4 + 6O^{2-}_{ads} \longrightarrow 2CO_2 + 2H_2O$$

而在单个 Ag 原子上能以分子态吸附氧形成 $O^-_{2,ads}$，它是乙烯氧化为环氧乙烷的活性位。反应如下

$$O_2 + Ag^0 \longrightarrow O^-_{2,ads} + Ag^+$$

$$C_2H_4 + O^-_{2,ads} \longrightarrow H_2C\underset{O}{\diagdown\!\!\!\!\!\!\!\!\!\!\!\!\!\text{——}\!\!\diagup}CH_2 + O^{2-}_{ads}$$

实验表明用微量氯吸附在四个相邻的 Ag_{adj}上，可以抑制 O_2 的离解吸附，防止乙烯的完全氧化，使乙烯氧化为环氧乙烷的选择性高达 70%以上。于是人们进一步提出乙烯氧化为环氧乙烷的最高选择性可以到多高?

按照 Sachtler 建议的上述反应机理，抑制 $4Ag_{adj}$的作用可以提高选择性。但在单 Ag 原子活性位上的非离解吸附的 $O^-_{2,ads}$将乙烯氧化为环氧乙烷后也会形成 O^{2-}_{ads}，它仍然可

将乙烯氧化成 CO_2。按照上述反应方程式的计量关系：六个 $O^{-}_{2,ads}$ 可将六个乙烯氧化为环氧乙烷，同时生成的六个 O^{2-}_{ads} 会将第 7 个乙烯氧化为 CO_2。将这些反应加合起来，可以写出下面的反应方程式

$$7C_2H_4 + 6O^{-}_{2,ads} \longrightarrow 6\ \underset{\diagdown\ O\ \diagup}{H_2C\!-\!\!-\!\!-CH_2} + 2CO_2 + 2H_2O$$

按照这一机理，乙烯氧化为环氧乙烷的最高选择性为 85.7%。

在一段时间，有人将由上述机理推断的选择性最大值，误认为是选择性的理论最大值，影响了对开发更优催化剂的追求。实际上这个机理最高选择性并没有热力学根据，不是理论最大值。

催化剂开发的实践超过了这一极限，许多专利[16,17]得到的选择性高达 90%～95%。Grant[18]、Force[19]等通过表面科学和基础研究的结果表明：单原子吸附氧可能将乙烯完全氧化，如果人们设法毒化这些物种，完全可能使乙烯氧化成环氧乙烷的选择性接近 100%。

应当指出，Sachtler 等用吸附动力学的方法，研究 Ag 催化剂上乙烯氧化成环氧乙烷的活性位和催化反应机理，是比较深入的。但是用吸附动力学法和多相催化动力学法一样，所得的反应机理不是惟一的。并且按机理推断的选择性最大值只是机理选择性，不是理论值。按照开发的更高活性和选择性的催化剂，可以得出另外的机理，其选择性可达 90%～95%。

总之，化学吸附的研究可以提供催化剂表面吸附位、吸附态和表面催化反应的信息，这对于催化研究很重要。但是，由此得到的概念和规律性，只是从吸附一个方向得到的，而催化作用受多方面因素的影响，需要从多方面研究，才能揭示其全貌和内部规律性。

5.1.4 化学吸附研究方法的展望

化学吸附的研究虽有显著的进展，但吸附位、吸附态、吸附物种与吸附位的键合性质以及吸附过程的动态学仍然是化学吸附研究的主题。发展精巧的技术与方法并与基础研究方法相结合，从分子水平上研究吸附位的结构与组成、吸附态、吸附物种与吸附位的键合关系和吸附过程的动态学是化学吸附研究的方向。多相催化研究工作者则力求通过化学吸附与催化活性以及选择性的关联研究，阐明哪些吸附位是活性位，哪一种吸附态是催化作用的活化态，以便为催化剂的分子设计奠定科学的基础。

5.2 表面酸性测定

在固体酸催化以及含酸功能的双功能催化过程中，催化剂及其载体表面中心的酸碱性质会直接决定催化剂的催化性能。因此，在研究催化剂的作用原理、改进现有的和研制新型的固体酸催化剂、以及在研究新型酸催化材料酸位的性质、来源及结构等方面，都离不开对表面酸性的表征。通常，对固体酸表面酸性的表征包括酸位的类型、酸强度、酸量、酸位的微观结构四个方面。

酸位的类型分类有多种方法，如质子酸、路易斯酸、软酸、硬酸等。从研究酸式催化反应的角度，我们将酸位的类型分成质子酸和路易斯酸。研究表明，通常酸式催化反应是通过生成碳正离子中间体的机理进行的。这就要求固体酸催化剂具有促进反应分子转化为碳正离子的能力，例如在烃转化反应中，固体酸催化剂的酸中心可能通过两种不同的方式使烃分子转化成碳正离子。一种是给出质子使烃分子质子化，例如：

$$CH_3CH{=}CH_2 + H^+ \longrightarrow CH_3{-}C^+\ H{-}CH_3$$

烃　　　酸位　　　碳正离子

另一种方式是从烃分子中通过接受一对电子抽出一个负氢离子，例如：

$$RH + L \longrightarrow R^+ + H^- : L$$

烃　酸位　碳正离子

这样，按照固体酸表面酸位起作用的方式，将酸位分成两种类型，即质子酸(简称B酸)和路易斯酸(简称L酸)。质子酸位是质子的给予体；路易斯酸位是电子对受体。

酸强度是指给出质子(B酸)或是接受电子对(L酸)的能力。不同的测定方法采用不同的物理化学参数来表征。例如在指示剂法中用酸度函数 H_0；在量热法中用微分吸附热，而在程序升温脱附法中用脱附峰的最大峰位时的温度或脱附活化能来表示……。

酸量又称酸度或酸密度，按实际需要可用不同的单位，如单位质量或单位表面积样品上酸位的量，记以 mmol/g 或 $mmol/cm^2$，又如对沸石样品，可用单位晶胞上的酸位数表示。

固体表面酸位往往是不均匀的，有强有弱。为全面描述其酸性，需测定酸量对酸强度的分布。

为了对固体表面酸性有更深入更本质的了解，还需对酸位的微观结构进行分析。例如，通过应用多种物理化学方法进行研究，了解到酸性沸石的质子酸部位主要是与硅铝骨架相连的桥羟基，路易斯酸酸位则是骨架上或骨架外配位不饱和的铝物种如 AlO^+、Al_xO_y 等或其他骨架外阳离子。

随着化工及石油炼制、石油化工的发展，特别是近年来对环境友好化学过程的推动，要求设计研制新的催化剂以减少对环境的污染，给固体酸催化剂的研究与开发注入新的活力，加上新的物理化学研究方法与科学仪器不断改进，使得固体酸表面酸性的测定方法不断进步。至今已建立了许多酸性测定法，其中比较常用和重要的有吸附指示剂滴定法、程序升温热脱附法、红外光谱法、吸附微量热法、热分析方法、核磁共振谱等，如表 5-1 所示。由于固体表面酸的结构比较复杂，可能同时存在B酸和L酸位，而每种酸位的强度并不单一。一个理想的成功的酸性测定方法要求能区别B酸和L酸，对每种酸型酸强度的标度物理意义准确，能分别定量地测定它们的酸量和酸强度分布。上述的每种方法都具有某方面的优势，但都存在缺陷，不可能对固体酸的酸性进行全面的，完全定量的表征。因此需要了解每种方法的长处和短处，根据需要和可能进行选取，有时还需选用两个或两个以上的方法配合起来使用。关于酸性测定比较重要的文献[20～25]不断发表。

表 5-1　常用的固体表面酸酸性的测定方法

方　法	表 征 内 容
吸附指示剂正丁胺滴定法	酸量、酸强度
吸附微量热法	酸量、酸强度
热分析(TA、DTA、DSC)方法	酸量、酸强度
程序升温热脱附	酸量、酸强度
羟基区红外光谱	各类表面羟基、酸性羟基
探针分子吸附红外光谱	B 酸、L 酸、沸石骨架上、骨架外 L 酸
^{1}H MASNMR	B 酸量、B 酸强度
^{27}Al MASNMR	区分沸石的四面体铝、八面体铝(L 酸)

下面分别介绍吸附指示剂正丁胺滴定法、吸附微量热法、红外光谱法，其他将在本系列讲座的有关部分介绍。

5.2.1　吸附指示剂胺滴定法

早在 20 世纪 50 年代初，Walling 提出利用吸附在固体酸表面的 Hammett 指示剂的变色的方法来测定固体表面酸的酸强度；Tamele 用对二甲氨基偶氮苯为指示剂，以正丁胺滴定悬浮在苯溶剂中的固体酸来测定酸量。随后 Benesi 做了重大的改进，先让催化剂样品分别与不同滴定度的正丁胺达到吸附平衡，再采用一系列不同 pK_a 值的 Hammett 指示剂来确定等当点。这样就可以用比较短的时间测得酸强度分布，形成了一个测定固体表面酸酸强度分布的吸附指示剂正丁胺滴定法[20~24]，又称非水溶液胺滴定法。由于操作比较简便，指示剂法广泛被采用。但是这个方法从理论依据到实验操作都有不少缺陷，只有对此了解清楚，正确地使用，才能得到有价值的信息。几十年来，这个方法有了一些改进，包括使用超声波振荡器加快吸附平衡的到达，随着超强固体酸的出现选用硝基取代苯类具更弱碱性的化合物作为指示剂，针对不同的样品体系选用合适的滴定用有机胺和溶剂等。另外，采用分光光度法代替目测来测定等当点越来越受到重视。

5.2.1.1　基本原理

(1) 酸强度

将固体表面酸的酸强度定义为固体表面的酸中心使吸附其上的中性(不荷电的)碱指示剂转变成为它的共轭酸的能力。用 Hammett 酸度函数 H_0 来表示[20]。

酸度函数 H_0 原来是用来表征强酸溶液的酸强度的[26]。Hammett 和 Deyrup 利用一系列具有不同碱性的有机碱作指示剂，通过测定酸溶液使指示剂质子化生成其共轭酸的能力表示其酸强度。

指示剂 B 本身呈碱型(或中性)色，加上一个质子后转变成其共轭酸 BH^+，呈酸型色。指示剂碱性的强度用其共轭酸 BH^+ 的离解常数的负对数 pK_a 来表示。指示剂碱与其共轭酸存在以下平衡

$$\underset{\text{酸型}}{BH} \rightleftharpoons \underset{\text{碱型}}{B} + H^+ \tag{5-20}$$

平衡常数也是共轭酸 BH^+ 的离解常数

$$K_a = \frac{a_B a_{H^+}}{a_{BH^+}} = \frac{f_B c_B a_{H^+}}{f_{BH^+} c_{BH^+}} \tag{5-21}$$

式中：a——活度；

f——活度系数；

c——浓度。

$$pK_a = -\lg \frac{c_B}{c_{BH^+}} - \lg \frac{a_{H^+} f_B}{f_{BH^+}} \tag{5-22}$$

当指示剂加到酸溶液中，建立新的平衡，而式(5-20)～式(5-22)的关系仍成立。酸溶液使指示剂质子化的程度可通过测定碱型与酸型的浓度比 c_{BH^+}/c_B来鉴定。对给定指示剂，pK_a 是定值，c_{BH^+}/c_B的数值由式(5-22)中最后一项来决定。于是定义

$$H_0 = -\lg \frac{a_{H^+} f_B}{f_{BH^+}} \tag{5-23}$$

也可写成

$$H_0 = pK_a - \lg \frac{c_{BH^+}}{c_B} \tag{5-24}$$

从式(5-24)可见，H_0 越小，则 c_{BH^+}/c_B越大，即酸溶液使指示剂质子化成 BH^+ 的程度越高，酸性越强。所以称 H_0 为酸度函数，是表征溶液酸强度的对数标度。

将 H_0 推广应用到固体表面酸，这时假设指示剂是吸附到固体酸表面并达到吸附平衡，其平衡时表面的质子酸位(H^+)与指示剂(B)反应的关系仍符合式(5-20)～式(5-24)。当固体表面酸与给定 pK_a 值的指示剂作用后，可能有三种情况：①固体酸表面呈酸型色，这说明 $c_{BH^+} > c_B$，固体酸的酸度函数 $H_0 < pK_a$；②呈过渡色，则 $c_{BH^+} \approx c_B$，$H_0 = pK_a$；③呈碱型色，则 $c_{BH^+} < c_B$，$H_0 > pK_a$。

这样，便可用指示剂的 pK_a 值来表示 H_0 值。指示剂的共轭酸的 pK_a 值越小，其碱性愈弱，能使其质子化成酸型的固体酸则越强。于是选用一系列碱性由强到弱其共轭酸的 pK_a 值由大到小的指示剂与固体酸作用，通过颜色变化便可确定固体酸的酸强度范围。

能用作这类碱性指示剂的条件，除要求其酸型色比碱型色有明显的变化外，还要求酸型与碱型的活度系数之比为一常数，即

$$\frac{f_{B_1H^+}}{f_{B_1}} = \frac{f_{B_2H^+}}{f_{B_2}} = \frac{f_{B_3H^+}}{f_{B_3}} \quad \cdots \tag{5-25}$$

这是由于指示剂的 pK_a 值采用“重叠交错”法测定所要求的[26]。式中 B_1、B_2、B_3 表示不同的指示剂。所谓 Hammett 指示剂是指能满足上述要求的指示剂，列于表 5-2。

表 5-2 用于测定酸强度的碱性指示剂[20,24]

指示剂	颜色		pK_a	相当硫酸的质量分数1)/%
	碱型	酸型		
中性红	黄	红	+6.8	8×10^{-8}
甲基红	黄	红	+4.8	—
苯偶氮基萘胺	黄	红	+4.0	5×10^{-5}
对二甲氨基偶氮苯(二甲基黄)	黄	红	+3.3	3×10^{-4}
2-氨基-5-偶氮甲苯	黄	红	+2.0	5×10^{-3}
苯偶氮二苯胺	棕黄	紫	+1.5	2×10^{-2}
4-二甲基胺偶氮-1-萘	黄	红	+1.2	3×10^{-2}
结晶紫	蓝	黄	+0.8	0.1
对硝基苯偶氮-(对′硝基)-二苯胺	橙	紫	+0.43	—
二苯基壬四烯酮	橙黄	砖红	-3.0	4.8
亚苄基乙酰苯	无	黄	-5.6	71
蒽醌	无	黄	-8.2	90
2，4，6-三硝基苯胺	无	黄	-10.10	—
对硝基甲苯	无	黄	-11.35	—
间硝基甲苯	无	黄	-11.99	—
对硝基氟苯	无	黄	-12.44	—
对硝基氯苯	无	黄	-12.70	—
间硝基氯苯	无	黄	-13.16	—
2，4-二硝基甲苯	无	黄	-13.75	—
2，4-二硝基氟苯	无	黄	-14.52	—
1，3，5-三硝基甲苯	无	黄	-16.04	—

1) 酸强度等于该 pK_a 值的硫酸溶液中 H_2SO_4 的质量分数。

H_0 酸度函数严格来说只能用于表征 B 酸。但是 L 酸也能使某些指示剂变色，而使其变色的酸强度则不一定能用该指示剂的 pK_a 值表示。Deno 及其合作者提出了另一系列芳基醇类化合物指示剂和相应的酸度函数 H_R[21~23,25]。H_R 指示剂只与质子酸起作用，与 L 酸不起作用。例如硅酸铝催化剂能使三苯甲醇（一种 H_R 指示剂）呈黄色，而活性氧化铝则不能使 H_R 指示剂呈黄色，是因为 Al_2O_3 上的酸中心是 L 酸。

以上两系列指示剂用于固体酸测定时，观察的是其吸附在表面的颜色，又称吸附指示剂。

(2) 酸强度分布

固体表面酸的酸量通过有机胺滴定法测得，采用已知 pK_a 值的吸附指示剂，以碱强度比指示剂强的有机胺(最常用的是正丁胺，也可按实际需要选用别的胺，如测沸石外表面酸性用三丁基胺等)对悬浮在惰性溶剂中的固体酸粉末进行滴定。吸附在固体酸表面的指示剂呈酸型色，使指示剂刚刚恢复到过渡型色时的胺的滴定度，即为酸强度 H_0 小于或等于该指示剂的 pK_a 值的酸量。用具有不同 pK_a 值的指示剂进行滴定可以测定出不同酸强度范围的酸量-酸强度分布。

由于胺滴定法的反应是在两相间进行，要达到反应平衡相当慢，特别是快到等当点时，每加一滴滴定剂都需等待一定时间，要完成一个酸碱滴定相当费时，要测酸强度分布耗时更多。为此，Benesi[22]发展了一种称“渐近法”的技术来测定酸强度分布，其原理如下。

称取若干份样品依次加入不同且等差的滴定度的正丁胺溶液，使各份样品被中和的程度不同，由不足到接近等当点到过量。经充分振荡达到平衡后，再分别取样加入指示剂，检查每份样品分别与各指示剂作用后颜色的变化，确定由不同指示剂滴定得到的等当点。当实验用样品的份数不够多时，各份样品的滴定度间隔较大，得到的等当点是比较粗的。再按需要称取若干份样品，在初测得到的等当点附近截取适当的滴定度范围，按上述方法再进行一遍，直到测得的等当点范围足够窄为止。

与普通的酸碱滴定比，固体表面酸的滴定有以下特点。

1) 反应达到平衡比较慢，要多采取措施加快平衡的到达，下面将进一步讨论这个问题；

2) 固体表面酸会含有比较强的酸位需用非常弱的碱性指示剂(如 $pK_a \leqslant -3$)进行滴定。这些指示剂的碱性会比 H_2O (其共轭酸 H_3O^+ 的 $pK_a = -1.7$)弱，H_2O 的存在会与指示剂发生竞争吸附，中毒酸强度 $H_0 \leqslant -1.7$ 的酸中心而干扰测定结果。所以所用试剂都需脱水干燥，操作过程中应防止样品暴露于大气中；

3) 用作滴定剂的正丁胺能与 B 酸和 L 酸反应，所测得酸量是两种酸之和。

5.2.1.2 仪器及实验操作

利用本实验方法可按需要分别测定酸强度、总酸量和酸强度分布。

(1) 酸强度测定

1) 目测法。样品过 100 目筛(最好过 300 目以上)按要求的活化条件进行活化，置保干器冷却到室温。悬浮催化剂样品用的溶剂可采用石油醚、正庚烷、正己烷、环己烷、苯等，所用溶剂事先用活化过的 A 型分子筛干燥。某些超强酸样品在这些溶剂中会显色，无法采用。测试 SO_4^{2-}/ZrO_2 类样品时有人使用磺酰氯(sulfuryl choloride)[27]或二氯亚砜[28]。

快速将约 0.1g 样品放进透明无色的小试管中，加入约 2mL 溶剂覆盖，加入几滴指示剂的苯溶液(指示剂的质量分数为 0.1%)，摇动，观察样品表面颜色的变化。通常从 pK_a 值最小的指示剂试验起，按 pK_a 值由小到大的顺序进行实验。若指示剂呈酸型色，则样品的酸度函数 H_0 等于或低于该指示剂的 pK_a，这样，其他 pK_a 较大的指示剂不用试了。若呈碱型色，说明样品的酸强度为 $H_0 > pK_a$，需按 pK_a 顺序实验下一个指示剂，直到能使其呈酸型色，则样品酸强度为 $H_0 \leqslant pK_a$。例如某固体酸能使 1，3，5-三硝基甲苯呈黄色，则此样品为固体超强酸，$H_0 \leqslant -16.04$。如某样品不能使亚苄基乙酰苯变色而能使二苯基壬四烯酮呈砖红色，该样品的酸强度记为 $-5.6 < H_0 \leqslant -3.0$。

2) 分光光度法[29,30,32]。当目测法对指示剂颜色判断有困难或不准确时，特别是使用 $pK_a \leqslant -5.6$ 的指示剂时，使用紫外-可见分光光度法会得到更准确的结果。分光光度法使用的指示剂见表 5-3。

制样：为降低光散射对样品透过率的影响，样品颗粒尺寸应小于所用光线的波长[30]，所以应尽可能磨细。样品磨细后用约 $350kg \cdot cm^{-2}$ 压力压成薄片（$7 \sim 10mg \cdot cm^{-2}$）。

表 5-3 分光光度法使用的指示剂

指示剂	pK_a	谱带峰位/nm	
		碱型	酸型
苯基偶氮萘胺	+4.0	411	537[30]
对二甲氨基偶氮苯	+3.3		
氨基偶氮苯	+2.8	370	495，315[31]
苯偶氮二苯胺	+1.5	400	530[31]
对硝基苯胺	+1.1		
邻硝基苯胺	-0.2		
对硝基二苯胺	-2.4	370	460[31]
2，4-二氯-6-硝基苯胺	-3.2		
三苯甲醇	-3.3	215，260	410，430[29]
对硝基偶氮苯	-3.3	340	510[32]
2，4-二硝基苯胺	-4.4		
亚苄基乙酰苯	-5.6	300	415[29]
对苯甲酰联苯	-6.2		430[31]
蒽醌	-8.1	265	405[31]
2，4，6-三甲基苄醇	-8.7	265	470[29]
2，4，6-三硝基苯胺	-9.3		
3-氯-2，4，6-三硝基苯胺	-9.7		
对硝基甲苯	-11.3	264	377[29]
对硝基氟苯	-12.44	255	360[29]
2，4-二硝基甲苯	-13.7	234	339[29]
2，4-二硝基氟苯	-14.52		

实验装置见图 5-14。特制的紫外吸收池（$1cm \times 1cm$）通过活塞与高真空吸附系统相连，上部接一封口的斜管，一个盛有溶剂的带易碎封口的封管存放斜管内。

操作：选用合适的溶剂在真空体系中经冷凝-抽气-融化循环进行提纯。4mL 提纯过的溶剂导入小玻璃管中，真空下熔封成易碎封口的封管放入图 5-14 侧管内。样品片置吸收池内，接上真空系统按要求条件对样品进行预处理。冷却后关上活塞将整个吸收池部件取下，弄碎封管封口使溶剂流入吸收池浸没样品片。将吸收池取下在分光光度计上摄谱，得基线谱 B。加入适量指示剂溶液平衡后摄谱，为 A。将吸收池转 90°摄谱，测定留在溶液中未被吸附的指示剂的吸收谱 C，见图 5-15[29]。这样，由谱 A 和谱 C 得到差谱 A-C 谱，再作 A-C 与 B 的差谱便得到吸附指示剂的吸收光谱。图 5-16 中 c 是吸附在氧化硅-氧化铝(含 12% Al_2O_3)上的苯基偶氮萘胺($pK_a=4.0$)的吸收光谱[30]。图 5-16 曲线 a 和曲线 b 分别是该指示剂的碱式与酸式光谱。对比表明,该指示剂在氧化硅-氧化铝上全部为酸型吸附。图 5-17[29]是吸附在沸石 HY (8.1)上对硝基氟苯的吸收光谱。已知其酸型物种吸收率最大值在 360nm,对比说明 HY (8.1)的酸强度为 $H_0>-12.24$。

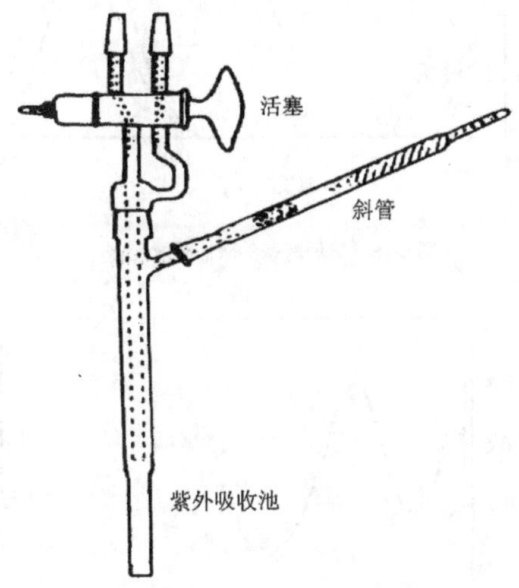

图 5-14 特制的紫外吸收池

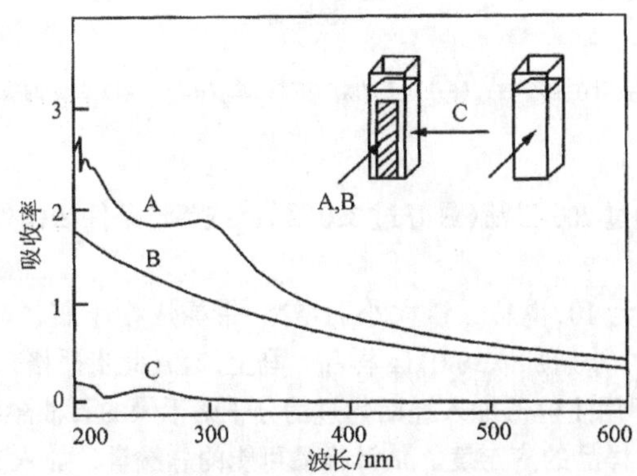

图 5-15 吸附在沸石 HY (8.1) 上的对硝基氟苯指示剂的吸收光谱
A. 光束通过样品和指示剂溶液; B. 吸附指示剂前样品 + 溶剂; C. 残余的指示剂溶液

3) 气相吸附法。为了避免溶剂对某些固体超强酸颜色的影响和潮气的干扰,可利用气相吸附法[33]。测试在真空体系中进行,将指示剂置安瓿内,经冷凝—抽气—融化循环提纯后,与经预处理冷却到室温的样品接触,观察吸附到样品表面的指示剂颜色的变化。

(2) 正丁胺滴定法测酸强度分布[21~23,25]

主要操作溶液是 0.1 $mol \cdot L^{-1}$正丁胺石油醚溶液,其配制及标定方法可参考文献[25];指示剂苯溶液的质量分数为 0.1%,根据待测样品酸强度可能的范围选择指示剂

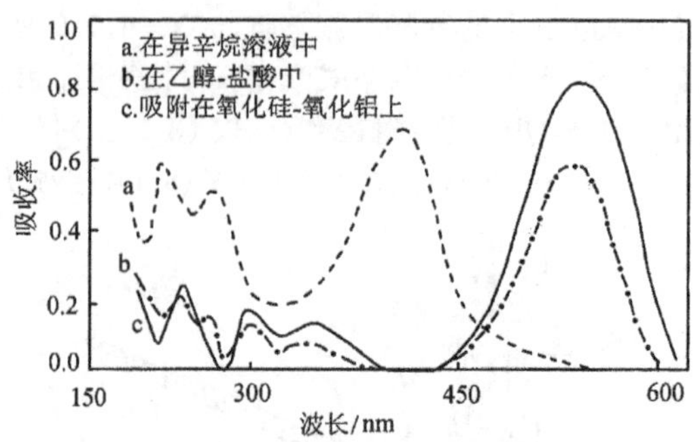

图 5-16 苯偶氮基萘胺的吸收光谱

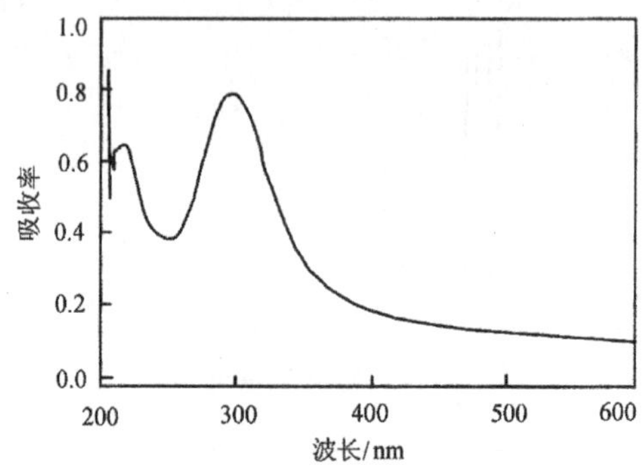

图 5-17 吸附在沸石 HY（8.1）上的对-硝基氟苯（$pK_a = -12.24$）的吸收光谱

系列。操作步骤如下：

1）待测样品研细过 200 目筛（最好过 320 目），按要求条件活化处理后移入保干器冷至室温。

2）将 N 个（N 约为 10，视总酸量大小而增减）带橡皮帽小瓶（如青霉素小瓶）编号，准确称量，快速向每个小瓶加入约 0.1g 样品，马上加盖（此步严格来说应在干燥箱内进行），准确称量后随即用注射器加入经活化过的分子筛干燥的石油醚约 2mL。

3）确定各小瓶内样品的滴定度。估计样品可能的总酸量，加入过量的正丁胺（例如 $0.2mmol\cdot g^{-1}$），定为最大滴定度（每克样品加入正丁胺的毫摩尔数，$mmol\cdot g^{-1}$），从 0 滴定度到最大滴定度中间分成 N 份（N 个小瓶），使各小瓶内样品的滴定度之间有一增量（如 0,0.05,0.10,…,最大滴定度），根据小瓶中样品质量计算每个小瓶需加入正丁胺溶液的体积 V。计算如下

$$V\,(\text{mL}) = \frac{\text{滴定度}(\text{mmol}\cdot\text{g}^{-1}) \times \text{样品质量}(\text{g})}{\text{正丁胺浓度}(\text{mol/L})}$$

4）用微量注射器向各编号小瓶准确加入计算量的正丁胺溶液，将各样品瓶置样品架上放在超声波振荡水浴中合适的位置振荡至反应到达平衡（一般为 0.5h），水浴上通

冷却水，防过度发热，每个小瓶的橡皮塞上插上注射器针头防密封的小瓶增压破裂。

5) 确定各指示剂的滴定等当点。实验按指示剂 pK_a 值由小到大，滴定度由小到大顺序进行。从小瓶中倒出少量样品(带溶剂)到无色透明的小离心试管中，加入几滴指示剂溶液，振荡，观察样品颜色的变化，将试管按次序排列在试管架上，找到颜色变化最大处(突跃)所对应的滴定度定为等当点。下面以使用蒽醌(- 8.2)、亚苄基乙酰苯(- 5.6)、二苯基壬四烯酮 (- 3.0)、二甲基黄(+ 3.3)为指示剂为例加以说明。

先用蒽醌实验，假如 0 滴定度的样品呈碱型的无色，说明样品的酸强度为 $H_0 >$ pK_a，则不必用蒽醌再往下试。改试亚苄基乙酰苯，若前面的滴定度的样品都呈黄色，则依次往下试到黄色(酸型色)刚褪去，记下相应的滴定度，假设为 0.3，接着用二苯基壬四烯酮从滴定度 0.3 开始试，设样品呈酸型的红色，按顺序往下试，直到颜色变化最大处(橙色)，确定等当点在 0.5 处。从滴定度 0.5 起试二甲基黄，假设呈橙色，即试测前面一个滴定度样品，发现呈酸型的红色，再试下一个滴定度，若颜色为黄色，则可确定等当点同是 0.5。根据以上结果，可用表 5-4 中的两种形式来表示实验样品的酸强度分布。同样，也可以用酸量对 H_0 作图来表达。

表 5-4　酸强度分布的表示形式

形式一		形式二	
酸强度范围	酸量/(mmol·g^{-1})	酸强度范围	酸量/(mmol·g^{-1})
$H_0 \leqslant -8.2$	0	$H_0 \leqslant -8.2$	0
$-8.2 < H_0 \leqslant -5.6$	0.30	$H_0 \leqslant -5.6$	0.30
$-5.6 < H_0 \leqslant -3.0$	0.20	$H_0 \leqslant -3.0$	0.50
$-3.0 < H_0 \leqslant +3.3$	0	$H_0 \leqslant +3.3$	0.50

与测定酸强度类似，正丁胺滴定法终点的判断同样可使用分光光度法。不过这时固体酸样品需悬浮在溶剂中，加入正丁胺平衡后，再测定吸附指示剂的吸收光谱[31]。图 5-18列出吸附在脱铝 Y 沸石上的蒽醌和氨基偶氮苯从酸型到碱型吸收光谱的变化。

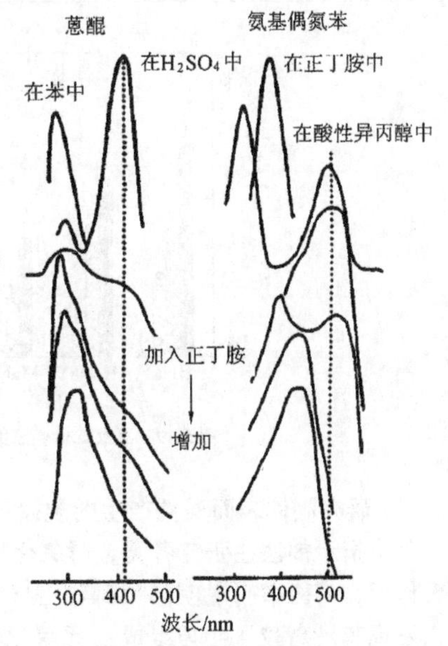

图 5-18　吸附在脱铝 Y 沸石上指示剂的吸收光谱

5.2.1.3　*应用*

(1) 测定各类固体表面酸的酸强度和酸强度分布

由于方法简便，大多固体酸催化材料的酸性都用指示剂法测定过。值得一提的是，新的一类固体超强酸如 $SO_4^{=}/ZrO_2$ 的首次发现，除了靠特异的催化反应性能外，还靠的是用指示剂测到其具有超强酸性[34]，尽管对后者目前有许多异议。一些固体酸的酸强度列于表 5-5。一些固体酸的酸强度分布参见表

5-6 和图 5-19[39]。

表 5-5 一些固体酸的最高酸强度

固体酸	H_0	参考文献
硅胶(873K 焙烧)	$+1.5 < H_0 \leq +3.3$	[35]
M-46SiO_2-Al_2O_3 (12.5% Al_2O_3)	$-8.7 < H_0 \leq -5.6$	[29]
超稳 Y (8.1)¹⁾ 沸石	$-11.3 < H_0 \leq -8.7$	[29]
HM (8.5)¹⁾ 沸石	$-13.7 < H_0 \leq -12.4$	[29]
β(19.1)¹⁾ 沸石	$-11.3 < H_0 \leq -8.7$	[29]
杂多酸 $Cs_{2.5}H_{0.5}PW_{12}O_{40}$	$H_0 \leq -13$	[36]
SO_4^{2-}/ZrO_2	$H_0 \leq -16$	[36]

1) 化学分析 Si/Al 物质的量比。

表 5-6 某些固体酸的酸强度分布

固体酸	物质的量比	表面积 /($m^2 \cdot g^{-1}$)	酸量/($mmol \cdot g^{-1}$)					参考文献
			$H_0 \leq -14.2$	$H_0 \leq -8.2$	$H_0 \leq -5.6$	$H_0 \leq -3.0$	$H_0 \leq +3.3$	
Al_2O_3-TiO_2	7.1	88	–	0.06	0.32	0.38	0.38	[35]
SiO_2-TiO_2	12.0	102	–	0.08	0.16	0.41	0.41	[35]
SiO_2-Al_2O_3	16.4	135	–	0.35	0.35	0.35	0.35	[35]
LaHY 沸石	—	—	—	1.00	1.00	1.00	1.50	[37]
SO_4^{2-}/ZrO_2	—	147	0.94	0.94	0.94	0.94	0.94	[38]

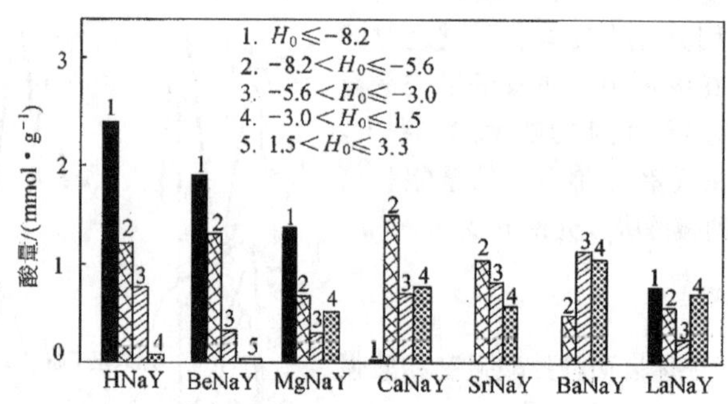

图 5-19 氢及二价、三价阳离子交换 Y 沸石的酸强度分布

(2) 研究固体表面酸性产生的规律

吸附指示剂法在研究各类金属氧化物、二元金属氧化物及大孔酸性沸石的酸性起过很大作用，下面举例说明。田部浩三[20,40]等用共沉淀方法制备了 18 种二元金属氧化物，发现其最高酸强度与组成二元氧化物的金属离子的平均电负性有很好的关联。另外，当两个金属氧化物组成二元氧化物后，有些情况下酸性比组成的单元化合物增高，有些则不增高。为了阐明酸性产生的规律。田部浩三提出酸性来源于二元金属离子与氧

键合时产生的过剩电荷。为计算过剩电荷，提出了两个假设。据此可预测二元复合物的酸性是否增加。他们对 31 个实例的酸性测定结果表明，预测的命中率超过 90%，验证了假设的合理性。

合成得到的钠型沸石经 H^+ 和多价阳离子交换后能产生酸性，那么，多价阳离子的交换度和产生的酸量有什么关系呢？Barthomeuf 等利用吸附指示剂正丁胺滴定法测定样品总酸量(用 pK_a 值为 3.3 的二甲基黄作指示剂测得的酸量)，研究了八面沸石的 X 和 Y 型沸石的阳离子交换度和 Si/Al 对产生的酸量的影响，发现 H^+ 或多价阳离子每交换一个钠离子，实际上并不产生一个酸性羟基的酸量，而需乘上一个分数 a_0，称酸位效率。a_0 值随 Si/Al 的增加而增加。例如 HNaX 沸石，当 Si/Al 物质的量比 = 1.23 时，$a_0 = 0.16$；而对 Si/Al 物质的量比为 2.43 的 HNaY 沸石来说，$a_0 = 0.6$。这可解释为，当铝含量增加，酸位密度增加，由于“自抑制”作用，使能滴定到的有效酸位减少，a_0 相当于浓酸溶液的活度系数[39]。

(3) 酸性与活性关联的研究

固体酸的酸量和强度对反应活性有何影响，对给定的反应需要什么样的酸强度范围的中心，这都是研究酸性要解决的重要问题。利用吸附指示剂滴定法得到的结果与活性进行关联，可以得到有关信息。文献上有许多报道，下面只举例说明。

Sabu 等[35]测定了不同组成的二元以及三元金属氧化物的酸强度分布，发现异丙醇与甲苯烷基化生成烷基苯反应的活性与酸强度为 $H_0 \leqslant +1.5$ 的酸量有线性关系。Guo 等[41]研究焙烧温度对 SO_4^{2-}/ZrO_2 活性的影响，发现样品的酸强度与异丁烷烷基化反应活性有平行关系。Jacobs[42]总结了七类在 HY 沸石上进行的反应达到最大活性所要求的焙烧温度，得出了不同反应对酸中心最佳酸强度的要求，并按顺序排列成表。

5.2.1.4 局限性

吸附指示剂滴定法存在一些不足与局限，只有充分了解这些局限才能正确使用它来表征酸性；否则会导致谬误。

(1) H_0 作为固体表面酸强度标度的缺陷

1) 大多固体酸的活度系数是不清楚的。所以固体的酸度函数的定义在热力学上并不确切，然而作为相对比较是很有价值的；只要认识其缺陷和精度的范围，其绝对值也是有用的[43]。

2) 只将酸强度简单地与指示剂 pK_a 值相关联而没有与能量因素相关联[42]。

3) H_0 值是利用两个邻近的指示剂的 pK_a 值给出一个范围来表示的，实际是平均酸强度，数据是比较粗的。

4) 用指示剂 pK_a 值确定的 H_0 来表征酸强度严格说来只能用于 B 酸[22]，因为从 H_0 的定义式(5-24)到 pK_a 值的测定都是来自 B 酸体系。而 L 酸的相对强度极大地受空间因素和固有的配位能力的影响，能使指示剂变色的 L 酸的强度未被清楚描述。然而某些 L 酸能使一些 Hammett 指示剂转变成其共轭酸，当固体酸样品存在这些 L 酸时便会使酸强度测定受到干扰。我们在研究 Y 型沸石的酸性与活性关联时，严格控制样品处理条件使样品上产生 L 酸位尽可能少，才能得到有规律性的结果[37]。

(2) 关于吸附平衡问题

吸附指示剂法假设正丁胺和指示剂分别与表面酸中心达到反应与吸附平衡。在酸强度分布的测定中要求正丁胺应优先吸附到较强的酸位上。如果先吸附到较弱酸位就应经脱附-再吸附的过程达到平衡。在早期文献中，一些作者通过静态下吸附的试验结果认为上述的平衡不能达到。后来的工作表明，采取适当措施如加强振荡，使用超声波振荡器，充分将试样磨细等，达到平衡问题是可以解决的[31,44]。有文献［45］提到，某些 H_R 指示剂如氨基取代的三苯甲醇会在超声波振荡时发生分解，值得注意。

(3) 对孔径小且孔道不通畅的固体酸样品不适用

利用正丁胺滴定法对八面沸石酸性研究取得了许多有意义的成果，而对同样具有十二元环孔口的丝光沸石 HM 和十元环孔口的 HZSM-5 沸石则不适用，测得的酸量比理论计算量低。曾将这归之于指示剂分子体积太大，进入孔道有空间障碍，一些指示剂的分子尺寸与某些沸石孔径列于表 5-7。进一步研究表明[44]，更重要的原因可能是，由于孔口小(HZSM-5)或一维孔道不通畅(HM)，首先吸附在孔口附近酸中心上的正丁胺堵塞孔口，妨碍其他正丁胺分子进入孔内进行反应。溶剂与酸中心的强相互作用也是另一重要原因。红外光谱实验表明，预先吸附了溶剂(如苯)的 HM 沸石，由于孔道不畅，使正丁胺置换苯并中和酸中心相当困难。而具三维孔道的大孔 HY 沸石则不存在上述这些问题。

表 5-7　一些指示剂的分子尺寸与某些沸石的孔径

名　称	pK_a	分子尺寸或孔径/nm
中性红	+6.8	0.65×1.29 (宽×长)
对二甲氨基偶氮苯	+3.3	0.669 (宽)
苯偶氮二苯胺	+1.5	0.76 (trans)，0.75 (cis)(宽)
二苯基壬四烯酮	−3.0	0.54 (宽)
亚苄基乙酰苯	−5.6	0.656 (宽)
蒽醌	−8.2	0.805 (宽)
HY 沸石	—	0.74 三维孔道
HM 沸石	—	0.67 单维孔道
HZSM-5	—	0.56×0.53 二维孔道

(4) 关于测定强酸中心所用指示剂存在的问题

用来测定酸强度强于 $H_0 \leqslant -5.6$ 酸位所用的指示剂都有一个共同点，酸型色为黄，碱型色为无色。在有些情况下，目测法观察到黄色时，实际上指示剂分子并没有质子化成酸型。用分光光度法研究发现[29,32]，吸附在某些固体酸上的指示剂其碱型的物种的吸收带会发生红移，其拖尾处就移到 >400nm 的可见光区而呈黄色。图 5-17 吸附在 HY 沸石上的对硝基氟苯的吸收光谱就是一例。对硝基氟苯的质子化物种(酸型)的吸收带最大峰位应在 360nm 处，谱中没有出现这个吸收带，中型(或碱型)物种的吸收带最大峰值在溶剂中为 265nm，但吸附到 HY (8.1)沸石后由于与表面较强的相互作用而红移到

299nm 处且拖尾落入到 > 400nm 处而呈黄色。Hall 等[29]指出，过去有文献报道用目测法测得 M-46 或 Nikki 硅酸铝裂化催化剂的酸强度分别为 $H_0 \leqslant -8.2$，$-12.7 < H_0 \leqslant -11.0$，经用分光光度法测得结果是 $H_0 \approx -5.6$。对由目测法用硝基苯类指示剂测得的固体超强酸的酸强度范围在 $-18 < H_0 \leqslant -13$ 的结果，他们建议进一步验证。总之，我们在使用 $pK_a \leqslant -5.6$ 的指示剂时都应小心。

5.2.1.5 发展

有机胺滴定法的一个新进展是采用两个滴定剂分别测定 B 酸和 L 酸的酸量[46]。根据 2，6-二取代基吡啶能与 B 酸强结合，与有空阻的 L 酸只能弱结合的原理，在待测固体酸样品中加入过量的2，6-二取代基（例如甲基）吡啶，平衡后，用正丁胺滴定与 2，6-二取代基吡啶弱结合的 L 酸，另取样品用正丁胺滴定 B 酸和 L 酸的总量。

另一进展是用分光光度法测定指示剂碱型物种吸收带红移的峰位来测定固体表面酸的酸强度[47]。实验发现，碱性指示剂的碱型物种的吸收带的位置随着介质酸强度增加而发生红移(向长波长方向移动)，直到发生质子化转变为酸型。据此，实验测定指示剂碱型在不同硫酸浓度的水溶液中的吸收带的峰位与浓度的关系作为标定曲线。因为硫酸浓度与酸度函数 H_0 的关系可从文献查到。这样，只要测出待测固体酸样品表面吸附的碱型指示剂物种的吸收带的峰位便能测到该样品的 H_0。这个方法测得的 H_0 是一个确定的数值而不是一个范围，其精密度提高了。一些样品的测定结果见表 5-8[47]。

表 5-8　用吸收光红移分光光度法测得的酸强度

固体酸	类　型	H_0
M-46 SiO_2-Al_2O_3	SiO_2-Al_2O_3	-5.8
LZ-210 (6)[1)] [2][2)]	Y 沸石	-10.0
LZ-210 (6) [0.45]	Y 沸石	-10.5
LZ-210 (6) [0.1]	Y 沸石	-12.0
LZ-M8	丝光沸石	-12.4
β	β 沸石	-10.0
ZrO_2/H_2SO_4[3)]	-	-12.0

1) SiO_2/Al_2O_3 物质的量比。

2) Na 的质量分数，%。

3) 由于透过率不好，用漫反射谱测定。

5.2.2　吸附微量热法

吸附微量热法是一种直接测定碱分子在固体酸表面吸附产生的微分吸附热来表征酸位的强度，同时测定相应的吸附量来表征酸量，从而获得酸强度分布的方法。最早在 20 世纪 60 年代到 20 世纪 70 年代初由 Hsich 和 Stone 等采用[48]。但因量热计不够精确，未能得到定量的酸强度分布，吸附热的数据也偏低。从 20 世纪 70 年代末至 20 世纪 80 年代初，由于热流式量热计[48～51]的使用和推广，吸附微量热法得到了法国[49,50]、前苏联[52]、德国[53]、美国[48]以及我国[54]等众多催化研究人员的重视，这个方法已被用来研究各类固体酸催化剂的表面酸性，得到了许多有价值的结果。

5.2.2.1 基本原理[48,49]

在定温下，逐小量加入合适的碱化合物通过化学吸附逐渐地中和催化剂的表面酸位，达到饱和覆盖度，同时测定碱的吸附量(累计值) n 和产生的吸附热 Q（累计值)，由 dQ/dn 得到微分吸附热 q（kJ/mol)，用来表示某一吸附量 n 酸位时的强度。首次加入的小量碱得到的微分吸附热用 q_0 表示，称起始吸附热，表征最强的酸位的酸强度。一个碱分子吸附在一个酸位上，用吸附量 n 表示酸量。将每加入一增量碱所测得的吸附热 ΔQ 除以吸附增量 Δn 便得到相应吸附量为 n 时的平均吸附热 $\Delta Q/\Delta n$，用它对吸附量 n 作图得到一系列矩形组成的吸附热谱，将谱中每个台阶的中心连成曲线，即简化成 q-n 的关系图，用它来表示样品的酸强度分布，如图 5-20 所示。吸附位的能量分布可用 $-dn/dq$-q 图来表示，曲线下的面积代表某一微分吸附热范围内酸位数，如图 5-21所示，这是酸强度分布的另一种形式。在第一次实验达到吸附饱和后，在同一温度下将样品抽空脱附去掉可逆吸附的碱分子，再进行第二次吸附实验。两次实验测得的饱和吸附量之差，即为不可逆化学吸附量 Ns，它表示强酸中心的量。在吸附量热测定中常用作吸附质的碱化合物有 NH_3、吡啶、正丁胺等，也可根据研究需要选用合适的其他有机碱。当选用酸性分子例如 CO_2 做吸附实验时，可以测定表面碱的碱性。

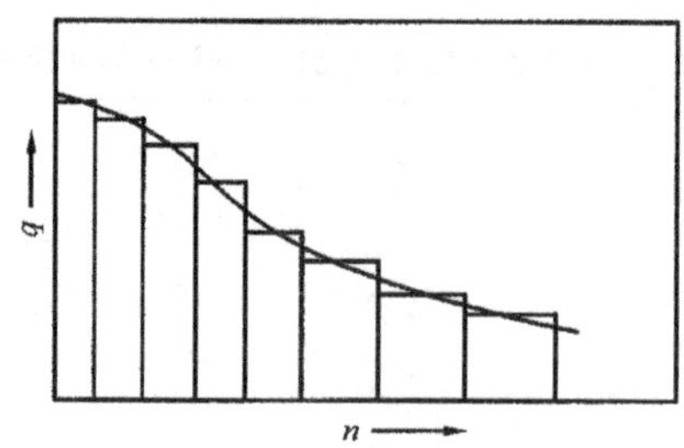

图 5-20 微分吸附热 q 与酸量 n 的关系图

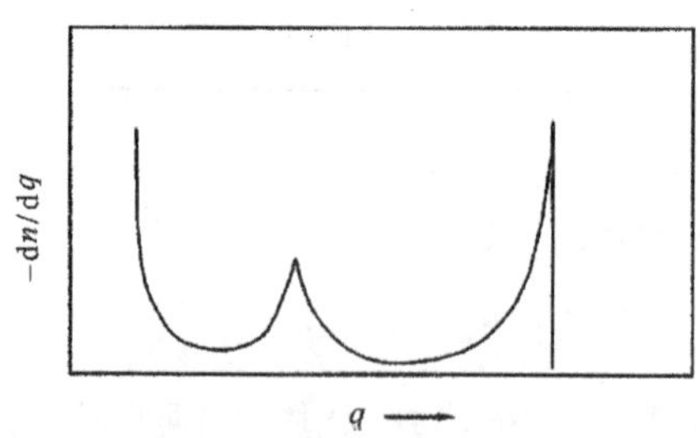

图 5-21 酸位的能量分布图

为了正确得出表面酸性的信息，需要注意下列因素对测定结果的影响。

1) 样品床层应尽可能的薄，以减少吸附分子在样品床扩散移动的时间。

2) 用作吸附质的碱分子的尺寸要合适，对小孔样品尤其要注意，防止扩散限制。

3）选择合适的吸附温度，使吸附能选择地进行，这就要求在从量热计取得热量数据的时间内，酸碱反应应达到热力学平衡。在平衡条件下，首先引入的碱分子应吸附在最强酸位，并由强到弱依次进行吸附，才能正确地得到酸强度分布。温度太低会发生无选择吸附，只能得到平均酸强度。温度高些有利于化学平衡的建立。但过高又会使吸附碱分子发生分解，或使在某些较弱酸位上吸附的平衡常数太小而测不到这些酸位。一般来说，选用473K对大多固体酸样品是合适的[48]。

4）为使直接测到微分吸附热，要求每次引入的碱量很少。一般为每克催化剂3～10μmol。每一次吸附所产生的热量从<100mJ到1000mJ，这要求有一个高灵敏度的热流式的微量量热计与一个灵敏的容量体系相连接进行工作。

5）在高覆盖度时，吸附质碱分子可能在非酸位上以氢键的形式吸附，因此，需注意将这部分在非酸位上的吸附区别出来。

5.2.2.2 仪器及实验方法[48,50,51,55]

整个实验系统是由热流式微量量热计与高真空容量法吸附量测定装置连接而成。如图5-22所示[55]。热流式量热计(热流计)由主体、微伏放大器、程度升温控制加热器、自动操作控制器、积分仪或微机等几部分组成，与真空容量系统通过控制阀相连。量热计的主体包括有样品池和参考池。池子四周装有近500对按辐射状均匀排列的相同的热电偶组成的热电堆，紧密地镶嵌在特殊形状的金属铝块中（图5-23）。每个热电偶的两个端点分别与池子的外壁和铝块紧接。实验过程中池子内产生的热量能通过热电堆传到铝块热容器中，并转化成电信号经微伏放大器放大(例如1000倍)而记录下来。铝块由程序升温控制器控温。参考池的设立为减少外部温度波动及吸附质引入时引起温度波动的影响，使基线保持稳定。

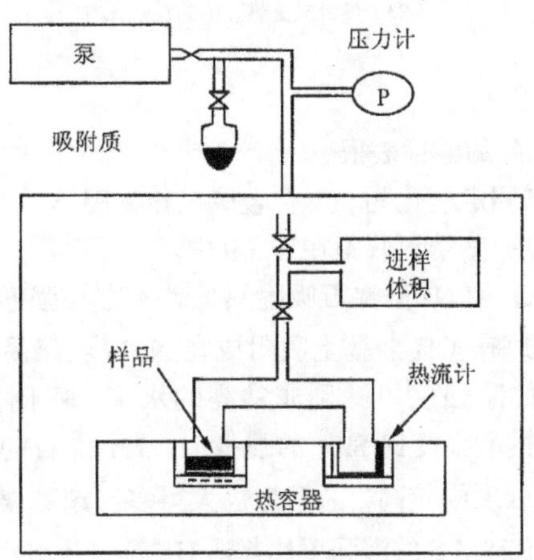

图5-22 吸附微量量热法测表面酸性仪器装置示意图

以SiO_2-Al_2O_3的酸强度分布的测定[56]为例简述实验操作如下。0.5～1g催化剂置于样品池内，473K下脱气2h，再抽真空以降低样品含水量。用纯氧在723K下处理4h，在真空下冷却到473K。然后将量热计连接好。体系在473K真空下恒温过夜达到热平衡。用作吸附质的吡啶在使用前用活化过的3A分子筛干燥并经冷凝-抽气-融化循环提纯，置在一恒温浴中产生约640Pa的恒定蒸汽。一已知量吡啶气体(蒸汽)置于已校正过体积的进样气体瓶中，当压力稳定后将碱分子引入样品池和参考池。样品吸附产生的热通过量热计记录得吸附热 ΔQ，按吸附容量法计算吡啶吸附量 Δn，由 $\Delta Q/\Delta n$ 便得到微分吸附热 q ($kJ\cdot mol^{-1}$)。再重复上述步骤，直到收集到的 q 的数据下降到相当于吸附的碱与 SiO_2 的表面位以形成氢键的方式相互作用的范围(即酸位已中和完毕)为止。通常共进样约25次。得到一系列的 q、n 值，作 q-n 或 $-dn/dq$-q 图，即为酸强度分布。

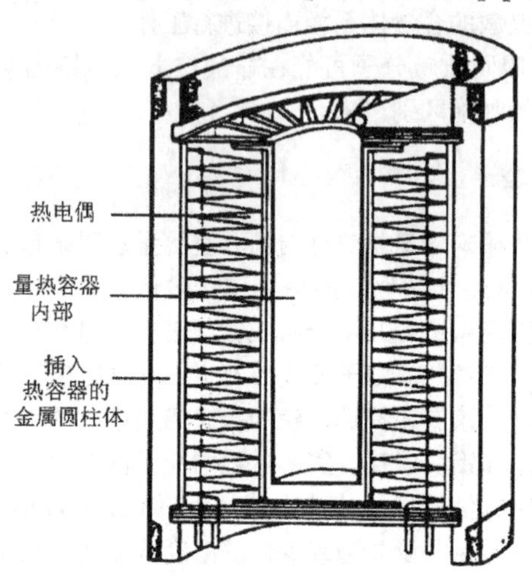

图 5-23　热流式量热计中的量热元件

5.2.2.3　应用

(1) 对各类固体表面酸的酸性表征

吸附微量热法已用来测定氧化物、混合金属氧化物固体酸、各类酸性沸石、杂多酸以及固体超强酸的酸性，一些结果收集在表5-9中。

表5-9数据表明，SiO_2 和Na型沸石吸附热低，不存在强酸中心。其吸附热是 NH_3 通过形成氢键在非酸性的Si—OH羟基上吸附或在 Na^+(弱路易斯酸)上吸附所产生的。以含L酸为主的 Al_2O_3 的酸强度可达到非常高的水平，吸附热达 $185kJ\cdot mol^{-1}$ 以上。SiO_2-Al_2O_3(0.23% Al_2O_3)的酸强度比 SiO_2 的强得多。HY沸石的最强酸中心的酸强度比 SiO_2-Al_2O_3 低，但平均酸强度则较高，总酸量也大得多。超稳Y(USY)沸石的酸强度比HY沸石有很大的提高。HZSM-5的酸强度比普通HY高，比氢型丝光沸石(HM)则低些。SO_4^{2-}/ZrO_2、杂多酸 $H_3PW_{12}O_{40}$ 的 q_0 也特别高。

(2) 对沸石酸性的研究

1) 改变活化温度研究B酸与L酸强度。众所周知，氢型沸石经高温处理后会发生脱羟基作用，两个B酸中心能脱水生成一个L酸中心。这样，利用高温处理样品产生L酸中心，应用吸附微量热法比较高温处理前后样品的酸强度分布的变化，可以得到有关

B 酸和 L 酸酸强度的信息。图 5-24 给出经不同温度预处理后 NH_3 在 HZSM-5 沸石上 416K 吸附的 $-dn/dq$-q 酸性谱[49]。图 5-24 中谱线表明，随着预处理温度的增高，谱线向吸附热更高的方向移动，而相应的总酸量(谱线下所包的面积)则减少。这说明，高温处理后沸石发生脱羟基作用，而生成的 L 酸中心的酸强度比原来的 B 酸中心强度有所增强。

表 5-9　NH_3 吸附微量热法测定一些固体表面酸的酸性

样　品	吸附温度/K	吸附热/(kJ·mol⁻¹)			总吸附量/(μmol·g⁻¹)	参考文献
		q_0	q_n	q_m		
SiO_2	423	70	—	—	—	[57]
Al_2O_3	423	220	无	50	200	[58]
SiO_2-Al_2O_3 (0.23% Al_2O_3)	423	176	无	68	60	[57]
NaY (2.5)	473	70	无	50	2500	[59]
HY (2.4)	423	138	135	90	2700	[60]
USY (14)	423	203		64	1130	[60]
NaM (4.9)	473	83	78	63	2500	[61]
HM (15)	480	175	160	80	1020	[62]
HZSM-5 (34)	480	160	150	75	440	[62]
HZSM-5 (33.4)(2.8Al/晶胞)	423	165	150 ~ 145	80	460(2.7 分子/晶胞)	[53]
$H_3PW_{12}O_{40}$	423	200	195	—	—	[63]
SO_4^{2-}/ZrO_2	423	190	—	—	—	[64]

注：q_n 为当 $q \sim n$ 图存在平台时，平台相应的 q 值；q_m 为吸附达饱和时的 q 值；样品名称括弧内数字为沸石样品的 Si/Al 物质的量比。

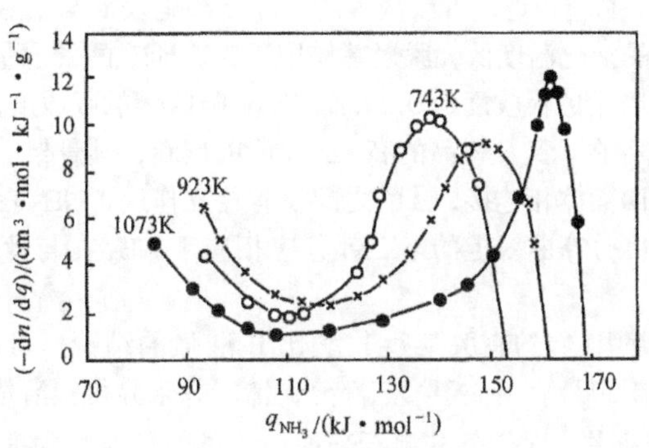

图 5-24　不同温度处理后的 ZSM-5 沸石的酸性谱

2) 沸石上各类吸附位酸强度的确定。用作吸附质的 NH_3、吡啶等碱分子不但能吸附在沸石骨架桥羟基 B 酸和配位不饱和的铝中心 L 酸上，还能吸附在骨架外阳离子或硅羟基上。在不同中心上吸附热不同，因而由吸附微量热法测得的酸强度分布往往是不均匀的。图 5-25 是沸石样品的一个典型的酸强度分布曲线[53]。样品是经 673K 活化处理后的 HZSM-5 沸石。分布曲线可分为四部分。第一部分是酸量为 0.25 个/晶胞，NH_3 的微分吸附热 q_{NH_3} 大于 150kJ·mol^{-1}，吸附热随覆盖度陡降的部分。第二部分是酸量为 1.75 个/晶胞，q_{NH_3} = 150 ~ 145kJ·mol^{-1}，近似水平线。第三部分为 q_{NH_3} 从 145 ~ 80 kJ·mol^{-1}陡降的线，酸量为 0.7 个/晶胞。第四部分是第二个近似水平线。$q_{NH_3} \leqslant 80$ kJ·mol^{-1}。

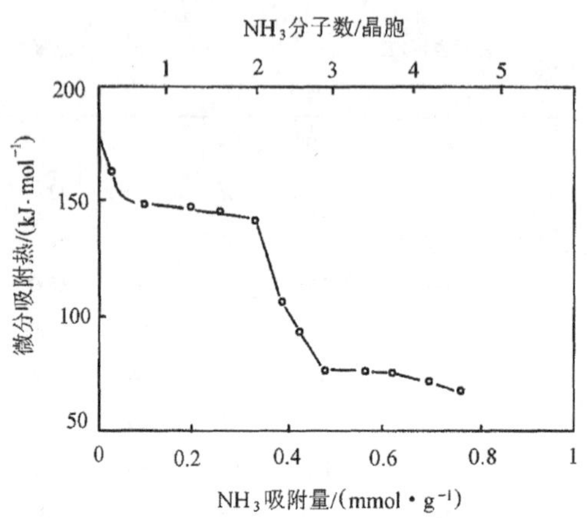

图 5-25 NH_3 在经 673K 活化后的 HZSM-5 上的微分吸附热与吸附量的关系

通过与 NaZSM-5 沸石和 SiO_2 样品的酸强度分布的对比可以确定，第四部分是 NH_3 在 Na^+ 或 Si—OH 基上非酸性中心上的吸附。

第一、二、三部分酸量的总和为 2.7 个/晶胞，与该样品(Si 与 Al 物质的量比 = 33.4)的铝含量 2.8 个/晶胞相近，可以认为这三部分都是表征与铝有关的酸中心，包括 B 酸和 L 酸。由于样品活化温度低，脱羟基作用不大，即 L 酸的含量不多。从吡啶吸附红外光谱(PYH^+ 的吸收带的吸收度为 0.25，而 PY:L 吸收带的吸收度为 0.05)也证实了酸中心主要以 B 酸形式存在。又从样品的高 Si/Al 可以推断，其骨架上的桥羟基 B 酸中心多与“孤立”的铝氧四面体相连接，B 酸之间没有相互作用，NH_3 在其上的吸附热应大致相等，所以，酸强度分布曲线上的第二部分应相应于 NH_3 在与骨架铝相连的 B 酸上的吸附。

参考 5.2.2.3 节应用(1)的有关某些 L 酸比 B 酸强的结论，可以认为第一部分是 NH_3 在强 L 酸上的吸附。最后，关于第三部分，情况并未弄得很清楚，可能与非骨架铝物种上的 B 酸或 L 酸有关。对于低硅沸石来说，还可能包括酸强度较弱的骨架上的桥羟基 B 酸。

综合文献的结果，NH_3 和吡啶在沸石上不同中心上微分吸附热的范围见表 5-10[49]。

表 5-10　NH_3 和吡啶在沸石上不同中心上微分吸附热

微分吸附热/（$kJ \cdot mol^{-1}$）		吸附中心
NH_3	吡啶	
>170	>180	由骨架铝或非骨架铝产生的强 L 酸
160～120	180～130	骨架上的桥羟基 B 酸
120～80	130～90	弱的桥羟基或与骨架外铝相连的 B、L 酸
≤80	≤90	骨架外阳离子，硅羟基

3）钠离子交换度对沸石酸性的影响。应用 NH_3 吸附微量热法测定具不同钠交换度的氢钠型沸石的酸强度分布表明，交换度对沸石的酸位数和酸强度有非常大的影响[49]。尽管随着 Na 的被交换程度的增加酸位数增加，但增加的速度则与沸石的类型有关。酸强度在 $q_{NH_3} \geqslant 110kJ \cdot mol^{-1}$的酸位数，对八面沸石来说，在 Na 的被交换度达 80%以前，随 Na 被交换度的增加提高很慢，到高交换度后才快速增加。这与八面沸石中骨架铝的密度高有关，一个 Na^+ 可同时屏蔽几个邻近的铝氧四面体[49]，而使交换后产生的羟基的酸性变得很弱。丝光沸石和ZSM-5沸石这类高硅沸石则是另一种情况，随 Na 的被交换度增加，酸位数几乎是呈线性增加的。

4）Si/Al 对酸性的影响。Si/Al 是影响沸石酸量和酸强度的重要因素。上面 5.2.1.3 节的第(2)小节已提到，沸石的酸位效率 a_0 与 Si/Al 即骨架铝的量 n_{Alf}有关。Barthomeuf 等[65]应用吸附指示剂法研究氢型八面沸石的骨架铝的摩尔分数$x\left(=\dfrac{n_{Alf}}{n_{Alf}+n_{Sif}}\right)$与 a_0 的关系时发现，当 $x \leqslant 0.146$ 时，$a_0 = 1$。这时，骨架铝原子彼此距离足够远，使其相互作用可以忽略，每个铝四面体的第二位近邻 NNN（next nearest neighbour）不是$(AlO_4)^-$。于是记为 limit x_{NNN}(八面沸石) = 0.146，这时所产生的与骨架 Al 相连的 B 酸中心都是强酸中心。这些强酸中心的数目随 x 增加而增加；而当 $x > 0.146$ 时，a_0 随 x 的增加而下降，所产生的酸中心不都是强酸中心，因而强酸位数随 x 的变化呈火山型曲线的关系，存在一最大值。从正丁胺滴定法测定得到八面沸石在 $x = 0.17$（即 $n_{Alf} = 33$）时强酸中心数达最大值。Mishin 等[66]应用 NH_3 吸附微量热法研究了 Si 与 Al 物质的量比从 1.25～100 的八面沸石的酸性，发现具有 NH_3 微分吸附热$q_{NH_3} = 122 \sim 136kJ/mol$ 的强酸中心的酸量在 $n_{Alf} = 25 \sim 30$ 处有一最大值，与 Barthomeuf 的结果比较接近。并与异辛烷 673K 裂解活性有平行关系。从不同制备方法制得的三系列样品应用吸附微量热酸性测定方法验证了 Barthomeuf 的结论。

limit x_{NNN}值随沸石的结构不同而异。Barthomeuf[65]通过对沸石拓扑学（给出硅铝四面体连接方式的信息）的研究和假设，计算了一些沸石的 limit x_{NNN}值以及受其制约的强酸位数与 x 的关系，预言了丝光沸石的 limit x_{NNN}(丝光沸石) = 0.096，而其强酸位数最大值出现在 $x = 0.11$ 处。Stach 和 Klyachko 等分别应用 NH_3 吸附微量热法研究丝光沸石的 x 对 $q_{NH_3} > 120kJ/mol$ 的强酸位数的影响，得到一火山型曲线的关系[67]，其最大值在 $x = 0.1$ 处，与 Barthomeuf 的预言一致，使她的理论概念得到很好的实验支持。

5.2.2.4 局限性

本法最突出的优点是能定量地对表面酸中心的酸量和强度进行测定，但是存在以下三方面的局限性。

1) 仪器和装置比较昂贵和复杂，实验耗时较多。

2) 不能直接区别 B 酸和 L 酸。与其他酸性测定方法合用，例如与吡啶吸附红外光谱平行进行实验，才可以得到样品的 B 酸和 L 酸的酸强度分布。

3) 吸附热产生的来源比较复杂，探针分子在非酸性中心上也发生吸附，因此，需注意加以区别。

5.2.2.5 发展

吸附微量热法的发展趋势目前有两个方面。

1) 新探针分子的选用。NH_3 和吡啶是常用的探针分子，但在某些催化剂上常发生离解吸附，不宜采用。这需要研试新的探针分子。例如沈俭一等[68]提出了二甲醚可用于 B-P-O 系催化剂。

2) 实验装置的改进

Karge 等[53]提出使用超高真空的容量吸附系统，能保持长时间体系不漏气，大大减小吸附量测量的误差，又能提高对低平衡压力(例如 1×10^{-3}Pa)测量的准确度，对研究低覆盖度时的酸强度特别有利。

5.2.2.6 结论

吸附微量热法能在气相反应条件下选择合适的探针分子，直接和定量地给出固体催化剂不同强度的酸部位的酸量和酸强度的信息。与吸附指示剂非水溶液滴定法相比，对用于气相反应的催化剂来说，更能反映实际情况，所给出的结果的精确度也大得多；当使用小分子 NH_3 作探针分子时，能克服扩散控制的问题可对小孔或孔道不畅的沸石(如丝光沸石)进行表征。与只能给出平均酸强度的 TPD、TGA、DSC 等碱性气体吸附动态法(试验过程中体系的温度是变化的)相比，吸附微量热法能给出比较精确的酸强度分布。

5.2.3 红外光谱法测定表面酸性

红外光谱法测定固体表面酸性已成为常规分析方法，广泛应用于固体催化剂表面酸位的类型、强度和酸量的测定，1963 年 Porry 首先建议用吡啶吸附的红外光谱法测定氧化物表面的质子酸(B 酸)和非质子酸(L 酸)。近年来在探针分子的使用、固体酸的表征以及与酸性有关信息的获得等方面有了显著的进展[69,70]。

5.2.3.1 基本原理

红外光谱法测定表面酸性的基本原理是，通过具有碱性的探针分子在表面酸位吸附后，所产生的红外光谱的特征吸收带或吸收带的位移，测定酸位的性质、强度与酸量。由于碱性分子的碱性与表面酸强度的不同，它们之间的相互作用有三种类型。

1) 强碱与强酸之间的作用。固体表面的酸性较强，作为探针分子的碱性也很强时，它们的作用会使探针分子被质子化，酸性羟基的特征红外吸收带消失：

$$\gt Al-OH \ + \ :B \rightleftharpoons \ \gt Al-O^{-} \ + \ H:B^{+}$$

质子化的 $H:B^+$ 在红外光谱中出现特征的吸收带，例如吡啶的特征吸收带在 $1540cm^{-1}$ 和 $1635cm^{-1}$。NH_4^+ 的特征带为 $1450cm^{-1}$。因此，可用吡啶和 NH_3 化学吸附的红外光谱鉴定固体表面的质子酸。根据碱性分子 B 的 pK_a 或质子亲和能的不同，以及 HB^+ 的热稳定性，可以获得酸强度的信息。

2) 固体表面路易斯酸位与碱分子 B 的电子对的给予接受作用。固体表面的 L 酸位接受 B 分子的电子对形成配位键络合物如下

$$\gt Al \ + :B \rightleftharpoons \ \gt Al \ :B$$

配位络合物在红外光谱中有特征吸收带，如吡啶和 NH_3 吸附后分别出现 $1455cm^{-1}$ 和 $1640cm^{-1}$ 吸收带，可用于路易斯酸位的鉴定。

如果某碱性分子 B 与表面酸位作用，同时形成 HB^+ 和 L:B，而且两者皆有特征的红外吸收带，就可用这一探针分子 B 同时表征质子酸和路易斯酸位。吡啶、氨和正丁胺就属于这类分子。

3) 碱性分子与酸位形成氢键接受体的作用。弱碱性的探针分子可通过形成氢键与羟基或路易斯酸位作用

$$\gt Al-OH \ + B \rightleftharpoons \ \gt Al-OH\cdots B$$

作用的强度取决于羟基氧原子和碱性分子 B 的质子亲和势。当 B 分子的质子亲和势大于羟基中的氧时，就可通过质子转移，实现碱分子 B 的质子化形成 HB^+，常用探针分子的质子亲和势如表 5-11 所示。

表 5-11　分子的碱性与质子亲和势[71]

探针分子	吡啶	NH_3	CD_3CN	H_2O	CO	N_2
质子亲和势/（$kJ\cdot mol^{-1}$）	854.2	862.5	789.7	697.1	594.1	494.9

当碱分子 B 的质子亲和势比较低时，它与酸位之间是弱的氢键作用。氢键形成在红外光谱中的特征为：酸性羟基 OH 的伸缩振动频率向低波数位移 $\Delta\nu_{OH}$，形成宽的吸收带以及吸收带积分吸收度增强。这三个量是可测定的，而且与氢键的键能有关。键能越强，羟基吸收带的位移越大，吸收带越宽，积分吸收度越高。弱碱分子与阳离子以及 L 酸位氢键键合后，碱分子某一键的振动模式也会发生变化。由特征吸收带或其频率位移，可用于表征阳离子和 L 酸的酸强度。属于氢键接受体的常用红外探针分子有苯、三氘乙腈、CO、H_2、N_2 等分子。

探针分子吸附的红外光谱法不仅可用于酸位类型和强度的测定，而且可用于表面酸位的定量。其基本原理为，借助于例如吡啶在质子酸位或路易斯酸位上吸附所产生的特征吸收带的吸光度 A_B^{1540} 或 A_L^{1450} 以及各自的消光系数 E_B^{1540} 或 E_L^{1450}，根据 Lambert-Beer 定律求出质子酸和路易斯酸的浓度［B］与［L］。由于实验误差较大，用红外光谱法进行固体表面酸位定量的工作较少。

5.2.3.2　*实验设备与方法*

用探针分子的化学吸附与红外光谱法相结合测定表面酸性的设备由红外光谱仪、配套的真空处理装置和吸附装置三部分组成。

红外光谱仪可用一般的透过吸收中红外光谱仪，其他如漫反射红外光谱仪、衰减全反射红外光谱仪、光声红外光谱仪也被采用，它们给出的基本红外光谱信息是等同的。因此，可根据实验室的条件进行选择。

高真空装置用于活化待测样品、净化探针分子并辅助进行定量化学吸附，其真空度应达 1.33×10^{-2}Pa。样品中的水分以及其他吸附物应在真空装置上加热脱附除去。因为水是弱碱性分子而且是红外活性的，它的存在会干扰探针分子的红外测定。常用探针分子如吡啶、氨、氘代乙腈、CO、N_2、H_2 中所含微量水分应设法除去。液体探针分子中所溶解的微量空气也会干扰红外测定，故应在干燥脱水之后进一步在真空装置上经冷冻-脱气-融化反复处理将其脱除。

探针分子的吸附装置如图 5-26 所示，它由探针分子的储瓶、定量吸附管、红外吸收池以及开启式电炉四个部分组成。如果探针分子为气体，储瓶应换为大的储气瓶。

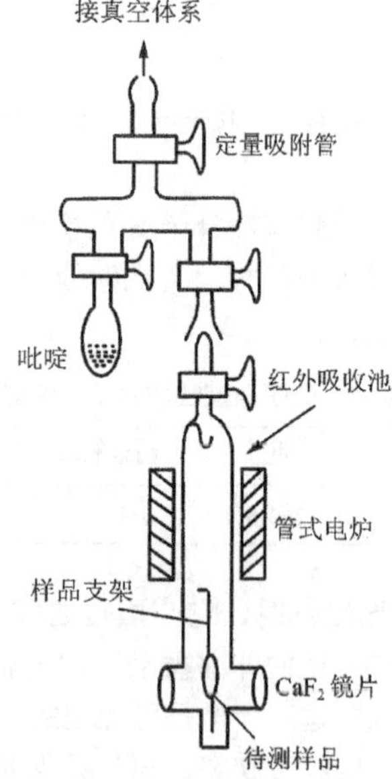

图 5-26　室温及高温吸附装置

实验程序为，首先将待测样品用模具和压片机压成质量为 10 ~ 15mg、直径为 16mm

的圆片，放在支撑架上并挂在红外吸收池上面的钩上，使样品恰在红外吸收池直管的中部，以便开启式电炉加热样品至一定温度并在真空度小于 1.33×10^{-2}Pa 下将样品活化。

活化处理结束后，降至室温并将样品支架落下，使待测样品圆片恰恰落在垂直于红外光路的中心，以便测定羟基红外光谱或未吸附探针分子时的基线。然后将样品升至电炉处，在一定的温度下(或室温)将定量管内的探针分子引入红外吸收池中在样品上进行吸附。吸附平衡后，在一定的真空度下脱附去物理吸附的探针分子，再将样品落下测定吸附后样品的红外光谱。

定量管的体积经过标定，其体积大小视探针分子的蒸气压和待测样品的比表面而定。一般说来，定量管的体积应保证其中的探针分子数目小于样品对探针分子的饱和吸附量。以便引入 1，2，3，4…，管探针分子测定探针分子在不同表面覆盖度下的红外光谱。要比较精确测定量管内的探针分子数时，定量管上还要接上压力计，以便测定探针分子在定量管内的压力，知道压力和体积后就可计算探针分子的数目。

在液氮温度下测定 CO、N_2、H_2 等吸附的红外光谱时，在红外吸收池下端设置液氮套管如图 5-27 所示，使样品在液氮温度下进行吸附和红外测定。为保持样品的液氮温度，应使液氮在红外吸收池的套管中循环流动。

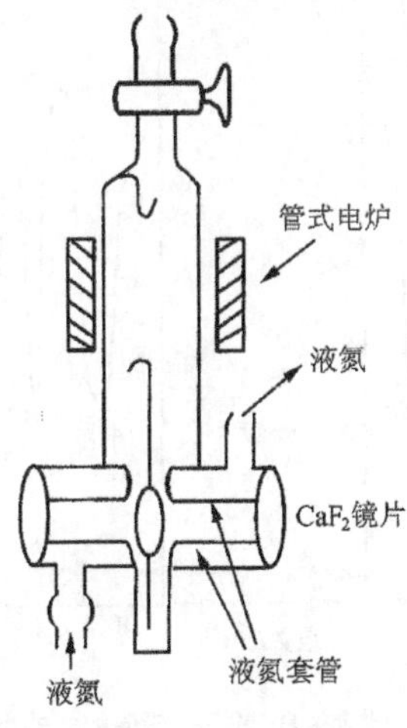

图 5-27　液氮温度红外吸收池

5.2.3.3　探针分子吸附的红外光谱法在表面酸性测定中的应用

(1) 吡啶及烷基取代吡啶在酸性测定中的应用

吡啶为强碱性分子其氮原子上的电子对具有很强的质子亲和势，易与质子作用形成质子化的络合物 NH⁺ (PyH^+)。吡啶与溶液中的质子酸(例如盐酸水溶液)作用，在红外光谱中出现 1540cm^{-1}吸收带。当其吸附在固体表面上质子酸位上时，也形成 1540cm^{-1}吸收带。由此判断 1540cm^{-1}是吡啶与质子酸作用形成 PyH^+ 的特征吸收带，可用于质子酸的表征。同样，吡啶与溶液中的 L 酸(例如 BF_3)以及与固体表面上 L 酸作用，皆生成1450cm^{-1}吸收带，因而将它归属为形成Py-L酸位络合物的特征吸收带，用于L酸的表征。从振动模式归属这些谱带，1540cm^{-1}和1450cm^{-1}分别为吡啶与质子酸和路易斯酸结合后的19b式C—C(N)伸缩振动。Zerbi等[71]则将1540cm^{-1}和1635cm^{-1}归属为吡啶环上C—C键伸缩振动和N—H键弯曲振动偶合的频率（合频）。而1450cm^{-1}和1577cm^{-1}为与L酸结合后吡啶的C—C伸缩振动与C—H面内弯曲振动偶合的振动频率。

HY分子筛在红外光谱中出现两个与酸性羟基有关的3640cm^{-1}和3550cm^{-1}强吸收带和3740cm^{-1}弱吸收带（图5-28中未标出），如图5-28所示，3640cm^{-1}对应于大笼中的酸性羟基O_1—H，其酸性较强。3550cm^{-1}对应于小笼中的酸性羟基(O_3—H)，其酸性较弱。3740cm^{-1}对应于沸石骨架末端的Si—OH，其酸性更弱。

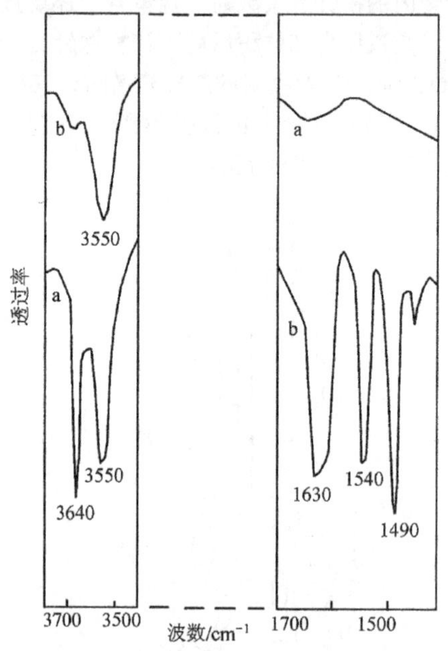

图5-28 吡啶在HY沸石上吸附的红外光谱

a. 在350℃活化的HY；b. 在200℃吸附及脱附吡啶

在200℃吸附吡啶后，由于吡啶分子被质子化，3640cm^{-1}吸收带消失，1540cm^{-1}吸收带出现，而小笼中的3550cm^{-1}则基本上不受影响。这表明吡啶的吸附是有选择性的。这是由于吡啶分子的动力直径较大，只能进入Y型分子筛的大笼与O_1—H作用，而不能进入较小的方钠石笼与O_3—H作用。因此，这种吸附的选择性属于几何形状的选择性。从而可用吡啶吸附的红外光谱，判断Y沸石大笼和小笼中的酸性位。

吡啶与酸性羟基作用质子化后形成的1540cm^{-1}、1630cm^{-1}吸收带，用于表征质子酸位。将HY沸石在500℃以上进行热处理，由于脱羟基过程中伴随的脱铝，使部分质子酸变为L酸。吡啶吸附后的红外光谱中，出现新的1455cm^{-1}吸收带，这是L酸存在的特征。与此同时1540cm^{-1}吸收带减弱，说明质子酸减少。

吡啶吸附于 HY 的红外光谱中，还有 $1490cm^{-1}$强吸收带，这是 B 酸和 L 酸与吡啶作用后共同的吸收带。

金属阳离子有接受电子对能力的也属于 L 酸。在沸石中的金属阳离子可与吡啶氮原子的独对电子配位，形成配位络合物。其特征吸收带的频率，随作用强度的增加由 $1440cm^{-1}$向 $1445cm^{-1}$位移。Na^{+}离子的酸性很弱，在 NaY 与吡啶作用形成的配位络合物，其特征吸收带出现在 $1440cm^{-1}$附近。这种配位络合物的稳定性差，在高于室温时真空脱附就能分解，$1440cm^{-1}$吸收带随之消失。而八面沸石中的 La^{3+}与吡啶的作用很强，形成吡啶络合物的特征吸收带出现在 $1445cm^{-1}$，升高温度也不易分解。另外，La^{3+}离子如果定位在小笼中的 S_I 或 $S_{I'}$位，受结构阻碍而不能与吡啶作用，从而不能形成 $1445cm^{-1}$吸收带。因此，可用 $1445cm^{-1}$吸收带表征稀土离子，例如 La^{3+}，在 Y 型分子筛内小笼大笼之间的移动以及 La^{3+}由无定形 SiO_2-Al_2O_3 表面向 Y 型分子筛中的移动[4]。

烷基取代吡啶也可用于表面酸性的表征。2，6-二甲基吡啶的两个甲基使该分子的碱性增强，质子亲和势增加，从而易被酸性羟基质子化，可以作为质子酸的探针分子。另外，氮原子两边的甲基的屏蔽作用，致使氮上独对电子与 L 酸配位变得困难。因此，Benesi 曾建议用 2，6-二甲基吡啶作为质子酸的专一探针分子。Knozinger 等[70]对此提出了异议。他们的工作表明，2，4，6-三甲基吡啶能够与 Al^{3+}阳离子配位，虽然这种配位弱于吡啶，在其被吸附后能被后吸附的吡啶全部取代。还有人试图用更大的烷基取代吡啶，例如 2，6-二叔丁基吡啶，作为质子酸专一性探针分子也没有成功。

(2) NH_3 作为探针分子的表面酸性测定

NH_3 也是强碱性分子，其 N 上的独对电子有比较高的质子亲和势。另外，NH_3 分子的动力直径较小(0.165nm)可用于定量测定微孔、中孔和大孔的内表面酸性，不受孔大小的限制，因而是常用于酸性测定的探针分子。

NH_3 易与质子酸作用形成质子化的 NH_4^+ 离子，其 N—H 弯曲振动在红外光谱中呈现 $1450cm^{-1}$特征吸收带。NH_3 以其独对电子与 L 酸配位形成L∶NH_3，其红外吸收带出现在 $1630cm^{-1}$ 附近。因为 NH_3 的这一特性，能够区分质子酸和路易斯酸，通常使用 $1450cm^{-1}$和 $1630cm^{-1}$分别作为质子酸和路易斯酸的表征。

用 NH_3 在固体表面上吸附和脱附时，应在 500K 以下进行，高温下 NH_3 在 L 酸上离解为 NH_2 和 NH，它们能取代原有的羟基，干扰酸性测定。另外，氨在某些金属氧化物上，例如在 MoO_3、WO_3、TiO_2 上，会生成氮化物。

(3) 氘代乙腈(CD_3CN)作为探针分子的酸性测定

氘代乙腈是较弱的碱性分子，CN 基与酸作用在红外光谱中有两种效应，即 CN 基的伸缩振动向高波数位移和与之成氢键的羟基随酸性增加向低波数位移。CN 基与 L 酸和金属阳离子以配位键方式键合，并使 CN 的伸缩振动向高波数位移 30 ~ $60cm^{-1}$。气体 CD_3CN 的 CN 基的频率(ν_{CN})为 $2270cm^{-1}$，它与 $AlCl_3$ 配位的 ν_{CN}为 $2330cm^{-1}$，而与 BF_3 配位后的 ν_{CN}为 $2355cm^{-1}$。

Kotrla 等[72]考查了 CD_3CN 在各种氢型沸石上吸附后的红外光谱，如图 5-29 所示。

ν_{CN}随沸石桥羟基的氢上正电荷的增加(即酸强度的增加)在 2405 ~ $2445cm^{-1}$范围内

(B)向高波数位移。沸石中的桥羟基(Si—OH—Al)因与 CN 成氢键其吸收带向低波数位移，羟基酸性越强，位移越多。由此得到酸强度的顺序为：HX < HY (2.2) < HY (2.5) < HM < HZSM-5，与苯、CO、N_2 作为探针分子所得结果一致。

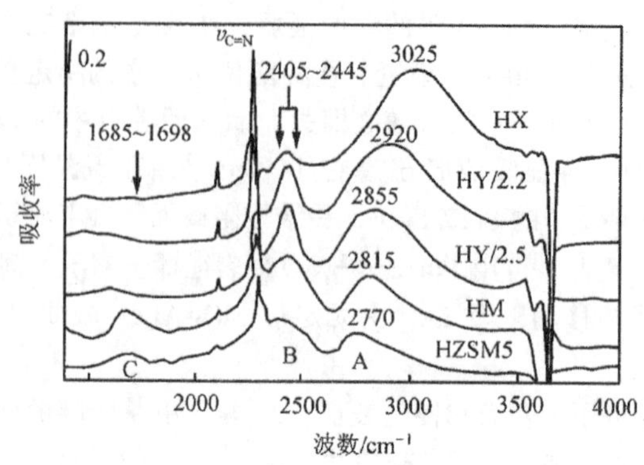

图 5-29 各种沸石吸附 CD_3CN 前后的红外光谱差谱

把碳正离子作为 L 酸，它与 CD_3CN 作用形成 $CD_3CN:R^+$ 的红外光谱，可以提供有意义的信息。Lavalley 等[73]研究 CD_3CN 与环已烯在 HZSM-5 上的共吸附，推断 CD_3CN 与碳正离子之间有配位作用，并将 ν_{CN}为 2387cm^{-1}归属为第二碳正离子与 CD_3CN 的作用，ν_{CN}为 2376cm^{-1}归属为第三碳正离子与 CD_3CN 的作用。因此 CD_3CN 可能成为烃转化反应中间碳正离子的探针分子。

用 CD_3CN 作红外探针分子应注意它的反应性能，在碱性表面它会分解，从而干扰红外光谱的测定。

(4) CO 作为探针分子的酸性测定

CO 是一个碱性更弱的分子，它的质子亲和势比 CD_3CN 还要低，因而与酸位的作用非常弱，需要在低温下(液氮或干冰的温度)才能进行定量测定。

CO 通过氢键与羟基作用，这种氢键作用很容易被羟基区和 C—O 伸缩振动区的红外光谱认定。例如 CO 在液氮温度下吸附在硅胶表面上时，SiO—H 伸缩振动(3740cm^{-1})被严重干扰并向低波数位移 90cm^{-1}，逐渐形成宽大吸收带，积分吸收强度增加，呈现典型的氢键特征，如图 5-30 所示[74]。另外，吸附态的 C—O 伸缩振动与气相 CO 的 2143cm^{-1}相比向高波数位移约 15cm^{-1}。

沸石外表面 Si—OH 在低温吸附 CO 时，呈现和硅胶表面羟基完全相同的特性。对于沸石骨架上的 Si—OH—Al 桥羟基，在各种类型氢沸石上 CO 低温吸附的结果表明，羟基的吸收带频率向低波数位移，视结构和组成不同变化于 250 ~ 340cm^{-1}之间[69]。由于波数位移的多少与羟基的酸强度有关，CO 在低温下的吸附可以提供表面羟基酸强度的信息。不同沸石上的研究结果列于表 5-12[70]。由表 5-12 可见，不同作者所得结果基本上是可以对比的。例如，由 $\Delta\nu_{OH}$值判断强度的顺序为：HY < H-MOR < HZSM-5，与其他探针分子所得结果一致。

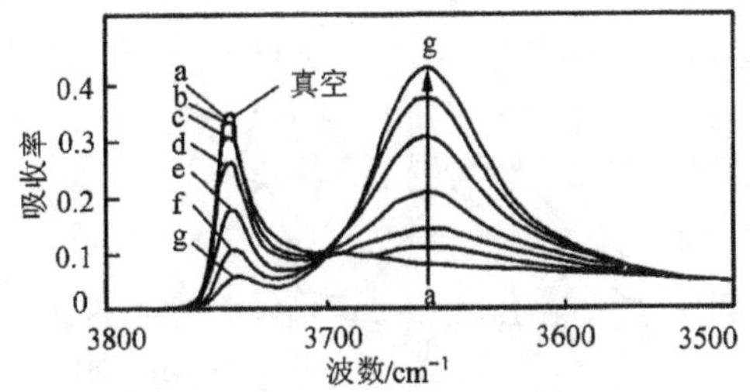

图 5-30 一氧化碳在 83K 吸附在硅胶上羟基区的红外光谱

相对压力分别为：a. 2.3×10^{-5}；b. 1.1×10^{-4}；c. 2.5×10^{-4}；d. 5.5×10^{-4}；e. 1.4×10^{-3}；f. 3.2×10^{-3}；g. 6.8×10^{-3}

表 5-12 CO 在液氮温度下吸附前后，沸石的 O—H 伸缩振动频率和相应的 O—H 伸缩振动位移 $\Delta\nu_{OH}$

沸石	n_{Si}/n_{Me}	$\Delta\nu_{OH}/cm^{-1}$		$\Delta\nu_{OH}/cm^{-1}$
		自由 OH	O—H···CO	
[Al]-HZSM-5	13.6	3617	3305	312
	24	3620	3305	315
	26.8	3618	3305	313
	27	3621	3314	307
[Ga]-HZSM-5	29.5	3622	3330	292
H-MOR	–	3609	3315	294
$H_{70}Na_{30}Y$	2.9	3652	3399	275
$H_{95}Na_{5}Y$	2.9	3643	3347	296
$H_{70}Na_{30}Y$	2.5	3647	3369	278
$H_{20}Na_{80}Y$	2.5	3650	3385	265

用 CO 作红外测定的探针分子，应考虑到偶极-偶极作用的敏感性，这种作用导致随浓度增加 CO 吸收带向高波数位移。为避免这一效应，在红外测定中 CO 的浓度逐渐增加时，其增值必须非常小。

(5) 氢气和氮气为探针分子的酸性测定

氢气和氮气皆为同核双原子分子，无永久偶极存在，应当是无红外活性的。但在一定的条件下被表面吸附，例如 N_2 以一端吸附的构型与表面成键，由于对称性的降低使 N—N 和 H—H 伸缩振动模式产生红外活性。H_2 和 N_2 分子的碱性比 CO 还要低，而且是稳定的分子，在低温才能实现吸附。因此，用作探针分子时，需在液氮的温度下进行吸附和红外测定。用 H_2、N_2 作探针分子也有其优点，这就是气态分子的存在，不干扰吸附态分子的红外测定。

Kazanski 等[75]用漫反射红外光谱，在 77K、压力为 266 ~ 665Pa 的条件下研究 H_2 在 HZSM-5 上的吸附，提出了高硅沸石中 L 酸结构的新概念。结果如图 5-31 所示。

经 770K 真空活化后，在 77K 吸附 H_2 的 HZSM-5 上出现 4125cm^{-1}和 4105cm^{-1}两个

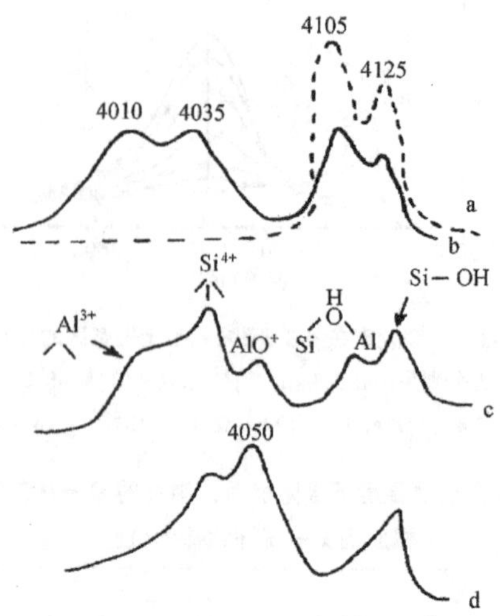

图 5-31 HZSM-5 上吸附的 H_2 真空脱附的红外谱图

a. 770K; b. 970K; c. 1220K; d. 770K 深层焙烧 HY

吸收带，分别被归属为骨架末端 Si—OH 和骨架中 Si—OH—Al 桥羟基的吸收带。

经 910K 真空脱羟基 HZSM-5 上 H_2 吸附的红外光谱中，桥羟基 4105cm^{-1}吸收带被削弱，同时出现 4035cm^{-1}和 4010cm^{-1}两个吸收带，它们分别是归属为 H_2 与三配位铝（$-Al^{3+}$）和硅（$-Si^{4+}$）作用产生的吸收带。

在 1220K 真空脱羟基 HZSM-5 上 H_2 吸附后，桥羟基进一步变弱，并出现 4050cm^{-1}新吸收带，被归属为非骨架 AlO^+ 上 H_2 吸附的结果。为验证这一假定，用 770K 深层焙烧 HY 吸附 H_2，亦发现强的 4050cm^{-1}吸收带。说明 Y 沸石骨架脱铝生成 AlO^+ 是生成 L 酸的主要途径。

因此，Kazanski 认为高硅沸石脱羟基过程，可按 Uytterhoeven 等早年建议的机理，生成三配位铝为主的 L 酸位。

(6) 红外光谱探针分子的选择

在表面酸性测定中探针分子的选用和红外光谱仪的选择一样，首先要看实验室的物质条件和技术水平，尽量选操作简单且能提供多种信息的探针分子。其次要看研究的目的与对象。测定表面总酸性，宜选用 CO、NH_3、H_2、N_2 等动力直径较小的探针分子，避免微孔阻滞探针分子在内表面的吸附。如果目的是区别 B 酸和 L 酸，采用吡啶或 NH_3 操作比较简单，在给出 B 酸和 L 酸谱带的同时，还可用质子化络合物真空下的热稳定性，给出该各酸强度的信息。如果要考查催化反应中反应物分子可接近的酸位，则应选择和反应物分子大小相当的探针分子。如果要测定酸强度变化范围较大的系列样品，宜选用弱碱性的 CO、N_2 或 H_2 作探针分子，可以给出更高的选择性。

另一个选择标准是探针分子在选定的温度和压力下有足够的稳定性，并且探针分子在所研究样品的表面上不会分解，也不会生成稳定的表面化合物。

5.2.3.4 红外光谱法测定表面酸性应注意的问题

红外光谱法在表面酸性的表征方面，研究了许多有效的探针分子，并以此对各种氧化物和沸石及非沸石分子筛进行了广泛深入的研究。对于大多数探针分子，红外谱图的解释与固体表面酸位类型、强度的表征是相当成功的。但是，对于固体表面酸性的表征，只有酸位的类型和强度是不够的，还需要酸位数目按强度的分布这一特征物理量。应当指出，在红外光谱酸位的定量方面研究甚少，进展不大。尽管从理论上可根据 Lambert-Beer 定律以及摩尔消光系数求出表面酸位浓度。但对同一类酸位，例如 B 酸，其消光系数对于不同的体系差别很大，需要专门进行测定，且误差较大。另外，它受温度、样品微晶粒子大小等因素影响很大。因此，直到今日尚不能用红外测定的酸位数目计算酸式催化的转化频率。可以认为，对于表面酸性的红外表征，绝大多数仍局限于定性研究。此外，对于固体催化剂来说，绝大多数表面是不均匀的，其表面酸位按强度分布。但对于同一固体表面上酸强度变化的红外光谱研究还比较缺乏。因此，研究更有效的探针分子和实验方法，定量测定表面酸位以及酸位按强度的分布是值得注意的。

符 号 说 明

A	吸附物
A_0	常数
a	常数
a_0	常数
b	吸附系数
c	常数
d	脱附常数
E_a	吸附活化能
E_d	脱附活化能
ΔH（吸）	吸附过程热焓变化
K	吸附平衡常数
k_a	吸附速率常数
k_d	脱附速率常数
n	吸附位数
n_2	Freudlich 等温式常数
p	吸附压力
q	吸附热
q_0	覆盖度趋于零的微分吸附热
q_m	饱和吸附时微分吸附热
R	阿伏伽德罗常量
S_{II}	八面沸石超笼中的一种阳离子位
ΔS（吸）	吸附过程熵变
S	表面吸附位
$[S]$	吸附位的表面浓度
T	温度

t	时间
V	吸附量
V_m	单分子饱和吸附量
V_t	时间 t 的吸附量
v_a	吸附速率
v_d	脱附速率
ΔZ	吸附过程自由焓变化
α	常数
ν	振动频率
θ	表面覆盖度，%
θ_0	空白表面所占的分数，%
下角标	
a	吸附
adj	相邻的
ads	吸附态
d	脱附
i	单元

参 考 文 献

[1] 李宣文，黄志渊．接触催化．北京：石油工业出版社，1984．63～69

[2] Gravell P C. Catal Rev-Sci Eng，1997，16(1)：37～110

[3] Aharoni C A，Tompkins F C. Advances in Catalysis vol 21. New York and London：Academic Press INC，Publishers，1970，1～49

[4] 李宣文，刘兴云，余励勤．沸石催化剂开发与红外光谱研究，催化研究中的原位技术．北京：北京大学出版社，1993．30～33

[5] 刘冠华．阳离子对沸石酸性测定的影响．北京：北京大学出版社，1984

[6] Mitani Y，Tsutsumi K，Takahashi H. Bull Chem Soc Jpn，1983，56：1917～1920

[7] Cardona-Martinez N，Dumesic J A. Advances in Catalysis. Vol 38. New York and London：Academic Press INC，Publishers 1992．175～176

[8] Sato H. Catal Rev-Sci Eng，1997，39(4)：395～424

[9] Ponomarenko I Y，Paukshtic E A，Koval L M. Zh Fiz Khim，1993，67：1726～1728

[10] Li X W，Su X，Liu X Y. Proceeding 12th International Zeolite Conference. 1998，4：2659～2664

[11] Ebata T，Watanobe T，Mika mi N. J Phys Chem，1995，99：5761～5764

[12] Huber S，Knözinger H. Appl Catal A：General，1999，181：239～244

[13] 李宣文．化学吸附——多相催化剂的研究方法．尹元根主编．北京：化学工业出版社，1988，75～76

[14] Bhasin M M. Catal Lett，1999，59：1～7

[15] Sachtler W M H. Catal Rev，1970，4：27～36

[16] Bhasin M M. Process and Catalysts for the Epoxidation of Ethylene to Ethylene Oxide. US：4908343，1990-03-13

[17] Bhasin M M. Catalyst Composition for Oxidation of Ethylene to Ethylene Oxide. US：5057481，1991-10-15

[18] Grant R B，Lambert R L. J Catal，1985，92：364～375

[19] Force E L，Bell A T. J Catal，1976，44：175～182

[20] ［日］田部浩三，小野嘉夫，御圆生诚等．新固体酸和碱及其催化作用．北京：化学工业出版社，1992．4～13；118～123

[21] Forni L. Catal Rev，1973，8：65～115

[22] Benesi H A，Winquist B H C. Advances in catalysis：Vol 27. New York and London：Academic Press，1978．97～

182
[23] Kijenski J, Baiker A. Catal Today, 1989, 5 (1): 1X-119
[24] Corma A. Chem Rev, 1995, 95: 559 ~ 614
[25] 刘希尧等. 工业催化剂分析测试表征. 北京: 烃加工出版社, 1990. 333 ~ 360
[26] 沈宏康. 有机酸碱. 北京: 高等教育出版社, 1983. 37 ~ 41
[27] Hino M, Kobayashi S. J Amer Chem Soc, 1979, 101 (21): 6439 ~ 6441
[28] 高滋, 陈建民, 唐颐. 高等学校化学学报, 1992, 13 (12): 1498 ~ 1502
[29] Umansky B S, Hall W K. J Catal, 1990, 124: 97 ~ 108
[30] Leftin H P, Hobson JR M C. Advances in Catalysis. Vol 14. New York and London: Academic Press, 1963. 115 ~ 201
[31] Anderson M W, Klinowski J. Zeolites, 1986, 6: 150 ~ 153
[32] Drushel H V, Sommers A L. Anal Chem, 1966, 38 (12): 1723 ~ 1731
[33] Parvulescu V, Coman S. Appl Catal A, 1999, 176: 27 ~ 43
[34] Song X, Sayari A. Catal Rev-Sci Eng, 1996, 38: (3)329 ~ 412
[35] Sabu K R P, Rao K V C. Bull Chem Soc Jpn, 1991, 64: 1920 ~ 1925
[36] Cheung Tsz-Keung, Gates B C. CHEMTECH, 1997, 27 (9): 28 ~ 35
[37] She LQ, Hong S et al. Catalysis by Acids and Bases. Amsterdam-Oxford-New York-Tokyo: Elsevier, 1985. 335 ~ 342
[38] Ardizzone S, Bianchi C L et al. Appl Surface Sci, 1998, 136: 213 ~ 220
[39] Karge H G. Catalysis and Adsorption By Zeolites. Amsterdam: Elsevier Science Publishers, 1991. 113 ~ 155
[40] 吴越. 催化化学. 北京: 科技出版社, 1995. 1048 ~ 1052
[41] Guo C X, Qian Z H et al. Appl Catal A, 1994, 107: 229 ~ 238
[42] Jacobs P A. Carboniogenic Activity of Zeolites. Amsterdam: Elsevier Scientific Publishing Company, 1977. 168 ~ 169; 36 ~ 38
[43] Tanabe K. Catalysis: Science and Technology. Vol 2. Berlin Heidelberg New York: Springer-Verlag, 1981. 231 ~ 273
[44] Ghosh A K, Curthoys G. Studies in Surface Science and Catalysis. Vol 19. Amsterdam: Elsevier Science Publis-hers, 1984, 147 ~ 154
[45] Unger K K, Kittelmann U R et al. J Chem Technol Biotechnol, 1981, 31: 453 ~ 469
[46] Murrell L L, Dispeuziere Jr N C. J Catal, 1989, 117: 275 ~ 280
[47] Umansky B, Hall W K et al. J Catal, 1991, 127: 128 ~ 140
[48] Cardona-Martinez N, Dumesic J A. Advances in Catalysis. Vol 38. New York and London: Academic Press INC Publishers, 1992. 149 ~ 244
[49] Auroux A. Top Catal, 1997, 4: 71 ~ 89
[50] Gravelle P C. Advances in Catalysis. Vol 22. New York and London: Academic Press, 1972, 191 ~ 264
[51] Handy B E, Sharma S B, Splewak B E et al. Meas Sci Technol, 1993, 4: 1350 ~ 1356
[52] Bankoz I, Klyachko A L et al. Zeolites, 1988, 8: 189 ~ 195
[53] Jozefowicz L C, Karge H G, Coker E N. J Phys Chem, 1994, 98: 8053 ~ 8060
[54] Shen J Y, Tu M, Chen Y. 催化学报, 1996, 17 (3): 185 ~ 186
[55] Parrillo D J, Gorte R J. Catal Lett, 1992, 16: 17 ~ 25
[56] Cardona-Martinez N, Dumesic J A. J Catal, 1990, 125: 427 ~ 444
[57] Cardona-Martinez N, Dumesic J A. J Catal, 1991, 128: 23 ~ 33
[58] Auroux A, Gervasini A. J Phys Chem, 1990, 94: 6371 ~ 6379
[59] Tsulsumi K, Mitami Y, Takahashi H. Bull Chem Soc Jap, 1983, 56: 1912 ~ 1916
[60] Auroux A, Ben Taarit Y. Thermochim Acta, 1987, 122: 63 ~ 70
[61] Tsulsumi K, Nishimiya K. Thermochim Acta, 1989, 143: 299 ~ 309
[62] Parvillo D J, Gorte R J. J Phys Chem, 1993, 97: 8786 ~ 8792

[63] Lofebvre F, Liu-Cai F X, Auroux A. J Mater Chem, 1994. 4 (1): 125~131
[64] Fogash K B, Yaluris G, Gonzalez M R et al. Catal Lett, 1995, 32: 241~251
[65] Barthomeuf D. Studies in Surface Science and Catalysis. Vol 38. Amsterdam: Elsevier Science Publishers, 1988. 177~186
[66] Mishin I V, Klyachko A L, Brueva T R et al. Kinet Catal, 1993, 34 (3): 562~568
[67] Stach H S, Jenchen J, Jerschkewitz H G et al. J Phys Chem, 1992, 96: 8480~8485
[68] 韩毓旺，沈俭一，陈懿. 物理化学学报，1997，13 (10)：916~919
[69] Lercher J A, Grundling C, Eder-Mirth G. Catal Today, 1996, 27: 353~376
[70] Knozinger H, Huber S. J Chem Soc, Faraday Trans, 1998, 94 (15): 2047~2059
[71] Zerbi G, Crawford B, Overand J. Chem Phys, 1963, 38: 127~132
[72] Kotrla J, Kubelkova L. Studies in Surface Science and Catalysis. Vol 94. Amsterdem: Elsevier Science Publishers, 1995, 509~515
[73] Jolly S, Saussey J, Lavalley J C. Catal Lett, 1994, 24: 141~146
[74] Beebe T P, Gelin P, Yates J T. Surface Sci, 1984, 148: 526~532
[75] Kazanski V B. Studies in Surface and Catalysis: Vol 65. Amsterdam: Elsevier Science Publishers, 1990. 117~131

（李宣文　佘励勤，北京大学化学与分子工程学院）

第 6 章 催化剂的动态分析方法

6.1 理 论

多相催化过程是一个极其复杂的表面物理化学过程,这个过程的主要参与者是催化剂和反应分子,所以要阐明某种催化过程,首先就要对催化剂的性质、结构及其与反应分子相互作用的机理进行深入研究。分子在催化剂表面发生催化反应要经历很多步骤,其中最主要的是吸附和表面反应两个步骤,因此要阐明一种催化过程中催化剂的作用本质及反应分子与其作用的机理,必须对催化剂的吸附性能(吸附中心的结构、能量状态分布、吸附分子在吸附中心上的吸附态等)和催化性能(催化剂活性中心的性质、结构和反应分子在其上的反应历程等)进行深入研究。最好是在反应进行过程中研究这些性质，这样才能捕捉到真正决定催化过程的信息，当然这是很难完全做到的。原位红外光谱法(含拉曼光谱法)、动态分析技术，可以在反应或接近反应条件下有效地研究催化过程。本章将介绍其中的程序升温分析技术(TPAT)。

TPAT 在研究催化剂表面上分子在升温时的脱附行为和各种反应行为的过程中，可以获得以下重要信息。

1) 表面吸附中心的类型、密度和能量分布；吸附分子和吸附中心的键合能和键合态。

2) 催化剂活性中心的类型、密度和能量分布；反应分子的动力学行为和反应机理。

3) 活性组分和载体、活性组分和活性组分、活性组分和助催化剂、助催化剂和载体之间的相互作用。

4) 各种催化效应-协同效应、溢流效应、合金化效应、助催化效应、载体效应等。

5) 催化剂失活和再生。

TPAT 具体有以下技术：程序升温脱附(TPD)、程序升温还原(TPR)、程序升温氧化(TPO)、程序升温硫化(TPS)、程序升温表面反应(TPSR)等。

6.1.1 TPD 理论[1~6]

TPAT 中以 TPD 研究得最深入，应用得最广泛，理论也比较成熟，因此本文将重点予以介绍。TPD 过程中，可能有以下现象发生：①分子从表面脱附，从气相再吸附到表面；②分子从表面扩散到次层(subsurface)，从次层扩散到表面；③分子在内孔的扩散。

催化剂表面的吸附中心性质是直接影响吸附分子脱附行为的重要因素，而吸附分子之间的相互作用也会对 TPD 过程产生一些影响。

6.1.1.1 均匀表面的 TPD 理论

在讨论 TPD 理论时，常常先从理想情况着手，即先讨论均匀表面上(全部表面在能量上是均匀的)的 TPD 过程。

分子从表面脱附的动力学可用 Polanyi-Wigner 方程来描述

$$\frac{\mathrm{d}\theta}{\mathrm{d}t} = k_{\mathrm{a}}(1-\theta)^{n} c_{\mathrm{G}} - k_{\mathrm{d}}\theta^{n} \tag{6-1}$$

$$k_{\mathrm{d}} = \nu \exp\left(-\frac{E_{\mathrm{d}}}{RT}\right) \tag{6-2}$$

式中：θ——表面覆盖度；

k_{a}——吸附速率常数；

k_{d}——脱附速率常数；

c_{G}——气体浓度；

E_{d}——脱附活化能；

ν——指前因子；

n——脱附级数；

T——热力学温度，K；

R——摩尔气体常量；

t——时间。

Polanyi-Wigner 方程忽略了分子从表面到次层的扩散和分子之间的相互作用。Polanyi-Wigner 动力学方程是恒温下的方程，在等速升温脱附条件下，因为

$$T = T_0 + \beta t \qquad 即 \qquad \mathrm{d}t = \frac{\mathrm{d}T}{\beta} \tag{6-3}$$

式中，β 为升温速率，$\mathrm{K \cdot m^{-1}}$。

Polanyi-Wigner 方程改写成

$$\beta \frac{\mathrm{d}\theta}{\mathrm{d}T} = k_{\mathrm{a}}(1-\theta)^{n} c_{\mathrm{G}} - k_{\mathrm{d}}\theta^{n} \tag{6-4}$$

Amenomiya[2]在方程(6-4)基础上进一步推导出实用的 TPD 方程

$$\frac{\beta V_{\mathrm{S}} V_{\mathrm{M}} (1-\theta_{\mathrm{m}})^{n+1}}{F_{\mathrm{C}} \nu n \theta_{\mathrm{m}}^{n-1}} \frac{\Delta H_{\mathrm{a}}}{R T_{\mathrm{m}}^{2}} = \exp\left(-\frac{\Delta H_{\mathrm{a}}}{R T_{\mathrm{m}}}\right) \tag{6-5}$$

式中，$\nu = k\exp\frac{\Delta S}{R}$(其中 ΔS 表示吸附熵变)。

两边取对数，得

$$2\lg T_{\mathrm{m}} - \lg\beta = \frac{\Delta H_{\mathrm{a}}}{2.303R} \frac{1}{T_{\mathrm{m}}} + \lg \frac{V_{\mathrm{S}} V_{\mathrm{M}} \Delta H_{\mathrm{a}} (1-\theta_{\mathrm{m}})^{n+1}}{F_{\mathrm{C}} R \nu n \theta_{\mathrm{m}}^{n+1}} \tag{6-6}$$

式中：T_{m}——TPD 谱图高峰处的相应温度；

ΔH_{a}——吸附热焓($-\Delta H_{\mathrm{a}} = Q_{\mathrm{a}}$ 即吸附热)；

V_{S}——吸附剂体积；

V_M——单层饱和吸附体积；

F_C——载气流速。

没有再吸附发生的情况下，TPD 方程为

$$\frac{E_d}{RT_m^2} = \left(n\nu\frac{{\theta_m}^{n-1}}{\beta}\right)\exp\left(-\frac{E_d}{RT_m}\right) \tag{6-7}$$

两边取对数，得

$$2\lg T_m - \lg\beta = \frac{E_d}{2.303R}\frac{1}{T_m} + \lg\left(\frac{E_d}{\nu Rn\theta_m^{n-1}}\right) \tag{6-8}$$

当 $n=1$ 时

$$2\lg T_m - \lg\beta = \frac{E_d}{2.303R}\frac{1}{T_m} + \lg\frac{E_d}{\nu R} \tag{6-8'}$$

从式(6-5)可见，T_m 和 F_C 有关时，TPD 过程伴随着再吸附，如果加大 F_C 使 T_m 和 F_C 无关，即得式(6-7)、式(6-8)。这时，TPD 变成单纯的脱附过程。因此，通过改变 F_C 可以判断 TPD 过程有无再吸附发生以及消除再吸附现象的发生。

上述式(6-4)、式(6-5)中，$n=1$ 或 2，如何决定是 1 还是 2？根据脱附动力学方程的模拟计算结果[1]表明，对于脱附动力学是一级($n=1$)的，TPD 谱图呈现不对称形，而脱附动力学是二级($n=2$)的，TPD 谱图呈现对称形，因此可以从图形的对称与否，判定 n 的值。对于均匀表面的 TPD 过程，还有两个问题留待后面再讨论，这两个问题是吸附分子之间有相互作用和表面分子扩散到次层时的 TPD 过程。

脱附动力学参数的测定：

(1) 通过改变 β

β 影响出峰温度[11]，所以可以通过试验改变 β 得到相应的 T_m 值，然后根据式(6-6)，$2\lg T_m - \lg\beta$ 对 $1/T_m$ 作图，由直线斜率求出吸附热焓 ΔH_a［有再吸附发生(用改变 F_C 来判断)］。不发生再吸附，$n=1$ 时，根据式(6-8)，$2\lg T_m - \lg\beta$ 对 $1/T_m$ 作图，由直线斜率求出脱附活化能 E_d，由 E_d 和截距求出指前因子 ν 值。

另外，把 Polanyi-Wigner 方程(6-1)略做如下变化。

因为 $\theta = V/V_M$，V 为吸附体积；当不发生再吸附时

$$\frac{1}{V_M}\left(\frac{dV}{dt}\right) = \nu\left(\frac{V}{V_M}\right)^n\exp\left(-\frac{E_d}{RT_m}\right) \tag{6-9}$$

改变几个 β，便得几组具有不同 T_m 和峰高 h 的 TPD 图，峰高和脱附速率$\left(\frac{dV}{dt}\right)$成正比，$\lg h$ 对 $\frac{1}{T_m}$ 作图，从直线斜率求出 E_d[7]。

如果 $n=1$，式(6-9)变为

$$\frac{dV}{dt} = V\nu\exp\left(-\frac{E_d}{RT_m}\right) \tag{6-10}$$

令 $r_d = \frac{dV}{dt}$，则

$$r_d/V = \nu\exp\left(-\frac{E_d}{RT_m}\right) \tag{6-11}$$

式中，r_d 为脱附速率。

V 和 TPD 峰面积 A 成正比，则 $\frac{h}{A} = \nu\exp\left(-\frac{E_d}{RT_m}\right)$ (6-12)

$\lg\left(\frac{h}{A}\right)$ 对 $\frac{1}{T_m}$ 作图，从直线斜率求 E_d，从截距求 ν[8]。

(2) 图形分析法[8]

在 TPD 曲线最高峰 h_m (其相应温度为 T_m)以右斜坡曲线上取不同峰高 h_i，并同时得到相应的不同 T_i 和 A_i (图 6-1)，$\lg\left(\frac{h_i}{A_i}\right)$ 对 $\frac{1}{T_i}$ 作图，则可求得 E_d 和 ν。

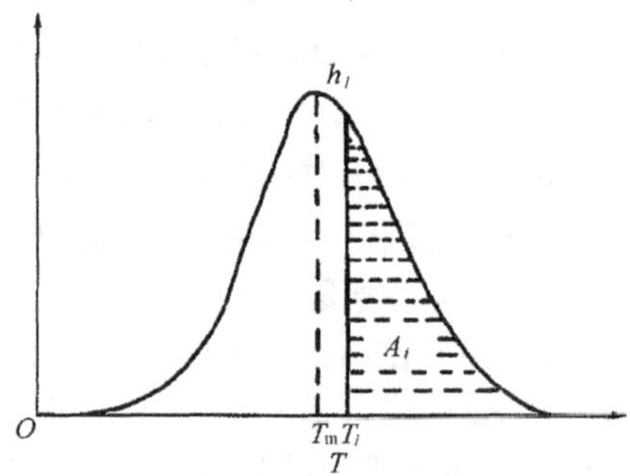

图 6-1 TPD 图形分析

其他有关 TPD 曲线的处理方法可参阅文献 [8～10]。

6.1.1.2 不均匀表面的 TPD 理论

吸附剂(或催化剂)在很多情况下其表面能量分布是不均匀的，或者说其表面存在性质不同的吸附中心或活性中心。研究吸附剂或催化剂的表面性质是催化理论研究的重要课题。这方面，TPD 发挥很大作用。在 TPD 过程中，如果出现两个或更多的峰(分离峰或重叠峰)，一般来说，这正是表面不均匀的标志。但也有例外的情况，比如，存在吸附分子之间发生横向作用或吸附分子在表面和次层之间发生正逆方向扩散或吸附剂具有双孔分布也都能引起多脱附峰的出现。这些现象使研究不均匀表面的 TPD 理论变得很复杂。

单纯由于表面性质不同的 TPD 过程的理论处理相对来说比较简单，如果不同的 TPD 峰彼此相互分离，则可把每个峰看成是具有等同能量的各个表面中心所显示的 TPD 峰，然后按照均匀表面的 TPD 峰进行理论处理，求出反映这类中心的各种参数：E_d (或 ΔH_a)、ν、n 等。对于重叠峰首先要判断是由于存在多种吸附中心引起的还是其他原因引起的，为此需要提出理论模型来解决这个问题。

(1) 多吸附中心模型[11]

假设表面存在两种性质不同的中心，在 TPD 过程中只有吸附、脱附发生时，可以设想表面发生如下吸附脱附过程：

r_{d1} ↑ ↓ r_{a1}	r_{a2} ↓ ↑ r_{d2}
吸附中心1	吸附中心2

$$r_{d1} = k_{d1}\theta_1^n$$

$$r_{a1} = k_a(1-\theta_1)^n c_G$$

$$r_{d2} = k_{d2}\theta_2^n$$

$$r_{a2} = k_a(1-\theta_2)^n c_G$$

r_a 为吸附速率。各中心的脱附速率方程为

$$\frac{d\theta_1}{dt} = k_a(1-\theta_1)^n c_G - k_{d1}\theta_1^n \tag{6-13}$$

$$\frac{d\theta_2}{dt} = k_a(1-\theta_2)^n c_G - k_{d2}\theta_2^n \tag{6-14}$$

从反应床上的物料平衡来看，气相中的分子浓度为

$$c_G = -\frac{N_S}{F_C}\left(X_1\frac{d\theta_1}{dt} + X_2\frac{d\theta_2}{dt}\right) \tag{6-15}$$

式(6-15)中，N_S 为吸附中心总数；X_1、X_2 分别表示中心 1 和 2 所占的分数，式(6-13)、式(6-14)通过式(6-15)彼此结合在一起。从式(6-13)、式(6-14)可以导出净脱附速率 r'_d

$$r'_d = -\left(X_1\frac{d\theta_1}{dt} + X_2\frac{d\theta_2}{dt}\right) \tag{6-16}$$

吸附时，键合能强的中心(中心 2)先吸附分子，脱附时相反，键合能弱的中心上(中心 1)的分子先脱附，TPD 过程的边界条件为

$$t = 0,\ T = T_0$$

若 $\theta_T^0 < X_2$，即 $\theta_2^0 = \dfrac{\theta_T^0}{X_2}$ 和 $\theta_1^0 = 0$；若 $\theta_T^0 > X_2$，即 $\theta_2^0 = 1$ 和 $\theta_1^0 = \dfrac{\theta_T^0 - X_2}{X_1}$。

从式(6-13)、式(6-14)、式(6-15)、式(6-16)可知，不能通过独立地模拟每种中心的 TPD 规律来描述多中心的 TPD 规律，尤其当两种中心的能量相差不很大时更是如此。如果两种中心的能量相差很大，即 TPD 峰相互分离，这时因为一种中心上的分子随温度的上升而脱附时，另一种能量高的中心上的分子不发生脱附。因此，可以用均匀表面的 TPD 过程的处理方法，分别处理两种中心上吸附分子的 TPD 过程。

根据式(6-16)，适当设置一些参数[11]，可以模拟出基于两中心的 TPD 曲线，如图 6-2。

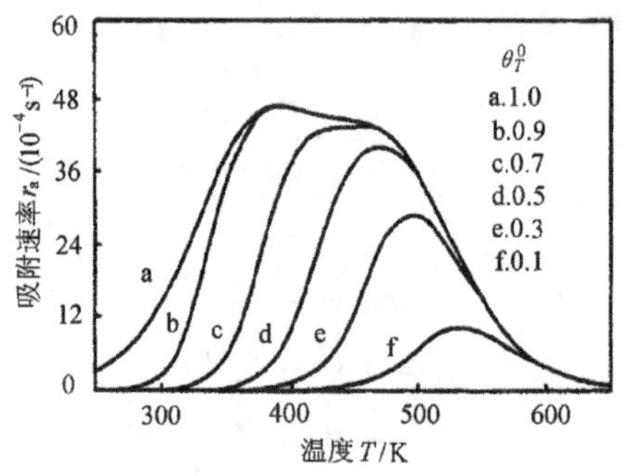

图 6-2　初始覆盖度对多中心 TPD 曲线的影响

图 6-2 是基于假定两种不同中心的数目相等，起始覆盖度不同时模似计算的 TPD 图谱（载气流速为 $100cm^3 \cdot min^{-1}$（STP），升温速率为 $1K \cdot s^{-1}$。由图 6-2 可知，当 $\theta_T^0 \leqslant 0.5$ 时，只有一个 TPD 峰，它相应于从吸附能量高的中心（中心 2）脱附出来的分子的脱附曲线；$\theta_T^0 > 0.5$ 时，在弱吸附中心上的分子也开始脱附，这时，TPD 曲线出现两个峰。

以上从理论上阐明了多峰 TPD 的形成机制。TPD 实验时，载气速流和升温速率是两个最重要的操作因素(还有起始覆盖度,上面已经看到了其重要性)。下面考查这两个因素对 TPD 曲线的影响。图 6-3 和图 6-4 分别显示 F_C 和 β 对 TPD 图的影响。由图6-3、图 6-4 可见，改变 F_C 或 β，两个峰的相对大小基本不变。这是两个吸附中心的 TPD 重要特征。改变 β 引起 T_m 的变化，据此可用式(6-6)、式(6-8)测算 E_d 等参数。这对单峰而言是正确的，对多重叠峰情况就复杂了。由于两个峰的相互干扰，使测定结果产生很大误差，因此不能用改变 β 的办法测定脱附动力学参数。但是对其中的高温峰，可以在小起始覆盖度的条件下(这时只出现单个高温峰)做试验，因为低温峰不出现，所以可以用上法测定动力学参数。

(2) 脱附速率等温线分析法处理不均匀表面的脱附动力学[12]

不发生再吸附时，脱附动力学方程的一般式为

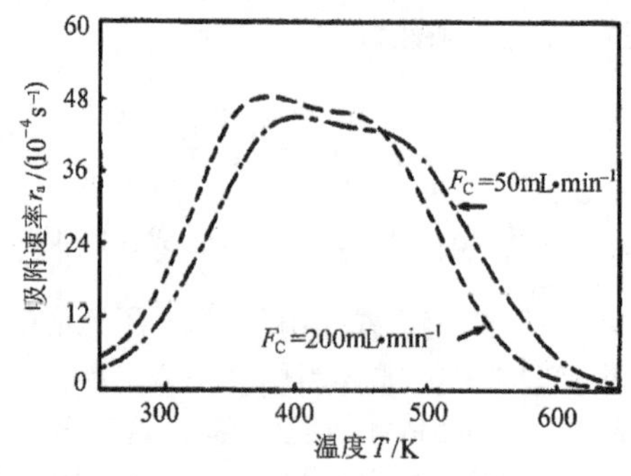

图 6-3　载气流速对 TPD 曲线的影响

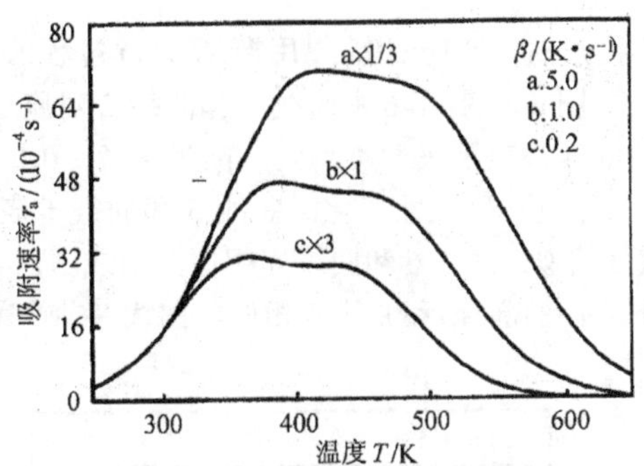

图 6-4　升温速率对 TPD 曲线的影响

图中数字为缩放倍数，下同

$$-\beta\frac{\mathrm{d}\theta}{\mathrm{d}T} = \theta^n \nu(\theta)\exp\left[-\frac{E_\mathrm{d}(\theta)}{RT}\right] \tag{6-4'}$$

令 $N = -\beta\frac{\mathrm{d}\theta}{\mathrm{d}T}$，则

$$\ln N = n\ln\theta + \ln\nu(\theta) - \frac{E_\mathrm{d}(\theta)}{RT} \tag{6-17}$$

N 和 TPD 曲线高度 h 成正比，θ 同 TPD 曲线面积 A 成正比［图 6-5 (a)］，则 $\ln N$-$\ln h$，$\ln\theta$-$\ln A$，式(6-17)表明，脱附速率和覆盖度 θ 有关。做不同起始覆盖度的 TPD 实验，测得一组 TPD 图谱如图6-5(a)，固定某 T 值，得到相应的一组峰高 h_T（所取的 T 值应处于每个 TPD 曲线最高峰以右的位置）和峰面积 A_T［图 6-5(a)］。$\ln h_T$ 对 $\ln A_T$ 作图，即可得到相应于某 T 时的脱附等温线［图 6-5(b)］，等温线的斜率就是 n。在某覆盖度下可以找到不同的 $\ln h_T$，$\ln h_T$ 对$\frac{1}{T}$作图［图 6-5(c)］，从直线斜率求出某 θ 值下的 E_d，如果 E_d 和 θ 无关，则所得 $\ln h_T - \frac{1}{T}$直线彼此平行。

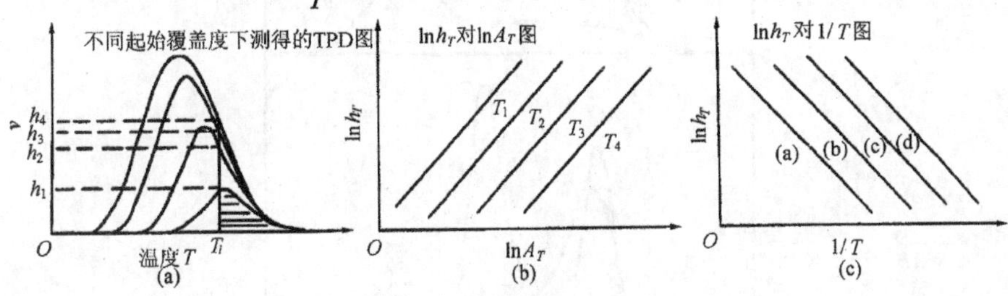

图 6-5　脱附速率等温线分析图

(3) 脱附活化能分布与 TPD 曲线的关系

吸附剂(含催化剂)表面不均匀主要表现在表面中心的能量有一定的分布，即表面中心的能量不是均一的，各部位的能量不同。不同能量的中心在表面的分布情况很复杂，比较简单的情况比如表面上只有两种不同的中心，两种中心的能量强度相差悬殊，这时在 TPD 图上显示的是彼此分离的两个峰，对于能量分布复杂的表现是脱附活化能随表

面覆盖度的变化呈现不同形式。Tokoro 等[13]用模拟 TPD 过程的方法得到了与不同 E_d 分布对应的 TPD 曲线，如图 6-6。图 6-6 中曲线 1 和曲线 2 对应于均匀表面和简单的不均匀表面；曲线 3 和曲线 4 都表示表面不均匀。前者为 $\theta > 0.8$ 时，E_d 随 θ 呈线性变化，后者为 $\theta < 0.2$ 时，E_d 随 θ 呈线性变化。曲线 5 和曲线 6 表示 E_d 随 θ 连续变化，变化情况曲线 5 和曲线 3 相似，曲线 6 和曲线 4 相似。曲线 7 前半部分(θ 大的部分)和曲线 3 相似，后半部分(θ 小的部分)和曲线 4 相似。曲线 8 前半部分和曲线 4 相似，后半部分和曲线 3 相似。

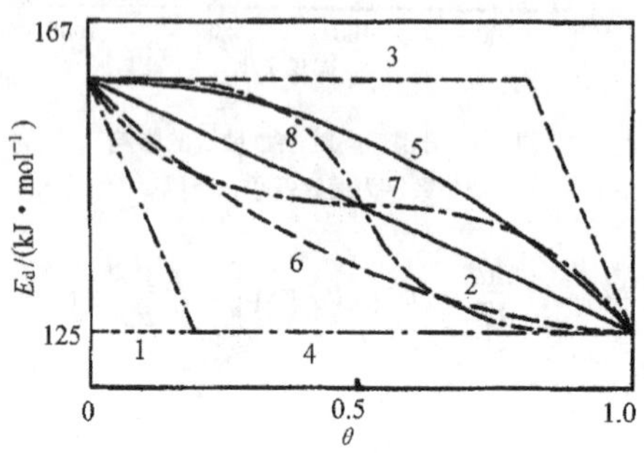

图 6-6 脱附活化能随 θ 变化分布图

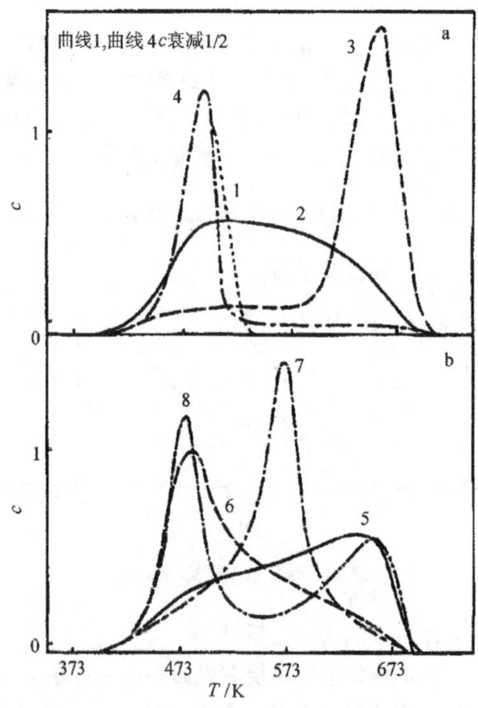

图 6-7 各种类型 TPD 曲线

与图 6-6 TPD 理论图形相关的实际一级 TPD 曲线示于图 6-7（图 6-7 中的编号和图 6-6的编号相对应）。图 6-7 中曲线 1 呈现不对称峰形，是 $n=1$ 时均匀表面的特征峰形；曲线 2 表明 E_d 随 θ 呈线性变化；曲线 3，$\theta=0\sim0.8$ 时，E_d 和 θ 无关，$\theta=0.8\sim1.0$ 时，E_d 随 θ 的增加而减少；曲线 4 和曲线 3 相反，$\theta=0\sim0.2$ 时，E_d 随 θ 的增加而减少，$\theta=0.8\sim1.0$ 时，E_d 和 θ 无关；曲线 5、曲线 6 和曲线 3、曲线 4 相似，不同的是 E_d 随 θ 的变化是连续的；曲线 7、曲线 8 和图 6-6 中的曲线 7、曲线 8 相对应，即对曲线 7 而言，在 θ 大时，和图 6-6 中的曲线 3 相似，θ 小时，和图 6-7 中的曲线 4 相似；曲线 8 的前半部分和图 6-6 的曲线 4 对应，后半部分和图 6-6 的曲线 3 相对应。

从以上的图形分析有助于从实际 TPD 图谱认识吸附剂或催化剂的表面性质。

如何测定脱附活化能分布曲线，在应用篇中将做介绍。

6.1.1.3 *发生次层扩散的 TPD 过程*[11]

下面讨论均匀表面(即 E_d 和 θ 无关)上发生次层扩散的 TPD 过程。所谓次层扩散是指升温过程中分子从表面到下一层的扩散，对负载型金属催化剂，金属组分高度分散在载体表面，次层扩散现象时有发生，吸附分子从表面金属扩散到下一层金属原子上，而不是扩散到截体的某基团上，后者即是溢流现象。次层扩散和溢流现象是不同的。分子发生次层扩散过程可用图 6-8 表示。

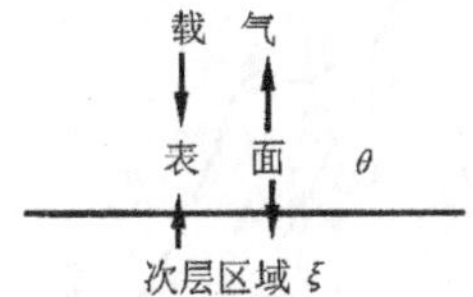

图 6-8

$r_a=k_a(1-\theta)^n c_G$；$r_d=k_d\theta^n$；$r_P=k_P\theta(1-\xi)$；$r_D=k_D(1-\theta)\xi$

图 6-8 中，r_P 为次层扩散速率，r_D 为次层逆扩散速率，ξ 为次层部位占有率；k_P 为次层扩散速率常数；k_D 为次层逆扩散速率常数。开始时分子以一定覆盖度 θ_0 覆盖住表面，升温后分子一方面从表面脱附到气相(脱附速率 r_d)；一方面从表面渗透进次层(速率为 r_P)；脱附的分子也可能再吸附到表面，渗透进次层的分子也可能扩散回表面(扩散速率 r_D)。表面上的物料衡式为

$$\frac{d\theta}{dT}=nk_a(1-\theta)^n c_G-nk_d\theta^n-k_P\theta(1-\xi)+k_D(1-\theta)\xi \tag{6-18}$$

式(6-18)右边前两项分别表示吸附速率和脱附速率，等于净脱附速率 r_d'，见式(6-16)。第 3、4 项分别表示吸附分子从表面渗透进次层的速率和从次层扩散回表面的速率。渗透速率相对于 θ 和次层空部位$(1-\xi)$假定都是一级，分子从次层扩散回表面的速率 k_D 相对于表面空位$(1-\theta)$和分子占有的次层部位 ξ，假定也都是一级的。

气相中分子的浓度为

$$c_G = \frac{\frac{N_S}{F_C}(k_d\theta^n)}{1 + \frac{N_S}{F_C}[k_a(1-\theta)^n]} \tag{6-19}$$

次层上的物料衡式为

$$\frac{d\xi}{dt} = \frac{1}{M}[k_P\theta(1-\xi) - k_D(1-\theta)\xi] \tag{6-20}$$

式(6-20)中，M 表示次层的部位数目与表面部位数目之比$\left(M = \frac{N_B}{N_S}\right)$。

式(6-18)、式(6-20)的边界条件是

$$t = 0,\ T = T_0,\ \theta = \theta_0,\ \xi = 0 \tag{6-21}$$

设定适当参数[11]，根据式(6-18)和式(6-20)，可以得到存在次层扩散时的TPD曲线，如图6-9。

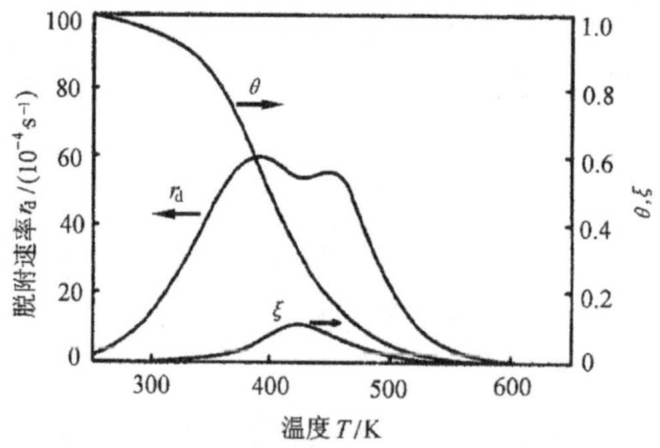

图 6-9 存在次层扩散时的 TPD 曲线

图6-9表明，吸附分子是通过脱附和渗透进次层而被移走的，当表面吸附分子浓度减少，r_d 增加通过最大值后减少。当表面覆盖度足够小时，次层中的分子开始扩散回到表面，TPD曲线变为扩散控制。随着温度继续升高，扩散速率增加，r_d 也增加。最后，次层吸附分子的浓度也减少，r_d 进另一个高峰后而减小，TPD出现第二个峰，即为扩散峰。上述模拟图说明了由于次层扩散的存在导致第二个峰的形成。必须指出，存在次层扩散并不一定会出现第二个峰，只有当表面和次层间的扩散速率和净脱附速率相当时，才能出现第二个峰。

现讨论初始覆盖度 θ_0、载气流速、升温速率对存在次层扩散时的TPD曲线的影响。图6-10显示了初始覆盖度对存在次层扩散时的TPD曲线的影响。θ_0 小时，只出现一个峰；θ_0 大时，开始出现两个峰。这和存在两个吸附中心的情况一样，因此不能通过改变覆盖度来判断出现两个峰的原因。图6-11显示了载气流速对存在次层扩散时的TPD曲线的影响，随着载气流速的增大扩散峰变小，这和存在两个吸附中心的情况不同。图6-12显示了升温速率对存在次层扩散时的TPD曲线的影响，随着升温速率的增大扩散

峰变小，而存在两个吸附中心时两个峰都不变化。

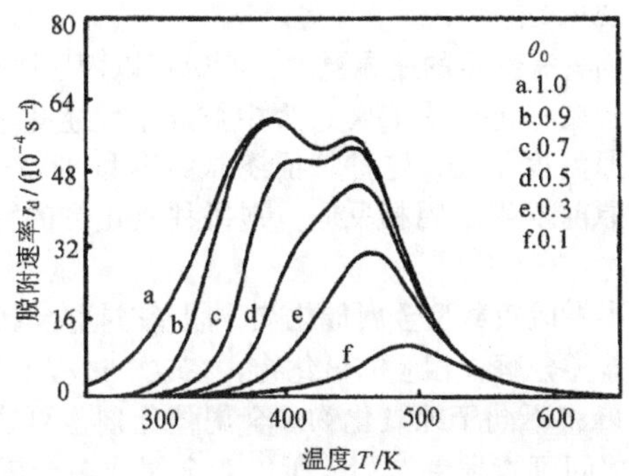

图 6-10 θ 对存在次层扩散的 TPD 曲线的影响

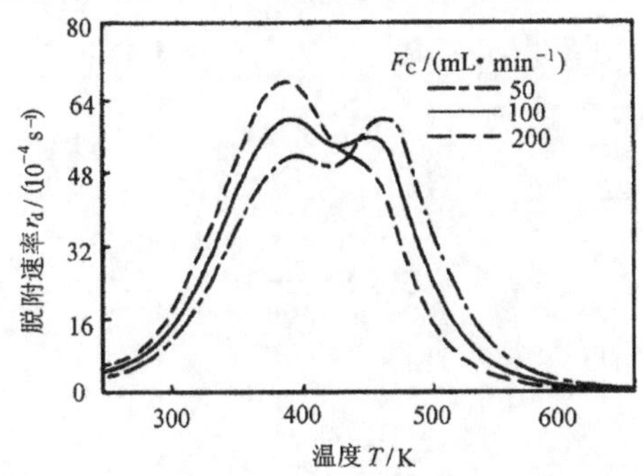

图 6-11 F_C 对存在次层扩散的 TPD 曲线的影响

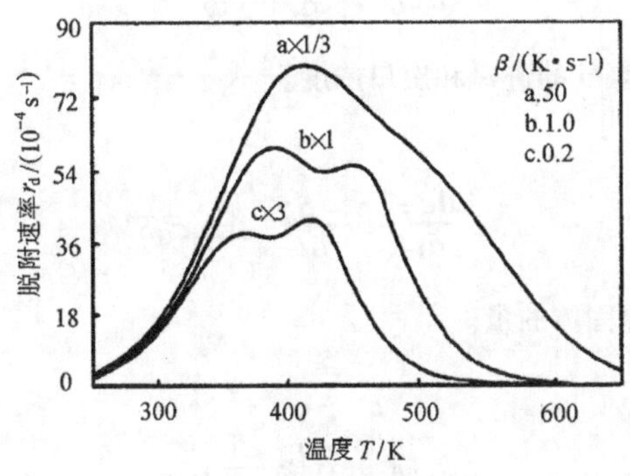

图 6-12 β 对存在次层扩散的 TPD 曲线的影响

6.1.2 TPR 理论[14]

TPR 是一种在等速升温条件下的还原过程，和 TPD 类似，在升温过程中如果试样发生还原，气相中的氢气浓度将随温度的变化而变化，把这种变化过程记录下来就得到氢气浓度随温度变化的 TPR 图。

一种纯的金属氧化物具有特定的还原温度，所以可以用还原温度作为氧化物的定性指标。当两种氧化物混合在一起并在 TPR 过程中彼此不发生化学作用，则每一种氧化物仍保持自身的特征还原温度不变，这种特征还原温度和 TPD 一样也用 T_m 表示。反之，如果两种氧化物还原前发生了固相反应，则每种氧化物的特征还原温度将发生变化。

各种金属催化剂多半做成负载型金属催化剂，制备时把金属的盐类做成溶液后浸到载体上，干燥后加热使盐类分解成相应的氧化物，在这个过程中氧化物可能和载体发生化学作用，所以其 TPR 峰将不同于纯氧化物。金属催化剂也可能是双组分或多组分金属组成，各金属氧化物之间可能发生作用，所以双金属或多金属催化剂的 TPR 图也不同于单个金属氧化物的 TPR 图。总之，可以通过 TPR 法研究金属催化剂中金属组分和载体之间或金属组分之间的相互作用。TPR 法灵敏度高，能检测出只消耗 10^{-8}mol H_2 的还原反应。

6.1.2.1 TPR 动力学方程

设还原反应按式(6-22)进行

$$G + S \longrightarrow P \tag{6-22}$$

式中：G——氢气；
S——固体氧化物；
P——产物。

氢气的浓度变化为

$$\Delta c_G = c_{G1} - c_{G2} \tag{6-23}$$

式中，c_{G1}、c_{G2}分别表示氢气的进口和出口浓度。

此反应的反应速率为

$$r = \frac{dc_G}{dt} = \frac{-dS}{dt} \equiv k_r c_G^p S^q \tag{6-24}$$

式中，S 为还原后未还原固体的量。

根据 Arrhenius 方程

$$k_r = \nu \exp\left(\frac{-E_r}{RT}\right) \tag{6-25}$$

式中，E_r 表示还原反应活化能。

设气体以"活塞式"流动(即无径向和纵向扩散)，在反应器单元 dz 处，H_2 的消耗体积 ΔV 为

$$\Delta V = f\frac{\mathrm{d}x}{\mathrm{d}z} \tag{6-26}$$

式中：f——H_2 进料速率；

$\mathrm{d}x$——$\mathrm{d}z$ 处的转化率。

在低转化率时，整个反应器中气相组成不变，则反应速率

$$r = fx \tag{6-27}$$

式中，$f = F_C \cdot c_G$，F_C 为混合气流速，而

$$x = \frac{\Delta c_G}{c_G} \tag{6-28}$$

所以

$$r = F_C \Delta c_G \tag{6-29}$$

因为升温速率呈线性

$$T = T_0 + \beta t \tag{6-30}$$

则

$$\mathrm{d}t = \frac{\mathrm{d}T}{\beta} \tag{6-31}$$

由式(6-24)、式(6-25)、式(6-31)，并设 $p = q = 1$，得

$$r = \beta\frac{-\mathrm{d}c_G}{\mathrm{d}T} = \beta\frac{-\mathrm{d}S}{\mathrm{d}T} = \nu c_G S\exp\left(-\frac{E_r}{RT}\right) \tag{6-32}$$

式(6-32)对 T 微商，得

$$\frac{\mathrm{d}r}{\mathrm{d}T} = \nu\exp\left(-\frac{E_r}{RT}\right)\left(c_G S\frac{E_r}{RT^2} + S\frac{\mathrm{d}c_G}{\mathrm{d}T} + c_G\frac{\mathrm{d}S}{\mathrm{d}T}\right) \tag{6-33}$$

还原速率达到最大值时

$$\frac{\mathrm{d}r}{\mathrm{d}T} = 0 \tag{6-34}$$

同时

$$\frac{\mathrm{d}c_G}{\mathrm{d}T} = 0 \tag{6-35}$$

式(6-33)、式(6-34)和式(6-35)相互关联，得

$$S_m\frac{E_r}{RT_m^2} + \frac{\mathrm{d}S}{\mathrm{d}T} = 0 \tag{6-36}$$

式(6-32)和式(6-36)关联，得

$$\frac{E_r}{RT^2} = \frac{\nu c_{Gm}\exp\left(-\frac{E_r}{RT_m}\right)}{\beta} \tag{6-37}$$

式(6-37)就是 TPR 的速率方程。两边取对数,得

$$2\ln T_m - \ln\beta + \ln c_G = \frac{E_r}{RT_m} + \ln\left(\frac{E_r}{\nu R}\right) \tag{6-37'}$$

式中,c_{Gm}表示还原速率达到最大值时的 H_2 浓度。

$2\ln T_m - \ln\beta$ 对 $1/T_m$ 作图,从所得直线斜率可求得还原反应活化能 E_r。如果把 c_{Gm} 近似看成是 H_2 的平均浓度,则从直线截距和 E_r 可求得指前因子 ν。

6.1.2.2 影响 TPR 动力学方程的因素[15]

(1) 一步还原过程

固体样品在温度为 T 时的还原速率可表示为

$$\frac{d\alpha}{dt} = k_r(T)f(\alpha)\phi(c) \tag{6-38}$$

式中:α——固体的还原程度(S/S_0);

S_0——固体的初始量;

c——沿着催化床层 H_2 的平均浓度;

k_r——速率常数;

$f(\alpha)$——还原速率和还原度的函数关系;

$\phi(c)$——还原速率和 H_2 浓度的函数关系。

还原过程的物料衡式为

$$F_C c_0 = F_C c + S_0\left(\frac{d\alpha}{dt}\right) \tag{6-39}$$

c_0 是反应器进口处 H_2 的浓度,如果反应对 H_2 和固体来说是一级的,即 $\phi(c) = c$,$f(\alpha) = 1-\alpha$,将式(6-38)、式(6-39)合并,得

$$\frac{d\alpha}{dt} = \frac{c_0 k_r(T)(1-\alpha)}{1 + (S_0/F)k_r(T)(1-\alpha)} \tag{6-40}$$

因为

$$T - T_0 + \beta t \tag{6-41}$$

式中,β 为升温速率。

$$k_r(T) = \nu\exp\left(-\frac{E_r}{RT}\right)$$

即

$$\frac{\mathrm{d}\alpha}{\mathrm{d}T} = \frac{\nu\exp\left(-\frac{E_r}{RT}\right)(1-\alpha)}{\left(\frac{\beta}{c_0}\right) + P\nu\exp\left(-\frac{E_r}{RT}\right)(1-\alpha)} \tag{6-42}$$

其中

$$P = \frac{\beta S_0}{F_C c_0} \tag{6-43}$$

可见 TPR 曲线受$\frac{\beta}{c_0}$和 P 的影响。根据式(6-42)按:①固定 P,改变$\frac{\beta}{c_0}$;②固定$\frac{\beta}{c_0}$,改变 P,模拟 TPR 曲线如图 6-13 所示。

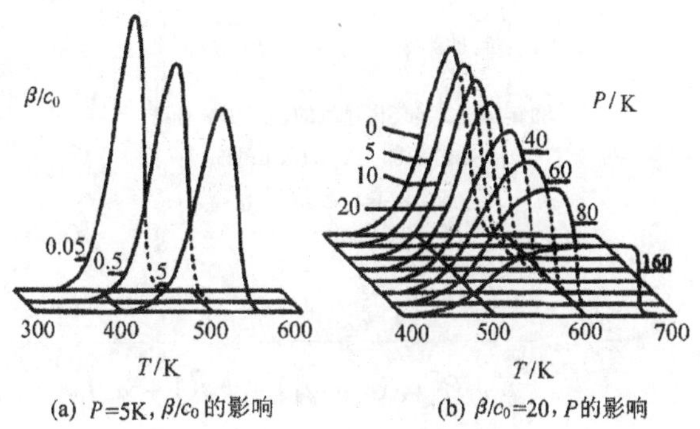

(a) P=5K, β/c_0的影响　　(b) β/c_0=20, P的影响

图 6-13　一步还原过程的模拟 TPR 曲线

$E = 100\mathrm{kJ\cdot mol^{-1}}$; $\nu = 6\times10^9\mathrm{min^{-1}}$

由图 6-13 可知增加$\frac{\beta}{c_0}$,T_m 向高温位移,而 TPR 曲线样式不变;改变 P,使 TPR 曲线发生明显的变化,当 $P\geqslant60$ 以后 TPR 图明显变形,高峰处出现平台。从式(6-39)、式(6-41),当$\frac{\mathrm{d}\alpha}{\mathrm{d}t}=\frac{1}{P}$,$H_2$ 全部消耗完(即 $c=0$),TPR 高温峰出现平台与此有关,理论计算可知,还原过程中氢气被消耗小于 2/3 才能保证 TPR 图正常不变形。

(2) 二步还原过程

呈现二步还原的固体的还原动力学方程为

$$\frac{\mathrm{d}\alpha_1}{\mathrm{d}t} = k_{r1}(1-\alpha_1)c \tag{6-44}$$

$$\frac{\mathrm{d}\alpha_2}{\mathrm{d}t} = k_{r2}(1-\alpha_2)c \tag{6-44'}$$

H_2 的物料衡式

$$F_C c_0 = F_C c + S_0\left(\frac{\mathrm{d}\alpha_1}{\mathrm{d}t} + \frac{\mathrm{d}\alpha_2}{\mathrm{d}t}\right) \tag{6-45}$$

将式(6-44)、式(6-44′)、式(6-45)变换,得

$$\frac{\mathrm{d}\alpha_1}{\mathrm{d}t}=\frac{k_{r1}(1-\alpha_1)}{\frac{\beta}{c_0}+P[k_{r1}(1-\alpha_1)+k_{r2}(1-\alpha_2)]} \tag{6-46}$$

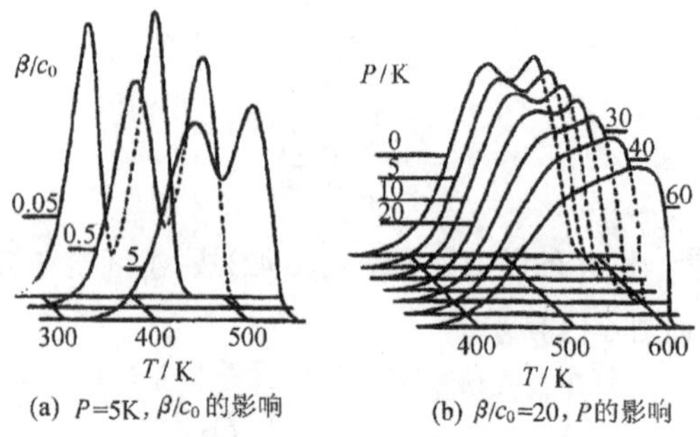

图 6-14　二步还原过程的模拟 TPR 曲线

$E_1=63\text{kJ}\cdot\text{mol}^{-1}$; $\nu_1=6\times10^6\text{min}^{-1}$;

$E_2=100\text{kJ}\cdot\text{mol}^{-1}$; $\nu_2=6\times10^9\text{min}^{-1}$

$$\frac{\mathrm{d}\alpha_2}{\mathrm{d}t}=\frac{k_{r2}(1-\alpha_2)}{\frac{\beta}{c_0}+P[k_{r1}(1-\alpha_1)+k_{r2}(1-\alpha_2)]} \tag{6-47}$$

如同一步 TPR 过程,二步 TPR 过程也受$\frac{\beta}{c_0}$和 P 的影响, 其模拟 TPR 图如图 6-14 所示。

由图 6-14 可知,随着$\frac{\beta}{c_0}$的增加,还原峰的分离情况变差;对 P 的影响,P 小时还原峰分离得好,而 P 大时两个分离峰变为重叠峰。这说明当 β, F_C 和 c_0 不变而固体量增加时两个还原峰变成一个重叠峰了。

6.2 应　　用

本章 6.1 节已详细介绍了 TPAT 的理论(重点介绍 TPD 的理论基础), 本节将介绍 TPAT 在各类催化剂研究中的应用, 如金属催化剂、酸性催化剂、氧化物催化剂、硫化物催化剂等的 TPAT 研究及 TPAT 的实验装置和操作要领。

6.2.1 TPAT 的实验装置和操作要领

TPAT 的实验装置主要包括: 气路系统、匀速升温控制系统及脱附物(或反应产物)的检测和数据处理系统。

6.2.1.1 气路系统

以天津先权仪器公司生产的 TP5000 多用吸附仪为例。该仪器是双气路系统，即两股气流通过热导池的参考臂和测量臂。双气路适合于以热导池为检测器的 TPAT 实验，使升温过程中基线保持不变。做 TPR、TPO、TPS 等需要用含一定浓度的反应气，如 N_2-H_2、H_2-H_2S、N_2-O_2 等，这些混合气预先应配好。

6.2.1.2 温度控制系统

温控系统包括电炉、程序升温温控仪和温度检测仪(热电偶为热敏元件)。电炉和温控仪须匹配好，使升温线性好。为了及时检测温度的变化，热电偶应插入催化剂层。

6.2.1.3 产品检测系统

TPAT 常用热导池检测器，对 TPD 可以满足要求，但对 TPSR 热导池不适合，这时需用四极质谱仪。进口四极质谱仪产品型号种类很多，我们只介绍一种国产品，北京分析仪器厂生产的 ZP 系列比较适用，对经费不多又需要做这方面工作的单位是较好的选择。尤其是它的进样阀，死体积小，可调灵敏度高，是较理想的进样阀。

至于数据处理系统应该能记录温度变化、浓度变化和反应产品成分的变化，最好要有解谱分析的程序。在实验操作方面，最主要的要保证 TPAT 实验在动力学区进行。以 TPD 实验为例，为了排除再吸附和内扩散因素的影响，可做以下实验。①改变催化剂的质量 w (0.15~0.05g)或载气流速 F_C。如果 TPD 曲线的 T_m 值不随 w、F_C 变化，表明不存在再吸附现象。可以通过减小 w、加大 F_C 来消除再吸附现象；②改变催化剂的粒度 d (0.5~0.25mm)，与粉状催化剂做比较，如果两者的 TPD 曲线一样，表明在该粒度下做 TPD 实验摆脱了内扩散的影响；③从低到高改变升温速率 β，直到测得的 E_d 值不变，则取 E_d 开始不变时的 β 值定为最小值，这样做通过改变 β 测定 E_d，实验时就能保证实验在动力学区进行。

6.2.2 TPD 法应用实例

6.2.2.1 金属催化剂

TPD 法是研究金属催化剂[16,17]的一种很有效的方法，它可以得到有关金属催化剂的活性中心性质、金属分散度、合金化、金属与载体相互作用以及结构效应和电子配位体效应等重要信息。

(1) Interrupted TPD 法研究金属催化剂的表面性质

金属催化剂(负载或非负载)的表面能量一般不均匀，存在能量分布(即脱附活化能分布)问题，下面介绍用 Interrupted TPD (ITR-TPD)法求 E_d 分布[18~20]。方法的理论基础仍是 Polanyi-Wigner 的脱附动力学方程(见本章 6.2.1.1 节)，其前提为过程的控制步骤是脱附过程，即

$$\frac{-\mathrm{d}\theta}{\mathrm{d}T} = \frac{\gamma(\theta)}{\beta}\exp\left(\frac{E_d(\theta)}{RT}\right)\theta^n \tag{6-48}$$

或

$$\ln\left|\frac{\frac{-\mathrm{d}\theta}{\mathrm{d}T}}{\theta^n}\right| = \frac{-E_\mathrm{d}(\theta)}{RT} + \ln\left(\frac{\gamma(\theta)}{\beta}\right) \tag{6-49}$$

当表面均匀(只有一个规范 TPD 峰)时，$\ln\left|\frac{\frac{-\mathrm{d}\theta}{\mathrm{d}T}}{\theta^n}\right|$ 对$\frac{1}{T}$作图得到一直线，从直线斜率可求出 E_d，从截距可求出 γ。如果脱附峰是重叠峰或弥散峰，即 E_d 存在不同强度分布，这时可如下式描述

$$\frac{-\mathrm{d}\theta}{\mathrm{d}T} = \sum\left|-\frac{\mathrm{d}\theta(E_\mathrm{d})}{\mathrm{d}T}\right| p(E_\mathrm{d})$$

式中，$p(E_\mathrm{d})$是脱附活化能的密度分布函数(density distribution function of activation energy)。下面介绍 $p(E_\mathrm{d})$的实验测定方法。

1) 实验条件的控制。在分析 TPD 曲线时，一定要排除再吸附、内扩散等的影响，如前所述可做如下实验。第一改变催化剂质量 w (0.15～0.05g)或载气流速 F_C，如果 TPD 曲线的 T_m 不随 W 或 F_C 的改变而改变，表明再吸附现象不存在；否则可通过减少 w、加大 F_C 来摆脱再吸附的干扰；第二改变催化剂的粒度 d (0.5～0.25mm)和粉末催化剂做比较，如果两者的 TPD 曲线一样，表明实验摆脱了内扩散的干扰，否则要继续减小催化剂的粒度。第三改变升温速率 β，将低 β 和高 β 测得的 TPD 曲线做比较，如果在低 β 时测得的 E_d 值和高 β 时所得的 E_d 值一样，表明实验已在动力学区进行。

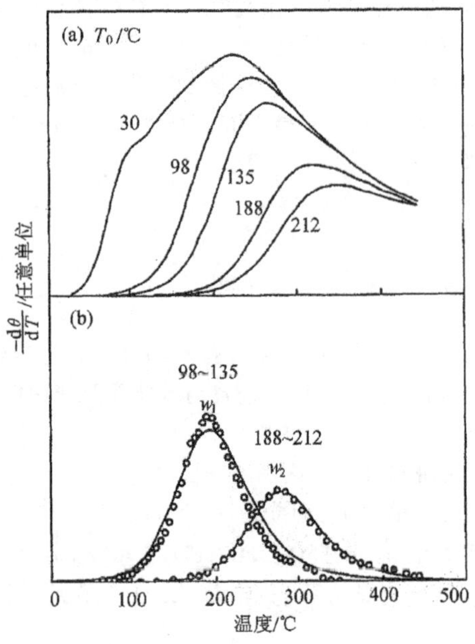

图 6-15　质量分数为 7% Ni/SiO_2 上 H_2 的 ITR-TPD 结果

2）实验步骤。以负载型 Ni 催化剂的 ITR-TPD 实验为例。样品先升温到某温度 T_0，维持此温度直到不发生脱附；降至室温后，作 TPD 直到测得其 T_m 并至 TPD 脱附曲线不变(不一定回到基线为止)。T_0 为起始温度。作一系列不同 T_0 的 TPD 曲线[图 6-15(a)]，从中选出邻近的两个 T_0 的 TPD 曲线，从两个 TPD 曲线的差峰得到某一组能量均匀中心的 TPD 曲线[图 6-15(b)]，从该曲线求得 E_d 和 γ 值。依此类推可求得许多组能量均匀中心的 E_d 和 γ 值。根据图形的对称与否，判断 $n=1$、$n=2$ 或将 $n=1$、$n=2$ 代入式(6-48)中，画出 $\lg\left|\dfrac{\dfrac{-\mathrm{d}\theta}{\mathrm{d}T}}{\theta^n}\right|-\dfrac{1}{T}$图，结果为直线时的 n 值即为实际的 n 值，在此 n 值下计算 E_d 和 γ 值。图 6-15 (a) 为不同起始温度 T_0 的 TPD 曲线，图 6-15 (b)为相邻 T_0 间 TPD 曲线的差峰。

具有不同 E_d 的中心在整个表面中心所占的百分数,可近似按以下步骤计算。某一组中心的 TPD 曲线的面积,占所有组 TPD 曲线面积总和的分数,就是该组中心在整个表面中心所占的百分数[即 $P(E)$]，$P(E)$对 E_d 作图得到脱附活化能能量分布图(图 6-16)。上述方法忽略了 θ 对 E_d 的影响。

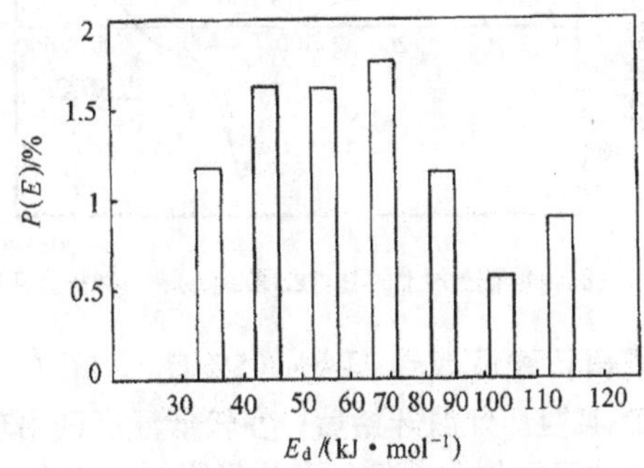

图 6-16 质量分数为 7% Ni/SiO_2 上的 H_2 脱附活化能分布

应用 ITR-TPD 法曾研究了 $Ni\text{-}SiO_2$ 对 H_2 的 E_d 分布[18]、$Pt\text{-}SiO_2$ 对 H_2 和 CO 的 E_d 分布[19,20]，在用 ITR-TPD 法研究 $Pt\text{-}SiO_2$ 的 E_d 分布[21]时发现逆溢流(reverse spillover)现象。图 6-17 中，当 $T_0>240$℃(注意有逆溢流现象)时，其 TPD 峰在 $T<T_0$ 时就出现。这种现象表明，当温度保持在大于 240℃时，相当于小于 240℃脱附 H_2 的中心表面已没有吸附的 H_2，但在降温过程中从载体上发生了 H_2 回流到金属表面，并吸附在小于 240℃吸附的中心，所以其 TPD 峰在小于 T_0 时又出现了。应用 ITR-TPD 法可以定量地表征 Ni、Pt 等金属催化剂表面的不均匀性。

(2) 程序升温吸附脱附法[6]

以含有吸附质的惰性气体(如含体积分数为 5% H_2 的 N_2 气)为载气，从室温(或更低温度)开始均匀升温，这时升温过程中将在不同温度区发生吸附脱附过程，这种方法可称为程序升温吸附脱附(TPAD)，以 $N_2\text{-}H_2$ 为载气所得的 Pt/Al_2O_3 催化剂的 H_2-TPAD 曲线，见图 6-18。

上述 H_2-TPAD 曲线按下面实验得到。催化剂先用 H_2 还原($T_r=450$℃)，降至室温后改通 N_2 气，并升至 550℃时恒温 30min，以赶走催化剂表面的氢，然后降至室温，引

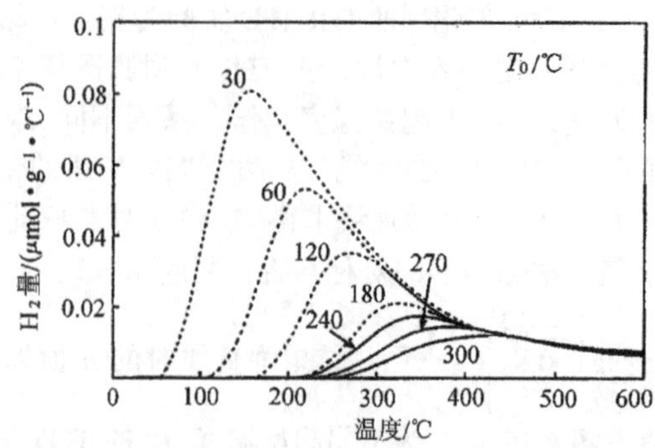

图 6-17　质量分数为 2.5% Pt/SiO_2 催化剂上不同 T_0 的 H_2-ITR-TPD 图

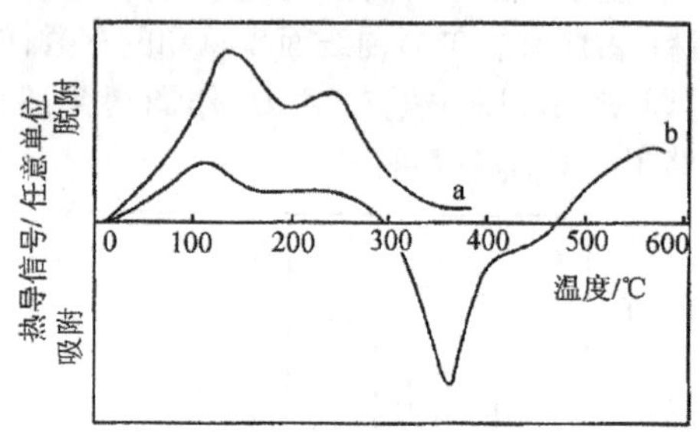

图 6-18　Pt/Al_2O_3 催化剂上的 H_2-TPD 曲线(a)和 H_2-TPAD 曲线(b)

入氢气直到吸附达到平衡，然后改通 N_2-H_2（5% H_2），在 β = 10K·min^{-1}、F_C = 30 mL·min^{-1}条件下做 TPAD 实验。升温开始后，在较低温度区出现吸附氢的脱附峰，在较高温度区出现吸附峰。这显示催化剂发生活化吸附 H（有两个吸附峰，$T_{max}\approx 360$℃的峰为 β 峰；$T_{max}\approx 460$℃的峰为 γ 峰）。TPAD 曲线反映恒压下催化剂吸附氢速率随温度变化的规律。TPAD 曲线实质上是动态的微分吸氢等压线，经转换可得动态的积分吸附氢等压线(即吸氢量与温度的关系)，见图 6-19。

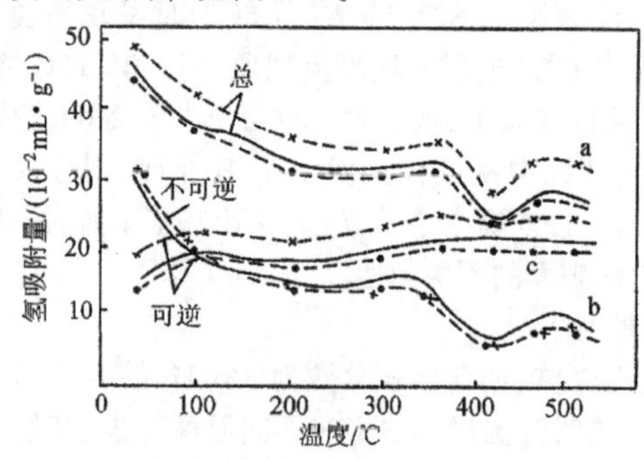

图 6-19　Pt/Al_2O_3 催化剂上的动态积分吸氢等压线

图 6-19a 是根据 TPAD 曲线直接转换的，为催化剂的动态的总积分吸附氢等压线。总吸氢量包含不可逆吸附氢和可逆吸附氢量，在惰性气体为载气的条件下，可以用脉冲

吸附氢的办法，测出在不同温度下的不可逆吸附的量[图 6-19(b)]，图 6-19(a)、图 6-19(b)之差则是可逆吸附 H 的等压线[图 6-19(c)]。TPAD 法是研究金属催化剂表面吸附中心类型的好方法，和催化剂反应性能进行关联，即可得到吸附中心和催化剂活性中心之间的对应关系。

TPD 法广泛用于研究金属催化剂(含单晶、非负载多晶和负载型金属催化剂)的表面性质，曾用 TPD 法和低能电子衍射法相结合研究 Ni 单晶表面渗有 C 后表面能量的变化情况[22]；研究 Pt 黑时发现，其表面存在 3 种不同吸附 H 中心，对应于 $T_{m1} = -20$℃，$T_{m2} = 90$℃，$T_{m3} = 300$℃[23]，以后又发现其余两种吸附中心，对应于 $T_{m4} = 400$℃，$T_{m5} = 500$℃[24]。除 Pt 以外其他金属如 Ru、Ni、Co、Rh、Ir、Pd 等也存在着多种吸附中心[24]，这些金属表面存在着复杂的能量分布，但大体上有两个区域，一个是和低覆盖度时对应的高能量区($E_d > 83.68$kJ·mol^{-1})，H_2 吸附在这个区域时发生解离吸附(即脱附级数 $n = 2$)；另一个区域是覆盖度大于 0.3 时的低能量区($E_d < 83.68$kJ·mol^{-1})，在这个区脱附级数等于 1。

TPD 法还能有效研究合金催化剂表面性质，它不仅可以得到合金中金属组分之间的相互作用的信息，也可以得到金属集团大小和表面组成的信息。

图 6-20 是 CO 在 Pt、Pt_3Sn 和 PtSn 上的 TPD 曲线[25]，Pt 和 Sn 形成合金后，TPD 峰向低温方向位移，而且 Sn 的含量增加后，高温峰消失。该现象表明，Pt 和 Sn 之间产生了电子配位体效应，Sn 削弱了 Pt 吸附 CO 的性能。从 TPD 曲线下面积的变化表明，Sn 对 Pt 还能起稀释作用并于表面富集，由于表面上 Pt 量减少，使 Pt 吸 CO 量也减少，这是 Sn 对 Pt 表现出来的集团效应。根据 Pt-Sn 合金吸附 CO 量，可以推算合金表面的组成。如果合金中的惰性成分对活性金属不起电子配位体效应，TPD 曲线的变化情况将与上述不同。由于吸附分子之间的相互排斥作用，用 TPD 法应该得到 E_d 随覆盖度 θ 增加而变小，即 T_m 随 θ 的增加而变小的信息。反之，T_m 随 θ 的减少而变大。在 Pt 中加入 Au 时，由于 Au 的加入使 Pt 的 E_d 变大。这是 Au 稀释作用的结果，在 Au 的稀释下，Pt 分散度提高，即 Pt 相互分隔，且更多地处于低配位数，加之吸附分子相互作用减弱，使 E_d 增加(或 T_m 向高温位移)[26]。

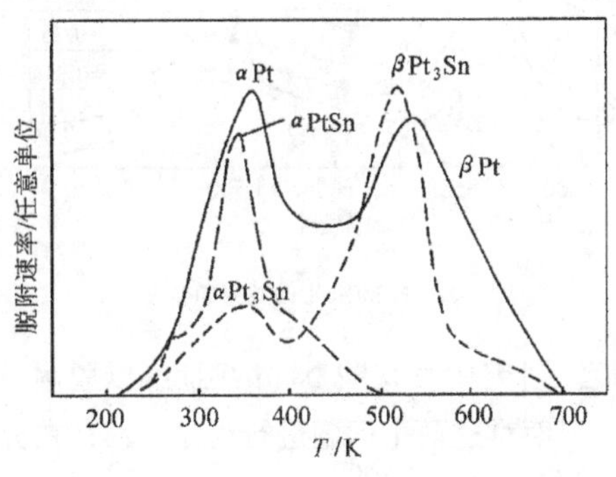

图 6-20　CO 在 Pt、Pt_3Sn、PtSn 上的 TPD 曲线

6.2.2.2 酸性催化剂

酸性催化剂是另一大类催化剂，广泛用于石油化工、精细化工等过程。这类催化剂的性能在很大程度上和其表面酸性性质有关，因此表征该性质成为理论研究该类催化剂的主要内容之一，已提出很多表征方法，有效的方法有酸碱滴定法[27]、红外光谱法[37]、量热法[38,39]和 TPD 法等。TPD 法可以原位进行，设备简单，重复性好，因而被广泛应用[28~36]。日本催化学会甚至认为 NH_3-TPD 可作为表征分子筛的标准方法[28]。TPD 法表征酸性催化剂常用的吸附物为 NH_3、吡啶、正丁胺等。

酸性催化剂中分子筛类催化剂应用最广，分子筛具有比较规整的孔道，表面酸性分布比较均匀，所以 TPD 法的研究效果很好。

(1) 分子筛类

这里介绍的是以 NH_3 为吸附质，从 TPD 曲线测定分子筛的酸量、酸强度和酸强度分布的方法。

实验条件：样品量 0.1g；活化条件：在真空中，在 773K 下加热 1h；NH_3 吸附条件：373K，13.3kPa，30min；脱除过剩的 NH_3：373K，30min；载气流量和压力：60 $cm^3\cdot min^{-1}$，13.3kPa，即真正的流量为 $8.0\times10^{-6}m^3\cdot s^{-1}$(在 13.3kPa 压力下)；样品池压力 13.3kPa，$\beta=10K\cdot min^{-1}$，得 373 ~ 873K 的 TPD 图(图 6-21)，图 6-21 中 $r=n(Na)/n(Al)$。

从图 6-21 可知，对 NaMOR（$r=1$ 的钠型丝光沸石）只有一个 TPD 峰(低温峰)；H-MOR（$r=0.04$ 氢型丝光沸石)，有两个 TPD 峰，即低温峰(L)和高温峰(H)，低温峰一般被认为是和由于分子筛中的 H 键引起的弱吸附 NH_3 相对应，所以它不是酸中心，高温峰才是和酸中心对应的。

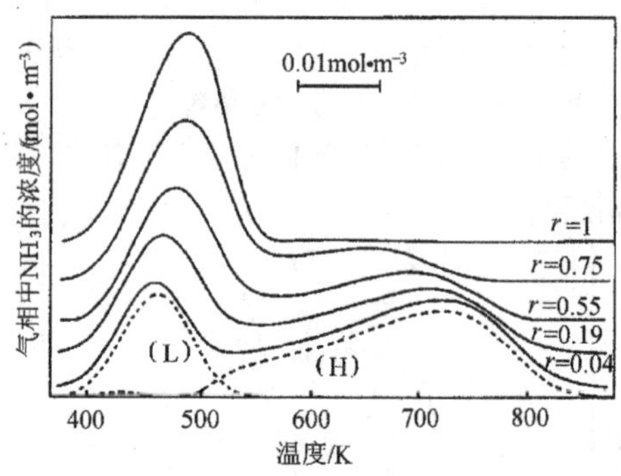

图 6-21 NaMOR 上的 NH_3-TPD 图

1) 单点法测定酸强度。研究中发现酸量和酸强度(以脱附焓变 ΔH_d 表示)是影响 TPD 曲线的主要因素[40]。下面对这两个问题进行讨论。NH_3 在分子筛表面处于吸附平衡时可用式 (6-50) 表示。

$$(NH_3) \rightleftharpoons NH_3 + (\quad) \tag{6-50}$$

式中，(NH_3)、(　　)分别表示吸附的 NH_3 和未被占领的酸中心。

$$K_p = \frac{1-\theta}{\theta}\left(\frac{p_g}{p^\circ}\right) = \frac{1-\theta}{\theta}\left(\frac{RT}{p^\circ}\right)c_g \tag{6-51}$$

式中：K_p——温度为 T 时的平衡常数；

p_g——NH_3 的分压；

θ——吸附 NH_3 的覆盖度；

c_g——NH_3 的浓度；

R——摩尔气体常量；

p°——标准大气压(0.1MPa)。

物料平衡

$$F_C c_g = -A_0 w \frac{d\theta}{dt} \tag{6-52}$$

式中：F_C——载气流速 $m^3 \cdot s^{-1}$；

w——分子筛质量，kg；

A_0——酸中心浓度，$mol \cdot kg^{-1}$。

将式(6-51)和式(6-52)合并为

$$c_g = -\frac{A_0 w}{F_C}\frac{d\theta}{dt} = \frac{\theta}{1-\theta}\frac{p^\circ}{RT}K_p \tag{6-53}$$

$$K_p = \exp\left(\frac{-\Delta H_d}{RT}\right)\exp\left(\frac{\Delta S}{R}\right) \tag{6-54}$$

式中：ΔH——脱附焓变，$J \cdot mol^{-1}$；

ΔS——脱附熵变，$J \cdot K^{-1} \cdot mol^{-1}$。

因为 $dT = \beta dt$，式(6-53)和式(6-54)合并，得

$$c_g = -\frac{\beta A_0 w}{F_C}\frac{d\theta}{dT} = \frac{\theta}{1-\theta}\frac{p^\circ}{RT}\exp\left(\frac{-\Delta H_d}{RT}\right)\exp\frac{\Delta S}{R} \tag{6-55}$$

$$\theta_{i+1} = \theta_i + \left(\frac{d\theta}{dT}\right)\Delta T \tag{6-56}$$

根据式(6-55)，可计算 $c_{g(i)}$；根据式(6-55)和式(6-56)，可计算 $c_{g(i+1)}$。从式(6-55)可考查 A_0 或 ΔH_d 对 TPD 曲线的影响。图 6-22 是当固定一些参数($w = 0.1g, F_C = 1 \times 10^{-6} m^3 \cdot s^{-1}, p = 13.3kPa, \Delta H_d = 14.0 kJ \cdot mol^{-1}, \Delta S = 150 J \cdot K^{-1} \cdot mol^{-1}$,改变 A_0 所得的模拟 TPD 图。由图 6-22 可知,随着 A_0 增加,TPD 的最高峰向高温方向位移。图 6-22 中 $A_0(mol \cdot kg^{-1})$值分别为:a.0.2,b.0.4,c.0.6,d.0.8,e.1.0,f.1.2。

图 6-23 是显示改变 ΔH_d 时对 TPD 曲线的影响($w = 0.1g, F_C = 1 \times 10^{-6} m^3 \cdot s^{-1}, p = 13.3kPa, A_0 = 0.6 mol \cdot kg^{-1}, \Delta S = 150 J \cdot K^{-1} \cdot mol^{-1}$。由图 6-23 可见，随着 ΔH_d 的增加，

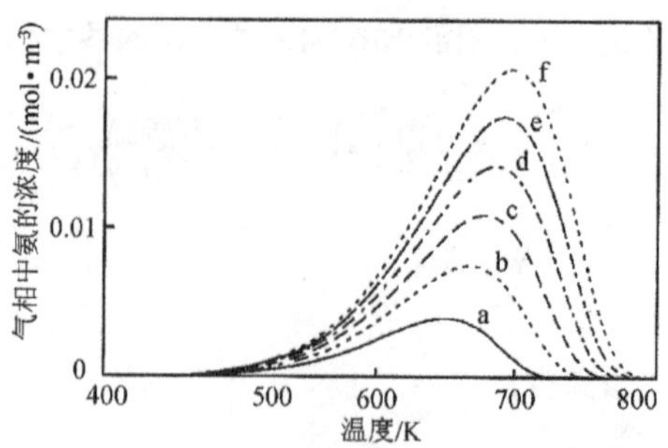

图 6-22　不同 A_0 下 NH_3 在分子筛上的模拟 TPD 图

脱附峰向高温方向位移。图 6-23 中 ΔH_d 值（$kJ \cdot mol^{-1}$）分别为：a.120，b.130，c.140，d.150，e.160。

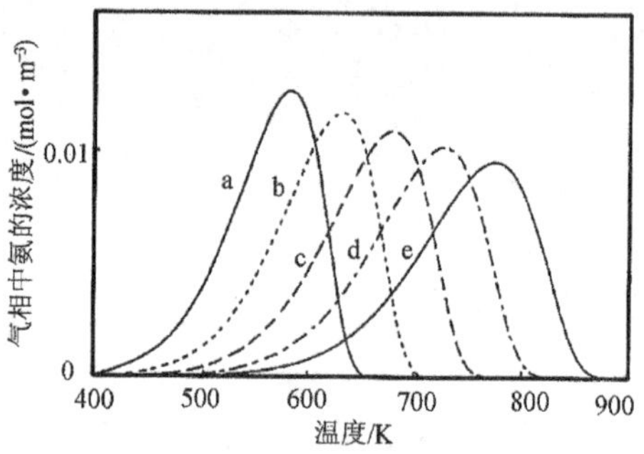

图 6-23　ΔH_d 对 NH_3 在分子筛上的 TPD 曲线的影响

由上可知，T_m 的位置不仅和酸强度 ΔH_d 有关而且与酸量 A_0 有关。在高峰处

$$\frac{dc_g}{dT} = 0 \tag{6-57}$$

结合式(6-56)，导出

$$\ln T_m - \ln\left(\frac{A_0\ w}{F_C}\right) = \frac{\Delta H_d}{RT_m} + \ln\left|\frac{\beta(1-\theta_m)^2(\Delta H_d - RT_m)}{p^\circ \exp\left(\frac{\Delta S}{R}\right)}\right| \tag{6-58}$$

式(6-58)等号右边的第二项对于同一种分子筛没有变化，所以等号左边对 $1/T_m$ 作图时，所得直线的截距和式(6-58)等号右边的第二项对应；从直线斜率可求出 ΔH_d，于是从截距、ΔH_d 和式(6-58)等号右边的第二项求出 ΔS。实验证明，以 NH_3 为吸附质，不同分子筛(丝光沸石、ZSM-5、ferrierite 等)的 ΔS 值基本一样 150～160$J \cdot K^{-1} \cdot mol^{-1}$。因此可以根据式(6-58)用一点法测定 ΔH_d。例如，实验条件 w、F_C、β 确定后，从 TPD 曲线所得的 T_m、A_0 (用脱附峰面积计算)、θ_m（T_m 以右的曲线面积除以总的曲线面积)，以及 $\Delta S \approx 150 J \cdot K^{-1} \cdot mol^{-1}$算出 ΔH_d 值。

2) 曲线拟合法。在上述单点法的理论基础上，作者提出改进的方法，即所谓的曲线拟合法(curve fitting method)[41]。根据式(6-55)，其中 A_0、ΔS、ΔH_d 是和分子筛酸性有关的热力学参数，A_0 代表酸量，可以从 TPD 曲线下面积算出来，至于 ΔS 前面已讨论过，对分子筛来说是常数，近似等于 $150J \cdot K^{-1} \cdot mol^{-1}$，单点法测得 $\Delta H_d = 142 kJ \cdot mol^{-1}$。将 A_0、ΔS、ΔH_d 数据代入式(6-55)，用模拟法，模拟出 TPD 理论曲线图[图 6-24(H-1)]。它和实际曲线[图 6-24(E)]差别较大，(H-1)峰显得太狭太尖。为了得到更准确的模拟图，通过改变 ΔH_d 找到 ΔH_d 为 $142kJ \cdot mol^{-1}$，其偏差为 $\sigma = 6kJ \cdot mol^{-1}$时，得到的模拟曲线[图 6-25(H-3)]和实际曲线 [图 6-25 (E)]十分接近。因此对于具体的分子筛(例如 H-Mor)，用曲线拟合法求得其酸性为：$\Delta H_d = 142kJ \cdot mol^{-1}$，$\sigma = 6kJ \cdot mol^{-1}$，$\Delta S = 150J \cdot K^{-1} \cdot mol^{-1}$。作者用该方法[41]，发现分子筛的酸性规律性：酸量 = [Al] − [Na]（[Al]代表从硅酸骨架上取代下来的 Al 原子数;[Na]代表分子筛骨架上的 Na 原子数,即酸性中心是由从硅酸骨架上取代下来的 Al 原子所产生的,而处于能被交换位置上的 Na 原子遮盖了酸中心,因此总酸量等于取代 Al 原子数和 Na 原子数之差)。

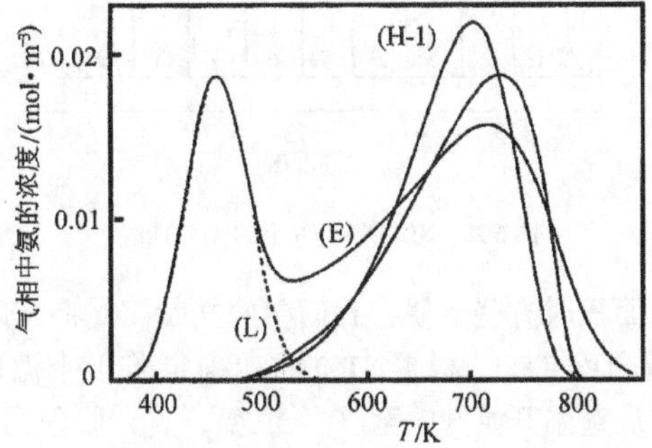

图 6-24　模拟 TPD 曲线(H-1)和实际 TPD 曲线(E)

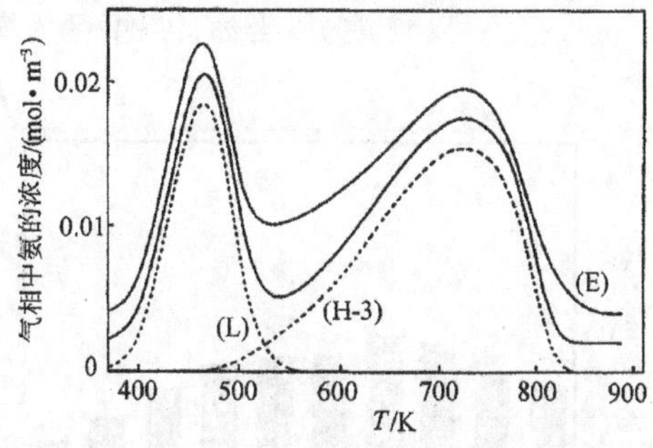

图 6-25　改进后的模拟 TPD 曲线 (H-3) 和实际 TPD 曲线 (E)

(2) Al_2O_3

Al_2O_3 是很重要的催化材料，在石油化工催化剂中常作为载体，例如炼油重整催化剂 $Pt-Al_2O_3$，加氢精制催化剂 MoO_3 (WO_3)-CoO (NiO)/Al_2O_3 都是以 γ-Al_2O_3 为载体。Al_2O_3 的表面酸性对这些催化剂的性能有重要影响，所以 Al_2O_3 表面酸性的表征方法研究得很多，其中 TPD 法被认为是有效的表征方法之一。以 NH_3 为吸附质 Al_2O_3 的 TPD 图，虽然因 Al_2O_3 制备方法不同呈现不同的 TPD 图，但其表现为峰形弥散又相互重叠则是共同的特点。这说明 Al_2O_3 表面酸性强度分布很不均匀。从定性来说，低温脱附峰($T_m \approx 298 \sim 473K$)相应于弱酸中心，中温峰($T_m \approx 473 \sim 673K$)相应于中等酸中心，高温峰($T_m > 673K$)相应于强酸中心。为了得到定量或半定量的酸强度分布数据，Delmon 等[42]提出所谓分段计算脱附峰法，即把 NH_3 全程脱附曲线分成若干温度段(图6-26)，每段相隔 50K，例如 < 373K 为第一段，以下依次各段为 373 ~ 423K，423 ~ 473K，…每一段温度区有相应的脱附峰面积，将其换算成 NH_3 脱附量(即酸量,$mmol \cdot g^{-1}$)，作酸量对脱附温度图，此图即为酸强度分布图(图 6-27)。

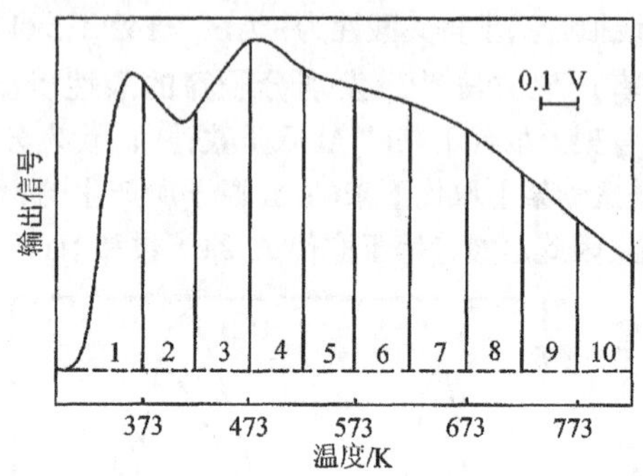

图 6-26 NH_3 在 Al_2O_3 上的 TPD 曲线

上述方法在计算峰面积时有些不便，我们参照文献[43]将其用到酸中心测定，具体做法如下：第一步先做全程 TPD，根据 TPD 曲线确定若干个温度区，T_1，T_2，T_3…；第二步做分段脱附，即从室温开始升温至 T_1，恒温，直到脱附曲线回到一定位置不变，再从 T_1 升温到 T_2，恒温，得到第二个脱附曲线，依次类推。把每一个温度区(酸强区)的酸量从相应的 TPD 峰算出来，求出 $RT - T_1$、$T_1 - T_2$、$T_2 - T_3$、…，各酸区的酸量分别为：a_{RT-T_1}，a_{RT-T_2}，a_{RT-T_3}，…以酸量为纵坐标，温度区为横坐标，即得到类似图 6-27 的酸强度分布图。

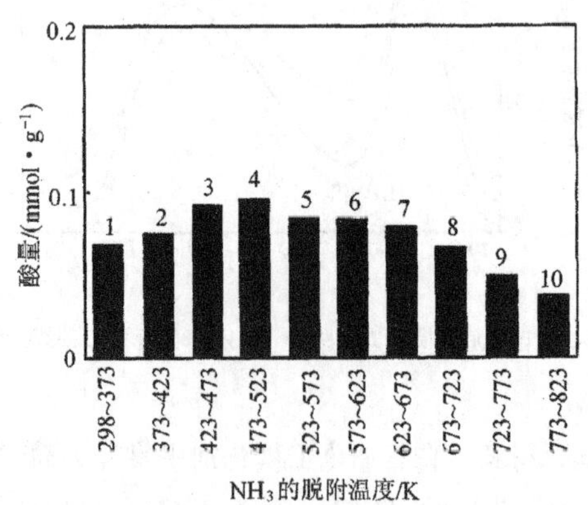

图 6-27 Al_2O_3 的酸强度分布

6.2.2.3 氧化物

(1) 氧化物催化剂的 TPD

氧化物催化剂是一大类催化剂，广泛用于化学工业的催化氧化还原反应，例如烃类的选择氧化反应，在这类反应中氧化物表面氧起重要作用。有人尝试将氧化物的脱附氧行为和催化性能加以关联，得到有意思的结果[44]。表 6-1 列出了各种氧化物的氧脱附数据。

表 6-1 氧化物的氧脱附数据

氧化物	T_m/K[1)]	$V/(cm^3\cdot m^{-2})$[2)]
A 组		
V_2O_5	—	0
MoO_3	—	0
Bi_2O_3	—	0
WO_3	—	0
$Bi_2O_3\cdot 2MoO_3$	—	0
B 组		
Cr_2O_3	723	2.13×10^{-2}
MnO_2	323，543，633，813	6.54×10^{-2}
Fe_2O_3	328，623，758	4.05×10^{-3}
Co_3O_4	303，438，653	3.30×10^{-2}
NiO	308，608，698，823	1.12×10^{-2}
CuO	398，663	1.42×10^{-1}
C 组		
Al_2O_3	338	2.05×10^{-4}
SiO_2	373	2.99×10^{-5}
TiO_2	398，463，593	5.52×10^{-5}
ZnO	463，593	2.45×10^{-4}
SnO_2	353，423	2.11×10^{-3}

1) $\beta=20K\cdot min^{-1}$。

2) 所有氧脱附量均在低于 823K 时测得。

A 类氧化物在 823K 以下没有氧脱附；B 类脱附少量氧；C 类脱附极少氧。在 823K 以下，B、C 类氧化物脱附的氧只相当于百分之几的覆盖度，因此推测吸附中心为表面氧空穴。实验证明，A 类氧化物为选择氧化催化剂，B 类为烯烃完全氧化催化剂，C 类即介于 A 类和 B 类之间，兼有选择氧化和完全氧化的性能。根据以上实验结果，推测选择氧化反应和晶格氧有关，而完全氧化反应和吸附氧有关。

(2) 还原 NO 的氧化物催化剂的 TPD

很多氧化物或复合氧化物(以钙钛矿型为代表)具有催化还原 NO 的性能，所以引起环保催化界广泛的重视和研究。下面列举 TPD 法研究这类催化剂的例子[45]。既然这些氧化物具有还原 NO 的催化性能，应当也具有吸附 NO 的能力。因此，NO-TPD 法适用于研究这类催化剂。从 NO 脱附量可以计算吸附 NO 中心数，从 TPD 形状，出峰温度等研究催化剂的表面性质。图 6-28 是 $La_xCe_yFeO_3$、$La_xCe_ySr_zFeO_3$ 和 $La_xSr_zFeO_3$ 的 NO-TPD 图。NO 的吸附条件：在 500℃下通入 0.5%NO-He 混合气 20min，然后降温至室温。

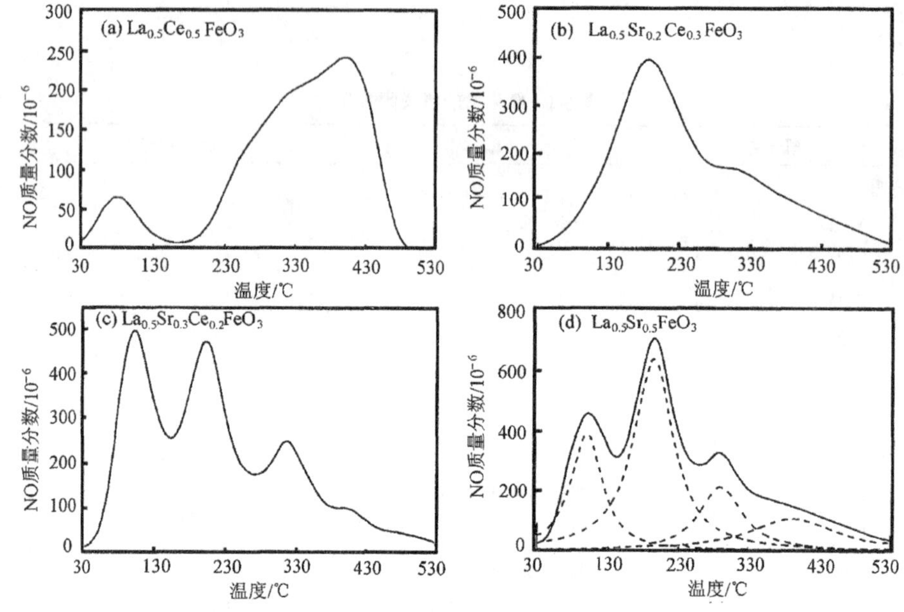

图 6-28 $La_xCe_ySr_zFeO_3$ 上的 NO-TPD 图

由图 6-28 明显看出，各氧化物具有不同的 TPD 图。氧化物组分极大地影响 TPD 的峰形和大小。$La_{0.5}Ce_{0.5}FeO_3$ 只有两个 TPD 峰：一个低温峰($T_m = 75$℃)，另一个为带肩峰的大面积的高温峰，$T_m = 410$℃[图 6-28(a)]。当 Ce 被 Sr 取代，$T < 250$℃的低温峰显著增大，而高温峰变小[图 6-28(b)]；当 Sr 的取代量继续增加，得到了完全不同于[图 6-28(a)]、[图 6-28(b)]的峰[图 6-28(c)]，出现了 3 个分离的大峰及和第 3 个峰成肩峰的高温峰。TPD 数据见表 6-2。

表 6-2 $La_{0.5}Sr_xCe_yFeO_3$ 上的 O_2 和 NO 的脱附量

催化剂	氧脱附量/(μmol·g^{-1})	NO 脱附量/(μmol·g^{-1})
$La_{0.5}Ce_{0.5}FeO_3$	3.2 (0.2)	3.6
$La_{0.5}Sr_{0.2}Ce_{0.3}FeO_3$	93.0 (5.4)	6.0
$La_{0.5}Sr_{0.3}Ce_{0.2}FeO_3$	182.4 (11.2)	8.2
$La_{0.5}Sr_{0.5}FeO_3$	236.8 (14.5)	9.8

注：括号中的数据是用比表面积值(4m^2·g^{-1})计算的表面氧层的覆盖度数据。

表 6-2 数据表明，吸附的 NO 量随 Ce 被 Sr 取代量的增加而单调上升。O_2 的 TPD 图

如图 6-29 所示。O_2 吸附量值也列于表 6-2 中。$La_{0.5}Ce_{0.5}FeO_3$ 只出现单一的 TPD 峰，其氧覆盖度为 0.2，但随着 Ce 被 Sr 取代，O_2-TPD 峰变得复杂，而且出现覆盖度大于 1 的结果，这表明发生次层晶格氧的扩散和脱附。O_2 的脱附量随 Sr 取代量的增加单调上升。

TPD 法用于环保催化剂的研究日益增多，例如 NO 在 Mn[46]、Mn-ZSM-5[47]、$La_xBa_ySrCu_2O_6$[48]、CeO_2 和 ZrO_2[49]上的 TPD。

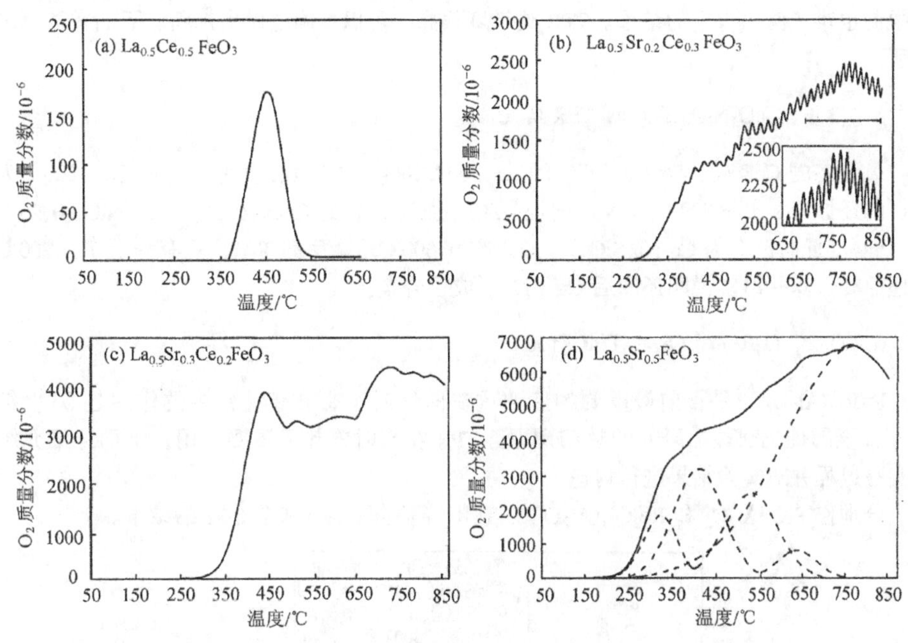

图 6-29 $La_xCe_ySr_zFeO_3$ 上的 O_2-TPD 图

(3) 合成醇催化剂 CuO-ZnO/Al_2O_3 的研究[50]

曾经有报道用 TPD 研究 $CO_2 + H_2 \longrightarrow CH_3OH$ 的反应机理，做反应后催化剂的 TPD，发现与 473～483K 相应的 TPD 峰和甲酸铜的分解有关，从而判断上述反应中间经过生成甲酸的步骤，而用 IR 法很难捕捉到这一信息。

6.2.2.4 硫化物催化剂 MoS_2

MoS_2[51]是 CO 加氢生成 C_1～C_5 醇的催化剂，此类催化剂常添加碱作助催化剂，TPD 法有效地研究了该助催化剂的作用，添加与不添加碱的催化剂其 TPD 图均出现 4 种吸附态 H_2、4 种吸附态 H_2S 和 3 种吸附态 CO，而且上述 3 种吸附物的总吸附量也不发生变化，但相对吸附量改变；并且强吸附 H_2 以及强吸附 CO 和生成高碳醇选择性有关。

6.2.3 程序升温还原(TPR)

第一部分对 TPR 的理论及应用原理已做了介绍，下面介绍 TPR 的具体应用。发生还原反应的化合物主要是氧化物，在还原过程中，金属离子从高价态变成低价态直至变成金属态，对催化剂最常用的还原剂是 H_2 气和 CO 气。

双金属催化剂体系的研究是金属催化理论研究中的重要课题，其中关于双金属组分是否形成合金(或金属簇)则是人们最关注的理论问题，因为此问题是金属催化的核心理论问题。对于负载型双金属催化剂其金属组分的含量一般是很低的，比如只有千分之几。在这种情况下，不仅 XRD 无法判断是否形成合金或金属簇，而且 XPS 因为灵敏度的限制也难于给出肯定的结果。TPR 灵敏度很高，可以准确地做出判断。下面举两例来说明。

6.2.3.1 CuO-NiO/SiO_2 的 TPR 研究

氧化态的 CuO (0.75%Cu)-NiO (0.25%Ni)/SiO_2[52]的 TPR 表明，T_r = 200～220℃为 CuO 的还原峰，T_r = 500℃为 NiO 的还原峰；而还原后的 CuO (0.75%Cu)-NiO (0.25%Ni)/SiO_2 (此时已变为 Cu-Ni/SiO_2)，通入空气 500℃焙烧后的 TPR，只有一个 T_r = 200℃的还原峰。这一事实说明还原后 Cu、Ni 形成了合金。

6.2.3.2 Pt-Re/Al_2O_3 的 TPR 研究

Pt-Re/Al_2O_3[53]是目前最重要的炼油重整催化剂，Re 在催化剂中的作用是 20 世纪 80 年代金属催化剂理论研究的热门课题，TPR 在当时曾起了重要作用，下面详细介绍其实验过程并对实验结果进行讨论。

分别作 PtO/Al_2O_3 和 Re_2O_3/Al_2O_3 的 TPR，得到图 6-30 和图 6-31 的结果。

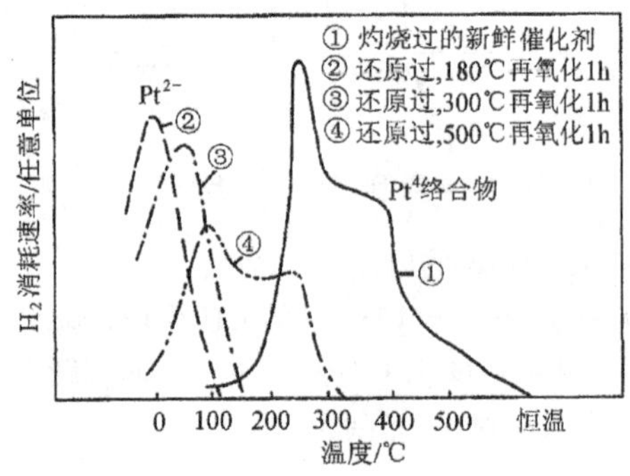

图 6-30 PtO/Al_2O_3 的 TPR

灼烧过的新鲜 PtO/Al_2O_3 催化剂，在 250℃出现 TPR 峰，到 500℃还原过程完成。还原过的催化剂，再氧化后，其 TPR 温度往前移，升高再氧化温度至 500℃，其 TPR 高峰温度接近新鲜催化剂的 TPR 高峰温度，但仍比新鲜催化剂的低。灼烧过的新鲜 Re_2O_3/Al_2O_3，其 TPR 高峰温度 T_r = 500～550℃。还原过的 Re_2O_3/Al_2O_3，随着再氧化温度的升高，TPR 的高峰温度也逐渐接近新鲜 Re_2O_3/Al_2O_3 的 TPR 高峰温度。

不同 Re 含量的 PtO-Re_2O_3/Al_2O_3 的 TPR。催化剂中 Pt 的含量固定为 0.35%，Re 的含量分别为 0.1%、0.2%、0.3%、0.6%。这 4 种催化剂的 TPR 图如图 6-32 所示。

图 6-32 表明，由于 Pt 的作用使 Re_2O_3 更易还原，使它在低温时就能部分还原。随

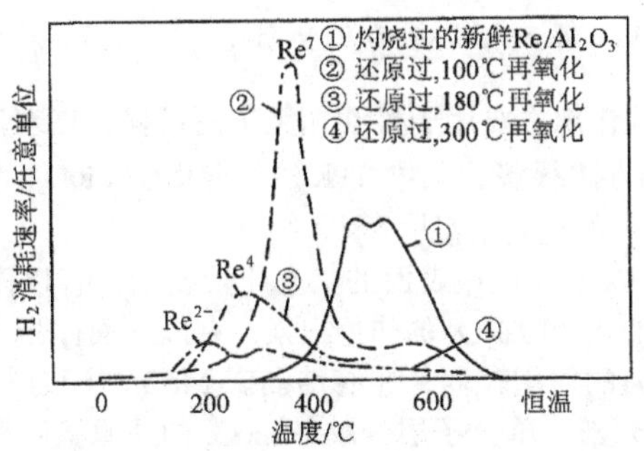

图 6-31 Re_2O_3/Al_2O_3 的 TPR

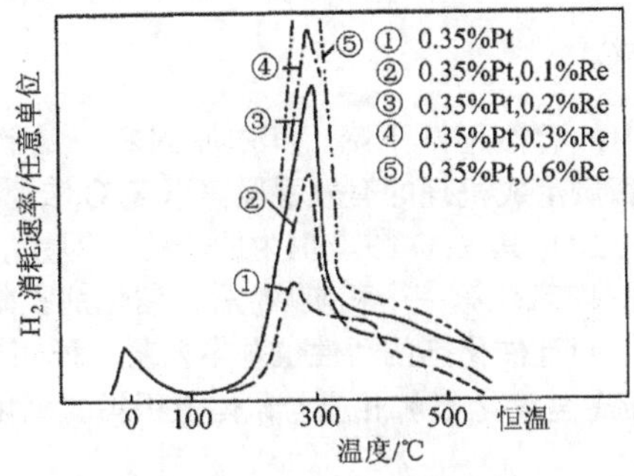

图 6-32 $PtO-Re_2O_3/Al_2O_3$ 的 TPR

着 Re 含量增加，TPR 峰面积增加。这说明 Pt 和 Re 有相互作用。但这些结果还不能说明 Pt 和 Re 形成合金。把上述还原过的催化剂，在 100℃时再氧化，后作 TPR，得到图 6-33 的结果。

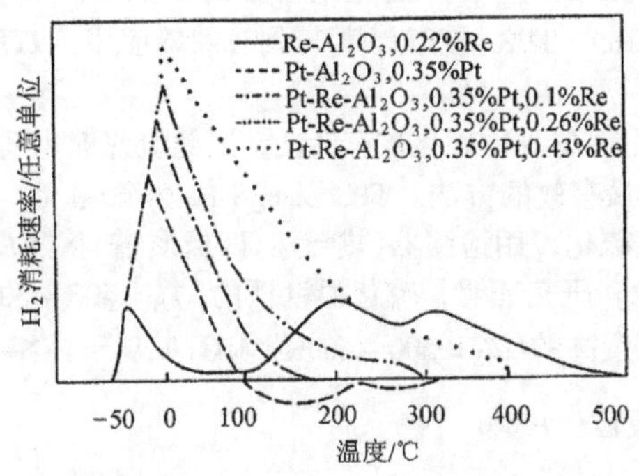

图 6-33 还原过的 $Pt-Re/Al_2O_3$ 在 100℃再氧化后的 TPR

Re/Al_2O_3 还原后再氧化，还原温度降为 200～300℃；Pt/Al_2O_3 还原后再氧化，在 0℃时就能被还原；$Pt-Re/Al_2O_3$ 还原后再氧化，其 TPR 图和 Re/Al_2O_3 的不同，随着 Re 含量增加，TPR 峰面积增加，还原温度也逐渐升高。这是 Pt-Re 形成合金的证明，由于形成合金使 Pt 更分散，致使 $Pt-Re/Al_2O_3$ 的还原温度比 Pt/Al_2O_3 高，比 Re/Al_2O_3 低。

6.2.3.3 MoO_3、WO_3 系列催化剂的 TPR 研究

MoO_3、WO_3 系列催化剂主要用于炼油加氢精制过程，在理论上研究得比较透彻的催化剂之一，用的研究方法很多，其中 TPR 法，能提供 MoO_3、WO_3 和载体 Al_2O_3、助剂 CoO、NiO 的相互作用的重要信息[54~56]。

以 MoO_3 为例，MoO_3 在 Al_2O_3 表面的状态比较复杂，有以四面体配位状态存在的单分子分散态，这种 MoO_3 和 Al_2O_3 的作用很强；有以八面体配位状态存在的多层分散态，这种 MoO_3 和 Al_2O_3 的作用较弱；还有结晶态 MoO_3。配合其他方法 TPR 法能对上述各种状态 MoO_3 做出判断。单分子层分散态 MoO_3 的还原温度很高($\approx$670℃)，而多层分散态 MoO_3 还原温度较低(360 ~ 380℃)，体相 MoO_3（即结晶状 MoO_3)还原温度最高($\approx$700℃)。

6.2.4 程序升温氧化(TPO)

催化剂在使用过程中，活性逐渐下降，其中原因之一是催化剂表面有积炭生成，TPO 法[57]是研究催化剂积炭生成机理的有效手段。以 TPO 法研究 Pt/Al_2O_3 催化剂积炭机理为例。积炭后的 Pt/Al_2O_3 其 TPO 图呈现为两个峰，即 $T_{O1} \approx 440$℃，$T_{O2} \approx 530$℃。当把积炭催化剂部分氧化(即氧化第一个积炭峰)后，催化剂吸附 H_2 的量可恢复到新鲜催化剂吸附 H_2 量的水平，而且催化剂的活性也基本恢复。证明这部分积炭发生在 Pt 金属表面，由此也可以推断高温氧化 C 峰相应与载体上积炭的氧化。

6.2.5 程序升温硫化(TPS)

石油制品的含硫量从环保以及后续处理工艺(比如重整过程)的要求必须控制在极低含量(质量分数约为 5.0×10^{-5})，在石油工业中主要采用加氢脱硫(HDS)工艺满足要求。HDS 过程以 Mo (W)-Co (Ni)/Al_2O_3 为催化剂。这种催化剂要预先硫化才有 HDS 活性。HDS 催化剂活性相本质的研究一直是理论研究的热点，研究手段从复杂的 EXAFS、XPS、FTIR 到常规的 XRD、TPR、TPS[58]都得到有效的应用。TPR 前面已经介绍过，现在介绍 TPS 法。

上面说过 HDS 催化剂需要预硫化才有活性，因此研究催化剂的硫化过程极其重要，TPS 法可谓研究此过程最有效的方法。TPS 以 H_2S-H_2 为硫化气，从室温开始等速升温，在升温过程中催化剂被硫化，用检测器(热导池、四极质谱)将随温度变化的 H_2S 浓度记录下来即得到 TPS 曲线。研究证明，硫化温度低的(T_S = 400 ~ 500K)MoO_3 为 HDS 的主要活性部位，而硫化温度高的(T_S = 500 ~ 600K)MoO_3 归属于体相 MoO_3，其活性低[58]。

6.2.6 程序升温表面反应(TPSR)

升温过程中固体表面发生分解反应，固体表面吸附物和另一种物质发生催化反应，或吸附物发生反应(如脱氢、氢解、脱氢芳构化等)都属于 TPSR 的研究对象。通过这些研究可以揭示活性中心性质和表面反应机理。

6.2.6.1 Pt/Al_2O_3 催化剂活性中心性质的研究

Pt/Al_2O_3 的正庚烷脱氢芳构化（DHA）活性中心。Pt/Al_2O_3 上预先吸附正庚

烷[59,60]，然后令其等速升温，得到如图 6-34 所示的TPSR图。图 6-34 中 $T = 95$℃处证明是正庚烷的脱附峰，$T = 160 \sim 260$℃处为甲苯峰，$T = 300$℃为苯峰。在上述催化剂上预先吸附甲苯、苯，从所得的 TPD 图证明甲苯的脱附温度为 110℃，而苯的脱附温度为 120℃。可见 TPSR 所得的 $T = 160 \sim 260$℃峰是正庚烷脱氢芳构化反应中心的特征峰，而 $T = 300$℃即为脱烷基反应中心的特征峰。上述结果也证明了反应的控制步骤是表面反应。

另外，图 6-34 中的（A）、（B）、（C）、（D）表示在 4 种 Pt 表面积不同的催化剂上所得的 TPSR 图，从（A）至（D），Pt 的表面积依次减小。这是由于预处理催化剂的温度依次增高所致，高温使 Pt 表面烧结，其活性也随之降低，特别是使过强的中心即能进行脱甲基的中心消失。由 TPSR 图可看出，从（A）至（D）苯峰依次减小，在催化剂（D）上没有苯峰证明了上述结论。

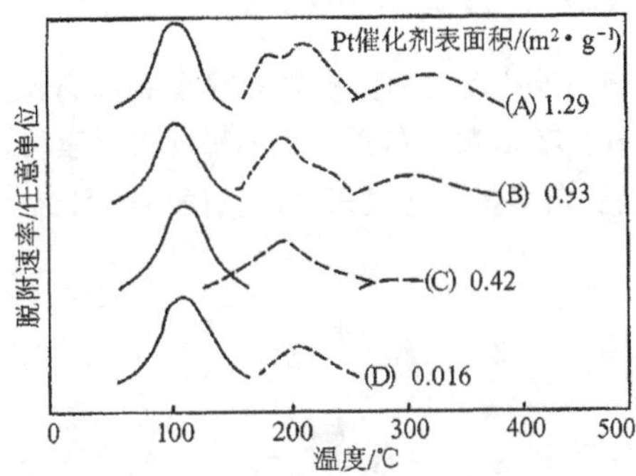

图 6-34　正庚烷在 Pt/Al_2O_3 上的 TPSR 图

TPSR 法在研究 Pt/Al_2O_3 催化剂的活性中心性质时发现，该催化剂存在两类脱氢环化反应中心：低温中心和高温中心[60]。下面简单介绍其实验过程。以 N_2 气为载气，以正己烷为吸附质，正己烷在两种温度即室温和温度从 350℃到室温时进行预吸附。然后分别作其 TPSR，TPSR 的实验条件：升温速度 16℃·min^{-1}，载气流量 30mL·min^{-1}。实验结果如图 6-35 所示。TPSR 峰经检验都是苯峰。

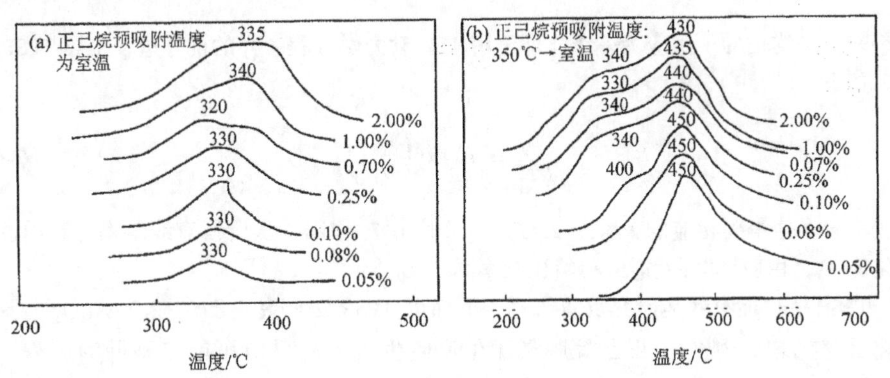

图 6-35　正己烷在 Pt/Al_2O_3 上的 TPSR 图

图 6-35（a）是室温下吸附正己烷的 TPSR 图，图 6-35（b）是温度从 350℃下降到室温下预吸附正己烷的 TPSR 图。图 6-35（b）出现两个与 T_{m1} = 330 ~ 340℃、T_{m2} = 430 ~ 450℃相应的峰，说明 Pt/Al_2O_3 中存在两类脱氢环化活性中心；而在室温下预吸附正己烷的其 TPSR 图只出现一个峰，此峰与图 6-35（b）的 T_{m1}峰相应，说明室温时正己烷只能吸附在低温中心。此低温中心在 330 ~ 340℃就具有脱氢环化活性；而高温中心只能在高温下吸附正己烷，而且其只有在 430 ~ 450℃才有脱氢环化活性。图 6-35 中百分号表示 Pt/Al_2O_3 中 Pt 的质量分数。

此外，TPSR 法在研究甲烷化 Ni 催化剂理论研究中也显示了其优越性[62~64]。例如证实甲烷化反应分两步进行：第一步 CO 离解吸附在 Ni 上生成表面 C，第二步 H_2 和表面 C 反应生成 CH_4。

6.2.6.2　TPSR 法研究反应动力学和反应机理

TPSR 法可用于研究表面反应动力学。预先吸附在催化剂表面的反应物在升温过程中发生了反应，记录下来的 TPSR 峰的位置(T_r)和峰形由反应动力学参数所决定[64]。表面反应的情况比脱附过程复杂得多，这里只讨论较简单的情况[65]。设反应按如下机理进行

$$A_S \xrightarrow{k_r} B_S \tag{6-59}$$

$$A_S \xrightarrow{k_{dA}} A_g \tag{6-60}$$

$$B_S \xrightarrow{k_{dB}} B_g \tag{6-61}$$

设反应的控制步骤是表面反应［式(6-59)］，且 $k_{dA} \ll k_r$，$k_{dB} \gg k_r$，k_{dA}、k_{dB}、k_r分别表示反应物的脱附速率常数、产物的脱附速率常数和表面反应速率常数。表面反应的速率方程为

$$\frac{d\theta_A}{dt} = -k_r\theta_A \tag{6-62}$$

如果表面是均匀的，反应为一级，即可用 TPD 动力学方程一样的推导过程推导 TPSR 方程，如下

$$\frac{\beta E_r}{RT_r^2} = k_{0r}\exp\left(\frac{-E_r}{RT_r}\right) \tag{6-63}$$

改变不同 β 值得到相应的 T_r 值，$2\lg T_r - \lg\beta$ 对 $1/T_r$ 作图，从所得直线斜率可算出反应活化能 E_r，由直线截距和 E_r 可算出频率因子 k_{0r}。

TPSR 法也能有效地研究反应机理，下面以 TPSR 法研究正己烷在 Pt/Al_2O_3 上脱氢环化反应机理为例[64]。正己烷脱氢环化反应生成苯的反应可能有不同的历程，见图 6-36。

由图 6-36 可见，正己烷脱氢环化反应的历程可能有 3 种：第一种由 1→2→3→4→

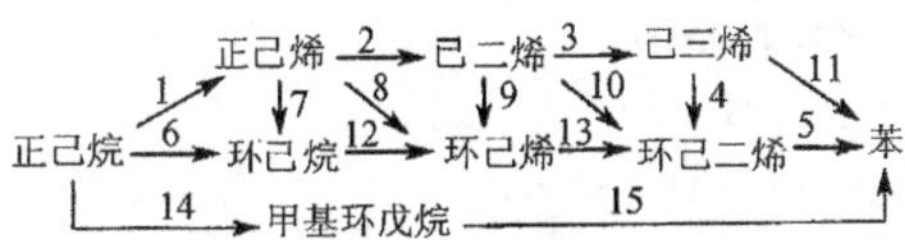

图 6-36 正己烷脱氢环化反应生成苯的可能历程

5；第二种经 6 或 7 或 8；第三种经 14→15。已经证明，第一种历程第 4 步即使没有催化剂存在也能很快进行，所以它不是反应的控制步骤，假定 1 或 2 是反应的控制步骤，那么预先吸附正己烷或正己烯或正己二烯得到的 TPSR 图应该有区别，至少预先吸附正己烯或正己二烯时，苯峰的 T_r 值要比预先吸附正己烷时的 T_r 低一些，实际上三者的 TPSR图基本上一样，正己烷、正己烯和正己二烯都通过一种反应历程转化成苯。由此证明正己烯和正己二烯都是正己烷脱氢环化反应的中间产物。

比较预先吸附正己烷和环己烷生成苯的动力学参数(表 6-3)可见，两者是不同的，而且前面已经指出正己烷、正己烯和正己二烯的动力学行为一样。由此可以排除反应按第二种历程进行。

表 6-3 生成苯的动力学参数

吸附物	k_r/s^{-1}	$E_r/(kJ \cdot mol^{-1})$
正己烷	1.5×10^7	71.0
环己烷	1.5×10^3	23.3
环己烷	3.3×10^3	37.7

第三种历程在 TPSR 的实验条件下也被排除，因为预先吸附甲基环戊烷的实验表明，它在 100℃时方能吸附在 Al_2O_3 或 Pt/Al_2O_3 上，而且生成苯的 $T_r \approx 300$℃，远比正己烷生成苯的 T_r 大(正己烷生成苯的 $T_r \approx 200$℃)。这样看来正己烷脱氢环化生成苯的途径只可能有以下几种：①由 1→2→3→4→5；②由 1→2→9→13→5；③由 1→2→10→5。用其他方法已经证明，第 9 步不可能进行，所以只剩下①和③两种可能的途径。

总之，用 TPSR 法证明正己烷脱氢环化反应中间经过生成正己烯和正己二烯中间产物，然后正己二烯环化成环己二烯，环己二烯脱氢后生成苯，或者环己二烯进一步脱氢生成己三烯并环化后生成苯。

6.2.6.3 结语

TPSR 法是研究表面催化反应动力学的好方法，是在排除吸附和扩散过程的条件下研究表面催化反应动力学的。这是一般动力学方法很难做到的。另外，TPSR 法研究反应机理可以得到直接的结果，是 TPSR 法的特点。

符号说明

第 6.1 节

A	TPD 曲线面积，cm^2
c	浓度，$mol \cdot L^{-1}$

c_G	气体浓度，$mol \cdot L^{-1}$
E	活化能，$kJ \cdot mol^{-1}$
E_r	还原反应活化能，$kJ \cdot mol^{-1}$
F_C	载气流速，$ml \cdot min^{-1}$
f	氢气进料速率，$L \cdot min^{-1}$
ΔH_a	吸附热焓变，$-\Delta H_a = Q_a$，$kJ \cdot mol^{-1}$
h	TPD 曲线高度，cm
h_m	TPD 曲线最高峰处的高度，cm
k	速率常数，s^{-1}
k_D	次层逆扩散速率常数，s^{-1}
k_p	次层扩散速率常数，s^{-1}
M	固体表面次层部位数和表面吸附中心数之比，$M = N_B/N_S$
N	$N = -\beta \dfrac{d\theta}{dT}$
N_B	固体表面次层部位数
N_S	固体表面吸附中心数
n	脱附级数
P	$P = \beta S_0/(F_C c_0)$
Q_a	吸附热，$kJ \cdot mol^{-1}$
r	速率，$mol \cdot s^{-1}$
r'_d	净脱附速率，$mol \cdot s^{-1}$
r_D	次层逆扩散速率，$mol \cdot s^{-1}$
r_P	次层扩散速率，$mol \cdot s^{-1}$
R	气体常数，$R = 8.314\ J \cdot K^{-1} \cdot mol^{-1}$
S	还原后未还原的固体量，mol
S_0	固体初始量，mol
ΔS	吸附熵变，$kJ \cdot K^{-1}$
T	温度，K
T_0	初始温度，K
T_m	TPD 曲线最高峰处的相应温度，K
t	时间，s
V	吸附体积，L
V_M	单层饱和吸附体积，L
V_S	吸附剂体积，L
ΔV	耗氢量，L
X_1	吸附中心 1 在吸附中心总数中占的分数
X_2	吸附中心 2 在吸附中心总数中占的分数
x	转化率，%
α	还原度
β	升温速率，$K \cdot min^{-1}$

θ	表面覆盖度
ν	指前因子，s^{-1}
ξ	次层部位占有率
下角标	
a	吸附
d	脱附
0	初始
第 6.2 节	
A_0	表面酸中心浓度，$mol \cdot kg^{-1}$
c_g	气体浓度，$mol \cdot cm^{-3}$
d	粒度，mm
E_a	活化能，$kJ \cdot mol^{-1}$
E_d	脱附活化能，$kJ \cdot mol^{-1}$
E_r	反应活化能，$kJ \cdot mol^{-1}$
F_c	载气流量，$cm^3 \cdot min^{-1}$
ΔH_d	脱附焓变，$kJ \cdot mol^{-1}$
K_p	吸附平衡常数
k	速率常数
k_{0r}	频率因子
n	级数
p	气体压力，kPa
p_g	气体分压，kPa
p°	标准大气压
$P(E)$	具有脱附活化能为 E 的中心占整个中心的百分数
R	气体常数，8.314 $J \cdot K^{-1} \cdot mol^{-1}$
ΔS	脱附熵变，kJ/K
T	温度，K
T_0	起始温度，K
T_m	脱附峰高峰处的温度，K
T_r	反应峰高峰处的温度，K
T_O	氧化峰高峰处的温度，K
T_S	硫化峰高峰处的温度，K
V	吸附体积，cm^3
W	催化剂质量，kg
β	升温速率，$K \cdot min^{-1}$
θ	覆盖度
γ	指前因子，s^{-1}
σ	偏差

参 考 文 献

[1] Amennomiya Y, Cvetanovic R J. Advances in Catalysts New York: Academic Press, Vol 17, 1967. 103 ~ 149

[2] 王吉祥,谢筱帆．催化学报,1980,1(3): 229 ~ 240

[3] 刘君佐．石油化工, 1981, 10(7): 476 ~ 481

[4] Falconer J L, Schwarz J A. Catal Rev-Sci Eng, 1983, 25(2): 141 ~ 227

[5] 杨锡尧, 侯镜德．物理化学的气相色谱研究法．北京: 北京大学出版社, 1989.215

[6] Bhatia S, Beltramini J, Do D D. Catal Today, 1990, 7(3): 309 ~ 438

[7] Falconer J L, Madix R J. Surf Sci, 1975, 48(2): 393 ~ 405

[8] 杨上闰．催化学报, 1983, 4(1): 57 ~ 65

[9] 杨上闰．催化学报, 1985, 6(2): 179 ~ 182

[10] 段雪, 王棋．催化学报, 1986, 7(2): 169 ~ 176; 高等学校化学学报, 1986, 7(11): 1011 ~ 1015

[11] Leary K J, Michaels J N, Stacy A M. AIChE J, 1988, 34(2): 263 ~ 271

[12] Falconer J L, Madix R T. J Catal, 1977, 48: 262 ~ 268

[13] Tokoro Y, Ucijima T, Yoneda Y. J Catal, 1979, 56: 110 ~ 118

[14] Hurst N W, Gentry S J, Jones A. Catal Rev-Sci Eng, 1982, 24(2): 233 ~ 309

[15] Malet P, Caballere A. Chem Soc Faraday Trans I, 1988, 84(7): 2369 ~ 2375

[16] Falconer J L, Schwarz J A. Catal Rev-Sci Eng, 1983, 25(2): 141 ~ 227

[17] Hurst N W, Gentrey S J, Jones A et al. Catal Rev-Sci Eng, 1982, 24(2): 233 ~ 309

[18] Arai M, Nishiyama Y, Masuda T et al. Appl Surf Sci, 1995, 89: 11 ~ 19

[19] Arai M, Fukushima M, Nishiyama Y. Bull Chem Soc Jpn, 1997, 70(7): 1545 ~ 1549

[20] Arai M, Fukushima M, Nishiyama Y. Appl Surf Sci, 1996, 99: 145 ~ 150

[21] 孙予罕, 周立新, 陈诵英, 等．石油学报(石油加工), 1990, 6(3): 25 ~ 31

[22] Madix R J. Catal Rev-Sci Eng, 1977, 15(2): 293 ~ 329

[23] Tsuchiya S, Amenomiya Y, Cvetanovic R J. 19th Canadian Chemical Engineering Conference, 3rd Symposium on Catalysis, 1969. Vol. 1: 49

[24] Popova N M, Babenkova L V. React Kinet Catal Lett, 1979, 11(2): 187 ~ 192

[25] Verbeek H, Sachtler W M H. J Catal, 1976, 42: 257 ~ 267

[26] Sachtler J W A. Gold-Platinum Single Crystal Catalysts. Netherland: Leiden University, 1982

[27] Kijenski J, Baiker A. Catal Today, 1989, 5 (1): 1 ~ 119

[28] Sawa M, Niwa M, Murakami Y. Zeolites, 1990, 10: 532

[29] Karge H G, Dondur V. J Phys Chem, 1990, 94(2): 765 ~ 772

[30] Karge H G, Dondur V. Weitkamp J J. J Phys Chem, 1991, 95(1): 283 ~ 288

[31] Miller J T, Hopkins P D, Meyers B L et al. J Catal, 1992, 138: 115 ~ 128

[32] Stach H, Janchen J, Jerschkewitz, H-G et al. J Phys Chem, 1992, 96(21): 8473 ~ 8479; ibid 1992, 96(21): 8480 ~ 8485

[33] Croker M, Herold R H M, Sonnemans M H W et al. J Phys Chem, 1993, 97(2): 432 ~ 439

[34] Barthomeuf D. J Phys Chem, 1993, 97(2): 10092 ~ 10096

[35] Kim J H, Namba S, Yashima T. Appl Catal, 1993, 100: 27 ~ 36

[36] Haaq W O. In: Studies in Surface Science and Catalysis. Vol. 84. Zeolites and Related Microporous Materials: State of art 1994; Weikamp J, Kaege H G, Holderich W, eds; Amsterdam: Elsevier, 1994, 1375

[37] Hattori T, Matsumoto H, Murakami Y. In: Preparation of Catalysts . IV, Delmon B, Grange P, Jacobs P A, et al. eds, Amsterdam: Elsevier, 1987. 875

[38] Tanabe K. Solid Acid and Bases Tokyo: Kodansha, 1970

[39] Tsutsumi K, Nishiyama K. Thermoch Acta, 1989, 143: 299 ~ 311

[40] Niwa M, Katada N, Sawa M et al. J Phys Chem, 1995, 99: 8812 ~ 8816
[41] Katada N, Igi H, Kim J-H, Niwa M. J Phys Chem, B, 1997, 101: 5969 ~ 5977
[42] Berteau P, Delmon B. Catal Today, 1989, 5: 121 ~ 137
[43] Choudary V R, Rane V H. Catal Lett, 1990, 4: 101 ~ 106
[44] Iwamoto M, Yoda T, Yamozoe N, Seiyama T. J Phys Chem, 1978, 82: 2564 ~ 2570
[45] Belessi V C, Costa C N, Bakas T V et al. Catal Today, 2000, 59: 347 ~ 363
[46] Yamashita T, Vannice A. Appl Catal B: Environ, 1997, 13: 141 ~ 155
[47] Alyor A W, Lobree L J, Reimer J A et al. J Catal, 1997, 170: 390 ~ 401
[48] Machida M, Murakami H, Kijima T. Appl Catal B: Environ, 1998, 17: 195 ~ 203
[49] Luo M F, Zhong Y Jm, Zhu B et al. Appl Surf Sci, 1997, 115 (2): 185 ~ 189
[50] Tagawa T, Plezier G, Amenomiya Y. Appl Catal, 1985, 18: 285 ~ 293
[51] Dianio W P. Appl Catal, 1987, 30: 99 ~ 121
[52] Robertson S D, Mc Nicol B D. J Catal, 1975, 37: 424 ~ 431
[53] Wagstaff N, Prins R. J Catal, 1979, 59: 434 ~ 445
[54] Thomas R, van Oers, E M, de Beer V H J et al. J Catal, 1982, 76: 241 ~ 253
[55] Burch R, Collins A. Appl Catal, 1985, 18: 373 ~ 387
[56] Burch R, Collins A. Appl Catal, 1985, 18: 389 ~ 400
[57] Lin L W, Zhang T, Zang J L et al. Appl Catal, 1990, 67: 11 ~ 23
[58] Arnoldy T, van den Heukant J A M, de Bok G D et al. J Catal, 1985, 92: 35 ~ 55
[59] Розанов В В, Г лэнд Д ж, Скляров А В. Кин и Кат, 1979, 20 (5): 1249
[60] Pan Y, Yang X Y, Pang L. React Kinet Catal Lett, 1988, 37 (2): 469 ~ 476
[61] McCarty T G et al. Preprints, 1977, 22 (4): 1315 ~ 1323
[62] 吕永安，张大煜等. 催化学报，1983，4 (4)：260 ~ 265
[63] Zagl A E, Falconer J L, Keenan C A. J Catal, 1979, 56: 453 ~ 467
[64] Розанов В В, Скляров А В. Кин и Кат, 1978, 19: 1533
[65] Gorte R et al. Appl Surf Sci, 1979, 3: 381 ~ 385

（杨锡尧，北京大学化学与分子工程学院）

第 7 章　红外光谱方法

一般认为，催化反应过程是通过反应物吸附在表面上，被吸附分子或者同另一被吸附分子反应，或者与另一气相分子反应，生成的产物最后脱附，使表面再生而进行的。过去，对大多数催化反应机理的研究和控制是通过经验方法进行，即从对反应物和产物的动力学观察推论表面中间物，并以此阐明反应机理。这些方法可以获得许多重要信息和对催化作用的深入理解，但是由于没有确切的有关表面吸附物种结构方面的知识依据，所获得的结果存在相当大的任意性，并且无法深入下去。分子光谱尤其是红外光谱在催化研究中是应用最广泛的表征方法。

由吸附分子的红外光谱可以给出表面吸附物种的结构信息，尤其可以得到在反应条件下吸附物种结构的信息。目前，红外光谱技术已经发展成为催化研究中十分普遍和行之有效的方法。研究的对象可以从工业上实用的负载型催化剂、多孔材料到超高真空条件下的单晶或薄膜样品。它可以同热脱附(TPD)、四极质谱(MS)、色谱(GC)等近代物理方法在线联合，获得对催化作用机理更深入的了解。如果同原位 X 射线衍射仪、电镜、热分析技术相结合，可研究催化剂和功能材料的相变、体相组成结构的变化及表面官能团的变化。从分子固体的红外光谱和拉曼光谱还可以研究分子晶体的对称性、畸变晶体纵向和横向的变化以及缺陷造成的影响。

第一个进行吸附分子红外光谱研究的是荷兰的 De Boer。他在 1930 年研究了有机分子在碱金属卤化物上的吸附。尔后，前苏联的 Теренин 研究了氨在 Fe/Al_2O_3 以及 Fe/SiO_2 上的吸附。而真正引起人们兴趣的工作是美国的 Eischens 等[1]在 1954 年研究了 CO 在 Pt 和 Ni 上吸附的红外光谱。这些工作给人们以很大的启示，至今很多催化体系都已利用红外光谱进行了研究，并获得了有重要价值的信息。Eischens、Little、Hair 综述了 20 世纪 60 年代以来获得的结果[1~3]。Basila、Yates、Miller、Blyholder、Pritchard 等进一步评述了 20 世纪 70 年代以来该领域的进展[4, 5]。Sheppard 等综述了 20 世纪 90 年代以来 CO 和烃类分子在过渡金属上吸附的振动光谱[6, 7]。虽然红外光谱在催化研究中获得了广泛的应用，尤其在参考光谱已知的情况下，可以有效地识别吸附物种的结构，但方法本身仍存在一定的局限性。如①利用最广泛的透射方法在研究负载型催化剂时，由于大部分载体在低于 $1000cm^{-1}$处就不透明，所以很难获得这一波数以下的吸附分子的光谱；②金属粒子可以具有不同的暴露表面，边、角、阶梯、相间界面线等，这些都对吸附分子的光谱产生影响，使吸附态的光谱宽化，因而解释起来比较困难；③由于催化反应过程中，在催化剂表面，反应中间物的浓度一般都很低，寿命也很短(尤其是反应活性的承担者)，而一般红外光谱的灵敏度不够高，跟踪速度也不够快[一般傅里叶变换红外光谱(FTIR)只是在毫秒级水平]；④红外光谱只实用于有红外活性的物质。与红外光谱方法互补的是拉曼光谱方法。长期以来，拉曼光谱方法由于灵敏度等原因一直未能在吸附态研究中发挥重要作用，但采用激光做光源，提高了散射光的强度，又由于探测器方面的进步，拉曼光谱开始较多地应用于吸附物种和催化剂表征的研究中。

随着光谱技术的发展，这些局限性将逐步得到克服(详见以后章节)。本章概括地介绍透射红外光谱方法、漫反射方法和发射光谱方法等应用于催化剂表面吸附物种和催化剂表征(探针分子的红外光谱)以及反应动态学方面研究的情况。为了方便读者对这方面工作的了解，笔者列出了一些必要的工具书和资料，请参阅文献[4~14]。

7.1 红外光谱的基本原理

原则上，光子、电子、中子都可以作为探针——激发源。光子作为激发源的振动光谱发展很快。由于技术上相对简单和广泛的适用性，透射红外吸收光谱(infrared transmission-absorption spectroscopy)和漫反射红外光谱(diffuse reflectance spectroscopy)获得了最广泛的应用。激光拉曼光谱(laser Raman spectroscopy)最近也获得了比较多的应用。红外发射光谱(infrared emission spectroscopy)对一些在材料研究中的特殊样品，也得到了较多的应用。相反地，内反射光谱(internal reflection spectroscopy)和光声光谱(optoacoustic spectroscopy)由于技术上的原因应用较少。非弹性电子隧道光谱(inelastic electron tunneling spectroscopy)是以电子为激光源，它可以给出模型样品的高分辨的光谱，但是由于技术和设备上的原因，其应用也很少。非弹性中子散射谱(inelastic neutron scattering spectroscopy)是以中子为激发源，也可以获得很好的振动光谱，尤其对氢分子和原子有很好的分辨能力，但是由于设备庞大应用得较少。

当固体物质同电磁波相互作用时，其能量平衡可以由下式描述

$$A + R + T = 1$$

式中：A——吸收总能量的贡献；

R——反射或散射的总能量的贡献；

T——透射总能量的贡献。

原则上，为了获得质量好的红外谱图，当样品吸收适当且散射能量弱时，可以利用透射法；样品散射或反射能量大时，则应利用漫反射方法；当样品吸收很强时，可用发射方法。

7.1.1 透射红外吸收光谱

7.1.1.1 样品的制备

将红外光谱应用于催化剂研究需要解决的第一个技术问题就是样品制备。由于研究对象不同，在红外光谱研究中发展了许多样品制备方法，如金属蒸膜技术、气溶胶膜方法。但目前应用最广泛的是负载型催化剂压片制备方法。在这一类样品中一个共同的特点是折光指数比较高，所以要获得一幅质量好的红外谱图，困难之一就是入射光散射问题。Smith 等讨论了这一复杂过程。简单地说，散射损失取决于样品和周围介质之间的折光指数之差、所用的入射光波长及样品粒子的大小。因此，为了减少散射损失，样品粒度 d 应小于所用红外光波长($\lambda > d$)。在近红外区一般散射损失很大，而在远红外区散射损失较小，但是在此区域物质的体相吸收很大，所以一般在 $1000cm^{-1}$以下常常很难

获得质量好的红外光谱。

在红外光谱分析中常用的 KBr 锭片方法和石蜡糊方法对催化剂表面性质研究有相当大的局限性，尤其不能用于原位研究，只能在少数研究中应用。

目前，非压片制样方法用得较少，所以着重讨论自支撑片子的制备方法。用这种方法制样首先是 Mc Donald 在 1958 年提出的。这种片子一般压成圆形，但光谱仪的狭缝像一般是 25mm × 6mm，所以为了充满红外光束，片子直径最好是 15 ~ 25mm。图 7-1 是压片用的两种冲模。

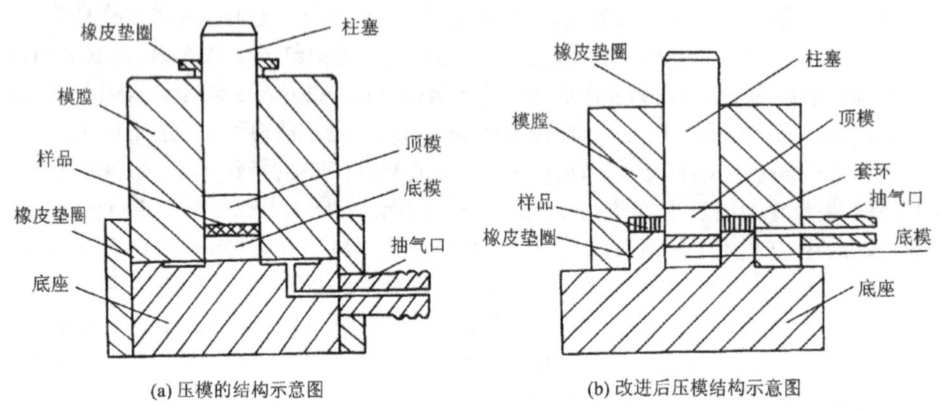

(a) 压模的结构示意图　　(b) 改进后压模结构示意图

图 7-1　压片用的两种冲模示意图

压片用的冲模由模膛、柱塞、顶模、底模和底座等组成。模膛和底座材料可用不锈钢，而顶模、底模和柱塞则由钼钢或工具钢(45# 钢)制成。顶模和底模要经过精磨和淬火，光洁度一般要求在▽13 ~ 14 以上，平面性要求在 ± 1μm 以内。

为了压出足够薄的片子，加料一定要均匀。对于催化剂压片，根据笔者使用的情况，图 7-1(b)所示冲模适合于制备催化剂样品，较容易获得足够薄的片子。经改进后的冲模由于可以均匀加料，便于控制片子的厚度，因此压片的成功率明显提高。压片的压力随样品种类而异，通常在 7 ~ 11MPa。除此之外，粉体的粒度一般要小于红外光入射波长。为了减少黏模，往往采用云母片作垫片。

最合适的样品厚度应由样品本身的吸收和散射所决定。因为随样品厚度的增加，吸附分子的吸收带强度越来越强，同时可利用的部分能量也越来越小。一般选择在 $4000cm^{-1}$处透射率为 10% ~ 30%最好。

7.1.1.2　吸收池结构和性能

红外光谱用于催化剂表面研究时，除了样品制备外，另一个关键问题是需要一个结构和性能适合于催化研究用的红外吸收池。自从 Eischens 等[1]获得吸附分子的红外光谱以来，人们就不断改进吸收池的结构和性能，以适应不同研究对象的要求。但到目前为止，还没有看到适合于催化剂表面性质研究的商品吸收池出售。往往根据需要，研究者自己设计加工吸收池。

在设计红外吸收池时应主要考虑以下几点：① 能在吸收池内进行焙烧、流动氧化还原、抽高真空(脱气)、吸附、反应等处理;② 吸收池可以随时移出或移入到红外光谱仪的光路中，而不受上述处理的影响;③在吸附和反应时，记录的红外光谱应不受气相组分的影响;④尽可能减少吸收池本底对样品的干扰。

图 7-2 是笔者[15]在实验室里使用了多年的一种简单吸收池，带水冷和外加热。该池外壁和中心样品之间，在 200℃时温差小于 27℃；在外壁温度为 500℃时，真空条件下温差可达 100℃。李灿等[15]曾利用这种吸收池进行了甲烷在氧化铈、氧化镁、HY 分子筛上低温化学吸附的研究。

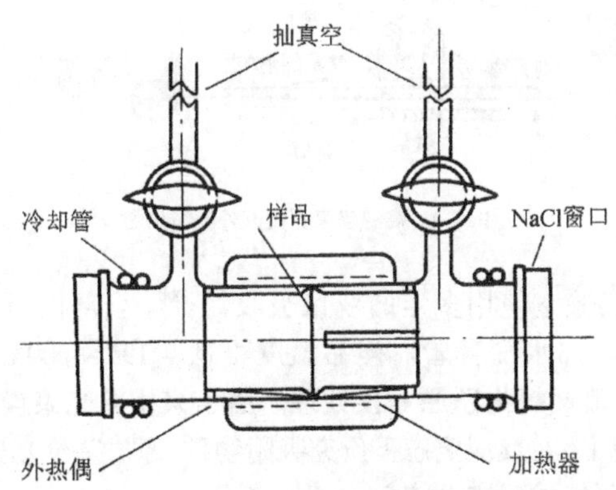

图 7-2　红外吸收池(单池)

图 7-3 是最简单的高温红外吸收池，Peri 等[16]利用该池研究了 SiO_2、Al_2O_3、Al_2O_3-SiO_2 上的结构羟基。利用小磁铁把样品从加热区移动到红外光谱的光路中,温度可从室温至 800℃，并可抽高真空。这种池(全部由石英玻璃制成)的缺点是，在温度高时池壁和中心样品间实际温差较大、最大可达 100℃。

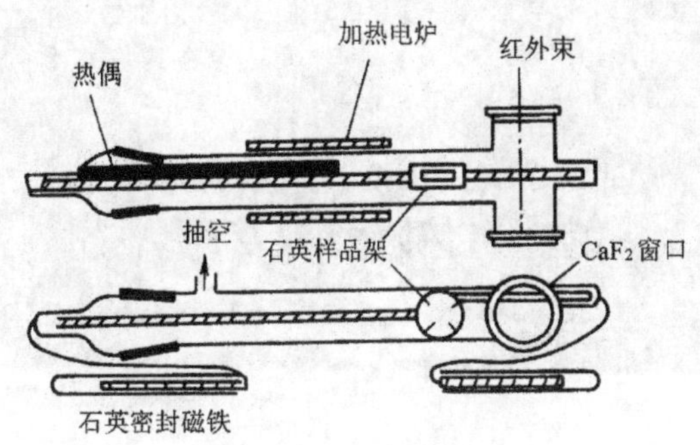

图 7-3　高温红外吸收池

图 7-4 所示吸收池是严玉山等[17]为研究 W/Al_2O_3 上 CO 吸附所设计的。这种池可在室温至 1000℃内使用。由于采用双光束池可以进行动态研究。

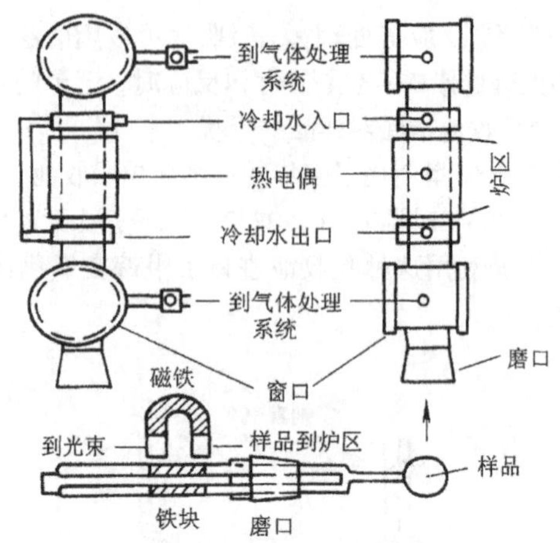

图 7-4　高温双束石英红外池结构图

图 7-5 是笔者在实验室使用多年的双束吸收池[18]。全部由石英制成，采用内加热式，盐片附近和磨口均加水冷套管。样品温度可从 $-195 \sim 600$℃，真空度可达 1.3×10^{-4}Pa。可通气体进行流动氧化还原等预处理。由于采用双光束操作，气相组元的吸收均可被补偿。因此可用来在反应定态下研究吸附物种(原位差分光谱)。吸收池也可以通过波纹管连接到真空系统或反应系统上。

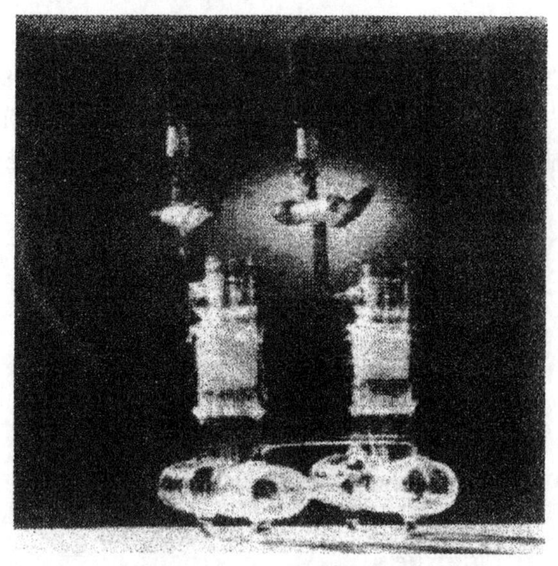

图 7-5　双束石英红外吸收池

图 7-6 是廖远琰等[19]研制的可控气氛、压力、温度的金属不锈钢红外吸收池。这种池可在高温、高压下使用，同时也可以同色谱、质谱在线联合，广泛用于 CO 加氢、甲酰化及醇合成等原位研究。

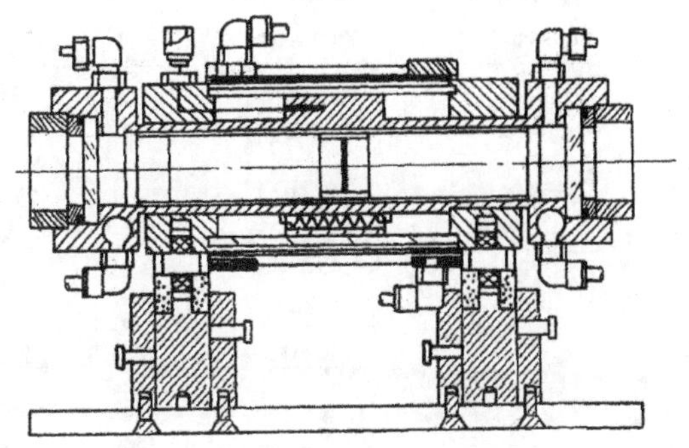

(a) 高温、高压、高真空石英原位透射红外样品池

（性能：温度 800℃，精确度 ±2℃；压力 6MPa；真空度 1.3×10^{-4}Pa；物相为气相-固相）

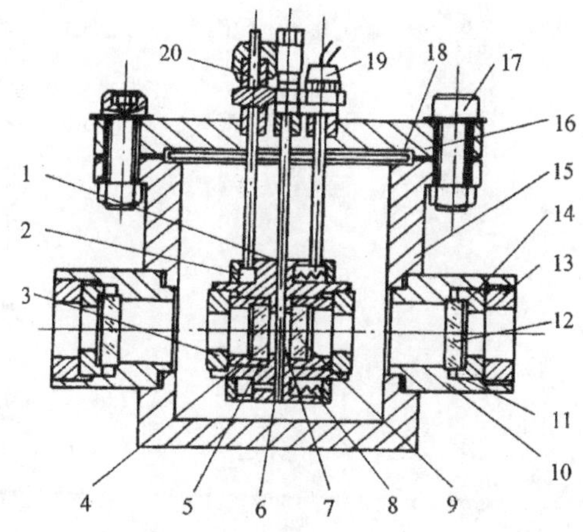

(b) 原位微反红外吸收池

图 7-6　金属不锈钢红外吸收池

1. 铬镍合金/镍铝合金；2. 预热密封件；3. 内固定螺栓；4. 扣环；5.O 形圈；6. 分配器；7. 样品盘；8. 加热器；9. 内窗口(CaF_2)；10. 外窗口支撑体；11.O 形圈；12. 外窗口(CaF_2)；13. 外固定螺栓；14. 扣环；15. 下法兰；16. 上法兰；17. 螺栓；18. 铜垫圈；19. 加热器的接头；20. 入口

总之，人们为了研究对象的需要，设计了各种不同结构的红外吸收池。但至今没有一种吸收池可以满足所有研究的要求，所以现在商品化的吸收池很少。

制作适用于不同需求的红外吸收池需要各种窗口材料，表 7-1 给出了常用的红外窗口的材料及其性能，供读者参考。

表 7-1　红外窗口的材料及其性质

材料	波数使用范围 /cm^{-1}	反射损失[1) (1000cm^{-1})/%	溶解度(20℃) /g·(100mL)$^{-1}$	相对价格	物理性质
NaCl	>5000~625	7.5	40	1.0	溶于水，硬，但易抛光和切割，潮解慢
KBr	>5000~400	8.5	70	1.2	溶于水，较软，但易抛光和切割，潮解慢，价格高，范围宽
CsI	>5000~180	11.5	80	7.8	溶于水，软且易划伤，不能切割，潮解慢
CaF_2	>5000~1000	5.5	难溶	3.5	难溶于水，耐酸碱，不潮解，忌用于铵盐溶液
BaF_2	>5000~750	7.5	不溶	6.2	类似于 CaF_2，对热和机械振动敏感
SrF_2	>5000~850	6	不溶	5.1	类似于 CaF_2，对热和机械振动敏感
AgCl	>5000~450	19.5	不溶	6.6	不溶于水，但溶于酸和 NH_4Cl 溶液，可延展，长期暴露于紫外光变暗，腐蚀金属及合金
AgBr	>5000~280	25	难溶	—	难溶于水，软且易划伤，冷变形，长期暴露于紫外光变暗
KRS-5	>5000~250	28	0.1	9.1	微溶水，溶于碱，但不溶于酸，软且易划伤，冷变形，剧毒
Infrasil(SiO_2)	>5000~2850	NA[2)	不溶	—	不溶于水，溶于 HF 溶液，微溶于，碱难切割
聚乙烯	>625~10	NA	不溶	1.6	不溶于水，耐溶剂，软，易溶胀，难清洗，可压片

1) 两个面上的反射损失。

2) NA 表示不透明。

7.1.1.3　傅里叶变换红外光谱

红外光谱由棱镜光谱发展至光栅光谱，由于结构、性能以及价格上的优势，目前红外光谱已经完全是傅里叶变换红外光谱。目前这类仪器多用 Michelson 干涉仪完成干涉调频。Michelson 干涉仪是由分束器(分光板)和分振幅的双光束干涉仪组成。它是由相互垂直排列的两个平面反射镜 M_1、M_2 和与两镜成 45°角的分束器 P_1 组成(图 7-7)。可动

镜 M_1 可沿镜轴方向前后移动。分束器 P_1 用一片合适的透光材料的第二平面涂覆特殊材料的半透膜制成。

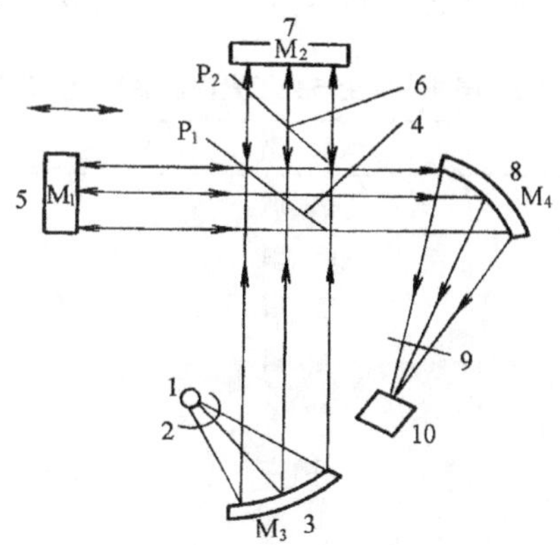

图 7-7 Michelson 干涉仪

1. 光源；2. 斩光器；3. 准直镜；4. 分束器；5. 可动镜；6. 补偿板；
7. 固定镜；8. 聚光镜；9. 光谱滤光器；10. 探测器

红外幅射光照于其上时，一部分发生反射，一部分透过。补偿板 P_2 与 P_1 材质、厚度相同，但不涂膜，通常放在 P_1 和固定镜之间，起补偿光路的作用。自辐射源发出的红外辐射，经准直镜 M_3 后变成平行光束，在 P_1 上被分成两束，一束被反射至 M_1，又被 M_1 反射至分束器，并在 P_1 上再次发生反射和透射，透射部分照向聚光镜 M_4 方向；另一束透过 P_1 和 P_2 射向 M_2，并被 M_2 反射回 P_1，在 P_1 上再次发生反射和透射，反射部分也照向 M_4 方向。因而这两复合的光束是相干光，移动 M_1，可改变两光束的光程差，并在 M_4 的反射方向可以看到干涉条纹。在连续改变光程差的同时，记录中央干涉条纹的光强度变化，即得到干涉图。做出表示此干涉图函数的傅里叶余弦变换，得到一般的光谱。傅里叶变换的计算由计算机完成。这种谱仪有以下主要优点：

1) 具有很高的光谱分辨本领。一般的棱镜光谱分辨本领达到 $1cm^{-1}$已经很不容易，而一般光栅光谱仪最好也不超过 $0.2cm^{-1}$，但傅里叶变换光谱仪在整个光谱范围达到 $0.1cm^{-1}$并不困难，现在商品傅里叶红外光谱仪已能达到 $0.01cm^{-1}$以下。

2) 具有极高的波数准确度，因为可动镜的位置是用 He-Ne 激光作为基准测定的，因此光程差可以测得非常精确，从而计算的光谱波数一般很容易准确至 $0.01cm^{-1}$。

3) 具有极短的扫描时间。一般棱镜或光栅式仪器扫描一个全谱需几分钟，最快也需几十秒，而傅里叶红外光谱仪可以在 1s 内进行全扫描。因此，可以观测瞬时反应，也可以在毫秒级范围内进行光谱跟踪。

4) 可研究很宽的光谱范围。一般可覆盖 $4000 \sim 10cm^{-1}$范围(原则上可从紫外到远红外)。

5) 具有极高的灵敏度。一般的光谱仪为了保证一定的分辨能力，需利用合适宽度的狭缝截取一定的辐射能，经分光后单元光谱元的能量相当低；傅里叶红外光谱仪是在单位时间内测量全部的(M 个)光谱元，因而探测器所获得的光电流比一般仪器高 M 倍，

而信噪比也就提高 M 倍（M 一般大于 100）。所以利用傅里叶红外光谱仪测量微弱的发射光谱和微量的弱信号样品，尤其对吸附态的研究有利。

为了方便读者比较，我们给出了国外主要生产分子光谱仪器的生产厂家，见表 7-2。

表 7-2 国外主要生产分子光谱仪器的生产厂家

公司名称	国　别	仪器种类
Perkin-Elmer	美　国	FTIR、FT-Raman
Bio-Rad	美　国	FTIR、FT-Raman
Bruker	德　国	FTIR、FT-Raman
Nicolet	美　国	FTIR、FT-Raman
Jasco	日　本	FTIR、FT-Raman
Bomem	加拿大	FTIR
Shimadzu	日　本	FTIR
Hitachi	日　本	FTIR
Speex	美　国	Raman
Dilor	法　国	Raman
Jobin-Yvon	法　国	Raman
EG & G	法　国	Raman
Spectra-Tech. Inc.	美　国	光谱附件
Spectra-Physics Co.	美　国	激光器
Princeton Instruments Ins.	美　国	探测器
Coherent Co.	美　国	激光器
Acton Research Co. (ARC)	美　国	单色仪、光度计

7.1.2 漫反射红外光谱(DRIFT)

早在 20 世纪 70 年代，Körtüum 和 Griffihs 等已经从理论上论述了漫反射红外光谱的基本原理。漫反射红外光谱可以测量松散的粉末，因而可以避免由于压片造成的扩散影响。它很适用于散射和吸附性强的样品，目前在催化剂研究中得到了广泛的应用。通常用 DRIFT 或 DRIFTS 表示漫反射傅里叶变换红外光谱。漫反射红外辐射的收集通常采用椭圆(ellipsoidal)镜收集器聚焦于探测器上。其红外吸收光谱用 Kubelka-Munk 函数描述

$$\frac{K}{S} = \frac{(1 - R_\infty)^2}{2R_\infty}$$

式中：K——吸收系数，是频率的函数；

S——散射系数；

R_∞——无限厚的样品的反射比(一般厚度在几毫米即可满足上述条件)。

通常，漫反射辐射测量利用所谓积分球，是 FTIR 的一个附件。一般为避免法线方向的反射均采用非法线方向的入射角，即固定的离轴(off-axis)椭圆镜子。如图 7-8 和图

7-9 所示。最近 Korte 和 Otto 设计了一个 light-pipe Blocker 光楔可以隔断法线方向的反射影响。利用这些漫反射附件可以获得质量很好的漫反射红外光谱。目前，大多数 FTIR 仪器均设有做漫反射的模件，即 Kubelka 模，如果配备漫反射池，均可以方便地进行漫反射研究。为了进一步做一些原位红外光谱研究，人们设计了可控气氛和压力的原位漫反射池。可以在室温至 400℃或 500℃、真空或加压条件下进行原位研究，见图 7-10(a)。图 7-10(b)是厦门大学设计的原位漫反射吸收池[14c]。

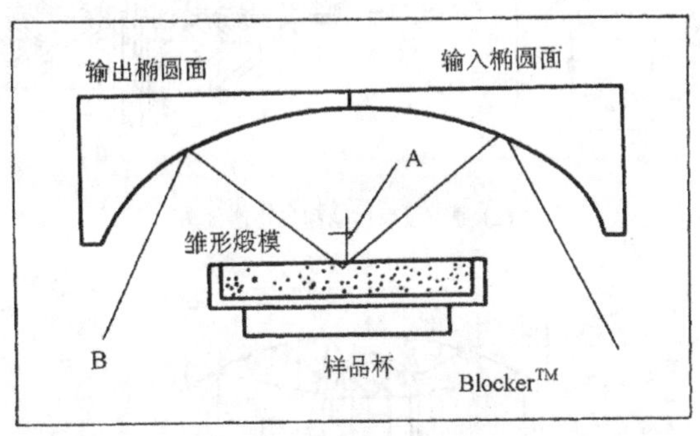

图 7-8 漫反射池原理示意图

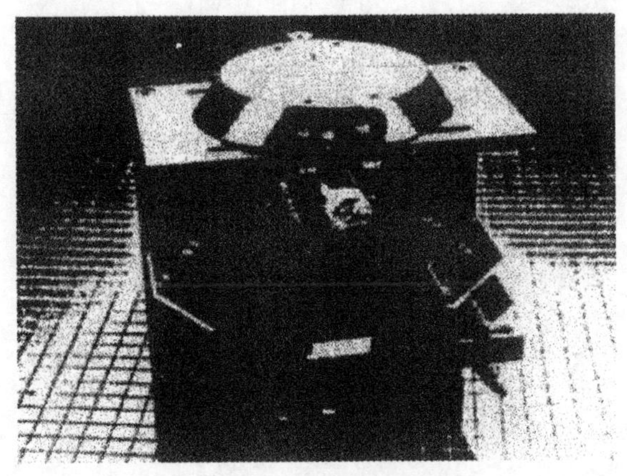

图 7-9 漫反射附件照片

7.1.3 红外发射光谱

物质的红外发射强度随温度升高而增大，在一定温度下，红外辐射的强度随频率的变化与物质本身的结构性质有一定关系。因此，从原理上讲，可根据物质的红外辐射所提供的结构信息对其进行分析。这种关系早已被认识，并在天文遥测中得到应用。但由于红外探测器灵敏度和仪器的限制，红外发射技术在催化剂和其他材料的表征研究中一直未得到大的发展。20 世纪 70 年代以后，由于高灵敏度红外探测器的发展和傅里叶变换红外光谱的应用，使红外发射光谱在催化剂以及其他材料的表征研究中逐渐得到重视。当前，红外光谱仪专门为做发射光谱设置了发射模件，可以方便地测定发射光谱。

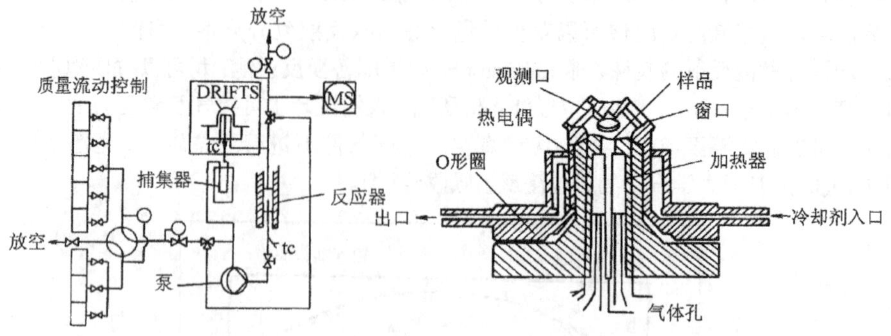

(a) 原位漫反射池和气路连接图

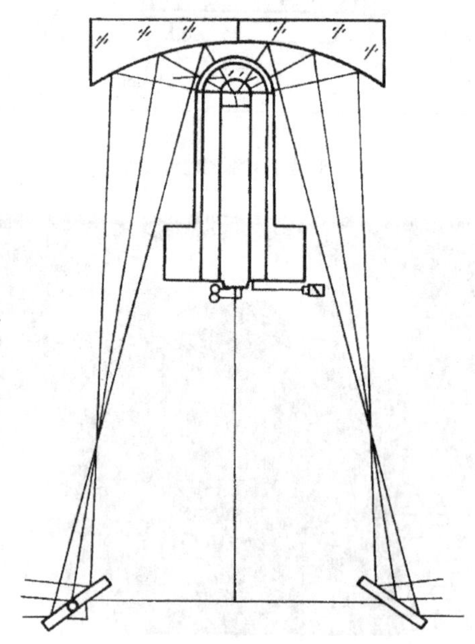

(b) 漫反射原位红外样品池及其外光路设计

图 7-10　可控气氛和可控压力的原位漫反射池

Kirchhoff 定律很好地描述了物质的红外辐射规律，在任一指定温度下辐射通量密度 W 与吸收率 A 之比对任何材料都是一个常数，并等于该温度下绝对黑体的辐射通量密度 W_{bb}，即

$$W/A = 常数 = W_{bb} \tag{7-1}$$

根据 Kirchhoff 定律，在热平衡下一个物体的辐射能量等于其吸收能量，故物体的发射率 E 应等于其吸收率，即

$$A = E \tag{7-2}$$

对于理想黑体，可以完全吸收辐射到其上面的所有能量，故 $W_{bb} = 1$，其发射率也最大。对于一般物体，其吸收率小于黑体的吸收率，相应地其发射率也低于黑体的发射率，故又称之为灰体，其发射率在 0～1 之间。在一般情况下，设一个物体接受到辐射能时其透射率为 T，反射率为 R，吸收率为 A。则由能量守恒定律，有下述关系

$$T + R + A = 100\% = 1 \tag{7-3}$$

在近似条件下，设固体样品的反射率极小时，式(7-3)变为

$$T + A = 1 \quad 或 \quad T + E = 1$$

即

$$E = 1 - T \tag{7-4}$$

式(7-4)说明透射率与发射率之间有直接对应关系。如果测得了以发射率为纵坐标的发射光谱，很容易将其变换为透射光谱。但要在一定温度下测定样品的吸收率或发射率并不容易，必须准确测定该样品的辐射通量密度 W 和(非理想)黑体的辐射通量密度 W_{bb}。这种情况下测得的发射率，我们称为发射度 $\varepsilon(\varepsilon = W/W_{bb})$，$\varepsilon$ 并不完全是上述定义下的发射率，但它能基本上代表样品的发射率。

根据光谱发射率，辐射源可细分为三类：黑体、灰体和选择性辐射体。对于黑体和灰体我们可认为其辐射强度随辐射光波呈光滑连续函数；而对于选择性辐射体，除具有像灰体那样的本体辐射外，在一定的频率处产生特征的辐射峰。这些特征的辐射峰实际上起源于物体分子的选择振动跃迁，即由激发态(主要为第一激发态)向基态跃迁而辐射特征频率的光。严格地说，选择性辐射体也是一种灰体，但是由于其包含的选择性辐射峰正对应着物体的特征红外振动光谱，所以可通过检测物体的红外发射光而获得红外振动光谱。

为了获取样品的红外发射光谱，除具备红外光谱仪外，需要一套适于待测样品的发射光谱池。对于一般的有机物定性分析，可将待测物涂敷于一可加热样品的支撑物上，使样品温度高于室温即可检测到样品的红外发射光谱。在多相催化剂及一些其他固体材料的表征研究中，要求能够对样品进行各种条件下的处理，并在处理的原位条件下摄取光谱，因此需要一种适合于原位研究的多功能红外发射池。关于发射光谱池的设计，文献中有一些报道，例如 Primet 等[25]曾设计了一种用于催化研究的红外发射池，可在池内对样品进行真空处理，样品温度可升到250℃，样品衬底是用不锈钢抛光而制得。Borello 等用石英和 Pyrex 玻璃烧制成一种红外发射池，使用金片作为衬底。

图 7-11 是在文献的基础上进一步改进的红外发射光谱池[20, 21]，其外壳由不锈钢制成(不用玻璃以避免外界光的干扰)，池内加热和样品架部分由石英烧制而成，池内部分和池体之间用法兰盘密封。用电炉丝加热样品，热电偶测量温度，样品可加热到 700℃。用 KBr 和 NaCl 盐片作窗口。加热样品时窗口和法兰盘由冷却水套管保护。样品支撑片由不锈钢片镀金制成，以避免在高温下支撑片的氧化和样品与支撑片之间的反应。实验

时，可将此红外发射池连接于真空系统或各种气路上，以对池内样品进行焙烧、氧化还原反应等处理，并在这些处理过程中原位获取红外发射光谱。将红外发射池置于傅里叶变换红外光谱仪的发射口(有些仪器没有设置发射口，可将红外发射池置于仪器光源位置)，将红外发射光引入仪器的正常光路中，其余部件(如分束器、探测器等)与一般的透射红外光谱仪相同。

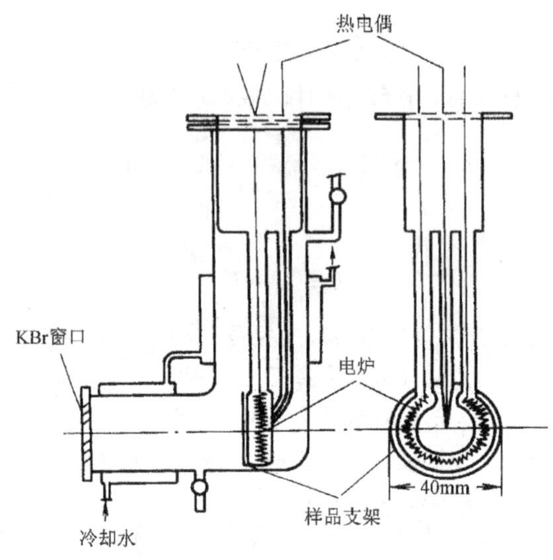

图 7-11　原位发射红外池

将待测的多相催化剂或其他固体样品研磨成细粉后用有机溶剂(丙酮或乙醇)调制成悬浮液，然后将此悬浮液均匀涂于支撑片上。本文所介绍的工作采用 MCT 和 DTGS 探测器、KBr 分束板，红外发射光谱在 Bomem DA-3 FTIR 和 Perkin-Elmer 1800 FTIR 光谱仪上摄取。

在文献中红外发射光谱的强度表示比较混乱，尚没有统一要求。一般情况下仪器所记录的单光束光谱的强度可标为 emission。根据定义发射率(emissivity)是样品辐射通量密度 W 与黑体辐射通量密度 W_{bb} 的比值。但测定黑体辐射通量密度比较困难，也可直接取相同温度下样品的发射光强度 L 和黑体的发射光强度 L_{bb} 之比 L/L_{bb} 作为发射光谱的一种强度表示，可称为发射度(emittance)。在实际测量中，我们曾采用涂炭黑的腔作为黑体测得本底光谱，并在同样条件下测得样品的光谱。将上述两种光谱相比可近似得到发射度。最近，进一步用灰体代替黑体测本底光谱，也能得到很好的红外发射光谱。但所得到的发射率不是物理上严格定义的发射率。然而在研究中测绝对的发射率或发射度并不重要，所以直接用样品支撑片近似作为灰体，又同时作为参考样品，在不同温度下先测得本底发射光谱，采用比光谱的办法扣除本底光谱，这样得到的光谱不仅扣除了样品支撑片的发射光，而且消除了仪器光路吸收和发射的影响。把以上得到的发射光谱的强度称为相对发射度(relative emittance, ε_R)，设样品单光束光谱为 $L_s(T)$；本底的单光谱为 $L_r(T)$，则相对发射度可写为

$$\varepsilon_R = L_s(T)/L_r(T) \quad (7\text{-}5)$$

假设在同样条件下黑体的发射光谱为 $L_b(T)$，式(7-5)又可写为

$$\begin{aligned}\varepsilon_R &= L_s(T)/L_r(T) \\ &= [L_s(T)/L_b(T)]/[L_r(T)/L_b(T)] = \varepsilon_s/\varepsilon_r \quad (7\text{-}6)\end{aligned}$$

即相对发射度是样品的发射度(ε_s)与参比的发射度(ε_r)之比，故称之为相对发射度。采用相对发射度后可以有效地避免本底和仪器本身的干扰。除此之外，样品的厚度有一定的影响，这是由于样品的自吸收造成的。

7.2 吸附分子的特征及其红外光谱诠释

以上介绍了获得催化剂和吸附分子红外光谱的方法和手段，除上述有关实验上的技术关键、实验技巧外，对于利用分子光谱方法进行催化剂表征研究者，最困难的问题就是谱图分析，即如何从获得的谱带及其变化对谱带进行归属，进而得到有关它的结构和相互作用的信息及其变化规律。

从图 7-12 曲线(c)的气相 CO 的红外光谱可以看到，CO 除了振动运动外，尚可转动，即 CO 气相红外光谱是 CO 分子的振动-转动光谱；从图 7-12 曲线(a)可以看到液态的 CO 分子已经不能转动，只有振动光谱；从图 7-12 曲线(b)可以看到，物理吸附在 SiO_2 上的 CO，由于同 SiO_2 表面上的 OH 相互作用，使 CO 的振动、转动受到很大影响。

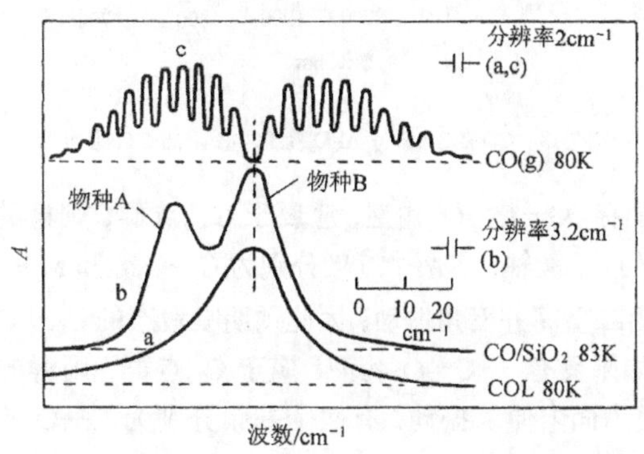

图 7-12　CO 不同状态下红外谱图的比较

图 7-13 是 CO 化学吸附在 Pt/Al_2O_3 上的红外光谱。由于 CO 和 Pt 中心的相互作用，已经非常明显地改变了 CO 的结构和性能。

对于简单体系，可以利用简正振动解释实验结果——通过简正振动坐标分析基频、谱带归属和结构关联。但是，催化剂表征研究中主要涉及化学吸附。化学吸附中由于吸附分子与表面形成某种键合，吸附分子的红外光谱比吸附前有较大变化，除了可以出现新的吸附键(表面键)的伸缩振动等谱带外，还可以影响原来分子的振动频率，导致一定的位移，如果在吸附后分子的化学结构有所改变(如双键打开等)，则相应的振动改变更

大。此外，固体点阵的晶格振动与化学吸附分子的振动频率相近时（一般在低频区）要发生偶合，这就使得对低频区光谱的解释更要仔细。化学吸附分子的振动光谱尽管可以有较大的变化，但它仍保留着吸附前的许多光谱特征。这有利于对吸附分子的鉴别，通过吸附前后光谱的对比，就可以获得有关吸附物种的信息，进而关联有关的催化现象。

利用红外光谱识别表面吸附分子，与一般红外光谱鉴别分子的方法相同，大多是基于识别基团特征频率或同已知化合物的红外光谱对照。这一方法至今仍是十分有效和成功的。下面举例说明如何从吸附分子的红外光谱中推断出吸附分子的结构。

吸附态 CO 的红外光谱：从气相 CO 分子的红外光谱可知，CO 分子只有一种振动方式（$3\times2-5=1$），当它和转动结合时（振动光谱），在 $2110cm^{-1}$、$2165cm^{-1}$处出现双峰[不出现 Q 支、O 间隙，见图 7-12 曲线（c）]。这是平行带的特征，即偶极矩变化平行于 CO 分子轴。当 CO 吸附在过渡金属上时，转动结构完全消失（图 7-13）。

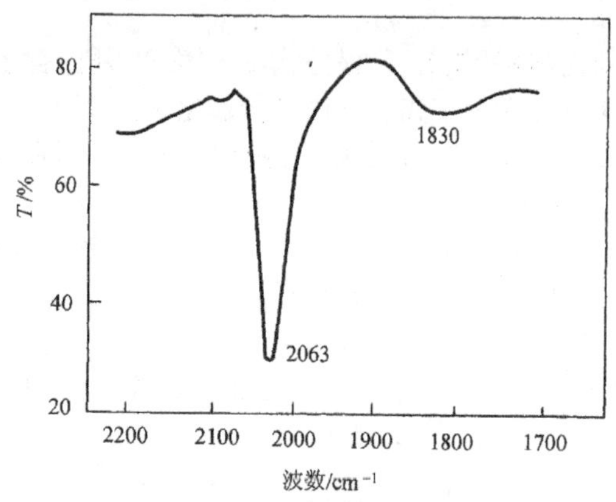

图 7-13 CO 在 3%Pt/γ-Al_2O_3 上化学吸附的红外谱图

如果吸附态 CO 具有 M—C═O 构型，应属于 $C_{\infty v}$点群，则群的不可约表示为 $\Gamma=2A_1+E_1$。A_1 类振动平行于键轴，有两个基频分别为 C—O 键和 M—C 键的伸缩振动，E_1 类振动垂直于键轴，为二重简并变角振动；因此预期吸附态的 M—C═O 应当有三个红外活性的振动出现。如果具有 —C═O 构型，属于 C_{2v}点群，则群的不可约表示为 $\Gamma=2A_1+2B_1+2B_2$。A_1 类为面内伸缩振动，有两个基频分别为 C—O 键和 M—C 键的伸缩振动；B_1 类振动为面内变角振动，有两个基频；B_2 类振动为面内变角振动，也有两个基频。预期吸附态应当有六个具有红外活性的振动基频（$3\times4-6=6$）。但是，至今还没有完全看到这些谱带。目前在 Pt/Al_2O_3、Pt/SiO_2、Pt 多晶膜、Pt(111)、Pt(100)以及多晶 Pt 带上，利用透射法、反射法、电子能量损失谱（EELS）等方法，只获得两个或三个谱带，分别在 $2070\sim2040cm^{-1}$、$1870\sim1810cm^{-1}$、$480cm^{-1}$。

由于实验上还不能获得 CO 吸附在 Pt 上（以及其他过渡金属上）的全部谱带，由振动分析理论上解决归属问题有困难。为了解决这个问题，Eischens 等采用类比方法，从已知结构的金属羰基化合物的红外光谱总结出如下规律：凡是端基羰基化合物的波数 ν_{CO} 高于 $2000cm^{-1}$，而桥基羰基化合物的 ν_{CO}低于 $2000cm^{-1}$（图 7-14）。

Eischens 等把这一规律推广到吸附态 CO，即把 $\nu_{CO}>2000cm^{-1}$归属为线式 CO 吸附态；把 $\nu_{CO}<2000cm^{-1}$归属为桥式 CO 吸附态。这一观点已为大多数人所接受，并在许多体系中从不同方面得到证实。

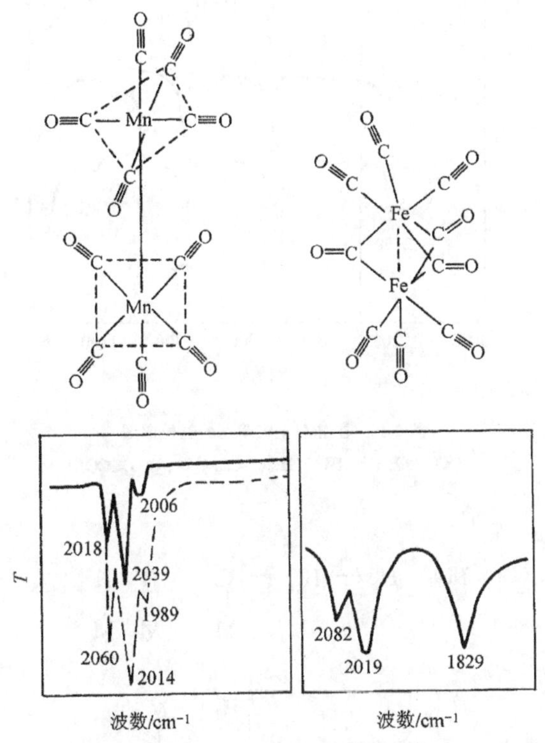

图 7-14 $Mn_2(CO)_{10}$、$Fe_2(CO)_9$ 结构和红外谱图

—— 气相谱；---- $Mn_2(CO)_{10}$在 CCl_4 中的红外谱图

CO_2 和 H_2 在 ZnO 表面上的吸附态：CO_2 和 H_2 在 ZnO 上反应达到定态时(200℃)，记录ZnO 表面的红外光谱，如图 7-15 所示。由图 7-15 发现在 $1369cm^{-1}$、$1379cm^{-1}$、$1572cm^{-1}$和 $2870cm^{-1}$处出现红外吸收带。利用室温 HCOOH 蒸汽吸附在 ZnO 上也出现同样的吸收带，可以推知 CO_2 和 H_2 在 ZnO 表面上形成 HCOO—吸附物种，因为 $1369cm^{-1}$和 $1572cm^{-1}$吸收带是—OCO 基的对称和反对称伸缩振动产生的谱带。$2870cm^{-1}$和 $1379cm^{-1}$吸收带是 C—H 的伸缩和面内剪式振动产生的谱带。利用氘取代 C—H 中的 H 原子，由 C—D 键振动的同位素位移 $2190cm^{-1}$和 $1342cm^{-1}$分别是 C—D 的伸缩振动和面内剪式振动，进一步证实了上述归属。

C_2H_4 在 Ni/SiO_2 上的吸附：室温下 C_2H_4 在 Ni/SiO_2 上的吸附是解离吸附还是非解离吸附，一直有争议。Eischens 和 Pliskin[1]利用红外光谱解决了这一问题。

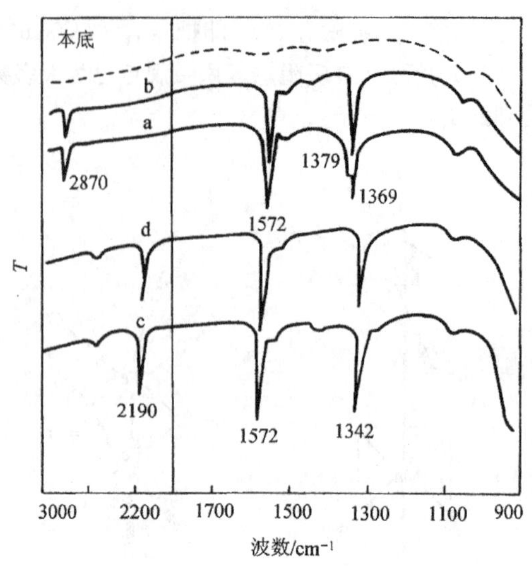

图 7-15　在 ZnO 上吸附态的红外谱图

a. CO_2+H_2；b. HCOOH；c. CO_2+D_2；d. DCOOD

解离吸附时

$$M+C_2H_4 \longrightarrow \begin{array}{c}HC\\|\\M\end{array} = \begin{array}{c}CH\\|\\M\end{array},\quad \begin{array}{c}H\\|\\M\end{array}\ \begin{array}{c}H\\|\\M\end{array}$$

或

$$M+C_2H_4 \longrightarrow \begin{array}{c}CH_2\\|\\CH\\|\\M\end{array},\quad \begin{array}{c}M\\|\\H\end{array}$$

非解离吸附时

$$M+C_2H_4 \longrightarrow \begin{array}{c}CH_2\\|\\M\end{array}\!\!-\!\!\begin{array}{c}CH_2\\|\\M\end{array}\ \text{或}\ M+C_2H_4 \xrightarrow{+H} \begin{array}{c}CH_3\\|\\CH_2\\|\\M\end{array}$$

C_2H_4 在 Ni/SiO_2 上吸附的红外光谱吸收带分别为：2860～2940cm^{-1}、1450cm^{-1}以及3020cm^{-1}附近有很弱的吸收带。从上述吸收带归属可知，2860～2940cm^{-1}是饱和烃中C—H 伸缩振动，1450cm^{-1}吸收带是 $>CH_2$ 基的变角振动，而 3020cm^{-1}是烯烃伸缩振动的特征频率。这些谱带的出现说明大部分 C_2H_4 在 Ni/SiO_2 上是非解离吸附(双键打开)，每一个 C 原子用一个键同 Ni 原子键合，另一个键同另一个 C 原子键合，其余键同 H 原子键合，在 3020cm^{-1}处的弱吸收说明也发生少量的解离吸附。

当这个样品用 H_2 处理后，产生新的吸收带分别在 2960cm^{-1}、2920cm^{-1}、1460cm^{-1}

和 $1380cm^{-1}$，是$-CH_3$和$>CH_2$特征带。这些谱带的存在说明表面物种加氢成吸附的乙基。因此，仔细分析 C—H 伸缩和弯曲振动频率，可以获得被吸附烃类的结构信息。

催化剂表征对于了解催化剂结构和组成在预处理、诱导期和反应条件下以及再生过程中所发生的变化至关重要。催化反应机理的知识，特别是结构、动态学和沿催化反应途径中生成的反应中间物的能量学，可为开发新催化剂和改良现有催化剂提供更深刻的认识。原位谱学观察又是阐明反应机理、分子与催化剂相互作用的动态学和中间物结构的最有效的技术。这些研究还可以提供有关催化剂和底物相互作用及有关活化势垒的热力学方面的信息。反应机理和动力学的研究，特别是对催化反应中间物的原位观察，对发展催化科学是非常必要的。因为这样的研究结果提供了催化作用的全面知识，并有助于阐明催化剂结构和功能的关系。

图 7-16 给出了红外光谱应用于催化研究中各个领域的框图。在这些研究中所谓探针分子的红外光谱，如 CO、CO_2、NO、NH_3、吡啶等可以提供催化剂表面活性位信息。近年来发展起来的双分子探针方法，得到了更广泛的应用。

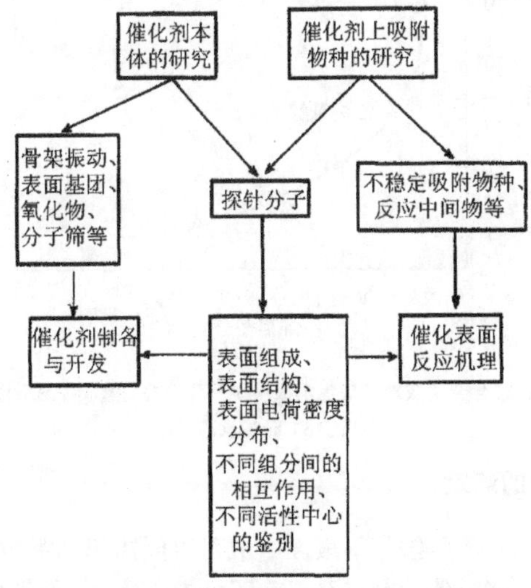

图 7-16　红外光谱应用于催化研究的各个领域

探针分子：CO，NO，CO_2，H_2O，NH_3，C_2H_4，C_2H_2，HCHO，

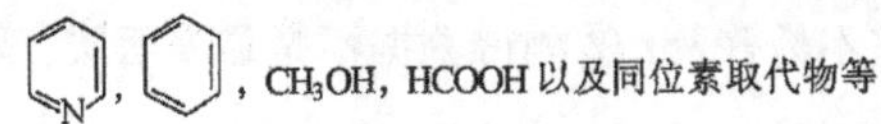
，CH_3OH，HCOOH 以及同位素取代物等

7.3 红外光谱应用于金属催化剂表征

金属催化剂尤其负载型金属催化剂在工业上有广泛的应用，涉及许多反应，例如：加氢、脱氢、重整、芳构化、氨合成等。为了解决催化剂的活性、选择性和稳定性问题，人们采用化学吸附方法、TPR-TPD 方法、电子能谱方法以及红外光谱方法进行了大量的研究。红外光谱方法主要用来研究催化剂表面组成、载体和助剂的作用以及活性相之间

的相互作用等。

近年来对合金催化剂开展了广泛的研究，在这方面 Moss、Whally、Sinfelt、Ponec、Clarke、Sachtler 和 van Santen 等做了大量的工作，大部分对象是在 VIII 族和 IB 族间的合金，如 Pt-Au、Pt-Ag、Ni-Cu 以及 Pt-Rh、Pt-Ru、Pt-Re、Pt-Sn、Pt-Mo、Pt-W 等。在第二种金属引入后，明显改变了催化剂的活性和选择性，如图 7-17 所示[22]。由图 7-17 可见，Cu-Ni 合金催化剂对环己烷脱氢和乙烷氢解成甲烷的活性，随 Cu 原子加入量的变化而明显不同。随 Cu 原子分数增加，Cu-Ni 催化剂对乙烷氢解活性明显下降；而对环己烷加氢的活性直至 Cu 原子分数达 90% 以前没有明显变化，超过 90% 才显著下降。目前在解释合金催化剂的选择性、活性和稳定性变化时，一般认为是由于所谓几何效应和电子效应所致。为了阐明几何效应和电子效应的作用本质，除了利用电子能谱等物理方法外，多采用化学吸附方法、TPD 方法以及红外光谱方法进行研究。

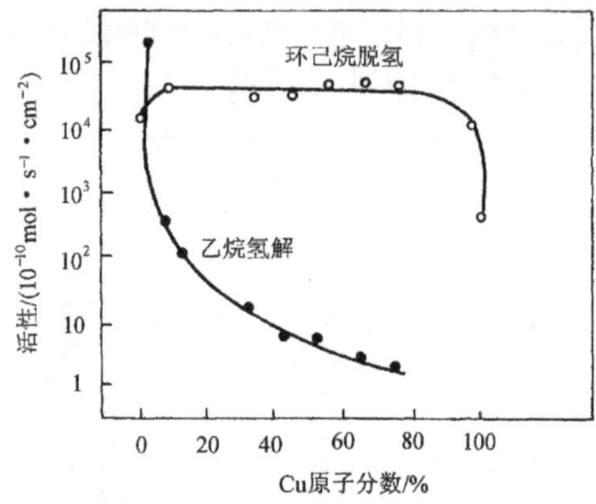

图 7-17 Cu-Ni 合金组成对乙烷氢解成甲烷和环己烷脱氢成苯的活性的影响
活性指 316℃时的反应速率

7.3.1 催化剂表面组成的测定

Sinfelt 和 Sachtle 指出，合金催化剂表面组成可以同体相有明显差别并导致催化性能的显著不同。例如 Cu-Ni 合金催化剂，由于表面组成的变化，使催化性能发生明显变化。因此，近年来发展了测定催化剂表面组成的许多方法，如二次离子质谱(SIMS)、离子散射谱(ISS)和俄歇电子能谱(AES)等。但是，这些方法大多具有两方面的局限：①仪器设备价格昂贵，一般实验室不易普及；②测得数据不是最表面层，因此不太容易和催化反应性能相关联。

利用一般化学吸附方法测定双金属催化剂的表面组成，仅限于 VIII 族元素和 IB 族元素组成的合金催化剂，而对于 VIII 族之间以及其他过渡金属间的双金属催化剂通常是无能为力。利用两种气体混合物在双组分过渡金属催化剂上的竞争化学吸附并通过红外光谱测定其强度的方法，可以测定双金属负载型催化剂的表面组成。

利用双分子探针进行催化剂表面组成测定的典型例子是 Ramamoorthy 等[23]用 CO 和 NO 共吸附对 Pt-Ru 双金属催化剂的红外光谱研究，图 7-18 是 CO 和 NO 混合气在 38%(原子分数)Ru 的 Pt-Ru/SiO_2 上竞争吸附的红外光谱。竞争吸附结果：CO 吸附在 Pt 中心上(2068cm⁻¹)NO吸附在Ru中心上(1800cm⁻¹, 1580cm⁻¹)。三个峰在室温抽真空都是稳定的。因此选择如下实验条件可以表征双金属催化剂样品：①在6.67kPa的CO气氛下使样品达到吸附平衡，而后在室温抽真空15min；②与过量的NO吸附平衡，而后在室温抽真空15min；③再暴露于6.67kPa的CO中30min。此时，CO吸附峰(~2070cm⁻¹)强度和NO吸附峰(1810cm⁻¹)强度即可作为Pt-Ru/SiO_2表面浓度的测量，其谱带强度经归一化处理后即可进行定量计算。

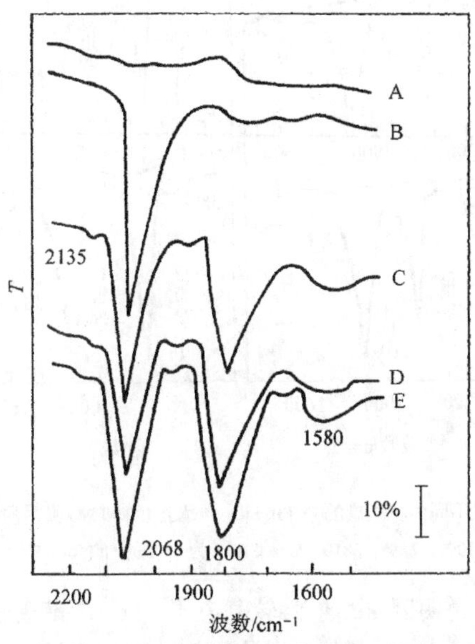

图7-18 25℃时CO和NO共吸附在含38%Ru的Pt-Ru/SiO_2上的红外谱图
A. 本底；B. 全部覆盖CO；C. NO加至单层吸附；D. 加过量的NO；
E. 池子抽真空5min后再加6.67kPa的CO

图7-19和表7-3为上述处理后的定量结果，可以看出：①随Ru含量增加，NO峰(~1800cm⁻¹)相对于CO峰(~2070cm⁻¹)强度增加；②除谱带强度增强外，NO吸收峰向高波数位移；③CO谱带随Ru含量增加，谱带强度减弱；④CO谱带随Ru含量增加向低波数位移。

表7-3 NO和CO在Pt-Ru/SiO_2催化剂上的吸附数据

项目	Ru原子分数/%						
	100	80	62	38	22	10	0
$X_b(Pt)/X_b(Ru)$ 1)	0	0.250	0.615	1.630	3.560	9.000	∞
A_{CO}	—	0.0517	0.617	0.482	0.417	0.215	—
A_{NO}	—	0.204	0.914	0.381	0.267	0.072	—
A_{CO}/A_{NO}	0	0.253	0.675	1.27	1.56	2.98	∞
ν_{CO}/cm^{-1}	2030	2050	2055	2068	2065	2074	2070
ν_{NO}/cm^{-1}	1820	1817	1805	1800	1801	1804	1760

1) $X_b(Pt)/X_b(Ru)$表示体相组成(原子分数)。

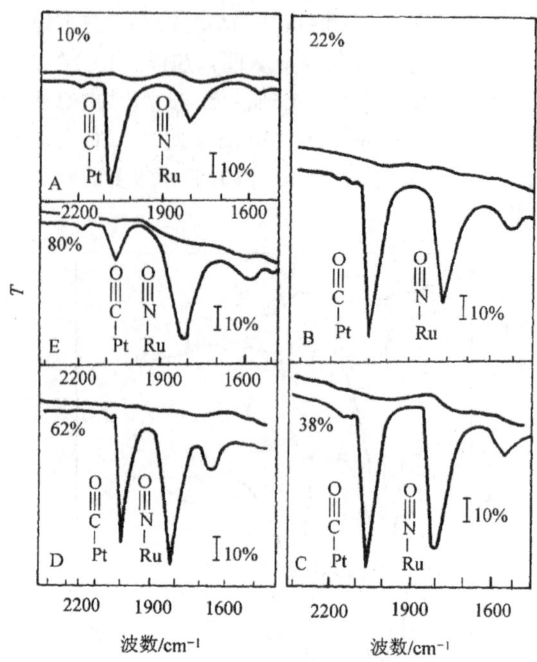

图 7-19 在不同体相组成的 Pt-Ru/SiO_2 样品上 CO 和 NO 吸附的红外谱图

10%、22%、38%、62%、80%为 $N(Ru)/N(Ru+Pt)$

根据 d-π 反馈模型，说明因 Ru 向 Pt 转移电子，Pt—C 键逐步变强，C═O 键变弱，Pt—C≡O 反馈程度增加。Ru 含量增加，导致 Ru—N═O 中 Ru—N 键变弱，N═O 键加强。如果消光系数 K_{CO}和 K_{NO}以及吸附构形系数 S_{CO}和 S_{NO}与表面组成(原子分数) $X_s(Pt)$和 $X_s(Ru)$无关，则

$$A_{CO} = K_{CO}S_{CO}X_s(Pt)$$

$$A_{NO} = K_{NO}S_{NO}X_s(Ru)$$

当 A_{CO}/A_{NO}对 $X_b(Pt)/X_b(Ru)$做图时，得图 7-20。图 7-20 中相当一部分是直线关系，亦即表面组成和体相组成一致，进而也说明用双探针红外光谱方法可以测定双金属

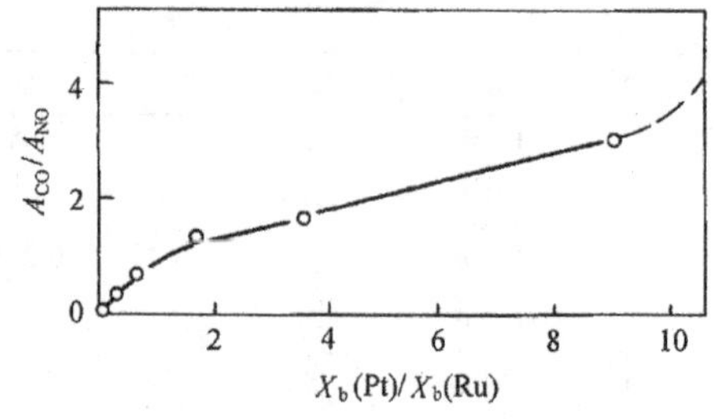

图 7-20 A_{CO}/A_{NO}对 $X_b(Pt)/X_b(Ru)$的关系图

负载催化剂的表面组成，这样的方法有两个优点：①测得结果是最表面层的组成；②表面没有发生畸变。但仍需要进一步改进，如：定量精度尚不够高；理论消光系数变化规律不十分清楚；化学计量数随组成变化规律有待于进一步研究。

7.3.2 几何效应和电子效应的研究

1974 年，Somanoto 和 Sachtler[24]研究了 Pd-Ag/SiO_2 催化剂中的几何效应。Pd、Ag 金属总含量 9%（原子分数），合金物相及组成利用 X 射线衍射测定，合金晶粒大小用 X 射线谱线宽化法和电镜测定。从图 7-21 红外光谱得出如下结果：①CO 吸附在 Pd 上，高于 $2000cm^{-1}$谱带是 Pd—C≡O（弱）带，而低于 $2000cm^{-1}$是桥式吸附的 >C ═O（强）带；②当 Ag含量增加时，桥式 CO 吸附态的红外吸收带强度明显下降，以至完全消失。线式 CO 吸收带强度明显增加。

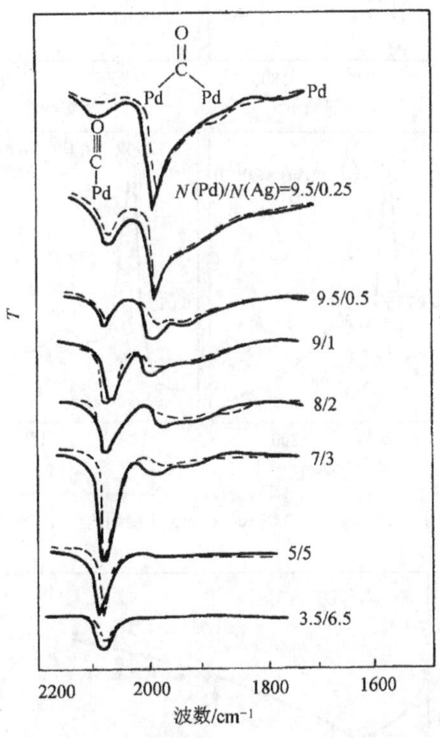

图 7-21 CO 在 Pd-Ag/SiO_2 上吸附的红外谱图

--- p_{CO} = 1.33Pa; —— p_{CO} = 66.66Pa

上述实验表明，在 Pd-Ag/SiO_2 体系内 Ag 对 Pd 起稀释作用。由于 Ag 含量增加，成双存在的 Pd 浓度减少，因而桥式 CO 减少，线式 CO 增加，亦即几何效应在 Pd-Ag/SiO_2 体系中是催化剂对 CO 吸附性质改变的主要影响因素。在 Cu-Ni 体系也存在类似效应。

在 Cu-Ni 体系中进一步实验发现：①线式 CO 吸附态和桥式 CO 吸附态比值变化与利用系统方法算出的双金属原子对(如 Ni、Pd)表面浓度随合金组成变化不一致；②由合金化引起谱带的化学位移大于 CO 覆盖度变化引起谱带的化学位移。

只用几何效应无法解释上述事实。1976 年，Primet 和 Sachtler[25]又利用傅里叶红外光谱仪(Digilab FTS14)重新研究了 Pd-Ag 体系(所用样品完全相同)。采用双束结构吸收池扣除了在载体上的红外吸收。主要实验结果如图 7-22 和图 7-23 所示。线式 CO 及桥式 CO

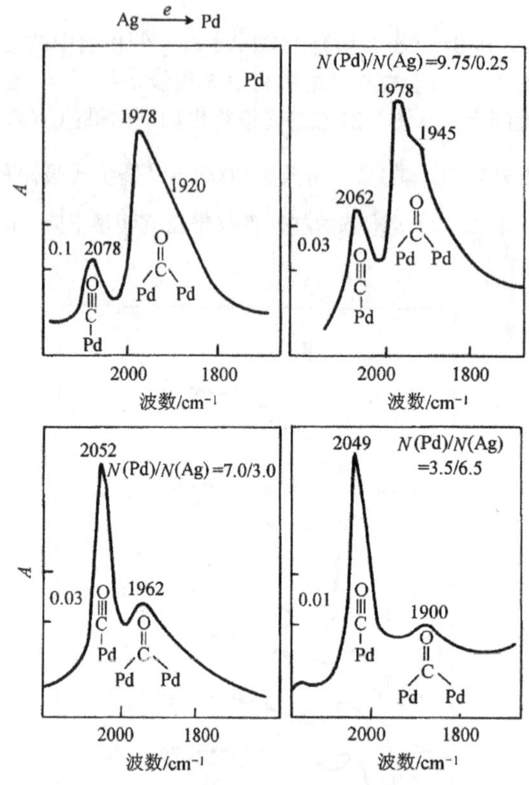

图 7-22 室温下 CO 在 Pd-Ag/SiO_2 上吸附的红外谱图

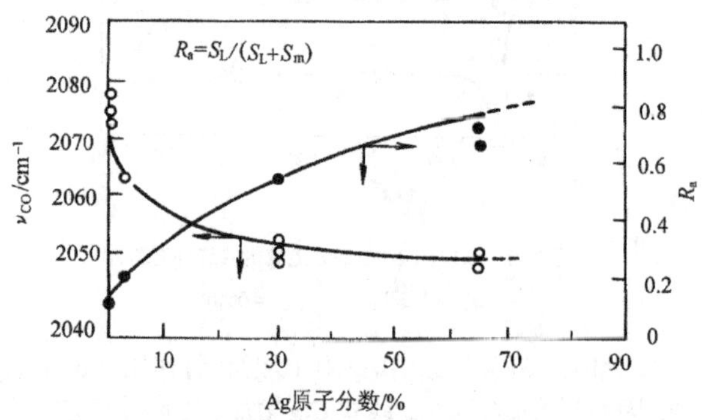

图 7-23 ν_{CO}和 R_a 随合金组成的变化

S_L. 线式 CO 吸附态的积分光密度；S_m. 多中心 CO 吸附态的积分光密度

吸附态红外吸收强度变化规律和 Somanoto 等[24]的研究结果一致。

进一步发现 CO 吸收带随合金组成变化发生位移，根据 d-π 反馈模型，CO 吸收带的波数向低波数位移，说明由金属反馈到 CO 分子的电子增加，Ag 含量增加，位移加大。

从图 7-23 中 $R_a = S_L/(S_L + S_m)$的变化看出，当 Ag 原子分数大于 5%时，即使 Pd 原子全部被 Ag 原子包围，也难于解释 R_a 值升高的原因。基于电镜和 X 射线衍射分析，所得粒子大小或形状变化也不可能引起这样大的变化。而覆盖度变化引起的 CO 化学位移只有 $9cm^{-1}$($2062 \sim 2053cm^{-1}$)，但 Ag 原子分数从 0% ~ 65%变化引起的化学位移为 $29cm^{-1}$($2078 \sim 2049cm^{-1}$)，如图 7-24 所示。因此，只用几何效应解释不能令人满意。根据 d-π 反馈原理说明 Pd-Ag 合金化过程中，Ag 含量增加使 Pd 的 d 电子密度增加，这同磁性研究结果一致。但是 Pd 的 d 电子密度增加有两个可能：Ag 的 s 电子转移到 Pd 的 d 带；Pd 的 s 电子转移到 Pd 的 d 带。其中哪一种是主要的，尚没有判据说明。总之，由 Ag 含量增加导致 CO 吸附带位移加大，说明 Pd-Ag 之间存在电子效应。亦即对于 Pd-Ag/SiO_2 体系，几何效应和电子效应同时存在，在 Ni-Cu 体系也发现了类似现象。

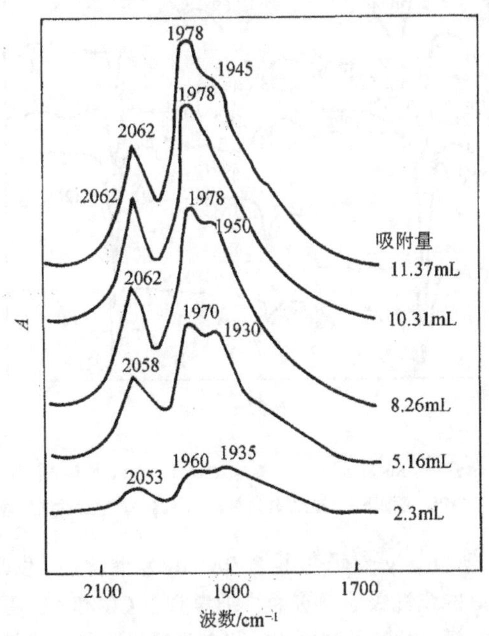

图 7-24　不同覆盖度下 CO 吸附于 Pd-Ag/SiO_2 上的红外谱图

从上述实验结果可以看出，在高分散金属催化剂中引入第二金属组元，显著改变催化剂的吸附甚至催化剂性能的原因，与几何效应和电子效应都有关系。在负载型 Ru/SiO_2 催化剂中添加第二金属组元 Cu 后，可以明显地降低乙烷氢解和 CO 加氢活性，同时 H_2、CO 吸附量也明显下降，并与 Ru 的分散度有关。Cu 对 Ru 的催化性能和吸附性能的影响，引起了人们的浓厚兴趣。Ertl 等[26]将 Ru 的单晶表面溅射上 Cu 作为模型催化剂，利用 LEED、H_2 和 CO 的化学吸附以及功函数测量等方法进行研究，结果发现 Ru-Cu 之间相互作用导致 Ru 的部分电荷转移给 Cu。郭燮贤、辛勤等[27]利用红外、H_2 及 CO 化学吸附、TPD 以及 TEM 等方法研究了不同 Cu/Ru 原子比的 Ru-Cu/SiO_2 体系。从 CO 在 Ru/SiO_2、不同 Cu 与 Ru 原子比的 Ru-Cu/SiO_2 和 Cu/SiO_2 上吸附的红外光谱发现，随 Cu 与 Ru 原子比增加，Ru 上 CO 吸附态的红外谱带发生位移，高频带的相对丰度减少(图 7-25)；并且室温吸附 H_2 后进行 TPD 实验，其 H_2 脱附温度随 Cu/Ru 原子比增加而下降。上述实验说明，虽然体相的 Ru 和 Cu 不混溶，但分散在 SiO_2 表面上时有明显的相互作用；Ru 上 CO 吸附态的谱带随 Cu 与 Ru 原子比增加而位移的现象，表明 Cu 向 Ru 转移了电子；同时发现 Cu 对在 SiO_2 表面的 Ru 粒子有"簇化"再分散作用。实验结果表明，Cu-Ru 之间相互作用的强弱和电子转移的方向，受载体性质以及预处理条件的影响。

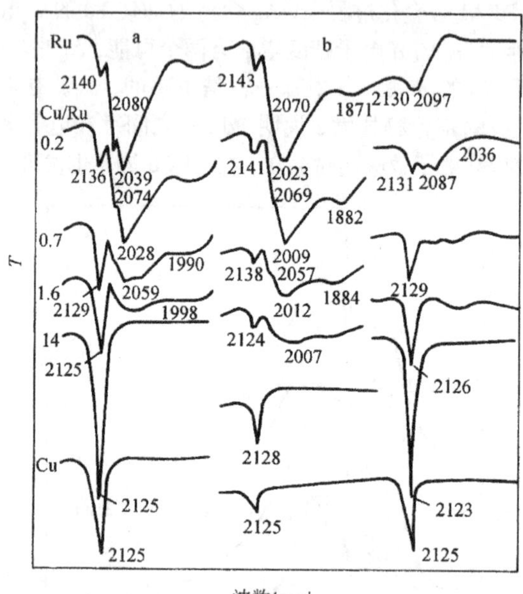

图 7-25　Cu/Ru 原子比对 Ru/SiO_2、Ru-Cu/SiO_2、Cu/SiO_2 上 CO 吸附态红外光谱的影响

a. $p_{CO}=6.7kPa$，室温下吸附的红外谱带；b. 室温抽真空后的红外谱带

最近，Rogemond[28, 30]、Levy[29]研究了 Pt-Rh/Al_2O_3 催化剂，发现 H_2 化学吸附和环己烷脱氢反应活性有很好的线性关系。进而详细考查了 CO 和 NO 在 Pt-Rh/Al_2O_3 催化剂上竞争化学吸附的红外光谱，发展了利用 CO 和 NO 共吸附红外光谱方法测定三效催化剂 Pt-Rh/Al_2O_3 的表面组成方法。发现在 Rh/Al_2O_3 上，473K 吸附一夜后只有 ~1910cm^{-1} 一个谱峰，对应于 Rh—NO^+ 物种。在 NO 气氛下，将 Pt/Al_2O_3 同样处理之后，CO 在 298K 吸附只有 ~2085cm^{-1}一个谱峰。利用已知分散度的单一金属样品进行归一化校正后，在 473K 吸附 NO 后于 298K 吸附 CO 的实验条件下，将其应用于 3%负载量的 Pt-Rh/Al_2O_3 催化剂(Pt/Rh 原子比从 0.4~3 的 4 组样品)，可以分别测定 Pt、Rh 表面组成。这样测得的表面总原子数同化学吸附结果十分相符，并且发现在 Pt-Rh/Al_2O_3 表面有 Rh 的富集现象。

在此基础上，他们进一步利用 NO 在 473K 吸附后于 298K 吸附 CO 的 FTIR 方法，研究了模型和商品的 Pt-Rh/Ce-Al_2O_3 催化剂，Ce 的加入明显改变了 Pt 对 CO 的吸附性能。也发现 1273K 老化后表面上发生离析，在表面上测不出 Rh。模型和商品的催化剂 Pt-Rh/Ce-Al_2O_3 具有类似的结果。

最近，Bell[31, 32]、Boccuzzi 等[33]在甲醇合成、水煤气变换反应方面也做了引人注目的工作。

7.3.3 吸附分子相互作用研究

由于 CO 吸附在过渡金属表面时，存在 d-π 反馈，ν_{CO}同 d-π 反馈程度有密切关系，因反馈键占 CO 结合能的大部分(有人计算了 CO 在 Ni 上吸附的结合能有 84% 是反馈键贡献的)。CO 和过渡金属之间的反馈键，同金属本身的 d 轨道情况有密切关系。因此，通过 CO 吸附态的红外吸收带的化学位移，可以考查其他分子在吸附时或在金属组元之间发生的电子转移过程。

当 CO 与能够给出电子的 L 碱共吸附在 Pt 上时，根据 d-π 反馈原理，吸附在 Pt 上的 CO 伸缩振动向低波数位移。如与 H_2O(I_P = 12.6eV)共吸附时，实验测得 ν_{CO}由 $2065cm^{-1}$ 位移到 $2050cm^{-1}$。由于 H_2O 分子用氧的孤对电子同 Pt 成配位键，使 Pt 的反馈程度略增，因而 ν_{CO}向低波数位移。与 NH_3(I_P = 10.5eV)共吸附时，实验测得 ν_{CO}由 $2065cm^{-1}$位移到 $2040cm^{-1}$。因为 NH_3 用氮上的孤对电子同 Pt 成配位键，使 Pt-CO 之间的反馈程度加强，导致 ν_{CO}向低波数位移。当吡啶(I_P = 9.2eV)共吸附时，实验测得 ν_{CO}由 $2065cm^{-1}$ 位移到 $1990cm^{-1}$。因吡啶是利用氮的孤对电子同 Pt 成配位键，吡啶的 I_P 比 NH_3 的 I_P 低，更容易给电子到 Pt 上，所以明显改变 Pt-CO 之间的 d-π 反馈，导致较大的红移现象。

当接受电子的化合物共吸附在 Pt 上时，根据 d-π 反馈原理，使 ν_{CO}向高波数位移。如 HCl(Γ = 12.8eV)共吸附在 Pt/Al_2O_3 上时，发现 ν_{CO}由 $2065cm^{-1}$位移到 $2075cm^{-1}$；O_2 (Γ = 12.1eV)共吸附时，发现 ν_{CO}由 $2050cm^{-1}$移到 $2131cm^{-1}$（O═C—Pt—O)。

从上述实例可以看出，由 ν_{CO}的化学位移方向、大小可以有效地判断吸附过程中的电子转移方向和程度。例如，为了解释苯加氢和苯与 D_2 交换反应，Farkas 提出解离化学吸附模型：

$$C_6H_6 + 2Pt \longrightarrow C_6H_5\text{—}Pt + H\text{—}Pt$$

而 Horiuti 和 Polanyi 提出非解离吸附模型：

$$C_6H_6 + \text{—Pt—Pt—} \longrightarrow C_6H_6(\text{Pt})(\text{Pt})$$

后来 Garnett 又提出了 π 络合物模型，认为 C_6H_6 电荷转移到 Pt 上，并认为 π 络合物是苯加氢的中间态。但是，上述模型由于利用 C—H 键振动，只能区别双键是否打开，而难以区别电子转移方向。所以，长期以来 π 络合物模型一直未能得到实验证明。

Primet 等利用 CO 作为探针分子考查了 C_6H_6 吸附在 Pt 上时电子转移的过程。其结果如图 7-26 所示。吸附 CO 后再吸附 C_6H_6，可看到 > 3000cm^{-1}谱带存在。说明 C_6H_6 同 Pt 键合时，大 π 键没有破坏，即 ν_{C-H}仍具有不饱和 $\rangle C = C \langle$ 上 C—H 的键性质，同时 ν_{CO}由 2065cm^{-1}位移至 2025cm^{-1}；在加氢后 ν_{C-H} < 3000cm^{-1}，呈现出饱和烃的 C—H 特征，而 ν_{CO}又位移至 2055cm^{-1}。共吸附 C_6H_6 可使 ν_{CO}向低波数转移。根据 d-π 反馈原理，说明 C_6H_6 在 Pt 上吸附时，电子是由 C_6H_6 转移到 Pt 上，并且在 Pt 表面形成 π 络合物吸附态，加氢后这一作用明显降低。

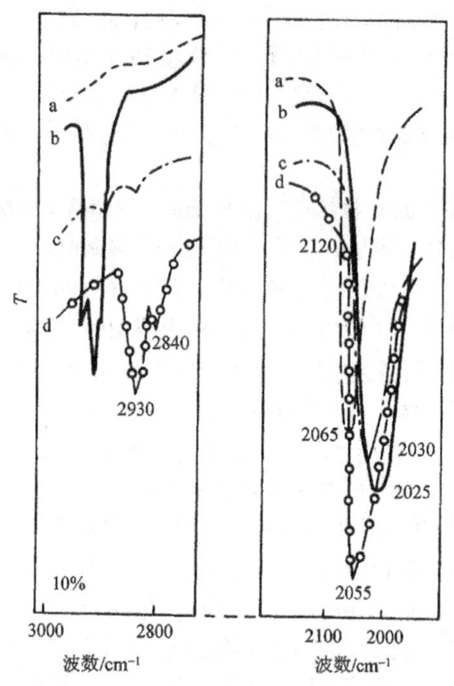

图 7-26 C_6H_6 对 CO 吸附在 Pt/Al_2O_3 上红外谱带的影响

a. CO 吸附后(覆盖度 $\theta = 0.2$)，$\nu_{CO} = 2065cm^{-1}$；b. 引入 6.7kPa 的 C_6H_6 后，$\nu_{CO} = 2025cm^{-1}$；c. 室温抽真空后，$\nu_{CO} = 2030cm^{-1}$；d. 在室温引入 6.7kPa 的 H_2，$\nu_{CO} = 2055cm^{-1}$

上述实例说明，利用 CO 作为探针分子，可以有效地考查吸附态之间活性中心和助剂间相互作用和电子转移过程[34]。

7.4 红外光谱应用于氧化物及分子筛催化剂的表征

7.4.1 体相氧化物的结构和活性相研究

氧化物、复合氧化物在催化剂、载体以及合成材料方面应用十分广泛。因此，对其结构、活性相和制备过程的研究意义重大。当前，应用比较多的、有效的手段是红外光谱、拉曼光谱和 X 射线衍射、热分析、电镜等方法。这些方法的联合利用，可提供十分丰富的结构信息。下面仅举一些典型的例子进行说明。

7.4.1.1 氧化钛的物相研究[10]

通常有两种 TiO_2 应用于催化材料：金红石(anatase)和锐钛矿(rutile)。锐钛矿属于 $P4_2/mnm(D_{4h}^{14})$空间群。基于点群分析，这种结构 TiO_2 有 4 个红外活性和 4 个拉曼活性基振动模。单晶的 TiO_2 红外光谱出现在 $479cm^{-1}$、$386cm^{-1}$、$289cm^{-1}$和 $189cm^{-1}$；而粉末的红外光谱是 $680cm^{-1}$、$610cm^{-1}$、$425cm^{-1}$和 $350cm^{-1}$。人们发现谱带的位置变化，明显与制备方法和杂质的性质、强度有密切的关系[10]。谱带宽化通常被归属为粉末粒子的表面缺陷所造成(图 7-27)。高度还原的锐钛矿谱带形状发生变化并出现新的谱带，它被认为是氧化亚钛的生成[$TiO_x(0.7\geqslant x\geqslant 1.3)$]所致。

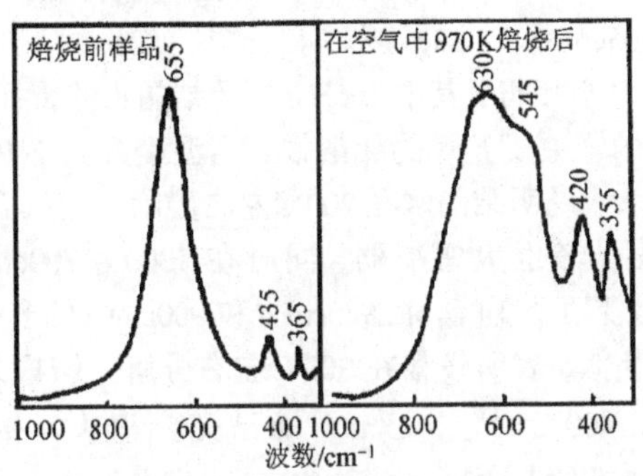

图 7-27 锐钛矿粉的红外光谱

图 7-28 是纳米 TiO_2 的拉曼光谱。人们发现，当 TiO_2 粒子小于 40nm 时，在拉曼光谱中 $685cm^{-1}$和 $100cm^{-1}$处出现两个新带。它是由于表面效应引起表面弛豫造成的，其谱带强度与粒子大小有线性关系。他们[10]也发现拉曼光谱谱带位移与锐钛矿缺氧程度有关。根据简振坐标分析金红石属于 $I4_2/amd(D_{4h}^{19})$空间群，预期有 6 个拉曼活性和 3 个红外活性的基振动模。实验中发现拉曼谱带分别在 $144cm^{-1}$、$197cm^{-1}$、$399cm^{-1}$、$519cm^{-1}$和 $639cm^{-1}$。利用拉曼光谱可以有效地研究它们的相变过程，在 1070K 锐钛矿转变成金红石，锐钛矿可以在 723K 以下稳定存在。

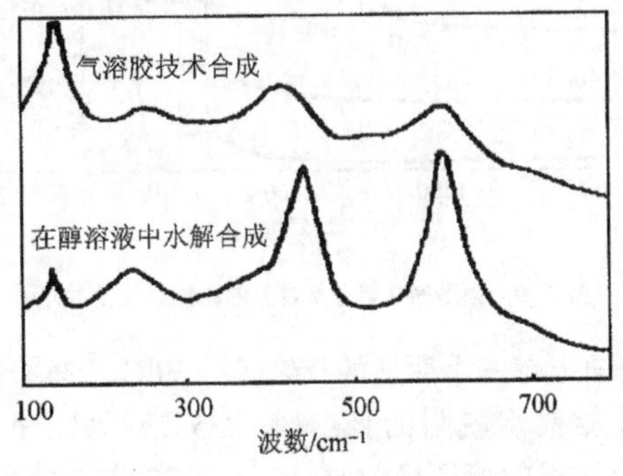

图 7-28 纳米相 TiO_2 的拉曼光谱

7.4.1.2　钼酸铵、偏钒酸铵和钨酸铵热分解研究[35, 36]

钼酸铵、偏钒酸铵和钨酸铵分别是制备负载氧化钼、氧化钒和氧化钨以及含这些氧化物的多相催化剂的主要原料。以氧化钼、氧化钒和氧化钨为活性组分的催化剂已广泛应用于多相催化过程。人们越来越认识到多相催化剂的性能与制备方法及处理过程有密切的关系。因此,研究催化剂在制备过程的变化对于认识和改进催化剂是非常重要的,特别是催化剂制备过程中活性相的形成机理一直是催化剂制备、表征中备受关注的问题。采用原位傅里叶变换红外发射光谱，跟踪考查钼酸铵、偏钒酸铵和钨酸铵的热分解过程，考查负载钼酸铵、负载偏钒酸铵的焙烧热分解过程，进而了解、研究对催化剂的焙烧过程。

图 7-29 为钼酸铵在 100 ~ 500℃热分解过程的红外发射光谱。在 100℃钼酸铵尚未分解，其发射光谱中有 $1665cm^{-1}$、$1415cm^{-1}$、$940cm^{-1}$、$900cm^{-1}$和 $850cm^{-1}$等峰。这与 KBr 压片后的透射红外光谱基本相符，其中 $1665cm^{-1}$是结晶水的特征峰，$1415cm^{-1}$为铵根的特征峰，$1000cm^{-1}$以下的峰主要归属为钼酸根。当温度升到 200℃时，$1665cm^{-1}$峰显著减弱，其余诸峰变化不大，说明结晶水在 200℃左右脱附。继续升温到 300℃，$1665cm^{-1}$峰已完全消失，$1415cm^{-1}$峰也大幅减弱，同时在 1300 ~ $700cm^{-1}$区的变化很大，在 $1115cm^{-1}$和 $1065cm^{-1}$出现两个弱峰，在 $985cm^{-1}$和 $900cm^{-1}$处产生两个强峰。这些谱峰已与 MoO_3 的谱峰基本相似，表明铵根在 300℃左右分解。铵根分解的同时钼酸根开始向 MoO_3 结构转化。在 400℃时，$1415cm^{-1}$峰已完全消失，相应地 MoO_3 的特征峰 $1115cm^{-1}$、$1065cm^{-1}$、$985cm^{-1}$、$890cm^{-1}$和 $825cm^{-1}$完全形成。由 400℃升到 500℃红外发射光谱变化不大，表现钼酸铵在 400℃左右已完全转化为 MoO_3。为了进一步确定钼酸铵在热分解过程的相变温度，还进行了钼酸铵的程序升温热分析考查，结果如图 7-30 所示。

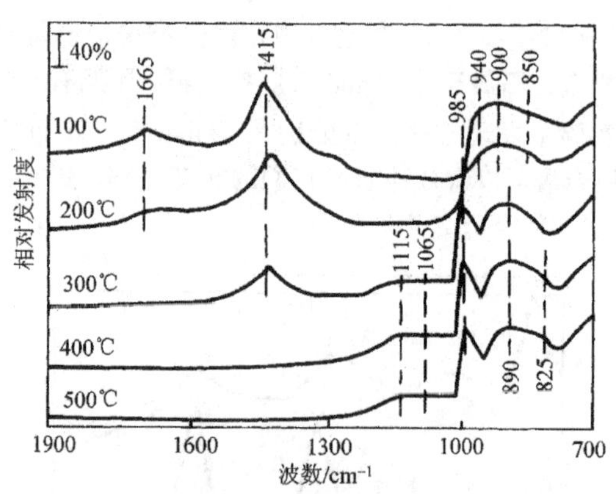

图 7-29　钼酸铵在热分解过程的原位红外发射光谱

钼酸铵的热分析谱图上有三个明显的吸热峰：139℃、235℃和 330℃。对比红外发射光谱可知，139℃的峰是结晶水脱附的吸热峰，235℃则为铵根的分解吸热峰。但从图 7-29可看出在 300℃仍有铵根的特征峰 $1415cm^{-1}$，故 330℃的峰可归属为第二步脱铵的热解峰。从化学式分析知钼酸铵脱氨成为钼酸，钼酸进一步缩水后转化为 MoO_3，所以 330℃的峰除了第二步铵分解外，还包含缩水的吸热峰。这两种过程可能是同时进行的。钼酸铵的基本化学单元中含两个铵根。这两个铵根可能不是同时分解，而是分步分解。第一步可能为简单地脱氨，第二步铵分解与缩水同时进行。从红外发射光谱看，第一步脱氨后其光谱已与钼酸铵的光谱相差较大，与 MoO_3 的光谱接近。

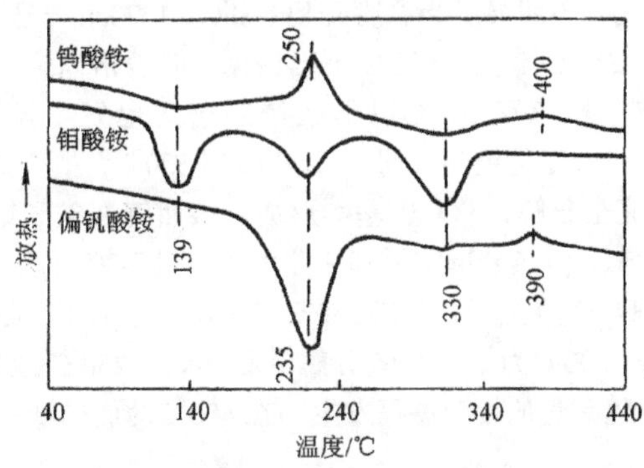

图 7-30 偏钒酸铵、钼酸铵和钨酸铵的热分析谱

偏钒酸铵在升温热分解过程中获得的原位红外发射光谱见图 7-31。在 100℃，主要是偏钒酸铵的特征峰，其中 $1415cm^{-1}$归属为铵根，$1000\sim700cm^{-1}$的峰归属为偏钒酸根。在 200℃时 $1665cm^{-1}$结晶水峰完全消失，$1415cm^{-1}$峰显著减弱，同时在 $1300\sim700cm^{-1}$区的谱峰变化也很大，偏钒酸根的光谱特征已变化很大。当温度升到 300℃时，$1415cm^{-1}$峰完全消失，在 $1300\sim700cm^{-1}$区出现 V_2O_5 的特征峰即 $1010cm^{-1}$和 $850cm^{-1}$。从 300℃到 500℃谱峰变化不大，说明铵根在 300℃以下已完全分解，钒酸铵在 300℃以下也已完全转化为 V_2O_5。偏钒酸铵的热分析图(图 7-30)上只在 235℃处有一个吸热峰。这个结果与图 7-31 的红外发射光谱吻合，235℃峰正是 $1415cm^{-1}$峰所标志的铵根的分解吸热峰。因偏钒酸铵化学式中只含一种铵根，故铵根分解后偏钒酸铵直接转化为 V_2O_5，这种转化在 300℃以下已完成。与钼酸铵的分解不同，偏钒酸铵的分解只经一步铵分解即转化为 V_2O_5。

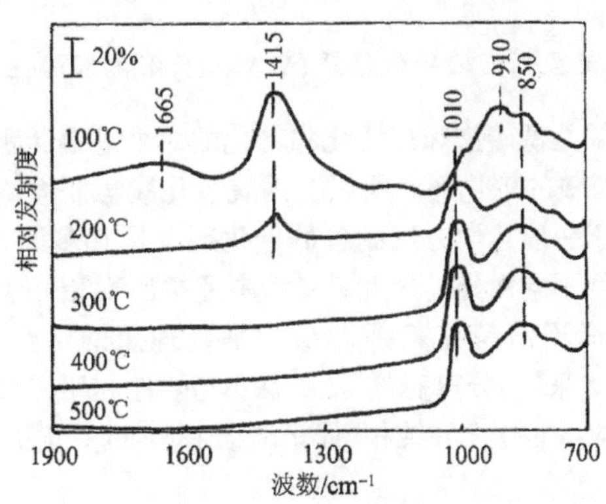

图 7-31 偏钒酸铵在热分解过程的原位红外发射光谱

图 7-32 显示了钨酸铵在热分解过程中的红外发射光谱。由图 7-32 可见，在 100℃摄取的光谱与钼酸铵和偏钒酸铵在同样条件下的光谱相似。图 7-32 的谱主要是结晶水 ($1670cm^{-1}$)、铵根 ($1415cm^{-1}$) 和钨酸根 ($1000 \sim 700cm^{-1}$) 的峰。此外，在 $1340cm^{-1}$处有一个峰，可能是具有不同配位环境的另一种铵根的特征峰。随温度升高，$1340cm^{-1}$峰很快消失，可能是这种铵根转化为正常的铵根或分解脱附。除此外，在 200℃下得到的光谱与 100℃下的光谱变化并不明显。当温度升到 300℃，$1670cm^{-1}$已完全消失，铵根的峰 $1415cm^{-1}$略有减弱，说明结晶水在 300℃以下已脱附，但铵根尚未完全分解。在 400℃，$1415cm^{-1}$峰已完全消失；相应在 100℃以下区域的谱图也发生显著变化，$960cm^{-1}$和 $925cm^{-1}$峰消失，$890cm^{-1}$峰变得突出。进一步升温到 500℃，整个谱图没有变化，意味着铵根在 400℃以下已完全分解，WO_3 也基本形成。虽然钨酸铵和钼酸铵在热分解过程中红外发射光谱基本相似，但热分析结果却相差大，见图 7-30 所示。在钨酸铵的热分析图上 139℃和 330℃处有两个吸热峰，但在 250℃和 400℃处有两个放热峰，显然 139℃峰是结晶水的脱附吸热峰，330℃为第二步铵分解的吸热峰。250℃的放热峰，反应出在第一步铵分解的同时还伴随有其他相变过程发生。在 400℃的放热峰可能意味着 WO_3 进一步转化为更稳定的晶相。

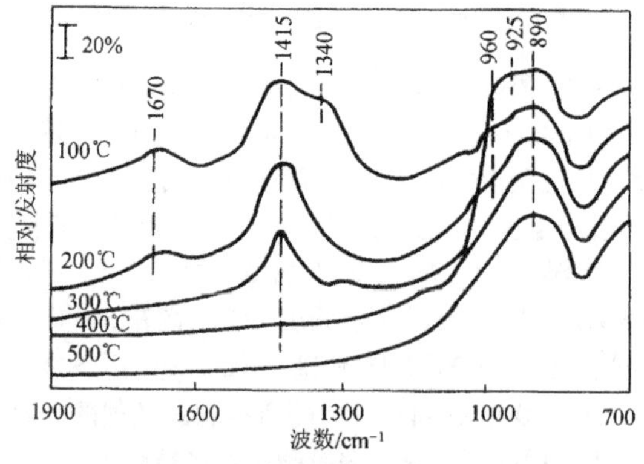

图 7-32 钨酸铵在热分解过程的原位红外发射光谱

7.4.1.3 丙烷氧化脱氢制丙烯的钒镁氧(V-Mg-O)催化剂活性相表征[37~39]

丙烷氧化脱氢制丙烯是低碳饱和烃活化和转化的一个重要课题。在众多的催化体系中 V-Mg-O 被认为是最有效的催化剂。所以在丙烷氧化脱氢制丙烯的研究中 V-Mg-O 是最为关注的催化剂。由于一般化学方法制备的催化剂总是有多种 V-Mg-O 物相共存，且因制备方法和预处理条件不同而异。因此，文献中经常出现相互予盾的结果，对活性相的归属各不相同，至今尚不清楚究竟哪种物相是最理想的活性相？因而，为了鉴别 V-Mg-O催化剂的活性相，采用“分离变数”的方法，巧妙地利用柠蒙酸法在较低焙烧温度下获得较大比表面积的 V-Mg-O 三种纯相(偏钒酸镁 MgV_2O_6，正钒酸镁 $Mg_3V_2O_8$ 和焦钒酸镁 α-$Mg_2V_2O_7$)。

由图 7-33 ~ 图 7-35 可以清楚分辨出这三种纯相，并且发现有很好的对应关系。通过对这三种纯相的反应研究，发现其活性顺序为：α-$Mg_2V_2O_7 > Mg_3V_2O_8 > \alpha$-$MgV_2O_6$，并同它们相应的氧化还原(Redox)性质一致。实验结果还表明，两种纯相共存时活性相间存在协同作用。这种协同作用能够显著提高丙烷氧化脱氢的活性。通过原位红外和拉曼光谱研究进一步澄清了 V-Mg-O 催化剂活性相归属的争论[37, 38]，同时也看出：V-Mg-O 在不同载体上(TiO_2、Al_2O_3 等)三种纯相分布的相对变化。载体的性质决定了表面上的 V-Mg-O物种的结构和性质，表面钒氧化物的浓度和 Mg/V 物质的量比是决定丙烷氧化脱氢活性的主要因素。研究还证明 V-Mg-O 催化剂的丙烷氧化脱氢活性，不能简单地与 V-Mg-O纯相关联。

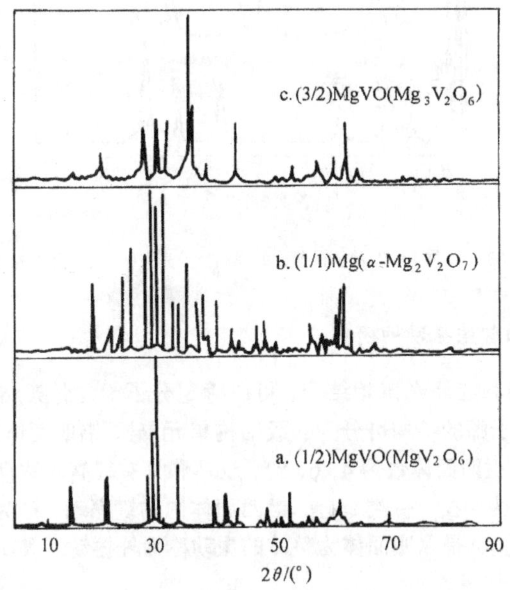

图 7-33　不同 Mg/V 摩尔比的样品 X 射线衍射图

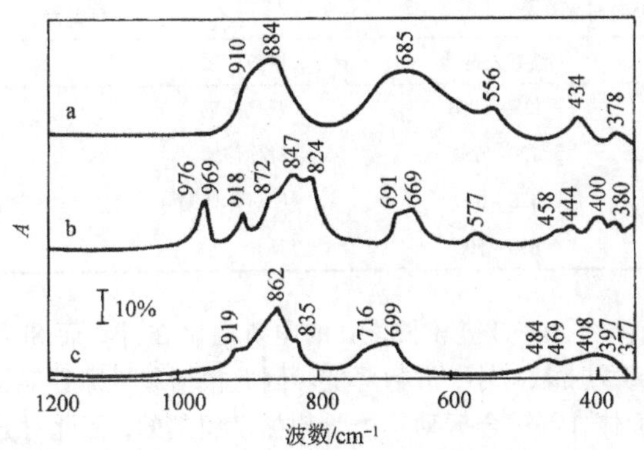

图 7-34　不同 Mg/V 物质的量比的样品红外光谱(a、b、c 同图 7-33)

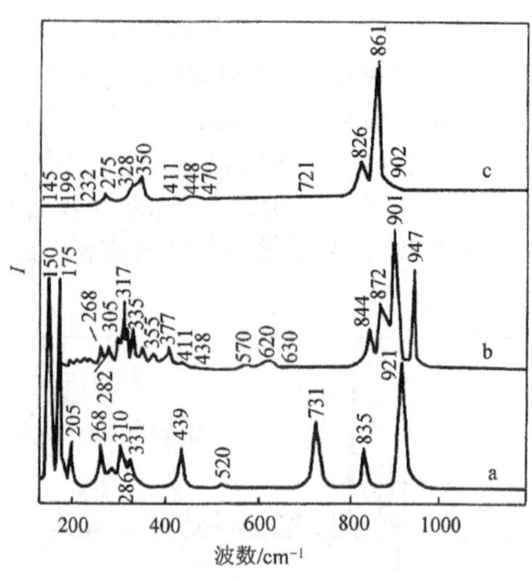

图 7-35　不同 Mg/V 物质的量比的样品拉曼光谱(a、b、c 同图 7-33)

7.4.1.4　分子筛骨架振动的研究

利用 X 射线衍射和红外光谱相结合，可以确定分子筛的骨架结构和骨架振动的关系。从结构上看，分子筛的结构可分为一级结构单元(硅、铝四面体)、二级结构单元环($S_{4,6,8}$即单元环中的正四面体数为 4，6，8)、双环和具有较高对称性的多面体。因此分子筛的骨架振动可分为两类：一类是硅、铝四面体内的键振动，称为内振动，它对骨架结构变化不敏感；另一类是以四面体为整体的振动称为外振动。表 7-4 给出了 Y 型分子筛的红外光谱归属。

表 7-4　Y 型分子筛[$n(Si)/n(Al) = 2.5$]的红外光谱带归属

内四面体		外部键合	
谱带归属	波数/cm⁻¹	谱带归属	波数/cm⁻¹
反对称伸缩振动	1250 ~ 950	开孔振动	300 ~ 420
对称伸缩振动	720 ~ 650	对称伸缩	750 ~ 800
四面体变形振动	420 ~ 500	反对称伸缩	1050 ~ 1150
双环振动	650 ~ 500		

由于在硅铝四面体内 Al—O 键较长，Al 的电负性比 Si 小，而 Si 与 Al 的质量相近，所以随 Si/Al 减小导致力常数减小，波数降低。因此根据分子筛骨架振动频率的变化可以测得其 Si/Al。四面体外部键合振动是由骨架振动引起的，因此对分子筛的结构变化敏感。所以利用分子筛骨架振动的红外光谱，可以考查分子筛的结晶过程和热稳定性。曾有人利用红外光谱与 X 射线衍射相结合的方法，详细考查了 ZSM-5 分子筛的骨架振动和热稳定性的关系，发现 ~ 1230cm^{-1}和 ~ 550cm^{-1}谱带对 ZSM-5 分子筛的骨架结构变化十分敏感，见表 7-5 和图 7-36。

表 7-5　焙烧温度对 ZSM-5 沸石骨架振动的影响

焙烧温度/℃	吸收带的波数/cm^{-1}				
300	1222	1094	790	547	451
420	1223	1093	792	549	451
600	1224	1099	797	551	453
700	1226	1100	801	553	453
800	1230	1103	800	554	453
900	1229	1102	802	554	452
1000	1130	1102	801	555	451

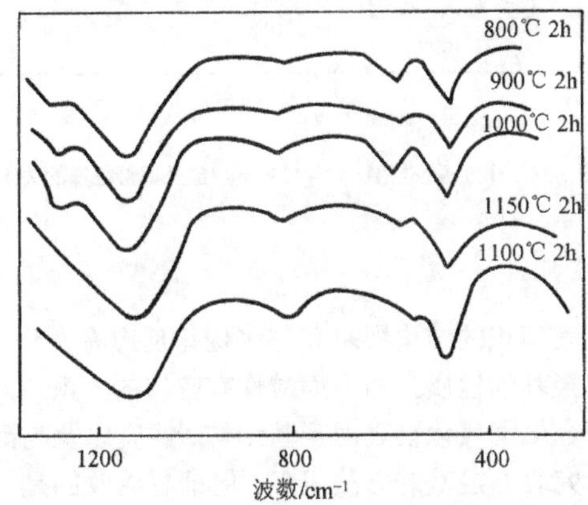

图 7-36　ZSM-5 沸石在不同温度下焙烧后的红外光谱图

随温度升高，~1230cm^{-1}谱带向高波数位移，当加热至 1100℃时沸石骨架结构破坏，~1230cm^{-1}谱带则完全消失。进一步还发现~1230cm^{-1}谱带对 ZSM-5 沸石的Si/Al很敏感，~1230cm^{-1}谱带的化学位移同 ZSM-5 沸石中铝的摩尔分数成直线关系，如图 7-37和图 7-38 所示。由此表明，可以利用红外光谱测定分子筛的 Si/Al。

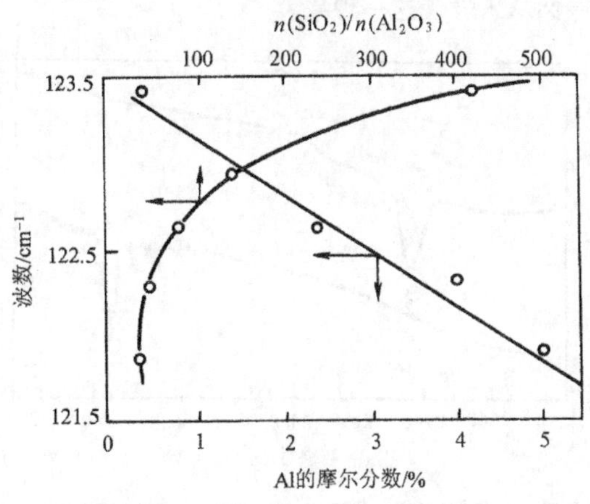

图 7-37　不同硅铝比的 HZSM-5 沸石的红外光谱图

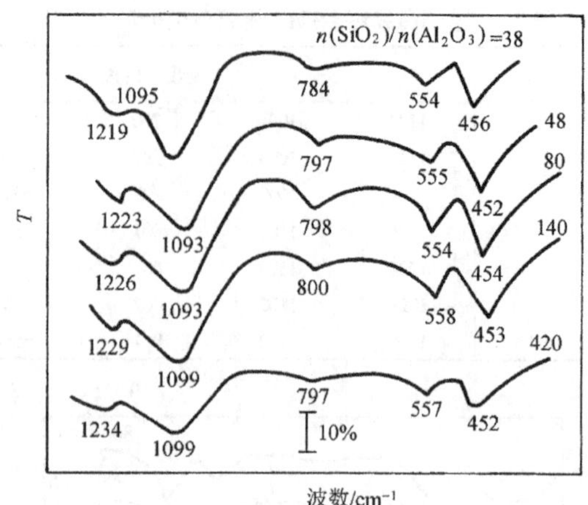

图 7-38 HZSM-5 硅铝比同～1230cm⁻¹红外谱带位置的关系

7.4.2 表面羟基的研究[14]

氧化物尤其是大比表面积的结构羟基和许多催化反应有密切关系，如脱水反应，甲酸分解反应。表面结构羟基的性质又与表面酸性有密切的关系。对此，人们进行了大量的研究。其中大部分研究根据氧化物表面羟基结构、性质以及与酸性中心的关系，进而同反应性能相关联。研究表面羟基的方法很多，但卓有成效的是红外光谱法，在这方面代表性的研究是 Peri 等[16]所进行的工作。

7.4.2.1 SiO_2 表面羟基

图 7-39 和图 7-40 给出了 SiO_2 在不同温度下脱水后的红外光谱以及在 800℃脱水后与同位素交换后的红外光谱。可以发现，吸附水对结构羟基影响很明显。非常有趣的是 800℃脱水后 SiO_2 表面结构羟基有转动结构(P 支，R 支)，表明 OH 基在 SiO_2 表面上可以自由转动，而在其他表面从未发现这一现象。

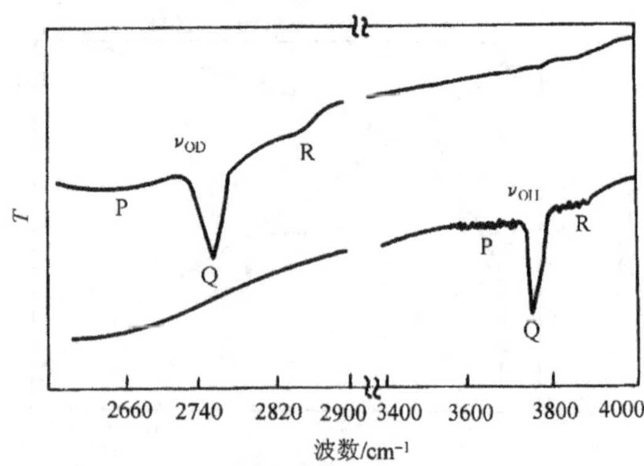

图 7-39 800℃脱水 SiO_2 上和 D_2 交换的红外光谱(OH, OD/SiO_2)

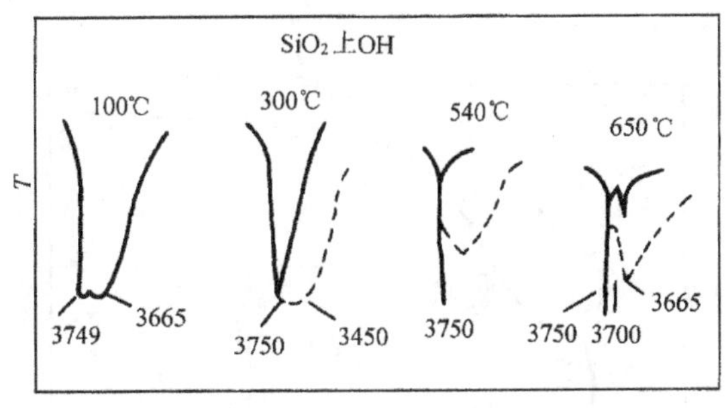

图 7-40 不同温度下脱水的 SiO_2 上 OH 的红外光谱

----表示脱水后在 27℃再进 2.1kPa H_2O 气的红外光谱

在表面结构羟基的研究中首先吸附的水分子导致识别表面羟基的困难，由于表面结构羟基和吸附水的羟基出现在同一波数范围(3200～3800cm^{-1})。然而，水分子的变形振动(ν_2)出现在 1600～1650cm^{-1}之间，相反表面硅羟基的变形振动则出现在 870cm^{-1}，这对区分两个物种成为可能。但是，对于 Al_2O_3/H_2O、TiO_2/H_2O 体系则不太有效。

利用两种物种的合频，可有效地区分水分子的合频($\nu_2+\nu_3$)和表面结构羟基的合频($\nu_{OH}+\delta_{OH}$)。吸附在 SiO_2 上水的合频($\nu_2+\nu_3$)，一般出现在 5100cm^{-1}和 5300cm^{-1}(取决于脱水程度)，而表面硅羟基的合频($\nu_{OH}+\delta_{OH}$)一般在 4550cm^{-1}，其第一倍频则出现在 7285cm^{-1}，如图 7-41。

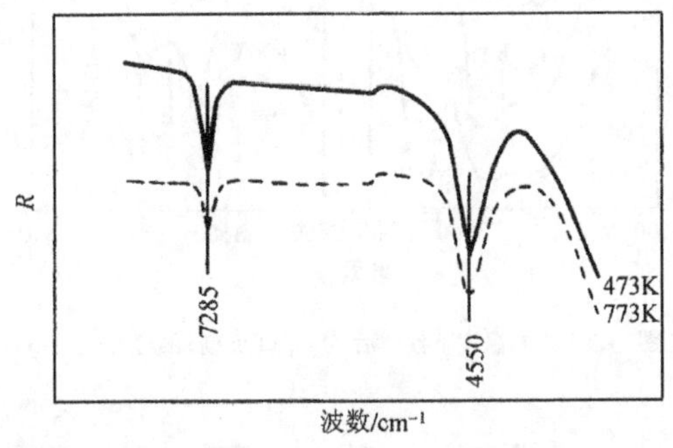

图 7-41 在 473K 和 773K 脱 OH 后 SiO_2 表面的近红外漫反射光谱

第二个问题是表面结构羟基的可接近程度，如图 7-42。在 473K 脱水后的硅溶胶表面，在 3740cm^{-1}处出现一尖谱带，宽的谱带在 3660cm^{-1}和一肩峰在 3550cm^{-1}。由同位素交换结果看出，3740cm^{-1}峰、3550cm^{-1}峰是可接近的，而 3660cm^{-1}峰是不可接近的(3740cm^{-1}→2760cm^{-1}；3550cm^{-1}→2630cm^{-1})。上述结果表明通过羟基的变形振动或组频带以及同位素交换方法可以有效地研究多孔材料结构羟基及其分布。

7.4.2.2 Al_2O_3 表面的结构羟基

Peri 等[16]由 γ-Al_2O_3 紧密立方堆积的最几暴露表面(100)逐步脱水的热重分析结果。

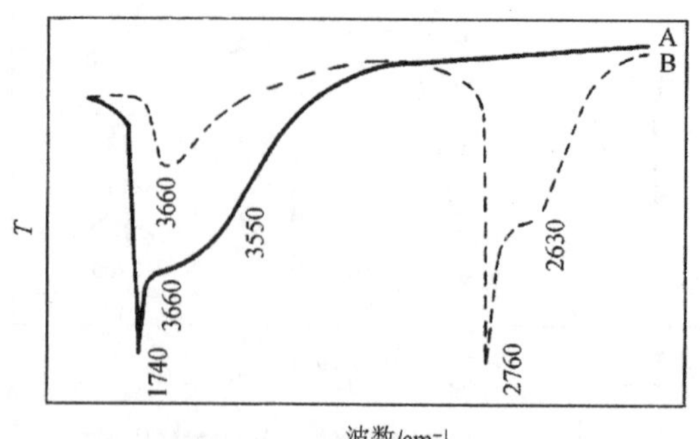

图 7-42 在 473K 热处理后 SiO_2 表面 OH(A)和 OD(B)的红外光谱

利用统计方法，采用计算机处理和红外光谱法相结合，提出了 Al_2O_3 表面羟基模型，并找出了与红外光谱的对应关系。γ-Al_2O_3 经严格控制脱水后，从红外光谱发现，存在着的五个不同吸收带，对应于五种不同的结构羟基，如图 7-43、图 7-44 和表 7-6 所示。

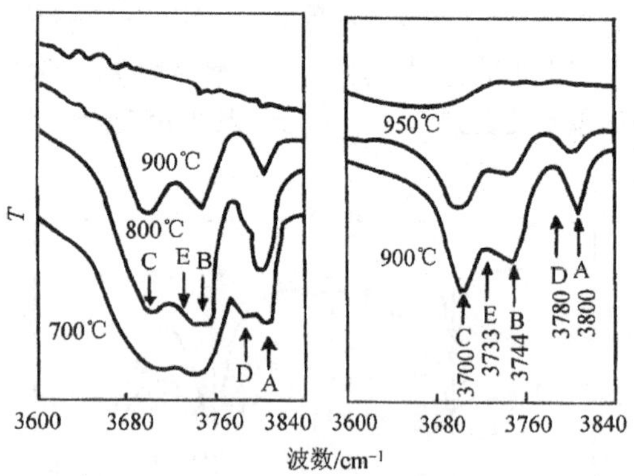

图 7-43 不同温度下抽空后 Al_2O_3 表面 OH 的红外光谱

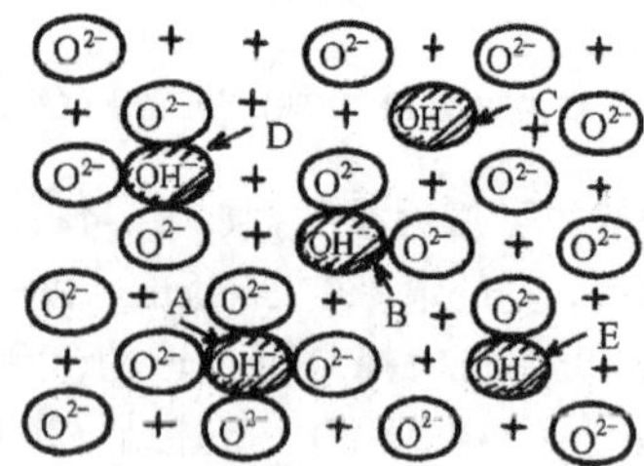

图 7-44 γ-Al_2O_3 脱水后结构羟基模型

+ 表示下面一层的 Al^{3+}

表 7-6 严格控制脱水后 γ-Al_2O_3 的表面羟基

类型	ν_{OH}/cm^{-1}	最近邻配位数	类型	ν_{OH}/cm^{-1}	最近邻配位数
A	3800	4	D	3780	3
B	3744	2	E	3733	1
C	3700	0			

进一步研究发现各种结构羟基电子云密度为：A > D > B > E > C，即 A 类部位最负，碱性最强；C 类最正，酸性最强；B 类部位近于中性。

7.4.2.3 SiO_2-Al_2O_3 表面的结构羟基

经严格控制脱水的 SiO_2-Al_2O_3 表面上的 OH(OD)红外光谱和 SiO_2 表面相似，也在 $3750cm^{-1}$(ν_{OH})和 $2760cm^{-1}$(ν_{OD})处有一强吸收带。为了研究 SiO_2-Al_2O_3 表面的 OH 性质，采用氢受主化合物吸附后的红外光谱表征表面 OH 的酸性强度。由于同吸附质的键合作用引起 OH 基伸缩吸收带的化学位移，从该位移可估计有关 OH 基的酸性，并可识别表面 OH 的类型。

从图 7-45 和表 7-7 可以看出，含 75% SiO_2 的 SiO_2-Al_2O_3 表面 OH 在吸附 H 受主化合物(C_6H_6、CH_3CN)后，使 $3750cm^{-1}$吸收带强度减小，并在低波数处发展成两个峰，说明 SiO_2-Al_2O_3 在表面存在两种 OH，如表 7-7 所示。这两种 OH 所对应的构型为：LF_1 模型是 ≡Si—OH，类似于纯 SiO_2 表面；LF_2 模型是═Al—(OH)—Si，其酸性较强，类似于脱阳离子的分子筛，其四面体的 Si^{4+} 被 Al^{3+} 取代。

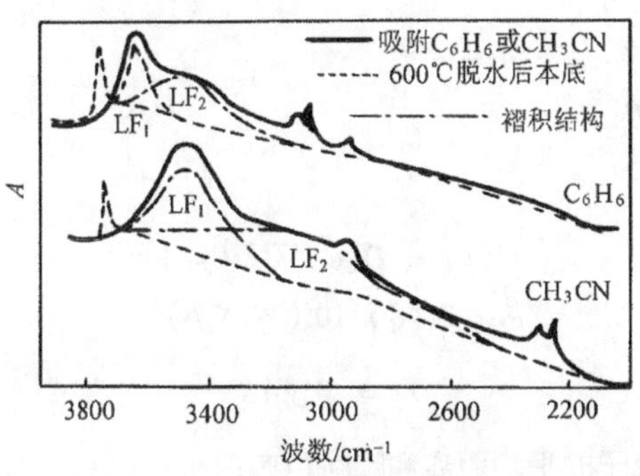

图 7-45 600℃脱水后 SiO_2-Al_2O_3(75% SiO_2)表面 OH 的红外光谱

表 7-7 SiO_2-Al_2O_3 表面 OH/OD 同吸附的 C_6H_6 和 CH_3CN 相互作用

谱带类型		C_6H_6		CH_3CN		OH 和 OD 自由伸缩/cm^{-1}
		ν/cm^{-1}	半峰宽/cm^{-1}	ν/cm^{-1}	半峰宽/cm^{-1}	
OH	LF_1	3460	80	3440	240	$\nu_{OH}=3750$
	LF_2	3520	200	3200	650	
OD	LF_1	2680	60	2580	160	$\nu_{OD}=2760$
	LF_2	2590	140	2400	460	

图 7-46 是 SiO_2、Al_2O_3、SiO_2-Al_2O_3 表面结构羟基与 CD_4 同位素交换的结果。发现，OH 基的 H 与 CD_4 交换能力与酸性没有直接关系。SiO_2 上的羟基中的质子最难交换。

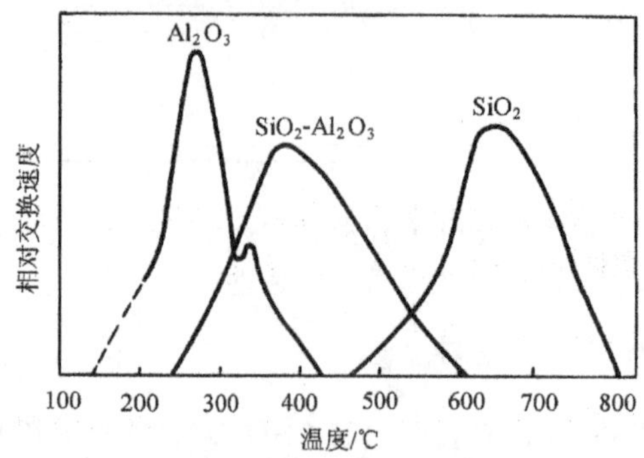

图 7-46 SiO_2、Al_2O_3、SiO_2-Al_2O_3
表面结构 OH(OD)与 CD_4 的交换能力

前苏联学者 Kazansky 等[40]曾利用漫反射光谱方法(diffuse reflectance spectra)深入地研究了表面羟基的红外和近红外光谱。如果将羟基振动近似为双中心的非谐振子模型，其振动态可以表示为

$$W_x = W_e(n + 1/2) - W_eX(n + 1/2)^2 \tag{7-7}$$

式中：W_x——实验测得振动频率；

W_e——简正频率；

X——非谐振因子；

n——振动能级数。

其 Morse 热能函数为

$$\begin{gathered} U(r) = D[e^{-\beta(\gamma-\gamma_0)} - 1]^2 \\ \beta = 2.48 \times 10^7(W_eX_e\mu)^{0.5} \\ D = W_e/4X \end{gathered} \tag{7-8}$$

式中：γ，γ_0——振动原子的平均距离和瞬间距离；

μ——约化质量；

X_e——谐振子在势能曲线底部基频跃迁 0→1 的非谐振因子。

则离解能为

$$D_0 = W_e/4X - W_e/2 \tag{7-9}$$

当 $\rho = \mu_{OD}/\mu_{OH}$，并且 $\rho^{0.5} = X_H/X_D$，对于不同的氧化物和分子筛体系 $\rho^2 \cong 1.889$，即利用 W_D 和 W_H 的实验数据(W_D 和 W_H 分别为 OD 和 OH 的伸缩振动频率)，可从式(7-10)和式(7-11)求出 W_{eH}和 X_H(W_{eH}和 X_H 分别为 OH 和 OD 基因伸缩振动的简正频率)。

$$W_{eH} = \rho^{0.5}(\rho W_D - W_H)/(\rho - \rho^{0.5}) \tag{7-10}$$

$$X_H = (\rho W_D - \rho^{0.5} W_H)/2(\rho W_D - W_H) \tag{7-11}$$

(也可由倍频和频带计算得到)

将式(7-10)、式(7-11)代入式(7-9),得

$$D_0 = W_H(\rho W_D - W_H)/[2\rho^{0.5}(\rho^{0.5} W_D - W_H)] \tag{7-12}$$

由 $W_{eH}/W_{eD} = (\mu_{OD}/\mu_{OH})^{1/2} = [(2+2m_O)/(2+1m_O)]^{1/2}$得到:

$$m_O = [(W_{eH}/W_{eD})^2 - 1]/[1 - 1/2(W_{eH}/W_{eD})^2] \tag{7-13}$$

式中:m_O 是羟基中氧原子的有效质量。

根据式(7-7)~式(7-13)由羟基和氘化羟基的基频可分别算出质子离解能、势能曲线、非谐振因子、相应的简正频率和羟基中氧原子的有效质量。从氧原子的有效质量,可进一步讨论羟基振动和晶格振动的相互作用(一般 $m_O \leqslant 16$)。m_O 越小,表明羟基伸缩振动和晶格振动相互作用越大。羟基质子离解能(质子转移活化能)同 B 酸中心的酸性以及固体表面催化性能有密切联系。尤其是可以根据吸附分子在吸附前后羟基和氘化羟基谱带的化学位移,计算出有效质子转移活化能(D_{eff})。

如果吸附分子的主要影响是增加 OH 基的非谐振动时,即 W_e 保持不变,则可从一个 OH 基的基振动红外跃迁的化学位移求出质子转移活化能。吸附前羟基的伸缩振动基频为 $W_{0\to1} = W_e - 2W_eX$,而吸附后为 $W'_{0\to1} = W_e - 2W_eX'$,将 $X' = (W_e - W'_{0\to1})/2W_e$ 代入 $D_{eff} = W_e/4X'$后,得

$$D_{eff} = W_e^2/2(W_e - W'_{0\to1}) \tag{7-14}$$

又将 $X = (W_e - W_{0\to1})/2W_e$ 代入 $D_0 = W_e/4X$ 后,得

$$D_0 = W_e^2/2(W_e - W_{0\to1})$$

故

$$D_{eff}/D_0 = 2XW_e^2/(2XW_e + \Delta W) \tag{7-15}$$

其中

$$\Delta W = W_{0\to1} - W'_{0\to1}$$

将式(7-14)和式(7-15)计算的结果列于表 7-8 和表 7-9 中。由表 7-8 可说明不同吸附分子可以导致不同的质子转移活化能降低。从表 7-9 可以看出,吸附分子的存在明显改变分子筛中羟基质子转移的活化能,但对硅胶上羟基质子转移活化能却没有什么影响。这些结果对深入理解反应条件下酸催化反应机理有重要意义。

表 7-8 不同分子同多孔玻璃表面羟基间的相互作用

吸附分子	$W_{0\to1}/cm^{-1}$	$W_{0\to2}/cm^{-1}$	W_e/cm^{-1}	$X \cdot 10^2$	D_{eff}[1)]/(kJ·mol⁻¹)	分子对质子的亲和力/eV
自由羟基	3749	7326 ± 5	3920	2.2	519.2	—
六氟代苯	3710	7260 ± 6	3870	2.1	544.3	—
环己烷	3700	7230 ± 5	3970	2.2	519.2	6.00
水	3680	7170	3870	2.2	519.2	7.14
甲苯	3610	7030 ± 20	3800	2.5	439.6	7.25
对二甲苯	3600	6970 ± 20	3830	3.0	355.9	7.59
丙酮	3420	6400 ± 50	3860	5.7	167.5	8.10
四氢呋喃	3280	6100 ± 50	3740	6.1	146.5	—
氨	2960	不存在	不存在	—	83.7	9.00

1) 原文献中的单位为 $kcal \cdot mol^{-1}$，换算为 1cal = 4.1868J。

表 7-9 不同 OH 基同 C_6H_6 的相互作用

体系	吸附前/cm^{-1}		吸附后/cm^{-1}		D_0[1)]/(kJ·mol⁻¹)	D_{eff}/(kJ·mol⁻¹)
	W_H	W_D	W_H	W_D		
SiO_2	3749	2763	3630	2673	194.0	510.8
金红石	3735	2755	3605	2660	464.7	435.4
锐钛矿	3670	2705	3480	2575	481.5	355.9
	3650	2690	3460	2560	485.7	355.9
	3720	2745	3515	2615	498.2	276.3
HY	3640	2685	3350	2490	452.2	272.1

1) 文献中的单位为 $kcal \cdot mol^{-1}$，换算为 1cal = 4.1868J。

由于强烈的本底，过去人们一直无法获得羟基的变形振动的信息(700 ~ 1100cm^{-1})。Kustov 和 Kazansky[41]基于分子筛强烈散射近红外光的性质，利用漫散射红外和近红外光谱方法详细地考查了分子筛的基频、倍频和组频。他们发现可以由羟基的伸缩振动(ν_{OH})和变角振动(δ_{OH})的组频($\nu_{\nu+\delta}$)、伸缩振动的基频和倍频，通过式(7-17)求出变角振动频率 δ_{OH}。

$$\nu_{\nu+\delta}^{OH} = \nu_{0\to1}^{OH} + \delta_{0\to1}^{OH} - X_{12} \tag{7-16}$$

$$\nu_{2\nu+\delta}^{OH} = \nu_{0\to1}^{OH} + \delta_{0\to1}^{OH} - 2X_{12} \tag{7-17}$$

式中：X_{12}为两振动模式的相互作用系数，对于分子筛，它的相互作用系数同 SiO_2 的值相近(2×10^2)。

根据式(7-17)和不同分子筛的实验测量值，进行计算的结果见表 7-10。

表 7-10 在分子筛中不同 OH 基的组频和变角振动频率(单位：cm^{-1})

OH 类型	样 品	$\nu_{0\to1}^{OH}$	$\nu_{0\to1}^{OH}+\delta_{0\to1}^{OH}$	$\delta_{0\to1}^{OH}$
端式	SiO_2	3745	4540	795
Si—OH	SA-8[1)]	3745	4560	820
	丝光沸石	3745	4550	805
	Y 型分子筛	3745	4570	825
	X 型分子筛	3745	4580	835
桥式	脱阳离子 X 型	3660	4650	990
═Si(OH)Al═	(在超笼中)		4690	1030
	阳离子 X 型	3660	4620	960
			4675	1015
	脱阳离子 Y 型(在超笼中)	3645	4660	1015
	阳离子 Y 型	3645	4670	1025
	脱阳离子 Y 型(在方钠石笼中)	3555	4610	1055
	脱阳离子丝光沸石	3610	4660	1050
	阳离子丝光沸石	3620	4675	1055

1) Si 的质量分数为 80% 的无定形硅酸铝。

从表 7-10 可见，SiO_2、无定形硅酸铝、X、Y、丝光型分子筛都在 3745cm^{-1}处有一个 $\nu_{\nu+\delta}^{OH}$吸收带，但在变角振动吸收带位置方面，则 SiO_2 中的 Si—OH 和无定形硅酸铝、X、Y、丝光型分子筛中的 Si—OH(超笼中)却有明显不同；而桥式羟基则同端式羟基的变角振动可以相差 180～250cm^{-1}。这些结果表明变角振动对羟基周围环境变化比伸缩振动基频有更大的灵敏度。又如，X 型分子筛在桥式羟基基频区只有一个吸收带在 3650cm^{-1}，而在组频区则出现两个吸收带，分别在 4650cm^{-1}和 4690cm^{-1}。这表明在 X 型分子筛表面有两种 OH 基，但在基频范围无法分辨。他们还发现分子筛中交换不同阳离子对 $\delta_{0\to1}^{OH}$有明显影响。

上述结果表明，氘化羟基方法和羟基的近红外光谱研究，对深入表征固体表面羟基的性质具有十分重要的意义。

7.4.3 固体表面酸性的测定[42～45]

酸性部位一般看成是氧化物催化剂表面的活性部位。在催化裂化、异构化、聚合等反应中烃类分子和表面酸性部位相互作用形成正碳离子，是反应的中间化合物。正碳离子理论可以成功地解释烃类在酸性表面上的反应，也对酸性部位的存在提供了强有力的证明。

为了表征固体酸催化剂的性质，需要测定表面酸性部位的类型(L 酸、B 酸)、强度和酸量。测定表面酸性的方法很多，如碱滴定法、碱性气体吸附法、差热法等，但这些方法都不能区别 L 酸部位和 B 酸部位。红外光谱法则广泛用来研究固体表面酸性，它可以有效地区分 L 酸和B 酸。

利用红外光谱研究表面酸性常常利用氨、吡啶、三甲基胺、正丁胺等碱性吸附质，其中应用比较广泛的是吡啶和氨。下面着重讨论利用吡啶吸附的红外光谱研究固体酸。

Parry[43]首先提出了利用吸附 C_5H_5N 测定氧化物表面上的 L 酸和 B 酸。C_5H_5N ($pK_b=9$)碱性弱于 NH_3($pK_b=5$)，它能同弱酸部位反应。图 7-47 中曲线(a)是 C_5H_5N 在氯仿中的红外光谱；图 7-47 中曲线(b)是 C_5H_5N 同典型的电子对受体 BH_3 的络合物在氯仿溶液中的红外光谱；图 7-47 中曲线(c)是 C_5H_5N 在氯仿中和 HCl 形成的(C_5H_5N: H^+) Cl^- 的红外光谱。

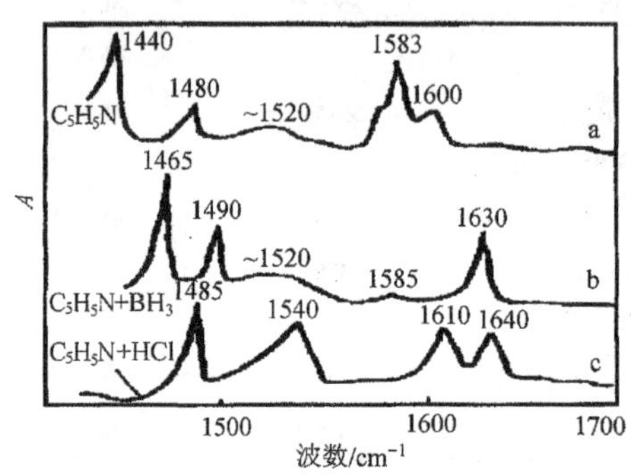

图 7-47 C_5H_5N、$C_5H_5N+BH_3$、C_5H_5N+HCl 在氯仿中的红外光谱

$C_5H_5N+BH_3$ 中的 C_5H_5N 类似于 C_5H_5N 吸附在 L 酸部位，而(C_5H_5N: H^+)Cl 类似于 C_5H_5N 吸附在 B 酸部位。在氯仿中的 C_5H_5N，相当于物理吸附的 C_5H_5N(图 7－47 曲线(a)中 1520cm^{-1}的宽峰是由于溶剂氯仿引起的)。因此利用在 1640～1440cm^{-1}范围光谱上的差异，可以区别物理吸附吡啶和配位到 L 酸部位的吡啶以及吸附在 B 酸部位的吡啶，其谱带归属见表 7-11，即 C_5H_5N 面内环变形振动吸收带是 1580cm^{-1}和 1572cm^{-1}；吸附在 B 酸部位后，在 1540cm^{-1}出现特征峰，C_5H_5N 的 CH 变形振动在 1482cm^{-1}和 1439cm^{-1}出现吸收峰；吸附在 L 酸部位后，特征峰在～1450cm^{-1}。所以，一般利用 1540cm^{-1}吸收带表征 B 酸部位，～1450cm^{-1}吸收带表征 L 酸部位。由于 N^+—H 键(吸收峰在 2450cm^{-1})随氢键作用变化大，不易确定，所以一般不用该吸收带表征 B 酸部位。

表 7-11 被吸附 C_5H_5N 的不同吸附带的归属

相互作用类型		波数/cm^{-1}			
物理吸附(室温可抽除)	PyP	1445	1490	1579	—
H 键(150℃可抽除)	PyH	1450	1490	1595	—
L 酸部位	PuL_I	1457	1490	1615	～1575
	PyL_{II}			1625	
B 酸部位	PyB	1540	1490	1640	～1620

7.4.3.1 SiO_2 和 Al_2O_3 上吡啶吸附

从图 7-48 可以看出吡啶在 SiO_2 上的吸附只是物理吸附。150℃抽真空后，几乎全部脱附，进一步表明纯 SiO_2 上没有酸性中心。Al_2O_3 上吡啶吸附的红外光谱(图 7-49)看出在 Al_2O_3 表面只有 L 酸中心(1450cm^{-1})，看不到 B 酸中心。

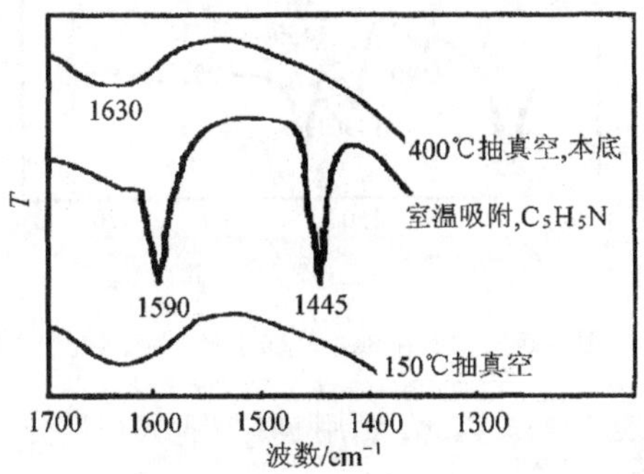

图 7-48 C_5H_5N 在 SiO_2 上吸附的红外光谱

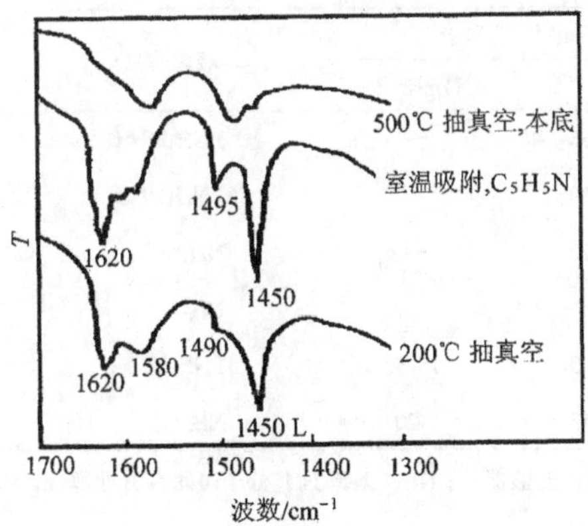

图 7-49 C_5H_5N 在 Al_2O_3 上吸附的红外光谱

7.4.3.2 SiO_2-Al_2O_3 表面酸性测定

图 7-50 是吡啶吸附在 SiO_2-Al_2O_3 表面上的红外光谱。在 200℃抽真空后于 1600～1450cm^{-1}范围内出现 1540cm^{-1}，表明有 $C_5H_5N—H^+$ 存在(同图 7-47 相比)，即在 SiO_2-Al_2O_3 表面除存在 L 酸部位外，尚存在 B 酸部位。

利用 NH_3 吸附的红外光谱也可识别 L 酸和 B 酸。当 NH_3 吸附在 L 酸部位时，是用氮的孤对电子配位到 L 酸部位上，其红外光谱类似于金属离子同 NH_3 的配位络合物。被吸附的 NH_3 反对称伸缩振动 $\nu_{N—H} \cong 3330cm^{-1}$，变形振动 $\delta_{N—H} \cong 1610cm^{-1}$。$NH_3$ 吸附在 B 酸部位接受一质子形成 NH_4^+。被吸附的 NH_3 反对称伸缩振动 $\nu_{N—H} \cong 3230cm^{-1}$，变形

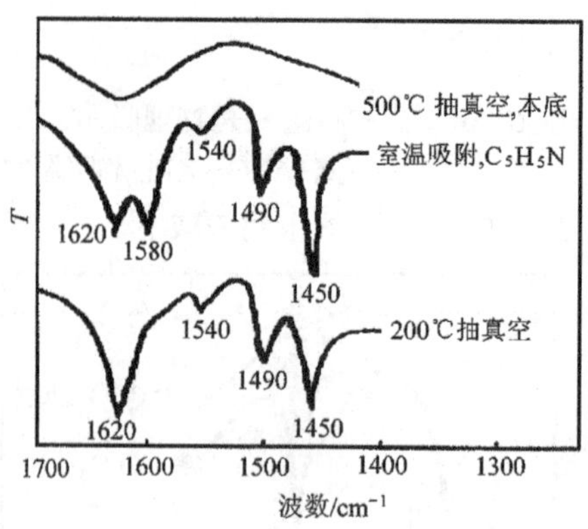

图 7-50　C_5H_5N 在 SiO_2-Al_2O_3 上吸附的红外光谱

振动 $\delta_{N-H}\cong1430cm^{-1}$(表 7-12)。因此，利用 NH_3 吸附可以区分 B 酸部位和 L 酸部位(主要以 δ_{N-H}变形振动区别)。

表 7-12　NH_3 吸附在硅酸铝上的红外光谱归属[14b]

波数/cm^{-1}			吸附形式1)	归　属
Basila[86]	Cant[87]	Fripiat[88]		
3341	3335	—	LNH_3MNH_3	$\nu_3(e)$，ν_{NH}
3280	3280	—	LNH_3MNH_3	$\nu_3(a_1)$，ν_{NH}
3230	3270	—	NH_4^+	$\nu_3(t_2)$，ν_{NH}
3195	—		NH_4^+	$\nu_1(a_1)$，ν_{NH}
1620	1610	1595	LNH_3MNH_3	$\nu_4(d)$，δ_{HNH}
1432	1440	1420	NH_4^+	$\nu_4(t_2)$，δ_{HNH}

1) LNH_3 系指 NH_3 分子吸附在 L 酸部位；NH_4^+系指 NH_3 分子吸附在 B 酸部位；MNH_3 系氢键结合的 NH_3。

利用 C_5H_5N 和 CD_3CN 吸附，研究 SiO_2-Al_2O_3 组成对酸性部位表面浓度的影响时发现[44]：①在 SiO_2-Al_2O_3 表面至少存在三种 L 酸部位，一种同 SiO_2-Al_2O_3 混合相有关(加水可转变成 B 酸)，另外两种一强一弱同 Al_2O_3 相有关(加水不能转变成 B 酸)；②随 Al_2O_3 含量增加，L 酸部位增加，主要是增加弱酸部位；③C_5H_5N 的吸收峰在 $1615cm^{-1}$和 $1625cm^{-1}$；④混合相增加，强酸部位增加。

利用类似的方法，可以研究复合氧化物和分子筛的表面酸性，在此不一一介绍。

7.4.3.3　沸石上吡啶吸附

从图 7-51 看到，400℃脱水后 HY 沸石出现三个羟基峰 $3744cm^{-1}$、$3635cm^{-1}$、$3545cm^{-1}$，吡啶吸附再经 150℃抽真空后，$3635cm^{-1}$明显减弱，而 $1540cm^{-1}$(B)和 $1450cm^{-1}$(L)经过 420℃抽空后，B 酸中心上吸附的吡啶($1540cm^{-1}$)和 L 酸中心上吸附的吡啶仍十分强，并且 $3635cm^{-1}$羟基峰也未能恢复。表明 HY 沸石表面 $3635cm^{-1}$峰的羟基

是非常强的B酸中心。同时,HY沸石表面的L酸中心也是强酸中心。

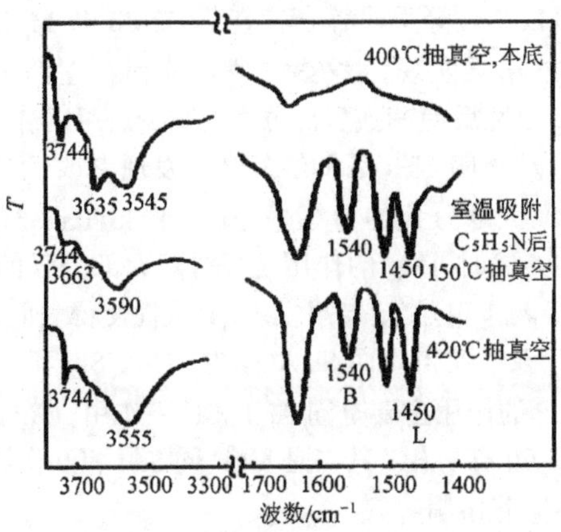

图7-51 C_5H_5N在HY沸石上吸附的红外光谱

由甲醇制低碳烯烃反应，人们发现HZSM-5具有很好的活性，尤其发现经P改性的P-ZSM-5沸石可使$C_2^=$的选择性明显提高，而Mg改性的Mg-ZSM-5沸石可使$C_3^=$选择性明显提高。见表7-13。

表7-13 甲醇在分子筛上的反应结果

项　目	HZSM-5		PZSM-5		MgZSM-5	
反应温度/℃	474	548	475	553	478	551
空速/h^{-1}	4.7	4.0	3.4	4.2	4.3	3.9
甲醇转化率/%	100	100	100	100	100	100
产物分布/%						
C_1^0	2.8	4.8	1.4	7.3	1.3	7.9
$C_2^=$	11.3	22.5	29.7	37.6	23.0	27.3
C_2^0	0.8	0.9	0.8	0.7	0.3	0.5
$C_3^=$	13.0	21.1	33.5	32.3	45.7	38.5
C_3^0	12.8	7.2	10.6	2.6	0	0
$C_4^=$	6.7	7.1	12.7	6.4	16.5	10.1
C_4^0	16.6	9.3	9.5	1.1	3.3	1.1
C_5^+	36.6	27.2	1.9	12.0	10.0	14.7
$C_2^=$ ~ $C_4^=$	31.0	50.7	75.8	76.4	85.2	75.9
$C_2^=$ ~ $C_4^=$/C_2^0 ~ C_4^0	1.0	2.9	3.6	17.4	23.7	47.4
$C_2^=$/$C_3^=$	0.9	1.1	0.9	1.2	0.5	0.7

注：反应原料是30%甲醇和70%水。

为了进一步阐明这一现象，蔡光宇、辛勤等[45]利用 C_5H_5N，NH_3 吸附的红外光谱、NH_3 的 TPD 和电子能谱(ESCA)等手段综合考查了 HZSM-5、MgZSM-5、PZSM-5 沸石的表面性质。从 NH_3 的 TPD 结果发现，HZSM-5 沸石表面存在两类酸性中心(强、弱)见图 7-52 ~ 图 7-54。P 和 Mg 改性后使其强酸部位大大减少。用以沸石骨架振动谱带为内标的计算机红外差谱方法，从吸附 NH_3 后的红外光谱发现 P 改性 HZSM-5 沸石(PZSM-5)时，P 的作用主要是"杀掉"大部分强的 B 酸中心(位于 $3611cm^{-1}$ 位置的 OH 基)，而 Mg 改性 HZSM-5 沸石(MgZSM-5)时，Mg 的作用是"杀掉"大部分强的 B 酸中心外还形成一部分 L 酸中心。从 ESCA(表 7-14)测定结果发现，P 改性使得表面 Si/Al 增加，O_{1s}、Si_{2p}、Al_{2p}结合能没有变化。Mg 改性使得表面 Si/Al 减少，O_{1s}、Si_{2p}和 Mg_{2p}的结合能有位移并且谱带宽化。由此推知，P 的作用主要是同 Al 上 OH 基作用；Mg 的作用有二，其一是中和表面酸性 OH 基产生 Al_2O_3 离析相，其二是 Mg^{2+} 同 Si^{4+} 相互作用形成 L 酸部位。这些结果很好地解释了 P 和 Mg 的作用。

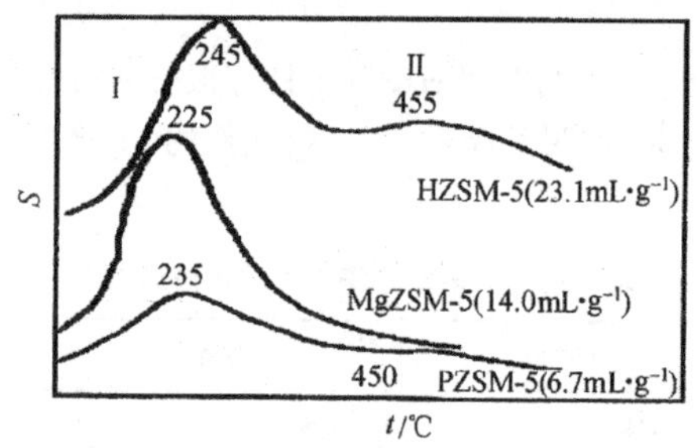

图 7-52　NH_3 的程序升温脱附(吸 NH_3 温度 100℃)

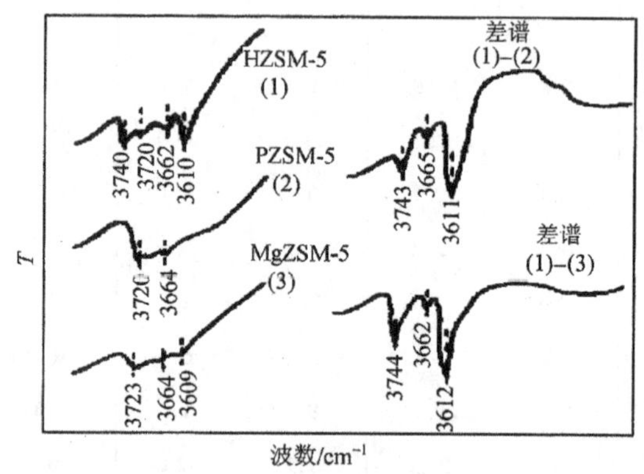

图 7-53　HZSM-5、MgZSM-5、PZSM-5 沸石上 OH 的红外光谱及差谱
样品在 400℃脱水 4h

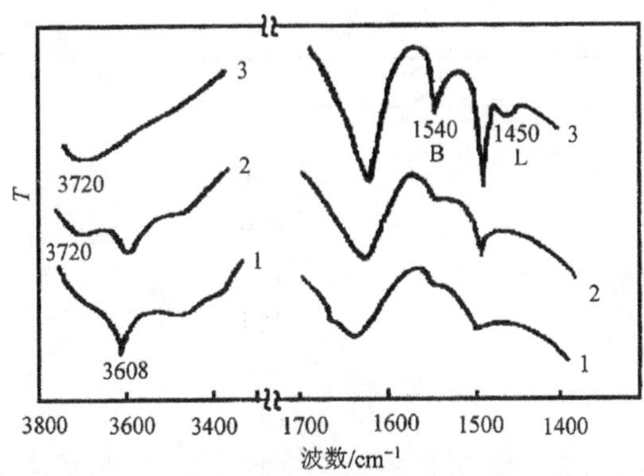

图 7-54 C_5H_5N 在 HZSM-5 沸石上吸附的红外光谱

C_5H_5N 吸附依 1→3 顺序增加，样品在 500℃脱水

表 7-14 XPS 分析结果(单位:eV)

样品	O_{1s}		Al_{2p}		Si_{2p}		P_{2p}		Mg_{2s}		Mg_{2p}	
	E_B	$\Delta E_{1/2}$	E_B	$\Delta E_{1/2}$	E_B	$\Delta E_{1/2}$	E_B	$\Delta E_{1/2}$	E_B	$\Delta E_{1/2}$	E_B	$\Delta E_{1/2}$
Al_2O_3	531.4	3.3	74.0	2.5	—	—	—	—	—	—	—	—
Al_2O_3-P	531.4	3.3	74.1	2.7	—	—	134.0	2.7	—	—	—	—
HZSM-5	532.8	2.3	74.2	2.3	103.1	2.2	—	—	—	—	—	—
PZSM-5	532.7	2.4	74.3	2.5	103.2	2.3	134.2	2.6	—	—	—	—
MgZSM-5	532.1	3.0	74.3	3.8	102.6	2.9	—	—	89.0	—	50.2	2.6
MgO	529.7	—	—	—	—	—	—	—	—	—	19.0	2.3

在酸性表征研究中除了研究酸中心类型、强弱外，有关酸中心的分布也是人们非常关心的课题。为了研究酸中心的分布通常采用不同尺寸的探针分子。为了方便，表7-15列出部分探针分子的临界直径。

表 7-15 一些胺的碱度(pK_b)[1)]和临界直径

样 品	pK_a	临界直径/nm
C_4H_4NH	0.40	0.60
$C_6H_5NH_2$	4.63	0.65～0.70
C_6H_5NH	1.20	0.65～0.68
C_5H_5N	5.21	0.65～0.68
$C_5H_3(CH_3)_2$	6.60	0.70
NH_3	9.26	0.26
$(CH_3)_3N$	9.80	—

续表

样　品	pK_a	临界直径/nm
$(CH_3)_2NH$	10.78	—
$(CH_3)NH_2$	10.67	—
n-$(C_4H_9)_3N$	9.93	0.90
$(C_2H_5)_3N$	10.67	0.80
$C_5H_{11}N$(哌啶)	11.12	0.60～0.61
n-$C_4H_9NH_2$	—	0.43
$C_6H_5NHCH_3$	4.40	—
$C_6H_5N(CH_3)_2$	4.38	—

1) $pK_b = 14 - pK_a$。

7.4.4　氧化物表面氧物种研究和低碳烃的活化[46～51]

甲烷是烃类分子中组成最简单、结构对称性高、非常惰性的分子。从基础研究角度认识甲烷为代表的低碳烃活化机理具有极大的学术意义。但是，正由于甲烷分子的惰性，使得甲烷分子很难吸附在催化剂表面上，尤其在正常温度下，甲烷分子与催化剂表面相互作用时间非常短暂，很难直接观察它在表面的活化过程。而氧化物表面的氧物种研究，由于表面(尤其碱性氧化物表面)存在一层稳定的碳酸盐使得对其研究十分困难。

鉴于上述原因，近年来在采用了“化学捕集”技术、同位素交换技术和低温原位红外光谱方法相结合，应用于上述研究取得一些表面氧化物和甲烷活化的一些重要信息。

在这些研究中采用了高低温一体化的吸附和反应红外吸收池，并与抽真空和内循环反应器相结合，催化剂可在 1000K 以上温度进行氧化处理，以去除表面的碳酸盐保护层，又可骤冷至 173K 进行氧物种和甲烷吸附态的红外光谱研究。

图 7-55 是于 1000K 经纯 O_2 长时间处理后再经抽高真空获得纯净的 CeO_2 表面，骤冷至 210K，氧($^{16}O_2$)吸附后的红外光谱，其中结合顺磁共振谱的结果，认为 1128cm^{-1}谱带是$^{16}O_2^-$物种；883cm^{-1}谱带是$^{16}O_2^{2-}$物种。为了进一步确认上述归属，作者又用$^{18}O_2$进行同位素实验。从$^{16}O_2 \rightarrow {}^{18}O_2$的同位素位移，进一步确认了 1065$cm^{-1}$谱带是$^{18}O_2^-$，而 835$cm^{-1}$谱带是$^{18}O_2^{2-}$物种。这一实验结果表明在新鲜的 CeO_2 表面至少存在 O_2^- 和 O_2^{2-} 两种氧物种。

新鲜的 CeO_2 表面上甲烷低温吸附的红外光谱，见图 7-56 和表 7-16。

表 7-16　甲烷振动模式和 CeO_2 表面上吸附态甲烷的红外谱带(单位：cm^{-1})

振动模式	气　相	吸附态	位移
ν_1，伸缩振动	2917(ia)1)	2875	42
ν_2，变形振动	1533(ia)1)	—	—
ν_3，伸缩振动	3019	3008	11
		2990	29
ν_4，变形振动	1306	1308	-2

1) ia 表示无红外活性。

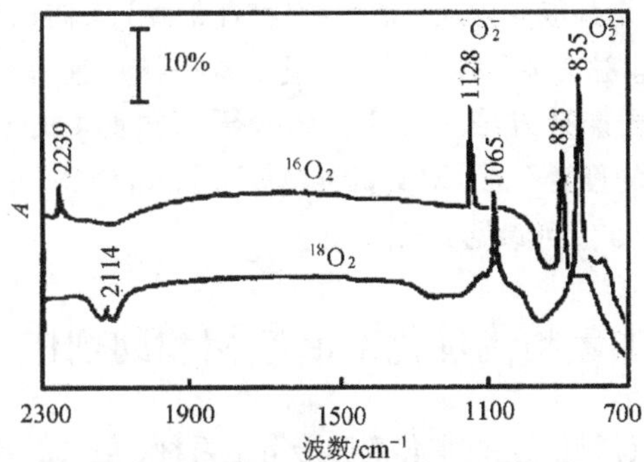

图 7-55 CeO_2(H)表面 O_2^- 和 O_2^{2-} 吸附物种的红外光谱(273K)

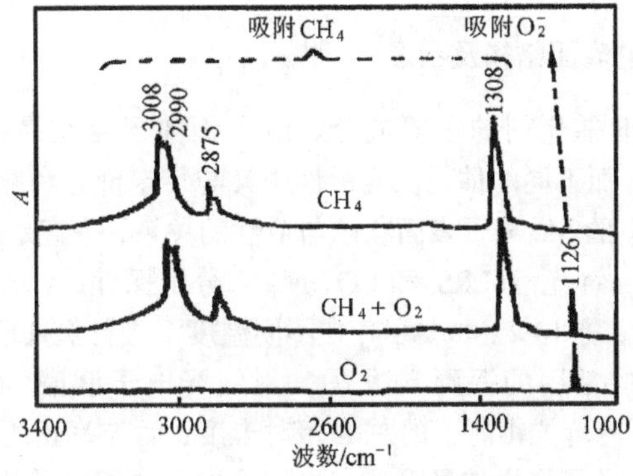

图 7-56 CH_4、O_2、CH_4 和 O_2 吸附在 CeO_2 上的红外光谱(173K)

人们可以发现：由于甲烷吸附在 CeO_2 表面上时在 2875cm^{-1}出现强吸收峰，而气相 CH_4 在 2917cm^{-1}有一 Raman 峰并无红外活性。它表明 CH_4 吸附在新鲜的 CeO_2 表面导致

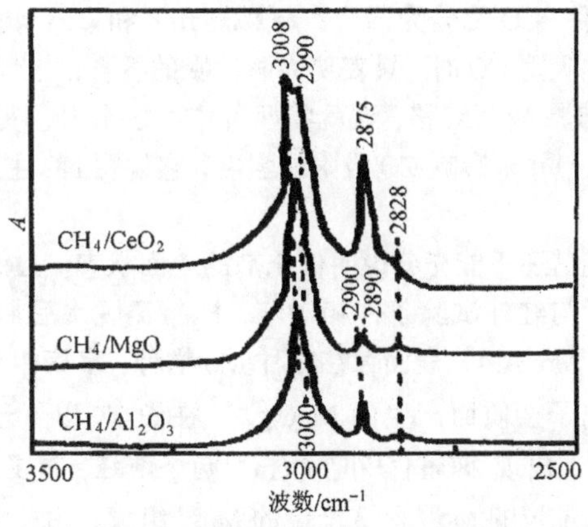

图 7-57 CH_4 吸附在 CeO_2、MgO、Al_2O_3 上的红外光谱(173K)

CH 键的振动由 Raman 活性能变为红外活性(对称性下降)，并且和自由 CH_4 分子相比存在 $42cm^{-1}$的化学位移。这表明甲烷分子被活化。这一认识进一步由 CD_4 同位素实验和同 CO 共吸附的双分子探针方法所证实。深入研究发现 CH_4 在 CeO_2、MgO、Al_2O_3、HZSM-5分子筛上活化的程度不同，即 ν_{CH}的红移不同，如 CeO_2：$42cm^{-1}$；MgO：$27cm^{-1}$；Al_2O_3：$17cm^{-1}$，见图 7-57，可参见文献[52]。

7.5 加氢精制催化剂活性相和助剂作用研究

炼油工业中的加氢精制工艺的催化剂牌号有上百种，但大部分为 Co、Mo、Ni、W 的不同组合，工业上所用的催化剂载体大多为 Al_2O_3，工作状态均为硫化物。人们为了优选工业催化剂进行了大量的基础研究[53~55]。下面针对催化剂的活性相进行简单介绍。

7.5.1 MoO_3/Al_2O_3 的表面结构及状态[56~58]

氧化钼是许多工业催化剂的主要成分。由于钼离子存在多种价态，如 +6、+5、+4、+3、+2 和 0 价，而不同的催化反应活性中又与特定价态和配位状态的钼离子密切相关，弄清各种条件下的 Mo 离子表面状态与活性的关系，一直是人们致力探索的课题。

利用原位激光 Raman 光谱(LRS)和 CO、NO 双分子探针的红外光谱相结合，研究氧化及还原的 Mo/Al_2O_3，将 10% Mo/Al_2O_3 在不同温度下进行氢处理，可以得到不同价态分布的钼离子。文献中常用的探测方法是 X 射线光电子能谱(XPS)和电子顺磁共振(EPR)，但只能提供不同价位钼离子的总的相对丰度，而与真正的活性中心并不直接相关。CO、NO 作为探针分子可以选择吸附在配位不饱和的钼离子活性中心上，通过 CO、NO 吸附分子的红外光谱变化，可以直接反应各种配位的情况。图 7-58 给出了经不同温度还原后的 10% Mo/Al_2O_3 吸附 CO、共吸附 CO + NO 的红外谱图。由图 7-58 可见，在 473K 以下还原，没有吸附峰产生，说明表面没有配位不饱和的活性中心；573K 以上还原后，CO 吸附产生≈$2183cm^{-1}$和 $2174cm^{-1}$谱峰，且随还原温度升高，峰位下降，峰强度增大。CO 与 NO 共吸附后，CO 峰分为两个：≈$2200cm^{-1}$和≈$2134cm^{-1}$。这表明 CO 吸附在两种中心上。当单独吸附 CO 时，只表现为两种峰的叠合；与 NO 共吸附时，其中一种 CO 吸附受到共吸附 NO 影响而红移，这就将两种中心区分开。另外，NO 孪生吸附峰存在($1812cm^{-1}$，$1708cm^{-1}$)并未影响 CO 吸附峰强度，它说明 NO 主要吸附在另一种 Mo 中心上。

探针分子的红外光谱还不能充分说明催化剂的表面状态。LRS 可以提供关于表面活性相结构的信息。为了与红外试验条件相对应，样品经脱水后原位获取 Raman 光谱见图 7-59。氧化态的 10% Mo/Al_2O_3 表面存在三种 Mo 物种：多聚钼氧物种、单钼氧物种以及由于载体上的金属离子杂质而产生的 MoO_4^{2-}。在 600K 以下还原，并未观察到新的 Raman峰。600K 还原后，出现 $280cm^{-1}$和 $748cm^{-1}$两个新峰，归属为还原态的钼物种，主要由 5 配位的 Mo^{5+}，4 配位的 Mo^{4+}和 3 配位的 Mo^{3+}组成。由此可以解释红外光谱的各谱峰。Mo^{5+}只有 1 个配位不饱和位，所以只能吸附一个 CO 分子(峰位≈$2200cm^{-1}$)。Mo^{4+}有两个配位不饱和位，所以产生$(NO)_2$ 孪生峰(峰位 $1810cm^{-1}$，$1706cm^{-1}$)。Mo^{3+}

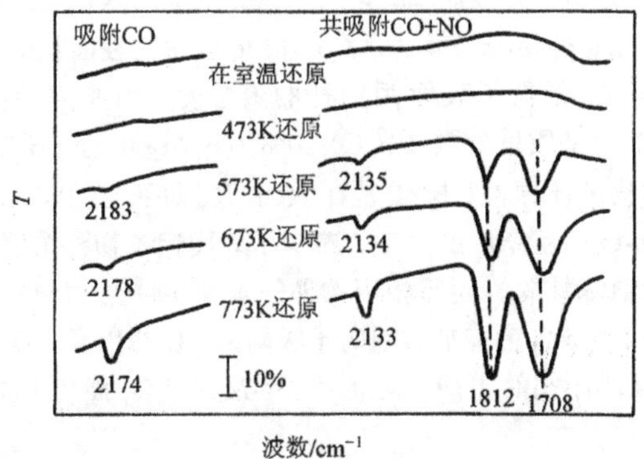

图 7-58　在 10% Mo/Al_2O_3 上 CO 吸附和 CO-NO 共吸附的红外光谱

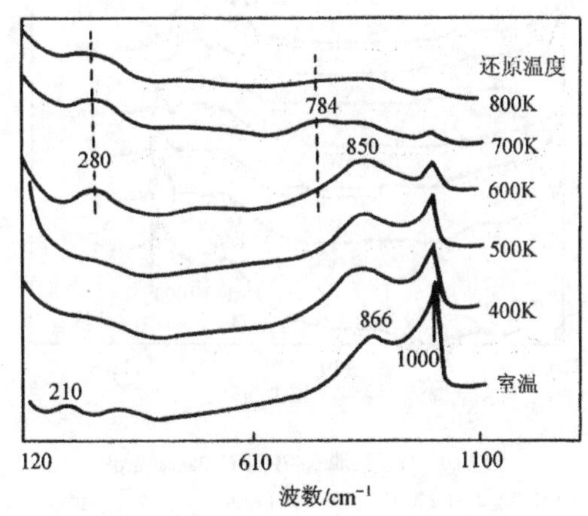

图 7-59　10% Mo/Al_2O_3 的 Raman 光谱

有三个配位不饱和位，可以单独吸附一个 CO 形成四面体配位的 Mo^{3+}(CO)，又可再吸附两个 NO 形成八面体配位的 $Mo^{3+}(CO)(NO)_2$(峰位 2134cm^{-1}、1823cm^{-1}和 1731cm^{-1})。这样，根据 CO、NO 共吸附的红外光谱，就可以鉴别不同价位和配位状态的钼离子活性中心。这对了解负载 Mo 催化剂的表面状态与活性的关系具有重要意义。例如在氢解反应和同位素反应中，极少量的 CO 和 NO 就能完全毒化催化剂活性。这表明这些反应的活性与可配位的 Mo^{3+} 有关，因为只有 Mo^{3+} 才能既与 CO 作用，又可与 NO 作用而导致失活。

7.5.2　Co 对 Mo/Al_2O_3 表面状态的影响[59~61]

Co-Mo/Al_2O_3 是重要的加氢脱硫(HDS)催化剂，Co 作为助剂对 Mo/Al_2O_3 表面结构及状态的影响决定其催化性能。通过 LRS 原位研究发现，Co 氧化物的加入，改变了 Al_2O_3 上负载的钼氧化物的表面结构(图 7-60)。在 Co 负载量低于 2%时，虽尚未形成

$CoMoO_4$(Raman 谱峰为 932cm^{-1})，但在 920～930cm^{-1}观察到一宽峰，可归属为Co-Mo-O 相互作用相，是 $CoMoO_4$ 晶相的前体态。Co 与 Mo 氧化物表面相的作用，首先表现为 Co 与多聚钼氧物种的作用，降低了表面钼物种的聚合度。由此四面体钼物种相对含量随 Co 浓度的增加而增加。将质量分数 2% Co-10% Mo/Al_2O_3 经氢还原处理，发现 Co 的加入并未改变 Mo 氧化物的还原性，同样是在 600K 还原后，在 280cm^{-1}处出现一微弱峰。这主要是由于 Co-Mo-O 相互作用的生成，减少了表面钼氧物种浓度，因而还原后生成的还原态钼物种减少，谱峰减弱。还原相钼物种的减少同时也由 CO、NO 的红外吸附谱峰变化而反应出来，即随 Co 含量增加，钼离子吸附的 CO 峰以及 NO 峰逐渐降低。作为前体态 Co-Mo-O 的相互作用相的生成，对提高 Co-Mo/Al_2O_3 催化剂的 HDS 活性，起了很大的作用。

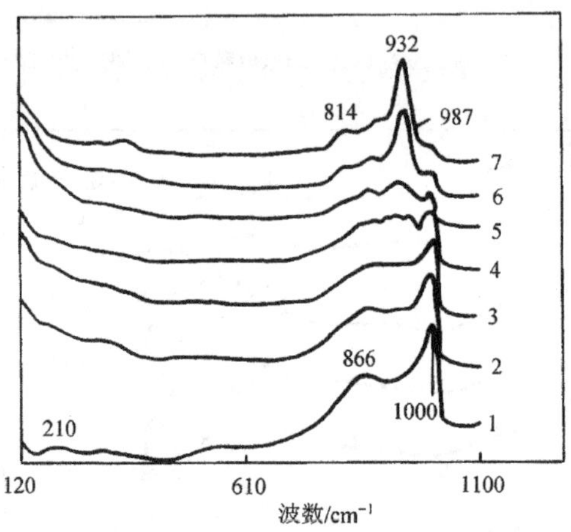

图 7-60　在不同脱水条件下的 Raman 光谱

1. 10% Mo/Al_2O_3; 2. 0.2% Co-10% Mo/Al_2O_3; 3. 0.5% Co-10% Mo/Al_2O_3; 4. 1% Co-10% Mo/Al_2O_3; 5. 2% Co-10% Mo/Al_2O_3; 6. 4% Co-10% Mo/Al_2O_3; 7. 6% Co-10% Mo/Al_2O_3

7.5.3　WO_3/Al_2O_3 的表面结构及状态[62]

WO_3/Al_2O_3 及其衍生的体系是许多工业催化反应中的重要催化剂。但是，由于 WO_3/Al_2O_3 非常难还原，因而有关 WO_3/Al_2O_3 表面活性相表征信息的文献报道很少。对还原态的 WO_3/Al_2O_3 利用 CO 和 NO 竞争化学吸附方法进行系统的红外表征研究时，实验中发现(图 7-61)：当 CO 吸附在 H_2 还原的 23.4% WO_3/Al_2O_3 表面时，随还原温度增高逐步出现 2198cm^{-1}、2176cm^{-1}、2154cm^{-1}三个吸收峰；当 CO 和 NO 共吸附时，2176cm^{-1}和 2154cm^{-1}峰消失，而 2198cm^{-1}峰基本不变，在 2117cm^{-1}处出现新峰，并且出现 NO 吸收峰 1801cm^{-1}，1777cm^{-1}，1725cm^{-1}，1691cm^{-1}。根据真空脱附实验发现 2198cm^{-1}峰不稳定，很容易消失，并且 2117cm^{-1}、1801cm^{-1}和 1725cm^{-1}同步增强和减弱。参照 LRS 和 TPR 的实验结果，可以认为：CO 在还原态 WO_3/Al_2O_3 表面吸附时，存在 W^{5+} CO (2198cm^{-1})，W^{4+}(Ⅰ)(CO)(2176cm^{-1})和 W^{4+}(Ⅱ)(CO)(2154cm^{-1})三种吸附态，W^{4+}(Ⅰ)

中心和 W^{4+}(Ⅱ)中心是由于不同配位状态引起。当 CO 和 NO 共吸附时，形成 $COW^{4+}(NO)_2$共吸附态($2117cm^{-1}$，$1801cm^{-1}$，$1725cm^{-1}$)，见图 7-61 中的(1)。

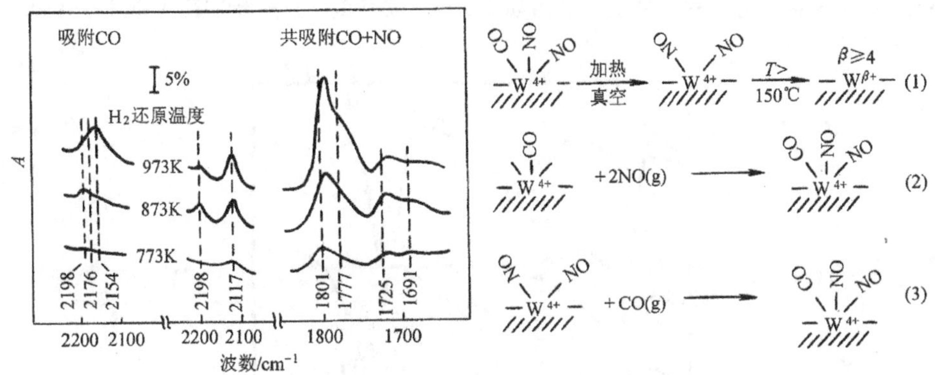

图 7-61 CO 吸附和同 NO 共吸附在 23.4% W/Al_2O_3 上的红外光谱

$COW^{4+}(NO)_2$ 共吸附的形成同 CO 和 NO 的吸附次序有密切关系，并且 W 负载量和还原程度对其也有强烈影响。基于上述对于 H_2 还原 WO_3/Al_2O_3 表面，利用双探针红外光谱法可以有效地区分出三种 W 中心：W^{5+} 和配位状态不同的两种 W^{4+} 中心。当 CO 和 NO 共吸附时都能形成 $COW^{4+}(NO)_2$ 共吸附物种。

7.5.4 加氢脱硫(HDS)催化剂活性相研究[63~71]

在石油炼制过程中应用的加氢脱硫催化剂，通常是用 Co 或 Ni 作助剂的 Co-Mo/Al_2O_3 或 Ni-Mo/Al_2O_3 硫化态催化剂。在众多的基础研究中，其主要争论是有关 Co 或 Ni 助剂的作用问题。为此，文献上提出了许多理论模型。丹麦 Topsoe[63, 64] 提出了“CoMoS”相模型，比利时 Delmon[65, 66]提出了协同作用模型等。这些问题长期争论不休的一个主要原因是原位信息不多。辛勤和 Delmon 等[67~70]利用 Co 和 NO 双探针共吸附研究了硫化态 Co-Mo/Al_2O_3 表面活性相及其助剂 Co 的作用。

在硫化的 Co/Al_2O_3、Mo/Al_2O_3 和 Co-Mo/Al_2O_3 上吸附 CO 时发现(图 7-62)：CO 在 Co/Al_2O_3 上吸附呈现线式($2057cm^{-1}$)和桥式($1788cm^{-1}$)谱带，在 Mo/Al_2O_3 上只有线式谱带($2112cm^{-1}$)；在 Co-Mo/Al_2O_3 上只在 $2065cm^{-1}$出现一吸收峰。当 CO 和 NO 共吸附时，Co/Al_2O_3 上线式和桥式 CO 消失，吸附态 NO 红外谱带出现($1857cm^{-1}$、$1791cm^{-1}$)。在 Mo/Al_2O_3 上 CO + NO 共吸附时，线式 CO 吸收带 $2097cm^{-1}$强度没有明显变化，但是，NO 吸收带($1790cm^{-1}$、$1701cm^{-1}$)出现。在 Co-Mo/Al_2O_3 上 CO 和 NO 共吸附时吸附态 CO 谱带从 $2065cm^{-1}$位移至 $2072cm^{-1}$，并且强度明显下降，在 Co 中心和 Mo 中心上吸附的 NO 谱带($1851cm^{-1}$、$1790cm^{-1}$和 $1694cm^{-1}$)同时出现。上述结果表明：Co 中心上吸附的 CO 可以被 NO 取代，而 Mo 中心上的 CO 不能被 NO 取代。因而，Co-Mo/Al_2O_3 样品上 $2065cm^{-1}$谱带应当是 Co 中心和 MoO 中心上吸附 CO 的加合。其共吸附结果和 Mo/Al_2O_3 结果相比，可以发现在 Co-Mo/Al_2O_3 样品中的 Mo 中心不同于 Mo/Al_2O_3 中的 Mo 中心(吸附态谱带位移 $25cm^{-1} = 2097cm^{-1} - 2072cm^{-1}$)。它表明 Co-Mo/$Al_2O_3$ 中的 Mo

中心还原度高于 Mo/Al_2O_3 中的 Mo 中心。这一变化，作者认为是 H-Spillover 现象所致。即在硫化还原过程中吸附在 Co 中心上的 H_2 解离并溢流到附近的 Mo 中心上，将其还原从而调变了 Mo 中心。这一调变机制由如下实验事实得到了进一步的证明，见图 7-63c。

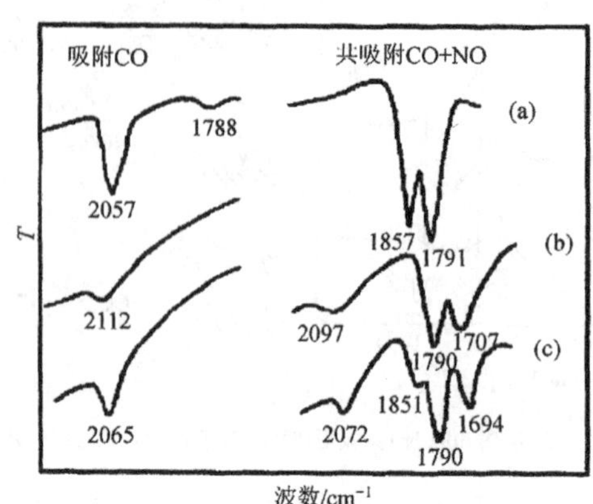

图 7-62　CO 和 NO 共吸附的红外光谱

(a) 2% Co/Al_2O_3; (b) 10% Mo/Al_2O_3; (c) 2% Co-10% Mo/Al_2O_3

当利用预硫化的 Mo/Al_2O_3 和 Co/Al_2O_3 机械混合样品再硫化后(此时 Co-Mo 之间相互作用可以忽略)进行 CO 和 NO 共吸附实验其结果[见图 7-63(a)和图 7-63(b)]与图 7-62(c)结果相近。这表明机械混合的 Co/Al_2O_3 和 Mo/Al_2O_3 通常不可能存在 Co-Mo 之间相互作用或形成 CoMoS 相，但从硫化后共吸附的红外光谱实验结果看，由于 Co 中心的存在，促进了 Mo 中心的还原(Mo 中心上 CO 吸附态谱带位移)。这一促进作用是通过 H-Spillover机理进行。这些结果也进一步表明，双探针分子方法用于助剂和活性相相互作用研究是行之有效的。

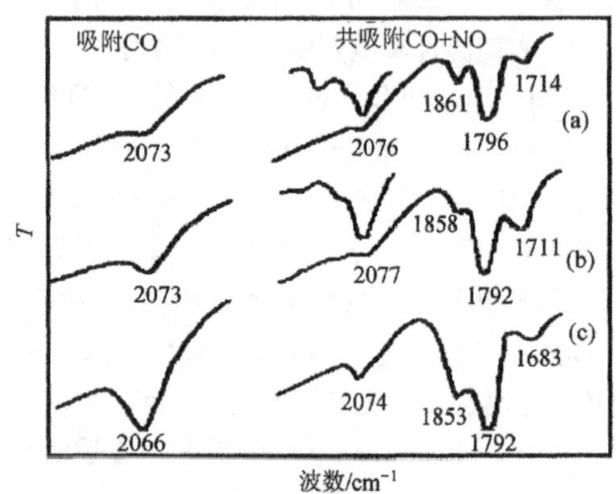

图 7-63　CO 和 NO 共吸附的红外光谱

(a) 6% Co/Al_2O_3 和 10% Mo/Al_2O_3 机械混合; (b) Co_9S_8 和 10% Mo/Al_2O_3 机械混合;

(c) HR306 Co-Mo/Al_2O_3 硫化样品

进一步利用双分子探针的红外光谱研究硫化态 Ru-Mo/Al_2O_3、Ru-Co-Mo/Al_2O_3 中 Ru 的助剂效应时，发现 Ru 的加入，大大提高了 CO 和 NO 吸附峰的峰强度，表明 Ru 的存在，产生了更多的配位不饱和 Mo 中心，由此提高了催化剂 HDS 和 HDY 的活性。

丹麦的 Topsoe[71]利用 NO 作为探针分子，成功地表征了硫化态的 Co/Al_2O_3、Mo/Al_2O_3 和 Co-Mo/Al_2O_3 HDS 催化剂的活性相。图 7-64 中 a 是 NO 吸附在 Mo/Al_2O_3 上出现了两个吸附峰。图 7-64 中 b 是 NO 吸附在 Co/Al_2O_3 上也出现了两个吸附峰，但谱带位置不同。图 7-64 中 c 是 NO 吸附在 Co-Mo/Al_2O_3 上的红外光谱。图 7-64 中 d 是 NO 吸附在机械混合的 Co-Mo/Al_2O_3 上的红外光谱。比较图 7-64 中 c 和图 7-64 中 d 可以发现由于 Co 的存在，减少了表面 Mo 中心数(可吸附 NO 的中心)。上述结果表明利用探针分子 NO 可以滴定表面 Co 中心和 Mo 中心数。

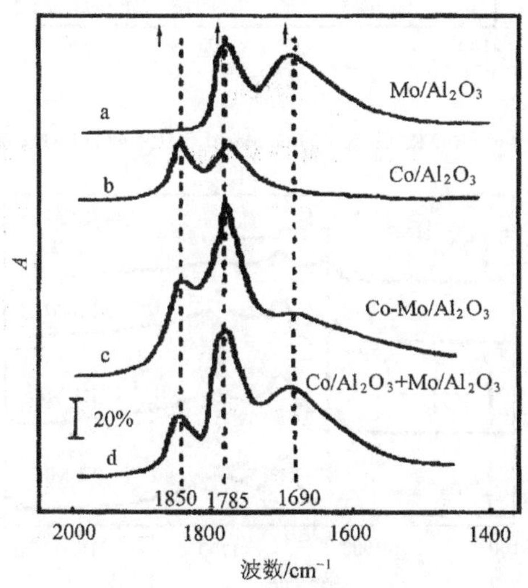

图 7-64　NO 吸附在 Mo、Co 和 Co-Mo HDS 催化剂上的红外光谱

Koizumi 和 Yamada 等[72]利用漫反射红外光谱方法，研究了高压下工作状态的 Co-Mo/Al_2O_3 HDS 催化剂表面 NO 的吸附。他们发现利用 5% H_2S/H_2 混合气在漫反射池内硫化时，常压和高压下（5.1 MPa）NO 在 Co-Mo/Al_2O_3 催化剂表面吸附有很大区别(图 7-65)。

由图 7-65 看出，NO 在 Mo 中心吸附的 1690cm^{-1}吸收带随硫化压力增加而消失。NO 在 Mo 中心上的吸附明显减弱，进一步说明催化剂硫化压力对表面的配位不饱和中心(CUS)的形成具有重要影响。随硫化压力增加，Co 的 CUS 增加而 Mo 的 CUS 明显减弱。从图 7-66 看出这一压力效应对机械混合的 Co-Mo/Al_2O_3(Co/Al_2O_3 + Mo/Al_2O_3)不明显。

至于为什么硫化压力对 HDS 催化剂表面 CUS 中心形成产生重要影响，仍然是需要进一步探讨的课题。它也说明在工作状态下研究催化剂表面活性相及其相互作用时，原位漫反射红外光谱方法可以提供丰富的信息。

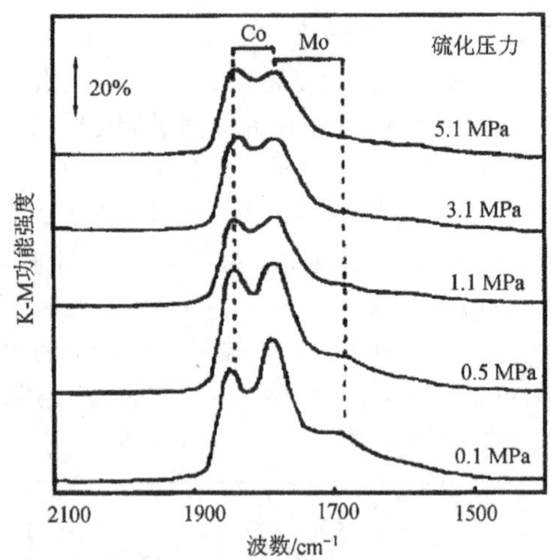

图 7-65　NO 在高压硫化的 Co-Mo/Al_2O_3 上吸附的 DRIFT 谱

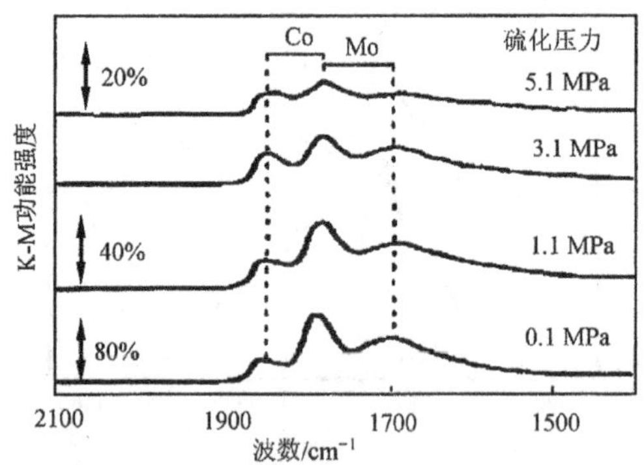

图 7-66　NO 在机械混合的 Co/Al_2O_3 + Mo/Al_2O_3 上的 DRIFT 谱

7.6　原位红外光谱应用于反应机理的研究

长期以来，人们研究了各种分子在催化剂表面的吸附态，获得了许多有意义的信息。但是这些信息都是在反应没有发生时测得的。为了阐明催化作用机理，仅利用这样的反应物和产物分别测得的吸附数据不够，往往在反应条件下(或反应定态下)吸附物种类型、结构、性能与吸附条件下吸附物种类型、性能有很大差别。所以，在阐明催化作用机理时，进行反应条件下吸附物种研究十分必要。在反应条件下催化剂表面不止存在一种吸附物种，并且不是所有的吸附物种都一定参与反应，因此如何在多种吸附物种中识别出参与反应的“中间物”是非常重要的课题。Tamaru[73]提出了一个所谓“动态处理”方法。这种方法是基于在催化剂工作状态下考查非定态和定态条件下吸附物种的动态行为，同时测定总包反应速率。由此可以获得催化剂工作表面动态信息。原则上，这种方法可以推广到其他实验手段，是一种行之有效的方法。近来原位漫反射红外光谱方法用于工作状态下催化剂表征和反应机理研究取得许多重要进展。

7.6.1 HCOOH 在 Al_2O_3(ZnO)催化剂上的分解机理

甲酸分解是催化选择脱水和脱氢的典型反应[14b]，即

$$HCOOH \begin{cases} \xrightarrow[150℃]{Al_2O_3} H_2O + CO \\ \xrightarrow[ZnO]{} H_2 + CO_2 \end{cases}$$

基于先前的红外光谱研究，发现在 Al_2O_3 和 ZnO 表面都存在 $HCOO^-$ 吸附态。因此一直认为 $HCOO^-$ 是反应的中间物。Tamaru 等[73]采用动态处理方法研究了甲酸的分解反应。在 100℃甲酸吸附时，于 4000 ~ 1000cm^{-1}范围的谱图类似于甲酸铝的谱图。如图 7-67所示，在 2915cm^{-1}、1625cm^{-1}、1407cm^{-1}和 1390cm^{-1}的吸收峰可分别归属为 CH 伸缩振动($\nu_{CH}{}^{s}$)、O—C—O 反对称伸缩振动($\nu_{O\text{-}CO}{}^{as}$)、CH 面内变形振动(β_{CH})和 O—C—O 对称伸缩振动($\nu_{O-C-O}{}^{s}$)。表面 OH 的伸缩频率(ν_{OH})在 3580cm^{-1}。利用 DCOOD 的同位素位移，$\nu_{OH}{}^{s}$ = 2650cm^{-1}，$\nu_{CD}{}^{s}$ = 2200cm^{-1}，β_{CD} = 1029cm^{-1}，进一步证实了上述归属。说明甲酸在 Al_2O_3 上形成

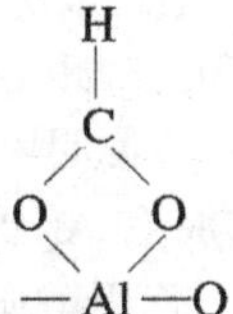

吸附态。没有发现 CO、CO_2 或甲酸分子吸附态。为鉴定反应中间物，将已知量甲酸引入反应系统，用循环系统的压力和组成变化测定总包反应速率，在催化剂上的吸附物种同时用红外方法测量，发现在反应温度下真空中 Al_2O_3 催化剂上 $HCOO^-$ 吸附态的分解速率比在同样温度和覆盖度下甲酸蒸气分解速率小两个数量级。

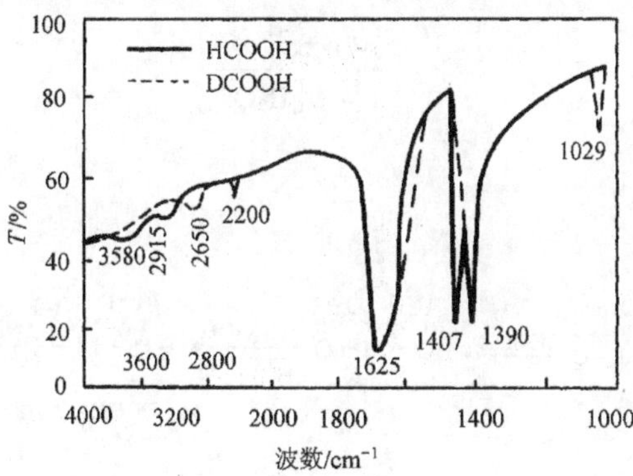

图 7-67 甲酸吸附在 γ-Al_2O_3 上的红外光谱

为考查在 Al_2O_3 表面 $HCOO^-$ 和 OH 的动态行为，将 DCOOD 引入反应系统使分解反应达定态时，把气相中的 DCOOD 迅速用 HCOOH 置换并继续反应。红外光谱测得表面

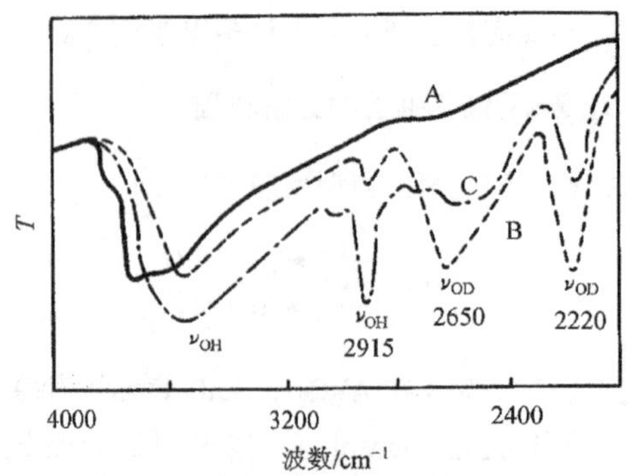

图 7-68 甲酸在 $\gamma-Al_2O_3$ 上分解的动态处理曲线

A. 190℃本底谱; B. 吸附的 DCOOD; C. 同 HCOOH 反应(气相出现 DCOOD)

吸附物种变化如图 7-68 所示。$DCOO^-$ 和 $HCOO^-$ 吸附量由 ν_{CO} 和 ν_{OH} 带强度计算。结果指出，在 Al_2O_3 上的 $DCOO^-$ 消失，但在气相中作为甲酸蒸气出现，说明 $DCOO^-$ 没有直接分解成反应产物。表面 OD 迅速被 OH 所置换，当预先用盐酸或乙酸处理 Al_2O_3 时，发现对甲酸分解速率没有影响，吸附的乙酸也没有发生明显分解，也没有发现乙酸离子和甲酸有明显的交换反应。由于用盐酸和乙酸预处理，可使 Al_2O_3 表面的甲酸离子浓度减小到 1/10，但活性却没有变化。这进一步说明甲酸离子不是反应中间物。用类似方法考查 Al_2O_3 上甲酸解离吸附形成的表面 OH 和 Al_2O_3 的 OH 动态行为，发现在 Al_2O_3 表面本身固有的质子可同 H_2O 中的质子交换。而甲酸质子在 180℃以下则不能交换。但是由于甲酸在 Al_2O_3 表面解离吸附形成的质子既可同 H_2O 中质子交换，也可同甲酸中的质子交换。说明甲酸解离吸附在 Al_2O_3 上形成的质子十分活泼，参与了反应。从密闭系统中的 C、H、O 物料平衡计算出反应过程中吸附在 Al_2O_3 上的 $HCOO^-$、H_2O、质子的分量，并测出在反应气体中反应物和产物的分压，求得在定态下总包反应速率方程

$$r=\frac{kp_{HCOOH}[H^+]}{1+b[H_2O]_{ads}} \tag{7-18}$$

其反应机理如下

$$-O(H)-Al(O)-O- \xrightarrow{DCOOD} -O(H)-Al(OOC-D)-O(D)- \xrightarrow[\text{部分交换}]{HCOOH} -O(H)-Al(OOC-H)-O(D)- + DCOOH(\text{气相}) \tag{7-19}$$

$$-O(H)-Al(OOC-D)-O(D)- \cdots HCOOH \rightarrow H_2O+CO;\quad \rightarrow -O(H)-Al(OOC-D)-O(H)-$$

式(7-19)说明，HCOOH 吸附在 Al_2O_3 上形成的 OH 只起提供质子的作用，类似于液相催化反应中 H_2SO_4 的作用。而 $HCOO^-$ 则不参与反应，不是反应的中间物。当然这并没有排除在其他反应条件下通过甲酸离子分解的可能性。但通过甲酸离子分解比上述机理需要较高的活化能，即若通过甲酸离子分解要在较高的温度下进行。

利用同样方法在研究 HCOOH 在 ZnO 表面分解时，从红外光谱研究发现，在 ZnO 表面也存在 $HCOO^-$ 吸附态，但和 Al_2O_3 不同，ZnO 表面上的 $HCOO^-$ 参与反应，是反应的中间物，并且甲酸在 ZnO 上分解的速率控制步骤是 $HCOO^-$ 分解，$HCOO^-$ 分解速率等于甲酸分解的总包速率。反应按如下步骤进行

$$\underset{-\mathrm{Zn}-}{\mathrm{H{-}C(O)(O)}} \longrightarrow \underset{-\mathrm{Zn}-}{\mathrm{H}} \curvearrowright CO_2 \longrightarrow \underset{-\mathrm{Zn}-}{\mathrm{H{-}C(=O){-}O{-}D{\cdots}H}} \longrightarrow \underset{-\mathrm{Zn}-}{\mathrm{H{-}C(O)(O)}} \curvearrowright \mathrm{HD} \tag{7-20}$$

7.6.2 利用 DRIFT 和 TPSR 技术研究甲醇的合成

$Cu/ZnO/Al_2O_3$ 催化剂从 1966 年开始应用于甲醇合成和水煤气变换工业生产，由于高分散 Cu(质量分数：Cu 60%、ZnO 30%和 Al_2O_3 10%)对红外光强吸收，因而利用透射方法不可能进行研究。文献中有关甲醇合成的红外光谱研究结果都是在 Cu 的质量分数低于 15%时获得的数据。虽然在甲醇合成的研究中，进行了大量的工作，但仍有许多问题未能得到解决：①在由 $CO\text{-}CO_2\text{-}H_2$ 合成甲醇过程中 C 源是什么？表面中间物种是什么；②催化剂循环的定位：金属 Cu 表面还是 ZnO 表面；③Cu 和 ZnO 之间是否有协同作用？

Rozovskii[74]通过动力学研究结论是：①甲醇是由 CO_2 而不是 CO 加氢得到；②CO 通过水煤气变换反应转变为 CO_2；③水煤气变换反应步骤与甲醇合成反应无关。

Kilier 等[75]以及 Finn 等[76]认为：甲醇是从 CO 得到的，CO_2 保持在部分氧化的催化剂表面。他们还提出活性中心解离在 ZnO 母体上的 Cu^+ 物种。

Edwards 和 Shrader[77]基于 Zn-Cu 和 Zn-Cu-Cr 催化剂(低质量分数的 Cu 约为 10%)的红外光谱实验结果认为：甲醇合成是 CO 吸附在 Cu^+ 上，然后插入 OH 中在 ZnO 表面形成碳酸盐，然后加氢成甲醛，甲氧基最后生成甲醇。他们认为，甲酸盐物种是甲酸合成和水煤气变换反应共同的中间物。

Neophytides 和 Froment 等[78]利用原位红外漫反射(DRIFT)和程序升温(TPSR)技术，研究了在工业催化剂上甲醇的合成机理。

作者在详细研究了 CO_2+H_2、$CO+H_2$ 和 CH_3OH 在 ZnO 部分氧化的多晶 Cu 的基础上，发现在 ZnO 和部分氧化多晶 Cu 上，只有 CO_2 和 H_2 共吸附时能形成甲酸盐中间物，多晶 Cu 样品上甲酸盐分解可形成甲醇，而 ZnO 上甲酸盐分解时只形成 CO_2、CO 和 H_2。

图 7-69 是 9% CO_2 和 91% H_2 共吸附(质量分数：60% Cu，30% ZnO，10% Al_2O_3)和 CH_3OH 吸附在 ICI 催化剂上的漫反射红外光谱，两者很相似。它表明：$1600cm^{-1}$是吸附

在 Cu 上的表面甲酸盐的 O—C—O 键的反对称伸缩振动；而对称伸缩振动在 1360cm^{-1}。$ZnAl_2O_4$ 上的甲酸盐的红外吸收峰分别出现在 1375cm^{-1}，双碳酸盐的红外吸收在 1530cm^{-1}，单碳酸盐吸收在 1466cm^{-1}和 1383cm^{-1}(碳酸盐物种通常是在 Al_2O_3 表面上)。

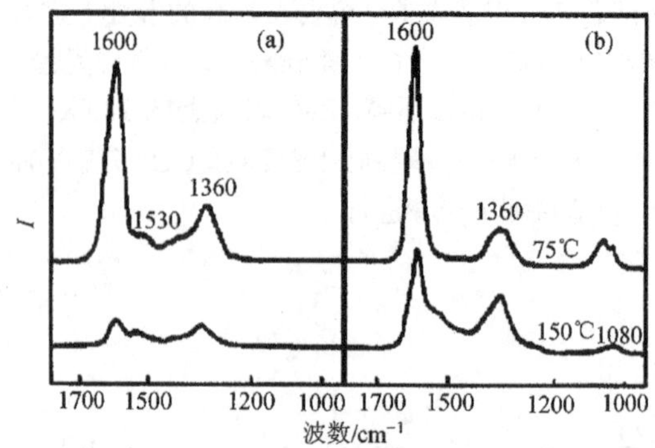

图 7-69 表面物种的 DRIFT 光谱

(a) 9% CO_2 + 91% H_2 于 200℃在 ICI 催化剂上共吸附；(b) 甲醇在 ICI 催化剂上吸附

图 7-70 是催化剂表面甲酸根的程序升温表面反应(TPSR)结果。发现在催化剂表面 TPSR 时有甲醇和 CO_2、CO、H_2 出现，并且催化剂上($Cu\text{-}ZnO/Al_2O_3$-ICI)甲醇脱出温度比纯 Cu 催化剂上脱出温度低，表明在 $Cu\text{-}ZnO/Al_2O_3$ 催化剂上甲醇合成是通过甲醇铜盐加氢进行的，甲酸铜盐是甲醇合成的关键中间物。甲酸铜盐加氢至甲氧基比 ZnO 上甲酸盐加氢容易进行。铜甲酸盐只由 CO_2 和 H_2 共吸附形成，看来 ZnO 甲酸盐只是水煤气变换反应的中间物。

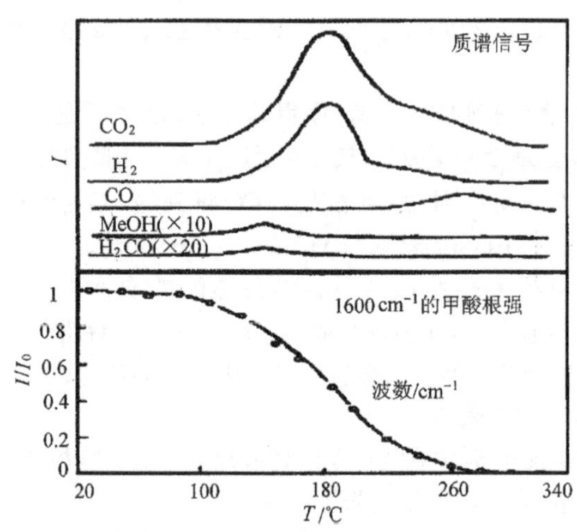

图 7-70 TPSR 表面甲酸根释出的结果

从反应历程看在甲醇合成中，ZnO 的贡献有限。其主要作用是通过相互作用调变 Cu 的电子性质，氧阴离子从 ZnO 上溢流到金属铜上增加了金属的功函数，进一步增加了 $Cu\text{-}ZnO/Al_2O_3$ 催化剂的活性使甲酸盐物种加氢至甲氧基以及甲醇。

利用 TPSR 和 DRIFTS 相结合，同时利用在线质谱和色谱分析，可以为阐明吸附物种性质和反应机理提供强有力的手段。

7.7 红外表征技术展望[79~81]

综上所述，红外光谱具有广阔的应用前景。尽管如此，它仍然显示出许多不足。例如灵敏度需进一步提高，时间分辨只达到毫秒水平等。为了研究反应动态过程，人们始终从不同角度不断探索新的方法。其中用红外可见和频产生表面振动光谱(SFG)方法就是人们进行这种探索的一种尝试。

SFG 光谱是 20 世纪 80 年代后期发展起来的一种表面和界面十分灵敏的光谱技术[79, 80]。它的原理是基于物质表面的非线性光学现象。众所周知，非线性光学过程的产生要求介质是非中心对称的，一般物质的体相都是中心对称，不能产生二次非线性现象，不过在物质的表面或界面，对称性会遭到破坏，二次非线性光学现象就可以产生。SFG 技术是用一系列非线性光学晶体元件将一束激光分为两路，即一束可调红外光(IR)和一频率固定的可见光(VIS)，两束光同时照射到样品表面上，由非线性效应得到二者和频(SF)的信号，即 $\omega_{SF}=\omega_{VIS}+\omega_{IR}$($\omega$ 为频率)，然后利用光电倍增管检测 SF 信号，从而得到物质的表面信息。其装置示意图如图 7-71 所示。

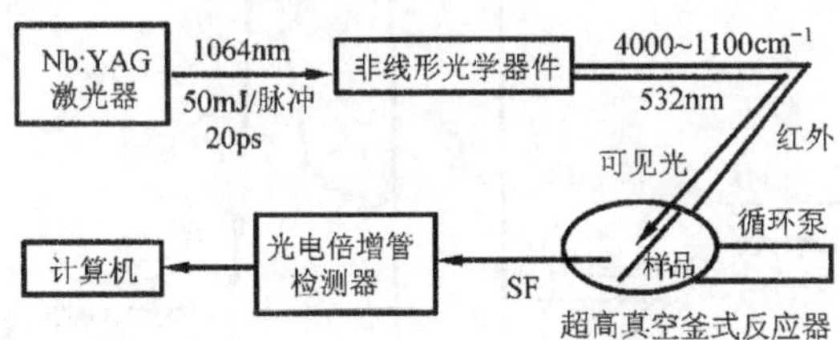

图 7-71　SFG 表面振动光谱仪器示意图

SFG 技术具有以下特点：

1) SFG 是表面和界面灵敏的光谱技术，甚至能够检测到次表层的表面物种。SF 信号位于可见或近红外区，光电倍增管作为检测器在这一区域最灵敏，提高了 SFG 技术的灵敏度。

2) SFG 信号来自表面或界面，它不受体相和气相反应物的影响，可以在反应条件下检测表面物种或捕获反应中间物种。

3) SFG 仪器避免了使用较难得到的红外元件，有较好的实用性和适应性。

4) 可以在很宽的温度(250 ~ 1000K)和压力(超高真空至几个大气压)范围内工作，将超高真空的研究与真实反应条件下的研究连接起来。

5) SFG 振动光谱的规律是：振动模式必须同时具有红外和拉曼活性。

SFG 表面振动光谱的发展虽然只有十几年，但是人们已经利用其取得了很多有意义的研究结果[82~85]。下面是一个很典型的利用 SFG 弥补过去对烯烃加氢机理认识不足的例子。

Somorjai 等[81, 82, 84]利用 SFG 研究了一系列低碳烯烃的加氢。结果表明，π 吸附的乙烯、丙烯和异丁烯是反应的中间物，次乙基、次丙基和次丁基物种以及相应的双 σ 表面物种加氢速率非常缓慢，属于“旁观者”，而这些表面物种以前一直被人们认为是加氢反应的重要参与者。下面以乙烯在 Pt(Ⅲ)单晶上的加氢反应为例，说明 SFG 技术的应用。

图 7-72(a)给出了乙烯在 Pt(Ⅲ)上加氢过程中的 SFG 谱图，表面上有三种物种：π 和双 σ 吸附的乙烯以及次乙基。抽真空后，谱图中只有次乙基峰存在，表明 π 和双 σ 吸附的乙烯只有在乙烯气相中才能存在。再次加入反应气所得谱图[图 7-72(b)]表明，π 吸附的乙烯谱峰完全恢复，而双 σ 吸附的乙烯谱峰强度明显减弱，即它与次乙基物种占据相同的表面位，二者之间存在竞争吸附。比较图 7-72(a)、图 7-72(b)所得的转换频率：TOF 值几乎相同，而单独的次乙基加氢实验表明，其反应速率非常缓慢，并且它的预吸附并不影响乙烯加氢的 TOF 值，从而可以排除次乙基为反应中间物；同时，图 7-72(b)表明，虽然双 σ 吸附的乙烯明显减少，反应的 TOF 值并没有变化，如果它为反应中间物，则次乙基的预吸附(二者竞争吸附)应当影响 TOF 值，但结果并非如此。这些分析表明，π 吸附的乙烯应当是反应的中间物。

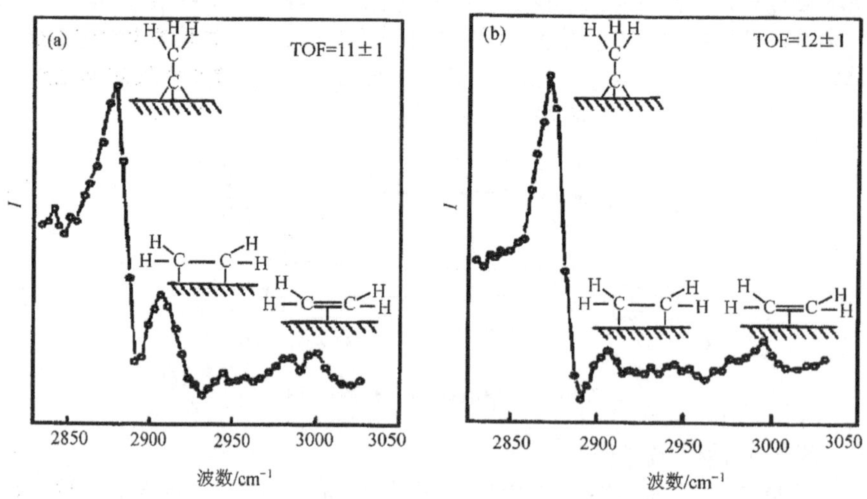

图 7-72　C_2H_4 在 Pt(Ⅲ)上室温反应的 SFG 谱图

(a) $C_2H_4/H_2/Ar$(4.67/13.3/81.99kPa)；

(b) 在(a)抽真空后，重新进入相同的混合气反应的 SFG 谱图

SFG 不仅可应用在金属表面，还可应用于气液、液固界面和电化学等方面。如今，SFG 技术已被广泛应用于化学、物理学、环境学、医学和生物学等领域，有着很广阔的发展前景。但是，同其他技术一样，它也有不足和需完善的地方，具体有以下几点：①只能应用于平整的表面，粗糙和多孔的表面不能被研究；②高功率的激光可能会对样品有损害；③红外光的频率范围有限(1100～4000cm^{-1})，许多有用信息不能得到，需要开发相关的光学材料。

符 号 说 明

A　吸收率
D_0　离解能
D_{eff}　有效质子转移活化能
d　样品厚度
E　发射率
K　吸收系数或消光系数
L　发射光强度
m_O　氧原子的有效质量
n　振动能级数
p　压力
R　反射率
R_∞　无限厚度样品的反射比
r　反应速率
S　散射系数
T　透射率
W　通量密度
W_e　简正频率
W_x　实验测得的振动频率
X　非谐振因子
ε　发射度
μ　约化质量
γ　振动因子的平均距离
γ_0　瞬间距离
ω　频率

参 考 文 献

[1] Eischens R P, Pliskin W A. Adv Catal, 1958, 10: 2 ~ 54
[2] Little L H, Infrared Spectra of Adsorbed Species. London: Academic Press, 1966
[3] Hair M L. Infrared Spectroscopy in Surface Chemistry. New York: Dekker, 1967
[4] Basila M R V. Appl Spectrosc Rev, 1968, 1: 289
[5] Yates J C. Catal Rev, 1969, 12: 113
[6] Sheppard N, Cruz C D L. Adv Catal, 1996, 41: 1 ~ 105
[7] Sheppard N, Cruz C D L. Adv Catal, 1998, 42: 181 ~ 301
[8] Fierro J L G. Stud Surf Sci Catal, 1990, 57: 67 ~ 104
[9] Imelik B, Verdrine J C. Physical Techniques for Solid Materials. London: Plenum Press, 1994. 11 ~ 44
[10] Knozinger M G. Handbook of Heterogeneous Catalysis. Ertl G, Knozinger H, Weitkamp J eds. Weinheim: VCH, 1997, 2: 539 ~ 574
[11] Bellamy L J. 复杂分子的红外光谱.黄维恒等译.北京：科学出版社，1975
[12] Pincha S. Infrared Spectra of Labelled Compounds. New York: Academic Press, 1971
[13] Nakamoto K. Infrared Spectra of Inorganic and Coordination compounds. New York: Wiley-Interscience, 1970
[14a] 辛勤.催化研究中的原位技术.北京：北京大学出版社，1993

[14b] 尹元根.多相催化剂研究方法.北京：化学工业出版社，1988.545~636
[14c] 廖远琰等.化学物理学报，1992，5(5)：390~394
[15] 李灿，辛勤等.自然科学进展，1994，4(5)：632~634
[16] Peri J B，Hannan R B. J Phys Chem，1960，64：1526~1520
[17] 严玉山，张慧，聂其祥等. 石油化工，1992，21(1)：5~9
[18] 辛勤，梁广智，张慧等. 石油化工，1980，9(8)：461~467
[19] 廖远琰等，化学物理学报，1992，5(5)：395~398
[20] 李灿，王开力，辛勤等，物理化学学报，1992，6(1)：64~69
[21] 李灿，张慧，王开力等.物理化学学报，1994，8(1)：33~37
[22] Bennett L H. The Electron Factor in Catalysis on Metals. Washington：NBS Special Publication，1975. 475
[23] Ramamoorthy R，Gonzalez R D. J Catal，1979，58：188~197
[24] Somanoto Y，Sachtler W N H. J Catal，1974，32：315~324
[25] Primet M，Mathieu M V，Sachtler W N H. J Catal，1976，44：324~427
[26] Shimizu H，Christmann K，Ertl G. J Catal，1980，61：412~429
[27] Guo X X，Xin Q et al. Processing of 8th International Congress on Catalysis Berlin，1984. vol IV：599
[28] Rogemond E，Essayem N，Frety R et al. J Catal，1997，166：229~235
[29] Levy P J，Pitchon V，Perrichon V et al. J Catal，1998，178：363~371
[30] Rogemond E，Essayem N，Frety，R et al. J Catal，1999，186：414~422
[31] Fisher I A，Chakraborty A K，Bell A T. J Catal，1997，172：222~227
[32] Schilke T C，Fisher I A，Bell A T. J Catal，1999，184：144~156
[33] Chiorino B F，Manzoli M et al. J Catal，1999，188：176~185
[34] Niemantsverdriet J W. Spectroscopy in Catalysis. Weinheim：VCH，1995
[35] Li C，Xin Q，Wang K et al. Appl Spectrosc，1991，45：874~882
[36] Li C，Zhang H，Wang K et al. Appl Spectrosc，1993，47:56~61
[37] Gao X，Ruiz P，Xin Q et al. Catal Lett，1994，23：321~337
[38] Gao X，Xin Q，Guo X. Appl Catal A：General，1994，114：197~205
[39] Gao X，Ruiz P，Xin Q et al. J Catal，1994，148：56~67
[40] Kazansky V B. Chem Rev Soviet Sci Rev B，1979，(1)：69
[41] Kustov L M，Borovkov V Y，Kanzansky V B. J Catal，1981，72：149~159
[42] Busca G. Gatal Today，1998，41：191~206
[43] Parry E P. J Catal，1963，2：371~379
[44] Scokart P O et al. J Chem Soc Faraday Trans，1977，73：359~371
[45] 辛勤，蔡光宇等.催化学报，1985，6(1)：50~56
[46] Li C，Domen K，Onishi T et al. J Catal，1989，123：436~442
[47] Li C，Xin Q，Guo X. Catal Lett，1992，12：297~306
[48] Li C，Domen K，Muruya K，Onishi T. J Am Chem Soc，1989，111：7683~7687
[49] Li C，Xin Q. J Chem Soc，Chem Commun，1992，782~783
[50] Li C，Xin Q. J Phys Chem，1992，96：7714~7718
[51] Li C，Li G，Xin Q. J Phys Chem，1994，98：1933~1938
[52] Li C，Li G，Yan W，Xin Q. Symposium on Methane and Alkane Conversion Chemistry，207 th ACS. San Diego，March，1994，13~18
[53] Delmon B. Stud Surf Sci Catal，1989，53：1~40
[54] Topsoe H. Preceedings of 4 th European Congress on Catalysis，KNZ. Italy：Rimini，1999
[55] Delmon B，Froment G F. Catal Rev-Sci Eng，1996，38：69~100
[56] Topsoe H et al. Stud Surf Sci Catal，1990，53：77~102
[57] Xin Q，Gao X et al. Proceeding of China-Denmark Symposium on Catalysis. Denmark：Kobenhygen，1991

[58] Gao X, Xin Q, Guo X. J Catal, 1994, 146: 306 ~ 309
[59] Gao X, Xin Q. Catal Lett, 1993, 18: 409 ~ 418
[60] Xin Q, Gao X. Progr Natural Sci, 1995, 5(3): 273 ~ 282
[61] Xiao F S, Xin Q, Guo X, Appl Catal, 1993, 95: 21 ~ 34
[62] Yan Y S, Xin Q, Jiang S C et al. J Catal, 1991, 131: 234 ~ 341
[63] Prins R, De Beer V H J, Somorjai G A. Catal Rev Sci Eng, 1989, 31(1 ~ 2): 1 ~ 42
[64] Portela L, Grange P, Delmon B. Catal Rev Sci Eng, 1995, 37(4): 699 ~ 731
[65] Startsev A N. Catal Rev Sci Eng, 1995, 37(3): 353 ~ 423
[66] Topsoe H et al. Ind Eng Fundam, 1986, 25(1): 25 ~ 36
[67] Xin Q, Delmon B et al. Proceedings of 9th ICC. 1988. vol 1: 66 ~ 73
[68] Xin Q, Wei Z B et al. Proceedings of 2nd Int Conf Spillover. Leipzig, 1989. 196
[69] 李新生，侯震山，魏昭斌，辛勤.物理化学学报，1991，7(6)：673 ~ 680
[70] 肖丰收，应品良，辛勤等.燃料化学学报，1992，20(2)：113 ~ 120
[71] Topsoe N Y, Topsoe H. J Catal, 1983, 84: 386 ~ 401
[72] Koizumi N, Yamazaki M, Yamada M et al. Catal Today, 1997, 39: 33 ~ 34
[73] Tamaru K. Appl Spectrosc Rev, 1975, 9: 133
[74] Rozovskii A Y, Kagan Y B, Lin G I et al. Kinet Katal, 1976, 17: 1132
[75] Kilier K. Adv Catal, 1982, 31: 243 ~ 310
[76] Finn B P, Bulko J B, Kobylinski T B. J Catal, 1979, 56: 407
[77] Edwards J F, Schrader G L. J Phys Chem, 1984, 88: 5620 ~ 5624
[78] Neophytides S G, Marchi A J, Froment G F. Appl Catal A, 1992, 86: 45 ~ 64
[79] Zhu X D, Suhr H, Shen Y R. Phys Rev B, 1987, 35: 3047 ~ 3058
[80] Shen Y R. Nature, 1989, 337: 519 ~ 521
[81] Basini L. Catal Today, 1998, 41: 277 ~ 285
[82] Cremer P, Su X, Shen Y R, Somorjai G A. J Am Chem Soc, 1996, 118: 2942 ~ 2949
[83] Su X, Cremer P, Shen Y R, Somorjai G A. J Am Chem Soc, 1997, 119: 3994 ~ 4000
[84] Du Q, Superfine R, Freysz E, Shen Y R. Phys Rev Lett, 1993, 70: 2313 ~ 2316
[85] Somorjai G A, Rupprechter G. J Phys Chem B, 1999, 103: 1623 ~ 1638

（辛　勤　梁长海，中国科学院大连化学物理研究所催化基础国家重点实验室）

第 8 章　拉曼光谱方法

8.1 引　　言

催化科学与技术的发展与催化研究方法的发展是密不可分的。特别是在催化新材料和新反应的不断探索过程中，催化新表征技术起着很重要的作用。在过去的几十年中，特别是自 20 世纪 60 年代以来，催化研究领域发展了一系列催化研究的新方法，几乎利用了现代科学发展所派生出来的所有新技术，包括基于光、声、电、磁、电子、原子、离子和热的原理所研制出的现代物理技术。

拉曼光谱是一项重要的现代分子光谱技术，被广泛应用于化学、物理和生物科学等诸多学科领域，是研究物质分子结构的有力工具。20 世纪 70 年代起拉曼光谱被应用于催化领域的研究，在负载型金属氧化物、分子筛、原位反应和吸附等研究中取得了丰富的成果。尤其是在过去的 10 年中发展更为迅速。图 8-1 给出了从 1991 ~ 2000 年统计得到的在催化研究相关的主要刊物上发表的有关拉曼光谱的文章数目的不完全统计。可以看出，进入 20 世纪 90 年代以来，文章数目平均以每年 30% 的速度增长。

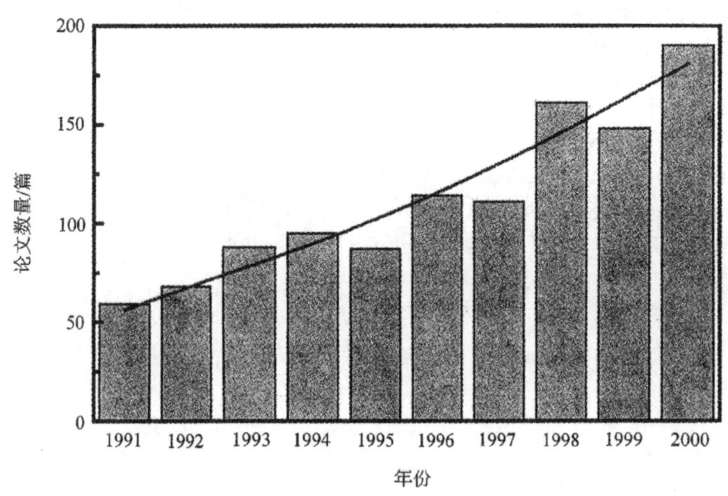

图 8-1　1991 ~ 2000 年间催化研究主要刊物上发表的有关拉曼光谱的文章数目

拉曼光谱之所以在催化研究的应用中发展迅速，有如下几个方面的原因：①拉曼光谱能够提供催化剂本身以及表面上物种的结构信息，这是认识催化剂和催化反应最为重要的信息；②拉曼光谱较容易实现原位条件下(高温，高压，复杂体系)的催化研究；③拉曼光谱可以用于催化剂制备的研究，特别是可以对催化剂制备过程从水相到固相的实时研究，这是许多其他光谱技术难以进行的；④近年来随着探测器灵敏度的大幅度提高和光谱仪的改进，拉曼光谱仪的信噪比大大提高。但也存在着一些困难，其中荧光干扰问题和灵敏度较低是阻碍拉曼光谱得到广泛应用的最主要的问题。但近年来发展起来的紫外拉曼光谱技术有效地解决了催化研究中所遇到的荧光干扰问题。

《石油化工》在20世纪80年代末曾连载过催化剂表征研究方法的介绍性文章，作者曾介绍了拉曼光谱在催化研究中的应用(1991，p801;1991,p870)。在过去的10年中，拉曼光谱在催化研究中得到了更为深入、广泛的应用。本文在简要介绍拉曼光谱的基本原理及其实验技术后，重点介绍拉曼光谱近10年来在催化研究中的进展，特别是最近几年的发展，并同时介绍了作者实验室在这方面所取得的一些新结果。关于过去已介绍过的基本原理和典型例子，本文不再赘述，感兴趣者可查阅前文和有关教科书以及介绍拉曼光谱的专著。

8.2 拉曼光谱原理及其在催化研究中应用的发展概况

8.2.1 拉曼光谱的发展概况

印度物理学家拉曼于1928年发现了一个有趣的现象：在光散射过程中，除了与入射光频率 ν_0 相同的瑞利光外，还发现有一系列其他频率的光。这些散射光对称地分布在瑞利散射光的两侧，但其强度比瑞利散射光弱得多，通常只为瑞利光强度的 $1\times10^{-6}\sim1\times10^{-9}$。这种频率发生改变的散射被命名为拉曼散射，这种效应被称为拉曼散射效应[1]。拉曼由于这一杰出工作获得了诺贝尔物理学奖。几乎在同时，前苏联物理学家兰斯别尔格和曼捷斯塔姆在研究石英的光散射时也发现了相同的效应[2]，而法国学者罗卡德[3]和卡巴尼斯[4]则是在研究气体的光散射时观察到了这种效应。拉曼谱线的频率虽然随入射光频率而变化，但拉曼散射光的频率和瑞利散射光频率之差却基本上不随入射光频率而变化，而与样品分子的振动和转动能级有关。拉曼谱线强度与入射光的强度和样品分子的浓度成正比。利用拉曼效应与样品分子的上述关系，可对物质分子的结构和浓度进行分析研究，在此基础上建立了拉曼光谱法。

最初拉曼光谱的光源一般用高压汞弧灯。由于拉曼散射强度很弱，因此摄谱时间很长，样品用量很大，只限于无色液体样品。1946年出现了红外光谱仪，测量技术简化，利用红外光谱研究物质分子结构的方法迅速发展，而拉曼光谱技术的发展处于停滞状态。在1960年以前大部分拉曼光谱的研究集中在分子结构和动力学方面，这一阶段的主要进展包括对拉曼光谱和共振拉曼现象的理论解释。1953年出现了第一台商品化的拉曼光谱仪，但未能普及使用。

直到1960年发现激光以后，才使拉曼光谱得以迅速发展。激光拉曼光谱具有以下几个特点：

1）激光是一种高度单色光源，它的谱线宽度十分狭小，窄的激发线大大改善了拉曼光谱的频率、强度、轮廓的测量精度。

2）激光的单色亮度高，使拉曼光谱灵敏度大大提高，缩短了拉曼光谱的摄谱时间。

3）激光的方向性强，光束发散角小，可聚集在很小的面积上，能对极微量的样品进行测定。

4）由于激光的偏振性好，因而大大简化了退偏振的测量。

5）由于可调谐激光器的发展，能够根据被测物质的特点，选择合适的激发波长进行激发。

特别是近年来高质量的双、三单色仪以及高灵敏的探测器的研制成功，使激光拉曼光谱的发展在广度和深度方面都有了很大的飞跃。由于激光拉曼光谱具有上述特点，使它广泛用于物质的鉴定和分子结构的分析等领域。

8.2.2 拉曼光谱的基本理论

8.2.2.1 拉曼散射的经典理论

根据电磁辐射的经典理论，可以赋予光散射现象这样的经典解释：频率为 ν_0 的入射辐射电磁场使分子的电子云移动，在散射系统中感生出震荡的电磁多极子，这样的多极子又产生电磁辐射。如果发出的电磁辐射频率与入射辐射频率 ν_0 相同，这就是瑞利散射。如果发出的电磁辐射频率与入射辐射频率 ν_0 不同，而为 $\nu_0 \pm \nu_m$，其中 ν_m 为分子的振动频率，这就是拉曼散射。因此,拉曼效应是在外电场的作用下，产生的感生电偶极矩被分子中的振动运动调制而产生的。

设入射光是频率为 ν_0 的单色光，其电场强度为

$$E = E_0\cos2\pi\nu_0 t \tag{8-1}$$

则分子的感生偶极矩随电场强度的变化而变化

$$P = \alpha E_0\cos2\pi\nu_0 t \tag{8-2}$$

式中，α 为极化率张量。

由分子振动所引起的极化率的变化，可以通过把极化率张量的每一个分量按简正坐标展开为如下的泰勒级数来加以表示

$$\alpha = \alpha_0 + \{\frac{\partial \alpha}{\partial q}\}_o + \Lambda \tag{8-3}$$

式中，q 为振动频率 ν_m 的简正坐标，$q = q_0\cos2\pi\nu_m t$。

分子的感生偶极振动为

$$\begin{aligned} P &= \alpha_0 E_0\cos2\pi\nu_0 t + \{\frac{\partial \alpha}{\partial q}\}_o q_0\cos2\pi\nu_m t E_0\cos2\pi\nu_0 t + \Lambda \\ &= \alpha_0 E_0\cos2\pi\nu_0 t + \frac{1}{2}\{\frac{\partial \alpha}{\partial q}\}_o q_0 E_0[\cos2\pi(\nu_0 - \nu_m)t + \cos2\pi(\nu_0 + \nu_m)t] + \Lambda \end{aligned} \tag{8-4}$$

式中，第一项为与入射光同频率的瑞利散射；

第二项和第三项分别为拉曼散射的斯托克斯(Stokes)和反斯托克斯(anti-Stokes)线。

式(8-4)表明，拉曼散射是偶极子以频率 ν_0 振动时，被频率为 ν_m 的分子振动调制而形成的。

只有$\frac{\partial \alpha}{\partial q} \neq 0$，即分子的极化率发生变化时，才是拉曼活性的；否则为非拉曼活性。

拉曼散射的经典理论不能解释拉曼散射和瑞利散射中的许多的问题，如无法解释斯托克斯和反斯托克斯线的强度为何相差几个数量级。

8.2.2.2 拉曼散射的量子理论

单色光与分子相互作用所产生的散射现象还可以用光量子(粒子)与分子的碰撞来解释。按照量子理论，频率为 ν_0 的入射单色光，可看成是具有能量为 $h\nu_0$ 的光子，h 是普朗克(Planck)常数。当光子作用于分子时，可能发生弹性和非弹性两种碰撞。在弹性碰撞过程中，光子与分子之间不发生能量交换，光子仅改变运动方向，而不改变其频率，这种弹性散射过程对应于瑞利散射；在非弹性碰撞过程中，光子与分子之间发生能量交换，光子不仅改变运动方向，而且还发生光子的一部分能量传递给分子，转变为分子的振动或转动，或者光子从分子的振动或转动得到能量。在这两种过程中，光子的频率都发生变化。光子得到能量的过程对应于频率增加的反斯托克斯拉曼散射；光子失去能量的过程对应于频率减小的斯托克斯拉曼散射。

图 8-2 为拉曼和瑞利散射的量子能级图。处于基态 E_0 的分子受入射光子 $h\nu_0$ 的激发跃迁到受激虚态，而受激虚态是不稳定的，所以分子又很快跃迁回基态 E_0，把吸收的能量 $h\nu_0$ 以光子的形式释放出来，这就是弹性碰撞，为瑞利散射。跃迁到受激虚态的分子还可以跃迁到电子基态中的振动激发态 E_n 上，并释放出能量为 $h(\nu_0-\nu_m)$的光子，这就是非弹性碰撞，所产生的散射光为斯托克斯线。若分子处于振动激发态 E_n 上，受能量为 $h\nu_0$ 入射光子的激发跃迁到受激虚态，然后又很快地跃迁回振动激发态 E_n，此过程对应于弹性碰撞，为瑞利散射。处于受激虚态的分子若跃迁回基态，放出能量为 $h(\nu_0+\nu_m)$ 的光子，即为反斯托克斯线，这时分子失掉了 $h\nu$ 的能量。由于在常温下，处于基态的分子占绝大多数，所以通常斯托克斯线比反斯托克斯线强得多。

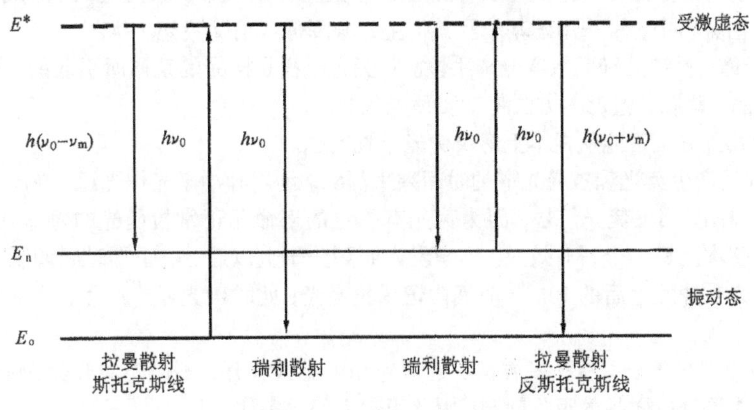

图 8-2 拉曼和瑞利散射的能级图

拉曼散射光和瑞利散射光的频率之差——拉曼位移与物质分子的振动和转动能级有关。不同的物质有不同的振动和转动能级，因而有不同的拉曼位移。对于同一物质，若用不同频率的入射光照射，所产生的拉曼散射光频率也不相同，但其拉曼位移却是一个确定的值。因此，拉曼位移是表征物质分子振动，转动能级特性的一个物理量。

8.2.3 荧光的发生机制

分子的一个电子态包含许多振动态，而一个振动态又包含许多转动态，这使得电子态包含很多精细结构，构成一准连续的能带。当物质分子受光照射时，可以部分或全部地吸收入射光的能量，使处于电子基态的分子被激发跃迁到第一电子激发态或更高电子激发态的振动和转动能级上。处于激发态的分子是不稳定的，它通过无辐射跃迁降到第一电子激发态的最低振转能级上，然后通过辐射跃迁的去活化过程回到基态。辐射跃迁的去活化过程产生光子的发射，伴随着荧光或磷光的现象。按分子激发态的类型来划分时，由第一电子激发单重态所产生的辐射跃迁而伴随的发光现象称为荧光；由最低的电子激发三重态所产生的辐射跃迁，其发光现象称为磷光。

8.2.4 传统拉曼光谱遇到的困难和解决方法

自 20 世纪 70 年代以来，拉曼光谱仪多采用 Ar^+ 激光作为激发光源，其激发波长在 450 ~ 530 nm的可见区范围内。不幸的是，荧光也经常出现在可见区，而荧光背景往往比拉曼信号强几个数量级。一旦有荧光干扰，就很难甚至不能得到拉曼光谱。因此，荧光干扰是拉曼光谱得到广泛应用的主要制约因素。另外，一些深颜色的样品在可见区吸收很强，很难得到拉曼光谱。

为了消除或降低荧光背景的干扰，人们常采用以下方法：

1) 强光照射法。若被分析的样品或溶剂中有微量荧光物质，用强光照射可以使其荧光大大降低。

2) 加入淬灭剂。在产生荧光的物质中加入含溴化合物、含碘化合物、硝基化合物、重氮化合物、羰基化合物及某些杂环化合物等荧光淬灭剂，使荧光熄灭以消除其干扰。在拉曼光谱分析中，常采用硝基苯及其衍生物来降低或消除荧光干扰。

3) 蒸馏、重结晶和萃取等分离手段。若荧光干扰是样品的杂质所引起的，可通过蒸馏、重结晶、萃取和过滤等方法将杂质预先除去。

以上几种方法不能从根本上解决荧光干扰问题。

4) 利用产生荧光和拉曼光谱的时间差来消除。利用脉冲激光作光源，在脉冲激光激发样品的瞬间，挡去荧光信号，因为荧光有一定的寿命而正常拉曼光的寿命几乎为零。拉曼效应基本上是一个瞬时效应。当激发光照到分子上以后，电子学时间调制的快门检测器在激光脉冲发生后的 10^{-12}s 时间内记录拉曼光，此时荧光还未产生，这种方法可避免荧光的干扰。

5) 移动激发波长。将激发波长从近紫外和可见区移开，不但能避开荧光干扰问题，而且能解决深颜色样品的吸收问题，因此引起人们的关注。

荧光一般出现在可见和近紫外区，因此以可见激光为激发光源的拉曼光谱经常受到荧光的干扰。将激发光源从近紫外和可见区移开是解决这一难题的方法之一。移开激发波长可以有两种方法：

① 将激发波长向近红外(> 700 nm)方向移可以避开大部分荧光，因为近红外光频率

低，一般不会激发电子吸收带(图 8-3)。很多研究者通过采用傅里叶变换拉曼光谱得到了没有荧光干扰的拉曼光谱[5, 6]。

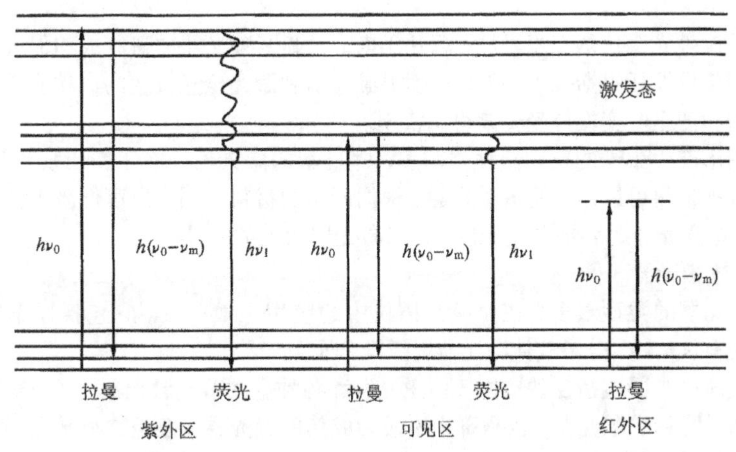

图 8-3　荧光和拉曼散射过程示意图

② 将激发波长向深紫外(< 300 nm)方向移。采用紫外激光作为激发光源由于紫外光能量较高，物质分子吸收紫外光后，处于电子基态的分子被激发跃迁到一个高于第一电子激发态的虚态能级，然后通过两种形式回到电子基态：第一种从虚态能级直接跃迁回电子基态，即瑞利或拉曼散射过程；第二种从虚态能级通过无辐射跃迁降到第一电子激发态的最低振转能级上，然后通过辐射跃迁回到电子基态，这是荧光或磷光的辐射过程。由于在虚态能级和第一电子激发态之间有一个间隙，所以拉曼信号出现在比荧光波长更短的区域，从而很有效地避开荧光干扰。

8.3　拉曼光谱实验技术的发展

自从 20 世纪 60 年代将激光器用于拉曼光谱仪后，拉曼光谱仪得到了飞速的发展。如今的拉曼光谱仪无论在检测精度和测试范围上都是以前的拉曼光谱仪所不能相比的。图 8-4 是激光拉曼光谱仪的示意图，它主要由光源、外光路系统、样品池、单色器、信号

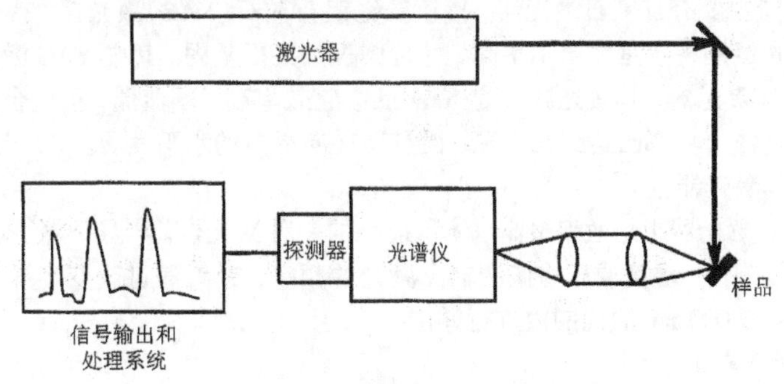

图 8-4　激光拉曼光谱仪的示意图

处理及输出系统等组成。

8.3.1 激光光源

激光是拉曼光谱仪的理想光源。近几年来，可调谐激光器的研制成功促进了共振拉曼光谱和相干反斯托克斯技术的发展。锁模激光器和激光全息技术的成功应用分别使时间分辨光谱和傅里叶变换拉曼光谱得以实现。

目前用于产生激光的激光器种类繁多，并且新的激光器还在不断出现。迄今为止，已发现数百种材料可以用于制造激光器。根据所用的材料不同大致可把激光器分为气体激光器、固体激光器、半导体激光器和燃料激光器四大类。

(1) 气体激光器

气体激光器的类型最多，在拉曼光谱仪中的应用也最广泛。它包括原子气体激光器、离子气体激光器、分子气体激光器以及准分子激光器。

原子气体激光器包括各种惰性气体激光器和各种金属蒸气激光器。其中氦氖激光器是目前国内最常用的激光器，也是研究得最为成熟的激光器。但是这类激光器的输出功率较低，输出功率仅有几毫瓦到100mW。

离子气体激光器的输出功率一般要比原子气体激光器高，可以达到几十瓦。其激光介质主要有氖、氩、氙、氯、氮、氧、碘及汞等离子。在多种离子气体激光器中,应用得最多的是氩离子激光器。它可以产生10种波长的激光，其中最强的是488 nm(蓝光)和514.5 nm(绿光)。

分子气体激光器以二氧化碳最为重要，它的特点是输出功率高，可以达到几千瓦乃至更高的激光功率。近年又研制成功在一定范围内可以调谐的二氧化碳激光器，使它的用途更加广泛。

近几年来，准分子激光器得到了迅速的发展，并越来越广泛地应用于拉曼光谱仪。所谓准分子是指那些在受激状态稳定，而在基态则不稳定，容易离解的分子。离解后的原子或原子团不管它是同类型还是不同类型的，现在人们都统称为准分子，所以准分子的组合形式是多种多样的，主要有稀有气体卤化物准分子激光器和金属卤化物准分子激光器等。准分子激光器具有输出功率高的优点，并且准分子激光器的激光波长范围很宽，可以一直从红外区覆盖至紫外区域，其中最具有实用价值的是紫外准分子激光器。

(2) 固体激光器

固体激光器主要有红宝石激光器、掺钕的钇铝石榴石(YAG)激光器、掺钕的玻璃光器等。这类激光器的特点是输出功率高，并且体积小又很坚固。其中YAG激光器是一种比较有用的固体激光器，其激光波长为1064 nm。它效率高，阈值低，很适合于用作连续工作的器件。其输出功率已达到几千瓦，而且还在向更高的水平发展。

(3) 半导体激光器

它在所有的激光器中是效率最高、体积最小的一种激光器。半导体激光器可以通过改变电流、外部磁场、温度或压力微调输出激光的频率，或者通过改变半导体合金的组分而能在320 ~ 45 000 nm的范围内进行调谐。

(4) 染料激光器

染料激光器是目前研究得比较成熟，应用最普遍的一类可调谐激光器。它以染料作为激活介质，当激励光源照射染料时，染料分子的电子从基态跃迁到激发态，并又很快地把能量传给周围的分子而无辐射地弛豫到激发态的最低振动能级上，然后电子再跃迁到基态的振动能级上，同时发射出荧光，并且荧光一般与吸收带成镜反射像。由于荧光光谱的宽谱带是耦合到电子态的振动能级之间跃迁的结果，这种展宽本质是均匀的，其储藏的能量的大部分可调谐到单个发射线，这是染料激光器的独特优点。染料激光器由于其本身固有的特性，使其输出激光可以在很宽的波段范围内连续平稳地调谐，这大大地方便了一些特殊拉曼光谱(如共振拉曼光谱)的研究。

8.3.2 外光路系统

外光路系统一般是指在激光器之后、单色器之前的光学系统，它的作用是为了有效地收集拉曼散射光。

在外光路系统中，激光器输出的激光首先经过光栅，以消除激光中可能混有的其他波长的激光以及气体放电的谱线(若激光无杂线时，可不用此光栅)。纯化后的激光经棱镜折光改变光路再由透镜准确地聚集在样品上。样品所发出的拉曼散射光再经聚光透镜准确地聚集在单色仪的入射狭缝上。

8.3.3 样品池

由于在可见光区域内，拉曼散射不会被玻璃吸收，因此拉曼光谱的一大优点是样品可放在玻璃制成的各种样品池中，这给样品的拉曼测试带来很大便利。样品池可以根据实验要求和样品的形状和数量而设计成不同的形状。

早在 1971 年，Kiefer 和 Bernstein[7] 设计了一个用来测量固体样品的池子。随后，Brown、Makovsky 和 Rhee[8] 改进了这个池子，样品可以通过马达旋转。Cheng、Ludowise 和 Schrader[9] 设计了用于原位研究催化剂的气氛可控、可旋转的样品池。随后 Makovsky、Diehl 和 Stencel[10] 设计了一个类似的样品池，可以用于超高真空实验。这个池子是由一个可旋转的、能延伸到中心由分级玻璃金属密封的杆和石英样品池组成，如图 8-5 所示。

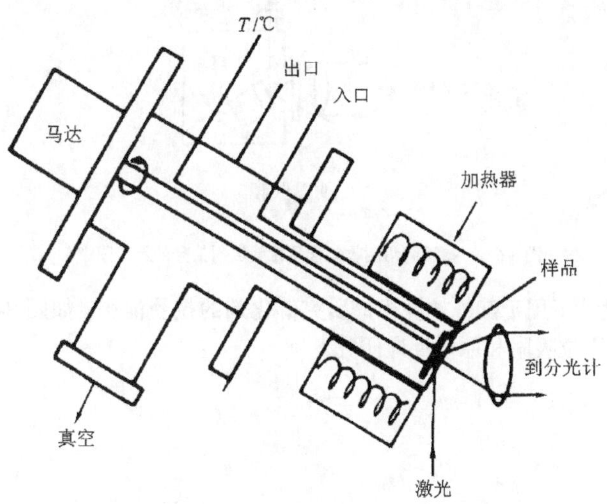

图 8-5 可用于高温原位研究催化剂的超高真空拉曼池[10]

此外，还有一些其他的池子用于催化剂的拉曼光谱研究[11, 12]。对于液体样品，Sophn 和 Brill[13]设计了一个可用于高温(500℃)和高压(35MPa)研究的池子。上面设计的这些池子收集样品的拉曼散射常在 60°～90°的范围内。也有一些在其他角度收集样品散射信号，得到催化剂的拉曼光谱[14]，如图 8-6 中所示。图 8-6(a)和图 8-6(b)是 180°背散射来收集样品信号的池子，而图 8-6(c)是 90°散射示意图。

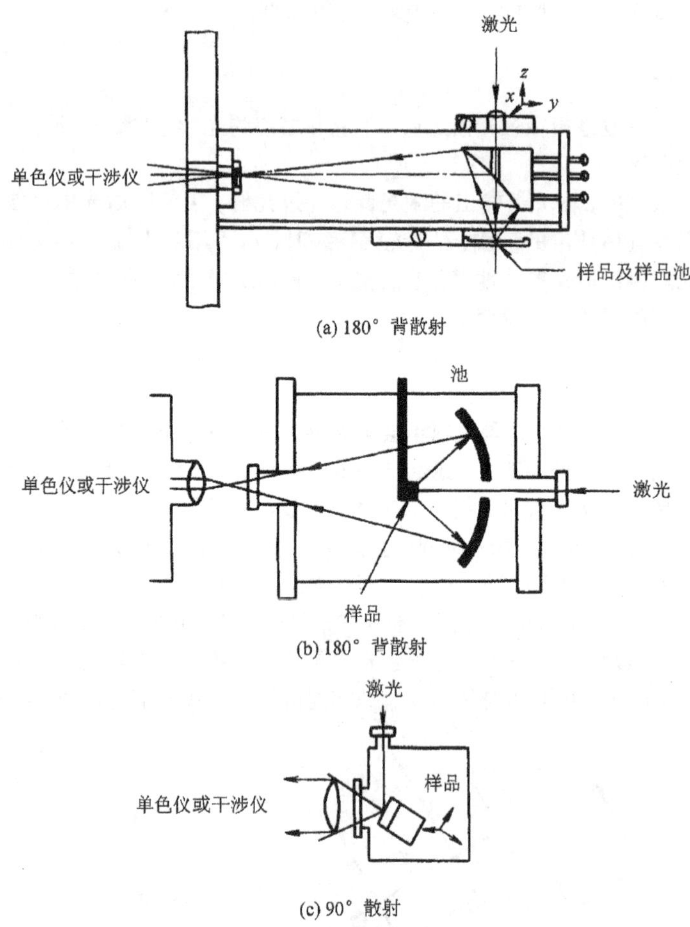

图 8-6　一些不同角度收集样品拉曼散射信号的示意图[14]

李灿等[15]设计了用于紫外拉曼光谱研究催化剂的拉曼池子，如图 8-7 所示。该池子可用于催化剂的原位吸附和原位反应研究。

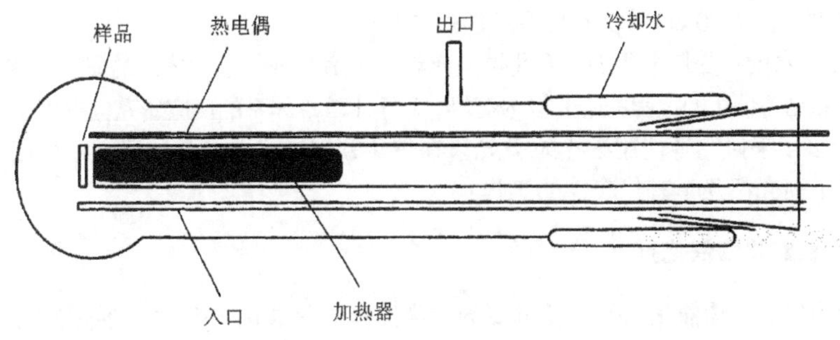

图 8-7　原位紫外拉曼光谱样品池[15]

8.3.4　单色仪

经样品散射的光，其绝大部分为 Rayleigh 散射光，拉曼散射光强度仅为 Rayleigh 散射光强度的 $1\times10^{-6}\sim1\times10^{-9}$，散射光由外光路系统收集进入单色仪。单色仪是色散型拉曼光谱仪的心脏部分，它应具有杂散光小、色散度高等特点。为了降低 Rayleigh 散射光对检测强度较弱的拉曼散射光的影响，通常采用双单色仪，有时甚至采用三单色仪来进一步降低杂散光，提高分辨率。但光栅的反射率一般小于100%，使用多光栅必然要降低光通量。另外，由于多光栅的分光系统不可避免地采用多个反射镜，也会使光通量降低，特别在紫外区镜子的反射率往往不容易达到90%以上的，故光反射损失较严重。

8.3.5　检测和记录系统

激光拉曼光谱仪中一般采用光电倍增管做探测器，由于拉曼散射强度很弱，这就要求光电倍增管要有高的量子效率和尽可能低的热离子暗电流。近年来，液氮冷却的 CCD 型电子偶合器件探测器的使用可大大提高探测器的灵敏度。

由控测器输出的信号必须经放大，然后由记录仪记录或输出到计算机上。

8.4　拉曼光谱在催化研究领域中的应用

拉曼光谱应用于催化领域的研究始于 20 世纪 70 年代。1977 年，Brown、Makovsky 和 Rhee 研究小组[8, 16, 17]成功地将拉曼光谱应用于商品化的 $MoO_3/\gamma\text{-}Al_2O_3$ 和 $CoO\text{-}MoO_3/\gamma\text{-}Al_2O_3$ 催化剂的研究。拉曼光谱与红外光谱都能得到分子振动和转动光谱，但分子的极化率发生变化时才能产生拉曼活性，对于红外光谱，只有分子的偶极矩发生变化时才具有红外活性，因此二者有一定程度的互补性，而不可以互相代替。拉曼光谱在某些实验条件下具有优于红外光谱的特点，因此拉曼光谱可以充分发挥它在催化研究中的优势：

1) 红外光谱一般很难得到低波数($200\ cm^{-1}$以下)的光谱，但拉曼光谱甚至可以得到几十个波数的光谱。而低波数光谱区反映催化剂结构信息，特别如分子筛的不同结构可在低波数光谱区显示出来。

2) 由于常用载体(如 $\gamma\text{-}Al_2O_3$ 和 SiO_2 等)的拉曼散射截面很小，因此载体对表面负载物种的拉曼光谱的干扰很少。而大部分载体(如 $\gamma\text{-}Al_2O_3$、SiO_2 和 TiO_2 等)在低波数的红外吸收很强，在 1000 cm^{-1}以下几乎不透过红外光。

3）由于水的拉曼散射很弱，因此拉曼比红外更适合进行水相体系的研究。这对于通过水溶液体系制备催化剂过程的研究极为有利，对于水溶液体系的反应研究也提供了可能性。

近十多年来研究者使用激光拉曼光谱在催化领域进行了大量的研究，全面总结是很困难的，下面介绍几个有代表性的工作：

8.4.1 金属氧化物催化剂

过渡金属氧化物催化剂是一类重要的烃类选择氧化催化剂[18~22]。通过对金属氧化物的拉曼光谱研究可以得到以下信息：①金属氧化物的晶相结构；②金属氧化物的相变过程；③金属氧化物活性位的配位结构；④在催化氧化反应中金属氧化物催化剂的变化。

钼酸铁(iron molybdate)催化剂被用于甲醇氧化生成甲醛的反应中[23~24]，它是最早使用拉曼光谱研究的金属氧化物催化剂。研究结果表明商品化的钼酸铁催化剂中晶相结构的分布不均匀，是由 MoO_3、$Fe_2(MoO_3)_4$，以及二者的混合物组成的，如图 8-8 所示。反应后催化剂的表征结果显示样品是由 MoO_3(主要的拉曼谱峰在 996 cm^{-1}、821 cm^{-1}、667 cm^{-1}和 285 cm^{-1})、$Fe_2(MoO_3)_4$(主要的拉曼谱峰在 965 cm^{-1}、776 cm^{-1}和 348 cm^{-1})和两种氧化物的混合相组成。甲醇氧化催化研究表明 MoO_3 的活性远低于 $Fe_2(MoO_3)_4$，它的主要作用是保持催化剂表面的 Mo 的浓度，因为表面 Mo 富积的催化剂具有更高的活性和选择性[25]。

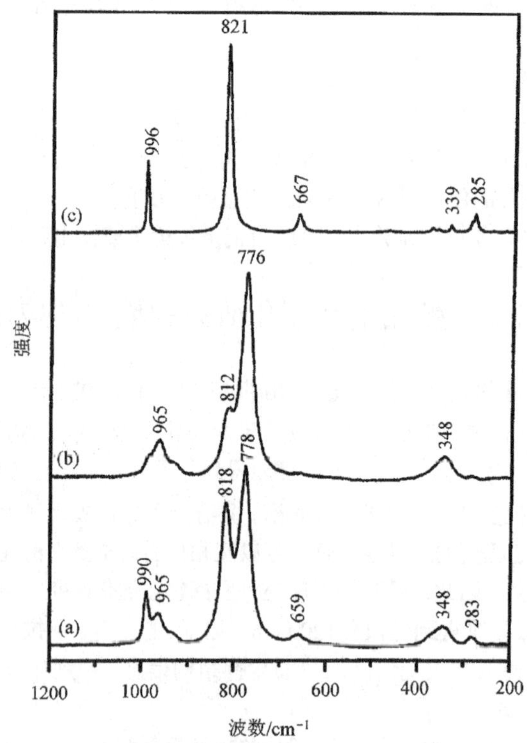

图 8-8 拉曼光谱分析钼酸铁甲醇氧化催化剂[23~24]

(a) MoO_3 和 $Fe_2(MoO_3)_4$ 混合物；(b) $Fe_2(MoO_3)_4$；(c) MoO_3

钼酸铋(bismuth molybdate)催化剂在丙烯氧化反应中有重要应用，因此对其结构的拉曼光谱研究受到关注。研究结果表明，催化剂组成和制备方法的不同会导致钼酸铋催化剂中含有多种不同的相，如 $Bi_2Mo_3O_{12}$、$Bi_2Mo_2O_9$、Bi_2MoO_6 和其他更高 Bi/Mo 的物相。其中 $Bi_2Mo_2O_9$ 是反应活性相，但也可能存在少量其他的铋钼相[26~29]。

V-Mg-O 催化剂在丙烷的氧化脱氢中具有好的活性和选择性。随钒含量和焙烧温度的变化，V-Mg-O 催化剂会形成三种不同的相，对于哪一种相具有更好的烯烃选择性仍存在许多争议[30]。Gao 等[30]用柠檬酸法制备出 MgV_2O_6、α-$Mg_2V_2O_7$ 和 $Mg_3V_2O_8$ 三种纯的 V-Mg-O 相，用拉曼和其他表征手段研究了样品晶相和焙烧温度的关系及与反应性能的关联。他们发现焙烧温度对 MgV_2O_6 相的粒子尺寸和形貌有很强的影响，α-$Mg_2V_2O_7$ 具有最高的丙烯选择性，其次是 $Mg_3V_2O_8$，最差的是 MgV_2O_6，这一顺序与这些相的还原性质是一致的。

V-P-O 催化剂在烃类选择氧化中有很强的应用背景。V-P-O 催化剂中含有多种不同的物相，其中 $(VO)_2P_2O_7$ 被认为是活性相[31~33]。$(VO)_2P_2O_7$ 的制备前体一般是 $VO(HPO_4)\cdot 0.5H_2O$，人们采用原位拉曼对从 $VO(HPO_4)\cdot 0.5H_2O$ 到 $(VO)_2P_2O_7$ 的相变过程进行了研究，发现催化剂前体在相变过程中不是一个局部规整的变化过程，在相变的最初阶段出现了无序的物相。$(VO)_2P_2O_7$ 晶相表面最初存在着无序的物相，表面的无定形相(无序的物相)暴露于反应气氛后会转变为有序的晶相[34~36]。$(VO)_2P_2O_7$ 催化剂初始不断增长的催化性能是与无定型相的缓慢晶化有关的。

非原位条件下拉曼光谱已广泛应用于氧化钼、氧化钨、氧化铬、氧化钒、氧化镍、氧化铋[37~43]等体相金属氧化物的研究。近年来体相金属氧化物在工作条件下的原位拉曼光谱研究也得到了很大的发展。铋-钼催化剂的还原和再氧化是最早使用原位拉曼光谱研究的体相金属氧化物之一[44]。研究结果揭示了这些体相混合金属氧化物在氧化反应条件下的多功能性质：①通过桥式 Mo-O-Bi 中氧原子可以发生 α 位脱氢；②在 Mo-O-Mo 点上，氧或 NH 官能团可插入到丙烯基中间体中；③氧分子的解离吸附主要发生在 Bi-O-Bi位上。然而，必须指出的是这些拉曼结果反映的主要是这些金属氧化物催化剂的体相结构，不是其表面的信息。

8.4.2 负载型金属氧化物催化剂

负载型金属氧化物催化剂被广泛应用于许多工业催化过程中，如烷烃脱氧、烯烃聚合、烯烃置换、有机物的选择氧化、氨化和还原、以及有机物的消除等反应中，负载型金属氧化物一般是指在氧化物载体(如 Al_2O_3、TiO_2、ZrO_2、SiO_2 等)上形成的二维表面金属氧化物，有时也形成小的晶相氧化物结构。晶相氧化物在下列情况下较易形成；①催化剂合成中前驱体盐在载体表面分散困难；②载体和金属氧化物存在相互作用；③负载量超过单层分散量。

由于高分散的金属氧化物相一般都有很强的拉曼信号，而氧化物载体(如 Al_2O_3、SiO_2 等)的拉曼信号通常都较弱，因此拉曼光谱是研究负载型金属氧化物催化剂的理想手段。用拉曼光谱研究的负载型金属氧化物主要包括：氧化钒[45~47]、氧化铬[45, 48]、氧化钼[45, 49]、氧化铌[45, 50, 51]、氧化铼[45]、氧化钨[45]、氧化镍[52]等。最早的负载型氧化物的拉曼光谱研究始于 20 世纪 70 年代末期，主要集中在 V、VI 和 VII 族的过渡金属元素。

早期拉曼光谱研究主要集中在负载型金属氧化物的结构随负载量的变化。Medema等[53]对 $MoO_3/\gamma\text{-}Al_2O_3$ 和 $CoO\text{-}MoO_3/\gamma\text{-}Al_2O_3$ 催化剂进行了研究。对 $MoO_3/\gamma\text{-}Al_2O_3$ 催化剂的研究表明表面四种类型的钼物种取决于负载量；负载量低于5%时为四配位钼物种，10%～15%时主要为六配位钼物种，随负载量的提高出现 $Al_2(MoO_4)_3$ 结构，最后在负载量为20%～30%时出现了晶相氧化钼。钴助剂的加入导致四配位钼物种的减少和聚合钼物种的增加。

Jeziorowski 和 Knozinger[54]研究了表面钼物种同溶液pH的关系。图8-9给出了不同pH制备的质量分数为3%和8% $MoO_3/\gamma\text{-}Al_2O_3$ 的拉曼光谱，他们发现在pH为6和pH为11时制备的质量分数为3% $MoO_3/\gamma\text{-}Al_2O_3$ 样品，仅观察到孤立的钼物种。因此，他们认为低负载量样品表面仅存在孤立的钼物种，与制备时的pH无关。对于质量分数为8% $MoO_3/\gamma\text{-}Al_2O_3$ 样品，pH=6浸渍的催化剂在950 cm^{-1}给出Mo═O端基的伸缩振动，而在pH=11浸渍时，Mo═O端基伸缩振动相应的谱峰位移到961 cm^{-1}，这种位移表明了表面物种缩合的本性，即Mo—O—Mo桥键不同程度的作用。

Zingg等用Raman、XPS、ISS和XRD等手段对表面钼物种随负载量的变化进行了研究[55]。在理论单层的1/3以下是四配位的氧化钼，随后出现的是六配位的氧化钼；达到理论单层时形成了 $Al_2(MoO_4)_3$ 结构，在更高负载量时出现了晶相的氧化钼。焙烧时间的延长和温度的提高有利于形成四配位的 $Al_2(MoO_4)_3$ 结构。

对负载型氧化钨的研究结果也是类似的。在理论单层的65%以下形成了四配位的氧化钨，随后是六配位的氧化钨，到达理论单层后形成了晶相氧化钨。$Al_2(WO_4)_3$ 只在某些研究中被探测到[56～57]。

对负载型氧化钒催化剂的拉曼光谱表征[58]表明有两种类型的钒物种：表面的与载体键合的钒物种以及晶相的五氧化二钒。Wachs等[59～60]对不同负载量的 V_2O_5/TiO_2 进行了表征，负载量在理论单层以下的催化剂在850～1000 cm^{-1}出现了很宽的谱峰，被归属于单层分散的氧化钒。到达单层后在997 cm^{-1}处出现了一个尖锐的谱峰，被归属于晶相氧化钒的V═O伸缩振动峰。

谢有畅等曾报道了氧化物和盐类在载体表面自发分散的现象，当分散物与载体混合后在低于其熔点的适当温度下处理就可以自发分散到载体表面[61]。根据晶相金属氧化物拉曼谱峰出现时的负载量可以预测表面单层分散容量。通过实验测定，第V～VII族金属氧化物的单层分散容量一般为4～5 atoms·nm^{-2}。但氧化铼催化剂由于形成了二聚结构，分散容量只有正常情况的一半[45]。表面的氧化钒由于排列得特别紧密，其单层分散容量可达7～8 atoms·nm^{-2}[45]。载体中的一个例外是 SiO_2，由于 SiO_2 与表面金属氧化物的相互作用很弱，因此其单层分散容量仅为1～3 atoms·nm^{-2}[45]，几乎无法形成单层结构，而是以体相聚合态为主。

负载金属氧化物的结构很容易受到空气中水分子的影响而发生变化，在暴露空气的情况下表面负载的金属氧化物的物种是水合的，水合表面物种的分子结构取决于表面水层零电点时的pH[62～65]，并且与相同pH水溶液中对应的金属含氧酸盐的聚合结构类似。在脱水条件下表面物种的结构会发生很大变化，以负载型氧化钼为例，脱水后除原来的聚合物种外，又形成了只有一个端基Mo═O键的高度扭曲的独立结构[如

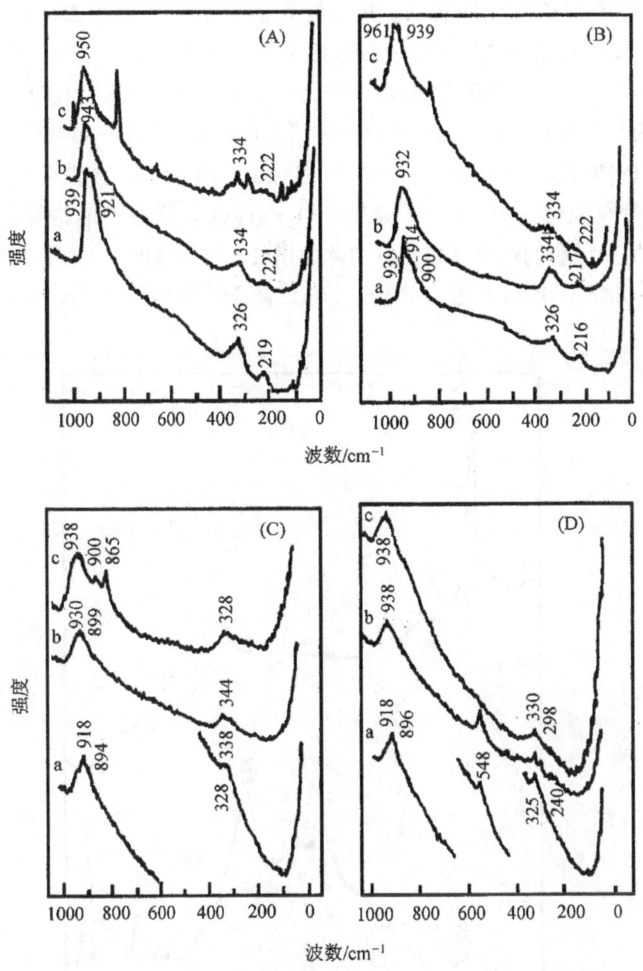

图 8-9 不同 pH 值浸渍所得质量分数为 8% MoO_3/Al_2O_3[(A)pH = 6;(B)pH = 11]和质量分数为 3% $MoO_3/\gamma\text{-}Al_2O_3$[(C)pH = 6;(D)pH = 11]的拉曼光谱[54]

a. 湿态;b. 393 K 干燥;c. 773 K 焙烧

$(Si—O—)_3Mo═O$],导致 M═O 对称伸缩振动峰向高波数方向位移了 50 ~ 60 个波数,再次水合后该峰又可逆恢复到原来的波数位置。在脱水和水合过程中 Mo═O 对称伸缩振动峰在 900 ~ 1000 cm^{-1}范围内可逆变化[45, 66~67],这是由于水的吸附改变了表面钼物种的结构,因此改变了 Mo═O 对称伸缩振动峰的频率位置。为了更深入地从本质上了解氧化钼催化剂结构与拉曼谱峰的关系,Wachs 等[68~72]在总结了大量数据的基础上对 M═O伸缩振动峰的峰位与键级和键长的关系给出了经验公式。

对其他类型氧化物(如 V_2O_5、CrO_3、MoO_3、WO_3、Nb_2O_5、Re_2O_7)的研究也发现了类似的结果。图 8-10 给出水合和脱水状态下 V_2O_5/SiO_2 催化剂的拉曼光谱,水合V_2O_5/SiO_2是由 V—O—V 桥键相连形成的二维高度扭曲的正四面体 VO_5 单元聚合体,且通过六个

Si—OH—V 氢键稳定于氧化硅表面。其拉曼光谱显示特征的 $V_2O_5 \cdot nH_2O$ 谱峰，端基 V ═O键(1026 cm^{-1})，桥式 V—OH—V 和/或 V—O—V 键[反对称伸缩振动(674 cm^{-1})，对称伸缩振动(524 cm^{-1})和弯曲振动(227 cm^{-1})]和一个 $V_2O_5 \cdot nH_2O$ 的晶格振动(168 cm^{-1})。脱水状态下 V_2O_5/SiO_2 催化剂给出的孤立$(Si—O—)_3V$ ═O 物种的拉曼光谱，显示了端基 V ═O 键(1045 cm^{-1})和 VO_4 单元(355 cm^{-1})的存在。在脱水 V_2O_5/SiO_2 催化剂的拉曼光谱中没有观察到 V—O—V 键和 $V_2O_5 \cdot nH_2O$ 晶格振动的谱峰。在 1070 cm^{-1}、920 cm^{-1}和 490 cm^{-1}弱的谱峰是氧化硅载体的谱峰，与负载的 V_2O_5 物种无关。水合和脱水 V_2O_5/SiO_2 催化剂的拉曼光谱结果表明了在暴露于不同的环境后表面金属氧化物物种的变化。

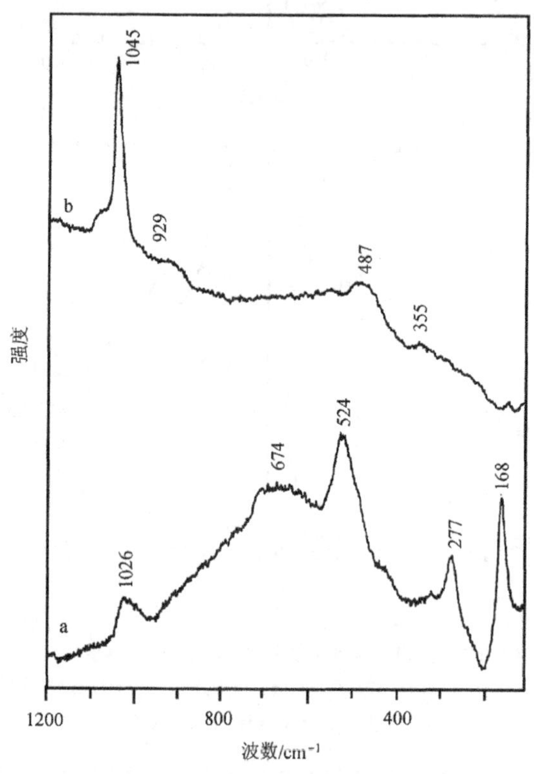

图 8-10 水合(a)和脱水(b)状态下 V_2O_5/SiO_2 催化剂的拉曼光谱[73]

第 VIII 族负载型过渡金属(Fe、Co、Ni 等)氧化物的拉曼光谱与第 V ~ VII 族元素的完全不同，结构中没有端基 M ═O 键，因此波数最高的谱峰出现在 500 ~ 800 cm^{-1}处，谱峰强度也明显减弱。另外，与 V ~ VII 族金属氧化物相比，第 VIII 族负载型金属氧化物在水合和脱水过程中拉曼光谱并不发生变化[74~76]。

最近的文献主要报道了在不同反应气氛下，负载型金属氧化物分子结构和氧化态的变化。原位研究对于了解氧化物的结构与催化活性、选择性的关系是十分重要的。早期的原位拉曼光谱研究在还原气氛下负载型氧化物的结构变化。如 MoO_3/Al_2O_3 是商品化的加氢脱硫催化剂，氧化钼物种在 H_2/H_2S 气氛下会导致二维的表面氧化钼物种还原为钼氧硫物种并最终形成 MoS_2 的晶相结构[77]，负载在 TiO_2 上的 V_2O_5 被用于二甲苯选择氧化为邻苯二甲酸酐和用 NH_3/O_2 选择催化还原 NO_x 的催化剂。V_2O_5 的小晶粒被 H_2 还原为 V_2O_3，在 O_2 气氛下又被重新氧化为 V_2O_5[78]。

原位拉曼对金属氧化物的光谱研究主要集中在氧化反应中其结构的变化。在两个可比较的氧化反应的研究中可以很好地观察到，不同反应环境对 SiO_2 负载的表面钼物种的影响，如图 8-11。脱水条件下氧化硅负载氧化钼的拉曼光谱在 980 cm^{-1}左右给出孤立的表面钼物种的 Mo═O 端基振动，800 cm^{-1}、600 cm^{-1}和 500～300 cm^{-1}左右的谱峰为氧化硅载体的拉曼谱峰。在甲烷氧化反应中，表面钼物种保持了脱水状态的含有一个端基 Mo═O 键的结构[图 8-11 中 a 和图 8-11 中 b]；而在甲醇氧化的反应中[80]，表面的钼物种转化为晶相的 β-MoO_3 颗粒(894 cm^{-1}、842 cm^{-1}和 768 cm^{-1})，这是由于在反应气氛下形成了可移动的 Mo-OCH_3 物种。用与表面物种作用较强的 Al_2O_3 代替相互作用较弱的 SiO_2，在甲醇氧化反应中表面物种的性质也会改变[81]。以上研究表明可以使用原位拉曼技术在真实工作条件下，研究不同的反应气氛和载体相互作用对表面活性相结构的影响。

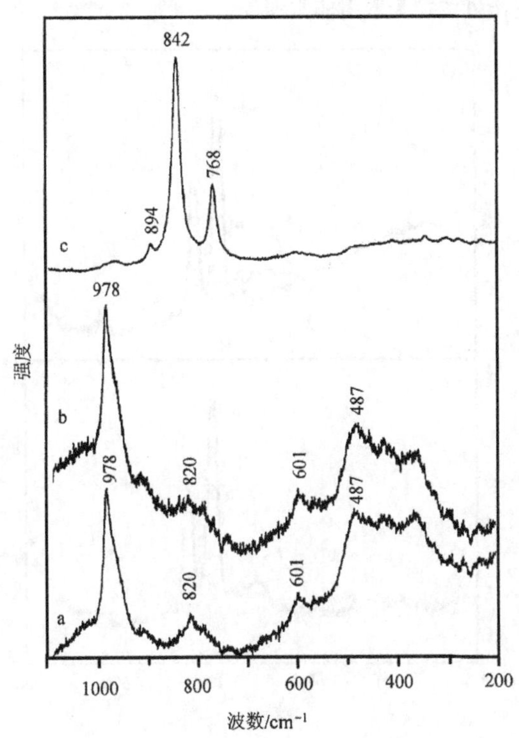

图 8-11 MoO_3/SiO_2 的原位拉曼光谱[79]

a. He/O_2 气氛下 500℃脱水；b. 500℃下甲烷氧化；c. 300℃下甲醇氧化

拉曼光谱在负载型金属氧化物的研究中发挥了很重要的作用，不但得到了表面物种的结构信息，而且能将结构与反应活性和选择性进行很好地关联，这在催化研究中是非常重要的。但是，由于载体一般有很强的荧光干扰，使一些氧化物，特别是低负载量氧化物的常规拉曼光谱研究遇到了很大的困难。

8.4.3 负载型金属硫化物

负载型硫化钼、硫化钨催化剂是由相应的负载型金属氧化物在 H_2/H_2S 气氛下程序升温制得的，在工业上主要用作加氢精制催化剂。在这样的工业条件下，二维表面金属氧化物转变为二维或三维金属硫化物。与负载金属氧化物相比，负载金属硫化物的拉曼光谱研究相对较少，这是由于黑色的硫化物相对可见光的吸收较强，导致信号较弱。然而拉曼光谱能较易检测到小的金属硫化物微晶。图 8-12 给出了非负载的晶相 MoS_2 的拉曼光谱，在 380 cm^{-1}和 405 cm^{-1}处出现两个归属为晶相 MoS_2 E_{2g}^1和 A_{1g}的谱峰，而负载型晶相硫化钼的谱峰比晶相硫化钼的谱峰宽得多[82]。钴助剂的加入导致硫化钼的谱峰发生位移，强度减弱，这是由于 Co—Mo—S 相以及黑色的 Co—S 相的形成造成的[83~84]。拉曼光谱还没有被用于表面二维结构的硫化钼的研究，也未能得到 Co—S 和 Ni—S 相的拉曼光谱，因为这些物种的拉曼散射非常弱。

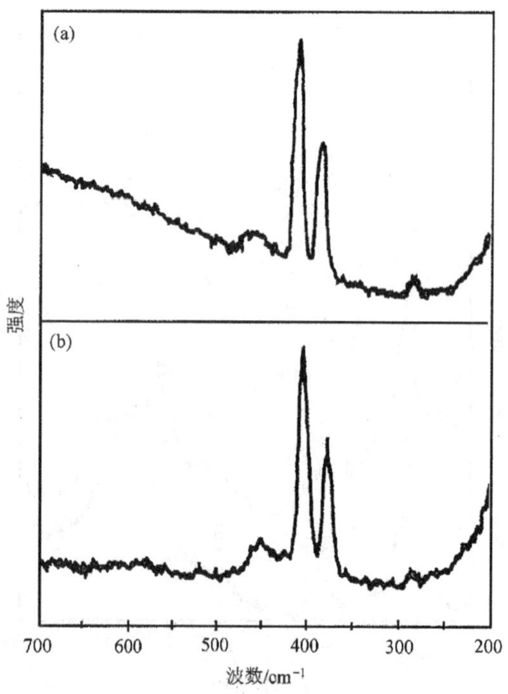

图 8-12 非负载 MoS_2 的拉曼光谱[82]

(a) 暴露于空气中；(b) 氩气氛中

8.4.4 分子筛

沸石型分子筛和分子筛型无机微孔材料在催化、吸附和离子交换等领域中有广泛的应用。其中在催化领域中，分子筛被用于裂解、异构化、烷基化、聚合、脱氢、羰基化、芳构化等很多重要的工业催化过程中。

Angel于1973年第一次将拉曼光谱用于分子筛骨架研究[85]，迄今为止，天然和合成分子筛骨架研究已经得到了很大的发展。以下主要介绍对分子筛骨架结构的拉曼光谱的表征工作。

8.4.4.1 分子筛的骨架振动

分子筛拉曼光谱的最强峰一般出现在300~600 cm^{-1}，该峰被归属于氧原子在面内垂直于T—O—T键(T指Si或Al)的运动[86~88]。人们通过对各种不同分子筛的研究，总结出了 $\nu_{s(T—O—T)}$ 的频率与分子筛的结构单元如：环大小，平均T—O—T键角和Si/Al之间的对应关系[87]。

一般来说,较小的环对应于较高的 $\nu_{s(T—O—T)}$ 频率。只含有偶数环(4MR、6MR、8MR、10MR、12MR)的分子筛该谱峰出现在500 cm^{-1}处。含有五元环的分子筛 $\nu_{s(T—O—T)}$ 的谱峰出现在390~469 cm^{-1}，具体位置取决于分子筛的环的种类。例如,Ferrierite含有5、6、8和10元环，该峰出现在430 cm^{-1}。MFI和MOR含有4、5、6、8、10和12元环，该谱峰出现在390 cm^{-1}和460 cm^{-1}[87]。表8-1给出一些常规分子筛的T—O—T振动频率和其相应的环数。

表8-1 一些常规分子筛的T—O—T振动频率和其相应的环数[87]

样品	带位/cm^{-1}					
	T—O—T弯曲振动				T—O—T对称伸缩振动	T—O—T非对称伸缩振动
	8MR	6MR	5MR	4MR		
NaX		290, 380		508		995, 1075
NaY		305, 350		500		975, 1055, 1125
NaA	280	338, 410		488	700	977, 1040, 1100
L	225	314		498	800	986, 1098, 1125
ZSM-5		294	378	440, 470	820	975, 1028, 1086
MOR	240		405	470, 482	812	1145, 1165
Beta		336	396	428, 468		1064, 1120

$\nu_{s(T—O—T)}$ 谱峰的位置也依赖于T—O—T的键角。较大的键角使T—O—T键的力常数下降，导致 $\nu_{s(T—O—T)}$ 谱峰向低频率位移。Dutta等[86]研究了拉曼谱峰和分子筛结构T—O—T键角的关系，表8-2和图8-13给出了他们的研究结果。$\nu_{s(T—O—T)}$ 谱峰的位置同时也依赖于交换阳离子的种类。在TlA-KA-NaA-LiA系列分子筛中，从TlA到LiA分子筛 $\nu_{s(T—O—T)}$ 谱峰频率从482 cm^{-1}增加到497 cm^{-1}[89~90]。这是由于电子效应，即较小的阳离子对骨架的弯曲有较强的诱导作用，使得T—O—T键有较小的键角，从而使 $\nu_{s(T—O—T)}$ 谱峰出现在较高的频率。

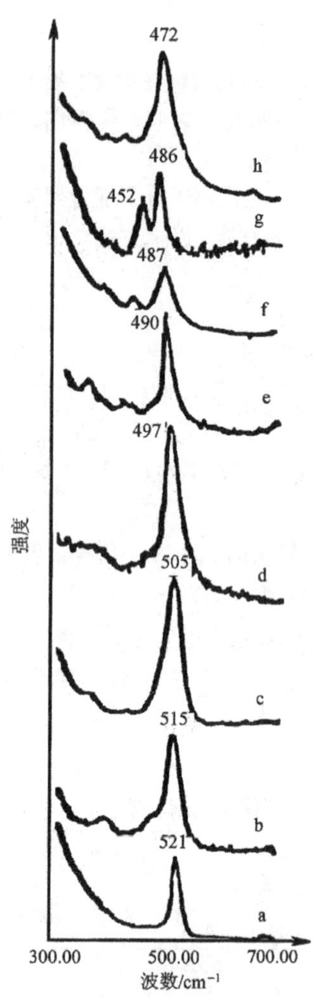

图 8-13　不同分子筛的拉曼光谱[86]

a. Cs-D; b. Na-X; c. Na-Y; d. Li-A; e. Na-A; f. Na-P; g. K-R;

h. synthetic magadiite; 激光线为 457.9 nm; 狭缝宽度为 6 cm^{-1}

表 8-2　一些常规分子筛的拉曼振动频率和其相应的 T—O—T 键角[86]

分子筛	拉曼谱峰/cm^{-1}	T—O—T 键角/(°)
Cs-D	521	136.1
Na-X	515	139.2
Na-Y	505	142.2
Li-A	497	141.2
Na-A	490	148.3
Na-P	487	147.6
K-R	486	146.8
Magadiite	472	151

一般分子筛的基本结构单元是 SiO_4 和 AlO_4 四面体，骨架中每个氧原子都为相邻的两个四面体所共有，这些基本结构单元按一定组合和排列方式形成不同结构的分子筛[91]。事实上，对于硅铝分子筛，其环数和 T—O—T 键角不同的最直接原因是铝原子的插入。因此，Si/Al 是影响分子筛拉曼振动频率的一个很重要的因素。八面沸石中掺杂少量的铝会导致在 298 cm^{-1}、312 cm^{-1}、492 cm^{-1}和 510 cm^{-1}的拉曼谱峰宽化，这是由于 Al^{3+} 离子在骨架中的随机分布引起的[92]。当铝含量高时，具有拉曼活性的谱峰发生明显位移，强度明显增强。这一效应对于在 500 cm^{-1}左右的反对称伸缩振动模式最为显著。Dutta 及其合作者们[92~93]在 A、X 和 Y 型分子筛中观察到了这类谱峰位移。如图 8-14 所示的[92]，在纯硅八面沸石拉曼谱图中，对应于 141°和 147°的 Si—O—Si 键角的强而锐的谱峰 480 和 510 cm^{-1}，随着 Si/Al 的增加而逐渐宽化并向高频轻微移动。

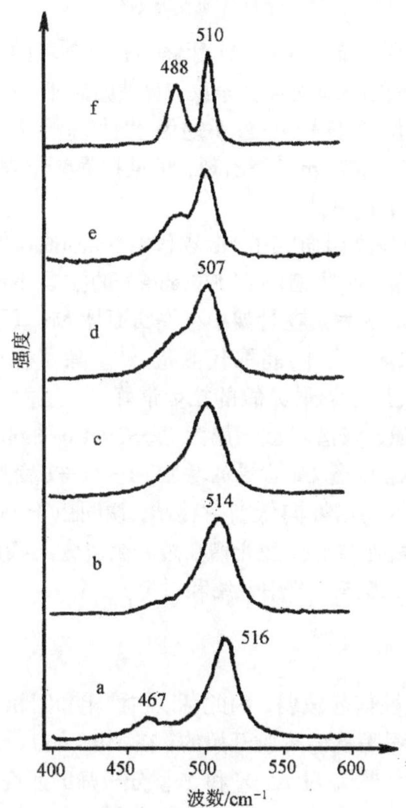

图 8-14 Si/Al 比不同的八面沸石的拉曼光谱图[92]

a. 1; b. 1.3; c. 2.6; d. 3.3; e. 4.5; f. ∞

在 850 ~ 1210 cm^{-1}区域出现的拉曼谱峰一般被归属于 Si—O 键的伸缩振动峰。不同位置的 Si—O 键的键长不同，因此与相邻 Al—O 键的偶合程度不同。较大的 T—O—T 键角(Si—O 键键长较短)相邻的 SiO_4 和 AlO_4 的偶合程度较大，因此使 Si—O 键的频率增加和 Al—O 键的频率降低。在 NaA 分子筛中，三个不同频率的 Si—O 键的伸缩振动峰被归属于晶格中不同的氧原子，被称为 O_1、O_2 和 O_3 的位置[90, 94]。在 X 型分子筛中 954 到 1066 cm^{-1}的四个谱峰被归属于四个不同位置的晶格氧[92]。

对于大多数分子筛，在 600 cm^{-1}和 850 cm^{-1}以及低频部分的谱峰几乎没有什么鉴定结构的价值。703 cm^{-1}和 738 cm^{-1}的谱峰首先被归属为 A 型分子筛的 Al—O 反对称伸缩振动模式[94]。在 ZSM-5 拉曼图中，在 800 cm^{-1}和 900 cm^{-1}可明显观察到归属为 Si—O 对称伸缩振动的谱峰[95]。在八面沸石分子筛中，在 750 ~ 900 cm^{-1}范围内有一组三个或四个谱峰对离子交换比对 Si/Al 更为敏感，这些谱峰与四面体笼中 Si 原子的运动有关[92]。A 型分子筛在低波数处的两个拉曼谱峰 337 cm^{-1}和 410 cm^{-1}，对 Si/Al 和除 Li^+ 以外的其他离子交换都不敏感，因此它们被归属为双环的扭曲和环呼吸运动[96]。

8.4.4.2 杂原子分子筛

过渡金属杂原子分子筛的研究中一般用 960 cm^{-1}谱峰的增强来证明骨架杂原子的存在[97~99]。迄今为止该峰的归属尚存在争议，曾被归属于 Ti ═O 键、Ti—O 伸缩振动、硅羟基、与钛相关的缺陷位或 Ti—O—Si 桥键等[100~104]。非骨架的钛物种(锐钛矿)的谱峰在 144 cm^{-1}、390 cm^{-1}和 627 cm^{-1}处出现，可见拉曼光谱对非骨架钛物种非常灵敏。也有对其他杂原子分子筛的研究[105]。

Prakash 和 Kevan 用拉曼光谱研究了 Nb 取代的 Silicalite-1[106]。拉曼谱图在 930 cm^{-1}和 970 cm^{-1}给出两个谱峰，这些谱峰在 Silicalite-1 的拉曼谱图中并不存在，可归属为 Nb—O—Si 的伸缩振动，被认为是在骨架中存在四面体 Nb 原子的证据。Kosslick 等也研究了 MFI 分子筛骨架的 Ge 原子同晶取代效应[105]。除了在 350 ~ 400 cm^{-1}观察到对 Si—O—Si或 Si—O—Ge 变形振动最灵敏的拉曼谱峰外，还发现 685 cm^{-1}的拉曼谱峰随着 Ge 含量的增加逐渐增强，该谱峰被归属为 Si—O—Ge 的对称伸缩振动，对应于分子筛骨架中四面体配位的 Ge。随着 Ge 含量的增加，T—O—T 变形振动谱峰向高波数移动，而 Si—O—Si 的对称伸缩振动谱峰向低波数移动，说明由于 Ge 的掺杂引起了 T—O—T 键角的减小。最近，利用紫外共振拉曼光谱在过渡金属骨架杂原子表征研究中取得了重要进展，详细内容在后面 8.5.5.3 节中介绍和讨论。

8.4.4.3 分子筛的合成

由于水溶液本身的拉曼信号较弱，因此可以在液相和固相同时跟踪分子筛的合成过程。如果分子筛的合成过程是从硅溶胶开始的，在 450 ~ 460 cm^{-1}出现一个宽峰，被归属于玻璃态硅的拉曼光谱[107~109]。对 A、X 和 Y 型分子筛的研究表明，在液相中首先探测到 620 cm^{-1}的谱峰，被归属于 $Al(OH)_4^-$ 的拉曼峰[108~112]。随时间延长该峰消失，说明 Al 很快进入了固相。同时,在液相中出现了 780 cm^{-1}的强峰和 441 cm^{-1}和 919 cm^{-1}的弱峰，这是典型的单聚硅物种[$SiO_2(OH)_2^{2-}$]的特征峰。在 601 cm^{-1}和 1025 cm^{-1}出现的弱峰是二聚硅物种的特征峰[109, 110, 112]。这些数据表明，在最初的合成阶段铝离子进入到固相中而硅离子释放到溶液中。

在晶化过程的最初阶段固相溶胶的拉曼光谱在 460 cm^{-1}、800 cm^{-1}和 1000 cm^{-1}出现了谱峰，表明固相仍处于无定型状态。对 Y 型分子筛的研究表明，首先在低波数区出现了 440 cm^{-1}和 361 cm^{-1}的谱峰，说明形成了六元环。随后在 500 cm^{-1}出现了谱峰，说明带有四元环的方钠石结构形成了[109]。对于 A 型和 X 型分子筛，500 cm^{-1}左谱峰的出现说明在最初阶段形成了四元环[108]。

在 Mordenite 和 ZSM-5 的合成过程中，最初出现的仍然是玻璃态的硅物种。ZSM-5 的合成过程中，新峰只有在晶化以后才会出现[107]。Mordenite 分子筛最初出现的是 495 cm^{-1}，说明形成了四元环的结构。随后出现了 402 cm^{-1}和 465 cm^{-1}的宽峰，证明有五元环的结构出现[107]。

Dutta 等[113]详细研究了 A 型分子筛的合成，包括溶胶的形成及其晶化过程。图 8-15 清楚的显示了 A 型分子筛的拉曼谱峰 336 cm^{-1}、407 cm^{-1}、491 cm^{-1}、700 cm^{-1}、733 cm^{-1}、745 cm^{-1}、970 cm^{-1}、1040 cm^{-1}和 1102 cm^{-1}随晶化时间的变化。图 8-15 中 504 cm^{-1}的拉曼谱峰相应于 XRD 表征的由 SiO_4 和 AlO_4 四面体随机无序构成的四元环无定型溶胶。在溶胶向晶相转变过程中，450 cm^{-1}、847 cm^{-1}、和 960 cm^{-1}拉曼谱峰强度下降，504 cm^{-1}和 496 cm^{-1}的谱峰发生位移。504 cm^{-1}谱峰向低波数方向位移表明胶体和 $Al(OH)_4^-$ 离子相互作用构成了间隔的四元环结构，并在成核过程中形成了 A 型分子筛的晶核。

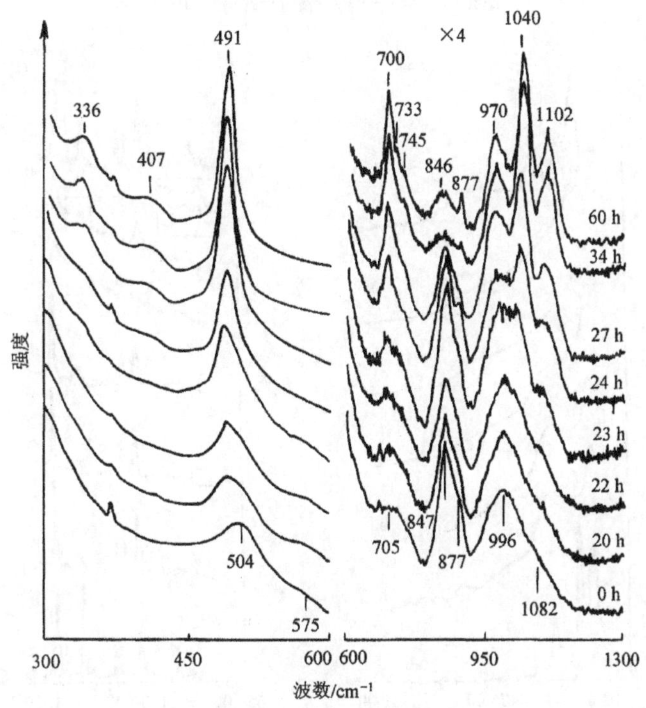

图 8-15 A 型分子筛合成过程中不同晶化时间的拉曼光谱[113]

以 8.6 Na_2Ol$Al_2O_3$1$SiO_2$556H_2O 作为初始材料

Dutta 等[109]研究了 Y 型分子筛晶化过程中液相和固相的拉曼光谱，并探索了老化时间的影响。在最初晶化时，首先在 620 cm^{-1}观察到强的拉曼谱峰。在老化 6h 后，在 780 cm^{-1}出现强的拉曼峰，并在 441 cm^{-1}和 919 cm^{-1}观察到弱的拉曼峰，这些是单一

$[SiO_2(OH)_2^{2-}]$物种的特征谱峰。更长时间的老化后，归属为二聚硅物种的弱谱峰在 601 cm^{-1}和 1025 cm^{-1}出现，这些与 Roozeboom 等[110]的结果相似。在 Y 型分子筛合成的固相拉曼光谱中，440 cm^{-1}和 361 cm^{-1}谱峰是铝矽酸盐六元环的特征谱峰。根据环尺寸和$\nu_{s(T-O-T)}$频率的关系，可以认为在分子筛成核过程中在铝硅相中存在着六元环结构。图 8-16 给出了 Y 型分子筛以这些环作为构建单元的成核过程，这是一个经过四元环形成方钠石笼的过程。

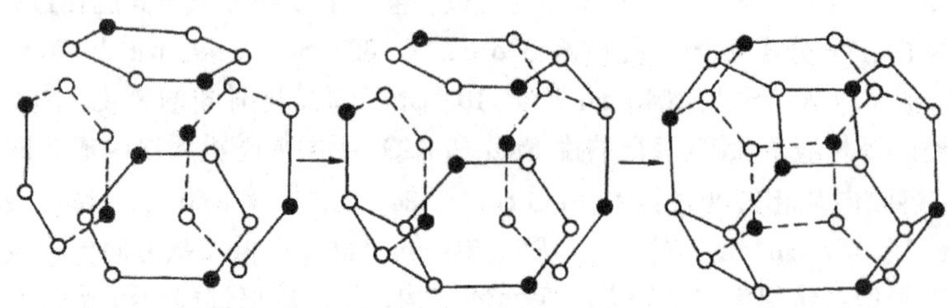

图 8-16　Y 型分子筛成核过程的示意图[109]

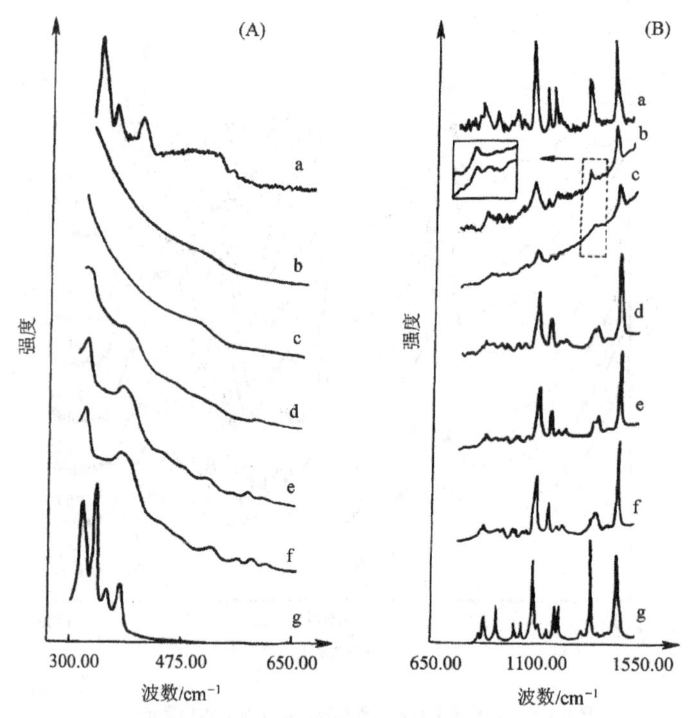

图 8-17　在 300 ~ 650 cm^{-1}(A)和 650 ~ 1550 cm^{-1}(B)两个波段内 ZSM-5 晶化过程各阶段的拉曼谱图[95]

a. 0.5mol·L^{-1}溴化四丙基氨，分子筛晶化各阶段的固体样品；b. 1d; c. 3d; d. 4d; e. 6d; f. 9d; g. 溴化四丙基氨晶体

Dutta 等[95]还研究了 ZSM-5 的合成过程。图 8-17(A)和图 8-17(B)显示了在 300 ~ 650cm^{-1}和 650 ~ 1550 cm^{-1}区域内固相晶化过程中各阶段的拉曼谱图。最初在低波数区，可观察到归属为硅铝骨架的一个宽的谱峰 460 cm^{-1}，这是在早期合成阶段最有显著特征的拉曼谱峰，是典型的无定型或玻璃硅的特征峰，被归属为五或六元环的 $\nu_{s(Si—O—Si)}$。在加热 4d(天)后，XRD 可检测到晶相的生成，此时固相的拉曼光谱也有很明显的变化，硅铝分子筛骨架的 373 cm^{-1}、432 cm^{-1}、473 cm^{-1}和 820 ~ 832 cm^{-1}谱峰强度明显增加。在 A 和 Y 型分子筛合成的中间阶段，在 500 cm^{-1}出现了归属为四元环的谱峰，这在 ZSM-5 的合成过程中没有观察到，表明五元环是最初的原始结构，而不是四元环。

在分子筛科学发展的过程中，拉曼光谱远不如红外光谱应用的那样广泛。一方面拉曼散射强度的本征灵敏度较低；另一方面分子筛样品的荧光干扰很强，所以很难得到信噪比很好的拉曼光谱。分子筛样品的荧光主要来自过渡金属离子(例如 Fe^{3+}、Cr^{3+} 和 Mn^{2+})、有机物杂质和含铝分子筛的酸性位等[114]。过渡金属杂质所导致的荧光可以通过使用纯度较高的原料来克服；可通过氧化过程或强光照射降低有机物杂质引起的荧光；通过焙烧也可以减弱酸性位引起的荧光干扰。但是荧光干扰仍然是分子筛拉曼表征的最主要问题。

8.4.5 表面吸附研究

1970 年和 1971 年，Hendra 和 Loader 等[115 ~ 117]报道了在硅和硅铝化合物表面的 CCl_4、Br_2 和 CS_2 等物种吸附的拉曼光谱，首次研究了化学吸附和物理吸附对化合物特征振动模式的影响。

随后一些研究小组[118 ~ 120]以吡啶为探针对氧化物表面的酸性进行了研究。这是对吡啶在氧化物表面的化学吸附和识别 Brönsted 和 Lewis 酸的红外研究的补充。可监控的谱峰包括吡啶在 1000 cm^{-1}左右的环振动和在 3000 cm^{-1}左右的 CH 伸缩振动。吸附态吡啶的光谱，包括它们的谱峰宽度，位置和相对强度，是通过与液态吡啶的光谱相比较而归属的。吡啶和氧化物表面的相互作用程度是通过 Lewis 酸配位物种的振动位置来显示的。如液态吡啶的 C—N 伸缩振动在 991 cm^{-1}，在 TiO_2 上吸附后位移到 1016 cm^{-1}，在 Al_2O_3 上吸附后位移到 1019 cm^{-1}，在 SiO_2-Al_2O_3 上吸附后位移到 1020 cm^{-1}，在 Al_2O_3 上吸附后位移到 1019 cm^{-1}。早期拉曼光谱研究 Al_2O_3 表面的吸附包括硝基苯、石蜡和腈(CH_3CN、C_2H_5CN 和 C_6H_5CN)[122, 123]。石蜡和腈在 Al_2O_3 表面上在 25℃的反应可能是第一个表面物种随反应时间变化的拉曼光谱研究。

Angell[123]用拉曼光谱研究了 CO_2、丙烯、乙腈和丙烯酸在 A、X 和 Y 型分子筛上的吸附。这些分子吸附后的拉曼谱峰与其液态的拉曼谱峰基本相似。仅是丙烯的 C═C 伸缩振动频率和乙腈的 C≡N 伸缩振动有很大的差别，这正是吸附效应的显示。

Schede 和 Cheng[119]对 γ-Al_2O_3，不同负载量的 MoO_3/Al_2O_3 和 CoO-MoO_3/Al_2O_3 催化剂的吡啶吸附进行了研究。他们发现表面 Lewis 酸随负载量的不同发生变化，并与表面物种的结构进行了关联。表 8-3 列出了吡啶吸附在 MoO_3/Al_2O_3 和 CoO-MoO_3/Al_2O_3 上的拉曼谱峰位置。Lewis 酸位上配位的吡啶在 1017 cm^{-1}有一谱峰。Mo 负载量从 5% ~ 10% 时，Brönsted 酸位上配位的吡啶在 1047 cm^{-1}有一谱峰。在加入 CoO 后，Brönsted 酸位消失。随着 Mo 含量的增加到晶相 MoO_3 的出现，没有观察到 Lewis 酸性的降低。

表 8-3　吡啶在 MoO_3/Al_2O_3 和 $CoO\text{-}MoO_3/Al_2O_3$ 上吸附的拉曼谱峰位置[119]

样品(负载量)	吡啶吸附物种谱峰位置/cm^{-1}			液态吡啶谱峰/cm^{-1}	
$\delta\text{-}Al_2O_3$	998		1017	991	1032
Mo(1.25)	1000		1017	991	1032
Mo(2.5)	1002	1006	1017	991	1032
Mo(5)	1004	1008	1017	991	1032
Mo(7.5)	1004	1008	1017	991	1032
Mo(10)	1004	1008	1017	991	1032
Mo(15)		1008	1017		
Co(3)Mo(1.25)			1014(弱)		1032
Co(3)Mo(2.5)			1014	991	1032(弱)
Co(3)Mo(5)			1014	991(弱)	1032
Co(3)Mo(10)			1014	991	1032
Co(3)Mo(15)			1014(宽)		1032
Co(0.5)Mo(7.5)			1016	991	1032
Co(1)Mo(7.5)			1016	991	1032
Co(2)Mo(7.5)			1014	991	1032
Co(3)Mo(7.5)			1014	991(弱)	1032(弱)

对其他一些不饱和烃类、卤代烃、噻吩和苯的吸附研究[124~127]表明，表面吸附物种与它们的液相中的拉曼谱图有很大不同。这是由于表面物种与载体的相互作用导致表面物种的对称性发生改变，使一些拉曼非活性的谱峰可以被观察到。通过对拉曼谱峰的分析可以得到表面吸附物种的吸附方式。

关于吸附分子拉曼光谱的研究还包括在金属表面 CO 的吸附研究。例如，在 Ni 单晶表面得到了 CO 的线式和桥式两种吸附[128, 129]。

拉曼光谱的吸附分子研究与红外光谱相比有自己的特点。由于一般载体的红外光谱在 1200 cm^{-1}以下范围内有很强的吸收，而拉曼光谱受载体的影响很小，因此可以在此范围内得到表面物种的拉曼光谱。红外和拉曼光谱可以互补，结合起来可以更好地研究表面物种的结构。但是，吸附分子的拉曼光谱研究远远不如红外光谱开展得那么普遍，这是由于拉曼光谱的原位研究存在一定的困难，其中荧光干扰和灵敏度较低是最大的问题。

8.4.6　原位反应研究

拉曼光谱用于原位反应研究有其独特的优势：

1) 气相光谱的干扰非常弱，因而能在高温高压工作条件下获得的催化剂的原位拉曼光谱。

2) 样品池仅是简单的石英或玻璃池即可。

3）固体吸附剂或载体的拉曼散射一般都很低，特别是最典型的载体氧化物如氧化硅和氧化铝等，能得到低频区表面吸附物种的拉曼光谱。

4）在红外光谱中，高温时遇到的问题是来自样品和样品池的黑体辐射。当用绿、蓝和紫外区的激光作为激发线时，在拉曼光谱上可以避免黑体辐射产生的干扰。

前面已经提过的烯烃部分氧化和氨氧化的催化剂钼酸铋有许多不同的相组成，其中 $Bi_2Mo_2O_9$ 是反应活性相。Glaeser 等[130]第一次报告了烯烃选择氧化原位激光拉曼光谱的研究，提供了催化剂活性位结构识别的信息。他们首先用 1-丁烯、丙烯、甲醇和氨等探针分子还原钼酸铋催化剂，然后用标记的 $^{18}O_2$ 对催化剂进行再氧化，来确定催化剂对丙烯氧化和氨氧化反应的活性中心。他们发现与多功能位上 Bi—O—Bi 相关的孤对电子与 O_2 的化学吸附，还原和解离是有关的。Laskier 和 Schrader[132]用原位拉曼光谱研究了正丁烷氧化催化剂 VPO。他们发现有两种活性中心位，分别对应于完全燃烧和选择氧化。Volta 等[132~134]研究了丁烷氧化过程中的 VPO 催化剂。他们发现 $(VO)_2P_2O_7$ 相在反应条件下是稳定的，而 δ-$VOPO_4$ 相在反应过程中会转变为 α-$VOPO_4$。

CH_4 和 O_2 或 N_2O 在碱性催化剂上氧化耦联可得到 C_2 产品[135]。Dissanayake 等[136]对 Ba/MgO 催化剂的 XPS 研究表明，催化剂的本征活性与其近表面的 O_2^{2-} 离子有很大的关系，用原位拉曼光谱在反应条件下也可检测到过氧离子的存在，其谱峰在 820～850 cm^{-1} 之间[137]。图 8-18 给出了 Ba/MgO 催化剂在 800℃氧气氛下处理后，冷却到不同温度的拉曼光谱图。Ba/MgO 催化剂在 100℃的拉曼光谱在 842 cm^{-1}给出一强谱峰，这一谱峰在纯 BaO_2 的光谱中可以观察到，被归属为 O_2^{2-} 物种的 O—O 伸缩振动。829 cm^{-1}和 821 cm^{-1} 两个弱的谱峰，在纯 BaO_2 的光谱中也可观察到，可归属为处于不同环境的 O_2^{2-} 物种。随着温度的升高，842 cm^{-1}这一主峰向低波数移动且谱峰变宽，强度下降。他们认为谱峰的宽化和强度下降是由于高温条件下无序度的增加和 BaO_2 的降解所致。这种变化和他们的 CH_4 催化性能是一致的。这种 O_2^{2-} 物种在 La_2O_3 和 Na 修饰的 La_2O_3 催化剂上也能

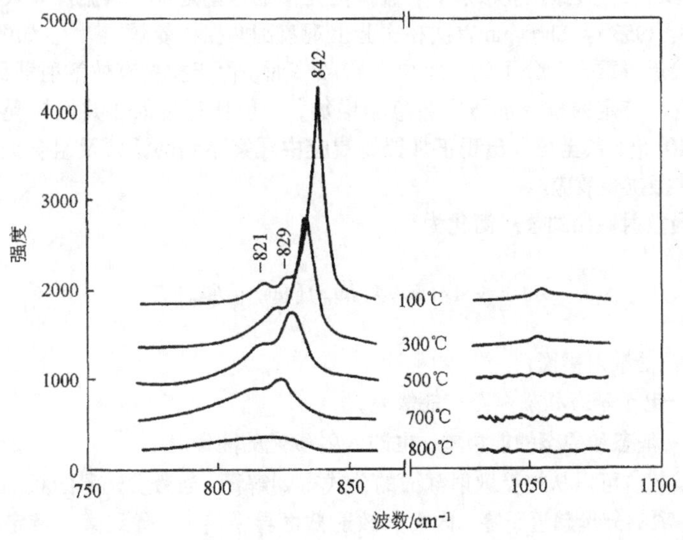

图 8-18 Ba/MgO 催化剂在 800℃氧气氛下处理后，冷却到不同温度的拉曼光谱图[137]

观察到[138]。用激光拉曼光谱表征加入 30% BaO 和 BaX_2 和 Nd_2O_3 催化剂，发现其表面有双氧物种如 O_2^{2-}、O_2^{n-}、O_2 和 $O_2^{\delta-}$ 的存在[139]。双氧物种的产生是由于 Ba^{2+} 取代 Nd^{3+} 离子产生的晶格缺陷所引起的。Nd_2O_3 的甲烷氧化耦联催化活性，特别是 C_2 产品的选择性，由于这种双氧物种的存在得到很大的提高。

Lunsford 等[140~143]用原位激光拉曼光谱详细研究了 BaO/MgO 催化剂上 NO 和 N_2O 的降解反应，他们发现 N_2O 降解的反应步骤为：①N_2O 和表面 O^{2-} 反应给出 N_2 和表面 O_2^{2-} 物种；②两个表面 O_2^{2-} 物种反应给出 O_2 和两个表面 O^{2-}；③O_2 和两个表面 O^{2-} 反应给出非活性的 O_2^{2-} 物种。

近年来，拉曼光谱技术的不断发展，如时间分辨拉曼光谱、共焦拉曼光谱的出现，使得拉曼光谱仪可在原位工作条件下对催化剂的结构变化、活性相的组成、反应中间物等进行检测，在很大程度上拓展了拉曼光谱在催化研究领域的应用。但由于激光导致的样品脱水、相变、部分还原，甚至完全降解等以及荧光干扰和固有的低灵敏度仍然限制了其在原位表征中的进一步应用。

综上所述，常规拉曼光谱已经应用到催化研究中的很多方面，取得了丰富的成果，但仍存在许多的问题。其中荧光干扰和灵敏度较差是阻碍常规拉曼光谱得到广泛应用的最大问题。近年来，在避开荧光干扰和灵敏度方面做了大量探索，已取得重要进展。下面将简要介绍最近这方面的最新进展，特别是介绍本组在紫外拉曼光谱研究方面的工作。

8.5 最新进展

8.5.1 共振拉曼光谱

在正常拉曼光谱实验中，使用的激发线波长远离化合物的电子吸收谱带。当改变激发线的波长并使之接近或落在化合物的电子吸收光谱带内时，某些拉曼谱带的强度将大大增强，这种现象叫共振拉曼效应。共振拉曼光谱的理论是基于共振拉曼效应(resonance Raman effect)。1953 年，Shorygin 首次在实验上观察到共振拉曼效应[144]。如图 8-19 所示，当激发频率接近或重合于分子的一个电子吸收带时，由于拉曼有效散射截面异常增大，则某一个或几个特定的拉曼带强度会急剧增加，一般比正常的非共振拉曼带强度增大 $1\times10^4\sim1\times10^6$ 倍，甚至可以出现正常拉曼效应中观察不到的泛频及组合振动频率的谱峰，这就是共振拉曼效应。

可将拉曼散射截面的公式简化为

$$\sigma \propto 1/(h\nu_0 - h\nu_m)(h\nu_0 + h\nu_m) \tag{8-5}$$

式中：σ——拉曼散射截面；

$h\nu_0$——电子基态和激发态的能级差；

$h\nu_m$——基态和虚态的能级差，也即入射激光的能量。

共振拉曼效应可以从拉曼散射截面的公式得到解释。当激发光源的频率靠近电子吸收带时，第一项的分母趋近于零，因而其散射截面异常增大，导致某些特定的拉曼散射强度增加 $1\times10^4\sim1\times10^6$ 倍。因此，共振效应使拉曼测量有很高的选择性。图 8-20 为激

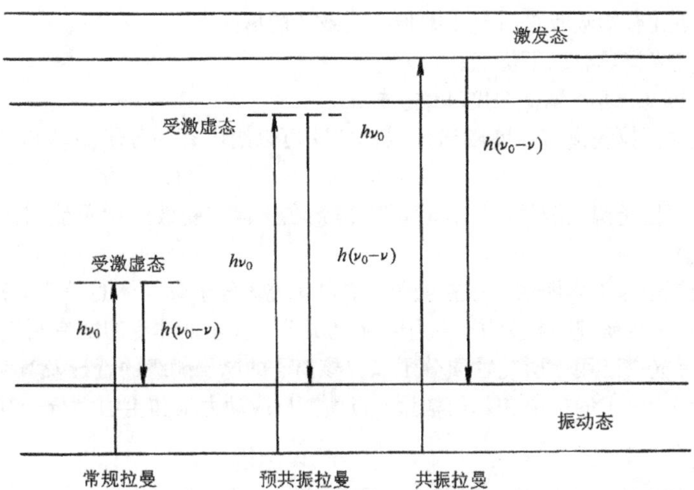

图 8-19　拉曼散射和共振拉曼散射(只绘出斯托克斯跃迁)

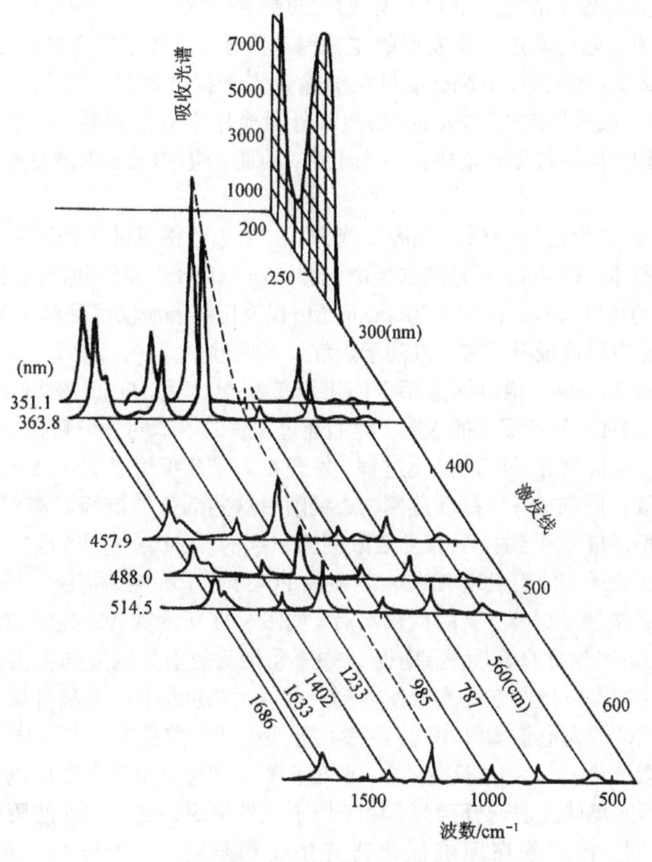

图 8-20　激发波长和共振拉曼的关系[145]

发线波长接近化合物吸收带时产生共振拉曼效应的情况[145]。

共振拉曼光谱具有以下优点：

1）灵敏度高，可检测低浓度和微量样品。

2）通过共振拉曼谱带强度随激发线的关系可以给出有关分子振动和电子运动相互作用的信息。

3）在共振拉曼偏振测量中，有时可以得到在正常拉曼效应中不能得到的关于分子对称性的信息。

4）利用标记分子集团的共振拉曼效应，可研究大分子聚集体的局部结构，因而共振拉曼光谱法已成为研究有机分子、离子、生物大分子甚至活体组织的有利工具。

共振拉曼光谱已用于研究物质分子和多核离子的电子能级的跃迁及其结构、一系列过渡金属络和物分子的构象和几何构型，自由基反应动力学和生物大分子样品的结构等方面。

8.5.2 傅里叶变换拉曼光谱

传统的可见拉曼光谱虽然得到了迅速的发展，被广泛应用于催化研究的各个领域，但荧光干扰一直是阻碍其进一步发展的主要制约因素，而傅里叶变换拉曼光谱(Fourier-transform Raman spectroscopy,FT-Raman)在消除荧光干扰方面具有显著的优越性。由于FT-Raman光谱一般采用波长1064 nm的近红外激光作为激发光源，分子的荧光不被激发，可以避免许多样品拉曼光谱中的荧光干扰，因此，FT-Raman光谱日益受到人们的重视。

FT-Raman光谱以近红外激光为激发光源，并引进了傅里叶变换红外光谱仪中常用的傅里叶变换技术。FT-Raman光谱主要由光源、Michelson干涉仪和检测器组成。其中干涉仪是最重要的组成部件，目前FT-Raman光谱仪使用的干涉仪都是利用FTIR仪器常用的干涉仪，将分束器换成石英型，以利于近红外光透过。

近年来，FT-Raman光谱逐渐应用于催化研究中[146~149]。Huang等[146]用FT-Raman研究了二甲苯在ZSM-5分子筛上的吸附，他们通过观察二甲苯同分子筛孔壁相互作用而引起的谱峰变化，来检测分子筛的晶化过程。发现在二甲苯吸附于ZSM-5分子筛上后，与纯二甲苯的主要不同在C—H振动范围内，吸附后这些部分的谱峰向高频方向位移，这是由于C—H振动模式受到分子筛骨架限制而引起的。Löffler等[150]研究了焙烧和脱水对分子筛骨架的影响，他们发现$AlPO_4$-18和SAPO-34分子筛经焙烧脱水后在拉曼谱图中难以观察到其骨架振动谱峰，吸附微量水后，如图8-21所示其骨架振动谱峰又出现了。

但FT-Raman光谱亦存在明显的不足之处：①因为散射光强度与激发光频率的4次方成正比，采用频率较低的红外光会使检测灵敏度大幅度降低；②红外区的探测器还很不成熟，与可见区的光电倍增管相比，灵敏度至少差两个数量级[151]；③样品的热辐射对红外波段的拉曼光谱有很大的干扰；④一些稀土离子和过渡金属离子的电子态跃迁处于近红外区域，因此仍然无法避开荧光。由于以上这些原因，使近红外波段的拉曼光谱仪的应用受到限制，特别是在原位催化研究中受到限制，因为样品不能升太高温度(<150℃)，许多实用催化剂在近红外区也有荧光。

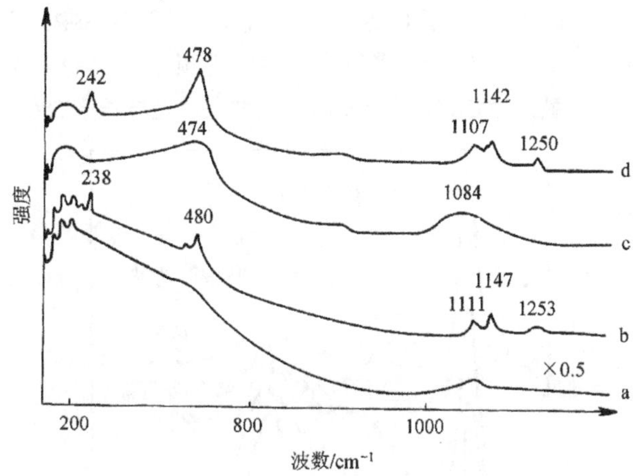

图 8-21 $AlPO_4$-18[a,b]and SAPO-34[c,d]的 FT-Raman 光谱图[150]

a,c. 焙烧脱水；b,d. 焙烧脱水后再部分吸水

8.5.3 表面增强拉曼光谱

自 1974 年 Fleischmann 等[152, 153]首次从电化学池中银电极表面单分子吡啶吸附物种的拉曼光谱中发现表面增强拉曼光谱(surface enhanced Raman scattering,SERS)散射以来，这方面工作发展非常迅速，理论和实验研究均有大量报道，目前已成为拉曼光谱中一个非常活跃的领域。

关于 SERS 的机理，基本上有两种观点：一是强调物理增强为主的电磁机理[154]，认为 SERS 起源于激发光和拉曼散射光被粗糙的金属表面局部电场增强，即 $P=\alpha E$ 中的 E 增大；二是强调化学增强为主的化学吸附机理[155]，认为 SERS 是由于吸附分子与金属之间的电荷转移而引起的分子极化率增加，即 $P=\alpha E$ 中的 α 增大。许多分子都能够产生 SERS 效应，如 Ag、Au、Cu、Fe、Co、Ni、Al、In、Li、Na、K 等，常用的是 Ag、Cu、Al 和 In。获得活性金属表面的方法有溶胶法[156, 157]、电化学还原法[158, 159]、真空蒸馏法[160, 161]、化学沉积法[162]和粉末压缩法[163]等。

早期表面增强拉曼光谱的研究多集中于明确什么材料和条件可得到样品的 SERS 信号，以及对观察到的增强效应的理论解释。近年来，SERS 在催化研究中的应用，拓展了高压条件下固-液和固-气界面吸附和反应的原位研究。但是，利用 SERS 研究所有的金属和金属氧化物表面增强是不可能的，研究最多的是 Ag、Au 和 Cu。在这三种常用的基质上可进行有机分子、SO_2、NO_x、CO、NH_3 和金属氧化物等物质的吸附和反应研究。

Pettenkofer 等[164]用 SERS 研究了多孔 Ag 薄膜上 O_2、N_2 和 CO 的吸附，他们观察到了 N_2 和 CO 增强的拉曼谱带，但 O_2 的拉曼谱带并没有被明显增强。若在吸附吡啶和乙烯以前，在 Ag 表面先吸附少量的 O_2，吡啶和乙烯吸附物种增强的谱带会很大衰减。他们认为这可能是由于 O_2 的存在减少了其他分子在表面的吸附浓度，引起了其他分子的解离，改变了表面形态。

Feilchenfeld 和 Siiman[165]研究了 CrO_4^{2-} 在 Ag 溶胶中吸附的 SERS。图 8-22 显示了吸附的 CrO_4^{2-} 在 600 cm^{-1}到 1000 cm^{-1}范围内随激发光频率变化的表面增强拉曼光谱。Cr—O 键伸缩振动模式最大增强接近 1.1×10^5，此时激发光波长为 580.0 nm。

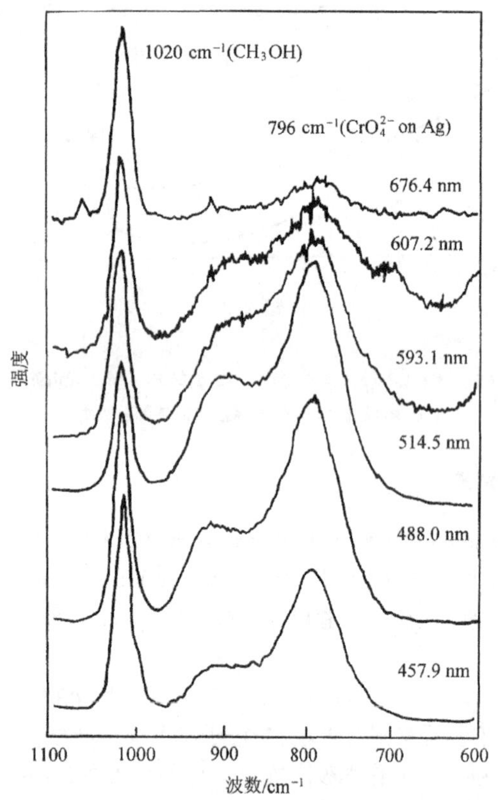

图 8-22　吸附的 CrO_4^{2-} 随激发光频率变化的表面增强拉曼光谱[165]

Tadayyani 和 Weaver[166]报道了在 $HClO_4$ 溶液存在下 Au 电极上 CO 吸附的 SERS。C—O 伸缩振动频率随电极上电压的改变在 2080 cm^{-1}和 2110 cm^{-1}之间变化。没有电压时，C—O 振动频率在 2015 cm^{-1}，这与 CO 在催化剂表面的吸附频率是完全一致的。

SERS 具有极高的灵敏度和选择性等多种独特的优点，从而无论在科学研究或是实际应用等领域中都有其广阔的前景。但是正如前面提到的，由于在 SERS 研究中对样品的制备技术要求很高，对实际催化剂来说是不容易实现的。且能产生 SERS 信号的金属和金属氧化物也是有限的，这些使得 SERS 在催化研究中的进一步应用受到了限制。

8.5.4　共焦显微拉曼光谱

共聚焦技术的原理早在 1957 年就已提出，但是直到 1967 年才被用于光学切片分析。1977 年，该技术开始用于拉曼光谱学。近年来，共焦显微技术才真正在拉曼技术中得到应用[167]。共焦拉曼显微镜的工作原理如图 8-23 所示，即将激光束经入射针孔(H1)聚焦于样品表面，样品表面的被照射点在探测针孔(H2)处成像，其信号由在 H2 后的检测器收集(光路如实线所示)，而当激光在样品表面是散焦时，样品处的大部分信号被 H2 挡住(光路如虚线所示)，无法通过针孔到达检测器。当将样品沿着激光入射方向上下移动，可以将激光聚焦于样品的不同深度，这样所采集的信号也将来自样品的不同深度，实现样品的剖层分析。可以看出这种结构的最大特点就是可以有效地排除来自聚焦平面之外其他层信号的干扰。显微镜头的数值孔径越大，探测针孔的直径越小，仪器的共焦性能就越好[168]。共焦显微拉曼具有如下的优点：①高灵敏度，可用于弱拉曼信号的测量；②共聚焦技术的使用则使显微镜下激光在样品上的焦点准确地通过针孔，从而很大的提高了纵向空间分辨率，可研究直径为 1 μm 的样品，用于原位多层材料测量。同时，共焦显微系统本身还具有较高的水平方向的空间分辨率，而这一分辨率仅取决于显微镜头的放大倍数和所用的激光波长。

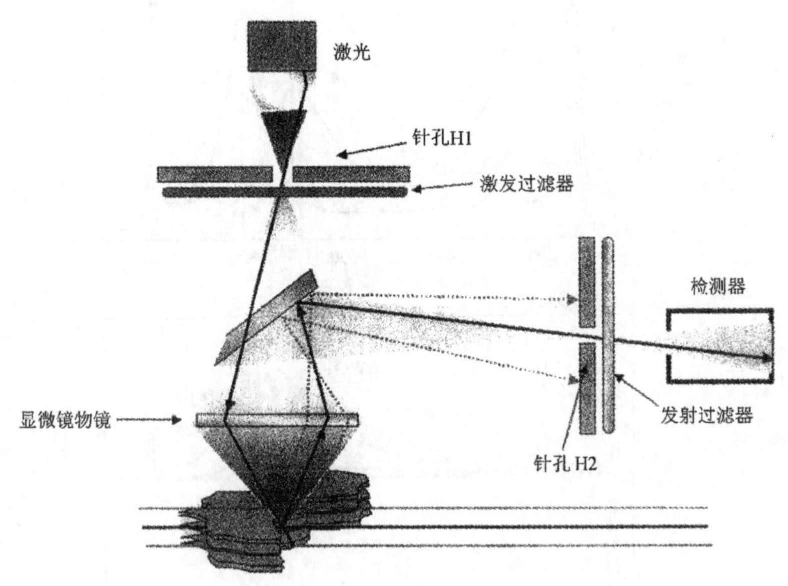

图 8-23 共焦显微拉曼结构示意图

由于共焦显微拉曼具有上述的优点，使其在催化领域的应用逐渐受到关注。利用该技术研究催化剂，可在亚微空间分辨率下检测多相催化剂。钼基混合氧化物催化剂被广泛用于选择氧化反应，SEM-EDX(扫描电境-能量弥散 X 射线)成像表明 Mo、V 和 W 混合氧化物催化剂中几种元素分布是不均一的[169]。混合氧化物催化剂的 XRD 仅给出无定形相的衍射峰，拟合后表明可能有两种物相存在，无定型的 MoO_3 和无定型的 Mo_5O_{14}。Mestl 等[169]用共焦显微拉曼研究了催化剂结构随 Mo, V 和 W 含量变化的变化。他们在 30×30 μm 催化剂区域内获得了 1000 个拉曼光谱，图 8-24(a)给出了这一系列光谱中三个差异很大的光谱图。在所有谱图中，没有观察到正方晶系特征的拉曼谱峰(666 cm^{-1}、820 cm^{-1}和 995 cm^{-1})，而在 984 cm^{-1}、845 cm^{-1}、805 cm^{-1}、696 cm^{-1}和 685 cm^{-1}观察到谱峰的存在。由于 Mo、V 和 W 在这个区域内都有拉曼谱峰，这取决于它们的配位环境和对称性。因而将这些谱峰直接归属于某一特定的物种是不可能的。Mestl 等[169]用化学统计法从 1000 个光谱中模拟得到两个主要组分的光谱图，如图8-24(b)中虚线所示。图 8-24(b)中实线分别为纯晶相 MoO_3、WO_3 和 V_2O_5 的拉曼光谱。分析表明组分 1 的拉曼光谱[图 8-24(b)中上部的虚线]可能是主要含有 Mo 和 W 的缺氧的 $MoWO_{3-x}$结构。组分 2 的拉曼光谱[图 8-24(b)中上部的虚线]相似于 V_2O_5 的拉曼光谱，表明这一组分可能是无定形 V_2O_5 的贡献。综合其他分析方法的结果，作者认为在钼基混合氧化物催化剂中，缺氧的 MoO_{3-x}组分优先在小的高 V 含量样品区域内形成，而 V_2O_5 型氧化物是在具有 Mo 和 W 均匀分布的剩余区域内形成的。

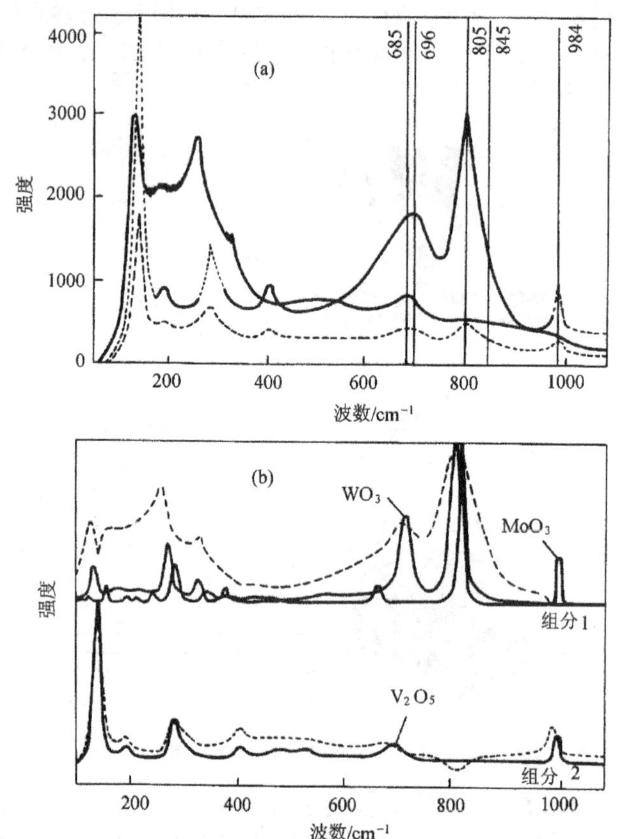

图 8-24 Mo、V、W 混合氧化物催化剂的共焦拉曼显微光谱图(30 × 30 μm)[169]

(a) 在所记录的 1000 个拉曼光谱中三个差异很大的光谱图；(b) 从 1000 个光谱图中用化学计法得到的两个独立的主要组分的光谱(虚线)。作为参考的晶相 MoO_3、WO_3 和 V_2O_5 的拉曼光谱(实线)

田中群等[170]用共焦拉曼显微技术研究了在电催化和燃料电池中有重要意义的甲醇氧化过程。利用共焦显微拉曼可以剖层分析的特点，他们将激光聚焦于电极表面，使得拉曼信号主要来自电极表面吸附物种，而当把激光聚焦在电极表面之上时，拉曼信号则主要来自体相溶液，因而通过改变激光聚焦点与电极表面的距离，他们得到了反应过程中各物种随离电极表面距离 d 变化的浓度梯度关系。实验中，他们不仅检测到该体系发生解离吸附的中间产物(CO)，还同时监测到溶液成分的变化。他们的研究表明，共焦拉曼光谱可以作为一种多功能的界面研究和分析技术。但由于共焦技术的使用，在一定程度上会破坏样品，并且使原位检测催化反应变得困难。

8.5.5 紫外拉曼光谱

从20世纪70年代起，拉曼光谱被应用于催化领域的研究，虽然在负载型金属氧化物、分子筛、原位反应和吸附等研究中取得了丰富的成果，但荧光干扰和灵敏度较低等问题限制了拉曼光谱更为广泛的应用。传统的拉曼光谱一般采用可见激光作为激发光源，由于可见区极易产生荧光，而荧光的强度往往是拉曼强度的几万倍甚至百万倍，因此使用可见激光作为光源的拉曼光谱经常受到荧光的干扰，有时甚至得不到光谱。另外，一些深颜色的样品对可见光吸收很强，也很难得到拉曼光谱。将激发波长从可见区移到紫外区(<300 nm)能够避开荧光的干扰。

物质分子吸收紫外光后，处于电子基态的分子被激发跃迁到一个高于第一电子激发态的虚态能级，从虚态能级直接跃迁回电子基态，即瑞利或拉曼散射过程。从虚态能级通过无辐射跃迁降到第一电子激发态的最低振转能级上，然后通过辐射跃迁回到电子基态，这是荧光或磷光的辐射过程。由于在虚态能级和第一电子激发态之间有一个间隙，所以拉曼信号出现在比荧光波长更短的区域，从而有可能避开荧光干扰，如图8-25所示。我们研究小组于1997年建成国内第一台连续波紫外共振拉曼光谱仪[171]，并将其应用于研究催化研究中长期以来难以解决的问题。对于那些可见拉曼中有强的荧光背景，如硫酸化的氧化锆[172]、催化剂积炭失活[173, 174]、负载型过渡金属氧化物[175]、过渡金属杂原子分子筛[176]、金属氧化物相变[177]等进行了研究并取得了一系列过去文献中从未报道过的新结果。

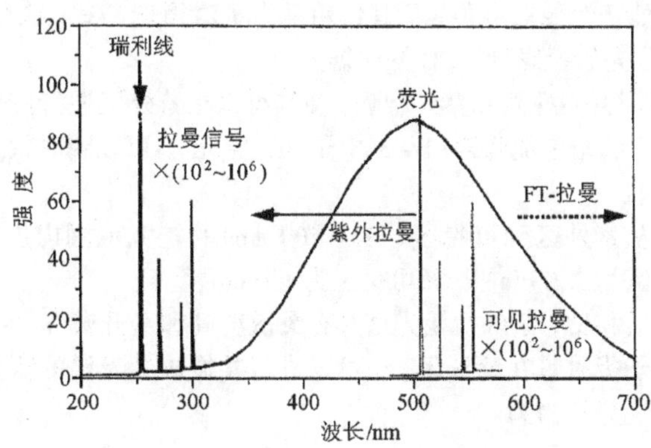

图8-25 紫外拉曼避开荧光干扰的示意图

图8-26为紫外拉曼光谱仪的结构示意图。光源采用的是美国相干(Coherent)公司生产的腔内倍频氩离子激光器(Innova 300 Fred)和KIMMON公司生产的IK-3351R-G氦镉激光器。腔内倍频的紫外激光器是将氩离子激光器的可见激光经腔内BBO晶体倍频后，得

到多条单线的紫外激光，常用的有 514.5 nm 倍频所得的 257.2 nm 和 488 nm 倍频所得的 244 nm 激光线。He-Cd 激光器可以提供 325 nm 的激光输出。

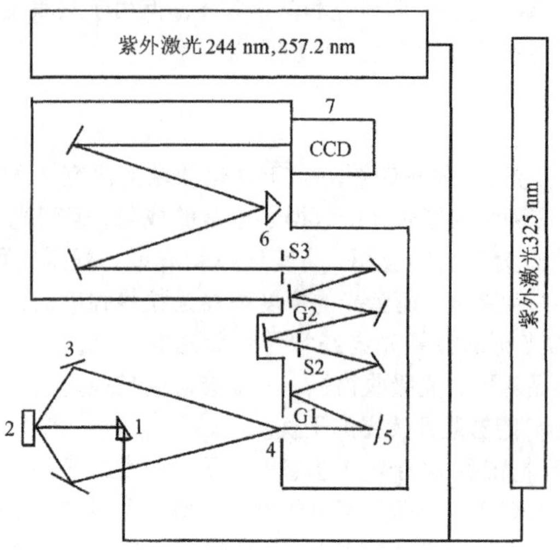

图 8-26　紫外拉曼光谱仪示意图

1. 全反射棱镜；2. 样品；3. 椭球镜；4. 入射狭缝；5. 反射镜；

6. 光栅(G3)；7. CCD 探测器

如图 8-26 所示，外光路系统采用 180°背向散射方式进行信号采集，收集镜采用创新设计的椭圆收集镜，背向散射信号经紫外镀膜的椭球镜反射收集会聚到光谱仪的入射狭缝进入分光系统。

光谱仪为三光栅光谱仪。为适应紫外波段的研究，光栅和反射镜均采用了紫外区的镀膜。前两块光栅处于镜像对称位置，其作用是为了滤掉瑞利线。去除瑞利线的散射光经第三块光栅 G3 分光后投影到 CCD 探测器上。

CCD 探测器采用背向探测和紫外增强，使其可以在紫外区进行信号检测。CCD 采用液氮冷却，具有极低的暗电流噪声[1～3(电子·h)/像元]，可以瞬时快速地采集信号，采集速率可达毫秒级。

该光谱仪可在从紫外区到可见区(200～700 nm)的较宽范围内进行拉曼光谱研究。光谱分辨率在紫外区为 2.0 cm^{-1}，在可见区为 1.0 cm^{-1}。

与常规拉曼光谱相比，紫外拉曼光谱具有灵敏度高和避开荧光干扰等优势，同时由于很多化合物的电子吸收带在紫外区，还可以进行共振拉曼光谱的研究，因此其在催化研究中具有很大的优势和潜力。

8.5.5.1　催化剂积炭失活的研究

催化剂表面的积炭物种主要是一些高度脱氢的含碳化合物，如烯烃、稠环芳烃、石墨前体和石墨等。这些物种的形成机理和表面状态很难研究。虽然拉曼光谱在理论上讲应该是一种理想的表征表面积炭的技术，但由于碳氢化合物有很强的荧光干扰，很难用可见拉曼光谱进行表征。积炭的谱峰主要出现在 1360～1400 cm^{-1}、1580～1640 cm^{-1}和

2900～3100 cm^{-1}三个区域，分别被归属为 C—H 变形振动、C═C 伸缩和 C—H 伸缩振动。通过对这些谱峰的位置和相对强度的分析可以区分烯烃、聚烯烃、芳烃、聚芳烃、类石墨等不同形态的积炭。采用紫外激发线，不但使拉曼散射截面增加，而且有效避开荧光干扰，得到信噪比很好的紫外拉曼光谱。对 ZSM-5 和 USY 在碳氢转化过程中的研究表明两种催化剂的积炭生成动力学过程是不同的[173, 174, 178, 179]。图 8-27 为甲醇在不同分子筛上转化反应过程中积炭物种的紫外拉曼光谱图。在 SAPO-34 的紫外拉曼光谱图中出现了 1414 cm^{-1}、1616 cm^{-1}、1628 cm^{-1}、822 cm^{-1}和 2974 cm^{-1}五个谱峰。其中 1414 cm^{-1}谱峰为 CH_3 的变形振动，1616 cm^{-1}和 1628 cm^{-1}的谱峰为烯烃的 C═C 伸缩振动，2822 cm^{-1}和 2947 cm^{-1}的谱峰分别为 C—H 键的对称和反对称伸缩振动，而在 ZSM-5 和 USY 的紫外拉曼谱图中未检测到 C—H 振动区间的谱峰，表明在 SAPO-34 中形成的积炭物种主要是由富含氢的烯烃和聚烯烃分子组成。ZSM-5 的紫外拉曼谱图中 1425 cm^{-1}和 1615 cm^{-1}谱峰分别归属为芳烃和取代芳烃的 C—H 变形振动和 C═C 伸缩振动，USY 的紫外拉曼谱图中 1604 cm^{-1}谱峰为聚芳烃的 C═C 伸缩振动。这一结果表明 SAPO-34、ZSM-5 和 USY 分子筛在甲醇转化反应中形成了不同的积炭物种，这是由于它们不同的酸性和孔结构所决定的[179]。

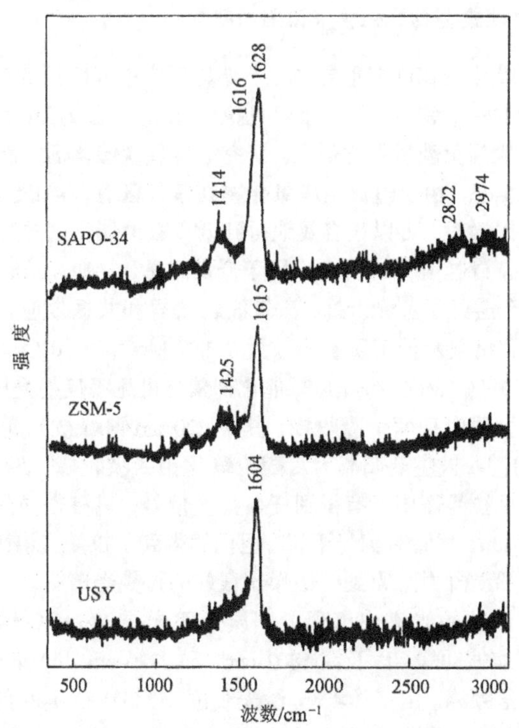

图 8-27 甲醇在不同分子筛上转化反应过程中积炭物种的紫外拉曼光谱图[179]

李灿等[180]还用紫外拉曼光谱考查了不同类型的烯烃分子在分子筛和氧化铝表面的

吸附和反应，并将不同积炭物种和1600 cm^{-1}附近的谱峰相关联，结果如图8-28所示。

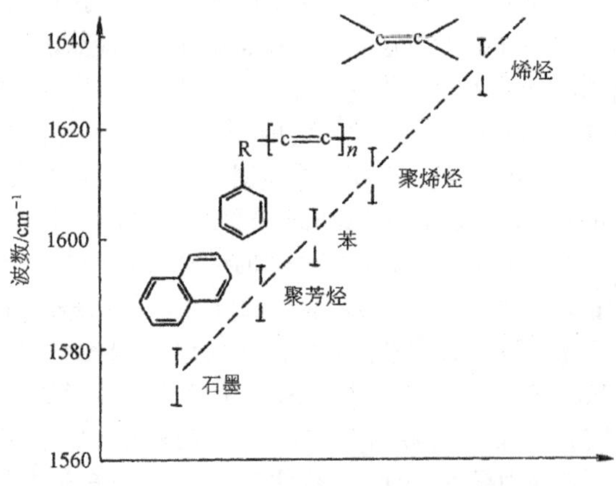

图8-28　催化剂表面积炭物种与拉曼谱峰位置关联图[180]

8.5.5.2　负载型过渡金属氧化物催化剂的研究

负载型过渡金属氧化物在许多重要的工业催化反应中有广泛的应用，因此是传统拉曼光谱研究中很活跃的一个领域。但由于可见拉曼光谱的灵敏度低和荧光干扰问题，以前的研究主要集中在较高负载量催化剂上。研究低负载量催化剂才能够给出表面物种与载体相互作用的直接信息。由于过渡金属氧化物在紫外区有荷电跃迁吸收，因此选择合适的紫外激光进行共振激发，可以很有效地得到低负载量催化剂的紫外拉曼光谱。

李灿等[175, 181]将紫外拉曼光谱研究应用于低负载量 γ-Al_2O_3 负载的氧化钼催化剂的研究中，结果表明由于避开了荧光干扰，激发波长变短和共振效应，使信号灵敏度大幅度提高，甚至可以得到负载量低于质量分数为0.1% MoO_3/γ-Al_2O_3 催化剂的拉曼光谱。图8-29是质量分数为0.1% MoO_3/γ-Al_2O_3 催化剂紫外可见漫反射光谱和拉曼光谱。在紫外可见漫反射光谱中主要出现两个吸收峰，其中220 nm谱峰被归属于四配位氧化钼的吸收峰，而280 nm的谱峰被主要归属为六配位氧化钼的吸收峰。并且发现以488 nm激光线为激发光源的可见拉曼图中没有得到任何拉曼信号，只有很强的荧光背景。激发光源从488 nm移至325 nm，尽管有荧光干扰，但仍然得到了拉曼光谱图。将激发光源移至244 nm则完全避开了荧光干扰，得到了信噪比很好的拉曼光谱图。

244 nm激光激发的拉曼光谱中出现了归属为四配位Mo═O键的325 cm^{-1}和910 cm^{-1}的弯曲和对称伸缩振动峰，以及在1802 cm^{-1}和2720 cm^{-1}归属为Mo═O键对称伸缩振动的二倍频和三倍频峰。由于244 nm激光线位于Mo═O键的荷电跃迁区，共振效应使Mo═O键对称伸缩振动模的基频、倍频和三倍频的谱峰强度同时发生增强，从而得到了传统拉曼光谱无法得到的倍频和三倍频峰。由于325 nm的激发线位于Mo—O—Mo桥键的紫外吸收带，325 nm激光线激发的拉曼光谱中可观察到位于837 cm^{-1}和1670 cm^{-1}的六配位Mo—O—Mo反对称伸缩振动的基频和倍频峰。因此，选用244 nm和325 nm作为激发光源可以有效区分表面钼物种的配位结构。这些结果表明，在极低负载量时四配位和六配位物种同时存在，这与过去高负载量催化剂的研究结果不同，以前推测认为在低负载量时只有四配位氧化钼存在。另外，由于紫外共振拉曼增强效应，使得极低负载量氧化物催化剂的研究成为可能。

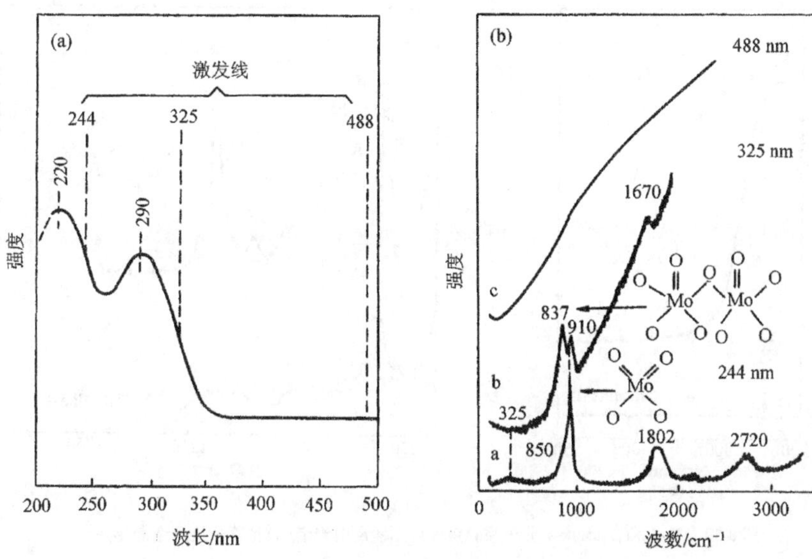

图 8-29 质量分数为 0.1% $MoO_3/\gamma\text{-}Al_2O_3$ 催化剂紫外可见漫反射光谱(a)和紫外拉曼光谱(b)[175]

李灿等[181]还利用紫外拉曼光谱研究了负载型 MoO_3 催化剂的制备和焙烧过程，结果表明在湿润状态时表面物种的配位结构不仅与浸渍液的 pH 有关，而且与载体的性质有关。在焙烧后，几乎所有催化剂的表面钼物种都发生了聚合，导致四配位物种的减少和六配位物种的增加。他们用紫外拉曼光谱灵敏地检测到担载氧化钼物种随载体表面 pH 改变而发生的配位状态的变化，发现表面 pH 是决定表面钼物种配位结构的重要因素。由于绝大部分过渡金属氧化物在紫外区有吸收，这项研究也可以推广到其他氧化物的研究。紫外拉曼光谱是研究低负载量氧化物催化剂表面配位结构的一项有力工具，这对催化剂制备科学的发展具有重要的意义。

8.5.5.3 杂原子分子筛表征及分子筛合成过程的研究

大部分分子筛催化剂有较强的荧光干扰问题，原因之一是制备分子筛时残留的有机模板剂和合成原料中的杂质引起荧光。因此在进行可见拉曼光谱表征前往往需要长时间的焙烧来消除荧光干扰。即使如此，很多分子筛的可见拉曼光谱表征也是很困难的。李灿等[176, 182]以 244 nm 紫外激光作为激发光源对 TS-1 分子筛进行了表征，通过紫外激光有选择性地激发了 TS-1 分子筛中 Ti—O 之间的荷电跃迁，使与骨架钛直接相关的拉曼峰共振增强，得到钛进入骨架的最直接证据。图 8-30 为 TS-1 和 Silicalite-1 分子筛的紫外可见漫反射光谱和紫外拉曼光谱。TS-1 的紫外可见漫反射光谱在 220 nm 处有吸收峰，该峰被归属于 Ti—O—Si 键骨架氧和钛之间的 $p\pi\text{-}d\pi$ 的荷电跃迁，而 Silicalite-1 在紫外区没有吸收。TS-1 分子筛的紫外拉曼与可见拉曼光谱相比，出现了 490 cm^{-1}、530 cm^{-1}、

1125 cm⁻¹三个新的谱峰，这是骨架钛和骨架晶格氧原子之间的电荷跃迁受到紫外激光的激发后产生的共振拉曼峰，由于共振效应使骨架钛物种相关的拉曼谱峰增加了几个数量级。

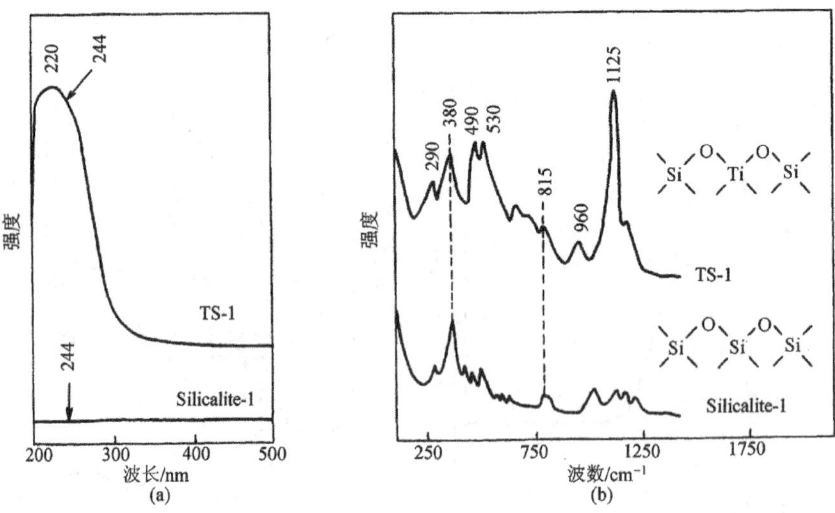

图 8-30　TS-1 和 Silicalite-1 分子筛的紫外可见漫反射光谱(a)和紫外拉曼光谱(b)[176]

对其他杂原子分子筛的研究也得到了类似的结果[183~184]。图 8-31 是 Si-MCM-41 和 V-MCM-41 分子筛的紫外拉曼光谱图。Si-MCM-41 分子筛在 490 cm^{-1}、610 cm^{-1}、810 cm^{-1}和 970 cm^{-1}处出现四个谱峰，与可见拉曼光谱的谱峰是类似的。在 V-MCM-41 分子筛的紫外拉曼光谱中，490 cm^{-1}谱峰变宽，在 930 cm^{-1}和 1070 cm^{-1}出现两个新的谱峰。930 cm^{-1}的谱峰为骨架外聚合氧化钒的 V═O 对称伸缩振动峰，而 1070 cm^{-1}的谱峰为骨架四配位氧化钒的 V═O 对称伸缩振动峰。作者认为在可见拉曼光谱中未发现 930 cm^{-1}和 1070 cm^{-1}两谱峰，是由于 244 nm 波长的激发线激发了骨架钒和非骨架钒物种的荷电跃迁，因此共振效应使这两个峰的强度增强，从而同时得到了骨架矾和非骨架矾物种的紫外拉曼光谱的谱峰。

图 8-32 为 Silicalite-1 和 Fe-ZSM-5 的紫外拉曼光谱图。与 Silicalite-1 的紫外拉曼光谱图相比，Fe-ZSM-5 的紫外拉曼光谱图在 516 cm^{-1}、580 cm^{-1}、1026 cm^{-1}、1126 cm^{-1}和 1185 cm^{-1}处出现了五个新谱峰[184]。由于紫外激发线位于骨架铁和氧之间的荷电跃迁区(250 nm)，这些谱峰可被归属于骨架铁物种的共振拉曼峰。此外，利用紫外拉曼光谱作者还检测到 Silicalite-1 和 ZSM-5 分子筛中痕量铁的存在，这说明紫外共振拉曼光谱是一项灵敏的表征分子筛中骨架杂原子的可靠手段。

李灿等[185]还利用紫外拉曼光谱研究了 X 型分子筛的晶化过程，研究结果表明晶化过程的前 2h 是分子筛形成的关键时期。通过紫外拉曼光谱作者观察到了晶化过程中液相铝物种进入到固相中，而硅物种从固相中溶解到液相中。在固相中首先检测到的是无定型的氧化硅，晶化 1h 出现了四元环和六元环的特征峰，说明形成了 β 笼，但分子筛晶体尚未形成。晶化 2h 后拉曼谱峰变窄并分裂，出现了典型的 X 型分子筛的拉曼谱峰。这说明通过紫外拉曼光谱可观察到固相中分子筛从初始的无序状态到微观有序，再到长程

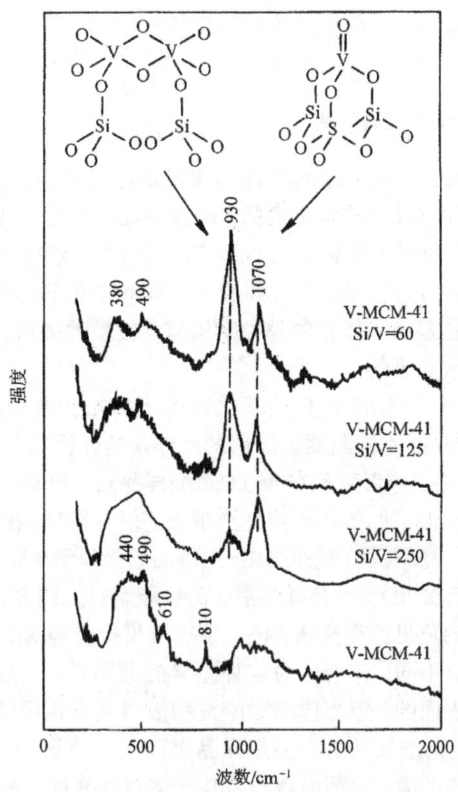

图 8-31 Si-MCM-41 和 V-MCM-41 分子筛的紫外拉曼光谱图[183]

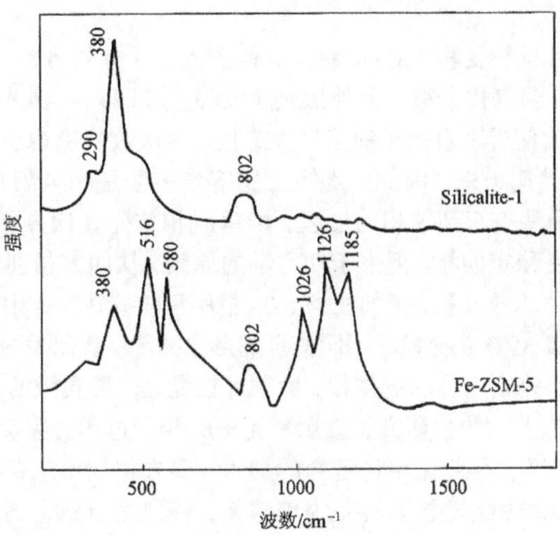

图 8-32 Silicalite-1 和 Fe-ZSM-5 的紫外拉曼光谱图[184]

有序状态的全部过程。紫外拉曼光谱能够从水溶液相到固相原位跟踪分子筛合成的整个过程，可在分子水平上获得分子筛形成的每一步结构信息，是迄今为止表征分子筛合成最有力的分子光谱技术。

8.5.5.4 氧化物表面相变的研究

固体金属氧化物物相结构的表征对于许多领域如材料科学、地球科学、化学物理科学特别是其中的多相催化领域是非常重要的。许多多晶相氧化物如 ZrO_2、TiO_2 等由于其独特的物理化学性质，在材料和催化领域有极广泛的应用。然而无论是在材料领域还是催化领域，这些氧化物不同的晶相结构对其作为材料和催化剂的性能有很大的影响，为了认识这些多晶相氧化物表面和体相的晶相结构与其性质的关系，仔细研究这些氧化物的晶相及相变过程是非常必要的。

李灿等[177]利用紫外拉曼光谱研究了氧化锆的表面相变过程。图 8-33(a)和图 8-33(b)分别给出了氧化锆样品在不同温度焙烧后的紫外拉曼光谱和 XRD 谱图。在样品的紫外拉曼光谱[图 8-33(a)]中，作者发现在 400℃焙烧样品后，可观察到四方相和单斜混合相的拉曼谱峰，500℃焙烧后，四方相谱峰完全消失，仅有单斜相的谱峰被观察到。升温到 700℃，单斜相谱峰进一步增强。但是 XRD 图谱的结果显示 400℃焙烧后，氧化锆主要以四方相结构存在，甚至在 700℃焙烧样品后，仍然能观察到四方相的存在。作者也检测了不同温度焙烧后样品的可见拉曼光谱。他们发现可见拉曼与 XRD 的结果非常相似，而与紫外拉曼的结果却明显不同。作者认为这种差异的原因是：一般来讲，拉曼散射信号是同时来自样品体相和表面的。但当样品对激发和散射光有很强吸收时，来自于体相的信号会很大的衰减，拉曼谱图反映的主要是样品表面区的信息。特别是，大多数过渡金属氧化物对紫外光有很强的吸收，因而紫外拉曼光谱对这些样品的表面信息比体相信息更为灵敏。由于大多数样品在可见区都没有吸收，因此可见拉曼光谱给出的是体相和表面二者混合的信息。

根据紫外拉曼、可见拉曼和 XRD 的结果，作者提出了如图 8-34 中所示的一个描述氧化锆相变的示意图。当氧化锆被一紫外激光激发时，如 244 nm 激光，由于其对紫外区激发光和散射光的吸收使得来自体相的信号很难从这种吸收中逃逸出来，仅有来自表面的散射光能从吸收中逃逸出来。因此，紫外拉曼信号多数是来自氧化锆样品表面的信息。氧化锆相变是一个从表面到体相的过程，即单斜相首先在四方相晶粒的表面形成。尽管单斜相是热力学更稳定的相，但由于动力学的原因，从四方相到单斜相的相变需要一个缓慢的从表面到体相的过程，正如在图 8-34 中所示的。图 8-34 中也给出了一个描述紫外拉曼、可见拉曼和 XRD 获得样品不同信息的形象插图。从此插图中可以发现，XRD 和可见拉曼的信号主要来自于样品的体相，而紫外拉曼是表面灵敏的技术。

在此基础上李灿等[186~187]也研究了掺杂氧化锆的相变过程，从紫外拉曼光谱、XRD 和可见拉曼光谱的结果看，尽管由于稳定剂的加入，四方相能稳定存在于样品体相，但是四方相在表面仍不能被稳定，极易转变为单斜相；特别是当稳定剂含量低时，样品表面完全处于单斜相结构。稳定剂在样品表面含量足够高时，样品可完全稳定在四方相。

紫外拉曼光谱由于避开荧光干扰和灵敏度的提高，在很大程度上拓宽了拉曼光谱在催化中的应用。由于紫外区的共振拉曼效应与分子和功能集团的电子跃迁有关，紫外共振拉曼光谱将提供比正常拉曼光谱更多的信息，特别是提供有关分子结构和电子态的信息。

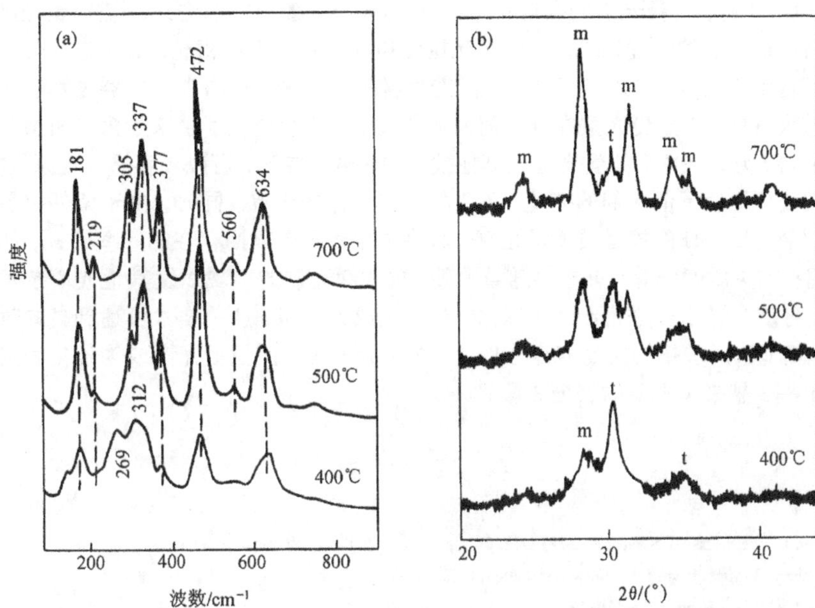

图 8-33 氧化锆样品在不同温度焙烧后的紫外拉曼光谱(a)和 XRD 谱图(b)[177]

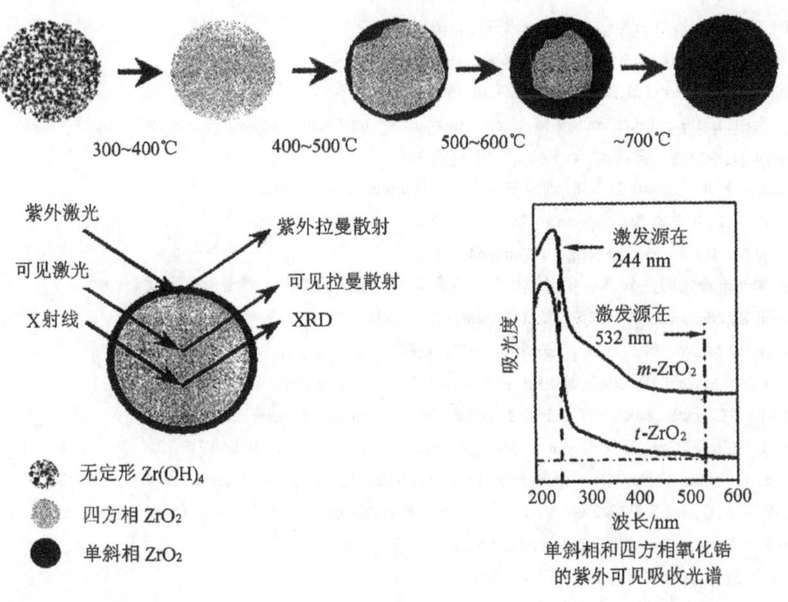

图 8-34 氧化锆经不同温度焙烧相变的紫外拉曼、可见拉曼光谱和 XRD 所得信息示意图[177]

8.6 展　望

从 1928 年起，拉曼光谱的发现距今已有 70 余年。激光技术的兴起使拉曼光谱成为激光分析中最活跃的研究领域之一。激光拉曼和红外光谱相辅相成，成为进行分子振动和分子结构鉴定的有力工具。近年来，随着材料科学，激光和同步加速器技术以及纳米技术的重大进展，为拉曼光谱在催化研究等各领域的应用提供了越来越多的机会和可能性。在催化研究领域中，拉曼光谱比其他技术的优越性在于，可以较容易实现原位检测，可在高温高压下表征催化剂的变化，不受气相或载体的干扰。同时，由于紫外拉曼和共焦显微拉曼光谱等新的拉曼技术的出现，解决了拉曼光谱早期存在的一些问题，如荧光干扰、固有的灵敏度低等。近年来随着纳秒、皮秒激光器的出现以及其他光谱技术的不断革新，将使时间分辨拉曼光谱在催化中的应用成为可能，这一技术可达到高的时间分辨率，从而能进一步拓展拉曼光谱在催化中的应用范围，使拉曼光谱成为催化和其他研究领域中一个越来越重要的表征手段。

参 考 文 献

[1] Raman C V, Krishnan K S. Nature, 1928, 121: 501

[2] Landsberg G, Mandelstam L. Naturwissenshaften, 1928, 16: 557

[3] Rocard Y. Compt Rend, 1928, 186: 107

[4] Cabannes J. Compt Rend, 1928, 186: 1201

[5] Rava R P, Spiro T G. J Phys Chem, 1985, 89: 1856

[6] Frank C J, Redd D C B, Gansler T S. Anal Chem, 1994, 66: 319

[7] Kiefer W, Bernstein H J. Appl Spectrosc, 1971, 25: 609

[8] Brown F R, Makovsky L E, Rhee K H. J Catal, 1977, 50: 162

[9] Cheng C P, Ludowise J D, Schrader G L. Appl Spectrosc, 1980, 34: 146

[10] Makovsky L E, Diehl J R, Stencel J M. Raman Spectroscopy for Catalysis, edited by Stencel J M p33

[11] Stencel J M, Bradley E B. Rev Sci Instrum, 1978, 49: 1163

[12] Arunkumar K A, Marzouk H A, Bradley E B. Rev Sci Instrum, 1984, 55: 905

[13] Spohn P D, Brill T B. Appl Spectrosc, 1987, 41: 1152

[14] Stencel J M. Raman Spectroscopy for Catalysis. 36

[15] 熊光. 紫外拉曼光谱在分子筛和担载型氧化钼催化剂研究中的应用. [博士学位论文]. 1999

[16] Brown F R, Maskovsky L E, Rhee K H. J Catal, 1977, 50: 385

[17] Brown F R, Maskovsky L E. Appl Spetrosc, 1977, 31: 44

[18] Thomas C T. Catalytic Processes and Priven Catalysis, New Tork: Academic Press, 1970

[19] Wachs I E. Characterization of Catalytic Materials, Boston: Butterworth-Heinemann, 1992

[20] Centi G, Trifiro F. New Development in Selective Oxidation, Amsterdam: Elsevier, 1990

[21] Corberan C, Bellon V. New Developments in Selective Oxidation, Amsterdam; Elsevier, 1994

[22] Grasselli R K, Oyama S T, Gaffney A M, Lyons J E. 3rd World Congress on Oxidation Catalysis, Amsterdam: Elsevier, 1997

[23] Leroy J M, Peirs S, Tridot G C R. Acad Sci Ser, 1971, C 272: 218

[24] Villa P L, Szabo A et al. J Catal, 1977, 47: 122

[25] Wang C B, Cai Y, Wachs I E. Langmuir, 1999, 15: 1223

[26] Mehicic M, Grasselli J G. In Analytical Raman Spectroscopy. Grasselli J G, Bulkin B J eds. New York: Wiley, 1991. 325

[27] Matsuura I, Schuit R, Hirakawa K. J Catal, 1980, 63: 152
[28] Hardcastle F D, Wachs I E. J Phys Chem, 1991, 95: 10763
[29] Hoefs E V, Monnier J R, Keulks G W. J Catal, 1979, 57: 331
[30] Gao X T, Ruiz P, Xin Q et al. Catal Lett, 1994, 23: 321
[31] Guliants V V, Benziger J B, Sundaresan S et al. Catal Today, 1996, 28: 275
[32] Moser T P, Schrader G L. J Catal, 1985, 92: 216
[33] Harrouch Batis N, Batis H, Ghorbel A et al. J Catal, 1991, 128: 248
[34] Hutchings J G, Desmartin-Chomel A, Oller R et al. Nature, 1994, 368: 41
[35] Guliants V V, Benziger J B, Sundaresan S et al. Catal Lett, 1995, 32: 379
[36] Wachs I E, Jehng J-M, Deo G et al. Catal Today, 1996, 32: 47
[37] Hardcastle F D, Wachs I E. J Raman Spectrosc, 1990, 21: 683
[38] Hardcastle F D, Wachs I E. J Raman Spectrosc, 1995, 26: 397
[39] Weckhuysen B M, Wachs I E. J Chem Soc, Faraday Trans, 1996, 92: 247
[40] Hardcastle F D, Wachs I E. J Phys Chem, 1991, 95: 5031
[41] Hardcastle F D, Wachs I E. Solid State Ionics, 1991, 45: 201
[42] Jehng J M, Wachs I E. Chem Materials, 1991, 3: 100
[43] Hardcastle F D, Wachs I E. J Solid State Chem, 1992, 97: 319
[44] Glaeser L C, Brazdil J F, Hazle M A S et al. J Chem Soc, Faraday Trans 1, 1985, 81: 2903
[45] Wachs I E. Catal Today, 1996, 27: 437
[46] Deo G, Wachs I E, Haber J. Crit Rev Srf Chem, 1994, 4: 141
[47] Wachs I E, Weckhuysen B M. Appl Catal A: General, 1997, 157: 67
[48] Weckhuysen B M, Wachs I E, Schoonheydt R A. Chem Rew, 1996, 96: 3327
[49] Mestl G, Srinivasan T K K. Catal Rev-Sci Eng, 1998, 40: 451
[50] Jehng J-M, Wachs I E. Catal Today 1990, 8: 37
[51] Jehng J-M, Wachs I E. Catal Today 1993, 16: 417
[52] Hardcastle F D, Wachs I E. Catal, 1993, 10: 102
[53] Medema J, van Stam C, deBeer V H J et al. J Catal, 1978, 53: 386
[54] Jeziorowski H, Knozinger H. J Phys Chem, 1979, 83: 1166
[55] Zingg D S, Makovsky L E, Tischer R E et al. J Phys Chem, 1980, 84: 2898
[56] Salvati L, Makovsky L E, Stencel J M et al. J Phys Chem, 1981, 85: 3700
[57] Tiltarelli P, Iannibello A, Villa P L. J Solid State Chem, 1981, 37: 95
[58] Rozeboom F, Mittelmeijer-Hazeleger M C, Moulijn J A et al. J Phys Chem, 1980, 84: 2783
[59] Wachs I E, Chan S S, Saleh R Y. J Catal, 1985, 98: 102
[60] Wachs I E, Chan S S, Chersich C C et al. J Catal, 1985, 91: 366
[61] Xie Y C, Tang T Q. Adv Catal, 1990, 37: 1
[62] Chan S S, Wachs I E, Murrell L L et al. J Phys Chem, 1984, 88: 583
[63] Wang L, Hall W K. J Catal, 1983, 82: 177
[64] Stencel J M, Makovsky L E, Diehl J R et al. J Raman Spectrosc, 1984, 15: 282
[65] Deo G, Wachs I E. J Phys Chem, 1991, 95: 5889
[66] Stencel J M, Makovsky L E, Sarkus T A et al. J Catal, 1984, 90: 314
[67] Payen E, Kasztelan S, Grimblot J et al. Journal of Raman Spectroscopy, 1986, 17: 233
[68] Hardcastle F D, Wachs I E. J Raman Spectrosc, 1990, 21: 683
[69] Hardcastle F D, Wachs I E. J Raman Spectrosc, 1995, 26: 397
[70] Weckhuysen B M, Wachs I E. J Chem Soc, Faraday Trans, 1996, 92: 247
[71] Hardcastle F D, Wachs I E. J Phys Chem, 1991, 95: 5031
[72] Hardcastle F D, Wachs I E. Solid State Ionics, 1991, 45: 201

[73] Wachs I E. In Handbook of Raman Spectroscopy. Lewis I R, Edwards H G M eds. 2000
[74] Vuurman M A, Wachs I E. J Mol Catal, 1992, 77:29
[75] Vuurman M A, Stujkiens D J, Oskam A et al. J Chem Soc, Faraday Trans, 1996, 2:3259
[76] Chan S S, Wachs I E. J Phys Chem, 1991, 95:5889
[77] Schrader G L, Cheng C P. J Catal, 1983, 80:369
[78] Wachs I E, Chan S S. Appl Surf Sci, 1984, 20:181
[79] Banares M A, Spencer N D, Jones M D et al. J Catal, 1994, 146:206
[80] Banares M A, Hu H, Wachs I E. J Catal, 1994, 150:407
[81] Hu H, Wachs I E. J Phys Chem, 1995, 99:10911
[82] Muller A, Weber T. Appl Catal, 1991, 77:243
[83] Brown F R, Makovsky L E, Rhee K H. J Catal, 1997, 50:385
[84] Payen E, Dhamelincourt M C, Dhamelincourt P et al. Appl Spectrosc, 1982, 36:30
[85] Angel C L. J Phys Chem, 1973, 77:222
[86] Dutta P K, Shieh D C, Puri M. Zeolites, 1988, 8:306
[87] Dutta P K, Rao K M, Park J Y. J Phys Chem, 1991, 95:6654
[88] Pilz W. Z Phys Chem (Leipzig), 1990, 271:219
[89] de Kanter J J P M, Maxwell I E, Trotter P J. J Chem Soc Chem Commun, 1972:733
[90] Dutta P K, Del Barco B. J Phys Chem, 1985, 89:1861
[91] Knops-Gerrits P P, Li X Y, Yu N T et al. Proceedings of the 13 th International Zeolite Conference, France
[92] Dutta P K, Twu J. J Phys Chem, 1991, 95:2498
[93] Dutta P K, Del Barco B. J Phys Chem, 1988, 92:354
[94] Dutta P K, Del Barco B. J Chem Soc Chem Commun, 1985, 1297
[95] Dutta P K, Puri M. J Phys Chem, 1987, 91:4329
[96] No K T, Bae D H, John M S. J Phys Chem, 1986, 90:1772 ~ 1780
[97] Deo G, Turek A M, Wachs I E et al. Zeolites, 1993, 13:365
[98] Pilz W, Peuker Ch, Tuan V A et al. Ber Bunsenges Phys Chem, 1993, 97:1037
[99] Zecchina A, Spoto G, Bordiga S et al. Stud Surf Sci Catal, 1991, 69:251
[100] Astorino E, Peri J B, Willey R J et al. J Catal, 1995, 157:482
[101] Ingemar Odenbrano C U, Lars S, Andersson T et al. J Catal, 1990, 125:541
[102] Busca G, Ramis G, Gallarado Amores J M et al. J Chem Soc Faraday Trans, 1994, 90:3181
[103] Scarano D, Zecchina A, Bordiga S et al. J Chem Soc Faraday Trans, 1993, 89:4123
[104] Notari B. Stud Surf Sci Catal, 1987, 37:413
[105] Kosslick H, Tuan V A, Fricke R et al. J Phys Chem, 1993, 97:5678
[106] Prakash A M, Kevan L. J Am Chem Soc, 1998, 120:13148
[107] Twu J, Dutta P K, Kresge C T. J Phys Chem, 1991, 95:5267
[108] Dutta P K, Shieh D C. J Phys Chem, 1986, 90:2331
[109] Dutta P K, Shieh D C, Puri M. J Phys Chem, 1987, 91:2332
[110] Roozeboom F, Robson H E, Chan S S. Zeolites, 1983, 3:321
[111] Mcnicol B D, Pott G T, Loos K R. J Phys Chem, 1972, 76:3388
[112] Twu J, Dutta P K, Kresge C T. Zeolite, 1991, 11:672
[113] Dutta P K, Shieh D C. J Phys Chem, 1986, 90:2331
[114] Knops-Gerrits P P, De Vos D E, Feijen E J P et al. Microporous Mat, 1997, 8:3
[115] Hendra P J, Loader E J. Trans Faraday Soc, 1971, 67:828
[116] Hendra P J, Horder E J, Loader E J. Chem Commun, 1970, 563
[117] Loader E J. J. Catal, 1971, 22:41
[118] Hendra P J, Turner I D M, Loader E J et al. J Phys Chem, 1974, 78:300

[119] Schrader G L, Cheng C P. J Phys Chem, 1983, 87:3675
[120] Hendra P J. SPEX Speaker, 1974, 24
[121] Winder H, Dinine V. Z Fur Chem, 1970, 10:64
[122] Turner I D M, Ph D thesis Southampton, 1974
[123] Angell C L. J Phys Chem, 1973, 77:222
[124] Cooney R P, Curthoys G, Tam N T. Advan Catal, 1975, 24:293
[125] Egeton T A, Hardin A H. Catal Rew Sci Eng, 1975, 11:71
[126] Egeton T A, Harbin A H, Kozirovski Y et al. J Catal, 1974, 32:343
[127] Tam N T, Cooney R P, Curthoys G. J Colloid Interface Sci, 1975, 51:340
[128] Kiefer W, Bernstein H J. Appl Spectrosc, 1971, 25:609
[129] Kiefer W, Bernstein H J. Mol Phys, 1972, 23:835
[130] Glaeser L C, Brazdil J F, Hazle M A et al. J Chem Soc, Faraday Trans I, 1985, 81:2903
[131] Lashier M E, Schrader G L. J Catal, 1991, 128:113
[132] Hutchings G C, Desmartin-Chomel A, Olier R et al. Nature, 1994, 368:41
[133] Ben Abdelouahab F, Olier R, Ziyad M et al. J Catal, 1995, 157:687
[134] Ben Abdelouahab F, Olier R, Guilhaume N et al. J Catal, 1992, 134:151
[135] Lunsford J H. In: Handbook of Heterogeneous Catalysis. Vol. 4. Ertl G, H Knozinger H, Weitkamp J eds. Weinheim: Wiley-VCH, 1997, 1843
[136] Dissanayake D, Lunsford J H, Rosynek M P. J Catal, 1993, 145:286
[137] Lunsford J H, Yang X, Haller K et al. J Phys Chem, 1993, 97:13810
[138] Mestl G, Knozinger H, Lunsford J H. Ber Bunsenges Phys Chem, 1993, 97:319
[139] Au P C T, Liu Y W, Ng C F. J Catal, 1998, 176:365
[140] Xie S, Mestl G, Rosynek M P et al. J Am Chem Soc, 1997, 119:10187
[141] Mestl G, Rosynek M P, Lunsford J H. J Phys Chem, 1997, 101:9321
[142] Mestl G, Rosynek M P, Lunsford J H. J Phys Chem, 1997, 101:9329
[143] Mestl G, Rosynek M P, Lunsford J H. J Phys Chem, 1998, 102:154
[144] Brandmuller J Kiefer W. Physicist's View, Fifty years of Raman Spectroscopy, Spex Speaker, 1978, 23:310
[145] 朱自莹，顾仁敖，陆天虹. 拉曼光谱在化学中的应用. 32
[146] Huang Y, J Am Chem Soc, 1996, 118:7233
[147] Huang Y, Jiang Z. Microporous Mater, 1997, 12:341
[148] Huang Y, Havenga E A. Langmuir, 1999, 15:6605
[149] Huang Y, Qiu P. Langmuir, 1999, 15:1591
[150] Löffler E, Bergmann M. Proceeding of 13th International Zeolite Conference Monpelil France: 2001. A-14-P-31
[151] 刘竞清. 现代科学仪器. 1991, 31
[152] Fleischmann M, Herndra P J, McQuillan A J. Chem Phys Lett, 1974, 26:16
[153] Jeanmaire D J, Van Duyne R P. J Electroanal Chem Interfacial Electrochem, 1977, 84:1
[154] Gerstein J I, Natzan A. J Chem Phys, 1980, 73:3023
[155] Veba H. Surf Sci, 1983, 131:347
[156] Sheng R S, Zhu L, Morris M D. Analyt Chem, 1986, 58:1116
[157] Yoo N S, Lee N S, Hanazak I. J Raman Spectrosc, 1992, 23:239
[158] 田中群，林图强，连渊智. 中国科学(B辑)，1990，33:1025
[159] Fleischmann M, Sockalingum Musiani M M. Spectroscopy Acta, 1990, 46A:285
[160] Rowe I E, Shank C V. Phys Rev Lett, 1980, 44:1770
[161] Pockrand I. Chem Phys Lett, 1982, 92:509
[162] Ni F, Cotton T M. Anal Chem 1986, 58:3159
[163] Matsuta H, Hirokawa K. Surf Sci Lett, 1986, 172:L555

[164] Pettenkofer C J, Eickmans J, Erturk U et al. Surf Sci, 1985, 151:9
[165] Feilchenfeld H, Siiman O. J Phys Chem, 1986, 90:2163
[166] Nie S, Emory S R. Science, 1997, 275:1102
[167] Sharonov S, Nibiev I, Chourpa I. J Raman Spectrosc, 1994, 25:669
[168] 任斌.[博士学位论文].厦门大学，1998
[169] Mestl G. J Mol Catal A Chem, 2000, 158:45
[170] 任斌，李筱琴，谢冰等.光谱光与光谱分析，2000，20：648
[171] 李灿等.一种紫外拉曼光谱仪.中国专利申请号 98113710.5
[172] Li C, Stair P C. Catal Lett. 1996, 36:119
[173] Li C, Stair P C. Stud Surf Sci Catal, 1996, 101:881
[174] Li C, Stair P C. Catal Today, 1997, 33:353
[175] Xiong G, Li C, Feng Z et al. J Catal, 1999, 186:234
[176] Li C, Xiong G, Xin Q et al. Angew Chem Int. Ed, 1999, 38:2220
[177] Li M J, Feng Z C, Xiong G et al. J Phys Chem B, 2001, 105:8107
[178] Li C, Stair P C, Stud Surf Sci Catal, 1997, 105:599
[179] Li J, Xiong G, Feng Z C et al. Micro Meso Mater, 2000, 39:257
[180] 李键.分子筛上积碳的原位紫外拉曼光谱研究.[硕士学位论文].1999
[181] Xiong G, Feng Z, Li J et al. J Phys Chem B, 2000, 104:3581
[182] Li C, Xiong G, Liu J K et al. J Phys Chem B, 2001, 105:2993
[183] Xiong G, Li C, Li H Y et al. J Chem Soc Chem Commun, 2000:677
[184] Yu Y, Xiong G, Li C et al. J Catal, 2000, 194:487
[185] Xiong G, Yu Y, Xiao F et al. Microporous Mesoporous Mat, 2001, 42:317
[186] Li C, Li M J. J Raman Spectroscopy, 2002, 33:301
[187] Li M J, Feng Z C, Ying P L et al. Chem Mater, submitted

（李　灿　李美俊，中国科学院大连化学物理研究所催化基础国家重点实验室）

第9章　核磁共振方法

固体 MAS NMR 波谱已广泛应用于分子筛和其他多相催化剂的结构表征[1,2]。分子筛通常是微晶结构，人们难以用常规的方法研究其结构特征。固体高分辨 MAS NMR 技术的发展，给分子筛化学提供了一种研究工具，用以探测分子筛骨架的所有元素组分和晶体结构。X 射线衍射方法(XRD)得到的结构信息来自于远程的晶序，是结构的平均；固体高分辨 MAS NMR 对局部结构和几何性敏感，能提供局部结构和排列的重要信息。因此，MAS NMR 已成为催化材料结构表征的最重要技术之一。MAS NMR 和 XRD 结构研究方法的互补，将提供更完整的结构信息[3]。无机材料的固体 NMR 研究以及应用于分子筛的结构研究起始于 20 世纪 80 年代早期[4,5]，近年来固体 NMR 技术的飞速发展，使一维和二维多核包括 ^{1}H、^{13}C、^{27}Al、^{29}Si、^{31}P 等固体高分辨 MAS NMR 技术已被广泛地应用于研究分子筛骨架结构、催化过程及影响催化活性的诸多因素：①分子筛骨架的组成和结构，骨架脱铝和铝的引入对结构的影响，非骨架铝的性质和数量；②确定阳离子的位置；③B 酸和 L 酸位的性质；④晶体孔道内吸附物的化学状态及催化性质；⑤分子筛中有机模板剂的结构、状态和分子筛生长机理；⑥结炭的性质和分布等。近年来原位(*in situ*)MAS NMR 技术在多相催化研究领域的应用发展很快。原位 MAS NMR 是指模拟实际催化反应条件下进行的 MAS NMR 实验。该方法已被应用于催化剂结构、催化过程和催化机理的研究中[3,6]。为了深入了解和证明催化反应机理，并得到有关催化剂活性位规律及反应动力学的信息，必须分析在吸附状态中的反应物、反应中间物和产物结构，探索它们与活性位的相互作用。因为大多数多相催化剂是多孔材料。因此，表面电子能谱在多相催化剂研究中已受到了限制；原位粉末 XRD 方法最适合确定反应中的催化剂结构变化，但无法检测有机分子；IR 和拉曼谱可以检测有机物，但由于吸收峰重叠和消光系数值的不确定性，使之数据分析变得十分复杂。然而，^{13}C-NMR 谱能够根据有机分子的特征化学位移区分反应物、中间物及产物。原位 MAS NMR 最适合通过确定反应中间物跟踪反应进程，探索反应机理。

9.1　研究分子筛的结构

沸石分子筛作为离子交换树脂、催化剂和催化剂载体等广泛地用于工业生产。其分子式可以写为：$M^{x+}_{y/x}[(AlO_2)_y(SiO_2)_{1-y}]\cdot nH_2O$，中括号内是骨架，由 SiO_4^{4-} 和 AlO_4^{5-} 四面体构成。由于 Al 和 Si 之间不同的原子电荷，必须有晶格离子 M^{x+} 中和骨架的电负性，每个 AlO_2 单元需要一个正电荷；分子内还存在水分子，M^+ 与 H_2O 都不属于骨架晶体结构。各种各样的沸石、分子筛都具有独特的晶体结构。构成分子筛骨架原子 ^{29}Si、^{27}Al、^{17}O、^{31}P 等核的 MAS NMR 研究已提供了大量分子筛结构和化学的微观信息，非常直接地反映骨架的晶体结构，对揭示分子筛催化剂结构与催化活性的关联和指导分子筛的合成提供了许多有用的信息。

9.1.1 固体高分辨核磁共振技术

固体样品不能像液态分子那样进行快速分子运动及快速交换，固体分子内的多种强相互作用使固体 NMR 谱线大大加宽。引起固体 NMR 谱线宽化的因素主要有以下几种：

1）核的偶极-偶极相互作用：它包括同核或异核间的偶极相互作用，其大小取决于核的磁矩和核间距。固体样品中核间距很小，因此偶极相互作用很强；像^{1}H、^{19}F 和^{31}P 等磁矩较大的丰核，偶极相互作用很强。核的偶极相互作用是引起固体谱线增宽的主要因素。

2）化学位移各向异性：当分子对于外磁场有不同取向时，核外的磁屏蔽及核的共振频率出现差异，产生化学位移各向异性。在溶液中，分子的各向同性快速运动将化学位移各向异性平均为单一值。固体谱中化学位移的各向异性使谱线加宽，对于球对称、轴对称和低对称性的分子，其固体 NMR 谱线呈现不同的宽线峰形。

3）四极相互作用：自旋量子数大于 1/2 的核均存在四极相互作用，溶液中分子的快速翻转运动平均掉了四极相互作用，观察不到峰的四极裂分。其固体谱由于四极偶合作用而使谱线大大加宽。

4）自旋-自旋标量偶合作用引起谱线加宽。

5）核的自旋-自旋弛豫时间过短引起谱线加宽。

9.1.1.1 MAS NMR

为了使固体 NMR 谱线窄化，除了采用高功率^{1}H 去偶技术外，最主要的一种技术叫 MAS(magic angle spinning)，又称做魔角旋转。核在旋转情况下的磁屏蔽常数 σ_{rot}为

$$\sigma_{rot} = \sigma_{iso} + 1/2(3\cos^2\beta - 1) \cdot \delta/2[3(\cos^2\theta - 1) + \eta\sin^2\theta\cos 2\phi] \tag{9-1}$$

式中：β——样品与外磁场方向的夹角；

σ_{iso}——各向同性磁屏蔽常数；

δ，η——反映屏蔽矩阵的各向异性和非对称性；

θ，ϕ——屏蔽环境的取向。

式(9-1)最后一项是固体样品中特有的化学位移各向异性项，若 $\beta = 54°44'$ 时，$\cos^2\beta = 1/3$，$(3\cos^2\beta - 1) = 0$，则 $\sigma_{rot} = \sigma_{iso}$。也就是说，将固体样品置于 $\beta = 54°44'$旋转时，就可以极大程度地消除化学位移各向异性作用和部分消除偶极-偶极相互作用，得到固体高分辨谱。因此，54°44′被称为魔角，而样品管在魔角位置上的整体转动就称为魔角旋转。在通常情况下，转速可达几千赫兹或十几千赫兹，这样可以消除化学位移各向异性相互作用，但由于转速不够高，只能部分消除偶极-偶极相互作用。

9.1.1.2 CP/MAS NMR 实验[8]

CP(cross-polarization)即交叉极化。像^{13}C、^{15}C 和^{29}Si 等稀核的丰度低且磁旋比小，NMR 检测灵敏度低，而且往往这些核的自旋-晶格弛豫时间长，需要采样的弛豫延迟较长。交叉极化方法是使丰核(如^{1}H)与稀核(如^{13}C)的射频场(B_1)满足 Hartmann-Haln 匹配

条件($I=1/2$)：$\gamma_S B_{1S}=\gamma_I B_{1I}$($S$ 是稀核，I 是丰核)，实现了丰核向稀核的极化转移，从而大大增强了稀核共振信号强度，^{1}H-^{13}C 的交叉极化使^{13}C 信号增强 $\gamma_H/\gamma_C=4$ 倍。在(CP)的脉冲序列中要实现两个核的自旋锁定，其弛豫延迟是取决于丰核(^{1}H)的 T_{1p}，往往^{1}H 的 T_{1p} 比^{13}C 短得多，因此大大提高了信号累加的效率，特别是对检测季碳有利。综合结果是CP技术大大提高了稀核固体NMR谱的检测灵敏度。交叉极化的基础是稀核和丰核的偶极-偶极相互作用，不同化学环境的稀核周围丰核的数量和运动状态不同，CP的效率不同。因此，可对分子筛的结构与吸附性质等提供许多有用的信息。最初主要采用^{1}H—^{13}C、^{1}H—^{29}Si 等 $I=1/2$ 核的 CP/MAS 技术，近来^{1}H 与四极矩核(如^{27}Al、^{17}O 等)的 CP/MAS 实验在分子筛的研究中也得到了广泛的应用。CP/MAS 技术与^{1}H 高功率去偶相结合可以获得高灵敏、高分辨的固体 NMR 谱。

9.1.2 ^{29}Si MAS NMR 研究

^{29}Si 是 $I=1/2$ 核，天然丰度为 4.6%。^{29}Si 化学位移总宽度为 500 ppm，但大多数分子筛的^{29}Si 化学位移均在 120 ppm 左右。^{29}Si 化学位移取决于分子筛的基本结构，即 Si(nAl)($n=0\sim4$)和 Si—O—Si 键角。此外，结晶性、水解程度和磁场强度都影响线宽。

9.1.2.1 低硅铝比分子筛

低 Si/Al 分子筛的^{29}Si MAS 研究开展得早。简单分子筛的^{29}Si 谱最多可出现五条可分辨的谱峰，对应于五种可能的 SiO_4 四面体结构，自高场到低场依次分别为 Si(0Al,4Si)、Si(1Al,3Si)、Si(2Al,2Si)、Si(3Al,1Si)和 Si(4Al,0Si)共振峰[3]。根据 Loewenstein 规则[9]，在晶格中不存在 Al—O—Al 结构，可由五种^{29}Si 峰面积(I)计算出 Si/Al[3]：

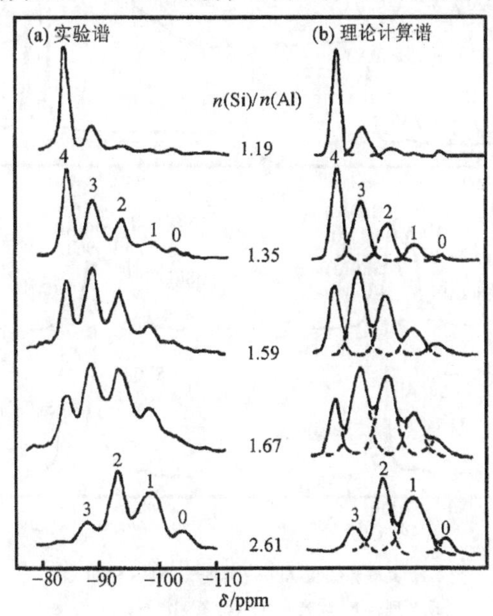

图 9-1 不同硅铝比八面沸石的^{29}Si MAS NMR 谱[10]

$$Si/Al_{NMR} = \sum_{n=0}^{4} I_{Si(n\,Al)} / \sum_{n=0}^{4} 0.25\ n[I_{Si(n\,Al)}] \tag{9-2}$$

由^{29}Si MAS 谱和式(9-2)计算出的是骨架的 Si/Al，与传统的化学分析法(包括骨架 Al、非骨架 Al 和杂质 Al)比较，可得到非骨架 Al 的量。图 9-1 显示了不同 Si/Al 八面沸石的^{29}Si MAS NMR 谱及用式(9-2)计算出的 Si/Al，并由理论计算谱得到各个^{29}Si峰强度[10]。

NMR 的检测结果反映了整个平均的 Si 原子的局部环境。即使 Si/Al 相同，也因分子筛的生成机理不同显示出局部环境完全不同的分布。谱线的加宽表明^{29}Si 的化学位移有个范围，受^{29}Si 核附近不同环境影响所致，反映了晶格的无序。只要实验中采用足够长的弛豫延迟时间，^{29}Si MAS NMR 谱可以得到可靠的定量数据。^{29}Si CP/MAS 谱灵敏度较低，但是它有一个重要的应用，可以提供分子筛缺陷位[$Si(OR)_3OH$]的信息，将^{29}Si CP/MAS 谱与相应的^{29}Si MAS 谱比较，若 CP/MAS 谱中某一谱峰明显增高，表明此处有 SiOH 存在，是^{1}H 交叉极化所致，但不可用来定量分析，因为同一位置上还会有其他物种的存在。

9.1.2.2　高硅分子筛

高硅分子筛的^{29}Si MAS 谱不同于低硅分子筛。图 9-2 显示了几种低 Si/Al(图 9-2 上图)和高 Si/Al(图 9-2 下图)分子筛的^{29}Si MAS 谱[11]。高硅分子筛谱图中只出现Si(0Al)和

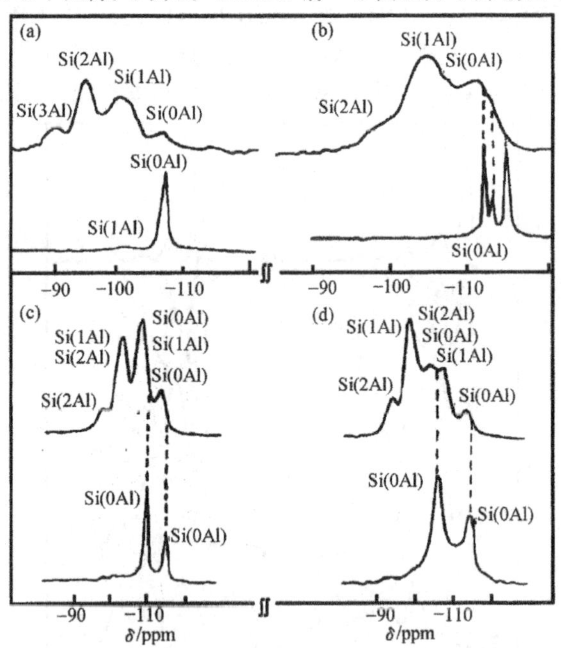

图 9-2　高硅和低 Si/Al 分子筛的^{29}Si MAS NMR 谱[11]

(a) Y 型；(b) 丝光沸石；(c) 菱钾沸石；(d) Ω 型

极少量的 Si(1Al)信号，最大的特点是谱线变窄，因为高硅分子筛中 Al 含量很少，Si-Al 偶极作用大大减弱。低 Si/Al 分子筛中多量 Al 原子的存在使谱线宽化，MAS 并没有完全消除四极矩 Al 核的偶极作用；高硅分子筛的另一个特点是 Si(0Al)信号偏向高场，所观察到的窄峰数目和强度直接反映了一个单胞中非等价 T 位的数目和含量。如八面沸石和 A 型分子筛只有一个单一的晶格位和完全相同的硅同系物，因此只出现一个尖锐的单峰[图 9-2(a)]；丝光沸石有 16 T_1、16 T_2、8 T_3 和 8 T_4 位，^{29}Si 谱中显示出2:1:3强度比的谱线[图 9-2(b)]，其中有两个位的谱峰重叠；Ω 型分子筛有 24 T_1 和 12 T_2 位，^{29}Si 谱出现强度比为 2:1 的两条峰[图 9-2(d)]，很容易归属为 T_1 和 T_2 位共振，由图 9-2 中的高硅谱也可看出，尽管都是 Si(0Al)谱峰，却出现在不同的位置上，说明有不同的、独立的 T 值。用于计算 Si/Al 的式(9-2)只适用于具有单一 T 位的分子筛系统。

高硅 ZSM-5 分子筛的^{29}Si MAS NMR 谱峰分辨得很好，随着吸附物种类和吸附量的变化，谱图发生了很大变化，图 9-3 显示了常温下 ZSM-5 吸附对二甲苯的^{29}Si MAS NMR 谱随吸附量的变化[12]。当吸附 0.4 分子数/单胞时，谱图变化不大，呈现 24 条谱线，仍有 24 个 T 位的单斜晶格；当吸附量增加到 1.6 分子数/单胞时，谱图完全变了，出现 12 条谱线，发生了由单斜晶格向正交晶格的转变；在吸附量为 0.4 ~ 1.6 分子数/单胞时，两种晶格以不同比例并存。如前所述，当常温吸附二甲苯，其吸附量为 1.6 分子数/单胞

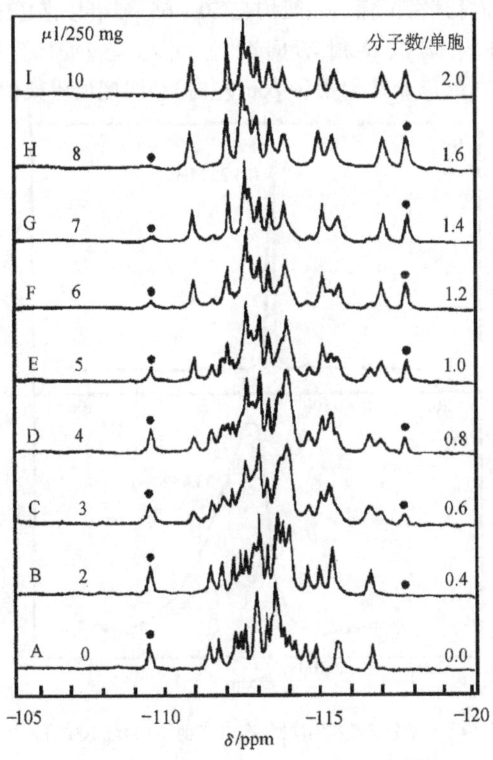

图 9-3 ZSM-5 分子筛上对二甲苯不同吸附量的 ^{29}Si MAS NMR 谱[12](室温)

时，出现12条共振谱线，有12个不等价位的正交晶格。当温度升高到393 K时，仍然是12条谱线，但谱线的位置不同，说明非等价位发生了变化；而当吸附乙酰丙酮和吡啶时，出现了24条共振谱线，由正交晶格变成了单斜晶格。

9.1.3 ^{27}Al MAS NMR 研究

除了^{29}Si核外，^{27}Al是分子筛骨架另一个很重要的核，^{27}Al的天然丰度为100%，化学位移范围为450 ppm，大多数分子筛的^{27}Al共振范围在100 ppm左右。^{27}Al是四极矩核（$I=5/2$），由于四极相互作用，使^{27}Al共振谱线加宽和位移，对于自旋量子数为非整数的^{27}Al核，只有($+1/2\longleftrightarrow-1/2$)中心跃迁可观测。这个跃迁的线形畸变和位移已不受一级相互作用的影响，仅与二级相互作用有关，其他允许的跃迁因为谱线太宽和位移太远而不能直接观测。^{27}Al的四极作用引起谱线的增宽效应与磁场强度成反比，在高磁场和快速旋转情况下可得到高质量的^{27}Al MAS NMR谱，采用小扳倒角的强射频脉冲可得到定量可靠的谱。图9-4是Y型分子筛在23.45 MHz和104.22 MHz的^{27}Al MAS NMR谱[13]，同样的分子筛在高磁场检测的^{27}Al谱线窄，畸变小，接近正确的各向同性化学位移值。MAS可以大大减小但不能完全消除四极相互作用，因此在任何情况下尽可能用高场谱仪是最有利的。当每个Al的环境都是Al(4Si)时，分子筛中四面体晶格Al只出现单个共振峰，各种分子筛有其特征值，一般均在50～65 ppm（以$Al(H_2O)_6^{3+}$为化学位移参考）。^{27}Al MAS NMR化学位移对不同配位的Al物种十分敏感，因此可以用^{27}Al MAS NMR谱区分六配位非骨架铝(0 ppm左右)和四配位骨架铝。

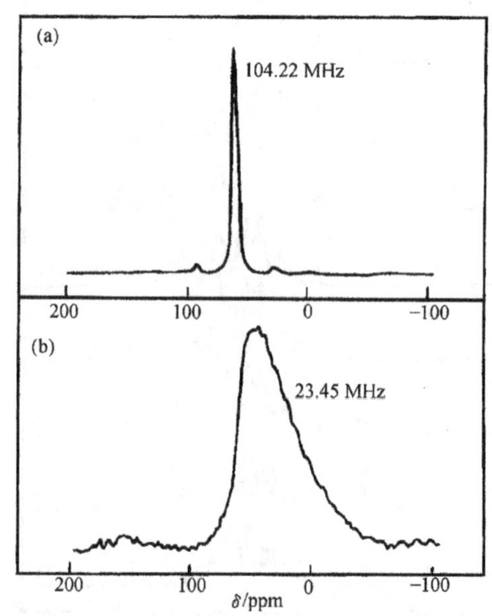

图9-4　Y型分子筛在不同磁场强度下的^{27}Al MAS NMR谱[13]

(a) 104.22 MHz(^{1}H:400 MHz)；(b) 23.45 MHz(^{1}H:90 MHz)

图9-5是Y型分子筛在不同处理条件下的^{27}Al MAS NMR谱[14]，晶格规整的八面沸

石仅在 58 ppm 左右出现一个骨架铝单峰[图 9-5(a)]；与 $SiCl_4$ 反应后，发生了脱铝现象，骨架铝峰大大降低，但在 0 ppm 左右出现八面体非骨架铝峰，同时在 100 ppm 处出现一个很强的峰，归属为脱铝反应生成的 NaCl 和 $AlCl_3$ 在高温下反应生成的 $Na^+AlCl_4^-$ 吸收峰[图 9-5(b)]，经水洗后，除掉了 $Na^+AlCl_4^-$，但更多的非骨架铝沉积在孔道中，谱中的 100 ppm 峰消失，但 0 ppm 峰较强[图 9-5(c)]；进一步冲洗或进行离子交换除去孔道中大量非骨架铝[图 9-5(d)]。在图 9-5(c)和图 9-5(d)中谱线宽化，说明存在不对称环境中的 Al 物种。^{27}Al MAS NMR 谱的线宽取决于核四极偶合常数(NQCC, $c_Q = e^2qQ/h$, q 为电场梯度张量 z 的分量；eQ 是核四极矩；h 为普朗克常量)和不对称因子 η。由于^{27}Al谱峰宽度对 Al 核的对称性十分敏感，因此高度不对称环境引起谱线严重增宽，致使一些^{27}Al 信号不能被观测。

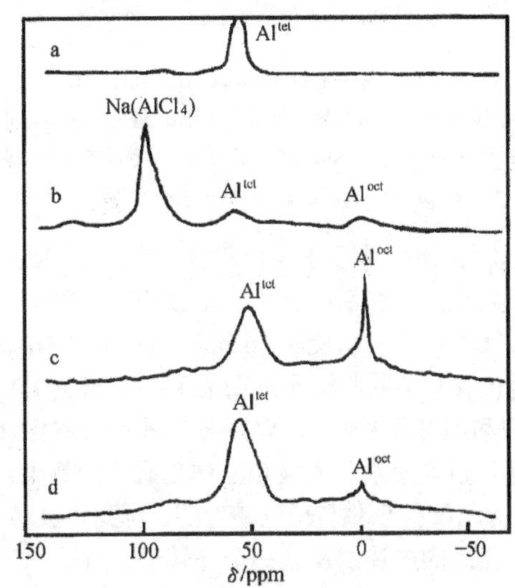

图 9-5 Y 型分子筛在不同脱铝条件下的^{27}Al MAS NMR 谱[14]

a. 八面沸石原样；b. 与 $SiCl_4$ 反应后；

c. 水洗后的 b 样品；d. 多次水洗后的 b 样品

9.1.4 ^{17}O MAS NMR 研究

在研究分子筛骨架结构时，^{17}O MAS NMR 谱也很重要。^{17}O 同^{27}Al 一样，也是四极矩核($I = 5/2$)，但天然丰度只有 0.037%，通常需要^{17}O 富集。^{17}O MAS 谱同时受化学位移效应和核四极矩的影响。A 型分子筛只有 Si—^{17}O—Al 环境，其^{17}O 谱峰显示出较小的四极偶合，而高硅 Y 型分子筛只含有 Si—^{17}O—Si 结构，却显示出一定的四极相互作用。因此，低 Si/Al 分子筛的^{17}O 谱可以分解成这两种组分的贡献。图 9-6 是 Si/Al 为 2.74 的 Na Y 分子筛的^{17}O NMR 谱[15]，(A)是静态谱，(a)为实验谱；由(c)、(d)两个组分(Si—^{17}O—Si 和 Si—^{17}O—Al)模拟成(b)谱；(B)是对应的 MAS 谱。由 Si—^{17}O—Si 和Si—^{17}O—Al两个组分峰的面积可以计算出 Si/Al，这样算出的数据仅仅是骨架中的 Si/Al。

近年来，自旋量子数为半整数的四极矩核，如^{23}Na($I = 2/3$)、^{27}Al 核和^{17}O 等核的

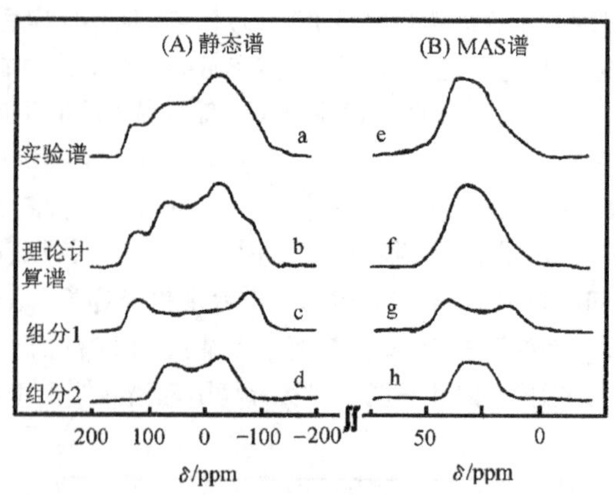

图 9-6 Na Y 分子筛的^{17}O NMR 谱[151](67.8 MHz)

a. 实验谱;b. 用 c 和 d 参数的理论计算谱;c. Si—^{17}O—Si 组分;
d. Si—^{17}O—Al 组分;e. MAS 谱;f. 用 g 和 h 参数的理论计算谱;
g. Si—^{17}O—Si 组分; h. Si—^{17}O—Al 组分

NMR 研究引起了人们的极大兴趣，为了求得四极作用参数(NQCC 和 η)和最大限度消除四极相互作用，人们先后发展了一些新的技术，如 2D 章动谱[16]、变角试验[17]、动态变角(dynamic angle spinning, DAS)[18]、双旋转(double rotation, DOR)[19]和多量子谱[20]等。2D 章动谱的 F_2 域为化学位移和不同四极作用的总和，相当于 1D MAS 谱，F_1 域投影的线形反映核四极偶合常数和不对称因子，可以区分某些四极参数相差较大的物种；变角试验是基于样品在不同角度旋转对消除四极相互作用有不同效果，很大程度取决于不对称因子 η，通过对变角实验谱线拟合并与理论谱对照，得到四极参数，区分不同物种；双旋转实验用两个转子，装样品的内转子装进一个外转子，内转子除了自身旋转外还随外转子绕一个锥面旋转，选择两个转子的旋转角度，消除二阶四极作用；动态变角实验只有一个转子，转子的旋转轴在相对于外磁场方向的两个不同角度(θ_1 和 θ_2)之间改变，θ_1 和 θ_2 可以取一整套互补角，但是样品在每个取向上停留的时间是不同的，取决于所选择的每对互补角，当 $\theta_1 = 37.38°$和 $\theta_2 = 79.19°$时，转子在两个角度上的停留时间才一样，其结果能极大程度地消除二阶四极作用，得到四极矩核高分辨的固体谱。这些实验均需要特殊的旋转装置。近几年，由 Frydman 和 Harwood 提出的多量子魔角旋转技术(MQ MAS)[20]比 DOR 和 VAS 简单得多，但可以为四极矩核的研究提供非常有用的信息，特别适用于自旋-晶格弛豫时间短和具有较小四极偶合常数的核。多量子 MAS 实验通常采用一个简单的二脉冲序列得到一个二维谱[21]，用不同的脉冲相位循环，选择三量子或五量子跃迁，得到相应的三量子(3Q)MAS 或五量子(5Q)MAS 谱。

图 9-7 是^{17}O 富集的 Na-ZSM-5 分子筛的 2D ^{17}O 3Q MAS 谱[22]，F_2 域投影为正常的 1D ^{17}O MAS 谱，两个相关峰表明样品中有两种不同的^{17}O 物种存在，F_1 域投影出现两个分离峰，通过对图 9-7 的数据处理，可直接得到这两种^{17}O 物种的各向同性化学位移分别在 50 ppm(Si—O—Si)和 33 ppm(Si—O—Al)，NQCC 分别为 5.3 MHz 和 3.5 MHz，η 为 0.12 和 0.29，根据这些四极参数可模拟 1D MAS 谱，得到两种物种的质量分数分别为 80% 和 20%。

由此可见，多量子 MAS 谱对研究分子筛催化剂等固体材料中的半整数四极矩核^{27}Al、^{23}Na、^{17}O 等十分有用，能提供许多有意义的结构信息。对此，近年来人们已开展了许多相关的研究[23, 24]。它的主要局限性是不适宜研究四极相互作用很大的物种。

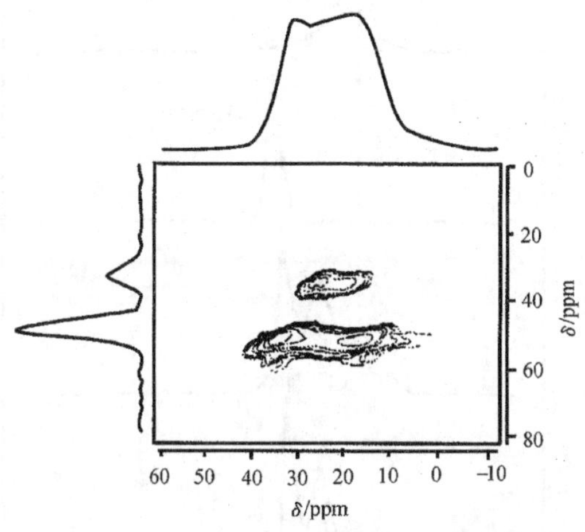

图 9-7 水合 Na-ZSM-5 分子筛 2D ^{17}O 3Q MAS 谱[20]

9.1.5 ^{31}P MAS NMR 研究

^{31}P 核 $I=1/2$，天然丰度为 100%，是一种很适宜 NMR 研究的灵敏丰核。许多含 P 的磷酸铝分子筛（$AlPO_4$-11 等）以及含 P、Si、Al 的 SAPO 类型分子筛等，除了研究其^{29}Si 和^{27}Al MAS 外，还可用^{31}P MAS NMR 方法研究结构变化。图 9-8 显示了用原位方法检测的杂多酸铯盐的^{31}P MAS NMR 谱[25]。^{31}P 的化学位移受杂多酸中 H^+ 的行为影响，未成盐的 $H_3PW_{12}O_{40}$ 在 $\delta=-10.9$ ppm 处出现一个较宽的峰[图 9-8(a)]；573 K 抽空的铯盐 $Cs_3PW_{12}O_{40}$的^{31}P 共振峰出现在 $\delta=-14.9$ ppm，谱峰变窄[图 9-8(b)]；$Cs_2HPW_{12}O_{40}$在 473 K 抽空和 $Cs_{2.5}H_{0.5}PW_{12}O_{40}$ 的^{31}P 谱[图 9-8(c)和图 9-8(d)]，共出现四条峰，除了 $\delta=-10.9$ ppm和 $\delta=-14.9$ ppm 峰外，还观察到 $\delta=-12.1$ ppm 和 $\delta=-13.4$ ppm 峰。表明有四种类型杂多酸质子，随 Cs 取代量的差异，各种组分相对含量不同。其中杂多酸 $Cs_{2.5}H_{0.5}PW_{12}O_{40}$是一种中孔(3 nm)结晶，其表面积和表面氧含量呈现最大值，并且显示出特有的催化活性。

9.1.6 ^{47}Ti，^{49}Ti MAS NMR 研究

^{49}Ti 核 $I=7/2$，天然丰度为 5.51%；^{47}Ti 核 $I=5/2$，天然丰度为 7.28%。这两种核天然丰度不很低，但有很大的四极矩相互作用。NMR 谱线很宽，且属于低频共振核，在磁场强度为 9.395 T 时，^{47}Ti 和^{49}Ti 共振频率分别为 22.547 MHz 和 22.552 MHz。钛硅分子筛 TS-1 和 ETS-10 是令人瞩目的新型分子筛。TS-1 是一种高硅 MFI 型分子筛，骨架中有 0.1% ~ 2.5%的 Si 原子被 Ti 原子所取代；ETS-10 的化学分子式为 $Si_5TiO_{13}^{2-}$，是一种大孔分子筛，由于其特殊的孔结构和电荷分布而显示出特殊的催化性质。图 9-9 显示了

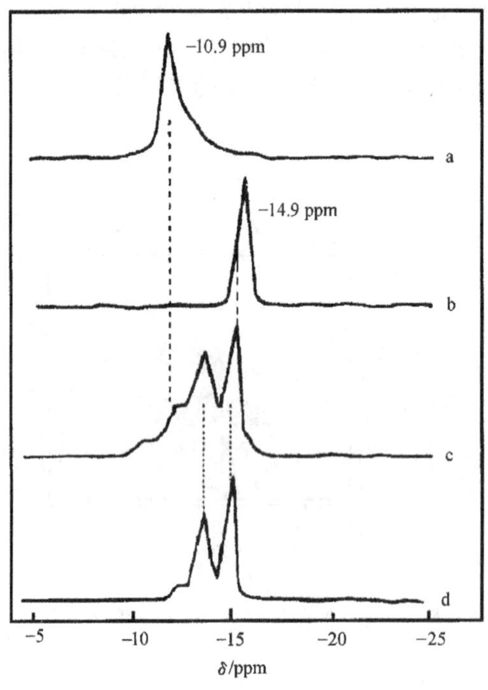

图 9-8 原位^{31}P MAS NMR 谱[25](109.4 MHz,以 85%H_3PO_4 为参考)

a. $H_3PW_{12}O_{40}\cdot 0H_2O$; b. $Cs_3PW_{12}O_{40}$(573 K 抽空); c. $Cs_2HPW_{12}O_{40}$ (473 K 抽空); d. $Cs_{2.5}H_{0.5}PW_{12}O_{40}$(573 K 抽空)

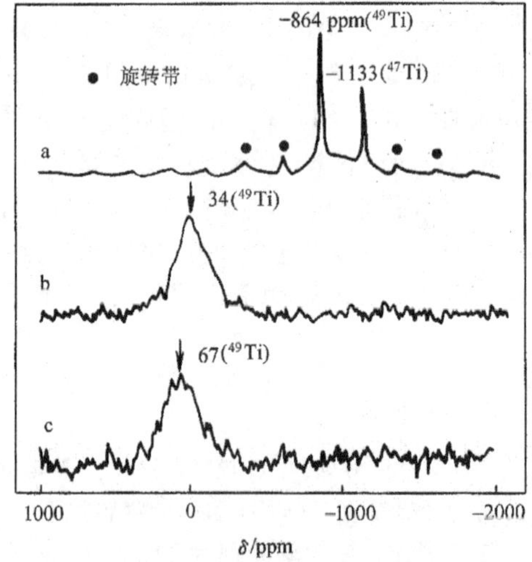

图 9-9 ^{47}Ti,^{49}Ti MAS NMR 谱[26](22.5 MHz, 以 $TiCl_4$ 为参考)

a. $SrTiO_3$; b. TS-1 分子筛; c. ETS-10 分子筛

$SrTiO_3$、TS-1 和 ETS-10 分子筛的 Ti MAS 谱[26]，图 9-9(a)中出现了 $SrTiO_3$ 的^{49}Ti(δ = -864 ppm 和^{47}Ti(δ = -1133 ppm)两条较窄的峰，说明其 Ti 的四极相互作用较小；图 9-9(b)和图 9-9(c)谱分别为 TS-1(δ = 34 ppm)和 ETS-10(δ = 67 ppm)的^{49}Ti MAS 谱，由于存在很强的四极相互作用，谱峰很宽，灵敏度低，均需几十万次累加才能得到 Ti MAS NMR 谱。

9.2 固体 NMR 在催化剂酸性研究中的应用

固体表面酸性是多相催化领域中的一个重要课题。它对于研究催化剂活性和理解分子筛催化机理具有重要意义。分子筛的 B 酸位与骨架桥式羟基相关联，随着固体 NMR 技术的不断发展，^1H MAS NMR 技术已成为研究催化剂表面 B 酸位的最直接方法，越来越显示了其优越性。与红外光谱相比，该方法能解决红外光谱由于不同 OH 基之间消光系数的差异带来的定量方面的困难及在 3200 ~ 4000 cm^{-1}范围内分辨率低的问题。对固体表面 L 酸性的测量，则采用吸附探针分子的方法进行，如$(CH_3)_3P$、^{15}N-Py、^{13}CO 等，通过^{31}P、^{15}N、^{13}C MAS NMR 谱的变化间接表征固体表面的 L 酸中心。

9.2.1 ^1H MAS NMR 技术研究催化剂表面不同结构的 OH 基

固体中质子的偶极-偶极相互作用很强，质子的化学位移范围小，很难得到高分辨的 ^1H MAS 谱。随着固体核磁技术的不断发展，采用高速魔角旋转($\nu_{rot} \geq 10$ kHz)[27]、具有特殊效果的脉冲序列(如 combined rotational and multiple-pulse spectroseopy, CRAMPS)[28]、用^2D 同位素稀释催化剂表面质子[29]以及催化剂表面充分预处理等方法，使得^1H MAS NMR 技术为研究固体表面酸性，提供更多更准确的信息。

在^1H MAS NMR 实验前，需要对样品进行真空脱水处理，然后装入转子或吸附探针分子。最初采用玻璃安瓿封管法，催化剂装入玻璃管中，在真空系统中抽空并吸附气体后，用火焰密封玻璃管制成小安瓿。密封小安瓿很难达到均匀对称，装入 NMR 转子后，转速一般小于 4 kHz。Haw 等[30]设计了一套名为 “CAVERN” 的装置 (图 9-10)，催化剂平铺在床层上，加热脱水和吸附都能均匀进行，催化剂装入转子后通过连杆将转子密封。

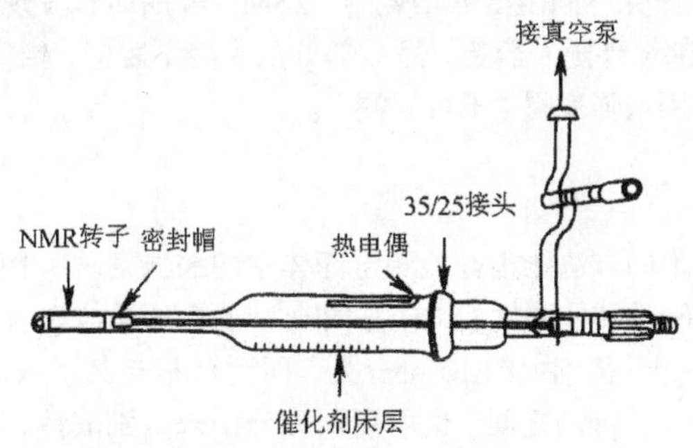

图 9-10 催化剂抽空处理、吸附及原位转移入 NMR 转子的 CAVERN 装置[30]

这种原位处理装样装置能有效防止装样时水的引入，并能使转子达到较高的转速。我们也设计了一套功能上类似于“CAVERN”的装置，催化剂处理好后，通过捣杆原位装入NMR转子中，然后通过支架中的帽密封转子，这样原位装样的转子最高转速可达12 kHz[31]。

一般说来，分子筛表面的OH基可进行如下归属[1, 6]。－0.5～0.5 ppm：分子筛外表面或游离于骨架外的与金属离子相连的羟基(MOH)；1.2～2.2 ppm：分子筛缺陷位或末端的硅羟基(SiOH)；2.8～3.6 ppm与骨架铝相连并与周围氧原子形成氢键的非骨架铝羟基(AlOH)；3.6～4.3 ppm：位于分子筛大笼或孔道中的桥式羟基(SiOHAl)；4.6～5.2 ppm：位于八面沸石型分子筛小笼中的桥式羟基(SiOHAl)；5.2～7.0 ppm：HZSM-5和Hβ分子筛中与骨架有静电作用的第二种桥式羟基(SiOHAl)。

Brunner等[27]考查了^{1}H化学位移(δ_H)与其IR谱中对应的OH基的振动波数(ν_{OH})之间的关系，得出如下的经验公式：

对于分子筛中孤立的表面OH基

$$\delta_H(\text{ppm}) = 57.1 - 0.0147\nu_{OH}(\text{cm}^{-1}) \tag{9-3}$$

对于存在氢键的表面OH基

$$\delta_H(\text{ppm}) = 37.9 - 0.0092\nu_{OH}(\text{cm}^{-1}) \tag{9-4}$$

但是，对于与高价金属离子(如Mg^{2+}、Ca^{2+}等)相连的OH基，式(9-3)和式(9-4)有偏差。

在HZSM-5分子筛的低温^{1}H MAS NMR谱中，Brunner等[27]观察到在7.0 ppm处存在一个宽峰，半峰宽约1250 Hz，远大于其他三种羟基的峰宽，同一样品的红外漫反射谱上在3250 cm^{-1}处也有一个宽带，这两个值能很好地符合上述公式，该宽峰归属为与分子筛骨架有静电作用的第二种桥羟基[27, 32]，以区别于$\delta = 4.0$ ppm处的孤立桥羟基。

Freude等[33]研究了88 H Na Y分子筛的脱羟基过程，^{1}H和^{27}Al MAS NMR谱的定量结果表明，桥羟基浓度的降低与四配位骨架铝原子的减少相等，这种脱羟基过程与Uytterhoeven等[34]提出的骨架上两个桥羟基缩合脱水后，形成一个骨架三配位铝的脱羟基模型不同。邓风等[35]在研究不同温度下焙烧的HZSM-5样品时也发现有两种脱羟基机制存在，即脱羟过程中一部分伴随着脱铝，另一部分只脱羟不脱铝，铝仍处于分子筛骨架上，但这部分铝的四极作用增强变得“不可观测”。

9.2.2 酸强度测定

采用探针分子吸附的方法能很好地测定固体中的酸强度。其中强碱性分子氘代吡啶吸附后能有效地区分酸性和非酸性的OH基团[32]，吡啶分子与SiOH形成氢键络合物后，其^{1}H化学位移从2.0 ppm移到大约10 ppm处，而桥羟基与其形成的吡啶离子则移向更低场，大约在15.5～19.5 ppm之间。也可用弱碱分子来鉴别酸性，不同碱性的吸附分子使桥羟基有不同的低场位移。在123 K的低温下，Haw等[36]观察到了乙烯分子吸附在HZS M-5分子筛上，使桥羟基向低场位移2.7 ppm，而在同样条件下，CO和乙烷分子则使桥羟基分别向低场位移1.8 ppm和0.6 ppm。Biaglow等[37]研究了^{13}C富集(C-2)的丙酮分子吸附在 HZSM-5、HZSM-22、HY、SAPO-5 等分子筛上的^{13}C MAS NMR 谱(温度 125 K)。当每个桥羟基吸附一个丙酮分子时，相对于纯的丙酮分子，在 SPAO-5 分子筛上 C-2 向低场位移了 10.1 ppm，而在 HZSM-22 分子筛上向低场位移 18.7 ppm。因此，可用吸附^{13}C标记丙酮分子的^{13}C NMR 方法来测定分子筛中 B 酸位的强度。

我们曾采用探针分子全氟丁胺$[(n\text{-}C_4F_9)_3N]$吸附在 HZSM-5 分子筛上，首次报道了用它来定量区分分子筛中内外表面的酸性[31]，由于全氟丁胺的分子直径(0.94 nm)大于 ZSM-5 分子筛的孔径(0.55 nm),故其只能吸附在分子筛的外表面，如图 9-11 所示。在吸附全氟丁胺后的^1H MAS NMR 谱中，$\delta = 3.9$ ppm 处的 B 酸的峰强明显降低，而 $\delta = 6.0$ ppm 处的峰强有所增加。这是由于外表面的 B 酸与全氟丁胺质子化后向低场位移所致，故可以通过定量拟合吸附前后 $\delta = 3.9$ ppm 处的峰面积，计算出外表面的 B 酸含量。以同样方法也可计算出外表面非骨架铝的含量。我们还发现吸附全氟丁胺后硅羟基均向低场位移了 0.2 ~ 0.3 ppm，故大部分硅羟基是位于分子筛外表面上。

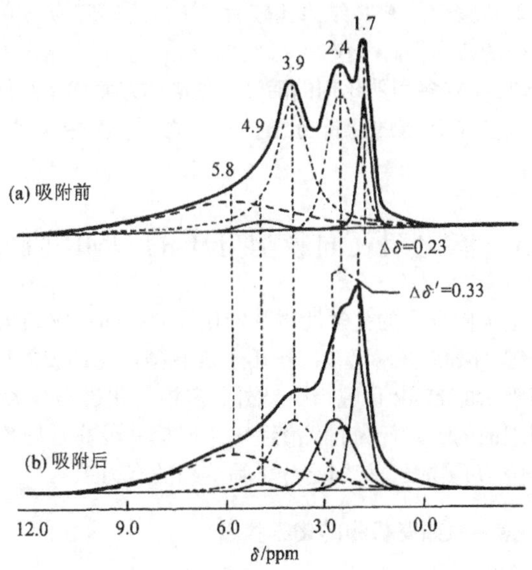

图 9-11 纳米 HZSM-5 分子筛上吸附全氟丁胺前后的^1H MAS NMR 谱[31]

9.2.3 利用探针分子探测催化剂表面的 L 酸中心

只能用探针分子进行 L 酸的测定，适于 NMR 研究的探针分子大部分都需同位素标记，除能探测 L 酸外，也能区分 B 酸，且各有优缺点。

^{13}CO 可用来探测固体表面的 L 酸中心，吸附的 CO 的^{13}C 化学位移与其气态时相差较大，但无论在室温还是低温下，吸附在 L 酸上的 CO 与物理吸附及吸附在 B 酸位上的 CO 均存在互相交换，使得在谱图上无法直接检测吸附在 L 酸位上的 CO 化学位移，需通过计算才能获得，吸附在 L 酸上的 CO 的^{13}C 化学位移大约在 300 ~ 400 ppm 之间[38]。

^{15}N 标记的吡啶分子或氨分子的^{15}N MAS 或 CP/MAS NMR 谱能较好地区分分子筛上的 L 酸和 B 酸中心。Maciel 等[39] 首先研究了^{15}N-吡啶分子在无定形硅铝上吸附的

^{15}N CP/MAS NMR谱，并进行了如下归属：B 酸位上吸附吡啶的^{15}N在 $\delta = 205$ ppm 左右，吸附在 L 酸位上的约在 $\delta = 260$ ppm 处，吸附在弱酸位羟基上形成氢键的在 $\delta = 290 \sim 300$ ppm 之间，而液态吡啶在 $\delta = 315$ ppm 处。由此可见，^{15}N-NMR 谱的优点是化学位移范围大，易于区分不同的酸中心，但^{15}N的天然丰度低，需要同位素富集。

采用三甲基膦(TMP)作为 NMR 探针区分 B 酸和 L 酸已有不少报道，与^{15}N核相比，^{31}P-NMR 检测不需要同位素富集，也不需要采用 CP/MAS 技术。Lunsford 等[40]首先研究了三甲基膦在 HY 分子筛上吸附的^{31}P MAS NMR 谱，$\delta = -1 \sim -3$ ppm 处谱峰为三甲基膦与 B 酸位形成的$[(CH_3)_3P—H^+]$离子；$\delta = -32 \sim -60$ ppm 处谱峰为三甲基膦与 L 酸位形成的络合物；物理吸附的三甲基膦在 $\delta = -68$ ppm 左右。由于 B 酸位上膦峰远离其他膦峰，所以可直接测定表面 B 酸中心数目，而 L 酸络合物和物理吸附的膦峰很靠近，故难以直接定量测定 L 酸中心数目。此外，Coster 等[41]观察到三甲基膦在超强酸 ZrO_2/SO_4^{2-} 上吸附时，除了与 B 酸和 L 酸位结合的共振峰外，在 $\delta = 26$ ppm 处还出现一个强信号，将其与吸附苯胺后的 ESR 结果比较后，认为此峰应为三甲基膦与超强 L 酸中心的络合物，但对此峰的归属仍有争议。

总之，用固体 NMR 研究多相催化剂的酸性，在定量方面优于红外光谱，但在 L 酸研究方面，一般需采用同位素富集的探针分子，相比之下，三甲基膦不失为一个较好的 NMR 探针。

9.3 催化剂表面吸附分子的 NMR 研究

研究催化剂表面上吸附分子的化学性质及催化反应中间产物结构，是从分子水平阐明催化反应机理的关键。NMR 技术已被广泛用于负载型催化剂表面吸附分子的状态、氢溢流及分子筛催化剂吸附的 NMR 研究[42]。此外，多相催化过程很大程度上取决于反应物在分子筛等催化剂表面的吸附行为，而惰性气体氙是一种非常理想的探针分子。许多研究表明，^{129}Xe 是研究多孔物质，特别是分子筛结构的有力工具[43, 44]。

9.3.1 分子筛晶体孔道中吸附有机物的化学状态

工业上几个重要的反应都是基于在 HZSM-5 分子筛上甲醇转化成碳氢化合物。甲醇转化的反应机理，特别是第一个 C—C 键的生成机理以及甲醇分子与分子筛骨架的相互作用一直有争议。为了得到明确的结论，人们曾用^1H MAS NMR 方法研究了甲醇在 HZSM-5 分子筛上的吸附性质[45, 46]。吸附分子的 MAS NMR 研究需要设计一定的装置，类似于间歇式反应的原位装置，吸附甲醇前，需将装在特殊管内的分子筛样品在 400℃ 和 1×10^{-3}Pa 条件下脱水，吸附甲醇后在液氮温度下封管以中止化学反应，封管紧密装入 NMR 转子中，转速可达 3 kHz。由甲醇吸附在 HZSM-5 上的^1H MAS NMR 谱看出，甲醇液体中 OH 共振比其在 $CDCl_3$ 中向低场位移 3.1 ppm。这是由于液体甲醇中 OH 基之间存在氢键，OH 键的静电极化作用使其^1H去屏蔽；当甲醇吸附在 HZSM-5 分子筛上时，除了出现甲基谱峰($\delta = 4.1$ ppm)外，OH 共振在 $\delta = 9.1$ ppm 处，这样大的低场位移，必定是由于形成了很强的氢键和(或)醇的质子化。实际上，不管是吸附 CD_3OH、CH_3OD 还是 CD_3OD，所有羟基的化学位移都在 $\delta = 9.1$ ppm 左右，说明所有的^1H在 NMR 时域上是等价的。这是由于在甲醇形成的氢键中，端基甲醇分子与 B 酸位的桥氧形成氢键，每个甲醇分子中的甲氧基离子是相同的，这样一个以氢键相连的带电簇可以在分子筛晶体孔道中转动，使羟基^{1}H 变成等价。当每个 B 酸只覆盖两个甲醇分子时，OH 共振由 9.1 ppm 移向 10.5 ppm，这说明 B 酸位^{1}H 与吸附甲醇的 OH 发生了快速交换。由此可知，用吸附甲醇中 OH 的低场位移可有效地测量固体酸催化剂的供质子能力，低场位移越大，B 酸位酸性越强。HY 和 HL 分子筛中甲醇 OH 的位移小于 HZSM-5 分子筛中甲醇 OH 位移，与 HY 和 HL 的低酸性相符。分子筛吸附甲醇后 OH 的低场位移对分子筛的类型十分敏感，不仅如此，n(Si)/n(Al)相同的 HZSM-5 分子筛，当合成方法不同时，其吸附甲醇的 OH 低场位移也不同。钠型分子筛 Na-ZSM-5 上吸附甲醇时，OH 峰比液体甲醇向高场位移 1 ppm，这是由于甲醇通过氧与 Na^+ 配位，打断了氢键。对于 Na-ZSM-5、NaY 和 NaA 分子筛，吸附甲醇的 OH 低场位移依次增加，说明甲醇与分子筛骨架形成氢键的可能性依次增加。

^{13}C MAS NMR 也是研究吸附甲醇与分子筛相互作用的有效方法。图 9-12 是甲醇吸附在 SAPO-5 上的^{13}C MAS NMR 谱[47]，20℃时在 50 ppm 出现一个窄峰[图 9-12 中 a 谱]，是相对高运动性的甲醇分子共振峰；当加热到 150℃保持 10 min 测试时，37%的甲醇转化成二甲醚[图 9-12 中 b 谱]，峰形较窄，表明分子仍然有很大的运动性；进一步加热到 250℃并保持 10 min 后测试[图 9-12 中 c 谱]，谱峰加宽，为典型的固体谱，同时除甲醇峰外，还出现一个新峰，其化学位移与二甲醚相近，归属为与骨架相连的甲氧基(CH_3—O—Si)，是一个强键的反应中间物；继续加热到 300℃，甲醇转化成烯烃和烷烃的混合物，谱线又变窄，产物的流动性增强。检测结果显示了从一个弱键甲醇分子到一个强键的反应中间物，最后又生成了弱键的碳氢产物。上述研究结果表明，吸附有机分子的^{1}H 和^{13}C MAS NMR 研究，将会对确定各类分子筛的反应中间物和探索反应机理，提供十分重要和明确的证据。

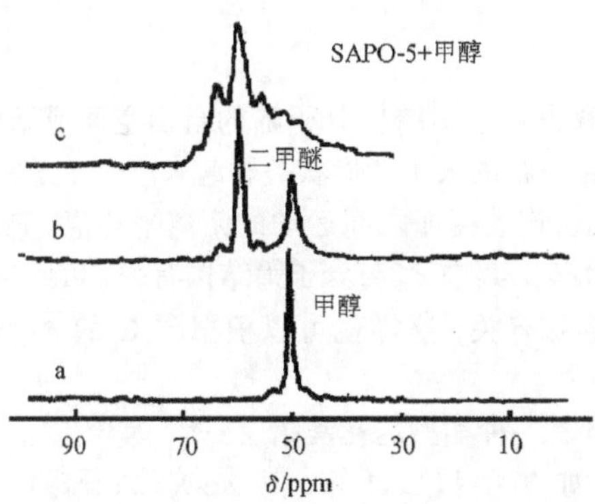

图 9-12 甲醇吸附在 SAPO-5 上的^{13}C MAS NMR 谱[47]

a. 室温；b. 150℃加热 10 min；c. 250℃加热 10 min

9.3.2 分子筛吸附探针分子^{129}Xe-NMR 的研究

惰性气体氙是一种十分理想的探针分子，物理吸附的^{129}Xe-NMR 已被用于各种结晶或无定形孔材料中 Xe 的吸附与扩散、分子筛结构(短程结晶性)、分子筛内部自由体积、比表面积测定、结炭、各种吸附相的分布以及阳离子和金属在分子筛微孔内的分布等研究中[43, 44, 48~53]。^{129}Xe 核自旋量子数 $I=1/2$，天然丰度为 26.4%，在同样磁场强度下，^{129}Xe 核的共振频率比^{13}C 高 10%，若不考虑弛豫时间，^{129}Xe-NMR 核的检测灵敏度是^{13}C 的 31.8 倍。虽然单原子^{129}Xe 的纵向弛豫时间(T_1)很长，但吸附到分子筛后，受顺磁物种及痕量杂质的影响，大大降低了^{129}Xe 的 T_1，使^{129}Xe-NMR 成为一种方便、检测灵敏度高于^{13}C-NMR 的研究方法。

^{129}Xe 核的球形电子云很大，对它的周围环境十分敏感。吸附氙后，分子筛结构、组成和孔道的任何微小变化都会影响^{129}Xe 的电子云密度，从而改变^{129}Xe 共振峰的化学位移，NMR 参数对氙分子周围环境的敏感性而使^{129}Xe-NMR 成为分子筛结构研究的重要手段。吸附氙的^{129}Xe 化学位移是几项贡献之和，对应于各种不同的干扰，则

$$\delta = \delta_0 + \delta_E + \delta_S + \delta_{Xe\text{-}Xe} + \delta_M + \delta_{SAS} \tag{9-5}$$

式中：δ_0——氙气在吸附压力外推为零时的化学位移（$\delta_0=0$，作为化学位移的参考）；

δ_E，δ_M——分子筛中阳离子电场和磁场的贡献(对于小离子，如 Na^+、Li^+、H^+ 等，其 $\delta_M=0$，室温下，δ_E 可忽略不计)；

$\delta_{Xe\text{-}Xe}$——Xe-Xe 相互作用的贡献，与 Xe 吸附浓度有关；

δ_S——分子筛孔道硅铝壁与氙相互作用的贡献(这一项直接与分子筛的孔道结构有关)；

δ_{SAS}——孔内强吸附位的贡献。

氙探针提供的信息一般由^{129}Xe 化学位移 $\delta=f(n)$曲线得到，n 为每克无水固体吸附的 Xe 原子数。

9.3.2.1 孔结构研究

为了从^{129}Xe 化学位移得到未知结构分子筛的自由空间或结构缺欠的精确数据，用平均自由程 $\bar{l}$ 将 δ_S 与内部体积的大小和形状关联起来[48]。$\bar{l}$ 是一个 Xe 原子在分子筛内自由空间无规运动时，两次连续碰撞之间运动的距离平均值。Fraissard 等首先提出一个关系式：$1/\delta_S=(1+\bar{l}/a)/\delta_a$，其中 δ_a 与分子筛结构有关，因此也与 $\bar{l}$ 有关；$\bar{l}$ 直接与分子筛内部体积的大小和形状有关，这样就可以根据^{129}Xe 的 δ_S 大小分析分子筛的孔性质。

当分子筛的结构仅含有一种类型的孔吸附 Xe 时，其^{129}Xe 谱只出现吸附位的单线共振峰，对于大孔分子筛，如 Y 型和 ZK4 等，其 Xe-Xe 原子碰撞的贡献是各向同性时，$\delta=f(n)$曲线是一条直线，斜率 $d\delta/dn$ 正比于局部 Xe 原子密度，而反比于分子筛内部自由体积；窄通道分子筛(孔径为 0.4~0.75 nm)中 Xe-Xe 原子碰撞是各向异性，$\delta=f(n)$曲线斜率随每个笼或部分通道吸附的 Xe 原子数而增加。$\delta=f(n)$曲线外推到 Xe 浓度为零时的 $\delta_S(\delta_{n\to 0})$大小与结构密切相关，当孔道或笼很小或 Xe 原子的扩散受到更大限制时，$\delta_{n\to 0}$变大。对于小孔分子筛，$n(Si)/n(Al)$相对更为重要，当平均自由程不变，δ_S 也会发生变化，因此必须考虑分子筛表面化学组成的影响。

当 Xe 原子在具有两种类型孔道的分子筛上吸附时，若不同吸附位 Xe 的交换速率较慢，便可以检测到两个^{129}Xe-NMR 信号。丝光沸石的孔结构是由一维通道和在垂直方向连接一个边带组成，如果温度低得足以阻止 Xe 原子在这两种吸附位之间交换，它的^{129}Xe谱有两个信号分别对应通道和边带，这两个信号的合并温度取决于阳离子的性质。H^+型丝光沸石的合并温度是 273 K，Na^+型丝光沸石的合并温度为 370 K，若是 Cs^+，其边带不吸附 Xe，只有一条谱线。Moudrakovski 等[49]用二维 NMR 方法研究确定了在主通道和边带之间 Xe 交换的速率常数。当观测到几个^{129}Xe-NMR 信号对应于不同类型自由空间时，可以利用谱线强度作为温度和阳离子位置的函数研究在给定 Xe 总浓度时，在不同自由空间 Xe 的分布，由此可得到分子筛结构(内部生长和结晶)的有用信息。

^{129}Xe-NMR 可以用来研究分子筛的结晶性。通常在一定压力下，原位观测制备过程或制备好的分子筛的^{129}Xe 谱线，与结晶完好标准分子筛的谱线强度比较，可以确定结晶度；若室温下非结晶相吸附 Xe 量可以忽略，那么比较被测样品与标准分子筛的 $\delta=f(n)$曲线斜率，由二者的斜率比也可测量结晶度。在某些情况下，分子筛的处理会得到第二种孔性质，因此^{129}Xe-NMR 谱中会出现一条新的谱线，在 Y 型和丝光沸石中都观察到这种现象。

9.3.2.2 分子筛组成和结构研究

^{129}Xe 的 δ 值取决于分子筛化学组成，特别是电荷数，即 $n(Si)/n(Al)$，当低温和孔径较小时，这种依赖关系更明显。大量研究表明，八面沸石类型的分子筛，随着 $n(Si)/n(Al)$增大，Al 含量减少，δ_S 值成倍减少，但这种变化是非线性的。它取决于孔大小和脱铝形成的非骨架铝物种。对于窄孔道的 ZSM-5 和 ZSM-11 分子筛，δ_S 与 Al 浓度的依赖关系大于大笼的八面沸石，而且 δ_S 与 Al 含量呈线性关系[50]，值得注意的是，当每个晶胞含 2 个 Al 原子时，该直线出现了断裂，这是由于在这个 Al 浓度下，Xe 与分子筛孔道壁的相互作用，使 δ_S 发生了变化，如图 9-13 所示。由此可见^{129}Xe-NMR 可以完全区分像 ZSM-5 和 ZSM-11 这样结构类型的分子筛。

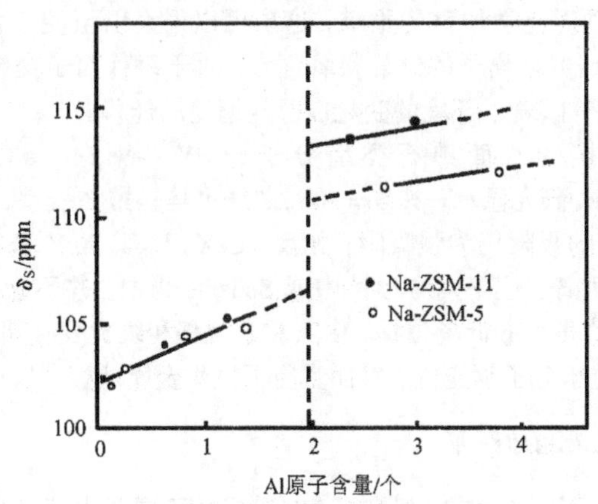

图 9-13 δ_S 对应骨架 Al 含量的变化图

分子筛结构不同，^{129}Xe 的 $\delta=f(n)$ 曲线完全不同，如两种高硅分子筛 ZSM-48 和 Nu-3 吸附 Xe 的 $\delta=f(n)$ 曲线呈现完全不同的变化规律。ZSM-48 的 $\delta=f(n)$ 曲线是一条斜率很大的直线，截距约 108 ppm；Nu-3 分子筛的 $\delta=f(n)$ 曲线是一条很平缓的曲线。在低覆盖率时 δ 值几乎不变，这种曲线特征与其结构有关，分子筛中各笼中不对称八元环分开，氙原子通过的速率很慢，在低覆盖度时，氙原子相隔很远，不存在氙分子之间的相互作用，$\delta_{Xe\text{-}Xe}$为零，因而 δ 与吸附量无关[43]。

9.3.2.3 阳离子的影响

当 Xe 原子在某些吸附位是强吸附时，必须考虑^{129}Xe 化学位移中 δ_{SAS}项的贡献。在低吸附压时，δ_{SAS}的贡献占优势；当压力增加时，吸附便可发生在弱吸附位，观察到化学位移降低，它是 $\delta_{Xe\text{-}Xe}$和 δ_{SAS}的权重平均；在更高压时，$\delta_{Xe\text{-}Xe}$相互作用又占主导，随吸附压增加，δ 增加，因此 $\delta=f(n)$曲线有一个最低点。在 X 型和 Y 型分子筛中含有 Mg^{2+}、Ca^{2+}、Zn^{2+}、稀土离子 Y^{3+}、La^{3+}、Ce^{3+}，甚至含顺磁离子 Ni^{2+}、Co^{2+} 和 Ru^{2+} 等阳离子时，都可观察到这种特征。当 Xe 原子仅仅与超笼中的阳离子相互作用时，可以确定阳离子的位置。

大量研究表明，室温下 X 型和 Y 型分子筛中 H^+ 和 Na^+ 对^{129}Xe-NMR 的影响可忽略不计[44]，并且与 $n(Si)/n(Al)$和 H^+ 或 Na^+ 的数量无关。可用 $\delta_{n\to0}$表征分子筛结构，δ 值随 Xe-Xe 原子之间相互作用而增加。$\delta=f(n)$曲线取决于阳离子类型，离子越重，δ 越大。如 KY 和 RbY 分子筛的 $\delta_{n\to0}$分别是 78 ppm 和 99 ppm。

Fraissard[48]研究了 MgY 分了筛上吸附 Xe 的^{129}Xe-NMR。当离子交换度 $\lambda<53\%$时，Mg^{2+} 位于 Sodalite 笼中或在六边形棱中，δ 变化与 NaY 一样，与 Xe 浓度呈线性关系；当 $\lambda>53\%$时，Mg^{2+} 位于超笼中，对应每一个 λ 值，$\delta=f(n)$曲线都出现最低点，λ 越高，$\delta=f(n)$曲线最低点越移向高浓度，$\delta_{n\to0}$大约与 Mg^{2+} 吸附的 Xe 原子核处电场的平方成正比。二价阳离子的 $\delta=f(n)$曲线显示出较大的低场位移和抛物线特征主要是由于二价阳离子产生的强电场引起 Xe 原子的高度极化和 Xe 电子云的畸变。对于顺磁离子 Ni^{2+} 和 Co^{2+}，必须考虑 δ_M 项对化学位移的贡献，这项可以很大以至使 δ 值达百万分之几千。在这种情况下，可以研究阳离子的位置和氧化态。对于每种离子交换度，都可以由改变预处理温度来研究二价阳离子环境的变化以及从超笼的迁移。

三价阳离子交换的八面沸石类型分子筛（Y^{3+}-NaY，La^{3+}-NaY，Ce^{3+}-NaX 和 Y^{3+}-NaX）的^{129}Xe-NMR 研究显示，其 $\delta=f(n)$曲线也是呈抛物线型，有最低点，表明 Xe 的超笼内三价离子上的吸附仍为强吸附；相反，CeX、LaX、XeY 和 LaY 分子筛上 Xe 的位移表明 Ce^{3+}和 La^{3+}离子位于六方形棱中或 Sodalite 笼中，并不吸附 Xe 原子。顺磁离子 Ru^{3+}引起^{129}Xe 谱线很大的低场位移，由其化学位移和线宽变化可知，室温下还原时，Ru 颗粒高度分散并位于分子筛笼内，然而真空下发生金属迁移[51]。

9.3.2.4 确定吸附相的分布

Gedeon 等[52]首先用^{129}Xe-NMR 研究了 HY 分子筛不同脱水度时水的分布。用 c 代表相对水的浓度，为饱和水含量（$c=1$）的百分数。实验结果表明，$\delta_{n\to0}$随分子筛含水量降低而迅速减少，当 $c=0.15$ 时（相当于每个方钠石笼中有四个水分子），δ 保持不变。这

说明当 $c<0.15$ 时，Xe原子的平均自由程不变化，因此，超笼和六边形棱已完全脱水，剩下的水分子位于方钠石笼中。实验还发现从 $c=1$ 到 $c=0.4$ 时，^{129}Xe 的 $\delta=f(n)$ 曲线斜率也迅速降低，之后保持不变。这表明从 $c=1$ 到 $c=0.4$，能够吸附 Xe原子的微孔自由体积逐渐增加，当 $c<0.4$ 时，其微孔自由体积保持不变，超笼中的水已完全脱除。因此，当 $0.15<c<0.4$ 时，水分子有些堵塞孔径，这取决于水化程度，在窗口的脱水几乎不影响内部孔径，但使 Xe原子更容易在 α-笼之间扩散。

Liu 等[53]用^{129}Xe-NMR 考查了 NaY 和 NaX 分子筛中吸附有机物苯的分布。室温下苯在晶体孔道内扩散很慢，吸附 120d 后，^{129}Xe-NMR 谱出现了几条共振峰，表明苯分子非均匀地分布在分子筛笼中，当样品加热到 523 K 保持 10 h，则出现一条单峰，对应于苯的均匀分布。^{129}Xe-NMR 谱线宽度(ΔH)随苯的平均覆盖度 θ 发生很大的变化，当 $\theta<2.5$ 时，ΔH 随 θ 增加而线性增加，这是由于可接受 Xe原子的自由体积减少或者吸附苯的位间跳跃增加而引起平均自由程的减少。其线宽与 Xe浓度无关，表明 Xe原子可以在超笼之间快速运动，减少了 Xe-Xe间的相互作用。当 $2.5<\theta<3.5$ 时，$\Delta H=f(\theta)$ 曲线在 $\theta=3$ 处出现了一个极大值，其位置取决于 Xe的吸附量。这是因为苯-钠络合物向超笼中心协同迁移引起分子的重排，而 Xe原子和苯分子之间存在一个相互的障碍。在 $\theta=2.5$ 时，苯分子开始聚集。在 $\theta>4$ 时，ΔH 重新增加，表明苯在超笼的有限自由空间内有协同的相互作用；当 $\theta>4.5$ 时，苯分子排列在超笼内，Xe原子不再可能进入。

9.3.2.5 分子筛中结炭的研究

分子筛催化剂在化学反应过程中生成的结炭沉积在微孔中并堵塞活性位或酸位中毒而引起分子筛的失活，这是催化过程中一个十分严重的问题。实践证明，^{129}Xe-NMR 是确定结炭后内部笼体积、结炭性质和分子筛失活类型的有效手段。详细内容将在本章 9.5 节中介绍。

9.4 分子筛和分子筛催化反应原位 MAS NMR 研究

研究有机分子的多相催化反应主要是通过分析吸附态中的反应物、反应中间物和产物的结构，进一步探索和证明反应机理。实践证明，通过改变反应温度、压力、流速、接触时间等实验条件，原位 MAS NMR 技术很适宜跟踪反应历程，研究反应物、中间物和产物结构变化及相互作用，是探索反应机理十分有效的方法。

9.4.1 原位 MAS NMR 研究方法

在过去的研究中，主要有三种方法实现多相催化反应的原位 NMR 研究。

9.4.1.1 间歇式方法

把催化剂和反应物封装在一个很均匀的安瓿内，安瓿大小与 NMR 转子匹配，使之能紧密地装入 NMR 转子内，以实现较高速的魔角旋转(3 ~ 4 kHz)，或者是直接封装在转子中，配有特别的盖子[54, 55]。安瓿/转子暴露在不同温度和压力下反应不同的时间，当进行到某一时刻时用液氮中止反应，将安瓿/转子移到磁铁内进行室温检测，或者将安瓿/转子放入磁铁内加热，直接进行变温的 MAS NMR 检测。NMR 检测后，重新加热安瓿到某一温度，冷却中止反应后再进行 NMR 检测。一系列的检测结果将原位跟踪反应全过程。检测反应物在催化剂上的吸附、中间物的生成、反应物与产物间的转化过程。这种原位 MAS NMR 方法很灵活，可以定量的分析测试结果，在使用^{13}C标记化合物进行反应时，更有利于 NMR 检测。但该方法是在检测前封装反应物与催化剂，得到的产物分布与流动反应器中观测的结果有很大的差别。这是因为产物与反应物的比例及其产物与反应物的相互作用改变了。

9.4.1.2　流动 MAS 探头

至今还没有商业流动探头问世，但已陆续发表几个新设计的流动 MAS 探头。第一个流动 MAS 探头是 Hunger 等[56]用一个商业 Bruker 7 mm MAS 探头改进的。将一个气体注入管接入 NMR 转子底部，气体流过催化剂床层，在转子的顶部流出。在正常流动压力下，可升温到 423 K，MAS 转速可达 3 kHz。接着他们又采用 GC 分析反应物及收集的产物[57]。这项研究可以将流动 MAS NMR 结果与一个类似的流动反应器相比较，缺点是在不同条件下分别进行反应物及产物的分析。Haw 等[58]基于一个 Chemagnetics Pencil 探头设计了一个类似的探头，测试温度可提高到 532 K。最近，报道了两种基于 MAH((magic-angle-hopping)设计的流动探头[59, 60]，MAH 实验是一个二维实验，第一域记录各向同性化学位移，第二域检测各向异性化学位移，转子的转速很慢，只有几赫兹。MAH 方法是实现 2D 实验，与 1D 实验比灵敏度大大降低，而且能研究的催化体系受到限制。Isbester 等[61]最近设计了流动变温 MAS 探头，发明了一个旋转系统是用陶瓷球支撑转子，不需要支撑空气，并且把转子的驱动和支撑区域与流动区域分开，改进了气流的隔离操作，样品可加热到大于 573 K，达到了一个流动 MAS 探头的基本要求。用该装置测试了六甲基苯在转速 2 kHz 时的 CP/MAS NMR 谱，并且原位观察了甲醇在 HZSM-5 分子筛上的吸附过程，实现了反应物和产物流动的 NMR 检测。

9.4.1.3　高压探头——Toroid NMR 探头

到目前为止，已采用三种方法获得高压流动相 NMR 谱[62]。

1) 蓝宝石 NMR 管。它可以用在商品 NMR 谱仪的探头中旋转样品，获得高压 MAS 谱，但用于制造样品管的蓝宝石结晶中存在微小的缺陷而不可预示压力的极限。

2) 毛细管 NMR。将石英毛细管缠绕到 42 圈填充进商品的 5 mm 或 10 mm NMR 样品管中，毛细管内体积很小可以安全地获得高压。

3) 金属容器。这种方法需要特殊的配置，采用非标准探头和压力容器。其中一个最佳设计是由 Toroid 检测器代替商品 NMR 谱仪探头中采用的 Helmholtz 检测器[63]，Toroid 检测线圈的特点具有很大的固有线圈有效性，并且可将射频场(B_1)全部包含在 Toroid 线圈内，大大减小了高压容器壁的磁偶合作用，从而可以设计出具有高信噪比和较小尺寸的高压容器，最有效地检测出内含的样品。目前高压 Toroid NMR 探头可在 30 MPa 和高至 250℃下操作，使这些探头非常适宜原位考查一些催化过程。采用 Toroid 探头已检测磷取代的羰基钴催化剂在各种溶剂中于催化和非催化条件下的^{13}P-NMR 谱，观察到了在氢和磷化氢存在和不存在时，各种物种与 CO 压力的依赖关系[64]。

9.4.2 原位 MAS NMR 研究催化反应机理

原位^{13}C MAS 和 CP/MAS 方法是最常用的研究催化反应机理的手段之一。用原位^{13}C MAS方法研究 HZSM-11 催化苯和丙烯反应生成异丙苯和正丙苯的反应机理是一个典型的例子[65]。异丙苯是工业生产苯酚、丙酮和 α-甲基苯乙烯的重要中间体，在微孔分子筛上，如 ZSM-5 和 ZSM-11，异丙苯生成的同时，总伴随着向正丙苯的异构化反应，后者是副反应，抑制或减少这种异构化副反应是人们追求的目标。因此，深入了解异丙苯生成和异构化的机理十分必要。原位反应器是采用封闭的 NMR 样品池和间歇式检测方法，由 NMR 谱图中反应物与产物共振峰的强度与初始状态反应物峰强度相比，可得到转化率和反应产率。当^{13}C 富集的丙烯-2-^{13}C 或丙烯-1-^{13}C 吸附在 HZSM-11 上，与过量苯反应后的^{13}C 谱图中，较弱的($\delta = 128$ ppm)谱峰为苯和异丙苯的芳碳共振，$\delta = 34$ ppm 和 $\delta = 24$ ppm 很强的共振峰分别为异丙苯的 α-^{13}C 和 β-^{13}C，表明丙烯与苯的烷基化反应是快速和完全的。异丙苯在酸性催化剂上异构化生成正丙苯取决于催化剂和反应条件，可能发生分子内和分子间异构化[66, 67]，用^{13}C 标记的反应物能很好地区分这两种途径。可进行两种简单的实验，见表 9-1。

表 9-1 ^{13}C 标记的苯和异丙苯异构化反应机理[65]

反应物	+	
反应机理 分子内	+	+
分子间	+	+

注：· 代表^{13}C 富集碳原子。

实验 1 是^{13}C 富集异丙苯中的芳环碳，异丙苯脂肪链和苯是天然丰度，若产物是富集的正丙苯和非标记的苯，则该反应为分子内途径；反之，若产物为^{13}C 富集的苯和非标记的正丙苯，则表明反应为分子间途径。实验 2 是^{13}C 富集苯，而异丙苯为天然丰度，分子内反应产生非标记的丙苯和标记的苯，分子间反应生成标记的正丙苯和非标记的苯。由此，便可依靠反应产物的^{13}C 化学位移值，确定其结构和推测反应机理。在原位^{13}C MAS NMR谱中，由于谱峰加宽，各链氢碳难以分辨，主要依靠富集的芳香环季碳化学位移区分上述各种产物。

图 9-14 为异丙苯与苯在 HZSM-11 分子筛上(473 K)反应前后的^{13}C MAS 谱[65]，图 9-14(a)是^{13}C 标记异丙苯和天然丰度的苯，反应前的谱图中可观察到异丙苯的^{13}C-1($\delta = 149$ ppm; 加热 60 min 后，异丙苯的^{13}C-1 峰完全消失，说明异丙苯已转化成正丙苯，但无正丙苯的^{13}C-1 特征峰($\delta = 142.5$ ppm)，而苯的共振峰很强。这说明生成了天然丰度的正丙苯和富集的苯，发生了分子间转化途径。图 9-14(b)是^{13}C 标记苯和天然丰度异丙苯的^{13}C MAS 谱，反应前观察不到天然丰度的异丙苯，加热到 60 min 时，在 $\delta = 143$ ppm 处出现了富集正丙苯的^{13}C-1 共振峰，也证明了异丙苯在苯中异构化是分子间反应。

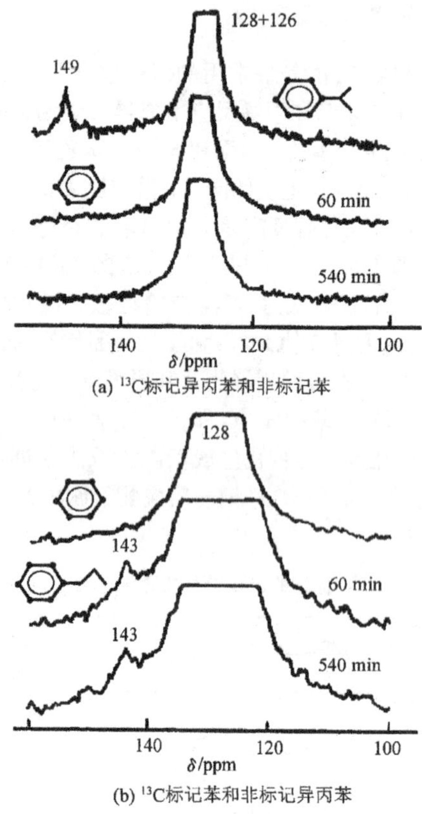

(a) ^{13}C标记异丙苯和非标记苯

(b) ^{13}C标记苯和非标记异丙苯

图 9-14　反应前后的^{13}C MAS NMR 谱[65]

图 9-15 为异丙苯分子间异构化两条烷基转移途径[68, 69](S_N1 和 S_N2)。

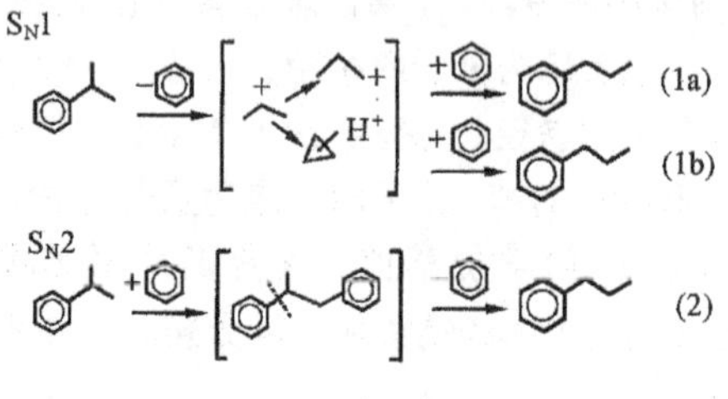

S_N1

H^+

(1a)

(1b)

S_N2

(2)

图 9-15　异丙苯异构化的分子间烷基转移途径[68, 69]

图 9-15 中，S_N1 转移是异丙苯断裂生成 2-丙基离子，接着重排生成不稳定的 1-丙基离子或环丙烷离子，最后生成正丙苯[图 9-15 中的(1a)和图 9-15(1b)]；S_N2 路线的中间产物是 1, 2-二苯基-1-甲基乙烷。当分别^{13}C 标记异丙苯烷基链的 α-C 和 β-C 时，不同的反应机理，产物正丙苯中^{13}C 的分布不同，如表 9-2 所示。对这两种标记的异丙苯，表 9-2 中 1(b)路线的产物是^{13}C 在正丙苯的 α、β、γ 位的机会相等；图 9-15(1a)和图 9-15(2)的产物分布相同，α-^{13}C 标记的异丙苯全部转化成 β-^{13}C 标记的正丙苯，而 β-^{13}C 标记的异丙

苯转化成 α-^{13}C 和 γ-^{13}C 标记的正丙苯，各占一半。

表 9-2　不同^{13}C 标记位的异丙苯异构化机理及产物正丙苯的^{13}C 分布[65]

反应物			
反应机理			
1(a)	100%	50%	50%
1(b)	33%	33%	33%
2	100%	50%	50%

注：· 代表^{13}C 标记碳原子。

图 9-16 是异丙苯和苯在 HZSM-11［473 K，m(苯)/m(异丙苯) = 8］反应前后的 ^{13}C MAS谱[65]。图 9-16(a)是 α-^{13}C 标记的异丙苯，反应前只出现 α-^{13}C 共振峰(δ = 34 ppm，反应 15 min 后，出现正丙苯的 β-^{13}C 特征峰(δ = 25 ppm)，说明反应机理遵循表 9-2(1a)

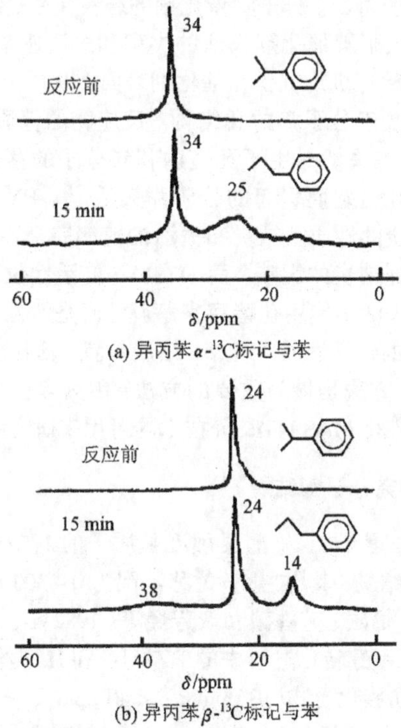

(a) 异丙苯 α-^{13}C标记与苯

(b) 异丙苯 β-^{13}C标记与苯

图 9-16　异丙苯和苯在 HZSM-11 上反应前后的 ^{13}C MAS NMR 谱[65]

和表 9-2(2)。图 9-16(b)是 β-^{13}C 标记的异丙苯，反应前只出现 β-^{13}C 共振峰($\delta = 24$ ppm)，反应 15 min 后，出现正丙苯的 α-^{13}C 和 γ-^{13}C 共振峰($\delta = 38$ ppm 和 $\delta = 14$ ppm)。该结果也有力地证明了异丙苯转化成正丙苯是采用表 9-2 反应路线(1a)或表 9-2 反应路线(2)。进一步区分表 9-2 中(1a)路线和表 9-2 中(2)路线，是根据压力对反应速率的影响，通过改变 NMR 样品池的体积改变压力。结果发现，异丙苯异构化速率随压力变化而非线性增加；表明这必定是双分子反应，反应中间物是 1, 2-二苯基-1-甲基乙烷，确定了异丙苯的异构化反应机理是分子间的 SN_2 路线。为了弄清分子筛的内外表面对反应的贡献，将 HZSM-11 催化剂的外表面进行甲硅烷基化，定量分析 NMR 谱，发现异丙苯异构化的结果与原有的催化反应结果类似，这说明中孔分子筛中异丙苯异构化反应发生在晶体孔道内，即分子筛的内表面。由此可见，原位 MAS NMR 实验是研究反应机理的有效手段。

9.5 MAS NMR 技术研究结炭引起的分子筛失活

在加氢裂化和甲醇转化等催化过程中，催化剂，特别是分子筛的失活是化学工业中一个十分重要的技术和经济问题。对催化剂的要求不仅希望具有高催化活性和选择性，而且希望具有高稳定性和长寿命。分子筛催化剂的结炭往往是降低催化剂活性进而使其失活的主要原因，因此深入了解催化剂失活的类型和失活速率以及结炭性质十分必要。结炭是指反应中生成的各种有机物沉积在催化剂表面上从而引起催化剂的失活。结炭的形成和对分子筛的作用取决于分子筛的孔结构、反应物的性质和反应条件(温度、压力等)。如氢型丝光沸石的快速失活是由于孔道内积炭分子的存在，使所有活性位不可能与反应物接触，这就是由孔堵塞而引起的分子筛失活[70]。HY 和 HZSM-5 分子筛，虽然都有三维晶体结构，但结炭的性质及结炭和失活的速率完全不同[71]。HY 的结炭是非均匀的，最强的酸位首先受到结炭的影响，而 HZSM-5 的活性位是等强度的，结炭是均匀的。这两种分子筛的结炭失活不能用孔堵塞来解释，而是活性位中毒引起的。有多种化学和物理技术来研究结炭的化学性质、组成、结炭位置、活性位数量的变化以及分子筛失活的类型等，其中 NMR 方法是最为重要的方法，因为多核固体高分辨 NMR 的发展，使得^{13}C、^{27}Al、^{29}Si、^{1}H、^{129}Xe MAS NMR 等技术均可用来研究结炭引起的催化剂失活。

9.5.1 ^{13}C MAS NMR 研究分子筛结炭

^{13}C 核 $I = 1/2$，天然丰度 1%，检测灵敏度是质子的 1.59×10^{-2}，多用^{13}C CP/MAS 技术和强磁场研究分子筛结炭，其^{13}C 化学位移范围为 0 ~ 300 ppm，由^{13}C 谱峰位置区分结炭的类型，如：脂肪碳、烯碳、芳香碳和聚芳烃等。1982 年，Derouane 等[72]首先用原位 ^{13}C MAS NMR 方法确定了甲醇转化过程中的 HZSM-5 和 H 型丝光沸石上的结炭，HZSM-5 上结炭为分布较宽的脂肪族化合物(10 ppm < δ < 40 ppm)、一些芳香化合物(125 ppm < δ < 145 ppm)以及直链及支链烯烃($\delta = 150$ ppm)，其中支链烷烃多于直链烷烃。H 型丝光沸石上的积炭是分布较窄的脂肪烃(13 ppm < δ < 25 ppm)，但芳香碳区很宽(130 ~ 170 ppm)，表明存在聚合芳烃。Derouane 等[73]研究了乙烯在 HZSM-5 分子筛上反应后结炭的 ^{13}C CP/MAS 谱，295 K 时乙烯在脱水 HZSM-5 上吸附并生成了直链烷烃聚合物($\delta = 13.5$

ppm、24.0 ppm 和 33.0 ppm)，宽的谱峰显示了聚合物的谱线特征；分子筛吸水后经 573 K 处理的^{13}C 谱峰明显窄化，说明高相对分子质量的聚合物已裂解生成直链和支链低碳脂肪烷烃，同时还观察到乙苯共振峰。上述结果说明结炭的性质与组成不仅与不同类型的分子筛的结构有关，而且与反应物和反应条件密切相关。Lange 等[74]研究了乙烯在 H 型丝光沸石原位反应结炭的^{13}C MAS-NMR 谱随温度的变化，在这个原位实验中将反应产物与结炭区别开来。实验结果表明，低温($T < 500$ K)结炭和高温($T > 500$ K)结炭结构不同，低温结炭多为直链和支链烷烃，高温结炭多为聚合芳烃；低温结炭不受分子筛中铝含量的影响，而高温结炭与铝含量有关。HZSM-5 分子筛上甲醇转化成石油的结炭研究还发现，只有部分碳原子可由 NMR 检测，随着结炭量的增大，可检测的炭量减少。当结炭质量分数为 0.85%时，可检测到所有的结炭；当最高结炭量(23.6%)时，只有 29% 的结炭可由 NMR 检测。损失大部分^{13}C 信号的原因是多方面的，其一是^{1}H 的横向弛豫时间太短而降低了^{1}H→^{13}C 交叉极化的效率；其二高结炭量时，在分子筛的外表面生成导电性的石墨结构，干扰了探头的调谐，降低了^{13}C 检测灵敏度；其三是在高结炭量的结构中，含有芳环离域电子和缺陷位的顺磁中心特征，降低^{1}H→^{13}C 交叉极化效率。能够由 NMR 检测的结炭基本上是在分子筛孔道内的，高结炭的分子筛表面物种主要是石墨，因此没有 NMR 信号。这些石墨堵塞了分子筛表面的孔口，阻碍了甲醇在通道内的扩散和产物流出孔道，从而使分子筛失活。不同类型的分子筛结炭的^{13}C 信号损失程度也不同。^{13}C CP MAS NMR 谱用于定量确定结炭量是不准确的，因为不同类型碳的交叉极化效果不同，高功率^{1}H 去偶的影响也不同，而且分子筛内稀土元素的弛豫作用也影响定量结果。

总之，由^{13}C-NMR 提供的信息基本上是结炭的化学特征，它取决于分子筛的孔结构、反应物的性质和反应温度等。在某些情况下，^{13}C-NMR 可以提供给炭中间物的信息。然而，^{13}C-NMR 方法研究结炭有其局限性，难以得到准确的结炭量数据，只有在轻微结炭或低温结炭的情况下，才可以粗略估计结炭量和确定结炭的性质，但不能区分分子筛孔道内和外表面的结炭[75]。

9.5.2 ^{29}Si 和^{27}Al MAS NMR 研究分子筛结炭

^{29}Si 和^{27}Al MAS NMR 方法可用来研究分子筛结炭，因为它们可以提供结炭对分子筛骨架的影响，当结炭填充了孔道时，影响了骨架^{29}Si 和^{27}Al 核的周围环境，而使其 MAS 谱发生变化。

9.5.2.1 ^{29}Si MAS NMR

图 9-17 显示 HZSM-5 分子筛结炭前后的^{29}Si MAS 谱[76]。当结炭在 10%(质量分数)以下时，^{29}Si 谱变化不大；当结炭到 16.5%和 23.6%时，谱峰移向低场，峰形发生扭曲并且谱线增宽，半峰宽由 143 Hz 增加到 218 Hz，峰形及位置很像含四丙基铵模板剂的 ZSM-5 分子筛(TPA-ZSM-5)的^{29}Si 谱。随着结炭增加，^{29}Si MAS 信号迅速下降，由于分子筛中结炭取代了孔道中顺磁性氧，降低了^{29}Si 和^{1}H 的纵向弛豫速率，增大了纵向弛豫时间 T_1(Si)，使得在一定脉冲循环时间内(如 10 s)，磁化矢量不能充分弛豫，从而降低了信号强度。^{1}H→^{29}Si 交叉极化(^{29}Si CP/MAS)信号的增强与吸附物氢的浓度呈线性关

系[72]。这一研究结果可以扩展到结炭的研究中，在结炭量由 0.85% 增到 9.6% 时，^{29}Si CP/MAS信号强度与结炭量也呈线性关系[76]；结炭量为 23.6%，^{29}Si CP 信号强度只是结炭量 9.6%时的一半。这是由于高结炭分子筛表面上生成大量石墨，^{1}H 数目减少，降低了^{1}H→^{29}Si 交叉极化效率。^{29}Si CP 信号强度对应于每个晶胞中含氢原子数目，与结炭量(碳的数目)相比可以得到 H/C。在 HZSM-5 分子筛上测得的结果[76]表明，结炭量为 0.8%时，H/C 为 0.9；结炭量为 9.6%时，H/C 为 0.5；结炭量为 23.6%时，H/C 为 0.1。

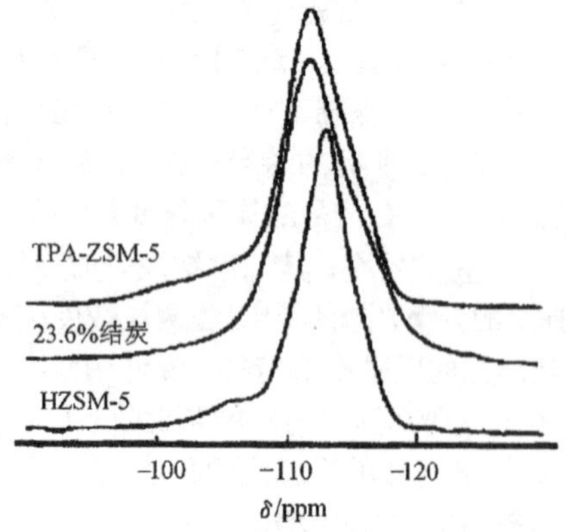

图 9-17　TPA-ZSM-5、结炭 23.6%的 HZSM-5 和空气中 HZSM-5 的^{29}Si MAS NMR 谱[76]

9.5.2.2　^{27}Al MAS NMR

^{27}Al MAS NMR 信号强度、位移、峰宽与结炭量密切相关，图 9-18 显示了结炭量对骨架 ^{27}Al 信号强度、宽度和化学位移的影响[76]。由三条曲线的变化规律可见，随结炭量增加，骨架^{27}Al 峰强度降低，峰宽增加，化学位移向高场移动。这是由于结炭分子取代了分子筛中的水，使水含量减少，而且使 B 酸位上 H^+ 在铝核周围停留时间更长，从而改变了

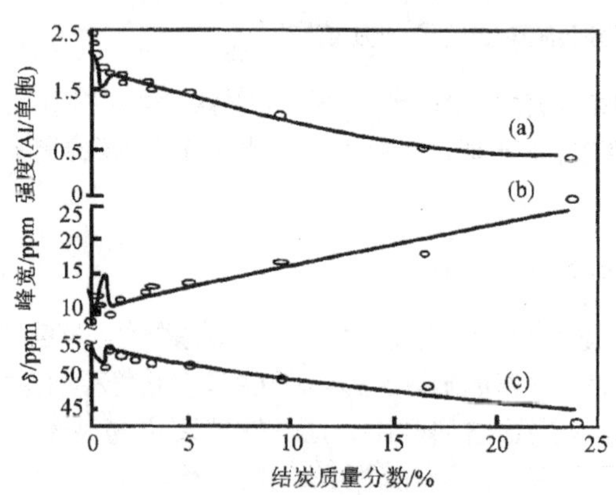

图 9-18　结炭量对^{27}Al-NMR 信号强度(a)、峰宽(b)和化学位移(c)的影响[76]

铝核周围的电场梯度而引起四极相互作用加宽和位移。它是横向弛豫 T_2 变短引起的谱线加宽与二阶四极相互作用的共同影响。结炭后^{27}Al 谱的变化与吸附烷烃和催化剂脱水效应很类似。随着^{27}Al 峰宽的增加，骨架^{27}Al 化学位移向高场移动[77]；^{27}Al 核四极偶合常数越大，NMR 可观察铝核减少，^{27}Al 信号越弱。当结炭量增大时，结炭分子覆盖了分子筛 B 酸位，改变了骨架铝的对称性且增加了^{27}Al 的四极偶合常数，降低了可观测的^{27}Al数量，使信号强度减弱。在这种情况下，催化剂失活主要是由 B 酸位中毒引起的。

图 9-19 是一种脱铝 HZSM-5 分子筛上丙酮转化期间的^{27}Al MAS NMR 谱[78]。由图 9-19可见，初始样品的^{27}Al 谱出现两个共振信号(a 谱)，$\delta = 60$ ppm 的 A 信号为四配位骨架 Al，B 信号(0 ppm)为非骨架 Al；当结炭量为 10.7%时(b 谱)，A 峰变宽，B 峰减弱，仅能看到一个肩峰；若将催化剂部分氧化使结炭量降为 5.5%时(c 谱)，A 峰重新窄化，而 B 峰重新出现，只是强度比初始状态低。这种现象说明在 HZSM-5 分子筛上，非骨架铝物种结炭。在脱铝的 HY 分子筛上，在正己烷裂解结炭样品的^{27}Al MAS 谱中，除了出现骨架铝和非骨架铝信号外，还出现了一个 $\delta = 30$ ppm 共振峰，它归属为易变形和易碎的晶格铝，随结炭量增加，该峰强度增加，说明结炭后，引起某些骨架铝破碎，变成了 $\delta = 30$ ppm铝物种。因此，在相当高结炭量分子筛中，某些骨架铝也结炭。

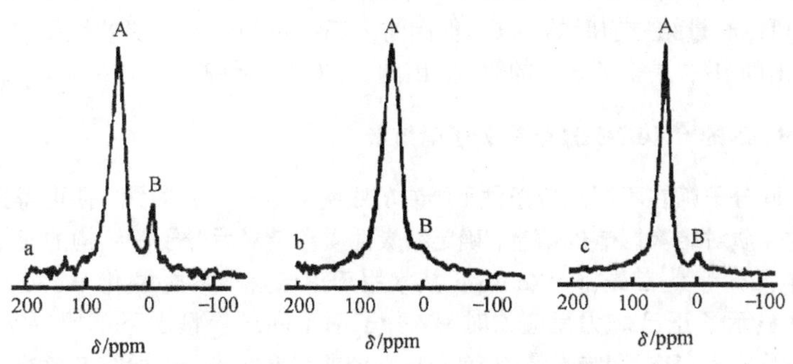

图 9-19　丙酮在 HZSM-5 上结炭的^{27}Al MAS NMR 谱[78]

a. 未结炭；b. 10.7%结炭；c. 5%结炭，部分氧化

综合分析^{29}Si 和^{27}Al MAS NMR 的实验结果，可以研究结炭对分子筛的影响、结炭后分子筛脱氧和脱水量，即结炭占有的体积；结合催化活性的测量，进而得到催化剂失活模型的信息，即是酸位中毒或孔道堵塞。

9.5.3　^{1}H MAS NMR 研究分子筛结炭

^{1}H MAS NMR 也是研究结炭的有效方法。它可以提供结炭后分子筛中仍有活性的 B 酸位。通过脉冲场梯度的自扩散测量可以确定结炭的位置和晶孔内与外表面扩散的变化。当已知结炭量时，可通过^{1}H MAS 谱确定 H/C，进而确定分子筛晶体孔道内和外表面上结炭化合物的性质。测量分子筛中吸附分子的^{1}H 纵向和横向弛豫时间 T_1 和 T_2，可以得到结炭分子在分子筛孔道中的分布信息。Lechert 等[79]研究了不同脱铝程度的 HY 分子筛在 530 K 丁烯转化过程中的结炭情况，比较分子筛结炭前后吸附正丁烷和苯的能力及

^1H 弛豫时间 T_1 和 T_2 的结果，分析结炭的性质。与结炭前样品相比，强炭后分子筛吸附正丁烷的能力降低不大，但 ^1H 的 T_1 和 T_2 值减小，表明吸附正丁烷分子的重新取向运动受到很大阻碍，结炭附近分子的堆积发生了变化；吸附苯的情况恰恰相反，^1H 的 T_1 和 T_2 值变化不大，表明结炭对苯分子的运动影响很小，但吸附能力却大大降低，说明苯分子主要位于分子筛孔道之间的窗口，分子绕着它们的二重轴运动，同时伴随着相邻位之间跳跃。因此，可用吸附分子 ^1H 弛豫时间的测量结果，分析结炭分子在分子筛孔道中的分布。

^1H MAS NMR 谱是测定结炭后仍有活性的 B 酸位数量的有效方法。Ernst 等[80]研究了 HZSM-5 分子筛结炭前后的 ^1H MAS 谱，$\delta = 2.0$ ppm 是 Si—OH 峰；$\delta = 4.2$ ppm 是 B 酸中心，结炭前 B 酸相对含量很大，结炭后 B 酸的峰强降低，而 Si—OH 含量大大增加，而且还出现一个很大的宽峰。这是由结炭分子或由酸羟基与结炭分子强偶极相互作用所致。根据 B 酸峰强度的降低可以计算出结炭后仍存在的活性 B 酸位的数量。参考 ^{27}Al MAS谱中骨架铝结炭后的变化，可以分析出结炭使 B 酸位发生了中毒。

总之，在分子筛结炭的研究中，^1H MAS 谱主要用于估算 B 酸活性位的数量，结合 ^{27}Al MAS 谱等确定结炭引起分子筛失活的类型。此外，测量吸附的探针分子的弛豫时间和脉冲梯度 ^1H-NMR 可以提供结炭在分子筛晶体孔道中的分布信息。当已知结炭量时，^1H MAS 谱可以测量结炭前后的 H/C，但因为内部结炭与外部结炭的性质完全不同，而 ^1H MAS 测出的 H/C 是全部结炭的数值，因此，准确性不够高。

9.5.4 吸附 Xe 的 ^{129}Xe NMR 研究分子筛结炭

测定不同分子筛在不同反应条件下结炭的吸附氙 $\delta = f(n)$ 曲线，便可得到分子筛结构和反应物性质对结炭影响的信息，确定结炭性质和结炭后分子筛结构的变化。

1988 年，Ito 等[81]首先将 ^{129}Xe NMR 技术用于正己烷或丙烯裂化 HY 分子筛结炭研究。图 9-20 显示了正己烷为反应物时 HY 分子筛不同结炭情况下的 ^{129}Xe $\delta = f(n)$ 曲线[76]。未结炭样品(HY)和结炭量 5.5%(He-5)的曲线互相平行，说明二者的 $\delta = f(n)$ 曲线斜率相同，但 $\delta_{n\to 0}$ 值不同，He-5 直线 $\delta_{n\to 0}$ 值增大，表明 Xe 在超笼间的扩散减少，结炭位于超笼之间的窗口上。当丙烯为反应物，结炭分别为 15%(Pr-15)和 33%(Pr-33)时，与未结炭样品相比，$\delta = f(n)$ 直线的斜率及 $\delta_{n\to 0}$ 均增加很大。根据结炭和未结炭样品斜率之比，可以计算出结炭为 15% 和 33% 的分子筛可吸附 Xe 的体积分别降低 52% 和 90%。这表明结炭后不仅分子筛孔体积大大降低，而且部分结炭位于晶体的外表面，阻碍 Xe 进入到超笼。结炭 33%时，样品的 ^{129}Xe 谱出现两个峰，一个是很宽且低场位移很大的谱峰($\delta = 157$ ppm)，为吸附在与结炭相连的超笼中的 ^{129}Xe；另一峰出现在 $\delta = 10$ ppm，与 Xe 压力无关，是吸附在分子筛孔道内结炭形成的中孔或微笼中的 ^{129}Xe，这些结果直接显示了结炭的位置。Barrage 等[82]系统地研究了庚烷裂解时失活 HY 分子筛中结炭的分布。未结炭样品的 $\delta = f(n)$ 曲线在低 Xe 浓度时出现一个最低点，并且随温度升高 $\delta_{n\to 0}$ 增大。这是 Xe 与非骨架铝的强吸附位相互作用特征，并且与非骨架 Al 有关，^{27}Al-NMR也证明了这一点。当结炭量为 3%、10.5%和 15%时，$\delta = f(n)$ 曲线全部变成直线，这表明最初始的结炭是位于或接近于非骨架 Al 物种，结炭阻碍了非骨架 Al 物种与 Xe 原子的相互作用，消除了曲线中的最低点。当结炭量达到 3% 时，庚烷裂解的活性丧

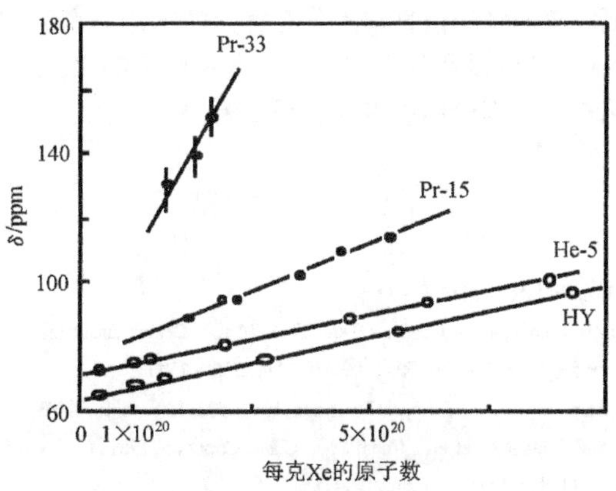

图 9-20 HY 分子筛吸附 Xe 的^{129}Xe NMR 化学位移与 Xe 吸附量关系图[81]

HY：未结炭样品；He-5：已烷裂解生成 5.5%结炭样品；Pr-15 和 Pr-33：丙烯裂解生成 15%和 33%结炭样品

失一半多，说明非骨架 Al 物种在反应初始对 HY 分子筛裂解活性起主导作用。低结炭量(3%)样品的 $\delta = f(n)$曲线斜率($d\delta/dn$)和 $\delta_{n\to0}$，随温度升高而发生变化，斜率变化较小，与初始样品相近，自由体积几乎不受影响，但 $\delta_{n\to0}$增加了，说明 Xe 的扩散受阻，结炭初始是非均匀的并且主要沉积在超笼的窗口上；当结炭量增加(10%)时，$\delta = f(n)$曲线的斜率和 $\delta_{n\to0}$都增加，但与吸附温度无关，此时结炭的生成更均匀些，而且超笼内也生成结炭，将其直径减少到约为 Xe 原子的动态直径，温度升高，Xe 原子扩散未受到阻碍，所以斜率增加，但 $\delta = f(n)$曲线与温度无关；在结炭量很高(15%)时，^{129}Xe 谱出现三条谱线。低场的一条宽峰，其 δ 值随 Xe 浓度呈线性变化；第二条谱线出现在 $\delta = 44$ ppm，与 Xe 压力无关；$\delta = 0$ ppm 峰是氙气的共振峰。三条谱线说明 Xe 吸附在不同的位置上，相互之间在 NMR 时域内没有交换。其 $\delta = f(n)$曲线斜率与 10.5%结炭量的样品相同，但 δ 值增加很大，表明 Xe 的平均自由通道很小，Xe 扩散严重受阻，许多笼被结炭堵塞，结炭不仅大大减小了内部自由体积，而且在分子筛晶孔之间形成了微孔或中孔，但斜率相同，表明结炭主要影响晶孔的外表面。以同样的方法，人们对 HZSM-5 分子筛的结炭也进行了大量研究，确定了不同结炭量时结炭的分布[83~85]。

总之，分子筛吸附 Xe 后测定^{129}Xe-NMR 的 $\delta = f(n)$曲线，可以直接得到内部结炭位置及结炭量信息，能够显示分子筛结构和反应物性质对结炭和再生的影响。

9.6 结 语

综上所述，固体高分辨 NMR 技术在催化剂和无机材料科学的研究中有极其重要的应用，特别是原位多核固体高分辨 NMR 技术在催化剂结构、吸附位和活性位确定、由吸附态中的反应物、中间产物和产物结构探索反应机理、反应动力学和催化过程中结炭等重大问题的研究中，发挥了重要作用，将文中所提到的各项技术相结合以及与其他谱学方法互补，能提供更完整的结构信息和十分有意义的结论。然而，与液体高分辨 NMR 技术相比，多核固体 NMR 的测试和分析方法仍存在一些不够完善之处，可以说，该项技术还处在发展之中，仍有许多理论和技术问题需要解决。

参 考 文 献

[1] Klinowski. J. Chem Rev, 1991, 91(7): 1459 ~ 1479

[2] Bell A T, Pines A. NMR Techniques in Catalysis. New York: Marcel Dekker Inc, 1994. 1 ~ 67

[3] Fyfe C A, Feng Y. Grondey H et al. Chem Rev, 1991, 91(7): 1525 ~ 1543

[4] Lippmaa E, Magi M, Samoson A et al. J Amer Chem Soc, 1980, 102(15): 4889 ~ 4893

[5] Klinowski J, Thomas J M, Audier M et al. J Chem Soc, Chem Commun, 1981, 11: 570 ~ 571

[6] Ivanova I I, Derouane E G. Stud Surf Sci Catal, 1994, 85: 357 ~ 390

[7] Andrew E R, Bradbury A, Eades R G. Nature(London), 1958, 182(4650): 1659 ~ 4659

[8] Pines A, Gibby M G, Waugh J S. J Chem Phys, 1973, 59(2): 569 ~ 590

[9] Loewensten W. Amer Mineral, 1954, 39: 92

[10] Klinowski J, Ramdas S et al. J Chem Soc, Farad Trans II, 1982, 78: 1025 ~ 1050

[11] Fyfe C A, Gobbi G C et al. Chem Lett, 1983, 10: 1547 ~ 1550

[12] Fyfe C A, Strobl H, Kokotailo T et al. J Amer Chem Soc, 1988, 110(11): 3373 ~ 3380

[13] Fyfe C A, Gobbi G C, Hartman J S. J Magn Res, 1982, 47(1): 168 ~ 173

[14] Klinowski J, Thomas J M, Fyfe C A. Inog Chem, 1983, 22(1): 63 ~ 66

[15] Timken H K C, Turner G L, Gilson J P et al. J Amer Chem Soc, 1986, 108(23): 7231 ~ 7235

[16] Kentgens A P M, Lemmens J J M, Geurts F M. J Magn Reson, 1987, 71(1): 62 ~ 74

[17] Ganapathy S, Schramn S, Odfield E. J Chem Phys, 1982, 77(9): 4360 ~ 4365

[18] Samson A, Lippmaa E. J Magn Reson, 1989, 84(2): 410 ~ 416

[19] Mueller K T, Wu Y, Chmelka B F et al. J Amer Chem Soc, 1991, 112(1): 32 ~ 38

[20] Frydman L, Harwood J S. J Amer Chem Soc, 1995, 117(19): 5367 ~ 5368

[21] Massiot D, Touzo B, Trumeau D et al. Solid State NMR, 1996, 6(1): 73 ~ 83

[22] Amoureux J P, Bauer F, Ernst H et al. Chem Phys Lett, 1998, 285(1): 10 ~ 14

[23] Wang S H, Xu Z, Baltisberger J H et al. Solid State NMR, 1997, 8(1): 1 ~ 16

[24] Hunger M, Sarv P, Samoson A. Solid State NMR, 1997, 9(2-4): 115 ~ 120

[25] Nakata Shinichi, Tanaka Yoshinori, Asaoka Sachio et al. J Mol Struct, 1998, 441(2-3): 267 ~ 281

[26] Okuhara T, Nishimura T, Watanabe H et al. J Mol Catal, 1992, 74(1-3): 247 ~ 256

[27] Brunner E. J Mol Struct, 1995, 355(1): 61 ~ 85

[28] Pfeifer H, Freude D, Hunger M. Zeolites, 1985, 5(5): 274 ~ 286

[29] Decanio E C, Edwards J C, Bruno J W. J Catal, 1994, 148(1): 76 ~ 83

[30] Munson E J, Murray D K, Haw J F. J Catal, 1993, 141(2): 733 ~ 736

[31] Zhang W, Ma D, Liu X et al. J Chem Soc Chem Commun, 1999, 12: 1091 ~ 1092

[32] Hunger M. Catal Rev, Rev-Sci Eng, 1997, 39(4): 345 ~ 393

[33] Freude D, Froehlich T, Hunger M et al. Chem Phys Lett, 1983, 98(3): 263 ~ 266

[34] Uytterhoeven J B, Christner L G, Hall W K. J Phys Chem, 1965, 69(6): 2117 ~ 2126

[35] 邓风，杜有如，叶朝辉等. 自然科学进展，1994，4(6)：817 ~ 822

[36] Haw J F, Hall M B, Alvarado-Swaisgood A E et al. J Amer Chem Soc, 1994, 116(16): 7308 ~ 7318

[37] Biaglow A I, Gorte R J, Kokotailo G T et al. J Catal, 1994, 148(2): 779 ~ 786

[38] Brunner E, Pfeifer H, Wutscherk T et al. Z Phys Chem, 1992, 178(2): 173 ~ 178

[39] Maciel G E, Haw J F, Chuang I S et al. J Amer Chem Soc, 1983, 105(17): 5529 ~ 5535

[40] Lunsford J H, Rothwell W P, Chen W. J Amer Chem Soc, 1985, 107(6): 1540 ~ 1546
[41] Coster D J, Bendana A, Chen F R et al. J Catal, 1993, 140(2): 497 ~ 509
[42] 邓风，岳勇，杜有如．催化研究中的原位技术．北京：北京大学出版社，1993．310 ~ 328
[43] 杜有如，杨瑞华．石油化工，1991，20(10)：718 ~ 731
[44] 薛志元，戴森林，李全芝．催化研究中的原位技术．北京：北京大学出版社，1993．286 ~ 294
[45] Mirth G, Lercher J A, Anderson M W. J Chem Soc, Faraday Trans, 1990, 86(17): 3039 ~ 3044
[46] Anderson M W, Barrie P J, Klinowski J et al. J Phys Chem, 1991, 95(1): 235 ~ 239
[47] Anderson M W, Klinowski J. J Chem Soc, Chem Commun, 1990, 13: 918 ~ 920
[48] Bonardet J L, Fraissard J. Catal Rev Sci Eng, 1999, 41(2): 115 ~ 225
[49] Moudrakovski I L, Ratcliffe C I, Ripmeester J. Appl Magn Reson, 1995, 8: 385
[50] Chen Q J, Springuel-Huet M A, Fraissard J et al. J Phys Chem, 1992, 96(26): 10914 ~ 10917
[51] Shoemaker R, Apple J. J Phys Chem, 1987, 91(15): 4024 ~ 4029
[52] Gedeon A, Ito T, Fraissard J. Zeolites, 1988, 8(5): 376 ~ 380
[53] Liu S B, Ma L J, Lin M W. J Phys Chem, 1992, 96(20): 8120 ~ 8125
[54] Carpenter T A, Klinowski J, Tennakoon D T B. J Magn Reson, 1986, 68(3): 561 ~ 563
[55] Haw J F, Richardson B R, Oshiro I S. J Amer Chem Soc, 1989, 111(6): 2052 ~ 2058
[56] Hunger M, Horvath T. J Chem Soc, Chem Commun, 1995, 14: 1423 ~ 1424
[57] Hunger M, Horvath T. J Catal, 1997, 167(1): 187 ~ 197
[58] Goguen P, Haw J F. J Catal, 1996, 161(2): 870 ~ 872
[59] Macnamara E, Raftery D. J Catal, 1998, 175(1): 135 ~ 137
[60] Keeler D A, Xiong J, Lock H et al. 215th National Meeting of the American Chemical Society. Dallas TX, 1998. 48 ~ 52
[61] Isbester P K, Zalusky A et al. Catal Today, 1999, 49: 363 ~ 375
[62] Helm L, Merbach A E, Pavell D H. High-Pressure Techniques in Chemistry and Physics; A Practical Approach, Chap 4, Oxford: Oxford Press, 1997. 187 ~ 195
[63] Rathke J W. J Magn Reson, 1989, 85(1-3): 150 ~ 155
[64] Kramarz K W, Klingler R J, Fremgen D E et al. Catal Today. 1999, 49: 339
[65] Derouane E G, He H, Hamid S B D et al. Catal Lett, 1999, 58(1): 1 ~ 19
[66] Best D, Wojciechowski B W. J Catal, 1997, 47(1): 11 ~ 27
[67] Fukase S, Wojciechowski B W. J Catal, 1988, 109(1): 180 ~ 186
[68] Jacobs P A. Carboniogenic Activity of Zeolites. New York: Elsevier, 1977
[69] Poutsma M L. Amer Chem Soc, Monogr, 1971, 171: 431
[70] Magnoux P, Cartraud P, Mignard S et al. J Catal, 1987, 106(1): 242 ~ 250
[71] Derouane E G. Study Surface Science Catalysis. Amsterdam: Elsevier Science B V, 1985. 20: 221
[72] Derouane E G, Gilson J P, Nagy J B. Zeolites, 1982, 2(1): 42 ~ 46
[73] Derouane E G, Gilson J P, Nagy J B. J Mol Catal, 1981, 10(3): 331 ~ 340
[74] Lange J P, Gutsze A, Allgeier J et al. Appl Catal, 1988, 45(2): 345 ~ 356
[75] Bonardet J L, Barrage M C, Fraissard J. J Mol Catal, A: Chemi, 1995, 96(2): 123 ~ 143
[76] Meinhold R H, Bibby D M. Zeolites, 1990, 10(3): 146 ~ 150
[77] Meinhold R H, Bibby D M. Zeolites, 1990, 10(2): 74 ~ 84
[78] Bonardet J L, Barrage M C, Fraissard J. Proceeding 9th International Zeolite Conference. Butterworth-Heinemann, 1993. vol II: 475 ~ 476
[79] Lechert H, Basler W D, Jia M. Catal Today, 1988, 3(1): 23 ~ 30
[80] Ernst H, Freude D, Hunger M et al. Stud Surface Sci Catal, 1991, 65: 397 ~ 404
[81] Ito T, Bonardet J L, Fraissard J et al. Appl Catal, 1988, 43(1): L5 ~ L11
[82] Barrage M C, Bonardet J L, Fraissard J. Catal Lett, 1990, 5(2): 143 ~ 154
[83] Tsiao C, Dybowski C, Gaffney A M et al. J Catal, 1991, 128(2): 520 ~ 525

［84］ Barrage M C, Bauer F, Ernst H et al. Catal Lett, 1990, 6(2): 201 ~ 208
［85］ Campbell S M, Bibby D M, Coddington J M. J Catal, 1996, 161(1): 350 ~ 358

（韩秀文　张维萍　包信和，中国科学院大连化学物理研究所催化基础国家重点实验室）